Reiss/Reiss

Praxisbuch IT-Dokumentation

Manuela Reiss
Georg Reiss

Praxisbuch IT-Dokumentation

Vom Betriebshandbuch bis zum Dokumentationsmanagement – die Dokumentation im Griff

2. Auflage

HANSER

Die Autoren:
Manuela und Georg Reiss, Limeshain

Bibliografische Information der Deutschen Nationalbibliothek:

Die Deutsche Nationalbibliothek verzeichnet diese Publikation in der Deutschen Nationalbibliografie; detaillierte bibliografische Daten sind im Internet über http://dnb.d-nb.de abrufbar.

Lektorat: Brigitte Bauer-Schiewek
Copy editing: Petra Kienle, Fürstenfeldbruck
Herstellung: Irene Weilhart
Umschlagdesign: Marc Müller-Bremer, www.rebranding.de, München
Umschlagrealisation: Stephan Rönigk
Gesamtherstellung: Kösel, Krugzell
Ausstattung patentrechtlich geschützt. Kösel FD 351, Patent-Nr. 0748702
Printed in Germany

Print-ISBN: 978-3-446-44599-4
E-Book-ISBN: 978-3-446-44837-7

Inhalt

Vorwort

Nachdem wir bereits vor zwei Jahren unser Buch Praxisbuch IT-Dokumentation überarbeitet und dabei wesentlich erweitert hatten, haben wir uns entschieden, ein weiteres »Major Update« vorzunehmen und die nunmehr 4. Auflage unseres Buchs vorzulegen, die jetzt als 2. Auflage bei Hanser erscheint. Die Triebfeder hierfür waren zum einen die erheblichen Veränderungen und Erweiterungen in den regulatorischen Anforderungen und zum anderen die steigende Bedeutung der Verzahnung bzw. der Schnittstellen zwischen der IT-Organisation und den Business-Einheiten.

Da sind die bereits ergrauten Grundsätze ordnungsgemäßer Speicherbuchführung (GoBS) nach nunmehr 20 Jahren überarbeitet und in 2015 in eine neue Verwaltungsvorschrift, den GoBD, überführt worden. Die bisher schon zentrale Forderung nach einer Verfahrensdokumentation wurde in Ihrer Bedeutung noch verstärkt. Einzuhalten sind die Anforderungen von allen buchführungspflichtigen Unternehmen in Deutschland und das sind die allermeisten. Aber nicht nur im Bereich rechnungslegungsrelevanter IT-Verfahren, sondern insbesondere in Bezug auf die IT-Sicherheit hat es erhebliche Erweiterungen der Anforderungen gegeben. Hervorgerufen werden sie durch das in 2015 veröffentlichte IT-Sicherheitsgesetz in Kombination mit dem ebenfalls 2015 verabschiedeten IT-Sicherheitskatalog gemäß Energiewirtschaftsgesetz (EnWG). In beiden Gesetzen wird explizit (EnWG) bzw. implizit (IT-Sicherheitsgesetz) die anforderungsgerechte Umsetzung der ISO 27001 von Unternehmen gefordert, die den kritischen Infrastrukturen angehören, also u.a. Energieversorgung, Verkehr, Finanzen.

Mit der verpflichtenden Anwendung der ISO 27001[1] geht nicht weniger als ein kompletter Perspektivwechsel von der IT-bezogenen Sicherheit hin zu einer unternehmensweit ausgerichteten Informationssicherheit einher. Diese Norm beschreibt die Implementierung von Informationssicherheitsprozessen im Unternehmen und umfasst die gesamte Organisation von der Managementebene bis zu einzelnen operativen Maßnahmen, wobei die Sicherheit der eingesetzten IT-Systeme einen Teilbereich darstellt. Für eine compliance-gerechte Organisation reicht die Fokussierung auf IT-Sicherheit also nicht mehr aus. Sie wird in die Informationssicherheitsprozesse eingebunden, sozusagen verzahnt.

Das hat Auswirkungen auf die Organisation der IT und auf deren Dokumentation. Eben diese Verzahnung und damit auch die Schnittstellen von IT-Organisation zu den Business-

[1] Im Buch werden der Übersichtlichkeit halber ISO-Normen abgekürzt als ISO *xy* bezeichnet, auch wenn es sich dabei beispielsweise um eine EN ISO oder eine DIN EN ISO handelt.

Einheiten erfahren durch den Perspektivwechsel einen erheblichen Bedeutungsgewinn. Sie sind entsprechend zu organisieren und zu dokumentieren. Besonders deutlich wird das an der Anwendungsdokumentation, die sowohl einen fachlichen Teil als auch einen IT-bezogenen Teil hat. Um eine anforderungsgerechte Anwendungsdokumentation zu erstellen, müssen Fach- und IT-Seite abgestimmt, also verzahnt, zusammenarbeiten. Da die Einführung bzw. die Veränderung von Anwendungen i. d. R. in Projekten organisiert ist, haben wir diesen neuen Schwerpunkt, Anwendungsdokumentation, im Kapitel 5, Dokumentation von IT-Projekten, aufgenommen.

Aber nicht nur innerhalb unseres Praxisbuchs zur IT-Organisation gab es Erweiterungen und neue Schwerpunkte. Aus der Erkenntnis der Notwendigkeit zur Bereitstellung einer einheitlichen und konsistenten Begriffsbildung hat sich für uns das Erfordernis ergeben, diesen notwendigen Begriffsklärungen und-beschreibungen noch mehr Raum zu verschaffen. Da dies im Rahmen des Buchs nur eingeschränkt möglich ist, haben wir einen Blog zum Thema unter der Adresse www.itdoku-kompakt.de veröffentlicht. Hier beschreiben wir Begriffe rund um das Thema IT-Dokumentation, und zwar wesentlich ausführlicher als es im Buch möglich wäre.

Was erwartet Sie in der neuen Auflage?

Bei allen Erweiterungen und neuen Schwerpunkten haben wir die Struktur dieses Buchs nicht verändert.

Um das Buch weiterhin durchgängig und praxistauglich zu gestalten, führen wir Sie Schritt für Schritt durch Ihr Dokumentationsprojekt zum Aufbau bzw. zur Optimierung Ihrer IT-Dokumentation. Als Leitschnur dienen hierbei die folgenden Fragestellungen:

- Warum muss dokumentiert werden?
- Welche Dokumentationsfelder gibt es? Wie kann eine IT-Dokumentation strukturiert werden?
- Was gehört zur Dokumentation für den IT-Betrieb?
- Was sind notwendige Dokumente der Notfalldokumentation?
- Worauf ist bei der IT-Projektdokumentation zu achten?
- Wie können Dokumentationsanforderungen in der Praxis umgesetzt werden?
- Mit welchen Tools kann dokumentiert werden?

Zu einer höheren Praxistauglichkeit trägt auch der in der letzten Auflage entwickelte Strukturierungsansatz bei, der die Dokumentationserfordernisse der IT-Organisationen gemäß ihrer unterschiedlichen Ausprägungen hinsichtlich Prozess- und Serviceorientierung in fünf Stufen abbildet. Wie uns die Erfahrungen aus den vorangegangenen Ausgaben des Praxishandbuchs IT-Dokumentation zeigen, ist es schwierig, aus einem komplexen generischen Modell die für das eigene Unternehmen relevanten Dokumente zu identifizieren.

Was erwartet Sie in den einzelnen Kapiteln?

Unabhängig davon, ob Sie den Aufbau Ihrer IT-Dokumentation oder eine Reorganisation planen: Zu Beginn müssen Sie Ihre Ziele und Anforderungen ermitteln. Diese leiten sich aus gesetzlichen Verpflichtungen, Normen und Standards, aber auch aus wirtschaftlichen und anderen unternehmensstrategischen Entscheidungen ab. Leider wird in der Praxis die Analyse der Ziele und Anforderungen häufig vernachlässigt. Stattdessen wird oft ein Tool angeschafft, ohne aber zu wissen, wohin die Reise eigentlich gehen soll. In **Kapitel 1,**

»Anforderungen an die IT-Dokumentation« möchten wir Sie bei der Beantwortung dieser Fragen unterstützen. Hierbei betrachten wir, welche Dokumentationsanforderungen sich aus gesetzlichen Regelungen und anderen Compliance-Anforderungen ableiten lassen und welche Standards und Zertifizierungen Relevanz für die IT-Dokumentation haben. Außerdem beleuchten wir, welche Anforderungen Prüfer auf Basis der international und national gültigen Prüfungsstandards stellen, da »Revisionssicherheit« und »Compliance« nicht nur Schlagwörter sind, sondern eine immer höhere Bedeutung erlangen.

Im nächsten Schritt möchten wir mit Ihnen das Grundgerüst einer ganzheitlichen Dokumentation »zimmern«. Dazu zeigen wir Ihnen in **Kapitel 2, »Strukturierung einer ganzheitlichen IT-Dokumentation«**, welche Bereiche im Rahmen der IT-Dokumentation zu berücksichtigen sind, und wir werden dabei die IT-Dokumentation auch im Kontext einer unternehmensweiten Dokumentation betrachten.

Nachdem gewissermaßen der »Schrank« für die IT-Dokumentation steht, werden wir mit Ihnen gemeinsam in den daran anschließenden Kapiteln »die Schubladen dieses Schranks füllen«. Hierzu erläutern wir, welche Dokumente im Rahmen der **»Betriebsdokumentation« (Kapitel 3)**, der **»Notfalldokumentation« (Kapitel 4)** und der **»Projektdokumentation« (Kapitel 5)** zu erstellen sind.

Einen Schwerpunkt bildet dabei die **Betriebsdokumentation**. Auf Basis eines Strukturierungsmodells möchten wir Sie dabei unterstützen, eine für Ihre IT-Organisation passende Struktur zu entwickeln und die erforderlichen Dokumente zu ermitteln. Seit der ersten Auflage war es unser Anspruch, einen Ansatz für den Aufbau einer IT-Dokumentation zu bieten, der generisch ist und für jede Unternehmensgröße[2, 3] passt. Die zuvor beschriebenen Erweiterungen in Richtung eines service- und prozessorientierten Ansatzes erfordern aber eine komplexere Struktur. Und diese kann nicht für alle Unternehmen passen, da sich natürlich jede IT-Organisation in einer anderen Situation befindet. Aus diesem Grund haben wir ein Stufenmodell entwickelt, mit dem Sie einfach ermitteln können, wie eine für Ihr Unternehmen passende IT-Dokumentation aussehen kann und was zu dokumentieren ist.

Bis zu diesem Schritt wissen Sie, »Warum« und »Was« es zu dokumentieren gilt. Im anschließenden **Kapitel 6 »Umsetzung in der Praxis«** steht das »Wie« im Mittelpunkt, beispielsweise mit der Frage: Wie schaffe ich es, die Dokumentation aktuell zu halten?

An dieser Stelle werden wir häufig nach Vorlagen für die verschiedenen Dokumente gefragt. Achtung: Dieses Buch versteht sich nicht als eine Sammlung von Vorlagen, mit denen schematisch Dokumente erstellt werden können. Denn unsere jahrelangen Erfahrungen zeigen, dass diese nur eines erzeugen: Dokumente, die nach der Fertigstellung (und der Vorlegung beim Auditor) irgendwo in den Weiten des Dateisystems verschwinden.

Entscheidend ist vielmehr, individuelle und auf die Bedürfnisse des eigenen Unternehmens ausgerichtete Dokumente zu erstellen, diese aktuell zu halten und weiterzuentwickeln. Hierzu bedarf es der Einrichtung eines Dokumentationsmanagements. Ohne ein solches ist es kaum möglich, eine nachhaltige Dokumentation bzw. IT-Dokumentation aufzubauen. Ohne festgelegte Verantwortlichkeiten, Richtlinien und definierte Abläufe wird es nicht ge-

[2] Wenn in diesem Buch von Unternehmen die Rede ist, sind damit in gleicher Weise auch andere Organisationen wie Behörden, Körperschaften usw. gemeint.

[3] Wenn bei personellen Bezeichnungen die männliche Form gewählt wurde (z. B. Mitarbeiter, Administrator), so ist damit in gleicher Weise die weibliche Form (Mitarbeiterin, Administratorin) gemeint.

lingen, aus einer unzusammenhängenden Sammlung von Dokumenten eine ganzheitliche Dokumentation aufzubauen. Einen Schwerpunkt des Kapitels zur Umsetzung in der Praxis bilden deshalb die Dokumentationsrichtlinie sowie die erforderlichen Dokumentationsverfahren. Wie wir Ihnen zeigen werden, ist eine solche Richtlinie ein gutes Instrument zur Umsetzung der Dokumentationsziele und Anforderungen.

Aber natürlich ist es hilfreich, bei der Erstellung von Dokumenten auf die eine oder andere Vorlage zurückgreifen zu können. Soweit möglich und sinnvoll, liefern wir Ihnen Beispiele und mögliche Inhalte für zu erstellende Dokumente und verweisen auf hilfreiche Quellen.

Bleibt als letzte Frage offen: Womit, d. h. mit welchen Tools kann dokumentiert werden? Diese werden in **Kapitel 7 »Eine Toolbox für die IT-Dokumentation«** behandelt. Je umfangreicher die Anzahl an Dokumenten und je größer die Komplexität der Abhängigkeiten ist, desto stärker ist das Erfordernis nach einer zentralen IT-gestützten Datenhaltung und Tool-Unterstützung bei der Dokumentation. Auch in dieser Auflage stellen wir Ihnen daher eine Reihe von Tools vor, die Sie bei der Bewältigung der unterschiedlichen Dokumentationsaufgaben unterstützen können. Dabei ist uns klar, dass wir uns hiermit dem Vorwurf einer willkürlichen und nicht objektiven Auswahl aussetzen.

Wir haben jedoch in keiner Weise den Anspruch, Ihnen den Sieger eines fundierten Vergleichstests zu präsentieren, und wir behaupten auch nicht, das beste oder einzig mögliche Tool vorzustellen. Wir möchten Ihnen lediglich exemplarisch anhand von durch uns als nützlich eingestuften Tools zeigen, wie Anwendungen Sie bei der Bewältigung der verschiedenen Dokumentationsaufgaben unterstützen können, und wir möchten Ihnen insbesondere Anregung für die zwingend notwendige Evaluierung bieten. Nicht mehr und nicht weniger.

Wir freuen uns auf Ihr Feedback und auf einen regen Gedankenaustausch, auch zu unserem Blog »itdoku-kompakt«!

Ihre Autoren Manuela und Georg Reiss

info@dokuit.de

1 Anforderungen an die IT-Dokumentation

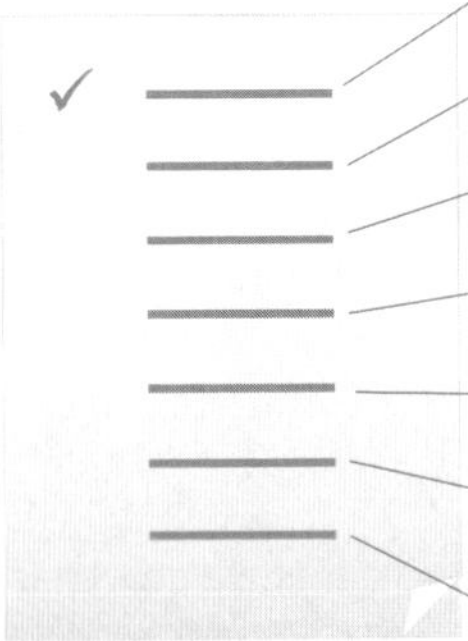

Warum muss dokumentiert werden?

Welche Dokumentationsfelder gibt es?

Was gehört zur Dokumentation für den operativen Betrieb?

Was sind notwendige Dokumente der Notfalldokumentation?

Worauf ist bei der IT-Projektdokumentation zu achten?

Wie können Dokumentationsanforderungen in der Praxis umgesetzt werden?

Mit welchen Tools kann dokumentiert werden?

Richtigerweise startet ein Projekt zur Erstellung bzw. Optimierung der IT-Dokumentation mit der Frage: »Was muss ich in meiner IT-Organisation eigentlich dokumentieren?« Denn es ist entscheidend, dass man neben individuellen Anforderungen und Zielen im ersten Schritt analysiert, welche verbindlichen Dokumentationsverpflichtungen oder mit anderen Worten, welche Compliance-Anforderungen es für das eigene Unternehmen gibt. Hierbei möchte dieses Kapitel Sie unterstützen. Es beleuchtet, welche Anforderungen sich aus gesetzlichen Anforderungen und Verordnungen für die IT-Dokumentation ableiten lassen.

Unternehmen müssen aber nicht nur sicherstellen, dass Compliance-Anforderungen eingehalten werden, sondern dies auch regelmäßig kontrollieren und im Rahmen der Jahresabschlussprüfung gegebenenfalls auch nachweisen. Welche Anforderungen Prüfer und Revisoren an die IT-Dokumentation stellen, wird daher ebenfalls vorgestellt.

Normen und Standards entfalten zwar für sich genommen keine Gesetzeskraft. Sie können jedoch durch entsprechende Hinweise in Gesetzen Compliance-Charakter annehmen. Zumindest können sie aber als »Best Practices« gelten.

In diesem Kapitel finden Sie die folgenden Themenschwerpunkte:

- Was heißt Compliance?
- Branchenübergreifende Anforderungen an die IT-Dokumentation

- Anforderungen aus branchenspezifischen Vorschriften
- Was prüfen Abschlussprüfer und Revisoren?
- Dokumentationsanforderungen in Österreich und in der Schweiz
- Relevante Normen und Standards

1.1 Was heißt Compliance?

Die Bezeichnung *Compliance* stammt ursprünglich aus dem Englischen und bedeutet so viel wie »Einhaltung« oder »Befolgung«. Leider sucht man eine allgemeingültige Definition für den Begriff vergebens. Bezogen auf gesetzliche Anforderungen verbirgt sich hinter dem Begriff Compliance die Bedeutung eines gesetzestreuen Verhaltens. Weiter gefasst bedeutet Compliance die Erfüllung aller rechtlichen Vorgaben und aller branchenspezifischen Vorgaben sowie der innerbetrieblichen Richtlinien.

Bei *IT-Compliance* als Teilbereich von Compliance bezieht sich die oben genannte Einhaltung internationaler, nationaler und innerbetrieblicher Gesetze, Richtlinien und Bestimmungen auf den Umgang mit der im Unternehmen vorhandenen Informationstechnik. Dabei adressiert IT-Compliance vor allem die Bereiche Sicherheit, Verfügbarkeit, Integrität und Datenschutz. Für diese Bereiche müssen Maßnahmen, Prozesse und Kontrollen implementiert und nachvollziehbar dokumentiert werden.

Compliance-Anforderungen mit Relevanz für die IT

Für eine Umsetzung der Compliance-Anforderungen ist es aber selbstverständlich erst einmal notwendig, diese zu kennen. Leider gibt es keinen allgemeingültigen Standard, was in eine IT-Dokumentation aufzunehmen ist, oder gar ein gesondertes Dokumentationsgesetz.

Es existieren jedoch eine ganze Reihe von Verpflichtungen für die Erstellung und Vorhaltung einer Dokumentation, die deren Inhalt und Aufbau prägen. Branchenübergreifend sind insbesondere Vorschriften aus dem Bereich der Buchführung und Rechnungslegung sowie Datenschutz und steuerliche Thematiken für verschiedenartige Unternehmen relevant. Die Vorschriften des Handelsgesetzbuchs, die Grundsätze ordnungsmäßiger DV-gestützter Buchführungssysteme (GoBS) - ersetzt durch die GoBD ab dem 01.01.2015, das Bundesdatenschutzgesetz (BDSG), die Regelungen der Abgabenordnung (AO) sowie das in 2015 beschlossene IT-Sicherheitsgesetz - gilt es hier zu beachten. Und mit dem amerikanischen Sarbanes-Oxley Act (SOX) und dem europäischen Pendant 8. EU-Richtlinie (auch als »Euro-SOX« bezeichnet) bzw. deren Umsetzung in nationales Recht in Form des Bilanzrechtsmodernisierungsgesetzes (BilMoG) wurden in den letzten Jahren Regelungen mit Gesetzeskraft verabschiedet, die einen erheblichen Einfluss auf die vorzuhaltende IT-Dokumentation haben. Wenn auch die meisten gesetzlichen Regelungen von kaufmännischen Grundsätzen wie dem Gläubigerschutz getrieben sind, so haben sie dennoch für die IT eine direkte Bedeutung, da die kaufmännischen Kernprozesse wie Buchhaltung und Einkauf in aller Regel IT-gestützt ablaufen (z.B. die ERP-Anwendung SAP). Das IT-Sicherheitsgesetz ist jedoch direkt an die IT-Organisationen adressiert. Neben den branchenübergreifenden Vorgaben unterliegen Unternehmen einzelner Branchen z. T. zusätzlichen, sehr spezifischen Anforderungen.

Den Gesetzen und Verordnungen ist allerdings gemein, dass die beschriebenen Anforderungen mehr oder weniger allgemein gehalten sind und die konkrete Umsetzung offen bleibt. Mit der Frage, wie der Aufbau einer gesetzeskonformen IT-Dokumentation sichergestellt werden kann, werden die Verantwortlichen allein gelassen. An dieser Stelle lohnt sich ein Blick auf einige relevante Standards und Normen.

Während Gesetze und daraus abgeleitete Rechtsnormen verbindlichen Charakter haben, entfalten Standards ihre Wirkung durch nationale oder internationale Anerkennung wie beispielsweise bei den ISO-Normen oder den DIN-Standards. Normen und Standards helfen dabei, gesetzliche Anforderungen einzuhalten, und dienen bei deren Umsetzung als Nachweis der Einhaltung. So weist ein Unternehmen, das eine Zertifizierung nach dem Sicherheitsstandard ISO 27001 erlangt hat, damit nach, dass es einen Sicherheitsprozess und die nach aktuellem Erkenntnisstand möglichen Sicherheitsmaßnahmen implementiert hat. Eine Organisation, die nicht über diese Zertifizierung verfügt, muss hierfür Einzelnachweise erbringen.

1.2 Branchenübergreifende Anforderungen an die IT-Dokumentation

Ein Gesetz ist eine Sammlung von verbindlichen Festlegungen für einen definierten Geltungsbereich, die in einem förmlichen Verfahren vom Gesetzgeber erlassen worden ist. Und entgegen der landläufigen Meinung gerade auch vieler erfahrener IT-Administratoren gibt es eine Reihe von allgemeinen Unternehmensgesetzen, aus denen sich aufgrund der immer stärkeren Abhängigkeiten der Geschäftsprozesse von der IT direkt oder indirekt Anforderungen an die IT-Dokumentation ergeben.

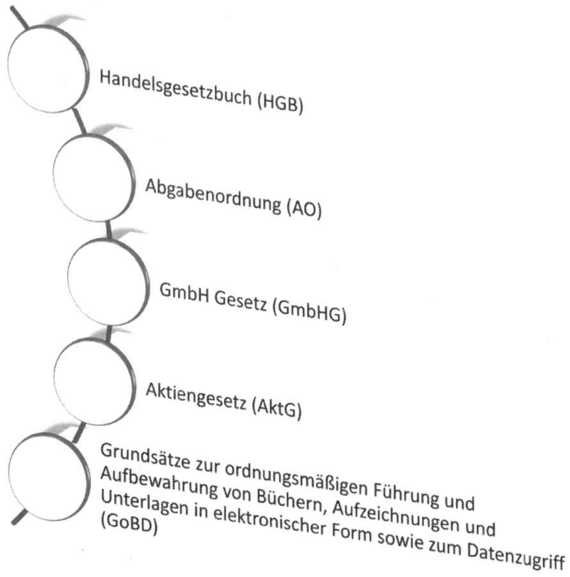

Bild 1.1 Für die IT-Dokumentation relevante allgemeine Unternehmensgesetze

Zusätzlich zu den allgemeinen Unternehmensgesetzen gibt es eine Reihe weiterer Gesetze, Richtlinien und Verordnungen, die ebenfalls Relevanz für die IT-Dokumentation haben. Bei den Richtlinien und Verordnungen handelt es sich um Handlungsvorschriften mit bindendem Charakter, die im Gegensatz zu Gesetzen nicht vom Staat, sondern von einer Organisation ausgegeben werden.

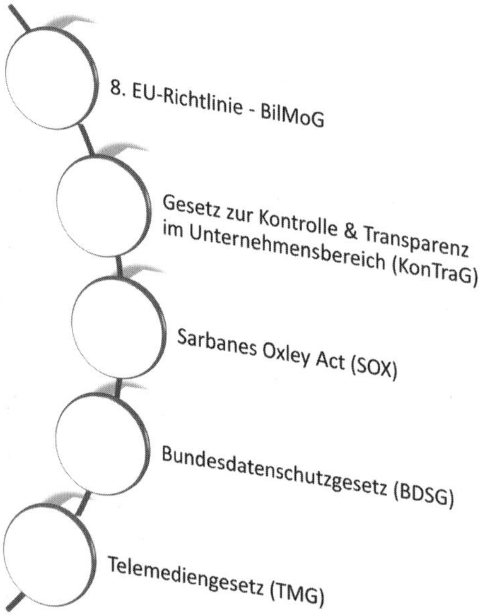

Bild 1.2
Weitere Gesetze und Verordnungen mit Relevanz für die IT-Dokumentation

In den folgenden Abschnitten werden die vorstehend aufgeführten Gesetze und Verordnungen im Überblick vorgestellt und die daraus ableitbaren Anforderungen an die IT-Dokumentation erläutert. Weitere Dokumentationsanforderungen finden Sie in *Abschnitt 1.4*. Hier wird beschrieben, welche Anforderungen Wirtschaftsprüfer und Revisoren an die Dokumentation stellen.

1.2.1 Handelsgesetzbuch (HGB)

Das Handelsgesetzbuch (HGB) ist die zentrale Vorschrift für das Handelsrecht in Deutschland. Es enthält sowohl Regelungen für Gesellschaftsformen als auch für Handelsgeschäfte und die Führung der relevanten Handelsbücher.

Im dritten Buch des HGB sind die Vorschriften für das Führen der Handelsbücher enthalten. So ist in § 238 Abs. 1 geregelt, »*dass die Buchführung so beschaffen sein muss, dass sie einem sachverständigen Dritten innerhalb angemessener Zeit einen Überblick über die Geschäftsvorfälle und über die Lage des Unternehmens vermitteln kann*« (HGB, 2015). Die Geschäftsvorfälle müssen sich in ihrer Entstehung und Abwicklung verfolgen lassen. Gemäß § 239 Abs. 2 müssen die Eintragungen in Büchern und die sonst erforderlichen Aufzeichnungen vollständig, richtig, zeitgerecht und geordnet vorgenommen werden. Und in Abs. 4 ist festgelegt, dass »*die Handelsbücher und die sonst erforderlichen Aufzeichnungen auch in der geordneten Ablage von Belegen bestehen oder auf Datenträgern geführt werden können, soweit diese Formen der Buchführung einschließlich des dabei angewandten Verfahrens den Grundsätzen ordnungsmäßiger Buchführung entsprechen. Bei der Führung der Handelsbücher und der sonst erforderlichen Aufzeichnungen auf Datenträgern muss insbesondere sichergestellt sein, dass die Daten während der Dauer der Aufbewahrungsfrist verfügbar sind und jederzeit innerhalb einer angemessenen Frist lesbar gemacht werden können*« (HGB, 2015).

Ableitbare Anforderungen an die IT-Dokumentation

Die zuvor genannten Absätze sind der Kern der Grundsätze ordnungsgemäßer Buchführung (GoB), die wiederum die Basis für die Grundsätze ordnungsgemäßer DV-gestützter Buchführungssysteme (GoBS) darstellen. Informationen zur GoBS finden Sie in *Abschnitt 1.2.5*. Wichtig ist in diesem Zusammenhang, dass die Zulässigkeit der Speicherung auf Datenträger davon abhängig gemacht wird, dass auch das dabei angewandte Verfahren den Grundsätzen ordnungsmäßiger Buchführung entsprechen muss. Hier ist bereits ein sehr direkter Bezug zur IT und damit zur IT-Dokumentation gegeben.

Auch im Zusammenhang mit den Festlegungen zur Aufbewahrung von Unterlagen in § 257 wird ein Bezug zur IT hergestellt. So ist nach Abs. 1 jeder Kaufmann verpflichtet, Unterlagen wie zum Beispiel Handelsbücher, Inventare, Eröffnungsbilanzen, Jahresabschlüsse, Lageberichte, Konzernabschlüsse, Konzernlageberichte sowie die zu ihrem Verständnis erforderlichen Arbeitsanweisungen und sonstigen Organisationsunterlagen geordnet aufzubewahren, und zwar für zehn Jahre (Abs. 4). Hieraus kann abgeleitet werden, dass damit auch die Dokumentation der Speicherverfahren gemeint ist.

Die Art der Aufbewahrung regelt § 257 Abs. 3 des HGB derart, dass mit Ausnahme der Eröffnungsbilanzen, Jahresabschlüsse und Konzernabschlüsse die in Abs. 1 aufgeführten Unterlagen

> »*auch als Wiedergabe auf einem Bildträger oder auf anderen Datenträgern aufbewahrt werden können, wenn dies den Grundsätzen ordnungsmäßiger Buchführung entspricht und sichergestellt ist, dass die Wiedergabe oder die Daten*
>
> *1. mit den empfangenen Handelsbriefen und den Buchungsbelegen bildlich und mit den anderen Unterlagen inhaltlich übereinstimmen, wenn sie lesbar gemacht werden,*
>
> *2. während der Dauer der Aufbewahrungsfrist verfügbar sind und jederzeit innerhalb angemessener Frist lesbar gemacht werden können.*« (HGB, 2015)

Daraus lassen sich die folgenden Schutzziele ableiten: *Verfügbarkeit*, *Integrität* und *Ordnungsmäßigkeit*.

- **Verfügbarkeit:** Die Verfügbarkeit der geführten Handelsbücher und der geschäftlichen Unterlagen muss sichergestellt sein. Ein Großteil der geschäftlichen Unterlagen wird mittlerweile elektronisch in Dokumentenmanagementsystemen und anderen IT-Systemen geführt sowie elektronisch archiviert. Wirtschaftsprüfer und Finanzbehörden verlangen daher bei einer Prüfung Nachweise darüber, dass die Daten in angemessener Zeit wiederherzustellen sind. In diesem Zusammenhang sind die technischen Prozesse zur Wiederherstellung zu dokumentieren.
- **Integrität:** So wie man in den »alten« Buchhaltungskladden keine Veränderung der Buchungen vornehmen durfte, die nicht nachvollziehbar war, so gilt dies auch für die heutigen Buchhaltungssysteme und Daten. Integrität ist zum Beispiel wegen der gesetzli-

chen Aufbewahrungsfristen eine kritische Anforderung an die E-Mail-Archivierung. Entscheidend sind hierbei die hardwaremäßigen, softwaremäßigen und organisatorischen Sicherheitsfunktionen, die auch nachzuweisen sind. Zu dokumentieren sind hier insbesondere die eingesetzten Techniken zur Sicherstellung der Integrität.

- **Ordnungsmäßigkeit:** Gemäß HGB müssen die Eintragungen in Büchern und die sonst erforderlichen Aufzeichnungen vollständig, richtig, zeitgerecht und geordnet vorgenommen werden, wobei es heute wohl kaum noch Unternehmen gibt, die für die Buchführung keine IT-gestützten Buchhaltungssysteme im Einsatz haben. Entsprechend gilt dies für die verwendeten Buchhaltungssysteme und muss für diese überprüfbar sein. In enger Verbindung damit steht die Authentizität, für die die Überprüfung der Benutzerrechte wichtig ist. Die Einhaltung dieser Anforderungen muss von Seiten der IT nachvollziehbar dokumentiert werden.

1.2.2 Aktiengesetz (AktG) und GmbH-Gesetz (GmbHG)

Das Aktiengesetz ist anwendbar auf alle Aktiengesellschaften sowie OHGs und KGs, auf GmbHs bei entsprechender Größe, Branche, Struktur usw. sowie auf Versicherungen und Banken. Es beschreibt die gesetzlichen Anforderungen an eine Aktiengesellschaft und regelt unter anderem die Aufgaben der Organe der Aktiengesellschaft. Im Aktiengesetz wird festgelegt, dass Vorstandsmitglieder persönlich haften, wenn sie ihre Pflichten verletzen. Hierzu gehören auch geeignete Maßnahmen zur Risikofrüherkennung und zur Einrichtung eines Überwachungssystems (§ 91 Abs. 2 und § 93 Abs. 2 AktG). (AktG, 2015)

Geschäftsführern einer GmbH wird im GmbH-Gesetz *»die Sorgfalt eines ordentlichen Geschäftsmannes«* auferlegt (§ 43 Abs. 1 GmbHG) mit entsprechenden Folgerungen für das Risikomanagement wie für Vorstände nach dem Aktiengesetz. Sie sind ebenfalls zu einer ordnungsgemäßen Buchführung verpflichtet (§ 41 GmbHG). (GmbHG, 2015)

Ableitbare Anforderungen an die IT-Dokumentation

Die oben genannten Formulierungen klingen recht allgemein und unverbindlich. Hieraus lassen sich jedoch konkrete Verpflichtungen an die Gewährleistung angemessener IT-Sicherheitsmaßnahmen ableiten, die natürlich auch zu dokumentieren sind. IT-Sicherheitsvorfälle können massive wirtschaftliche Schäden verursachen und gegebenenfalls den Bestand eines Unternehmens gefährden. Erleidet das Unternehmen aufgrund der Verletzung von Organisations- und Aufsichtspflichten einen Schaden, haftet die Geschäftsleitung u. U. persönlich auf Schadensersatz (Organisationsverschulden).

Für bestimmte Berufsgruppen wie Ärzte, Rechtsanwälte oder Angehörige sozialer Berufe gibt es darüber hinaus Sonderregelungen im Strafgesetzbuch, die Freiheitsstrafen vorsehen, wenn vertrauliche Angaben von Patienten, Mandanten bzw. Klienten ohne deren ausdrückliche Einwilligung öffentlich gemacht (offenbart) werden (§ 203 Abs. 1 StGB, 2015). Gemäß § 203 Abs. 2 StGB betrifft diese Regelung auch weitere Berufsgruppen wie Amtsträger, Betriebsräte und Datenschutzbeauftragte. Ein fahrlässiger Umgang mit Informationstechnik kann diesen Tatbestand unter Umständen bereits erfüllen. (StGB, 2015)

Die Forderung zur Einrichtung eines Überwachungssystems zur Risikofrüherkennung ist erst 1998 in das Gesetz mit aufgenommen worden und bildet die Basis für das Gesetz zur Kontrolle und Transparenz im Unternehmensbereich (KonTraG).

1.2.3 Gesetz zur Kontrolle und Transparenz im Unternehmensbereich (KonTraG)

Ausgehend von den zunehmenden Korruptions- und Bilanzskandalen der 1980er- und 1990er-Jahre des letzten Jahrhunderts wurde 1998 das Gesetz KonTraG verabschiedet. Seine Anwendung erstreckt sich über die Aktiengesellschaft hinaus auch auf GmbH-Gesellschaften. Ziel dieses Gesetzes ist die Stärkung und Verbesserung der Unternehmensführung und Unternehmenskontrolle. Das KonTraG präzisiert dabei die entsprechenden Festlegungen im Aktiengesetz und im Handelsgesetzbuch.

Das KonTraG ist ein Artikelgesetz und damit eine Änderung und Ergänzung mehrerer vorhandener Gesetze. Es hat bei seiner Verabschiedung auf andere Gesetze Einfluss genommen, beispielsweise durch Änderungen und Ergänzungen des Handelsgesetzbuchs (HGB) und des Aktiengesetzes (AktG), durch die die Corporate Governance in deutschen Unternehmen erhöht werden soll. Demzufolge ist u. a. ein unternehmensweites Risikofrüherkennungs- und Überwachungssystem zu implementieren. Ebenfalls müssen

- Aussagen zu potenziellen Risiken und
- Aussagen zur Risikostruktur des Unternehmens

dokumentiert im Lagebericht des Jahresabschlusses präsentiert werden.

Zu diesem Zweck ist in das Aktiengesetz in § 91 der Absatz 2 neu aufgenommen worden, wonach der Vorstand verpflichtet wird, geeignete Maßnahmen zu treffen. Insbesondere ist »*ein Überwachungssystem einzurichten, damit Entwicklungen, die den Fortbestand der Gesellschaft gefährden, frühzeitig erkannt werden.*« (AktG, 2015) Hervorgehoben wird die Betonung der internen Überwachung durch die Aufnahme eines weiteren Absatzes (Nr. 4) in § 317 des HGB, wonach im Rahmen der Jahresabschlussprüfung zu beurteilen ist, »*ob der Vorstand die ihm nach § 91 Abs. 2 des Aktiengesetzes obliegenden Maßnahmen in einer geeigneten Form getroffen hat und ob das danach einzurichtende Überwachungssystem seine Aufgaben erfüllen kann.*« (AktG, 2015)

Mit dem § 91 Abs. 2 AktG ist also nicht nur die Vorhaltung einer Revision gefordert, sondern auch, ob diese ihre Aufgaben erfüllen kann. Der Jahresabschlussprüfer hat also zu beurteilen, ob eine im Verhältnis zu den Unternehmensrisiken angemessene Revision existiert. In diesem Zusammenhang wird ebenfalls regelmäßig kontrolliert, wie viel und welche IT-Prüfungen im Berichtsjahr durchgeführt wurden.

Ableitbare Anforderungen an die IT-Dokumentation

Häufig werden für die Organisation und die Berichtserstellung des Risikofrüherkennungs- und -Überwachungssystems Anwendungen als Unterstützung implementiert. Hier ist insbesondere auf die Integrität der die Risiken beschreibenden Daten sowie auf das Rechte- und Rollenkonzept zu achten.

1.2.4 Abgabenordnung (AO)

Die Abgabenordnung (AO) ist das elementare Gesetz des deutschen Steuerrechts. In ihr sind die grundlegenden Regelungen enthalten, wie die Steuern zu erheben sind. Zusätzlich sind in Anlehnung an das HGB auch Anforderungen an das Führen der Bücher sowie weiterer steuerlich relevanter Unterlagen beschrieben.

Im vierten Teil der AO, in dem es um die Durchführung der Besteuerung geht, konkretisieren die Paragrafen 145 bis 147 die Anforderungen an die Buchführung und an die Aufzeichnungen. Danach muss gemäß § 145 Abs. 1 *»die Buchführung so beschaffen sein, dass sie einem sachverständigen Dritten innerhalb angemessener Zeit einen Überblick über die Geschäftsvorfälle und über die Lage des Unternehmens vermitteln kann«.* (AO, 2015) Dies ist einer der Kernsätze der GoB sowie auch die Basis jeder Ordnungsmäßigkeitsprüfung einer Revision.

Ableitbare Anforderungen an die IT-Dokumentation

Insgesamt lässt sich festhalten, dass bereits die grundlegenden Gesetze für die Wirtschaftsunternehmen eine Grundhaltung normiert haben, die in Richtung einer nachvollziehbaren Dokumentation nicht nur der Geschäftsvorfälle und Geschäftsabläufe, sondern auch der dafür eingesetzten IT-Systeme und IT-Verfahren abzielt.

Die weiteren Anforderungen entsprechen weitgehend denen aus dem HGB. Es gibt jedoch in der AO eine kleine Ergänzung zum HGB, die für die IT von erheblicher Relevanz ist. In § 147 Abs. 1 sind zunächst gleichlautend zum § 257 Abs. 1 HGB die aufzuhebenden Unterlagen genannt. Zusätzlich werden in der AO aber noch Unterlagen dazugezählt, wenn diese für die Besteuerung von Bedeutung sind. Im Rahmen wirtschaftlicher Aktivitäten sind aber fast alle Geschäftsvorfälle von steuerlicher Relevanz. Somit können die Anforderungen auf weite Bereiche des IT-Betriebs Anwendung finden.

1.2.5 Grundsätze ordnungsgemäßer DV-gestützter Buchführungssysteme (GoBS)

Die GoBS sind eine Verwaltungsvorschrift und beschreiben in Präzisierung des HGB und der Abgabenordnung die organisatorischen und technischen Anforderungen an die DV-gestützte Buchführung.

Generell stellen die GoBS die gleichen Prinzipien an die DV-gestützte Buchführung, wie sie für eine manuell erstellte Buchführung gelten. Aus Sicht der IT sind insbesondere die

Kapitel 4, Internes Kontrollsystem (IKS),

Kapitel 5, Datensicherheit und

Kapitel 6, Dokumentation und Prüfbarkeit, von Bedeutung. (GoBS, 1995)

Nach Kapitel 6.1 der GoBS ist eine Verfahrensdokumentation erforderlich, aus der Inhalt, Aufbau und Ablauf des Abrechnungsverfahrens vollständig ersichtlich sind. Gemäß Kapitel 6.2 muss die Verfahrensdokumentation für das Abrechnungssystem insbesondere folgende Bereiche beinhalten:

- eine Beschreibung der sachlogischen Lösung,
- die Beschreibung der programmtechnischen Lösung,
- eine Beschreibung, wie die Programmidentität gewahrt wird,
- eine Beschreibung, wie die Integrität von Daten gewahrt wird,
- Arbeitsanweisungen für den Anwender.

Allein hinter der Anforderung zur Beschreibung der sachlogischen Lösung verbergen sich gemäß Kapitel 6.2.1 der GoBS die folgenden Dokumentationsanforderungen:

- »*Generelle Aufgabenstellung*
- *Beschreibung der Anwenderoberflächen für die Ein- und Ausgabe einschließlich der manuellen Arbeiten*
- *Beschreibung der Datenbestände*
- *Beschreibung von Verarbeitungsregeln*
- *Beschreibung des Datenaustausches (Datenträgeraustausch/Datentransfer)*
- *Beschreibung der maschinellen und manuellen Kontrollen*
- *Beschreibung der Fehlermeldungen und der sich aus den Fehlern ergebenden Maßnahmen*
- *Schlüsselverzeichnisse*
- *Schnittstellen zu anderen Systemen*« (GoBS, 1995)

Die Dokumentationsanforderungen für die vier weiteren Bereiche werden in Kapitel 6.2.2–6.2.5 der GoBS ebenfalls näher ausgeführt.

In Kapitel 4 der GoBS werden die Anforderungen an das interne Kontrollsystem (IKS) definiert, wobei das IKS als »*die Gesamtheit aller aufeinander abgestimmten und miteinander verbundenen Kontrollen, Maßnahmen und Regelungen*« verstanden und somit die Forderung nach einem Kontrollsystem erhoben wird. Das IKS hat nach Kapitel 4.1 die folgenden Aufgaben zu erfüllen:

- »*Sicherung und Schutz des vorhandenen Vermögens und vorhandener Informationen vor Verlusten aller Art;*
- *Bereitstellung vollständiger, genauer und aussagefähiger sowie zeitnaher Aufzeichnungen;*
- *Förderung der betrieblichen Effizienz durch Auswertung und Kontrolle der Aufzeichnungen;*
- *Unterstützung der Befolgung der vorgeschriebenen Geschäftspolitik.*« (GoBS, 1995)

In Kapitel 4.4 wird hervorgehoben, dass maschinelle und manuelle Kontrollen erforderlich sind, die in ihrer Ausführung auch zu dokumentieren sind (Nachweis der Wirksamkeit). Die Dokumentation des IKS ist gemäß Kapitel 4.5 in die Verfahrensdokumentation aufzunehmen.

Zum Schutz der gespeicherten Informationen ist ein Datensicherungskonzept erforderlich, dessen Anforderungen in Kapitel 5 beschrieben werden. Dabei sind die Verfahren und Prozeduren zu beschreiben (Kapitel 5.7). Der Umfang ergibt sich aus Kapitel 5.2, wonach

- *für die Buchführung relevante Informationen,*
- *weitere Information von Wichtigkeit für das Unternehmen und*
- *Informationen aufgrund anderer Rechtsgrundlagen*

zu sichern und zu schützen sind. Diese Informationen sind gegen

- *Verlust,*
- *unberechtigte Veränderung und*
- *unberechtigte Kenntnisnahme (bei sensiblen Informationen)*

zu schützen (Kap. 5.3). (GoBS, 1995)

Aus GoBS wird GoBD

Das Bundesfinanzministerium hat am 14.11.2014 das Schreiben zu den *Grundsätzen zur ordnungsgemäßen Führung und Aufbewahrung von Büchern, Aufzeichnungen und Unterlagen in elektronischer Form sowie zum Datenzugriff (GoBD)* veröffentlicht. Die GoBD gelten ab dem 1.1.2015 und lösen die *Grundsätze ordnungsmäßiger DV-gestützter Buchführungssysteme (GoBS)* sowie die *Grundsätze zum Datenzugriff und zur Prüfbarkeit digitaler Unterlagen (GDPdU)* ab. Das Schreiben konkretisiert die Normen aus der Abgabenordnung (AO) und dem Umsatzsteuergesetz (UStG) und bestimmt damit auch, wie digitale Unterlagen aufbewahrt werden sollen, damit das Finanzamt bei einer Betriebsprüfung auf diese Informationen zugreifen kann. ■

Ableitbare Anforderungen an die IT-Dokumentation

Insgesamt beschreiben die GoBS einen umfangreichen Forderungskatalog an die Unternehmensdokumentation, der noch um weitere Kapitel wie die Wiedergabe der auf Datenträgern geführten Unterlagen ergänzt wird. Aus Sicht der IT sind daher nicht nur die unmittelbar und mittelbar erforderlichen IT-Systeme zu dokumentieren, sondern auch deren ordnungsgemäßer Betrieb. Internes Kontrollsystem und IT-Sicherheit werden dabei immer wichtiger. Aus dem HGB leiten sich vor allem Anforderungen an die Archivierung von kaufmännischen Unterlagen ab:

- Ordnungsmäßigkeit,
- Vollständigkeit,
- Sicherheit des Gesamtverfahrens,
- Schutz vor Veränderung und Verfälschung,
- Sicherung vor Verlust,
- Nutzung nur durch Berechtigte,
- Einhaltung der Aufbewahrungsfristen,
- Dokumentation des Verfahrens,
- Nachvollziehbarkeit,
- Prüfbarkeit.

Das eigentliche Dokument mit den Vorgaben zum Thema Verfahrensdokumentation aber ist die GoBS. Demzufolge muss die Verfahrensdokumentation den gesamten organisatorischen und technischen Prozess für Dokumente beschreiben, die nach Handelsrecht und steuerrechtlichen Vorgaben aufbewahrt werden müssen. Dies umfasst:

- die Entstehung (Erfassung),

- die Indizierung,
- die Speicherung,
- das eindeutige Wiederfinden,
- die Absicherung gegen Verlust und Verfälschung und
- die Reproduktion der archivierten Informationen.

Dokumentationsanforderungen Verfahrensdokumentation

Ausführliche Erläuterung zu den Anforderungen an die Verfahrensdokumentation finden Sie in *Abschnitt 1.4.3*.

1.2.6 Grundsätze zum Datenzugriff und zur Prüfbarkeit digitaler Unterlagen (GDPdU)

Im Zusammenhang mit den GoBS sind auch die Grundsätze zum Datenzugriff und zur Prüfbarkeit digitaler Unterlagen (GDPdU), die seit 2002 Anwendung finden, für die IT-Dokumentation wichtig.

Die GDPdU enthalten Regeln zur Aufbewahrung digitaler Unterlagen und zur Mitwirkungspflicht der Steuerpflichtigen bei Betriebsprüfungen. Es handelt sich dabei um eine Verwaltungsanweisung des Bundesfinanzministeriums, in der dieses bestimmte Rechtsnormen aus der Abgabenordnung und dem Umsatzsteuergesetz zur digitalen Aufbewahrung von Buchhaltungen, Buchungsbelegen und Rechnungen konkretisiert.

In Kapitel I GDPdU wird auf den § 147 Abs. 6 AO Bezug genommen, »*wonach der Finanzbehörde das Recht eingeräumt ist, die mithilfe eines Datenverarbeitungssystems erstellte Buchführung des Steuerpflichtigen per Datenzugriff zu prüfen. Diese neue Prüfungsmethode tritt neben die Möglichkeit der herkömmlichen Prüfung. Das Recht auf Datenzugriff steht der Finanzbehörde nur im Rahmen steuerlicher Außenprüfungen zu.*« (GDPdU, 2001)

Weiter wird in Kapitel I.1 GDPdU ausgeführt, dass sich der digitale Zugriff nur auf steuerlich relevante Daten, also im Wesentlichen auf Daten der Finanz- und Anlagenbuchhaltung bezieht. Im weiteren Verlauf wird jedoch ergänzt, dass, soweit sich auch in anderen Bereichen des Datenverarbeitungssystems steuerlich relevante Daten befinden, diese durch den Steuerpflichtigen nach Maßgabe seiner steuerlichen Aufzeichnungs- und Aufbewahrungspflichten zu qualifizieren und für den Datenzugriff in geeigneter Weise vorzuhalten sind. Diese Ausweitung kann dazu führen, dass ein großer Teil der Geschäftsvorfälle steuerlich relevant sein kann.

Ableitbare Anforderungen an die IT-Dokumentation

Die Verankerung der GoBS in den GDPdU macht deutlich, dass der Umfang der Dokumentationspflichten zunimmt. Sofern Dokumente elektronisch unter Zuhilfenahme einer elektronischen Signatur zu Abrechnungszwecken verarbeitet und dabei gegebenenfalls verschlüsselt werden, muss nach Kapitel II.1 der GDPdU der Originalzustand der übermittelten

Dokumente jederzeit überprüfbar sein. Dies setzt neben einer Reihe anderer Tatbestände voraus, dass die Übertragungs-, Archivierungs- und Konvertierungssysteme den Anforderungen der GoBS, an das interne Kontrollsystem, an das Sicherungskonzept sowie an die Aufbewahrung, entsprechen. Der Nachweis dafür kann nur durch entsprechende Dokumentation gewährleistet werden.

1.2.7 Grundsätze zur ordnungsmäßigen Führung und Aufbewahrung von Büchern, Aufzeichnungen und Unterlagen in elektronischer Form sowie zum Datenzugriff (GoBD)

Die GoBD fassen die bisherigen GoBS und GDPdU (siehe *Abschnitte 1.2.5 und 1.2.6*) zu einer Verwaltungsvorschrift zusammen und gelten ab dem Steuerveranlagungszeitraum ab 2015. Für davor liegende Zeiträume gelten die bisherigen Vorschriften weiterhin.

Überwiegend haben sich die Anforderungen der Grundsätze an eine ordnungsgemäße Rechnungslegung nicht geändert, insbesondere was den Nachweis einer Verfahrensdokumentation betrifft. Die meisten Änderungen bedeuten eine Konkretisierung von Anforderungen, insbesondere aus den GoBS. Im Folgenden wird auf die wesentlichen Änderungen in den GoBD eingegangen.

Unveränderbarkeit
In Bezug auf die Unveränderbarkeit der Buchungen oder Aufzeichnungen gilt nach wie vor der Grundsatz, dass der ursprüngliche Inhalt feststellbar bleiben muss. In Rzn. 59 der GoBD wird nun ergänzend hinzugefügt, dass Veränderungen oder Löschungen an elektronischen Buchungen oder Aufzeichnungen entsprechend zu protokollieren sind. Im angefügten Beispiel wird auf die erforderliche Historisierung von Stammdaten hingewiesen.

Internes Kontrollsystem
In den GoBS sind die internen Kontrollen ausführlich beschrieben. In Rzn. 100 der GoBD sind beispielhaft die folgenden aufgelistet:

- »*Zugangs- und Zugriffsberechtigungskontrollen, auf Basis entsprechender Zugangs- und Zugriffsberechtigungskonzepte (z. B. spezifische Zugangs- und Zugriffsberechtigungen),*
- *Funktionstrennungen,*
- *Erfassungskontrollen (Fehlerhinweise, Plausibilitätsprüfungen),*
- *Abstimmungskontrollen bei der Dateneingabe,*
- *Verarbeitungskontrollen,*
- *Schutzmaßnahmen gegen die beabsichtigte und unbeabsichtigte Verfälschung von Programmen, Daten und Dokumenten*« (GOBD, 2014)

Rzn. 101 beinhaltet jedoch eine deutliche Verschärfung. Danach muss geprüft werden, *ob das eingesetzte DV-System tatsächlich dem dokumentierten System entspricht.* Diese Verpflichtung besteht nicht nur einmal, sondern anlassbezogen, z.B. bei Systemwechsel. Das gilt auch bei der Auslagerung von Buchführungsaufgaben auf Dritte (Rzn. 21).

Unveränderbarkeit, Protokollierung von Änderungen
Wie bereits zuvor beschrieben, muss der ursprüngliche Inhalt von Buchungen und Aufzeichnungen feststellbar bleiben (Rzn. 107). Im folgenden Beispiel in Rzn. 109 wird klar-

gestellt, dass die Verwendung von Office-Programmen unzulässig ist, sofern dort unprotokolliert editiert werden kann. Ebenfalls erfüllt die Ablage von Daten und elektronischen Dokumenten in einem Dateisystem »*die Anforderungen nach Unveränderbarkeit regelmäßig nicht, soweit nicht zusätzliche Maßnahmen ergriffen werden, die eine Unveränderbarkeit gewährleisten.*« (GOBD, 2014)

Unveränderbarkeit bei Zugriff durch Finanzbehörde
Bisher schon war in den GDPdU gefordert, dass das Datenverarbeitungssystem bei Prüfungen der Finanzbehörde die Unveränderbarkeit des Datenbestandes zu gewährleisten hat. In den GoBD wird nun konkretisiert, dass der Steuerpflichtige hierfür die Verantwortung trägt (Rzn. 174).

Zertifizierung und Softwaretestate
In Rzn. 180 wird klargestellt, »*dass Positivtestate zur Ordnungsmäßigkeit der Buchführung – und damit zur Ordnungsmäßigkeit DV-gestützter Buchführungssysteme – weder im Rahmen einer steuerlichen Außenprüfung noch im Rahmen einer verbindlichen Auskunft erteilt*« werden. Auch Zertifikate oder Testate Dritter entfalten nach Rzn. 181 keine Bindungswirkung. Die Ordnungsmäßigkeit ist demnach vom Buchführungspflichtigen durch eine geeignete Dokumentation nachzuweisen.

Ableitbare Anforderungen an die IT-Dokumentation

Die Protokollierung von Veränderungen oder Löschungen an elektronischen Buchungen oder Aufzeichnungen erfordert nicht nur entsprechende Aufzeichnungen in den IT-Systemen, sondern auch ein zu dokumentierendes Verfahren. Über dieses Verfahren ist sicherzustellen, dass die Protokollierung vollständig, richtig und zeitnah erfolgt.

Der Nachweis der internen Kontrollen erfordert entsprechende Belege der IT-Systeme. Der Nachweis der Übereinstimmung der dokumentierten mit den tatsächlich eingesetzten Systemen wird nicht einfach zu erbringen sein und ggf. sogar die Grenzen der wirtschaftlichen Angemessenheit überschreiten.

Die kritische Auseinandersetzung mit Office-Dateiformaten und der Ablage von Dokumenten im Dateisystem verstärkt die Bedeutung von Dokumentenmanagementsystemen (DMS), deren Datenverarbeitung wiederum zu dokumentieren ist. Soll aber trotzdem der Einsatz von Office-Programmen und dem Dateisystem erfolgen, so muss dieser GoBD-konform sein. Entsprechende Verfahren zur Sicherstellung der Unveränderbarkeit müssen dann entwickelt und beschrieben werden.

Die Klarstellung, dass auch Zertifikate oder Testate Dritter nicht ausreichend sind, die Ordnungsmäßigkeit DV-gestützter Buchführungssysteme pauschal nachzuweisen, führt zu steigenden Anforderungen an die IT-Dokumentation des Buchführungspflichtigen.

Dokumentationsanforderungen

Ausführliche Erläuterungen zu den Anforderungen an die Verfahrensdokumentation finden Sie in Abschnitt 1.4.3.

1.2.8 Sarbanes-Oxley Act (SOX)

Neben nationalen Gesetzen bekommen auch internationale Gesetze eine zunehmende Bedeutung für die IT-Abteilungen und damit auch für die IT-Dokumentation. Wesentliche Gesetze in diesem Zusammenhang stellen der amerikanische Sarbanes-Oxley Act (SOX) sowie die 8. EU-Richtlinie dar, die ihre nationale Umsetzung im Bilanzrechtsmodernisierungsgesetz (BilMoG) findet.

Unter dem Eindruck der Aufsehen erregenden Bilanzskandale in Amerika wurde mit dem Sarbanes-Oxley Act (SOX) 2002 ein US-amerikanisches Bundesgesetz verabschiedet, das die Wiederherstellung des Vertrauens der Öffentlichkeit in die Finanzberichte der Unternehmen durch Anforderungen an die Offenlegung und Genauigkeit von veröffentlichten finanzwirtschaftlichen Informationen zum Ziel hat. Das Gesetz ist auf der Website der U.S. Securities and Exchange Commission erhältlich: http://www.sec.gov/about/laws/soa2002.pdf.

Die Gültigkeit dieses Gesetzes erstreckt sich auch auf deutsche Unternehmen, sofern sie an einer amerikanischen Börse gelistet sind oder sich im überwiegenden Besitz einer amerikanischen Muttergesellschaft befinden. Insofern werden die meisten Klein- und Mittelbetriebe davon nicht betroffen sein. Da dieses Gesetz jedoch branchenübergreifend gilt, ist es an dieser Stelle beschrieben.

SOX besteht aus elf Hauptsektionen, wobei für die IT die *Section 404* von besonderer Bedeutung ist. In der Section 404, *Management Assessment of Internal Controls,* wird u.a. die Notwendigkeit zur Einrichtung eines *Internen Kontrollsystems (IKS)* beschrieben.

Ableitbare Anforderungen an die IT-Dokumentation

Die Brisanz der Section 404 liegt darin, dass die Einhaltung der Sicherheitsregelungen und die Effizienz des internen Kontrollsystems im Einzelnen nachgewiesen werden müssen – und dies jährlich. Im Fokus stehen hier insbesondere die Integrität der Anwendungen und das Rechte- und Rollenkonzept. In der Prüfungspraxis haben sich unter anderem die folgenden Anforderungen herauskristallisiert:

- Die Systemdokumentation muss aktuell sein und dem tatsächlichen Verfahren entsprechen.
- Die manuellen Prozesse und insbesondere die manuellen Kontrollen müssen dokumentiert werden.
- Die im Unternehmen selbst entwickelten Anwendungen müssen gegen den Zugriff Unbefugter geschützt werden und einer geregelten Datensicherung unterliegen. Die Regelungen sind zu dokumentieren.
- Die Benutzerkonten ausgeschiedener Mitarbeiter oder nicht aktiver Berater müssen gesperrt werden (im Berechtigungskonzept zu dokumentieren).
- Benutzer dürfen nur diejenigen Berechtigungen erhalten, die sie wirklich brauchen. Besonders kritisch sind in diesem Zusammenhang die »Super-User«-Berechtigungen (im Berechtigungskonzept zu dokumentieren).
- Es ist sicherzustellen, dass Mitarbeiter im Entwicklungsbereich über keine Berechtigungen im Produktivbereich verfügen dürfen (im Berechtigungskonzept zu dokumentieren).

- Die Betriebssysteme und Datenbanken, auf denen Anwendungen wie beispielsweise SAP aufsetzen, sind genauso zu schützen wie die Anwendungssysteme selbst. Hierzu ist ein Sicherheitskonzept erforderlich. (SOX, 2002)

1.2.9 EU-Richtlinie/BilMoG

Nicht nur in Amerika haben Bundesgesetze eine immer stärkere Bedeutung für die IT. Auch in der EU sind mit der Richtlinie über die Abschlussprüfungen von Jahresabschlüssen und konsolidierten Abschlüssen aus dem Jahr 2006 Regelungen geschaffen worden, die eine Auswirkung auf die IT-Dokumentation entfalten. In journalistischer Vereinfachung wird diese sogenannte 8. EU-Richtlinie als »Euro-SOX« bezeichnet, da sie eine ähnliche Auswirkung auf die Überwachungs- und Nachweispflichten der Unternehmen hat. (Union)

Tatsächlich stellt diese Richtlinie aber eine Harmonisierung und Konkretisierung bereits bestehender EU-Richtlinien aus den Jahren 1978 bis 1984 dar und ist nicht wie SOX direkt an die Unternehmen, sondern an die Mitgliedsstaaten der EU gerichtet. Erfasst werden auch nur Unternehmen von öffentlichem Interesse, wobei jeder Mitgliedsstaat eine eingeschränkte Entscheidungsfreiheit hat. Das BilMoG ist die Umsetzung der 8. EU-Richtlinie in deutsches Recht.

Ableitbare Anforderungen an die IT-Dokumentation

Für die IT ist insbesondere der Artikel 41 der EU-Richtlinie entscheidend, wonach jedes von der Richtlinie erfasste Unternehmen einen Prüfungsausschuss zu bilden hat, unabhängig von den sonstigen Überwachungsorganen, wie zum Beispiel einer internen Revision. Danach hat der Prüfungsausschuss die Wirksamkeit des internen Kontrollsystems (IKS) und des Risikomanagements zu überwachen. Dies beinhaltet die Verpflichtung des Abschlussprüfers, entsprechende IKS-Dokumentationen zu prüfen und über wesentliche Schwächen bei der internen Kontrolle des Rechnungslegungsprozesses zu berichten. Hierin sind auch die IT-internen Kontrollen zur Sicherstellung eines ordnungsgemäßen Betriebs der IT-Systeme eingeschlossen.

Auch wenn sich aus Artikel 41 nicht ableiten lässt, welche Anforderungen an die Prozesse und an das interne Kontrollsystem gestellt werden, so verbirgt sich hinter den Begriffen »*Überwachung*« und »*Wirksamkeit*« die Grundforderung nach einer aussagefähigen Dokumentation zum IT-Risiko- und Sicherheitsmanagement.

Die Umsetzung des Artikels 41 der EU-Richtlinie im BilMoG erfolgt in Artikel 5.4, wobei hier der Prüfungsausschuss nicht obligatorisch zu bilden ist.

1.2.10 Bundesdatenschutzgesetz (BDSG)

Das Bundesdatenschutzgesetz (BDSG) ist ausgerichtet auf den Schutz der Privatsphäre und regelt sowohl für öffentliche (unter anderem Kommunen, Ämter und staatliche Unternehmen) als auch für nichtöffentliche Stellen (unter anderem natürliche und juristische Personen und Gesellschaften) den Umgang mit personenbezogenen Daten. Es ist eine Reaktion des Gesetzgebers auf das Volkszählungsurteil von 1983, wonach die bisher vorhandenen Datenschutzgesetze nicht den verfassungsrechtlichen Anforderungen genügten. Nachdem daraufhin bereits einige Bundesländer eigene Landesdatenschutzgesetze verabschiedet hatten, trat das Bundesdatenschutzgesetz 1990 in Kraft. Es wurde 2009 novelliert.

> *»Zweck dieses Gesetzes ist es, den Einzelnen davor zu schützen, dass er durch den Umgang mit seinen personenbezogenen Daten in seinem Persönlichkeitsrecht beeinträchtigt wird.«* (§1, Abs. 1 BDSG, 2015)

Das BDSG ist ein Verbotsgesetz, das die Erhebung, Verarbeitung und Nutzung personenbezogener Daten grundsätzlich untersagt. Sie sind nur dann zulässig, wenn dieses oder andere Gesetze es erlauben oder der Betroffene eingewilligt hat. Die Einwilligung hat in der Regel schriftlich zu erfolgen und hat zur Voraussetzung, dass sie aus freier Entscheidung und in Kenntnis des Zwecks und der Folgen der Verarbeitung gegeben wurde. Das Gesetz ist in sechs Abschnitte unterteilt, wobei im Abschnitt 1 die allgemeinen Bestimmungen enthalten sind. Für den IT-Betrieb wichtig ist auch der Abschnitt 3, in dem die Verarbeitung personenbezogener Daten geregelt ist.

Nach § 3, Abs. 1 sind personenbezogene Daten *»Einzelangaben über persönliche oder sachliche Verhältnisse einer bestimmten oder bestimmbaren Person.«* (BDSG, 2015). Von besonderem Interesse dabei sind Einzelangaben, aus deren Kombination oder Auswertung sich eine Person ableiten, also bestimmen lässt, so wie beispielsweise aus der Telefonnummer in Kombination mit der Adresse. Besonders schutzwürdig sind Daten zur rassischen und ethnischen Herkunft, politische Meinungen sowie religiöse und philosophische Überzeugungen und Angaben zur Gewerkschaftszugehörigkeit, zur Gesundheit und zum Sexualleben.

Nach § 4f Abs. 1 hat jede nichtöffentliche Stelle, die personenbezogene Daten erhebt, verarbeitet oder nutzt, einen *Datenschutzbeauftragten* zu bestellen, sofern mehr als vier Personen damit beschäftigt sind. Kleinstbetriebe sind also von dieser Vorschrift ausgenommen. Sofern der Betrieb jedoch geschäftsmäßig personenbezogene Daten zum Zwecke der Übermittlung erhebt, gilt diese Einschränkung nicht mehr. Dem Datenschutzbeauftragten ist nach § 4g Abs. 2 eine Übersicht über die in § 4e beschriebenen Verfahren zur Verfügung zu stellen. Nach Abs. 1 des Paragrafen ist er rechtzeitig, also vor der Einführung, zu unterrichten. Weiter hat er die ordnungsgemäße Verwendung der Datenverarbeitungsprogramme, mit deren Hilfe personenbezogene Daten verarbeitet werden sollen, zu überwachen.

Weitergehende Datenschutzregelungen in zusätzlichen Gesetzen

Das wohl bekannteste deutsche Regelwerk zum Datenschutz ist das Bundesdatenschutzgesetz. Es gilt für Bundesbehörden und für die Privatwirtschaft. Daneben haben die deutschen Bundesländer eigene Landesdatenschutzgesetze, die für die jeweiligen Landesbehörden und die Kommunen gelten. Sowohl das Bundesdatenschutzgesetz als auch die Landesdatenschutzgesetze finden nur Anwendung, soweit für den konkreten Sachverhalt kein spezielleres Datenschutzgesetz existiert.

Für Postdienstleister gilt beispielsweise die *Postdienste-Datenschutzverordnung*. Und Internet-Provider müssen bei der Verarbeitung personenbezogener Daten ihrer Kunden die besonderen Datenschutzvorschriften des *Telemediengesetzes* beachten. Erhebliche Bedeutung haben auch die in den Sozialgesetzen verankerten Vorschriften zum Schutz des Sozialgeheimnisses. Nicht zuletzt gibt es u.a. mit der *Anordnung über den kirchlichen Datenschutz* (KDO) und der Verordnung zur Durchführung der Anordnung über den kirchlichen Datenschutz (KDO-DVO) eine gesonderte für den Bereich der römisch-katholischen Kirche in Deutschland geltende Datenschutzregelung und mit dem *Kirchengesetz über den Datenschutz der Evangelischen Kirche in Deutschland* (DSG-EKD) und der Datenschutzdurchführungsverordnung (DSVO) für den Bereich der Evangelischen Kirche in Deutschland geltende Datenschutz-Regelungen. ■

Ableitbare Anforderungen an die IT-Dokumentation

Eine wesentliche Bestimmung des BDSG ist die der Meldepflicht nach § 4d, wonach Verfahren automatisierter Verarbeitungen vor ihrer Inbetriebnahme der zuständigen Aufsichtsbehörde bzw. dem betrieblichen Datenschutzbeauftragten zu melden sind. Eine Produktivsetzung einer Verarbeitung personenbezogener Daten, etwa eines Kundenmanagementsystems, ist danach nicht zulässig und kann gerichtlich untersagt werden.

Aus dem § 4g Abs. 2 Satz 1 leitet sich das Erfordernis zur Aufstellung eines Verfahrensverzeichnisses ab, in dem alle meldepflichtigen Verfahren zu dokumentieren sind. Dieses Verzeichnis hat die verantwortliche Stelle zu führen und mit Angabe der zugriffsberechtigten Personen dem Datenschutzbeauftragten zur Verfügung zu stellen. Nähere Erläuterungen zu Verfahrensbeschreibungen finden Sie im vorliegenden Buch in *Abschnitt 1.4.3*.

Diese Bestimmungen führen zu hohen Anforderungen an die Dokumentation der am Verfahren beteiligten IT-Systeme und-abläufe. Es muss also vor der Implementierung eines Verfahrens, in dem personenbezogene Daten verarbeitet werden sollen, exakt festgelegt und damit dokumentiert sein, welche Daten von wem und für wen zu welchem Zweck erhoben, verarbeitet und genutzt werden sollen. Vor allem aber genügt es nicht, nur das Verfahren mitzuteilen. Das Unternehmen hat nach *§ 9 des BDSG* technische und organisatorische Maßnahmen zu treffen, die erforderlich sind, um die Ausführung der Vorschriften dieses Gesetzes - insbesondere die in der Anlage des Gesetzes genannten Anforderungen - zu gewährleisten. Danach sind bei der Verarbeitung von personenbezogenen Daten folgende Kontrollen umzusetzen:

- **Zutritts- und Zugangskontrollen:** Datenschutzrelevante IT-Systeme dürfen nur befugten Personen zugänglich sein und nur von ihnen genutzt werden können. Es ist sicherzustellen, dass nur befugte Personen Zutritt zu Gebäuden, Räumen und IT-Systemen mit personenbezogenen Daten erhalten (Beschreibung des Zutrittskontrollsystems, zum Beispiel Ausweisleser, kontrollierte Schlüsselvergabe etc.). Die Zuständigkeit für die Dokumentation der Zutrittskontrollen liegt i. d. R. jedoch nicht bei der IT-Organisation, sondern im Bereich Gebäudemanagement. Zum Nachweis einer angemessenen IT-Sicherheit muss die IT dennoch über diese Dokumentation verfügen. Die Dokumentation der Zugangskontrollen ist wieder eine originäre Aufgabe der IT, geht es doch um den Nachweis, dass IT-technisch sichergestellt werden kann, dass nur berechtigte Personen sich überhaupt am System anmelden können.

- **Zugriffskontrollen:** Dies umfasst Maßnahmen, die gewährleisten, dass die zur Benutzung der Datenverarbeitungsverfahren Befugten ausschließlich auf die ihrer Zugriffsberechtigung unterliegenden personenbezogenen Daten zugreifen können (Beschreibung von systemimmanenten Sicherungsmechanismen, Verschlüsslungsverfahren entsprechend dem Stand der Technik). Dies schließt auch die Überwachung des Lebenszyklus von Datenträgern ein, d. h., ob die Anforderungen an die Speicherung von personenbezogenen Daten bei der Initialisierung, der Aufbewahrung, der Verwendung und der Entsorgung der Datenträger erfüllt werden. Von der IT sind insbesondere die eingesetzte IT-Technik und die -Abläufe zu dokumentieren.
- **Weitergabekontrollen:** Es muss nachvollziehbar sein, an welche Stellen welche Daten weitergegeben wurden bzw. falls noch keine Daten weitergegeben wurden, an welche Stellen eine Weitergabe vorgesehen ist. Übermittelte bzw. transportierte personenbezogene Daten dürfen während der Übermittlung oder des Transports nicht unbefugt gelesen, kopiert, verändert oder entfernt werden können (Beschreibung von systemimmanenten Sicherungsmechanismen, Verschlüsslungsverfahren entsprechend dem Stand der Technik). Bei Online-Zugriffen ist klarzustellen, welche Seite für die Ausgabe und Verwaltung von Zugriffssicherungscodes verantwortlich ist.
- **Eingabekontrollen:** Es muss eindeutig nachvollziehbar sein, von wem welche personenbezogenen Daten eingegeben, geändert oder gelöscht wurden. Werden personenbezogene Daten im Auftrag einer anderen Stelle verarbeitet, so muss gewährleistet sein, dass die Benutzer die Daten nicht anders als beauftragt verarbeiten können (sämtliche Systemaktivitäten werden protokolliert; die Protokolle werden mindestens drei Jahre lang durch den Auftragnehmer aufbewahrt).
- **Verfügbarkeitskontrollen:** Maßnahmen, die gewährleisten, dass personenbezogene Daten gegen zufällige Zerstörung oder Verlust geschützt sind (Backup-Konzept, Medium, Aufbewahrungszeit und Aufbewahrungsort für Backup-Kopien).
- **Trennungskontrollen:** Maßnahmen, die gewährleisten, dass zu unterschiedlichen Zwecken erhobene Daten getrennt verarbeitet werden können. Hier sind die technischen Trennungsmaßnahmen zu dokumentieren. (BDSG)

Für die entsprechende IT-Dokumentation zur Erhebung, Verarbeitung und Nutzung der personenbezogenen Daten hat dies zur Folge, dass sie bereits vor der Implementierung eines neuen Verfahrens vorliegen muss und dem Datenschutzbeauftragten zur Prüfung zu übergeben ist. Dieser beurteilt damit auch die Ordnungsmäßigkeit der IT-Dokumentation im Sinne des Gesetzes.

Besondere Verpflichtungen bei Auftragsdatenverarbeitung

Mit dem im Rahmen der Novellierung von 2009 neu gefassten § 11 Erhebung, Verarbeitung oder Nutzung personenbezogener Daten im Auftrag des BDSG haben sich die Bestimmungen zur Auftragsdatenverarbeitung in erheblichen Teilen verändert und die Dokumentationspflichten auf Seiten der Auftragnehmer sowie die Prüfpflichten auf Seiten der Auftraggeber erheblich verschärft. Hauptziel der Gesetzesverschärfung ist die Sicherstellung, dass die datenschutzrechtliche Verantwortung und die inhaltliche Verantwortung nicht auseinanderfallen, sondern in einer Hand beim Auftraggeber verbleiben, was bedeutet, dass sich dieser nicht durch die Auslagerung von Datenverarbeitungsprozessen seiner datenschutzrechtlichen Verpflichtungen entledigen kann.

Auftragsdatenverarbeitung beschreibt das Auslagern von Datenverarbeitungsprozessen durch den Auftraggeber auf externe Dienstleister (Outsourcing). Sind hiervon personenbezogene Daten betroffen, findet *§ 11 BDSG Erhebung, Verarbeitung oder Nutzung personenbezogener Daten im Auftrag* Anwendung. Im klassischen Fall der Auftragsdatenverarbeitung werden personenbezogene Daten, beispielsweise Kundendaten, nicht vom Unternehmer selbst, sondern von einem beauftragten Dritten, dem Dienstleister, verwaltet. In der Praxis liegt in einer Vielzahl von Fällen eine Auftragsdatenverarbeitung vor, ohne dass dies den betroffenen Unternehmen überhaupt bewusst ist, etwa im Fall einer externen Lohn- und Gehaltsabrechnung, bei der Pflege und Aktualisierung von Datenbeständen durch Dritte oder auch bei Cloud Computing. Typischerweise handelt es sich bei den folgenden Beispielen um Auftragsdatenverarbeitung:

- Outsourcing des Rechenzentrums (ganz oder teilweise),
- Marketingaktionen und Kundenumfragen durch eine externe Agentur,
- Auslagerung von Kundensupport oder Kundenakquise an ein Callcenter,
- Papier- und Aktenvernichtung sowie die Vernichtung von Datenträgern durch einen externen Dienstleister,
- externe Lohn- und Gehaltsabrechnung,
- externe Rechnungsbearbeitung/Buchhaltung,
- zentrale Bearbeitung von Reisekostenabrechnungen für mehrere Dienststellen,
- Zugriff des Auftragnehmers auf personenbezogene Daten vor Ort beim Auftraggeber,
- Wartung (auch Fernwartung) von Servern und Computern durch einen externen Dienstleister, wenn Zugriff auf personenbezogene Daten möglich ist,
- Wartungs- und Prüfungsverträge, wenn hierdurch der Zugriff auf personenbezogene Daten möglich ist.

Das Gesetz regelt die Pflichten des Auftraggebers vor einer Auftragsvergabe. So muss der Auftragnehmer unter besonderer Berücksichtigung der Zuverlässigkeit und der Eignung der von ihm getroffenen technischen und organisatorischen Maßnahmen sorgfältig ausgewählt werden. Weiterhin ist in § 11 des BDSG geregelt, dass der Auftrag schriftlich zu erteilen ist und dass regelmäßige Kontrollen zu erfolgen haben. Im Vertrag sind insbesondere die folgenden Punkte zu definieren:

1. *»Der Gegenstand und die Dauer des Auftrags,*
2. *der Umfang, die Art und der Zweck der vorgesehenen Erhebung, Verarbeitung oder Nutzung von Daten, die Art der Daten und der Kreis der Betroffenen,*
3. *die nach § 9 zu treffenden technischen und organisatorischen Maßnahmen,*
4. *die Berichtigung, Löschung und Sperrung von Daten,*
5. *die nach Absatz 4 bestehenden Pflichten des Auftragnehmers, insbesondere die von ihm vorzunehmenden Kontrollen,*
6. *die etwaige Berechtigung zur Begründung von Unterauftragsverhältnissen,*
7. *die Kontrollrechte des Auftraggebers und die entsprechenden Duldungs- und Mitwirkungspflichten des Auftragnehmers,*

8. *mitzuteilende Verstöße des Auftragnehmers oder der bei ihm beschäftigten Personen gegen Vorschriften zum Schutz personenbezogener Daten oder gegen die im Auftrag getroffenen Festlegungen,*
9. *der Umfang der Weisungsbefugnisse, die sich der Auftraggeber gegenüber dem Auftragnehmer vorbehält,*
10. *die Rückgabe überlassener Datenträger und die Löschung beim Auftragnehmer gespeicherter Daten nach Beendigung des Auftrags.*« (BDSG, 2015).

Dokumentation bei Outsourcing

Die meisten Unternehmen haben den einen oder anderen Service an externe Dienstleister ausgelagert. Dies reicht vom Webhosting über die Nutzung von *Software as a service* bis hin zu einem outgesourcten Service Desk.

In der Praxis führt dies häufig dazu, dass das Thema Dokumentation für diese Bereiche kaum mehr beachtet werden. Jedes Unternehmen muss sich aber bewusst machen, dass mit einer Auslagerung bzw. Outsourcing von Prozessen oder Verfahren kein Abwälzen der Risiken möglich ist. Die Risikoverantwortung obliegt auch bei Auslagerungen bei dem auslagernden Unternehmen. Dieses muss sicherstellen bzw. sich davon überzeugen, dass die Compliance-Vorgaben, wie beispielsweise Datenschutzregelungen, durch den Auftragnehmer erfüllt werden.

1.2.11 Telemediengesetz (TMG)

Das Telemediengesetz (TMG) regelt die rechtlichen Rahmenbedingungen für alle elektronischen Informations- und Kommunikationsdienste und ist eine der zentralen Vorschriften des Internetrechts. Es fasst in einem Gesetz zusammen, was bis zum Inkrafttreten am 1. März 2007 in die folgenden drei Regelwerke aufgeteilt war:

- Teledienstgesetz (TDG),
- Teledienstdatenschutzgesetz (TDDSG) und
- Mediendienste-Staatsvertrag (MdStV).

Das TMG gilt für alle Anbieter von elektronischen Informations- und Kommunikationsdiensten. Es kommt damit auch zur Anwendung, wenn beispielsweise ein Unternehmen seinen Mitarbeitern die Nutzung von Internet und E-Mail auch zu privaten Zwecken gestattet. Im Falle der privaten Nutzung besteht zwischen Dienstherrn und Beschäftigten ein Anbieter-Nutzer-Verhältnis, da es sich bei der Bereitstellung der Dienste um ein Angebot von Telekommunikation und Telemedien im Sinne des Telemediengesetzes handelt. Als solcher hat er das Fernmeldegeheimnis nach § 88 des Telekommunikationsgesetzes zu beachten. Damit ergeben sich vielfältige Fragen zur Wahrung der Privatsphäre der betroffenen Mitarbeiter und es müssen sowohl die Vorschriften des Telemediengesetzes sowie des Bundesdatenschutzgesetzes beachtet werden. Und für Provider ist der Erlaubnisrahmen für die Verarbeitung der Verkehrs-, Nutzungs- und Abrechnungsdaten damit sehr eng gesteckt.

Das TMG unterscheidet explizit zwischen Nutzungs- und Bestandsdaten. Als Nutzungsdaten werden die personenbezogenen Daten eines Nutzers bezeichnet, die erforderlich sind, »*um die Inanspruchnahme von Telemedien zu ermöglichen und abzurechnen*«, während die Bestandsdaten die personenbezogenen Daten sind, die »*für die Begründung, inhaltliche Ausgestaltung oder Änderung eines Vertragsverhältnisses zwischen dem Diensteanbieter und Nutzer über die Nutzung von Telemedien erforderlich sind*« (§ 14 und § 15 TMG, 2015). Diese Bestandsdaten können beispielsweise bei einer Rechtsverfolgung durch die zuständigen Behörden angefordert werden. Wichtig ist, dass das TMG festlegt, dass der Diensteanbieter personenbezogene Daten ausschließlich im Sinne der oben definierten Nutzungs- und Bestandsdaten erlaubt. Werden diese nicht rechtzeitig gelöscht oder zu einem anderen Zweck erhoben, führt dies zu ordnungswidrigem Verhalten und kann mit einer Geldbuße geahndet werden. Abrechnungsdaten, d. h. Daten, die erhoben werden, um die Abrechnung mit dem Nutzer durchführen zu können, dürfen höchstens bis zum Ablauf des sechsten Monats nach Versendung der Rechnung gespeichert werden.

Durch die Verabschiedung des IT-Sicherheitsgesetzes (s. Kap. 1.3.1) hat das TMG eine Erweiterung hinsichtlich der Sicherheitsanforderungen erfahren. Nach dem neu eingefügten Abs. 7 im § 13 TMG haben die Anbieter von geschäftsmäßig angebotenen Telemedien technische und organisatorische Maßnahmen zur Vermeidung von

- unerlaubten Zugriffen auf die technischen Einrichtungen,
- Verletzungen des Schutzes personenbezogener Daten und
- Störungen, auch durch äußere Angriffe

zu ergreifen.

Die Anbieter haben dabei jeweils den Stand der Technik, z. B. geeignete Verschlüsselungsverfahren, zu berücksichtigen.

Ableitbare Anforderungen an die IT-Dokumentation

Anforderungen an die IT-Dokumentation ergeben sich aus den Nachweis- und Überprüfungspflichten. So sind die getroffenen Regelungen und Verfahren zu dokumentieren. Hierzu gehören auch gegebenenfalls getroffene Dienstvereinbarungen. Außerdem besteht die Verpflichtung, diese regelmäßig zu kontrollieren und dies auch zu dokumentieren.

Bei zugelassener privater Nutzung sind zusätzlich die Anforderungen des TMG zu erfüllen. Eine besondere Anforderung, die durch das TMG gefordert wird, sind die maximalen Aufbewahrungsfristen. Somit sind innerhalb der Organisation des Diensteanbieters auch Prozesse zu dokumentieren, die eine regelmäßige Vernichtung von personenbezogenen Daten gewährleisten.

Die Zuständigkeit für die Dokumentation liegt nicht immer bei der IT. Je nach Unternehmensstruktur können auch andere Organisationseinheiten (z. B. Innere Dienste, Verwaltung, Kommunikation) dafür verantwortlich sein. Aber auch in diesen Fällen muss die IT alle Sachverhalte dokumentieren, sobald Systeme der IT-Organisation tangiert sind, z. B. Schnittstellen, Datenflüsse und interne Kontrollen.

1.3 Anforderungen aus branchenspezifischen Vorschriften

In vielen Branchen gelten zusätzliche Vorschriften, um deren erhöhten Anforderungen an die Sicherheit gerecht zu werden. Hierzu zählen insbesondere die Betreiber von kritischen Infrastrukturen, Banken und Versicherungen, aber natürlich auch die Chemie-, Pharma-, Gesundheits- und Lebensmittelbranche. Während es bei den vier letztgenannten vorrangig darum geht, direkte oder indirekte Gefahren für Leib und Leben von Menschen sowie den Missbrauch personenbezogener Daten zu verhindern, sind bei den Banken und Versicherungen vorrangig finanzielle Risiken von Interesse. Nicht zuletzt soll bei den kritischen Infrastrukturen das Sicherheitsniveau generell angehoben werden.

In Bezug auf die IT-Dokumentation ist es wichtig, mögliche zusätzliche Compliance-Anforderungen zu identifizieren und bei der Konzeption der Dokumentation zu berücksichtigen.

1.3.1 IT-Sicherheitsgesetz

Mit dem *Gesetz zur Erhöhung der Sicherheit informationstechnischer Systeme (IT-Sicherheitsgesetz)* soll ein bundesweit einheitlich hohes Sicherheitsniveau erreicht werden. Um dieses Ziel zu erreichen, ist das Gesetz an die Betreiber kritischer Infrastrukturen in Deutschland gerichtet. Hierzu gehören gemäß Artikel 1, Absatz 1 Unternehmen aus den Sektoren:

- Energie,
- Informationstechnik und Telekommunikation,
- Transport und Verkehr, Gesundheit,
- Wasser, Ernährung sowie
- Finanz- und Versicherungswesen.

Gemäß Artikel 1, Absatz 7 haben die Betreiber unter Beachtung des Standes der Technik organisatorische und technische Vorkehrungen zur

- Vermeidung von Störung der Verfügbarkeit
- Integrität, Authentizität und
- Vertraulichkeit ihrer IT-Systeme, Komponenten oder Prozesse

zu treffen. (IT-Sicherheitsgesetz, 2015)

Nach Artikel 1, Absatz 8 wird eine Rechtsverordnung erlassen, in welcher geregelt wird, *welche Einrichtungen, Anlagen oder Teile davon als kritische Infrastrukturen im Sinne dieses Gesetzes gelten.* Mit der Veröffentlichung dieser Verordnung wird aber erst in 2016 gerechnet.

Die Betreiber haben die Erfüllung der Anforderungen ab Bekanntgabe der Rechtsverordnung alle zwei Jahre durch Sicherheitsaudits, Prüfungen oder Zertifizierungen dem Bundesamt für Sicherheit in der Informationstechnik (BSI) nachzuweisen.

Weiterhin haben die Betreiber erhebliche Störungen, die zum Ausfall oder zu einer Beeinträchtigung der Funktionsfähigkeit von deren Infrastruktur führen können oder bereits geführt haben, unverzüglich über eine einzurichtende Kontaktstelle an das BSI zu melden. Hierbei sind Art, Umfang, Rahmenbedingungen sowie die vermuteten Ursachen zu beschreiben. Auch wenn der Adressat dieses Gesetzes zunächst der »Betreiber« also das betreffende Unternehmen ist, so wird der Nachweis der Erfüllung der Anforderungen i. d. R. von der IT-Organisation zu erbringen sein.

Für die Dokumentation leiten sich daraus umfangreiche Anforderungen ab. So müssen alle organisatorischen und technischen Maßnahmen zum Schutz der kritischen Infrastrukturen sowie deren Daten durch Dokumentation nachgewiesen werden. Hierzu gehört auch der Nachweis der Wirksamkeit der Maßnahmen, der u. a. durch Protokolle und Abnahmen erbracht wird. Durch die gesetzlich verankerten Prüfungen im Zweijahresrhythmus wird auch die entsprechende IT-Dokumentation immer wieder auf den Prüfstand gestellt. Dadurch bekommen Aktualität und Verfügbarkeit einen noch höheren Stellenwert.

1.3.2 Energiewirtschaftsgesetz (EnWG)

Das Gesetz regelt grundsätzlich die Strom- und Gasversorgungsnetze (regulierter Markt) zur Sicherstellung eines funktionsfähigen Wettbewerbs der Energieversorgung auf Basis unabhängiger Netzbetreiber.

Die Aufgaben der Netzbetreiber werden in § 11 festgelegt, wonach sie u. a. verpflichtet sind, ein sicheres, zuverlässiges und leistungsfähiges Energieversorgungsnetz zu betreiben. Im Abs. 1a heißt es konkret im Hinblick auf die Sicherstellung einer angemessen IT-Sicherheit: Der Betrieb eines sicheren Energieversorgungsnetzes umfasst insbesondere auch einen angemessenen Schutz gegen Bedrohungen für Telekommunikations- und elektronische Datenverarbeitungssysteme, die für einen sicheren Netzbetrieb notwendig sind.

Weiter wird ausgeführt, dass hierzu im Zusammenhang mit dem BSI ein Katalog von Sicherheitsanforderungen (IT-Sicherheitskatalog) entwickelt und veröffentlicht wird. Einen verbindlichen Charakter bekommt der IT-Sicherheitskatalog durch eine weitere Formulierung im Abs. 1a, wonach ein angemessener Schutz des Betriebs eines Energieversorgungsnetzes vorliegt, wenn dieser Katalog der Sicherheitsanforderungen eingehalten und dies vom Betreiber dokumentiert worden ist. Die Regulierungsbehörde kann die Einhaltung überprüfen.

IT-Sicherheitskatalog

In Konkretisierung des § 11 EnWG des Geltungsbereichs bezüglich der Telekommunikations- und IT-Systeme wird in Abschnitt D des IT-Sicherheitskatalogs festgelegt, dass zumindest alle TK- und EDV-Systeme des Netzbetreibers, welche direkt Teil der Netzsteuerung sind, d. h. unmittelbar Einfluss nehmen auf die Netzfahrweise, betroffen sind. Weiterhin sind auch TK- und EDV-Systeme im Netz betroffen, die selbst zwar nicht direkt Teil der Netzsteuerung sind, deren Ausfall jedoch die Sicherheit des Netzbetriebs gefährden könnte. Darunter fallen z. B. Messeinrichtungen an Trafo- oder Netzkoppelstationen.

In Abschnitt E werden die Sicherheitsanforderungen in den ersten sechs Kapiteln beschrieben, die im Folgenden zusammengefasst werden.

Informationssicherheitsmanagementsystem (ISMS)

Netzbetreiber haben ein ISMS zu implementieren, das den Anforderungen der ISO 27001 in der jeweils geltenden Fassung genügt. Dies gilt für alle in Abschnitt D beschriebenen Systeme. Wie in Kapitel 1.6.2 dieses Buchs noch näher ausgeführt wird, ist das zunächst eine Aufgabe des Betreibers und nicht der IT-Organisation. Dennoch erwachsen daraus umfangreiche Dokumentationspflichten für die IT in Bezug auf die betroffenen IT-Systeme.

II Sicherheitskategorien und Maßnahmen

Hier wird auf die Umsetzungsempfehlungen der ISO 27002 verwiesen und die damit im Zusammenhang stehenden Anforderungen für die Netzbetreiber. Weiterhin ist die DINISO/IEC TR 27019 (DIN SPEC 27019) zu berücksichtigen, die weitere Anforderungen im Bereich der Prozesssteuerung der Energieversorgung beschreibt.

III Ordnungsgemäßer Betrieb der IKT-Systeme

Hier heißt es, »*dass der Betrieb der relevanten Telekommunikations- und Datenverarbeitungssysteme ordnungsgemäß erfolgt. Dies bedeutet insbesondere, dass die eingesetzten IKT-Systeme und IKT-gestützten Verfahren und Prozesse zu jedem Zeitpunkt beherrscht werden und dass technische Störungen als solche erkannt und behoben werden können oder anderweitig deren Behebung sichergestellt werden kann.*« (IT-Sicherheitskatalog, 2015)

Der Nachweis der Erfüllung dieser Anforderungen kann regelmäßig nur durch eine entsprechende Dokumentation sichergestellt werden.

IV Netzstrukturplan

Die gemäß Abschnitt betroffenen Anwendungen Systeme und Komponenten sind in geeigneter Form in einem Netzstrukturplan darzustellen. Hierbei sind die folgenden Netztechnologien zu unterscheiden:

- Leitsystem/Systembetrieb,
- Übertragungstechnik/Kommunikation,
- Sekundär-, Automatisierungs- und Fernwirktechnik.

Dabei sind die Schnittstellen zwischen den Netzteilen und zu Systemen außerhalb des Geltungsbereichs gemäß Abschnitt D hervorzuheben.

In den Abschnitten V und VI werden zentrale Aufgaben aus der ISO 27001, nämlich die Risikoeinschätzung und die Risikobehandlung, beschrieben.

In Kapitel VII schließlich steht die Verpflichtung des Netzbetreibers, einen Ansprechpartner zu benennen, der die Kommunikation zur Bundesnetzagentur sicherstellen muss. Er ist der Agentur auskunftspflichtig zu folgenden Sachverhalten:

- Umsetzungsstand der Anforderungen aus dem vorliegenden IT-Sicherheitskatalog,
- aufgetretene Sicherheitsvorfälle sowie Art und Umfang evtl. hierdurch hervorgerufener Auswirkungen,
- Ursache aufgetretener Sicherheitsvorfälle sowie Maßnahmen zu deren Behebung und zukünftigen Vermeidung.

Damit der Ansprechpartner hierzu *unverzüglich* Auskunft geben kann, müssen die erforderlichen Informationen jederzeit und aktuell zur Verfügung stehen.

Verstärkt wird die Bedeutung der Anforderungen aus dem IT-Sicherheitskatalog durch die Verpflichtung, die Einhaltung durch ein entsprechendes Zertifikat nachzuweisen.

1.3.3 Compliance-Anforderungen der Chemie-, Pharma-, Gesundheits- und Lebensmittelbranche

Die pharmazeutische und chemische Industrie beispielsweise unterliegt einer ganzen Reihe zusätzlicher Vorschriften. Diese betreffen zwar überwiegend die Tests und Erprobung der Produkte, haben jedoch auch Auswirkungen auf andere Unternehmensbereiche wie die Informationstechnologie. Entsprechende Regelungen sind beispielsweise die *Good Laboratory Practice (GLP)* oder die *Chemikalienrichtlinie der EU - REACH (Registration, Evaluation and Authorization of Chemicals)*. GLP ist als ein formaler Rahmen für die Durchführung von Sicherheitsprüfungen an chemischen Produkten und in vielen Ländern gesetzlich vorgeschrieben. Die GLP legen den organisatorischen Ablauf und die Bedingungen fest, unter denen Laborprüfungen geplant, durchgeführt und überwacht werden. Daneben definieren sie auch die erforderlichen Prüfungsberichte.

Ebenso gibt es im Gesundheitswesen spezielle Compliance-Anforderungen an die IT. Stellvertretend soll der US-amerikanische *Health Insurance Portability and Accountability Act II (HIPAA)* genannt werden. HIPAA II soll für die Implementierung von elektronischen Transaktionsstandards sorgen, um die Transaktion von relevanten Patienteninformationen im Gesundheitswesen zu schützen, und stellt hinsichtlich der IT Anforderungen an Leistungserbringer im Gesundheitswesen, Anbieter von Krankenkassenleistungen und Abrechnungsstellen. So sind neben speziellen Regelungen zum Datenschutz auch spezifische Sicherheitsanforderungen an die Verarbeitung von Daten in den betroffenen Unternehmen zu beachten.

Nicht unerwähnt bleiben darf in dieser keineswegs vollständigen Liste der *Good Automated Manufacturing Practice Supplier Guide for Validation of Automated Systems in Pharmaceutical Manufacture* (kurz: *GAMP*). Es handelt sich hierbei um ein Standardregelwerk für die Validierung computergestützter Systeme in der pharmazeutischen Industrie (Hersteller und Zulieferer). Die GAMP-Regelwerke haben jedoch keine gesetzliche Bindung.

1.3.4 Compliance-Anforderungen für Finanzdienstleister

Aber auch der Finanzdienstleistungssektor unterliegt einem stark regulierten Umfeld, das in den vergangenen Jahren eine starke Zunahme an Regulierungen erfahren hat. Hier lassen sich eine Reihe Branchenstandards anführen, welche nicht durch einen Gesetzgeber erlassen wurden, wie beispielsweise der *Payment Card Industry Data Security Standard (PCI-DSS)*. Bei diesem handelt es sich um ein Regelwerk im Zahlungsverkehr, das sich auf die Abwicklung von Kreditkartentransaktionen bezieht und von allen wichtigen Kreditkartenorganisationen unterstützt wird. Handelsunternehmen und Dienstleister, die Kreditkartentransaktionen speichern, übermitteln oder abwickeln, müssen diese Regelungen erfüllen. Dieser Standard betrifft aber nicht nur Kreditkartenunternehmen, sondern tangiert auch Unternehmen und Geschäfte, welche entsprechende bargeldlose Transaktionen ermöglichen. Die Einhaltung der Regeln wird üblicherweise in Abhängigkeit vom Umsatzvolumen des Unternehmens überprüft. Halten sie sich nicht daran, können Strafgebühren verhängt, Einschränkungen ausgesprochen oder ihnen letztlich die Akzeptanz von Kreditkarten untersagt werden.

Die Entwicklungen im Finanzsektor in den vergangenen Jahren haben aber auch dazu geführt, dass der Gesetzgeber zusätzliche Gesetze erlassen bzw. bestehende verschärft hat. Hierzu zählen die MaRisk sowie BASEL II und III, die wegen ihrer Bedeutung im Folgenden vorgestellt werden.

Derzeit wird die Bankenaufsicht in Deutschland von zwei Institutionen gemeinsam wahrgenommen:

- der Bundesanstalt für Finanzdienstleistungsaufsicht (BaFin) und
- der Deutschen Bundesbank.

Dies ist in § 7 Kreditwesengesetz (KWG) geregelt und wird durch die Aufsichtsrichtlinie (AufsichtsRL) vom 21. Mai 2013 konkretisiert. Gemäß KWG ist die wesentliche Aufgabe der Bundesbank, die laufende Aufsicht über die Kreditinstitute sicherzustellen. Im Mittelpunkt steht dabei, dass Bankgeschäfte ordnungsgemäß durchgeführt werden und die Sicherheit der den Instituten anvertrauten Vermögenswerte nicht gefährdet wird (Solvenzaufsicht). Die BaFin wiederum kann gemäß § 44 KWG bankgeschäftliche Prüfungen sowohl bei Kreditinstituten anordnen als auch bei Unternehmen, an die ein Kreditinstitut wesentliche Aktivitäten und Prozesse gemäß § 25a Abs. 2 KWG ausgelagert hat. Grundlage der Prüfung sind die MaRisk, die eine Konkretisierung des § 25a KWG darstellen. Daher werden in gleicher Weise Verstöße gegen die MaRisk als »Verstöße gegen § 25a KWG« betrachtet. (KWG, 2015)

Mindestanforderungen an das Risikomanagementsystem (MaRisk)

Während im KonTraG allgemeine Regelungen zur risikoorientierten Unternehmensführung und Überwachung enthalten sind, enthalten die MaRisk konkrete Anforderungen an die betreffenden Unternehmen (MaRisk). Ziel der MaRisk ist, Missständen entgegenzuwirken, welche die Sicherheit der den Instituten anvertrauten Vermögenswerte gefährden, die ordnungsgemäße Durchführung der Bankgeschäfte oder Finanzdienstleistungen beeinträchtigen oder erhebliche Nachteile für die Gesamtwirtschaft herbeiführen können.

MaRisk sind eine Verwaltungsvorschrift der Bundesanstalt für Finanzdienstleistungsaufsicht (BaFin). Sie wurden in der ursprünglichen Fassung für die Ausgestaltung des Risikomanagements in deutschen Kreditinstituten 2005 veröffentlicht.

2009 veröffentlichte die BaFin neben einer Neufassung der MaRisk zusätzlich die an das Versicherungswesen gerichteten Mindestanforderungen an das Risikomanagement. Diese erhielten den Zusatz *(VA)*, was den Klammerzusatz *(BA)* bei den Vorgaben für das Bankwesen nötig machte. Bis dahin war MaRisk ohne Klammerzusatz auf das Bankwesen bezogen. Weiterhin hat die BaFin mit dem Rundschreiben vom 30.06.2010 eine weitere MaRisk-Verordnung *InvMaRisk* für Kapitalanlagegesellschaften und sich selbst verwaltende Investmentaktiengesellschaften veröffentlicht (BaFin). Bis zum Dezember 2007 hatten für Kapitalanlagegesellschaften die Mindestanforderungen an das Risikomanagement aus der Bankenaufsicht - die MaRisk (BA) - gegolten. Aufbau und Inhalt der InvMaRisk sind jedoch, wie auch bei der MaRisk (VA), eng an die MaRisk (BA) angelehnt.

Damit gibt es die MaRisk für die folgenden Bereiche:

- **MaRisk (BA):** Mindestanforderungen an das Risikomanagement, die sich an Kreditinstitute richten,
- **MaRisk (VA):** Mindestanforderungen an das Risikomanagement, die sich an die Versicherungswirtschaft richten,
- **MaRisk (Inv):** Mindestanforderungen an das Risikomanagement, die sich an die Investmentgesellschaften richten.

Wichtig für die IT-Dokumentation sind die Anforderungen hinsichtlich der Aufbau- und Ablauforganisation und deren Dokumentation sowie die Anforderungen an die Prüfaktivitäten der internen Revision, die im Kreditwesen ohnehin obligatorisch sind.

Im Folgenden wird auf die Anforderungen der MaRisk (BA) eingegangen, die in der Fassung von 2012 vorliegt.

Grundsätzlich sind gemäß Kapitel 4.3.1 des Allgemeinen Teils (AT) »*die Prozesse sowie die damit verbundenen Aufgaben, Kompetenzen, Verantwortlichkeiten, Kontrollen sowie Kommunikationswege klar zu definieren und aufeinander abzustimmen. Das gilt auch bezüglich der Schnittstellen zu wesentlichen Auslagerungen.*« Weiter wird in AT 5 festgelegt, »*dass die Geschäftsaktivitäten auf der Grundlage von Organisationsrichtlinien betrieben werden (zum Beispiel Handbücher, Arbeitsanweisungen oder Arbeitsablaufbeschreibungen). Die Organisationsrichtlinien müssen schriftlich fixiert und den betroffenen Mitarbeitern in geeigneter Weise bekannt gemacht werden. Es ist sicherzustellen, dass sie den Mitarbeitern in der jeweils aktuellen Fassung zur Verfügung stehen. Die Richtlinien sind außerdem bei Änderungen der Aktivitäten und Prozesse zeitnah anzupassen.*« (MaRisk, 2012)

Die Organisationsrichtlinien müssen gemäß AT 5 folgende Regelungen enthalten:

- »*Regelungen für die Aufbau- und Ablauforganisation sowie zur Aufgabenzuweisung, Kompetenzordnung und zu den Verantwortlichkeiten*
- *Regelungen hinsichtlich der Ausgestaltung der Risikosteuerungs- und Risikocontrollingprozesse*
- *Regelungen zur internen Revision*
- *Regelungen, die die Einhaltung gesetzlicher Bestimmungen sowie sonstiger Vorgaben (z. B. Datenschutz oder Compliance) gewährleisten*
- *Regelungen zu Verfahrensweisen bei wesentlichen Auslagerungen*« (MaRisk, 2012)

Zudem muss die Ausgestaltung der Organisationsrichtlinien eine Sachprüfung der internen Revision ermöglichen. Die Pflicht zur Dokumentation ergibt sich aus AT 6, wonach Geschäfts-, Kontroll- und Überwachungsunterlagen systematisch und für sachkundige Dritte nachvollziehbar abzufassen sind.

In AT 7.2 werden die Anforderungen an die *technisch-organisatorische Ausstattung* beschrieben. In diesem Zusammenhang wird gefordert, dass *Die Eignung der IT-Systeme und der zugehörigen Prozesse regelmäßig von den fachlich und technisch zuständigen Mitarbeitern zu überprüfen ist.* Test und Abnahme von IT-Systemen müssen Teil eines Regelprozesses sein, der auch die Implementierung einschließt.

In Bezug auf die IT-Organisation und IT-Dokumentation wird in AT 7.3 ausdrücklich ein Notfallkonzept gefordert, das Geschäftsfortführungs- sowie Wiederanlaufpläne umfasst. Die

Geschäftsfortführungspläne müssen gewährleisten, dass im Notfall zeitnah Ersatzlösungen zur Verfügung stehen. Die Wiederanlaufpläne müssen außerdem innerhalb eines angemessenen Zeitraums die Rückkehr zum Normalbetrieb ermöglichen. Die im Notfall zu verwendenden Kommunikationswege sind festzulegen. Das Notfallhandbuch muss den beteiligten Mitarbeitern zur Verfügung stehen.

Auch hinsichtlich der Prüfungsaktivitäten der internen Revision werden in der MaRisk klare Vorgaben gemacht. So wird im Besonderen Teil (BT) 2.1 ausgeführt, dass sich die Prüfungstätigkeit der internen Revision auf der Grundlage eines risikoorientierten Prüfungsansatzes grundsätzlich auf alle Aktivitäten und Prozesse des Instituts erstreckt. Damit werden die IT-Prozesse ebenfalls zum Prüfungsgegenstand.

Weiter sind gemäß BT 2.3 die Aktivitäten und Prozesse des Instituts, auch wenn diese ausgelagert sind, in angemessenen Abständen, grundsätzlich innerhalb von drei Jahren, zu prüfen. Wenn besondere Risiken bestehen, ist jährlich zu prüfen. Da die Kernprozesse der IT gerade im Kreditgeschäft ein hohes Risiko darstellen, sind diese und ihre zugrunde liegende Dokumentation jährlich zu prüfen.

Der IT-Bereich hat also nicht nur umfangreiche Dokumentationspflichten bezüglich der eingesetzten Technik sowie der Aufbau- und Ablauforganisation. Er hat ebenfalls auch die Umsetzung der Empfehlungen der internen Revision zu dokumentieren.

Basel II und III

Basel II und III stehen für die »Eigenkapitalvorschriften vom Basler Ausschuss« und umfassen Regelungen des Bankaufsichtsrechts mit dem Ziel, Insolvenzen durch Kreditausfälle zu verhindern, um das internationale Finanzsystem zu sichern. Nach einer »*im Jahr 2006 durchgeführten Studie wurde festgestellt, dass für über 45 % der deutschen Unternehmen die Regelungen von Basel II relevant sind*« (Klaus Schmidt, 2011).

Die seit 1988 geltende und seither mehrfach ergänzte Eigenkapitalvereinbarung (Basel I) wurde zum 1.1.2007 durch die neue Eigenkapitalvereinbarung (Basel II) ersetzt. Erweiterungen hat die Vereinbarung ab 2013 durch Basel III erfahren. Für die IT ist von Bedeutung, dass Basel II und III auch operationelle Risiken betrachtet und Schwachstellen der IT zu den operationellen Risiken zählen, denen mit geeigneten Maßnahmen zu begegnen ist. Hieraus lässt sich unmittelbar die Verpflichtung zur Einführung eines IT-Risikomanagements sowie eines Sicherheitsmanagements (und damit auch dessen Dokumentation) ableiten.

1.4 Was prüfen Wirtschaftsprüfer und Revisoren?

Unternehmen müssen nicht nur sicherstellen, dass Compliance-Anforderungen eingehalten werden, sondern dies auch regelmäßig kontrollieren und im Rahmen der Jahresabschlussprüfung gegebenenfalls nachweisen.

Das Erfordernis zur Prüfung der Geschäfte eines Unternehmens ergibt sich aus der nationalen und internationalen Rechtslage. Die Prüfung des Jahresabschlusses durch eine Wirtschaftsprüfungsgesellschaft hat dabei die breiteste Gesetzesbasis, nämlich das Aktiengesetz, die 8. EU-Richtlinie bzw. BilMoG und eventuell SOX. Die Prüfung durch die interne Revision ergibt sich aus dem KonTraG sowie gegebenenfalls durch die MaRisk. Die Prüfungspflichten des ab 2009 zu bildenden Prüfungsausschusses wiederum basieren auf entsprechenden Festlegungen der 8. EU-Richtlinie und gegebenenfalls SOX.

Bei vielen Mitarbeitern aber herrscht Unsicherheit darüber, welche Unterlagen in welchem Detaillierungsgrad Prüfer und Revisoren im Rahmen derartiger Prüfungen erwarten bzw. fordern. Dieser Abschnitt befasst sich daher mit den folgenden Fragen:

- Auf welcher Grundlage erfolgen Prüfungen?
- Wie prüfen Prüfer die IT?
- Welche Dokumente fordern Prüfer?

Konkret betrachtet werden die Anforderungen der Prüfer im Rahmen der Jahresabschlussprüfung sowie Anforderungen an die Verfahrensdokumentation, wie sie von Seiten der Revision definiert werden.

1.4.1 Jahresabschlussprüfung

Die gesetzlichen Grundlagen, nach denen ein Wirtschaftsprüfer einen Jahresabschluss zu prüfen hat, sind in den Paragrafen §§ 316 ff HGB definiert. Im Fokus der Prüfung stehen dabei die Buchführung und deren Ergebnisse. In der Vergangenheit wurde die IT daher im Rahmen der Jahresabschlussprüfungen nur selten mitbetrachtet. Seit einigen Jahren ist hier jedoch ein Trendwechsel zu erkennen, wonach IT-Prüfungen zunehmend eine Rolle spielen.

Standards des Instituts der Wirtschaftsprüfer in Deutschland (IDW)

Der größte Teil aller mit der Wirtschaftsprüfung betrauten Personen und Gesellschaften hat sich im *Institut für Wirtschaftsprüfer in Deutschland e.V. (IDW)* zusammengeschlossen. IDW ist ein eingetragener Verein mit Sitz in Düsseldorf, der die Arbeit der Wirtschaftsprüfer und Wirtschaftsprüfungsgesellschaften unterstützt. Die Prüfungsstandards des IDW stellen die Berufsauffassung der Wirtschaftsprüfer zu bestimmten prüferischen Fragestellungen und Themen dar und gelten als Grundsätze ordnungsmäßiger Abschlussprüfung. Sie sind daher von Wirtschaftsprüfern bei der Durchführung von Abschlussprüfungen grundsätzlich zu beachten.

Für die auf die IT-Organisation und -systeme bezogenen Teile der Prüfung stellt das IDW mehrere Veröffentlichungen bereit, die sich in drei Gruppen gliedern:

- Stellungnahmen zur Rechnungslegung
  - Grundsätze ordnungsmäßiger Buchführung bei Einsatz von Informationstechnologie – (IDW RS FAIT1)
  - Grundsätze ordnungsmäßiger Buchführung bei Einsatz von Electronic Commerce – (IDW RS FAIT 2)
  - Grundsätze ordnungsmäßiger Buchführung beim Einsatz elektronischer Archivierungsverfahren – (IDW RS FAIT 3)

  - Anforderungen an die Ordnungsmäßigkeit und Sicherheit IT-gestützter Konsolidierungsprozesse – (IDW RS FAIT 4)
  - Grundsätze ordnungsmäßiger Buchführung bei Auslagerung von rechnungslegungsrelevanten Dienstleistungen einschließlich Cloud Computing – (IDW ERS FAIT 5) – liegt mit Stand 09/2015 im Entwurf vor
- Prüfungsstandards
  - Abschlussprüfung bei Einsatz von Informationstechnologie (IDW PS 330)
  - Projektbegleitende Prüfung bei Einsatz von Informationstechnologie (IDW PS 850)
  - Erteilung und Verwendung von Software-Bescheinigungen (IDW PS 880)
- Prüfungshinweise
  - Checkliste zur Abschlussprüfung bei Einsatz von Informationstechnologie (IDW PH9.330.1)

Alle Veröffentlichungen können kostenpflichtig beim IDW-Verlag bezogen werden.

Das grundlegende Vorgehen bei Abschlussprüfungen resultiert aus dem IDW PS 330 und wird dort genau beschrieben. Danach hat der Abschlussprüfer das IT-gestützte Rechnungslegungssystem dahingehend zu beurteilen, ob die gesetzlichen und im Fachausschuss Informationstechnologie des IDW formulierten Anforderungen an die Ordnungsmäßigkeit und die Sicherheit erfüllt werden. Auch wenn gemäß den gesetzlichen Anforderungen nur die rechnungslegungsrelevanten Prozesse und Systeme geprüft werden, ist doch ein großer Teil der IT davon betroffen. So werden zum Beispiel die Sicherheits- und Kontrollstrukturen nicht nur im Hinblick auf die Anwendungssysteme, sondern auch im Hinblick auf die Datenbank- und Systembasis geprüft.

Daneben sind – wenn auch nicht für Jahresabschlussprüfungen – die Prüfungsstandards 850 und 880 relevant. Während die Prüfungen nach dem PS 330 auf implementierte Anwendungen und Systeme ausgerichtet sind, stellt der *PS 880 – Erteilung und Verwendung von Softwarebescheinigungen* einen Prüfungsstandard dar, der die Anwendungen (Softwareprodukte) vor der Implementierung prüft. Ein derartiges Prüftestat bescheinigt dem Unternehmen, dass seine entwickelte Software den Grundsätzen ordnungsgemäßer DV-gestützter Buchführungssysteme entspricht.

Relevanz hat auch der 2008 veröffentlichte Standard *PS 850 – Projektbegleitende Prüfung bei Einsatz von Informationstechnologie.* Dieser beschreibt auf Basis der Ordnungsmäßigkeitsanforderungen des PS 330 die Prüfungsanforderungen zu den Projektphasen:

- »*Planung*
- *Entwicklung bei Individualsoftware*
- *Test*
- *Datenmigration*
- *Produktivsetzung*« (IDW 850, 2008)

Entsprechend der umfassenden Bedeutung des Projektbegriffs werden durch den Prüfungsstandard die Planung, Einführung sowie Änderung von IT-Systemen im Rahmen eines Projekts erfasst.

Prüfungsfeld Outsourcing

Das Outsourcing auch von Prozessen oder Teilen davon ist inzwischen ein ganz normaler Bestandteil der betrieblichen Prozesse und wird sowohl in den operativen als auch in den nichtoperativen und strategischen Bereichen von einer Vielzahl von Unternehmen betrieben. Soweit diese Prozesse Prüfungsgegenstand beispielsweise bei einer Jahresabschlussprüfung sind, muss das interne Kontrollsystem einer Organisation auch immer Kontrollen beim Dienstleister einschließen.

Für Dienstleister mit mehreren Kunden ist es sinnvoll, eine Prüfung der relevanten Prozesse bzw. internen Kontrollen durch unabhängige Prüfer durchzuführen bzw. durchführen zu lassen, statt jeden der Kunden eigenständig prüfen zu lassen. Zunehmend an Bedeutung gewinnt daher in Deutschland der Standard *PS 951 – Die Prüfung des internen Kontrollsystems beim Dienstleistungsunternehmen für auf das Dienstleistungsunternehmen ausgelagerte Funktionen.*

Häufige Anwendungsfälle für Prüfungen nach diesen Standards sind ausgelagerte Buchhaltungen und Lohn- und Gehaltsabrechnungen sowie ausgelagerte IT-Dienstleistungen in unterschiedlicher Ausprägung. Die Prüfung gemäß PS 951 in der Neufassung von November 2013 bezieht sich auf die ausgelagerten Prozesse und Dienste. Geprüft werden die Existenz und Wirksamkeit des internen Kontrollsystems sowie die IT-Organisation mit der IT-Sicherheit und dem Notfallmanagement bei Dienstleistungsunternehmen (Outsourcing-Unternehmen). Eine Grundvoraussetzung für eine erfolgreiche Prüfung ist eine vollständige und aktuelle Dokumentation der Unternehmensorganisation, der IT-Organisation und der IKS-bezogenen Sachverhalte.

Der international äquivalente Standard zum IDW PS 951 ist der *International Standard on Assurance Engagements (ISAE) 3402*, der den US-amerikanischen Prüfungsstandard *Statement on Auditing Standard 70* (SAS 70) abgelöst hat. Dieser Standard legt fest, in welcher Weise Prüfungen durch Wirtschaftsprüfer bei Dienstleistern durchgeführt werden müssen, damit sie die Erwartungen und den Informationsbedarf der Adressaten erfüllen.

Dokumentationsanforderungen

Im Mittelpunkt einer jeden Prüfung steht die Prüfung der Dokumente, die dann gegebenenfalls stichprobenartig überprüft werden. Die wichtigste Frage für IT-Verantwortliche ist deshalb, welche Unterlagen zu erstellen sind. Zur Dokumentation der genannten Bereiche finden sich im PS 330 einige Anhaltspunkte:

> »*Die Aufbauprüfung des IT-Umfelds und der IT-Organisation erfolgt auf Basis des vorgelegten Sicherheitskonzeptes, der IT-Strategie, der Regelungen zur Aufbau- und Ablauforganisation (Organisationsplan, Richtlinien und Arbeitsanweisungen) sowie auf Grundlage von Prozess- und Funktionsbeschreibungen.*« (IDW 330, 2002)

Welche Informationen Prüfer konkret für eine Bewertung der einzelnen Teilbereiche benötigen, führen Klaus Schmidt und Dirk Brand in ihrem Buch »IT-Revision in der Praxis« (Klaus Schmidt, 2011) aus. Zusätzlich liefert die Checkliste zur Abschlussprüfung bei Einsatz von Informationstechnologie (IDW PH9.330.1) Ausführungen zu den geforderten Dokumenten.

Tabelle 1.1 Von Abschlussprüfern benötigte Informationen

Bereich	Erforderliche Informationen
IT-Umfeld und Organisation	▪ Grundeinstellung zum Einsatz von IT-Systemen, beispielsweise dokumentiert im IT-Sicherheitskonzept (Unternehmensleitlinien, IT-Sicherheitshandbücher u. a.) ▪ IT-Strategie, abgeleitet aus der Unternehmensstrategie ▪ High Level Controls ▪ Organigramme und Ablaufpläne ▪ Verantwortlichkeiten und Kompetenzen ▪ Regelungen und Verfahren zur Steuerung des IT-Betriebs ▪ Maßnahmen und Regelungen für die Entwicklung, Einführung und Änderung von IT-Anwendungen
IT-Infrastruktur	▪ Hardware (Großrechner, Client-Server-Systeme, PC und PC-Netzwerke) ▪ Betriebssysteme (z. B. UNIX-Derivate, Netzwerkbetriebssysteme, PC-Systeme) sowie Middleware (z. B. Archivierungs- oder Bibliothekssysteme) ▪ Netzwerke (Local Area Network (LAN), Wide Area Network (WAN), Internet/Intranet/Extranet) ▪ IT-Betrieb (Organisation, Systemverwaltung, Produktionsabwicklung, Ressourcen-, Change- und Problemmanagement) ▪ Sicherheitskonzept (Zugriffskontrollsysteme, Firewalls, Datensicherung)
IT-Anwendungen	▪ Bezeichnung der Software, Kurzbeschreibung des Aufgabengebiets und zugrunde liegende Hardware-Plattform ▪ Klassifizierung der Software nach Dialog- und/oder Batch-Anwendung ▪ Software-Typ (Individual-Software, Standard-Software, modifizierte Standard-Software, Hersteller und eingesetzte Version) ▪ Angaben zu den verwendeten Programmiersprachen und zur Datenhaltung (Datenbank- bzw. Dateiorganisation)
IT-Geschäftsprozesse	▪ Rechnungslegungsrelevante Unternehmensabläufe anhand der funktions- oder prozessorientierten Beschreibung der Ablauforganisation ▪ Hierfür eingesetzte IT-Infrastruktur und IT-Anwendungen sowie relevante Schnittstellen ▪ Datenfluss (Datenherkunft, Verarbeitung, Datenübergabe) ▪ Verbindung zur Buchführung

Ein eventueller Dokumentationsmangel, sei es wegen fehlender oder unvollständiger Unterlagen, führt gegebenenfalls zu einer entsprechenden Feststellung im Abschlussbericht.

1.4.2 Prüfungen durch die Revision

Im Gegensatz zu den auf den Jahresabschluss ausgerichteten Prüfungshandlungen der Abschlussprüfer sind die Prüfungsaktivitäten der Revision in erster Linie nicht anlassbezogen, sondern sie stellen eine permanente Überwachung der Aufbau- und Ablauforganisation des Unternehmens dar. Die interne Revision ist Teil des internen Überwachungssystems, das die Geschäftsleitung gemäß § 91 AktG (und damit gemäß KonTraG) einzurichten hat.

Während die Prüfungsstandards des IDW konkrete Prüfungsfelder und -themen zum Gegenstand haben, beschreiben die Revisionsstandards die grundsätzliche Arbeitsweise und die qualitativen Anforderungen an die Revisionsausübung. Dabei decken sie die gesamte Breite der Unternehmensprozesse als Prüfungsgegenstand ab. Sie formulieren jedoch keine Anforderungen an den zu überprüfenden Bereich. Es ist Aufgabe der IT-Revision, aus geltenden Vorschriften und Gesetzen auf Basis der Prüfungsstandards Sollvorgaben für die einzelnen Prüfungsbereiche abzuleiten.

Gemäß dem Revisionsstandard Nr. 1 werden die Prüfungen der internen Revision nach folgenden Kriterien durchgeführt:

- »*Risiken*
- *Ordnungsmäßigkeit*
- *Sicherheit*
- *Wirtschaftlichkeit*
- *Zukunftssicherung*
- *Zweckmäßigkeit*« (DIIR)

Für Prüfungen in der IT ist insbesondere der Revisionsstandard Nr. 2 relevant, da dort die Anforderungen der Prüfung des Risikomanagements beschrieben werden. Dieser eher allgemein gehaltene Ansatz ergibt sich direkt aus dem KonTraG und hat für die IT im Hinblick auf die Organisation und Dokumentation des internen Kontrollsystems entsprechende Bedeutung. Das DIIR hat bislang fünf Standards herausgegeben, die sich inhaltlich an die Standards des amerikanischen *The Institute of Internal Auditors (IIA)* anlehnen.

- Revisionsstandard Nr. 1 – Zusammenarbeit von interner Revision und Abschlussprüfer
- Revisionsstandard Nr. 2 – Prüfung des Risikomanagements durch die interne Revision
- Revisionsstandard Nr. 3 – Qualitätsmanagement in der internen Revision
- Revisionsstandard Nr. 4 – Standard zur Prüfung von Projekten
- Revisionsstandard Nr. 5 – Standard zur Prüfung des Anti-Fraud-Management-Systems durch die interne Revision

DIIR-Standards kostenlos verfügbar

Während Sie die IDW-Standards nur kostenpflichtig beziehen können, stellt das DIIR die vier Revisionsstandards auf seiner Website http://www.diir.de zum kostenlosen Download zur Verfügung (DIIR).

1.4.3 Prüfung der Verfahrensdokumentation

Wie in den vorstehenden Abschnitten beschrieben, haben seit 2015 die GoBD (Grundsätze zur ordnungsmäßigen Führung und Aufbewahrung von Büchern, Aufzeichnungen und Unterlagen in elektronischer Form sowie zum Datenzugriff) des Bundesministeriums der Finanzen die älteren GDPdU und GoBS abgelöst und die Ordnungsmäßigkeitsanforderungen an die digitale Handhabung und Archivierung von geschäftlichen Unterlagen konkretisiert. Wie bereits bei der GoBS, ist die Verfahrensdokumentation eine Kernanforderung. Die Verfahrensdokumentation dient zum Nachweis, dass für Systeme, die handels- und steuerrechtliche Daten und Dokumente verarbeiten und speichern, die Anforderungen des Handelsgesetzbuchs (HGB) und der Abgabenordnung für die Verwaltung und Aufbewahrung von Daten und Belegen erfüllt sind. Hierzu ist für die entsprechenden Verfahren genau zu beschreiben wie Dokumente und Belege erfasst, empfangen, verarbeitet, ausgegeben und aufbewahrt werden. Dabei sind technische, organisatorische und prozessuale Anforderungen zu erfüllen.

Verschärft werden die Dokumentationsanforderungen dadurch, dass gemäß GoBD bei Standardprodukten Zertifizierungen durch den Hersteller nicht (mehr) ausreichen, um die Ordnungsmäßigkeit nachzuweisen, da individuelle Gegebenheiten und Anpassungen hierbei keine Berücksichtigung finden.

Aus Sicht der GoBD ist die Verfahrensdokumentation zunächst auf die rechnungslegungsrelevanten Prozesse gerichtet und damit auf das gesamte Unternehmen. Aufgrund des hohen Durchdringungsgrads der IT in den Unternehmensprozessen sind aber die IT-Systeme und IT-Abläufe zur Unterstützung der Unternehmensprozesse immer ein Teil der Verfahrensdokumentation. Eine Verfahrensdokumentation ohne IT-Dokumentation ist damit unvollständig.

1.4.3.1 Aufbau und Inhalt einer Verfahrensdokumentation

Umfang und Aufbau einer Verfahrensdokumentation sind in der GoBD nicht vorgeschrieben, grundsätzlich sollte sich eine Verfahrensdokumentation aber an den im Folgenden benannten Bereichen orientieren und die in der Tabelle vorgestellten Inhalte enthalten:

- eine Beschreibung der sachlogischen Lösung,
- die Beschreibung der technischen Lösung,
- eine Beschreibung, wie die Programmidentität gewahrt wird,
- eine Beschreibung, wie die Integrität von Daten gewahrt wird,
- Arbeitsanweisungen für den Anwender.

Tabelle 1.2 erläutert die Dokumentationsanforderungen der einzelnen Abschnitte.

Tabelle 1.2 Bestandteile einer Verfahrensbeschreibung im Überblick

Abschnitt	Inhalt
Beschreibung der sachlogischen Lösung	Dieser Abschnitt muss vorrangig die folgenden Fragen beantworten: ▪ Für welchen Zweck wird das Verfahren im Unternehmen verwendet? ▪ In welchem (fachlichen) Gebiet wird es eingesetzt? ▪ Für was und wie wird es genutzt? ▪ Wie sehen die Abläufe bei der Nutzung aus? Außerdem ist das interne Kontrollsystem (IKS) zu beschreiben. Damit sind alle Maßnahmen (Kontrollen) gemeint, mit denen Kriterien wie Vollständigkeit oder Richtigkeit sichergestellt werden.
Beschreibung der technischen Lösung	In diesem Abschnitt ist zu beschreiben, wie die Lösung technisch aufgebaut ist, aus welchen Komponenten sie besteht und wie diese Komponenten zusammenwirken (Architektur). Dies beinhaltet eine Beschreibung der Softwarekomponenten (z. B. Standardsoftware, Individualsoftware, Systemkonfiguration, Anwenderoberflächen, Schnittstellen, Infrastrukturkomponenten) und eine Beschreibung der technischen Hardwarekomponenten (z. B. Speichersysteme und Datenträger, Erfassungssysteme, Server) sowie eine Beschreibung der technischen Verarbeitungsregeln (z. B. Datenflüsse, Schnittstellenbeschreibungen, Protokollierungen, Ablaufpläne). Sicherheit ist ein wichtiger Prüfungsaspekt. Hierbei sollte dargestellt werden, auf welche Weise und mit welchen Sicherheitsmechanismen die erforderliche Sicherheit (einschließlich Datensicherheit und -integrität sowie Datenschutz) im Regelbetrieb technisch und organisatorisch gewährleistet wird. Zusätzlich muss der Notfall betrachtet werden, d. h. der Fall, dass der Regelbetrieb nicht aufrechterhalten werden kann. Für kritische Verfahren muss im Notfall ein Notbetrieb eingerichtet werden, der die wichtigsten Funktionen auch nach Eintritt eines Notfalls bedienen kann. Nicht zuletzt sind in diesem Abschnitt auch eine Beschreibung aller notwendigen Maßnahmen und deren Einhaltung zur Gewährleistung des ordnungsgemäßen Betriebs sowie der Betriebsbedingungen und Voraussetzungen erforderlich. Dies schließt Beschreibungen der durchzuführenden Prüfungs- und der präventiven Wartungsmaßnahmen ein.
Beschreibung, wie die Programmidentität gewahrt wird	Gemäß GoBS ist nachzuweisen, dass die sachlogischen Forderungen durch die eingesetzten Programme erbracht werden. Hierzu gehören die präzise Beschreibung des Freigabeverfahrens mit Regelungen über Freigabekompetenzen, der durchzuführenden Testläufe und die dabei zu verwendenden Daten sowie Anweisungen für Programmeinsatzkontrollen. Wichtige Voraussetzung für die Sicherstellung der Programmidentität sind Richtlinien für: ▪ Programmierung, ▪ Programmtest, ▪ Programmfreigaben, ▪ Programmänderungen,

Tabelle 1.2 Bestandteile einer Verfahrensbeschreibung im Überblick *(Fortsetzung)*

Abschnitt	Inhalt
	▪ Änderungen von Stamm- und Tabellendaten, ▪ Zugriffs- und Zugangsverfahren, ▪ den ordnungsgemäßen Einsatz von Datenbanken, Betriebssystemen und Netzwerken, ▪ Einsatz von Testdatenbeständen/-systemen, ▪ Programmeinsatzkontrollen. Der Name ist dabei irreführend. Es geht nicht um ein einzelnes Programm, sondern um die Gesamtheit des Verfahrens.
Beschreibung, wie die Integrität von Daten gewahrt wird	In diesem Bereich sind alle Maßnahmen zur Wahrung der Datenintegrität zu beschreiben, durch die erreicht wird, dass Daten und Programme nicht von Unbefugten geändert werden können. Hierzu gehört neben der Beschreibung des Zugriffsberechtigungsverfahrens der Nachweis der sachgerechten Vergabe von Zugriffsberechtigungen. Eine besondere Stellung nehmen dabei Berechtigungskonzepte ein, d. h. Beschreibungen welche Rollen und Berechtigungen existieren und wie sie an Benutzer vergeben werden.
Arbeitsanweisungen für Anwender	Aus den Arbeitsanweisungen muss hervorgehen, was die Anwender des Verfahrens zu tun haben. Die Anweisungen müssen so gestaltet sein, dass sie für den Anwender verständlich sind und alles enthalten, was zur sachgerechten Erledigung der Aufgaben notwendig ist.

Muster-Verfahrensdokumentation

Die Bundessteuerberaterkammer und der Deutsche Steuerberaterverband haben eine Muster-Verfahrensdokumentation zur *Digitalisierung und elektronischen Aufbewahrung von Belegen inkl. Vernichtung der Papierbelege* erstellt, die kostenlos heruntergeladen und im eigenen Unternehmen verwendet werden kann:

http://www.dstv.de/download/gemeinsame-verfahrensbeschreibung.pdf

1.4.3.2 Allgemeine Dokumentationsanforderungen

Grundsätzlich sind an eine Verfahrensdokumentation die gleichen Anforderungen zu stellen wie an die übrige Dokumentation. Da die Verfahrensdokumentation aber, wie beschrieben, eine wesentliche Prüfungsgrundlage darstellt, lohnt es sich, genauer hinzuschauen, welche Anforderungen Prüfer an eine solche Dokumentation stellen. Der folgende Kriterienkatalog stellt grundsätzliche Anforderungen an eine zu prüfende Dokumentation dar und basiert auf den Ausführungen von Schmidt, Klaus; Brand, Dirk, 2011.

- **Speicherung und Archivierung der Dokumentation**
  Die Dokumentation muss so aufbewahrt werden, dass sie vor Verlust geschützt ist. Ob die Dokumentation in Papierform oder elektronisch geführt wird, spielt dabei keine Rolle. Wichtig ist, dass dauerhafter Zugriff auf die Dokumente während der Aufbewahrungsfrist möglich ist.

- **Vollständigkeit der Dokumentation**
  Enthält die Dokumentation alle Informationen, die dokumentiert werden sollen bzw. müssen? Sind die Informationen ausführlich genug dargestellt? Die Information »Die Lohnabrechnungsdaten werden vom System automatisch übertragen« ist nicht ausreichend. Zu welchen Zeitpunkten? Von wo nach wo? In welchem Format? Als Datentransfer oder als Transaktion? Wird die Übertragung gesichert?
- **Angemessenheit in Form und Inhalt**
  Eine Dokumentation kann manuell oder automatisch erstellt und elektronisch oder in Papierform geführt werden. Wichtig ist, dass die Form dem Inhalt angemessen ist. Die Nachvollziehbarkeit kann über Änderungsmarkierungen und Versionierungen erreicht werden. Der Inhalt kann grafisch, text- oder datensatzorientiert sein.
- **Eindeutigkeit**
  Werden die richtigen Begriffe verwendet? Werden Begriffe einheitlich und konsistent benutzt? Gibt es Widersprüche? Sind die Dokumente in sich konsistent und ist die gesamte Verfahrensdokumentation konsistent?
- **Korrektheit**
  Bildet die Dokumentation den tatsächlichen Stand ab? Wurden beschriebene Änderungen tatsächlich durchgeführt? Wurden alle Änderungen dokumentiert? Sind die Änderungen an der Dokumentation nachvollziehbar (z. B. durch eine Änderungshistorie)?
- **Klarheit und Verständlichkeit**
  Sind der Aufbau und die Inhalte der Dokumentation nachvollziehbar? Sind spezielle Begriffe erläutert? Werden aus der Dokumentation die Zusammenhänge deutlich? Ist die Dokumentation logisch und übersichtlich strukturiert?
- **Aktualität**
  Es muss sichergestellt werden, dass der bestehende Zustand des Verfahrens und der Stand der Dokumentation übereinstimmen. Wird die Übereinstimmung überprüft? Wie ist sichergestellt, dass es auffällt, wenn Abweichungen auftreten oder eine Überprüfung nicht stattgefunden hat? Wie wird die Dokumentation aktuell gehalten wird. Gibt es einen Aktualisierungsprozess? Wie wird kontrolliert, dass der Prozess so gelebt wird, wie er definiert wurde? Was geschieht, wenn der Prozess nicht so gelebt wird?
- **Verantwortlichkeiten**
  Aus der Auflistung in Tabelle 1.2 wird deutlich, dass die Zuständigkeiten für die einzelnen Teile der Verfahrensdokumentation verteilt sind. Diese müssen geregelt und beschrieben sein. Häufig beschreibt der Hersteller (im Fall von Standardsoftware) in seiner Dokumentation die Standardfunktionalitäten und die internen technischen Prozesse, jedoch ohne Customizing, spezifische Konfigurationen usw. Zusätzlich erforderlich ist eine Dokumentation für den IT-Betrieb sowie eine Anwenderdokumentation, die vom Fachbereich zu erstellen ist. Bei Anpassungen und Eigenentwicklungen wird außerdem eine Entwicklungsdokumentation benötigt.

1.5 Dokumentationsanforderungen in Österreich und in der Schweiz

Viele Dokumentationsanforderungen, die aus den in den vorstehenden Kapiteln vorgestellten Regularien resultieren, gelten in gleicher oder ähnlicher Form auch für andere europäische Länder. Dies trifft naturgemäß auf die beschriebenen ISO-Normen und die vorgestellten Frameworks zu. Und auch die Anforderungen der beschriebenen Prüfungsstandards des IDW finden mit den entsprechenden nationalen Anpassungen in allen Ländern Anwendung, deren Berufsorganisationen der Wirtschaftsprüfung den Vorgaben der *International Federation of Accountants (IFAC)* verpflichtet sind.

Zusätzlich gibt es aber auch nationale Ausprägungen vor allem in Form gesetzlicher Regelungen. Für die beiden deutschsprachigen Länder Österreich und Schweiz werden daher in diesem Kapitel die wichtigsten länderspezifischen Gesetze, die mittelbar oder unmittelbar Dokumentationsanforderungen formulieren, vorgestellt.

1.5.1 Dokumentationsrelevante Regularien – Schweiz

Die Schweiz hat, obgleich sie kein Mitglied der EU ist, einen mit Deutschland vergleichbaren Rechtsrahmen im Unternehmens- und im Wirtschaftsrecht, so dass viele der für Deutschland beschriebenen gesetzlichen Anforderungen an die IT-Dokumentation sinngemäß auch in schweizer Gesetzen und Verordnungen beschrieben sind. Zusätzlich gibt es einige für die Schweiz spezifische Regularien, die auch Dokumentationsanforderungen definieren.

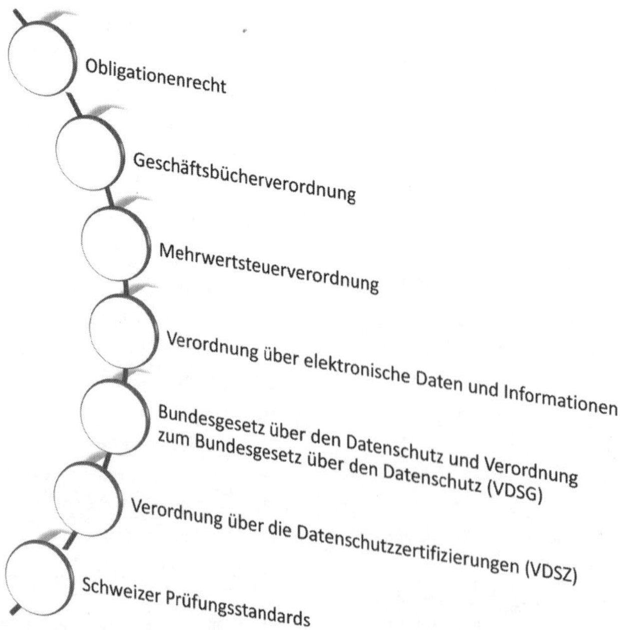

Bild 1.3 Für die IT-Dokumentation relevante gesetzliche Regelungen und Standards in der Schweiz

Obligationenrecht

Eine wesentliche Grundlage für das unternehmerische Handeln bildet das Obligationenrecht (Schuldrecht). Das *Schweizerische Obligationenrecht (OR)* ist der fünfte Teil des Schweizerischen Zivilgesetzbuchs (ZGB) und wurde 2011 in einer Neufassung verabschiedet. In der dritten Abteilung des Obligationenrechts sind die Handelsgesellschaften und deren grundsätzliche Anforderungen beschrieben. In der vierten Abteilung sind ab Artikel 958 die wesentlichen Aufgaben der kaufmännischen Buchführung formuliert.

Die Erfüllung der allgemeinen Sorgfaltspflicht ist in Artikel 717 verankert. Danach müssen die Mitglieder des Verwaltungsrats sowie Dritte, die mit der Geschäftsführung befasst sind, »*ihre Aufgaben mit aller Sorgfalt erfüllen und die Interessen der Gesellschaft in guten Treuen wahren*«. (OR, 2015) Es ist naheliegend, dass der Nachweis dieser Sorgfalt nur mit entsprechender Dokumentation erbracht werden kann.

Auf die Nachweisbarkeit geht auch Artikel 728a ein, wo die Aufgaben der Revisionsstelle festgelegt werden. Danach hat sie u. a. zu prüfen, »*ob ein internes Kontrollsystem existiert*«. Gemäß Art 728b hat die Revisionsstelle hierüber »*umfassend*« (OR, 2015) zu berichten.

Artikel 958 regelt die Pflicht zur Führung und Aufbewahrung der Geschäftsbücher. Wesentlich hier ist die Einräumung der Möglichkeit, die Bücher, die Buchungsbelege und die Geschäftskorrespondenz auch elektronisch oder in vergleichbarer Weise führen zu können. Als Voraussetzung wird bereits in diesem Artikel festgeschrieben, dass die elektronisch geführten Dokumente »jederzeit« lesbar gemacht werden müssen (Artikel 958e). Diese Forderung hat weitreichende Konsequenzen für die IT. So ist es leicht nachvollziehbar, dass die Verfahren zur Sicherstellung der jederzeitigen Lesbarkeit eine Schlüsselfunktion haben und damit entsprechend gut dokumentiert werden müssen. Konkretisiert werden die Anforderungen in der Geschäftsbücherverordnung, auf die nachfolgend näher eingegangen wird.

Geschäftsbücherverordnung

Die in Artikel 958f des Obligationenrechts angekündigte nähere Umschreibung wird mittels der Verordnung über die Führung und Aufbewahrung der Geschäftsbücher (Geschäftsbücherverordnung, GeBüV) in der Fassung von 2013 vorgenommen. Hier sind auch die Dokumentationsanforderungen in Artikel 4 genau beschrieben.

> »*Je nach Art und Umfang des Geschäfts sind die Organisation, die Zuständigkeiten, die Abläufe und Verfahren und die Infrastruktur (Maschinen und Programme), die bei der Führung und Aufbewahrung der Geschäftsbücher zur Anwendung gekommen sind, in Arbeitsanweisungen so zu dokumentieren, dass die Geschäftsbücher, die Buchungsbelege und die Geschäftskorrespondenz verstanden werden können. Arbeitsanweisungen sind zu aktualisieren und nach den gleichen Grundsätzen und gleich lang aufzubewahren wie die Geschäftsbücher, die danach geführt wurden.*« (GeBüV, 2013)

Während die Aufbau- und Ablauforganisation in der Zuständigkeit der Finanzabteilung liegt, ist die IT direkt von der Forderung nach einer Dokumentation der Infrastruktur (Maschinen und Programme) betroffen.

Die Pflicht zur Dokumentation wird nicht nur auf die aktuelle Führung der Bücher bezogen, sondern auch auf archivierte bzw. anderweitig aufbewahrte Unterlagen ausgedehnt (Artikel 7–9). So wird in Artikel 8 gefordert, dass die archivierten Informationen vor unbefugtem Zugriff zu schützen und Zugriffe sowie Zutritte aufzuzeichnen sind. Gemäß Artikel 9 ist die

Verwendung von veränderbaren Informationsträgern u.a. nur dann zulässig, wenn technische Verfahren zur Anwendung kommen, welche die Integrität der gespeicherten Informationen gewährleisten. Die Abläufe und Verfahren zu deren Einsatz müssen dokumentiert sowie die entsprechenden Hilfsinformationen (wie Protokolle und Log-Dateien) ebenfalls aufbewahrt werden.

In Artikel 10 ist die Datenmigration, also das Übertragen von Daten in andere Formate oder Informationsträger, beschrieben. Es besteht eine Protokoll- und damit eine Dokumentationspflicht bei Datenmigrationen.

Mehrwertsteuerverordnung

In der Mehrwertsteuerverordnung wird in Artikel 122 die Übermittlung von Steuerdaten auf elektronischem Wege geregelt und verschiedene Nachweispflichten werden festgeschrieben. Für die IT ist insbesondere die Nachweispflicht der Integrität der elektronisch übermittelten Daten von Bedeutung. Nachkommen kann die IT dieser Nachweispflicht nur mit entsprechender Dokumentation. In Artikel 125 wird auf Ausführungsbestimmungen verwiesen, die mit der Verordnung über elektronische Daten und Informationen von dem Eidgenössischen Finanzdepartement erlassen wurden. (MWSTV, 2015)

Verordnung über elektronische Daten und Informationen

Aus den folgenden Artikeln der Verordnung von 2009 können unmittelbar Dokumentationsanforderungen abgeleitet werden:

- Gemäß Artikel 1 regelt diese Verordnung die technischen, organisatorischen und verfahrenstechnischen Anforderungen an die Beweiskraft und die Kontrolle von elektronisch oder in vergleichbarer Weise erzeugten Daten und Informationen.
- Die relevanten Datenbestände und Datenverarbeitungssysteme sind mittels ausreichender Zugriffs- und Zugangskontrollen angemessen zu schützen (Artikel 4 – Datensicherheit).
- In Artikel 5 (Prüfbarkeit) sind umfassende Dokumentationspflichten festgeschrieben. Danach ist für jedes Datenverarbeitungssystem (z.B. Buchführungssystem) eine Verfahrensdokumentation zu erstellen, die die Anforderungen der Geschäftsbücherverordnung, Artikel 4, zu erfüllen hat. Ebenso sind Stammdaten und Steuerungstabellen zu dokumentieren.
- In Artikel 6 ist nochmals das Dokumentationserfordernis beschrieben, indem gefordert wird, dass die steuerpflichtige Person gewährleisten muss, »*dass die für die Steuererhebung relevanten Daten und die zu ihrem Verständnis erforderlichen Arbeitsanweisungen und sonstigen Organisationsunterlagen wie Tabelleneinstellungen ohne unzumutbare zeitliche Verzögerung lesbar gemacht werden können*«. (VeDI, 2010) In Artikel 8 ist auch die Protokollierungspflicht für die Archivierung von Daten beschrieben.

Bundesgesetz über den Datenschutz und Verordnung zum Bundesgesetz über den Datenschutz (VDSG)

Der Schutz der Persönlichkeit und der Grundrechte von Personen, über die Daten bearbeitet werden, werden im Allgemeinen im *Bundesgesetz über den Datenschutz (Datenschutzgesetz)* und im Besonderen in der *Datenschutzverordnung* normiert, die in einer Neufassung 2010 verabschiedet wurde. Entsprechend der großen Bedeutung werden in der Datenschutzverordnung umfangreiche Dokumentationspflichten beschrieben.

So wird in Artikel 3 festgelegt, welche Informationen über die Datensammlung beim Eidgenössischen Datenschutz- und Öffentlichkeitsbeauftragten (Beauftragter) vor der Eröffnung der Datensammlung mitzuteilen sind. Danach muss die Anmeldung die folgenden Angaben enthalten und diese müssen regelmäßig aktualisiert werden.

- »*Name und Adresse des Inhabers der Datensammlung*
- *Name und vollständige Bezeichnung der Datensammlung*
- *Person, bei der das Auskunftsrecht geltend gemacht werden kann*
- *Zweck der Datensammlung*
- *Kategorien der bearbeiteten Personendaten*
- *Kategorien der Datenempfänger*
- *Kategorien der an der Datensammlung Beteiligten*« (VDSG, 2010)

In Artikel 10 wird eine Protokollierungspflicht bei der automatisierten Verarbeitung von Personendaten gefordert, »wenn die präventiven Maßnahmen den Datenschutz nicht gewährleisten können«. Im Umkehrschluss können die Inhaber der Datensammlung nur dann auf eine (sehr aufwendige) Protokollierung verzichten, wenn die präventiven Datenschutzmaßnahmen wirkungsvoll sind. Dieser Nachweis ist jedoch nur mittels aussagefähiger Dokumentation zu gewährleisten.

Die umfangreichsten Anforderungen an die IT-Dokumentation werden jedoch in Artikel 11 festgeschrieben. Danach hat der Inhaber einer Datensammlung ein Bearbeitungsreglement zu erstellen, »das insbesondere die interne Organisation sowie das Datenbearbeitungs- und Kontrollverfahren umschreibt und die Unterlagen über die Planung, die Realisierung und den Betrieb der Datensammlung und der Informatikmittel enthält«. Auch hier gibt es wieder die Verpflichtung, die Dokumentation einer regelmäßigen Aktualisierung zu unterziehen. Verstärkt wird die Bedeutung dieser Dokumentation dadurch, dass der Beauftragte oder der Datenschutzverantwortliche eine Aushändigung des Bearbeitungsreglements in einer für sie verständlichen Form verlangen kann.

Bei klärungsbedürftigen Sachverhalten nach Artikel 29 Datenschutzgesetz kann der Beauftragte vom Inhaber der Datensammlung Informationen verlangen über:

- »*technische und organisatorische Maßnahmen, die getroffen wurden oder geplant sind*
- *die Regelungen betreffend Berichtigung, Sperrung, Anonymisierung, Speicherung, Aufbewahrung und Vernichtung von Personendaten*
- *die Konfiguration der Informatikmittel*
- *die Verknüpfungen mit anderen Datensammlungen*
- *die Art der Bekanntgabe der Daten*
- *die Beschreibung der Datenfelder und die Organisationseinheiten, die darauf Zugriff haben*
- *Art und Umfang des Zugriffs der Benutzer auf die Daten der Datensammlung*« (VDSG, 2010)

Verordnung über die Datenschutzzertifizierungen (VDSZ)

Um den Datenschutz und die Datensicherheit zu verbessern, können gemäß Artikel 11 Datenschutzgesetz die Hersteller von Datenbearbeitungssystemen oder -programmen sowie private Personen oder Bundesorgane, die Personendaten bearbeiten, ihre Systeme, Verfahren und ihre Organisation einer Bewertung durch anerkannte unabhängige Zertifizierungsstellen unterziehen.

In der *Verordnung über die Datenschutzzertifizierungen* in der Fassung von 2010 sind die Anforderungen an eine solche Zertifizierung beschrieben. Nach Artikel 4 umfasst eine Begutachtung des Datenschutzmanagementsystems folgende Bereiche:

- *»die Datenschutzpolitik*
- *die Dokumentation von Zielen und Maßnahmen zur Gewährleistung des Datenschutzes und der Datensicherheit*
- *die organisatorischen und technischen Vorkehrungen zur Verwirklichung der festgelegten Ziele und Maßnahmen, insbesondere die Vorkehrungen zur Behebung festgestellter Mängel«* (VDSG, 2010)

Auch die Berücksichtigung internationaler Normen und Standards für die Errichtung, den Betrieb, die Überwachung und die Verbesserung von Managementsystemen wird in Artikel 11 festgeschrieben. Explizit werden hier die ISO 9001:2005 und die ISO 27001:2005 genannt.

Sofern Produkte, die hauptsächlich der Bearbeitung von Personendaten dienen oder bei deren Benutzung Personendaten, namentlich Daten über die Benutzerin oder den Benutzer, generiert werden, zertifiziert werden sollen, werden in Artikel 5 weitere detaillierte Anforderungen an die Dokumentation beschrieben.

Richtlinien über die Mindestanforderungen an ein Datenschutzmanagementsystem (Richtlinien über die Zertifizierung von Organisation und Verfahren)

Diese Richtlinien basieren auf Art. 7 Abs. 2 Datenschutzgesetz, wonach der Bundesrat nähere Bestimmungen über die Mindestanforderungen an die Datensicherheit erlässt. Sie legen die Mindestanforderungen fest, die ein Datenschutzmanagementsystem (DSMS) erfüllen muss, damit Organisation und Verfahren nach VDSZ (Artikel 4) zertifiziert werden können.

Nach Abschnitt 3 genügt ein DSMS den Mindestanforderungen, wenn es die bestehenden internationalen Normen erfüllt, insbesondere die Norm ISO 27001, die nach Absatz 2 auszulegen und im Sinne von Abschnitt 4 zu ergänzen oder abzuändern ist.

Schweizer Prüfungsstandards (PS)

Die PS werden von der schweizerischen Kammer der Wirtschaftsprüfer, Steuerexperten und Treuhandexperten (Treuhandkammer) herausgegeben. Sie bilden die Arbeitsgrundlage für die in der Kammer akkreditierten Abschlussprüfer. Nach eigenem Bekunden der Treuhandkammer verkörpern die PS eine Umsetzung aller International Standards on Auditing. Die PS stellen somit einen allgemein anerkannten Anforderungsrahmen für den Nachweis der Ordnungsmäßigkeit der Rechnungslegung und aller damit tangierten Bereiche und Systeme.

Ebenso wie für die deutschen Prüfungsstandards des IDW basieren die Schweizer Prüfungsstandards auf den *International Standards on Auditing (ISA)* . Hierbei sind die Neuerungen der ISA in die überarbeiteten und 2013 verabschiedeten Prüfungsstandards eingeflossen. Die in *Abschnitt 1.4.1* beschriebenen Inhalte der Standards gelten daher weitgehend auch für die schweizer Prüfungsstandards.

1.5.2 Dokumentationsrelevante Regularien – Österreich

Österreich ist traditionell an das deutsche Wirtschaftsrecht angebunden, so dass viele der für Deutschland beschriebenen gesetzlichen Anforderungen an die IT-Dokumentation auch für Österreich gelten. Jedoch gibt es auch erhebliche Abweichungen, wie beispielsweise beim Datenschutzgesetz.

Die wichtigen für Österreich spezifischen Dokumentationsanforderungen beschreibt dieses Kapitel.

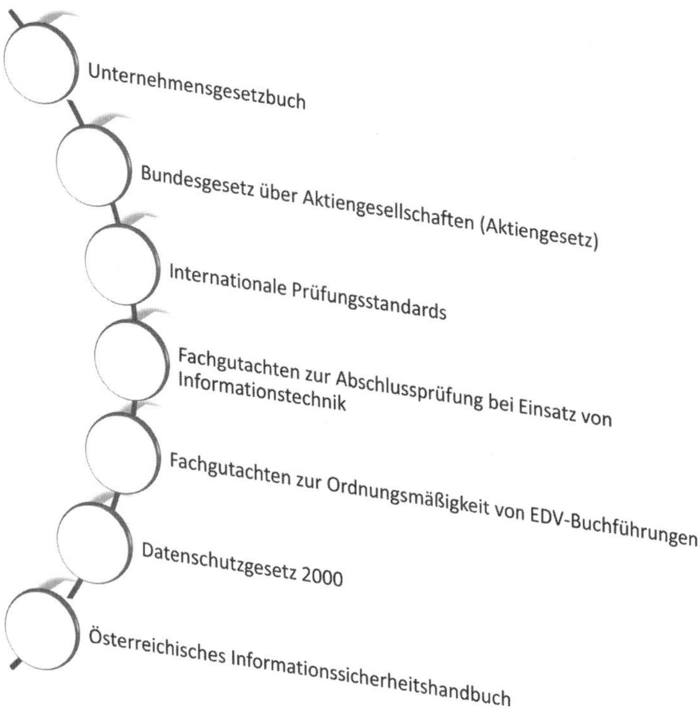

Bild 1.4 Für die Dokumentation relevante gesetzliche Regelungen und Standards in Österreich

Unternehmensgesetzbuch

Die Prüfungs- und Auskunftspflichten der Abschlussprüfer von Kapitalgesellschaften sind in den letzten Jahren ausgeweitet worden. So ist in § 273, Abs. 2, die folgende Regelung enthalten:

»Stellt der Abschlussprüfer bei Wahrnehmung seiner Aufgaben Tatsachen fest, die den Bestand des geprüften Unternehmens oder Konzerns gefährden oder seine Entwicklung wesentlich beeinträchtigen können oder die schwerwiegende Verstöße der gesetzlichen Vertreter oder von Arbeitnehmern gegen Gesetz, Gesellschaftsvertrag oder Satzung erkennen lassen, so hat er darüber unverzüglich zu berichten. Darüber hinaus hat er unverzüglich über wesentliche Schwächen bei der internen Kontrolle des Rechnungslegungsprozesses zu berichten.« (UGB, 2015)

Diese Pflicht zur Berichterstattung macht es für Unternehmen unumgänglich, die Angemessenheit des internen Kontrollsystems zu dokumentieren. Die IT als wesentlicher Träger der Rechnungslegungsprozesse ist hier im Besonderen gefordert.

Bundesgesetz über Aktiengesellschaften (Aktiengesetz)

Die Bedeutung der Vorhaltung eines internen Kontrollsystems ergibt sich auch aus dem Aktiengesetz, in dem eine entsprechende Verpflichtung verankert ist.

Sie ergibt sich aus § 82, wonach der Vorstand dafür zu sorgen hat, dass ein internes Kontrollsystem geführt wird. Dass dieses jedoch nicht nur vorhanden, sondern auch angemessen und wirksam sein muss, ergibt sich aus dem zuvor beschriebenen § 273 des Unternehmensgesetzbuchs.

Aber auch im Aktiengesetz ist die Nachweispflicht für die Wirksamkeit des internen Kontrollsystems enthalten. Sofern die Gesellschaft bestimmte wertmäßige Schwellenwerte ihrer Bilanz überschreitet, ist vom Aufsichtsrat ein Prüfungsausschuss zu bilden, der nach § 92, 4a u. a. folgende Aufgaben hat:

- die *»Überwachung des Rechnungslegungsprozesses*
- *die Überwachung der Wirksamkeit des internen Kontrollsystems, gegebenenfalls des internen Revisionssystems, und des Risikomanagementsystems der Gesellschaft«* (AktG Österreich, 2015)

Damit stellen die Regelungen aus dem Aktiengesetz sowie dem Unternehmensgesetz eine nationale Umsetzung u. a. der 8. EU-Richtlinie (Abschlussprüferrichtlinie) dar, in der der Nachweis der Wirksamkeit der internen Kontrollen in Anlehnung an den amerikanischen Sarbanes-Oxley Act (SOX) für alle Mitgliedsstaaten der EU normiert wurde.

Internationale Prüfungsstandards

Gemäß § 269a Unternehmensgesetzbuch sind internationale Prüfungsstandards bei der Abschlussprüfung anzuwenden, wenn diese von der Europäischen Kommission übernommen wurden. Das trifft auf die *International Standards of Auditing* zu. Die für die IT relevanten Standards sind:

- ISA 315 – Understanding the Entity and its Environment and Assessing Risks of Material Misstatement
- ISA 330 – The Auditor's Responses to Assessed Risks

Für Österreich sind die Prüfungsstandards anhand des im Folgenden beschriebenen Fachgutachtens konkretisiert.

Fachgutachten zur Abschlussprüfung bei Einsatz von Informationstechnik

Die Festlegungen in diesem Fachgutachten, das von der österreichischen Kammer der Wirtschaftstreuhänder herausgegeben wurde, sind von den Abschlussprüfern, zusätzlich zu ihren eigenen Prüfungsstandards, bei den Abschlussprüfungen zu beachten.

Danach hat sich der Abschlussprüfer einen Überblick über die Informationstechnik des geprüften Unternehmens zu verschaffen. Gemäß Kapitel 2 sind hierzu u.a. folgende Informationen sinnvoll:

- *Beschreibung der für das Unternehmen wichtigen IT-Prozesse,*
- *Feststellung der verwendeten Geräte,*
- *wichtige Schnittstellen und Datenflüsse,*
- *Feststellung der Unternehmensabläufe und Geschäftsprozesse, bei deren Infrastruktur Anwendungen der Informationstechnik eingesetzt werden,*
- *Beschreibung der für die Rechnungslegung wesentlichen Prozesse,*
- *Inhalt der Dokumentationen für Anwender* (KFS/PG 1, 2014).

Gemäß Kapitel 5 sind Schwerpunkte und Umfang der Prüfung des internen Kontrollsystems danach auszurichten, welche internen Kontrollen eingerichtet und ob diese wirksam sind, also auch angewendet werden. Daraus lässt sich ableiten, dass die Dokumentation des internen Kontrollsystems und der tatsächlich durchgeführten internen Kontrollen unabdingbar ist.

Wie bereits im Unternehmensgesetzbuch ist auch in dem Fachgutachten die Verpflichtung des Abschlussprüfers festgeschrieben, über wesentliche Mängel, hier bei der IT, dem Vorstand bzw. dem Aufsichtsrat, zu berichten. Das Fachgutachten enthält als Beilage den Verweis auf das COBIT-Prozessmodell, in dem die wesentlichen IT-Prozesse mit ihren Kontroll- bzw. Steuerungszielen beschrieben sind.

Fachgutachten zur Ordnungsmäßigkeit von EDV-Buchführungen

Die Grundsätze ordnungsgemäßer Buchführung werden durch dieses Fachgutachten der österreichischen Kammer der Wirtschaftstreuhänder von 1998 bzw. in der aktuellen Fassung von 2011 für die IT-gestützte Buchhaltung und Rechnungslegung konkretisiert. Hier wird die Prüfbarkeit als wesentliches Ordnungsmäßigkeitskriterium festgelegt.

Die Prüfbarkeit umfasst dabei neben dem einzelnen Geschäftsvorfall auch das Verarbeitungsverfahren sowie dessen Dokumentation. Dazu gehören die technischen und organisatorischen Kontrollen (vgl. Teil II). Präzisiert werden die Anforderungen an eine Verfahrensdokumentation durch folgenden Wortlaut in Kapitel 4 des Fachgutachtens zur Abschlussprüfung bei Einsatz von Informationstechnik:

> »*Eine ordnungsgemäße Verfahrensdokumentation hat die Beschreibung aller zum Verständnis der Buchführung erforderlichen Verfahrensbestandteile zu umfassen. Dazu zählen die Anwenderdokumentation, die technische Systemdokumentation sowie die Betriebsdokumentation. Bei Einsatz von Standardsoftware ist die vom Produkthersteller gelieferte Dokumentation um die Beschreibung der unternehmensspezifischen Anpassungen zu ergänzen.*
>
> *Die Anwenderdokumentation muss alle Informationen enthalten, die für eine sachgerechte Bedienung einer IT-Anwendung erforderlich sind. Neben einer allgemeinen Beschreibung der*

durch die IT-Anwendung abgedeckten Aufgabenbereiche sowie einer Erläuterung der Beziehungen zwischen einzelnen Anwendungsmodulen sind Art und Bedeutung der verwendeten Eingabefelder, die programminterne Verarbeitung (insbesondere maschinelle Verarbeitungsregeln) und die Vorschriften zur Erstellung von Auswertungen anzugeben.

Die technische Systemdokumentation enthält eine technische Darstellung der IT-Anwendung. Sie ist Grundlage für die Einrichtung eines sicheren und geordneten IT-Betriebs sowie für die Wartung der IT-Anwendung durch den Programmersteller. Art und Umfang der technischen Dokumentation sind abhängig von der Komplexität der IT-Anwendung. Die Dokumentationstechnik und die formale Gestaltung der technischen Dokumentation liegen im Ermessen des Programmerstellers. Die Dokumentation hat in einer Weise zur Verfügung gestellt zu werden, die einem sachverständigen Dritten den Nachvollzug der programminternen Verarbeitung, insbesondere der Verarbeitungsfunktionen und -regeln, in angemessener Zeit ohne Kenntnis der Programmiersprache erlaubt. Eine nur auf den Programmquellcode gestützte Dokumentation ist zur Sicherstellung der Nachvollziehbarkeit des Buchführungsverfahrens nicht ausreichend.« (KFS/DV 1, 2011)

Weiterhin werden die Anforderungen an das interne Kontrollsystem beschrieben und damit auch das Erfordernis zur Dokumentation. In Kapitel 4 wird gefordert, dass alle Maßnahmen, die zum internen Kontrollsystem zu zählen sind, entsprechend zu dokumentieren sind. Dazu gehört insbesondere:

- Sicherung der ordnungsgemäßen Programmanwendung,
- Zugriffsberechtigungen auf allen Systemebenen,
- ungewöhnliche Vorkommnisse (z. B. aufgetretene Fehler und deren Bearbeitung).

Abhängig von Art und Größe eines Unternehmens ist auch der Nachweis der ordnungsgemäßen Programmanwendung zu dokumentieren.

Bundesgesetz über den Schutz personenbezogener Daten (Datenschutzgesetz 2000)

Eine Verarbeitung personenbezogener Daten ist nach dem Gesetz in der Fassung von 2013 nur zulässig, wenn vor der Verarbeitung Zweck und Umfang der Verarbeitung festgelegt werden und eine entsprechende Meldung bei der österreichischen Datenschutzkommission erfolgt ist. Gemäß § 19 muss die Meldung folgende Informationen beinhalten:

1. »*den Namen (die sonstige Bezeichnung) und die Anschrift des Auftraggebers sowie eines allfälligen Vertreters gemäß § 6 Abs. 3 oder eines Betreibers gemäß § 50 Abs. 1, weiterhin die Registernummer des Auftraggebers, sofern ihm eine solche bereits zugeteilt wurde*
2. *den Nachweis der gesetzlichen Zuständigkeit oder der rechtlichen Befugnis für die erlaubte Ausübung der Tätigkeit des Auftraggebers, soweit dies erforderlich ist*
3. *den Zweck der zu registrierenden Datenanwendung und ihre Rechtsgrundlagen, soweit sich diese nicht bereits aus den Angaben nach Z 2 ergeben*
4. *die Kreise der von der Datenanwendung Betroffenen und die über sie verarbeiteten Datenarten*
5. *die Kreise der von den beabsichtigten Übermittlungen Betroffenen, die zu übermittelnden Datenarten und die zugehörigen Empfängerkreise – einschließlich allfälliger ausländischer Empfängerstaaten – sowie die Rechtsgrundlagen der Übermittlung*

6. *die Geschäftszahl der Genehmigung durch die Datenschutzkommission, soweit eine Genehmigung der Datenschutzkommission notwendig ist*
7. *allgemeine Angaben über die getroffenen Datensicherheitsmaßnahmen im Sinne des § 14, die eine vorläufige Beurteilung der Angemessenheit der Sicherheitsvorkehrungen erlauben«* (DSG, 2013)

Die Dokumentation der Datensicherheitsmaßnahmen ist in § 14 detailliert beschrieben. Danach ist u. a.

1. *»die Aufgabenverteilung bei der Datenverwendung zwischen den Organisationseinheiten und zwischen den Mitarbeitern ausdrücklich festzulegen,*
2. *die Verwendung von Daten an das Vorliegen gültiger Aufträge der anordnungsbefugten Organisationseinheiten und Mitarbeiter zu binden,*
3. *jeder Mitarbeiter über seine nach diesem Bundesgesetz und nach innerorganisatorischen Datenschutzvorschriften einschließlich der Datensicherheitsvorschriften bestehenden Pflichten zu belehren,*
4. *die Zutrittsberechtigung zu den Räumlichkeiten des Auftraggebers oder Dienstleisters zu regeln,*
5. *die Zugriffsberechtigung auf Daten und Programme und den Schutz der Datenträger vor der Einsicht und Verwendung durch Unbefugte zu regeln,*
6. *die Berechtigung zum Betrieb der Datenverarbeitungsgeräte festzulegen und jedes Gerät durch Vorkehrungen bei den eingesetzten Maschinen oder Programmen gegen die unbefugte Inbetriebnahme abzusichern und*
7. *Protokoll zu führen, damit tatsächlich durchgeführte Verwendungsvorgänge, wie insbesondere Änderungen, Abfragen und Übermittlungen, im Hinblick auf ihre Zulässigkeit im notwendigen Ausmaß nachvollzogen werden können.«* (DSG, 2013)

Die Dokumentation dieser Maßnahmen dient der Kontrolle und Beweissicherung.

Österreichisches Informationssicherheitshandbuch

Das österreichische Informationssicherheitshandbuch, das 2004 von der Stabsstelle IKT-Strategie des Bundes herausgegeben wurde, beinhaltet in Teil 1 konkrete Anleitungen zur Etablierung eines umfassenden und kontinuierlichen IT-Sicherheitsprozesses (IT-Sicherheitsmanagement). In Teil 2 (IT-Sicherheitsmaßnahmen) werden grundsätzliche Maßnahmen auf organisatorischer, personeller, infrastruktureller und technischer Ebene beschrieben. Es liegt derzeit in der Version 4.0 vor und orientiert sich in seiner inhaltlichen Struktur an der ISO 27001:2013).

Hilfreiche Online-Version verfügbar

Das Bundeskanzleramt Österreich stellt unter https://www.sicherheitshandbuch.gv.at/2013 eine Online-Version des österreichischen Informationssicherheitshandbuchs in der aktuellen Version 4.0 (Stand September 2014) zur Verfügung. ■

Eine wesentliche Basis des Informationssicherheitshandbuchschs bilden aber nicht nur die ISO 27001/27002, sondern weiterhin auch die Grundschutzstandards und -bausteine des deutschen Bundesamts für Sicherheit in der Informationstechnik (BSI). Insofern sind die Standards des BSI mittelbar auch auf österreichische Unternehmen anwendbar.

Ähnlich wie die BSI-Standards in Deutschland versteht sich das österreichische Informationssicherheitshandbuch als »Hilfestellung für die Wirtschaft«. Damit ist es zwar keine gesetzliche Grundlage, hat aber den Charakter einer Best-Practice-Empfehlung.

Die angestrebten Ziele entsprechen gemäß Kapitel 1.2.1 den grundlegenden Zielen der Informationssicherheit, nämlich:

- *Integrität:* Informationen dürfen nur von den vorgesehenen Personen und Prozessen verändert werden.
- *Vertraulichkeit:* Informationen dürfen nur für die vorgesehenen Personen und Prozesse offen gelegt werden.
- *Verfügbarkeit:* Informationen müssen für die vorgesehenen Personen und Prozesse bereitgestellt sein, wenn diese sie benötigen.

Die Ziele sollen durch einen kontinuierlichen Verbesserungsprozess (KVP) mit folgenden Aufgaben erreicht werden (Kapitel 1.2.2):

- Festlegung der Sicherheitsziele, -strategien und -politiken der Organisation,
- Ermittlung und Bewertung der Informationssicherheitsrisiken (information security risk assessment),
- Festlegung geeigneter Sicherheitsmaßnahmen,
- Überwachung der Implementierung und des laufenden Betriebs der ausgewählten Maßnahmen,
- Förderung des Sicherheitsbewusstseins innerhalb der Organisation sowie
- Entdeckung von und Reaktion auf sicherheitsrelevante Ereignisse (information security incident handling).

Die konkrete Ausgestaltung der Aufgaben zur Implementierung eines Informationssicherheitsmanagementsystems wird in 17 Kapiteln, angelehnt an die ISO 27001, beschrieben. An dieser Stelle wird auf das folgende Kapitel 1.6, Relevante Normen und Standards sowie auf die Onlinedokumentation des österreichischen Informationssicherheitshandbuchs (s. Infobox) verwiesen.

Im Anhang A werden ergänzend weitere national relevante Sicherheitsmaßnahmen beschrieben. In den weiteren Anhängen befinden sich u. a. Technologie-, Szenariobeschreibungen und Musterdokumente.

1.6 Relevante Normen und Standards

Während Gesetze und daraus abgeleitete Rechtsnormen verbindlichen Charakter haben, entfalten Standards ihre Wirkung durch nationale oder internationale Anerkennung, etwa durch öffentlich legitimierte Organisationen wie bei den ISO-Normen und dem IT-Grundschutz.

Gleichzeitig helfen Normen und Standards dabei, gesetzliche Anforderungen einzuhalten, und dienen bei deren Umsetzung als Nachweis der Einhaltung. So weist ein Unternehmen, das eine Zertifizierung nach dem Sicherheitsstandard ISO 27001 erlangt hat, damit nach, dass es einen Sicherheitsprozess und die nach aktuellem Erkenntnisstand möglichen Sicherheitsmaßnahmen implementiert hat. Eine Organisation, die nicht über diese Zertifizierung verfügt, muss hierfür Einzelnachweise erbringen. So wird beispielsweise in einer Verlautbarung des IDW das Vorgehen nach ISO 27001 auf Basis von IT-Grundschutz des BSI als probates Mittel anerkannt, um die Anforderungen der Wirtschaftsprüfung in diesem Bereich zu erfüllen. Sollte das geprüfte Unternehmen eine Zertifizierung vorweisen, so kann eine Prüfung in einem Minimalumfang erfolgen.

Ein weiterer Vorteil einer Zertifizierung betrifft den Bereich der Haftung. Bei haftungstechnischen Problemen geht es immer auch um die Frage, ob die gebotene verkehrsübliche Sorgfaltspflicht eingehalten wurde. Die Einhaltung von Normen und Standards ist hierbei ein wichtiges Kriterium. Der Nachweis einer Zertifizierung wird dann in der Regel als Beleg anerkannt, dass die gebotene Sorgfaltspflicht eingehalten wurde.

Und Krankenhäuser und Reha-Kliniken sind darüber hinaus gemäß Sozialgesetzbuch V, §§ 135 ff. zur Einführung eines Qualitätsmanagementsystems auf Basis von ISO 9001 und zu dessen Nachweisbarkeit verpflichtet.

Dieser Abschnitt stellt, nach einem Blick auf ein paar Begriffe und Abkürzungen, die wichtigsten Standards und Normen mit Relevanz für die IT-Dokumentation im Überblick vor.

1.6.1 Normierungsorganisationen

Entsprechend dem Deutschen Institut für Normung e. V. (DIN) gibt es auch ein internationales Pendant - die *International Organization for Standardization (ISO)*. Sie ist ein Zusammenschluss internationaler Organisationen und entwickelt und veröffentlicht, mit wenigen Ausnahmen, für alle Bereiche der Wirtschaft Normen. Die ISO ist eine Vereinigung von Vertretern aus über 150 Ländern zur Entwicklung von weltweiten Standards, wobei Unternehmen sich nach einigen dieser Standards zertifizieren lassen können. Sie arbeitet eng mit diversen Partnern zusammen, insbesondere mit der *International Electrotechnical Commission (IEC)*, einem internationalen Normierungsgremium für Elektrotechnik mit Sitz in Genf. Zertifizierungen nach den ISO-Normen sind in der Regel drei Jahre gültig und beinhalten einen jährlichen unternehmensinternen Auditprozess.

Alle ISO-Normen können kostenpflichtig über den Store der ISO oder den Beuth-Verlag bezogen werden.

Da diese ISO-Normen vom DIN als deutsche Norm übernommen werden, findet man häufig die Bezeichnung *DIN ISO, DIN EN* oder *DIN EN ISO*. Hierbei ist eine DIN ISO eine unveränderte nationale Übernahme einer ISO-Norm und DIN EN die unveränderte deutsche Ausgabe einer europäischen Norm. DIN EN ISO spiegelt alle drei Wirkungsebenen wider, die eine Norm haben kann: national, europäisch und weltweit.

Im Buch werden der Übersichtlichkeit halber ISO-Normen abgekürzt als *ISO xy* bezeichnet, auch wenn es sich dabei beispielsweise um eine EN ISO oder eine DIN EN ISO handelt.

Tipp

Im Bereich Normen und Normierung werden sehr viele Begriffe und Abkürzungen verwendet, die den Umgang damit erschweren. Hilfreich ist hier die Website des Deutschen Instituts für Normung e. V. Auf dieser finden Sie nicht nur Erklärungen für die in diesem Umfeld verwendeten Begriffe und Abkürzungen, sondern auch verständliche Erläuterungen der Zusammenhänge: http://www.din.de.

Auf nationaler Ebene stellt das Bundesamt für Sicherheit in der Informationstechnik (BSI) eine durch ein entsprechendes Bundesgesetz (BSIG von 1990) legitimierte Organisation dar, die in erster Linie für die Verwaltungen in Bund, Ländern und Gemeinden zuständig ist, sich aber auch an private Nutzer und Hersteller richtet. Nach § 3 des BSIG hat das BSI unter anderem folgende Aufgaben:

- »*Untersuchung von Sicherheitsrisiken bei der Anwendung der Informationstechnik sowie Entwicklung von Sicherheitsvorkehrungen – insbesondere von informationstechnischen Verfahren und Geräten für die Sicherheit in der Informationstechnik,*
- *Entwicklung von Kriterien, Verfahren und Werkzeugen für die Prüfung und Bewertung der Sicherheit von informationstechnischen Systemen oder Komponenten,*
- *Prüfung und Bewertung der Sicherheit von informationstechnischen Systemen oder Komponenten und Erteilung von Sicherheitszertifikaten,*
- *Unterstützung der für Sicherheit in der Informationstechnik zuständigen Stellen des Bundes, insbesondere soweit sie Beratungs- oder Kontrollaufgaben wahrnehmen. Dies gilt vorrangig für den Bundesbeauftragten für den Datenschutz, dessen Unterstützung im Rahmen der Unabhängigkeit erfolgt, die ihm bei der Erfüllung seiner Aufgaben nach dem Bundesdatenschutzgesetz zusteht,*
- *Beratung der Hersteller, Vertreiber und Anwender in Fragen der Sicherheit in der Informationstechnik unter Berücksichtigung der möglichen Folgen fehlender oder unzureichender Sicherheitsvorkehrungen.*« (BSIG, 2015)

Für die IT von Bedeutung ist das BSI-Regelwerk zum IT-Grundschutz, das den Unternehmen Methoden an die Hand gibt, dem Stand der Technik entsprechende IT-Sicherheitsmaßnahmen zu identifizieren und umzusetzen. Dieses seit den 1990er-Jahren bestehende Regelwerk ist 2005 in *IT-Grundschutzkataloge* umbenannt worden, die nun in Form von Bausteinen Maßnahmen für die Umsetzung der *BSI-Standards 100-1 bis 100-4* beschreiben. In die BSI-Standards sind bereits auch Kernelemente der ISO 27001 mit eingeflossen. Die Idee von IT-Grundschutz aber ist immer noch die gleiche: Typische IT-Komponenten und Abläufe sind überall ähnlich. Diese unterliegen typischen Gefährdungen, Schwachstellen und Risiken. Ziel von IT-Grundschutz ist es, durch eine geeignete Kombination von organisatorischen, personellen, infrastrukturellen und technischen Standardsicherheitsmaßnahmen ein Sicherheitsniveau zu erreichen, das für den normalen Schutzbedarf angemessen und ausreichend ist. Die Vereinfachung liegt vor allem im Verzicht auf eine detaillierte Risikoanalyse.

Eine Sonderrolle nimmt die *TÜV Informationstechnik GmbH (TÜVIT)* als Unternehmen der Unternehmensgruppe TÜV Nord ein. Sie ist zum einen bei nationalen und internationalen

Organisationen akkreditiert und kann somit Zertifikate nach ISO- oder BSI-Standard vergeben und bietet zum anderen in Kooperation mit IT-Herstellern eigene Zertifizierungsdienstleistungen an, so beispielsweise mit Microsoft oder der Deutschen Telekom.

Standardisierung der ISO-Normen

Die International Organization for Standardization (ISO) hat mit den *ISO/IEC Directives, Part 1, Consolidated ISO Supplement - Procedures specific to ISO* (ISO/IEC Direktives, 2014) einen Leitfaden veröffentlicht, der eine Standardisierung aller Managementsystemnormen der ISO sicherstellen soll. Der ISO-Leitfaden wurde nicht für die direkte Anwendung in Unternehmen entwickelt, sondern stellt eine interne ISO-Verfahrensbeschreibung zur Erstellung neuer Managementsystemstandards dar. Er ist frei verfügbar und soll die Entwickler von Standards dabei unterstützen, neue Managementsystemstandards konsistent und kompatibel zu verfassen bzw. zu überarbeiten.

Ziel ist eine Standardisierung der Managementsystemnormen in Hinblick auf

- eine einheitliche Normstruktur (HLS High Level Structure),
- abgestimmte Standardtexte,
- einheitliche Begriffe und Definitionen.

Dementsprechend müssen alle neuen und überarbeiteten Managementsystemstandards den in Anhang SL beschriebenen Anforderungen an die Struktur und die Kerninhalte entsprechen. Die ISO-ISMS-Normen 27001:2013 und 27002:2013 entsprechen bereits der neuen Struktur, ebenso die BCM-Normen ISO 22301:2012 und ISO 22313:2012 sowie die ISO 9001:2015 u. a.

In Hinblick auf die Dokumentation werden in Kapitel Annex SL Appendix 2 in Abschnitt *7.5 Control of Documented information* die folgenden Dokumentationsanforderungen definiert:

»*Documented information required by the XXX management system and by this International Standard /this part of ISO XXXX/this Technical Specification shall be controlled to ensure:*

a) it is available and suitable for use, where and when it is needed;

b) it is adequately protected (e.g. from loss of confidentiality, improper use, or loss of integrity).

For the control of documented information, the organization shall address the following activities, as applicable:

- *distribution, access, retrieval and use;*
- *storage and preservation, including preservation of legibility;*
- *control of changes (e. g. version control);*
- *retention and disposition.*

Documented information of external origin determined by the organization to be necessary for the planning and operation of the XXX management system shall be identified, as appropriate, and controlled.« (ISO Directives Part 1, 2014)

Neben der Anforderung der Bereitstellung der notwendigen Dokumente leiten sich vor allem auch an das Management gerichtete Anforderungen ab.

1.6.2 Normen und Standards im Bereich Informationssicherheit

Fragt man Unternehmen in Deutschland, welche Sicherheitszertifizierung sie entweder schon haben oder aber planen, so wird an erster Stelle die ISO-27001-Zertifizierung genannt. Dies liegt sicherlich auch daran, dass diese Norm als erster internationaler Standard zum Informationssicherheitsmanagement eine Zertifizierung ermöglichte. Das BSI bietet seit Januar 2006 die ISO-27001-Zertifizierung auf der Basis von IT-Grundschutz an. Hierüber kann nachgewiesen werden, dass die IT-Infrastruktur eines Unternehmens die wesentlichen Anforderungen der ISO 27001 erfüllt und diese unter Anwendung der IT-Grundschutz-Vorgehensweise (BSI-Standard 100-2) und gegebenenfalls einer ergänzenden Risikoanalyse (BSI-Standard 100-3) umgesetzt wurden.

Im Folgenden werden die ISO 27001 und die Standards des BSI im Überblick vorgestellt.

Informationssicherheit ist nicht IT-Sicherheit

Nach der ISO 27001 ist Informationssicherheit die Aufrechterhaltung der Verfügbarkeit, Integrität und der Vertraulichkeit von Informationen. Im Mittelpunkt der Informationssicherheit stehen damit die Informationen. Dabei können Informationen sowohl auf Papier, in Rechnern oder auch in Köpfen gespeichert sein. IT-Sicherheit beschäftigt sich an erster Stelle mit dem Schutz elektronisch gespeicherter Informationen und deren Verarbeitung. Werkzeuge zur Speicherung, Verarbeitung und Übertragung von Informationen stellen jedoch nur den Teilbereich dar. Begriffe wie IT-Security und IT-Sicherheit etc. beschreiben daher nur einzelne Bereiche von Informationssicherheit.

1.6.2.1 ISO 27001

Zu den bekanntesten und wichtigsten Standards gehört die ISO-2700x-Reihe. Die ISO/IEC 27001 wurde aus dem britischen Standard BS 7799-2:2002 entwickelt und als internationale Norm erstmals am 15. Oktober 2005 veröffentlicht. Aktuell liegt die ISO 27001 in der Version von 2013 vor.

Inhaltlich besteht die Norm aus einem Katalog von Anforderungen, die ein *Information Security Management System (ISMS)* beschreiben und detaillierte Anforderungen definieren, die eine Zertifizierung ermöglichen. Damit ist die ISO 27001 der einzige internationale auditierbare Standard, der die Anforderungen an ein ISMS definiert.

Die ISO 27001 ist Teil einer Normenfamilie, die aus diversen Normen und Subnormen besteht. Seit der Ausgabe 2008 liegt die Norm auch als DIN-Norm vor. Im Rahmen der Standardisierung wurde in der Zusammenarbeit von ISO und IEC beschlossen, verschiedene Standards zur IT-Sicherheit unter dem Nummernkreis 2700x zusammenzufassen. Zu den mittlerweile mehr als 20 Standards gehören u. a. die Folgenden:

- **ISO/IEC 27000:** Beschreibt grundlegende Prinzipien, Konzepte, Begriffe und Definitionen für ein Information Security Management System.
- **ISO/IEC 27001**: Gibt allgemeine Empfehlungen zur Einführung, zu dem Betrieb und der Verbesserung eines dokumentierten ISMS, auch unter Berücksichtigung der Risiken. Sie ist als einziger Standard der Reihe zertifizierbar.

- **ISO/IEC 27002:** Beinhaltet die Beschreibung der erforderlichen Schritte, um ein funktionierendes Sicherheitsmanagement aufzubauen und in der Organisation zu verankern. Enthält den Inhalt der ISO 17799:2005.
- **ISO/IEC 27003:** Enthält einen Leitfaden zur Umsetzung der ISO 27001-2.
- **ISO/IEC 27005:** Ist an den BS 7799-3:2006 angelehnt und enthält Rahmenempfehlungen zum Risikomanagement für Informationssicherheit.

Die internationale Zertifizierung nach *ISO 27001:2013 Information technology - Security techniques - Information security management systems - Requirements* richtet sich an Firmen, Behörden und sonstige Organisationen, die ein wirksames Sicherheitsmanagement nachweisen wollen bzw. müssen. Seit März 2015 ist sie auch in deutscher Sprache verfügbar.

Da die ISO 27001 international als Methode für Informationssicherheit anerkannt ist, stellt sie ein wichtiges Instrument zum Nachweis der Einhaltung von gesetzlichen Anforderungen sowie von Vorgaben durch Kunden, Aufsichtsbehörden oder Banken dar, das durch die gestiegenen gesetzlichen Anforderungen (gesetzliche Anforderungen bei Auftragsdatenverarbeitung, IT-Sicherheitsgesetz, Energiewirtschaftsgesetz u. a.) in der jüngsten Vergangenheit an Bedeutung gewonnen hat und vermutlich noch gewinnen wird. Außerdem werden zunehmend Zertifizierungen zur Teilnahme an Ausschreibungen verlangt. Da öffentliche Auftraggeber an die für diesen Bereich gültigen europäischen Richtlinien gebunden sind, ist ein nationaler Ausweis nicht ausreichend. Praktisch erfüllt damit derzeit nur die ISO 27001 die Anforderungen öffentlicher Auftraggeber.

Im Mittelpunkt der ISO 27001:2013 steht das Verständnis von Informationssicherheit als geplanter, gelebter, überwachter und sich kontinuierlich verbessernder Prozess. Grundsätzlich gilt es nachzuweisen, dass ein solcher Prozess implementiert wurde und nachhaltig im Unternehmen gelebt wird. Hierzu spezifiziert die Norm Anforderungen für die Erstellung, Einführung, Betrieb, Überwachung, Wartung und Verbesserung eines dokumentierten Informationssicherheitsmanagementsystems unter Berücksichtigung der Risiken. Ein solcher Prozess liegt zwingend in der Verantwortung der Unternehmensleitung und wird durch diese gesteuert.

Erforderliche Dokumente des Managements

Zur Umsetzung des ISMS-Prozesses, aber auch zu dessen Nachweis fordert die Norm eine Reihe sogenannter »dokumentierter Informationen«. Diese müssen zwingend erstellt werden und sind Voraussetzung für die Zertifizierung:

- **Geltungsbereich:**
  Der Geltungsbereich legt fest, für welche Bereiche der Organisation das Informationssicherheitsmanagementsystem Gültigkeit hat. Zu berücksichtigen sind hier auch Schnittstellen zu externen Dienstleistern.
- **Informationssicherheitsleitlinie**
  Die Leitung muss eine Informationssicherheitsleitlinie vorgeben. Hierbei handelt es sich um ein strategisches Dokument, das die wesentlichen Aspekte der Informationssicherheitspolitik für den definierten Geltungsbereich festlegt.
- **Methodik zur Risikoeinschätzung und Risikobehandlung**
  Eine zentrale Aufgabe des Managements im Rahmen des ISMS-Prozesses ist das Risiko-

management. Ohne die Kenntnis und Bewertung von Risiken hinsichtlich der Vertraulichkeit, Integrität und Verfügbarkeit von Informationen ist es nur schwer möglich, angemessene Maßnahmen zu ergreifen, um ein akzeptiertes Sicherheitsniveau zur erreichen. Die Festlegung und Dokumentation der Regeln zur Ermittlung von Schwachstellen, Bedrohungen, Auswirkungen und Eintrittswahrscheinlichkeiten sind daher obligatorisch.

In den nächsten Schritten sind dann die bestehenden Risiken zu identifizieren, zu bewerten und Entscheidungen zu treffen, wie die Risiken behandelt werden sollen. Hieraus resultiert der Bericht zur Risikoeinschätzung und Risikobehandlung, der ebenfalls verbindlich ist.

- **Erklärung zur Anwendbarkeit**
  Als das wichtigste Dokument zur Erlangung der Zertifizierung kann die Erklärung zur Anwendbarkeit (engl. Statement of Applicability – SoA) betrachtet werden. Sie stellt eine Zusammenfassung der definierten Maßnahmenziele und Maßnahmen dar und beschreibt die Art und Weise, wie die ausgewählten Maßnahmen umzusetzen sind. Damit stellt sie die Verknüpfung zwischen der Risikoeinschätzung und -behandlung und den 133 im Anhang A der ISO 27001:2013 aufgeführten Maßnahmen (engl. Controls) dar.
- **Plan zur Risikobehandlung**
  Nachdem die Risikoanalyse abgeschlossen ist und alle Maßnahmen in der Erklärung zur Anwendbarkeit erfasst wurden, ist es wichtig, einen Plan zur konkreten Umsetzung der Maßnahmen einschließlich Zeitplan und erforderlicher Ressourcen zu erstellen. Dies ist die Aufgabe des obligatorischen Risikobehandlungsplans.

Neben den bislang beschriebenen Dokumenten definiert der erste Teil der Norm zum Managementsystem noch vier zu implementierende und zu dokumentierende Verfahren:

1. **Verfahren zur Kontrolle der dokumentierten Informationen**
   Es wird ein Verfahren zur Lenkung von Dokumenten benötigt. Hierin ist der gesamte Lebenszyklus gelenkter Dokumente einschließlich aller Verantwortlichkeiten geregelt worden. So sollte beispielsweise festgelegt werden, wer für die Freigabe von Dokumenten verantwortlich ist und wie Änderungen und Versionsstatus dokumentiert werden. Außerdem muss das Verfahren einen angemessenen Schutz (z. B. vor Verlust der Vertraulichkeit, unsachgemäße Verwendung oder Verlust der Integrität) sicherstellen.
2. **Verfahren für interne Audits**
   Zur Erlangung des Zertifikats ist die regelmäßige Durchführung von Audits vorgeschrieben. Hierzu ist ein Verfahren einzurichten, in dem die Verantwortlichkeiten für die Planung und die Durchführung von internen (und ggf. auch externen) Audits geregelt sind und das festlegt, wie die Audit-Ergebnisse berichtet und wie die Aufzeichnungen aufbewahrt werden.
3. **Verfahren zur Prüfung durch die Leitung**
   Die Leitung muss das Informationssicherheitsmanagementsystem der Organisation in regelmäßigen Abständen prüfen, um sicherzustellen, dass es nach wie vor geeignet, angemessen und wirksam ist. Dies ist durch ein entsprechendes Verfahren zu regeln. Das Verfahren zur Prüfung durch die Leitung muss Entscheidungen zu Möglichkeiten für die laufende Verbesserung sowie eventuell erforderliche Änderungen am Informationssicherheitsmanagementsystem beinhalten.

4. **Verfahren für Fehler und Korrekturmaßnahmen**
   Weiterhin wird ein dokumentiertes Verfahren benötigt, das beschreibt, wie die Organisation mit erkannten Fehlern umgeht. Das Verfahren sollte definieren, wie die Nichteinhaltung und ihre Ursache erkannt werden, wie die notwendigen Maßnahmen definiert und umgesetzt werden, welche Aufzeichnungen erforderlich sind und auf welche Weise die Überprüfung der Maßnahmen durchgeführt wird.

Dokumentation zur Umsetzung der Maßnahmen

Der zweite Teil der Dokumentationsanforderungen resultiert aus den in Anhang A der Norm benannten Maßnahmenzielen und Maßnahmen. Die Sicherheitsmaßnahmen (Controls) betreffen folgende Aspekte:

- Organisation der Informationssicherheit
- Personelle Sicherheit
- Physikalische Sicherheit
- Sicherheit des IT-Betriebs
- Zutritts- und Zugangsschutz
- Sicherheit bei der Entwicklung
- Sicherheitsvorfälle
- Notfallmanagement
- Compliance

Im Gegensatz zu den zwingend vorgeschriebenen Dokumenten für den Managementbereich, verlangt die Norm für die Maßnahmenumsetzung, mit Ausnahme eines Inventarverzeichnisses und einer Beschreibung der Sicherheitsorganisation, keine obligatorischen Dokumente. Tatsächlich aber leiten sich aus der Anforderung, wonach die Organisation alle für die Wirksamkeit des Informationssicherheitsmanagementsystems als erforderlich befundene Informationen bereitstellen muss, umfängliche Dokumentationsverpflichtungen ab.

Hilfreich ist es an dieser Stelle, die *ISO 27002:2013 Information technology - security techniques - code of practice for information security management* heranzuziehen. Die ISO 27001 beschreibt weder spezifische Verfahren noch definiert sie Implementierungsmethoden zur Erlangung einer Zertifizierung. Für eine konkrete Umsetzung der Maßnahmenziele und Maßnahmen wird stattdessen auf die ISO 27002 verwiesen, die daher bei einer Zertifizierung zwingend berücksichtigt werden muss. Beispielsweise beschreibt die ISO 27002, welche Richtliniendokumente sinnvollerweise zu erstellen sind.

Aufzeichnungen

Benötigt werden zusätzlich Aufzeichnungen sowohl zum Nachweis eines funktionierenden Managementsystems mit internen und externen Audits, Managementbewertungen und sonstigen Maßnahmen zur Verbesserung des Systems als auch zum Nachweis der Umsetzung der Maßnahmen. Letzterer Punkt beinhaltet beispielsweise Systemprotokolle und Logdateien zur Änderung und/oder Nutzung administrativer Berechtigungen, aber auch Berichte über durchgeführte Backups und Patches.

1.6.2.2 Standards des Bundesamts für Sicherheit in der Informationstechnik (BSI)

Als Erweiterung einer Zertifizierung nach ISO 27001 bietet das BSI seit 2006 eine ISO-27001-Zertifizierung auf der Basis von IT-Grundschutz an. Ein Kritikpunkt an der ISO 27001 ist, dass sie zwar die Elemente eines ISMS definiert, es jedoch dem Unternehmen überlässt, detaillierte Prozesse und Einzelmaßnahmen auszuwählen. Bei einer ISO-27001-Zertifizierung auf der Basis von IT-Grundschutz wird für das zu zertifizierende System auch die konkrete Umsetzung von Sicherheitsmaßnahmen auf der Basis von IT-Grundschutz geprüft, was die Aussagekraft eines solchen Zertifikats erweitert, aber den Aufwand natürlich auch entsprechend erhöht.

Wie bereits zu Beginn dieses Abschnitts dargelegt, hat das BSI gemäß dem BSI-Gesetz unter anderem die Aufgabe, Kriterien, Verfahren und Werkzeuge für die Prüfung und Bewertung der Sicherheit von informationstechnischen Systemen oder Komponenten zu entwickeln. Im Jahr 1995 hat das BSI das erste Grundschutzhandbuch herausgegeben, das sich als eine Referenz für die IT-Sicherheit verstanden hat und Vorgehensweisen zur Erstellung von IT-Sicherheitskonzepten enthielt. Es setzte sich damals aus 18 Grundschutzbausteinen und 200 Maßnahmen zur Erlangung des Grundschutzes zusammen. Während der Weiterentwicklung bis 2004 wuchs das »Handbuch«, das sich zwischenzeitlich auf mehrere Ordner erstreckte, auf 58 Grundschutzbausteine mit über 700 Maßnahmen an. Mit der Veröffentlichung der ISO-Norm 27001 hat das BSI das Handbuch zugunsten einer Zweiteilung des IT-Grundschutzes aufgegeben. Zum einen hat das BSI die Standards 100-1 bis 100-4 entwickelt, in denen die grundsätzlichen Anforderungen beschrieben sind. Zum anderen wurden aus den Bausteinen und Maßnahmen die IT-Grundschutzkataloge in Form einer Loseblattsammlung erstellt. Standards und Kataloge bilden dabei eine inhaltliche Einheit, wobei die Standards die Klammer um die Grundschutzkataloge bilden.

Zusätzlich verbunden war mit der Veröffentlichung der Standards und der Grundschutzkataloge ein grundlegender Paradigmenwechsel. Demzufolge ist IT-Sicherheit nunmehr als Managementprozess für Informationssicherheit zu implementieren. Zusätzlich wurde ein Wechsel weg von der reinen IT-Sicherheit hin zur unternehmensweiten Informationssicherheit vollzogen. Im Folgenden werden die BSI-Standards im Überblick vorgestellt. Die vollständige Dokumentation ist kostenfrei auf den Webservern des BSI im PDF-Format verfügbar.

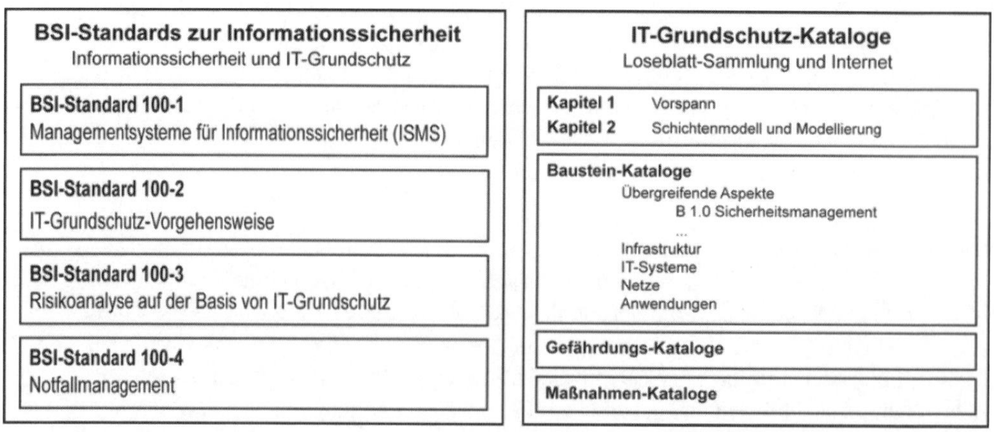

Bild 1.5 Übersicht über BSI-Publikationen zum Sicherheitsmanagement (BSI Standard 100-1, 2008)

Standard 100-1

Der Standard beschreibt den Aufbau von Managementsystemen für Informationssicherheit und beinhaltet dabei alle für die Zielerreichung erforderlichen Regelungen. Dabei ist die Verantwortung für das Informationssicherheitsmanagement auf der obersten Leitungsebene zu etablieren. Neben den beiden einleitenden Kapiteln enthält der Standard 100-1 die folgenden Kapitel:

- Kapitel 1-2: Vorwort und allgemeine Hinweise,
- Kapitel 3: ISMS-Definition und Prozessbeschreibung,
- Kapitel 4: Management-Prinzipien,
- Kapitel 5: Ressourcen für Informationssicherheit,
- Kapitel 6: Einbindung der Mitarbeiter in den Sicherheitsprozess,
- Kapitel 7: Der Informationssicherheitsprozess,
- Kapitel 8: Sicherheitskonzept,
- Kapitel 9: Das ISMS des BSI: IT-Grundschutz.

Während in den Kapiteln 3 bis 7 allgemeine Anforderungen an das ISMS beschrieben werden, ist in Kapitel 8 die Notwendigkeit, ein Sicherheitskonzept zu erstellen, dargelegt.

Das *IT-Sicherheitskonzept* regelt die Struktur und beschreibt detaillierte Sicherheitsmaßnahmen und Handlungsanweisungen zum Umgang mit IT-Sicherheit. Gemäß BSI muss das IT-Sicherheitskonzept folgende Fragen beantworten:

- »*Wie sicher ist die Informationstechnik des Unternehmens?*
- *Welche IT-Sicherheitsmaßnahmen müssen ergriffen werden?*
- *Wie müssen diese Maßnahmen konkret umgesetzt werden?*
- *Wie hält bzw. verbessert das Unternehmen das erreichte Sicherheitsniveau?*« (BSI Standard 100-1, 2008).

Damit ist es das zentrale Dokument im IT-Sicherheitsprozess jedes Unternehmens und jeder Behörde. Jede konkrete Maßnahme muss sich letztlich darauf zurückführen lassen. Nähere Erläuterungen zum IT-Sicherheitskonzept finden Sie in *Kapitel 3 – IT-Betriebsdokumentation*.

Zusätzlich erforderlich ist eine *Leitlinie zur Informationssicherheit*. Hierbei handelt es sich um ein strategisches Papier, das die zentralen Vorgaben für die IT-Sicherheit in einem Unternehmen festschreibt. Es definiert die Sicherheitsziele und die Grundsätze für den Umgang mit Informationen sowie die Verantwortungsbereiche für die IT-Sicherheit. Sinnvollerweise sollte die Leitlinie zur Informationssicherheit Bestandteil einer übergeordneten Sicherheitsleitlinie für das unternehmensweite Sicherheitsmanagement sein. Im Rahmen der Überwachung und Erfolgskontrolle sind deshalb entsprechende Managementberichte zu erstellen, die zum einen die Aktivitäten dokumentieren und zum anderen die Basis für die Optimierung bilden. Nähere Erläuterungen zur Leitlinie für Informationssicherheit finden Sie in *Abschnitt 2.3.2.3*.

Standard 100-2

Dieser Standard beschreibt im Wesentlichen die Initiierung des Sicherheitsprozesses und die Umsetzung der Sicherheitskonzeption. Dabei wird bei der Maßnahmenauswahl explizit auf die gesonderten Grundschutzkataloge verwiesen. Die Grundschutzkataloge sind zur besseren Erweiterbarkeit modular aufgebaut.

Im Rahmen des IT-Grundschutzes wird so vorgegangen, dass für jeden infrage kommenden Baustein die individuellen Gefährdungen anhand der Gefährdungskataloge identifiziert werden. Hiermit soll nach den Angaben des BSI ein verringerter Analyseaufwand bei typischen Anwendungsfällen erforderlich sein und somit kostengünstig ein angemessenes Sicherheitsniveau bei durchschnittlichem Schutzbedarf erreicht werden. Ebenfalls ist in diesem Standard die Zertifizierung nach ISO 27001 beschrieben, für die das BSI zugelassen ist.

Standard 100-3

Sofern ein Unternehmen bereits eine IT-Grundschutzanalyse durchgeführt hat, liefert das BSI mit diesem Standard darüber hinaus die Möglichkeit einer weitergehenden Risikoanalyse für den IT-Bereich. Diese zusätzliche Risikoanalyse bietet sich bei einem erhöhten Schutzbedarf an, beispielsweise beim Thema Vertraulichkeit oder bei Anwendungsfällen, die in den Grundschutzkatalogen nicht ausreichend beschrieben sind.

Im Rahmen des Sicherheitsprozesses schließt sich nach der Standardsicherheitsüberprüfung die ergänzende Sicherheitsanalyse an, bevor die Realisierung der Sicherheitsmaßnahmen vorgenommen wird.

Standard 100-4

Der BSI-Standard 100-4 wurde Ende 2008 veröffentlicht und beschreibt eine Methode zum Aufbau eines eigenständigen Managementsystems *(Business Continuity Management - BCM)* für die Notfallvorsorge und die Notfallbewältigung. Er ist nicht auf das IT-Notfallmanagement beschränkt. Ziel ist es, einen systematischen Weg aufzuzeigen, um bei Notfällen und Krisen, die zu einer Geschäftsunterbrechung führen, schnell reagieren zu können. Wichtig ist, wie auch beim Sicherheitsmanagement, eine ganzheitliche Betrachtungsweise mit Fokus auf die Geschäftsprozesse.

Ähnlich wie der Standard 100-3 stellt auch dieser Standard eine Ergänzung des Standards 100-2 dar, um gezielt auf die Besonderheiten des Notfallmanagements eingehen zu können. Das grundsätzliche Erfordernis zur Einrichtung eines Notfallmanagements leitet sich bereits aus den allgemeinen Anforderungen an das Sicherheitsmanagement ab, wie sie im Standard 100-1 beschrieben werden.

Gesondertes Kapitel zum Thema Notfalldokumentation

Ausführliche Erläuterungen zu den Inhalten des Standards 100-4 finden Sie in *Kapitel 4 - IT-Notfalldokumentation*. Dieses Kapitel erläutert die erforderlichen Inhalte der Notfalldokumentation gemäß BSI-Standard 100-4 sowohl aus Sicht der Notfallvorsorge als auch vor allem aus Sicht der Notfallbewältigung.

Welche Nachweise sind erforderlich?

Ein Audit im Rahmen einer Zertifizierung umfasst sowohl eine Dokumentenprüfung als auch eine Umsetzungsprüfung der erforderlichen IT-Sicherheitsmaßnahmen vor Ort. Hierbei wird die in den BSI-Standards beschriebene Vorgehensweise zur Implementierung eines ISMS und die Anwendung der in den IT-Grundschutzkatalogen empfohlenen Maßnahmen geprüft. Als Nachweis dienen die gemäß Zertifizierungsschema zu erstellenden Referenzdokumente:

- »*Leitlinie und Richtlinien für Informationssicherheit (A.0),*
- *Strukturanalyse (A.1),*
- *Schutzbedarfsfeststellung (A.2),*
- *Modellierung des Informationsverbunds (A.3),*
- *Ergebnis des Basis-Sicherheitschecks (A.4),*
- *Ergänzende Sicherheitsanalyse (A.5),*
- *Risikoanalyse (A.6),*
- *Risikobehandlungsplan (A.7).*« (BSI, 2011)

Besonderes Gewicht wird der Einbeziehung der Geschäftsführung in den Sicherheitsprozess und der Schaffung organisatorischer Rahmenbedingungen beigemessen. Aus diesem Grund müssen mindestens folgende Richtlinien dokumentiert sein:

- »*Richtlinie zur Risikoanalyse,*
- *Richtlinie zur Lenkung von Dokumenten und Aufzeichnungen,*
- *Richtlinie zur internen ISMS-Auditierung (Auditierung des Managementsystems für Informationssicherheit),*
- *Richtlinie zur Lenkung von Korrektur- und Vorbeugungsmaßnahmen.*« (BSI, 2011)

Hinsichtlich der Dokumentation ist zu beachten, dass Dokumente geordnet abgelegt werden, Änderungen kontrolliert erfolgen und zeitnah den betroffenen Personen kommuniziert werden.

Die Umsetzung der Maßnahme aus den Grundschutzkatalogen und die Erstellung der geforderten Dokumente erfordert einen erheblichen finanziellen und personellen Aufwand, der bedeutend höher ist als bei einer nativen ISO-27001-Zertifizierung. Hierzu trägt auch bei, dass es lange Zeit nur wenig Freiheitsgrade hinsichtlich der Umsetzung der geforderten Maßnahmen gab. Mit der im November 2011 erschienenen 12. Ergänzungslieferung der IT-Grundschutzkataloge hat das BSI auf die zunehmende Komplexität reagiert und den zusätzlichen Gefährdungskatalog »Elementare Gefährdungen« eingeführt. Damit wird nun erstmalig zwischen elementaren, d.h. zertifizierungsrelevanten und vertiefenden Bausteinen unterschieden, was die Zertifizierungsanforderungen reduziert.

1.6.3 Normen und Standards im Bereich Notfallmanagement

Aus zahlreichen gesetzlichen Anforderungen oder anderen Verpflichtungen ergibt sich eine Notwendigkeit zu einer aktiv betriebenen Notfallvorsorge und zur Planung von Notfallbewältigungsmaßnahmen. Beispielsweise sind die Vorstände größerer Kapitalgesellschaften durch KonTraG zu einem angemessenen Risikomanagement verpflichtet. Dieses wiederum erfordert auch, dass das Unternehmen ausreichend gegen Krisen und Notfälle vorgebeugt hat.

Weitere Gesetze und Verordnungen, aus denen für die betroffenen Unternehmen und Behörden Verpflichtungen zur Notfallprävention folgen, sind u.a.

- Aktiengesetz (AktG),
- Börsengesetz (BörsG),
- Mindestanforderungen an das Risikomanagement (MaRisk),
- Kreditwesengesetz (KWG 25 Abs. 1 Pkt. 3),
- Arbeitsschutzgesetz (ArbSchG),
- Störfallverordnung (12. BImSchV – StörfallV),
- Gefahrstoffverordnung (GefStoffV),
- Betriebssicherheitsverordnung (BetrSichV).

Da verwundert es nicht, dass vor allem in den letzten Jahren eine Reihe von Standards und Normen entwickelt wurden, die das Thema Notfallmanagement adressieren. Diese werden durch diverse Organisationen und Berufsverbände definiert und zyklisch verbessert. Aus rechtlicher Sicht ist die Einhaltung solcher Standards ein wichtiges Indiz dafür, dass den rechtlichen Vorgaben genüge getan ist.

Zu finden sind derartige Standards unter dem Begriff »Business Continuity Management (BCM)«. BCM ist ein seit mittlerweile mehr als 15 Jahren geprägter Begriff, der Methoden und Maßnahmen beschreibt, die eine Geschäftsfortführung – Business Continuity – im Notfall sicherstellen.

Kapitel 4 – IT-Notfalldokumentation behandelt ausführlich das Thema Notfalldokumentation. Hier finden Sie auch Erläuterungen zu maßgeblichen BCM-Standards und Leitfäden.

1.6.4 Weitere Normen mit Relevanz für die IT-Dokumentation

Abhängig von den individuellen Compliance-Anforderungen können eine Reihe weiterer Standards und Normen für das eigene Unternehmen relevant sein.

IT-Dienstleister zum Beispiel unterliegen speziell durch die von den Kunden erwartete hohe Servicequalität besonderen Anforderungen hinsichtlich der Servicequalität und Betriebssicherheit. Der Servicestandard ITIL® bietet hier ein Rahmenwerk, welches umfassende Anforderungen an die IT-Dienstleister stellt und auch Hilfestellungen zur Erfüllung von Anforderungen seitens der Gesetzgeber und der Kunden leistet. Jedoch ist eine Zertifizierung nach ITIL® nicht möglich. Die erfolgreiche Umsetzung eines IT-Servicemanagements kann mit einer Zertifizierung nach ISO/IEC 20000 nachgewiesen werden.

Eine der bekanntesten ISO-Normen für die Unternehmensorganisation ist die Qualitätsmanagementnorm ISO 9001. Da diese allgemeine managementbezogene Normen darstellt, kann sie für jedes Unternehmen für eine Zertifizierung herangezogen werden. Gerade für kleinere und mittlere Unternehmen kann das Vorweisen eines derartigen Zertifikats erforderlich sein, um überhaupt Aufträge einer gewissen Größenordnung zu bekommen. Und Krankenhäuser und Reha-Kliniken sind darüber hinaus gemäß Sozialgesetzbuch V, § 135 ff. zur Einführung eines Qualitätsmanagementsystems auf Basis von ISO 9001 und zu dessen Nachweis verpflichtet.

Im Folgenden werden die beiden Normen ISO 20000 – IT-Servicemanagement und ISO 9001 – Qualitätsmanagement im Überblick vorgestellt.

ISO 9001

Eine der bekanntesten ISO-Normen für die Unternehmensorganisation ist die Qualitätsmanagementnorm ISO 9000 bzw. ihr Nachfolger ISO 9001 sowie die damit in Zusammenhang stehenden Normen ISO 9004 und ISO 19011.

Die ISO 9001 legt die Mindestanforderungen an ein Qualitätsmanagementsystem (QM-System) fest, denen ein Unternehmen zu genügen hat, um Produkte und Dienstleistungen bereitstellen zu können, welche die Kundenerwartungen erfüllen. Zugleich soll das Managementsystem einem stetigen Verbesserungsprozess unterliegen.

Die ISO-9001-Normenreihe wurde aus einer Reihe von Vorgängernormen entwickelt und erstmals 1994 veröffentlicht. Im Zuge der Weiterentwicklung wurde der ursprünglich funktionsorientierte Ansatz in einen prozessorientierten Ansatz verändert. Außerdem wurden Teile der Normenreihe zusammengefasst und einheitliche Begriffsdefinitionen ergänzt. Seit 2012 wurde die ISO 9001 überarbeitet. Es ist zu erwarten, dass mit Veröffentlichung des Buchs diese die Version aus 2008 ersetzt.

In der neuen Fassung wurde der prozessorientierte Ansatz beibehalten und in Richtung Risikoorientierung ausgebaut. Außerdem entspricht die ISO 9001 nun auch der von der ISO geforderten High Level Structure für Managementsystemnormen und beinhaltet die in *Abschnitt 1.6.1* beschriebenen Dokumentationsanforderungen.

ISO 20000

Die ISO 20000 ist eine speziell auf das IT-Servicemanagement ausgerichtete Norm und wurde im Jahr 2005 auf der Basis der gleichnamigen britischen Norm BS 15000 veröffentlicht. 2011 wurde die ISO/IEC 20000-1 einem Review unterzogen und dabei grundlegend überarbeitet.

Das Ziel der Norm ISO/IEC 20000 ist es, einen gemeinsamen Referenzstandard für alle Unternehmen bereitzustellen, welche die IT-Services für interne oder externe Kunden erbringen. Ein weiteres Ziel besteht in der Förderung einer gemeinsamen Terminologie. Wie die meisten aktuellen Standards ist sie prozessorientiert ausgerichtet, beschreibt aber weniger das produktbezogene Qualitätsmanagement im Allgemeinen, sondern das IT-Servicemanagement im Besonderen. Die prozessorientierten Festlegungen orientieren sich an den Prozessbeschreibungen gemäß ITIL® und ergänzen diese.

Es besteht aber ein wesentlicher formaler Unterschied zu ITIL®. Im Gegensatz zu ITIL®, das keinen Standard darstellt, sind die Prozesse des IT-Servicemanagements nach ISO 20000 international anerkannt zertifizierbar.

Die ISO-20000-Norm ist in drei Hauptteile unterteilt:

- Teil 1 Specification – Service management system requirements (20000-1:2011),
- Teil 2 Code of Practice – Guidance on the application of Service Management System SMS (20000-2:2012),
- Teil 3 Guidance on scope definition and applicability of ISO/IEC 20000-1 (20000-3:2012).

Dabei stellt Teil 1 die zwingend erforderlichen Anforderungen dar *(must have)*, während Teil 2 weitere optionale Anforderungen beschreibt *(should have)*. Eine ISO/IEC-20000-Zertifizierung kann auf einen Kunden, einen IT-Service oder einen Standort des IT-Service-Providers begrenzt werden. Durchgeführt werden die Zertifizierungsaudits durch unabhängige Prüforganisationen.

Für eine Zertifizierung erforderlich sind eine Reihe von Dokumenten und Reports, die die Effektivität und Effizienz des Servicemanagements sowie die Planung, das Handling und die Steuerung der Serviceprozesse belegen, und es ist sicherzustellen, dass das Service-Management-System auditier- und damit nachvollziehbar ist und bleibt. Erforderlich sind:

- Richtlinien und Managementpläne,
- Service Level Agreements,
- Dokumentation der Prozesse und Prozeduren,
- aktuelle Reports.

Während aber die ISO 9001 die Dokumentationsanforderungen stark betont, sind in der ISO 20000 die Dokumentationserfordernisse implizit Voraussetzung, um die Prozesse nachvollziehbar und prüfbar zu machen.

1.7 Zusammenfassung

Weder für Deutschland noch für Österreich oder die Schweiz gibt es eine allgemein gültige Verordnung oder gar ein Gesetz, die bzw. das festlegt, wie eine IT-Dokumentation auszusehen hat. Den Gesetzen und Verordnungen ist gemein, dass die beschriebenen Anforderungen mehr oder weniger allgemein gehalten sind und die konkrete Umsetzung offen bleibt. Mit der Frage, wie der Aufbau einer gesetzeskonformen IT-Dokumentation sichergestellt werden kann, werden die Verantwortlichen allein gelassen.

Für steuerpflichtige Unternehmen ergibt sich im Zusammenspiel von Abgabenordnung, GoBS/GoBD sowie dem Datenschutzrecht ein umfangreicher Katalog an Dokumentationspflichten. Dabei ist wie z.B. bei der Verfahrensdokumentation eine trennscharfe Abgrenzung von IT- zu Fachdokumentation häufig nicht möglich. Dies trifft sowohl auf das Steuerrecht als auch auf das Datenschutzrecht zu. Schwerpunkte sind hier:

- Nachweis über die korrekte und nachvollziehbare Einführung und Veränderung von Verfahren (Anforderungs- und Projektdokumentation),
- Nachweis über den ordnungsgemäßen Betrieb der Verfahren sowie eine angemessene Störungsbeseitigung (Betriebsdokumentation),
- Nachweis über Maßnahmen zur Sicherstellung einer angemessenen Ausfallsicherung (Notfalldokumentation),
- Nachweis über den Schutz der Daten vor unbefugter Kenntnisnahme und unbefugter Veränderung (IT-Sicherheitsdokumentation).

Mit dem IT-Sicherheitsgesetz und dem IT-Sicherheitskatalog gemäß Energiewirtschaftsgesetz sind in 2015 zwei Gesetze in Kraft getreten, die Dokumentationsanforderungen im Hinblick auf die Informationssicherheit im Allgemeinen und die IT-Sicherheit im Speziellen formulieren.

So weist ein Unternehmen, das eine Zertifizierung nach dem Sicherheitsstandard ISO 27001 erlangt hat, damit nach, dass es einen Sicherheitsprozess und die nach aktuellem Erkenntnisstand möglichen Sicherheitsmaßnahmen implementiert hat. Eine Organisation, die nicht über diese Zertifizierung verfügt, muss hierfür Einzelnachweise erbringen. Ebenso weist das Institut der Deutschen Wirtschaftsprüfer in einer Verlautbarung darauf hin, dass das Vorgehen nach ISO 27001 als probates Mittel anerkannt wird, um die Anforderungen der Wirtschaftsprüfung in diesem Bereich zu erfüllen. Sollte das geprüfte Unternehmen eine Zertifizierung vorweisen, so kann eine Prüfung in einem Minimalumfang erfolgen.

Ein weiterer Vorteil einer Zertifizierung betrifft den Bereich der Haftung. Bei haftungstechnischen Problemen geht es immer auch um die Frage, ob die gebotene verkehrsübliche Sorgfaltspflicht bzw. der aktuelle Stand der Erkenntnisse (Best Practice) eingehalten wurde. Die Einhaltung von Normen und Standards ist hierbei ein wichtiges Kriterium. Der Nachweis einer Zertifizierung wird dann in der Regel als Beleg anerkannt, dass die gebotene Sorgfaltspflicht eingehalten wurde.

Die Notwendigkeit sowie die Anforderungen an eine Notfalldokumentation werden in einigen der in diesem Kapitel beschriebenen Gesetzen (u. a. im Kreditwesengesetz) und Normen (u. a. in BSI Standard 100-4 und ISO 22301) dargestellt. Allen gemein ist, dass sowohl

- Maßnahmen zur Notfallvorsorge als auch
- Maßnahmen zur Notfallbewältigung

zu beschreiben sind. Dabei wird in der Praxis die Dokumentation der Notfallvorsorgemaßnahmen einen fließenden Übergang zur Dokumentation der IT-Sicherheit haben.

Häufig nicht bekannt ist, dass auch für die Projektdokumentation Vorgaben existieren. Mit den beiden Standards des IDW und des DIIR zur Prüfung von Projekten rücken auch die Projektdokumente in das Blickfeld der Abschlussprüfer. Die Art und Weise der Projektdokumentation sind somit nicht mehr in das Belieben des einzelnen Unternehmens gestellt, sondern unterliegen künftig den Anforderungen der einschlägigen Prüfungsstandards.

2 Strukturierung einer ganzheitlichen IT-Dokumentation

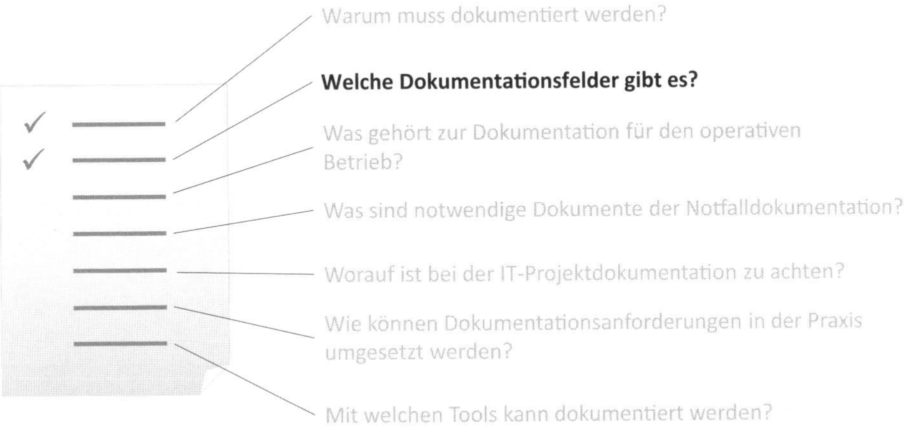

»Wir wollen nun endlich unsere IT-Dokumentation optimieren.« Häufig scheitert dieser gut gemeinte Vorsatz daran, dass man einfach nicht weiß, wo man beginnen soll und was alles zu berücksichtigen ist.

Zwingend erforderlich ist es deshalb, zunächst eine Strukturierung für die eigene Dokumentation zu definieren und auf dieser Basis eine Bestandsanalyse durchzuführen. Dieses Kapitel will dabei unterstützen. Im ersten Teil des Kapitels geht es um die Beantwortung der beiden Fragen: Welche Dokumentationsfelder gibt es? Wie sieht eine sinnvolle Struktur für die IT-Dokumentation aus?

Nachdem damit gewissermaßen der »Schrank« für die IT-Dokumentation steht, werden in den nachfolgenden Kapiteln »die Schubladen dieses Schranks gefüllt« und die einzelnen Bereiche detailliert vorgestellt. Dabei wird eine dieser Schubladen bereits in diesem Kapitel betrachtet. Der zweite Teil behandelt das Thema Rahmendokumente: Was sind Rahmendokumente? Welche sind erforderlich?

In diesem Kapitel finden Sie die folgenden Themenschwerpunkte:

- Services, Prozesse, Systeme – was muss dokumentiert werden?
- Bausteine einer ganzheitlichen IT-Dokumentation
- Rahmendokumente
- Abgrenzung zur technischen Dokumentation

2.1 Services, Prozesse, Systeme – was muss dokumentiert werden?

Lange Zeit war die vorherrschende Organisationsform von Unternehmen funktionsorientiert. Eine funktionsorientierte Ausrichtung ist geprägt durch vertikale Hierarchien, eine entsprechende aufbauorganisatorische Struktur und eine starke Trennung zwischen Fach- und Ressourcenverantwortung. Das heißt, jede einzelne Organisationseinheit ist nur für jeweils den eigenen Schritt in dieser Kette zuständig.

Doch immer mehr Unternehmen erkennen, dass ein ausgeprägter Servicegedanke mit einer gut funktionierenden Kundenbeziehung entscheidend für den Geschäftserfolg ist. Serviceorientierung, Prozessorientierung und Kundenorientierung stehen daher zunehmend im Fokus der Unternehmen. Und diese neue Ausrichtung erfordert veränderte Organisationsstrukturen, die auch die IT-Organisationen betreffen. Diese stehen immer häufiger in der Pflicht, sich als interne Service-Provider aufzustellen, die ihren internen Kunden vertraglich geregelte Dienstleistungen mit definierten SLAs anbieten. Gleichzeitig drängen in immer kürzeren Abständen neue Technologien in den Markt, die von der IT evaluiert und bereitgestellt werden müssen. Zusammen mit einer steigenden Abhängigkeit der Geschäftsprozesse von der IT ergeben sich daraus auch zunehmende Anforderungen an die IT-Dokumentation. So reicht es nicht mehr, allein die vorhandenen Systeme zu dokumentieren.

2.1.1 Komponenten eines serviceorientierten IT-Betriebs

Den beschriebenen Anforderungen entsprechend, muss eine ganzheitliche IT-Dokumentation die in Bild 2.1 gezeigten Komponenten berücksichtigen. Welche Komponenten davon im Einzelfall zu berücksichtigen sind, hängt auch vom jeweiligen Grad der Service- und Prozessorientierung der IT-Organisation ab.

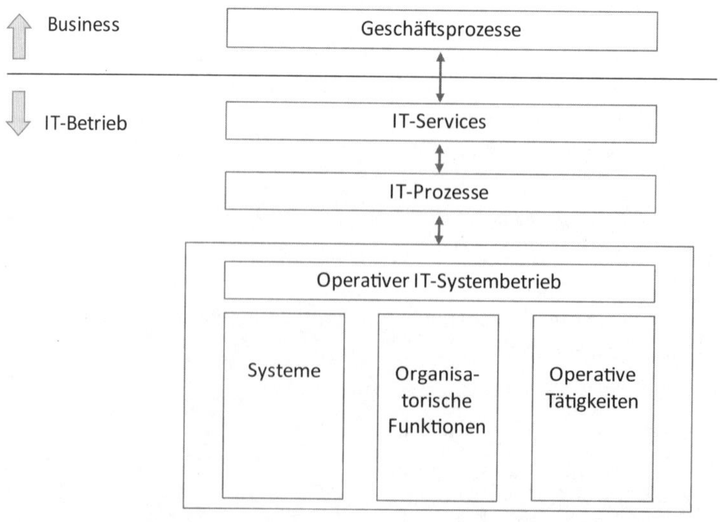

Bild 2.1 Bereiche eines serviceorientierten IT-Betriebs und deren Abhängigkeiten

Ein *Service* ist ein Mittel zur Generierung von Nutzen für den Kunden. Er liefert vereinbarte Ergebnisse, ohne dass die Kunden für die servicespezifischen Kosten und Risiken Verantwortung tragen müssen. Und ein *IT-Service* ist gemäß Definition des *IT Service Management Forum (itSMF) Arbeitskreis Publikation ITIL® Version 3 Translation Project »eine Dienstleistung, die für einen oder mehrere Kunden von einem IT Service Provider bereitgestellt wird. Ein IT-Service basiert auf dem Einsatz der Informationstechnologie und unterstützt die Geschäftsprozesse des Kunden. Ein IT-Service besteht aus einer Kombination von Personen, Prozessen und Technologien und sollte über ein Service-Level-Agreement (SLA) definiert werden. Eine IT-Dienstleistung wird nach dem Dienstleistungsgedanken als abgeschlossene Einheit ähnlich einem Produkt angeboten«.* (itSMF-Glossar)

Ein *Prozess* ist hierbei als eine Kette aufeinander aufbauender, funktionsübergreifender Arbeitsschritte bzw. Aktivitäten zu betrachten, durch die ein klar definierter Input in einen definierten (materiellen oder immateriellen) Output umgewandelt wird. Er beginnt mit einem definierten Auslöser und endet mit einem definierten Ergebnis. Wichtige Punkte sind hierbei:

- Prozesse gehen über hierarchische Organisationseinheiten hinweg,
- Prozesse überschreiten häufig Organisationsgrenzen,
- Prozesse unterliegen einer besonderen Bewertung auf Basis von Schlüsselindikatoren (KPI).

Bei einer prozessorientiert agierenden IT-Organisation stehen die Geschäftsprozesse im Mittelpunkt der betrieblichen IT-Organisation und der Betrieb erfolgt auf Basis definierter Prozesse und standardisierter Verfahren. Hierbei wird das gesamte Handeln als eine Kombination von Prozessen betrachtet und Aufgaben werden organisationsübergreifend anhand von in Prozessen beschriebenen Aktivitäten bearbeitet und über Rollendefinitionen den Ressourcen aus den Organisationsbereichen zugeordnet. Alle Prozesse sind jeweils einem Prozessverantwortlichen unterstellt. Dieser ist für das Prozessergebnis verantwortlich und übernimmt die Koordination innerhalb der Prozesse und zwischen diesen. Die Mitarbeiter werden dabei bestimmten Prozessteams zugeordnet, die einen Prozess von Anfang bis Ende betreuen. Dadurch entstehen flache Hierarchien mit kurzen Informationswegen. Im Idealfall werden die Selbstorganisationsfähigkeiten der Teams gestärkt.

Beispiel: Funktionsorientierung versus Prozessorientierung

Bei einer an den Funktionen orientierten Organisationsstruktur gibt es ein Team, das für die Client-Rechner und jeweils ein Team, das für Active Directory bzw. das Mail-System zuständig ist. Außerdem gibt es noch ein Team, das den Benutzersupport verantwortet und auch Serviceanfragen abwickelt. Kommt nun ein neuer Mitarbeiter in das Unternehmen, werden in vollkommen separaten Arbeitsschritten durch unterschiedliche Personen mit dementsprechend eingeschränkten Befugnissen ein neues Benutzerkonto, ein Postfach und ein Arbeitsplatzrechner für den neuen Mitarbeiter eingerichtet. Es ist leicht vorstellbar, dass es hierbei an den Schnittstellen zu Kommunikationsproblemen und Schwierigkeiten bei der Abgrenzung der Verantwortung kommen kann.

Beim prozessorientierten Ansatz hingegen gibt es einen Prozess »Neuer Mitarbeiter«. Der Mitarbeiter benötigt einen Arbeitsplatz mit Tisch und Stuhl, einen Rechner, ein Benutzerkonto, ein Postfach und diverse Zugriffe. Alle diese Aufgaben werden als eine Abfolge von Aktivitäten betrachtet, die von einer (einzigen) Person verantwortet und koordiniert werden. Alle Informationen bleiben damit in einer Hand und die Abstimmungsprozesse werden reduziert und gesteuert, da die Schnittstellen und die jeweiligen Inputs und Outputs definiert sind. ■

Ein *Geschäftsprozess*, auch *Unternehmensprozess* genannt, ist ein Prozess, der am Unternehmenszweck ausgerichtet ist und zum Erfolg eines Unternehmens beiträgt. Typischerweise werden die Geschäftsprozesse eines Unternehmens in drei Gruppen unterteilt:

- Der wertschöpfende Betriebsablauf eines Unternehmens besteht aus *Kernprozessen* (auch als *Wertschöpfungsprozesse* oder *Primäre Geschäftsprozesse* bezeichnet). Durch diese Prozesse wird der Mehrwert bzw. die Wertsteigerung des Unternehmens geschaffen. Beispiele hierfür sind Produktionsprozesse, Dienstleistungsprozesse und Vertriebsprozesse.
- Daneben gibt es sogenannte *Unterstützungsprozesse* (auch als *Supportprozesse* oder *Sekundäre Geschäftsprozesse* bezeichnet). Unterstützungsprozesse stellen Ressourcen und Services zur Verfügung und sind darauf ausgerichtet, die Kernprozesse des Unternehmens zu unterstützen. Diese Prozesse erzeugen keinen direkten Kundennutzen. Zu den Unterstützungsprozessen zählen beispielsweise das interne und externe Rechnungswesen sowie das Personalwesen und auch die Informationstechnologie.
- *Managementprozesse* (auch als *Steuerungsprozesse* bezeichnet) dienen der Steuerung des Unternehmens und sind für die Verbesserung und Steuerung der Wertschöpfungsprozesse und Unterstützungsprozesse zuständig. Sie ermöglichen es, die Unternehmensziele zu verfolgen, die damit verbundenen Risiken zu definieren und zu bewerten sowie die Zielerreichung zu überwachen. Zu den Managementprozessen zählen u.a. Prozessoptimierungsprozesse, Innovationsprozesse, Strategieentwicklungsprozesse, aber auch Qualitätsmanagement, Risikomanagementprozesse und nicht zuletzt Überwachungsprozesse.

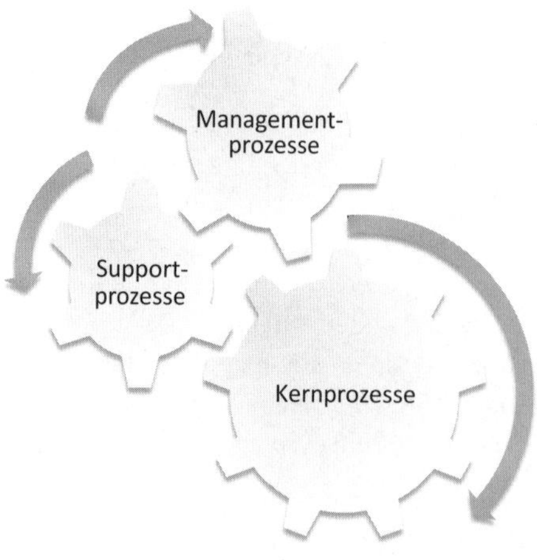

Bild 2.2
Die Kernprozesse werden von den Supportprozessen unterstützt und durch Managementprozesse gesteuert.

IT-Prozesse können auch Kernprozesse sein

IT-Prozesse werden allgemein den Unterstützungsprozessen zugeordnet. Bei einem Softwarehersteller, dessen Kerngeschäft die Entwicklung und Vermarktung von Softwareprodukten ist, gehören Softwareentwicklungsprozesse natürlich zu den Kernprozessen, die wiederum durch IT-interne Supportprozesse unterstützt werden.

Historisch bedingt sind die genannten Prozessbereiche in der Regel sehr unterschiedlich gut dokumentiert. Während viele technische Abläufe innerhalb der Kernprozesse in sehr vielen Branchen sehr gut beschrieben sind, wurde für die meisten Unterstützungsprozesse eine Dokumentation häufig als nicht erforderlich angesehen. So gibt es wohl kaum einen Produktionsprozess oder eine technische Anlage, für die nicht in irgendeiner Form eine Betriebsanleitung vorliegt. Aber erst mit der immer stärkeren Marktdurchdringung der SAP-Software wurden auch die kaufmännischen Prozesse häufiger dokumentiert. Ähnlich verhält es sich mit den IT-Prozessen. Hier gab und gibt es viele Insellösungen, die bereits sehr gut dokumentiert sind – insbesondere im Mainframe-Bereich. Für andere IT-Bereiche fehlt eine Dokumentation häufig jedoch völlig. Außerdem fokussiert die Dokumentation in aller Regel die Systeme. Ablauf- und Tätigkeitsbeschreibungen sowie eine gesamtheitliche an den Geschäftsprozessen ausgerichtete Dokumentation oder gar die Einbindung der IT-Dokumentation in die Strukturen einer Unternehmensdokumentation sind hingegen eher selten anzutreffen.

Für die Ausführung der Prozesse und damit zur Serviceerbringung werden *Ressourcen* benötigt. Ressourcen für IT-Prozesse sind neben Personen vor allem die IT-Systeme, d. h. Hardware, Software, Netzwerke, Anlagen etc., die für die Entwicklung, Tests, die Bereitstellung, das Monitoring, die Steuerung oder den Support von IT-Services erforderlich sind. In diesem Zusammenhang gilt es noch den Begriff der *Funktion* zu verstehen. Aus der Perspektive von IT-Servicemanagement handelt es sich bei einer Funktion um *»Ein Team oder eine Gruppe von Personen und die Hilfsmittel, die eingesetzt werden, um einen oder mehrere Prozesse oder Aktivitäten durchzuführen. Ein Beispiel dafür ist das Service Desk.«* (itSMF-Glossar)

Der Begriff *IT-System* ist keineswegs einheitlich definiert. So sind gemäß Bundesamt für Sicherheit in der Informationstechnik (BSI) *»IT-Systeme technische Anlagen, die der Informationsverarbeitung dienen und eine abgeschlossene Funktionseinheit bilden. Typische IT-Systeme sind Server, Clients, Einzelplatz-Computer, Mobiltelefone, Router, Switches und Sicherheitsgateways.«* (BSI Grundschutz-Glossar)

Im Duden Informatik hingegen wird der Systembegriff deutlich weiter gefasst und so auch im Buch verwendet: *»System: In der Informatik versteht man hierunter die Zusammenfassung mehrerer Komponenten zu einer als Ganzes aufzufassenden Einheit. Die Komponenten können von gleicher Art (homogene Systeme, z. B. Programme) oder sehr unterschiedlich sein (z. B. die Zusammenfassung von Hardware- und Softwaresystemen zu einem System. [...] Ein System löst oder bearbeitet in der Regel ein definiertes Bündel von Aufgaben.«* (Duden, 1993)

Im vorliegenden Buch wird der Begriff IT-System im Sinne des BSI verwendet. Zum einen erleichtert dieser Ansatz die Dokumentation und zum anderen bietet er den Vorteil, dass das BSI in den IT-Grundschutzkatalogen jeweils neben einer Kurzbeschreibung der betrachteten Komponenten einen Überblick über die Gefährdungslage sowie Maßnahmenempfehlungen liefert, so dass auch Unternehmen, die keine BSI-Grundschutzausrichtung verfolgen, dort wertvolle Informationen finden.

2.1.2 Dokumente und Aufzeichnungen

Die IT-Organisation muss sicherstellen, dass das Service-Management-System nachvollziehbar ist und bleibt. Dazu sind *Dokumente* und *Aufzeichnungsdokumente* (in der Regel als *Aufzeichnungen* bezeichnet) notwendig, nicht nur aus Compliance-Gründen (siehe Kapitel 1), sondern auch im Hinblick auf eine anforderungsgerechte effiziente Steuerung der Organisation.

Was ist der Unterschied zwischen einem Dokument und einer Aufzeichnung?

- **Dokumente** (englisch Documents) sind veränderbar. Sie unterliegen formalen Anforderungen und müssen revisorische Anforderungen an Nachvollziehbarkeit, Vollständigkeit, Aktualität und Richtigkeit erfüllen. Dokumente können in einem papierbasierten oder elektronischen Format vorliegen. Typische Dokumente sind Konzepte, Prozessbeschreibungen, Richtliniendokumente, Handbücher, Leistungsscheine u. a.
- **Aufzeichnungen** (englisch Records) stellen als Nachweisdokumente einen speziellen Dokumententyp dar. Sie entstehen im Rahmen der Serviceerbringung und beschreiben erreichte Ergebnisse. Sie dienen der Nachweispflicht für eine ordnungsgemäße Geschäftsführung und der Einhaltung von Anforderungen. Da Aufzeichnungen per Definition nach deren Erstellung nicht verändert werden, gibt es für diese keine Revisionstände. Typischerweise zählen Systemprotokolle, Auswertungen (Reports, Analysen, Statistiken), Protokolle (Testprotokolle, Abnahmeprotokolle u. a.), ausgefüllte Formulare und Checklisten zu den Aufzeichnungen.

Wichtig ist, dass Dokumente und Aufzeichnungen unterschiedlich zu verwalten sind. Hier liefert die Qualitätsmanagementnorm DIN EN ISO 9001:2008 mit ihrer Forderung zur Einrichtung zweier Verfahren zur Lenkung von Dokumenten und zur Lenkung von Aufzeichnungen wertvolle Hinweise (Informationen zu Verfahren und Verfahrensbeschreibungen finden Sie in *Abschnitt 3.8.15*).

Die beiden Verfahren sind wie folgt definiert:

> *»4.2.3 Lenkung von Dokumenten*
>
> *Die vom Qualitätsmanagementsystem geforderten Dokumente müssen gelenkt werden. Aufzeichnungen stellen einen besonderen Dokumententyp dar und müssen nach den in 4.2.4 genannten Anforderungen gelenkt werden.*
>
> *Ein dokumentiertes Verfahren zur Festlegung der erforderlichen Lenkungsmaßnahmen muss eingeführt werden, um*

a) Dokumente bezüglich ihrer Angemessenheit vor ihrer Herausgabe zu genehmigen,

b) Dokumente zu bewerten, sie bei Bedarf zu aktualisieren und erneut zu genehmigen,

c) sicherzustellen, dass Änderungen und der aktuelle Überarbeitungsstatus von Dokumenten gekennzeichnet werden,

d) sicherzustellen, dass gültige Fassungen zutreffender Dokumente an den jeweiligen Einsatzorten verfügbar sind,

e) sicherzustellen, dass Dokumente lesbar und leicht erkennbar bleiben,

f) sicherzustellen, dass Dokumente externer Herkunft, die die Organisation als notwendig für die Planung und den Betrieb des Qualitätsmanagementsystems eingestuft hat, gekennzeichnet werden und ihre Verteilung gelenkt wird, und

g) die unbeabsichtigte Verwendung veralteter Dokumente zu verhindern und diese in geeigneter Weise zu kennzeichnen, falls sie aus irgendeinem Grund aufbewahrt werden.

»4.2.4 Lenkung von Aufzeichnungen

Aufzeichnungen, die erstellt werden, um Nachweise der Konformität mit den Anforderungen und des wirksamen Funktionierens des Qualitätsmanagementsystems bereitzustellen, müssen gelenkt werden.

Die Organisation muss ein dokumentiertes Verfahren erstellen, um die Lenkungsmaßnahmen festzulegen, die für die Kennzeichnung, die Aufbewahrung, den Schutz, die Wiederauffindbarkeit und die Aufbewahrungsfrist von Aufzeichnungen sowie die Verfügung über Aufzeichnungen erforderlich sind.

Aufzeichnungen müssen lesbar, leicht erkennbar und wieder auffindbar bleiben.« (ISO 9001, 2008)

2.2 Bausteine einer ganzheitlichen IT-Dokumentation

Wie in *Kapitel 1* ausgeführt, ist in den vergangenen Jahren die Anzahl an gesetzlichen Anforderungen, Richtlinien und branchenspezifischen Regelungen deutlich angestiegen. Eine gut strukturierte, vollständige und aktuelle Dokumentation ist die Basis für die Umsetzung aller Compliance-Anforderungen und dient darüber hinaus als Nachweis für die Umsetzung von Maßnahmen, beispielsweise zur Sicherstellung eines angemessenen internen Kontrollsystems (IKS).

Die Schwierigkeit beim Aufbau bzw. bei der Strukturierung der IT-Dokumentation besteht aber darin, dass diese sehr unterschiedlichen Sichten von verschiedenen Benutzern und damit unterschiedlichen Anforderungen Rechnung tragen muss. Und Auditoren und Prüfer haben zwangsläufig eine andere Sicht auf die Dokumentation als die Mitarbeiter des Service Desk.

Der im Folgenden vorgeschlagene und im Buch verwendete Aufbau zeigt daher lediglich eine mögliche logische Struktur, nicht jedoch die physische Strukturierung im Filesystem oder in anderen Anwendungen. In der Praxis hat es sich bewährt, mit einer solchen Strukturierung zu arbeiten und diese als Basis für den Aufbau einer IT-Dokumentation zu verwenden. Ob die Umsetzung dann in Form von Ordnern oder beispielsweise als Metadaten im Dokumentenmanagementsystem erfolgt, spielt für die Strukturierung keine Rolle und ist unternehmensspezifisch festzulegen.

Ausgangspunkt der hier vorgestellten Struktur einer ganzheitlichen Dokumentation für den IT-Bereich sind die Geschäftsprozesse. In einer solchen Unternehmensdokumentation ist die IT-Dokumentation ein Teilbereich, der aber diverse Schnittstellen zu anderen Bereichen aufweist.

Einordnung in die Unternehmensdokumentation

Bild 2.3 zeigt die mögliche Struktur einer unternehmensweiten und an Geschäftsprozessen ausgerichteten Dokumentation. Entsprechend der im vorstehenden Kapitel dargestellten Unterscheidung in die Kernprozesse, Supportprozesse und Managementprozesse können die nachstehenden Bereiche unterschieden werden:

- Dokumentation der Kernprozesse.
- Dokumentation der Unterstützungsprozesse. Hierzu zählt auch die IT-Dokumentation.
- Dokumentation der Managementprozesse. Beispielsweise können die Dokumente des Qualitätsmanagements, des Risikomanagements und auch des unternehmensweiten Sicherheits- und Notfallmanagements diesem Bereich zugeordnet werden.

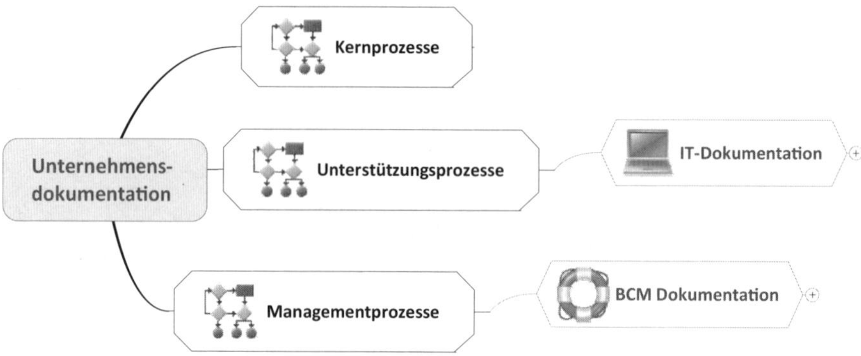

Bild 2.3 Die IT-Dokumentation als Teil der Unternehmensdokumentation

Die dargestellte Struktur bietet den Vorteil, dass zusätzliche unternehmensspezifische Dokumentationsbereiche wie beispielsweise das Qualitätsmanagement problemlos integriert werden können. Im Fokus des Buchs steht die IT-Dokumentation. Deshalb wird auf eine weitergehende Betrachtung der Unternehmensdokumentation verzichtet. Sofern sinnvoll, wird aber in den nachfolgenden Kapiteln auf die entsprechenden Schnittstellendokumente der Unternehmensdokumentation hingewiesen.

Aufbau der IT-Dokumentation

Bei der Strukturierung der IT-Dokumentation hat sich wiederum in der Praxis eine Aufteilung in vier Dokumentationsbereiche bewährt:

- **Betriebsdokumentation:** Der IT-Betrieb umfasst neben dem operativen Systembetrieb und den damit verbundenen operativen Aufgaben zur Steuerung und zur Optimierung der Systeme alle Aufgaben, die zur Erbringung von IT-Services erforderlich sind. Dies beinhaltet u. a. alle Dokumente, die zur Sicherstellung des laufenden Betriebs, zur Instandhaltung und zur Fehlerbehebung benötigt werden.

- **Notfalldokumentation:** Das unternehmensweite Notfallmanagement beinhaltet alle Aufgaben der Notfallvorsorge und der Notfallbewältigung und das IT-Notfallmanagement ist ein Teil davon. Die IT-Notfalldokumentation muss daher Teil einer übergeordneten Notfalldokumentation sein. Als solche muss sie vor allem sicherstellen, dass die kritischen IT-Services auch in Notfällen verfügbar sind bzw. gemacht werden können.
- **Projektdokumentation:** Dieser Bereich beinhaltet alle Dokumente, die im Rahmen von Projekten erstellt werden und der Entwicklung und der Einführung neuer oder geänderter IT-Systeme und -Verfahren dienen.
- **Rahmendokumente:** Rahmendokumente sind vor allem strategische Dokumente mit allgemeinen Vorgaben und Normierungen, sofern diese nicht auf Unternehmensebene geregelt sind. Aber auch die Dokumente des IT-Managements können den Rahmendokumenten zugeordnet werden.

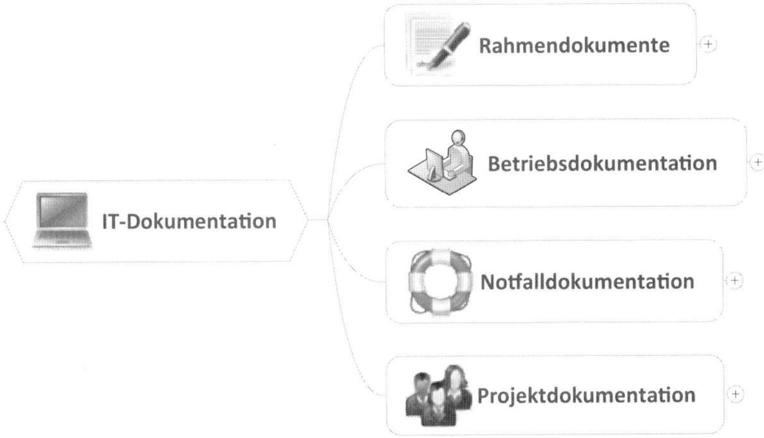

Bild 2.4 Die vier Dokumentationsbereiche der IT-Dokumentation

> **Ausführliche Vorstellung der Bereiche in gesonderten Kapiteln**
>
> Die folgenden Ausführungen stellen die drei Bereiche *Betriebsdokumentation*, *Notfalldokumentation* und *Projektdokumentation* im Überblick vor und bieten damit eine kurze Einführung in das jeweilige Thema. Zusätzlich werden die drei Bereiche jeweils gesondert in einem Kapitel behandelt. Die Rahmendokumente hingegen werden in diesem Kapitel in *Abschnitt 2.3* ausführlich vorgestellt.

2.2.1 Betriebsdokumentation

In der Praxis besteht die Herausforderung vor allem darin, die vielen verschiedenen Dokumente, die für den IT-Betrieb benötigt werden bzw. während des Betriebs erstellt werden, zu strukturieren und sicherzustellen, dass alle Dokumente und Informationen jeweils aktuell für die unterschiedlichen Einsatzbereiche zur Verfügung stehen.

Die Strukturierung der Dokumente ist deshalb der erste und wichtigste Schritt auf dem Weg zu einer nachhaltigen Dokumentation, die nicht nur die Compliance-Anforderungen erfüllt, sondern auch die betrieblichen Abläufe unterstützt. Das in *Abschnitt 3.1* vorgestellte Strukturierungsmodell für die IT-Betriebsdokumentation kann dabei unterstützen. Dieses unterscheidet auf der obersten Ebene eine Dokumentation für die folgenden Bereiche:

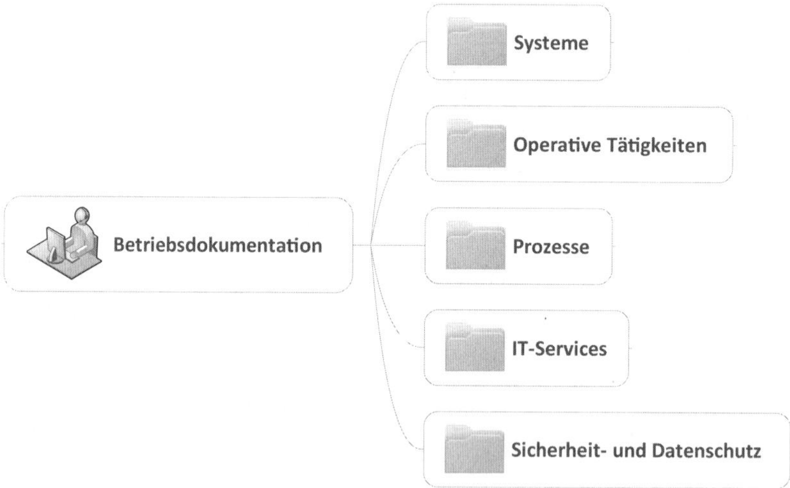

Bild 2.5 Bereiche der IT-Betriebsdokumentation

- **Systeme:** Systeme bilden die Basis für die Bereitstellung von IT-Dienstleistungen, unabhängig davon, welchen Reifegrad eine IT-Organisation hinsichtlich Service- und Prozessorientierung erreicht hat. Die Einrichtung und Pflege einer Systemdokumentation als Bestandteil der IT-Betriebsdokumentation sind daher zwingend erforderlich. Diese muss die eingesetzten Hardwarekomponenten (Server- und Clientsysteme) genauso beinhalten wie Beschreibungen des Verzeichnisdienstes, der Server- und Netzwerkdienste, der eingesetzten Anwendungen sowie der Netzwerkkomponenten. Zusätzlich gehören diverse Pläne, wie beispielsweise Netzwerkpläne, zur Systemdokumentation.
- **Operative Tätigkeiten:** Dieser Teil der IT-Dokumentation beschreibt die Abläufe des täglichen operativen IT-Betriebs. Sind die operativen Tätigkeiten gut und nachvollziehbar dokumentiert, erleichtern sie nicht nur die Routinearbeiten. Außerdem können personelle Ausfälle leichter kompensiert werden und neue Mitarbeiter sich schneller einarbeiten. Zudem bleibt wertvolles Know-how erhalten, wenn Mitarbeiter das Unternehmen verlassen. Da sich häufig Aufgabenbereiche definieren lassen, die sich auf mehrere Systeme beziehen, ist eine Trennung von den Systemakten sinnvoll. Meist werden die operativen Tätigkeiten in Form von *Betriebshandbüchern* dokumentiert. Betriebshandbücher beschreiben »wer, was, wann, wie, wie oft« tun muss, um den operativen IT-Betrieb einschließlich der erforderlichen Kontroll- und Wartungsarbeiten sicherzustellen, d. h. die operativen Tätigkeiten. Sinnvollerweise werden die Betriebshandbücher durch Arbeitsanleitungen bzw. Arbeitsanweisungen und Ablaufbeschreibungen ergänzt. Bei ITIL® findet man diese Dokumente unter der Bezeichnung *Standard operating procedures (SOPs)*. Damit beschreibt ITIL® ein »Set« an Dokumenten, die zum einen detaillierte Anleitungen

und Zeitpläne für die täglichen Routinearbeiten und zum anderen Anleitungen zur Durchführung von Änderungen umfassen.

- **Prozesse:** Definierte, dokumentierte, wiederholbare und gelebte Prozesse sind die Basis einer erfolgreichen Serviceerbringung. Die Grundlage hierfür ist die Prozessdokumentation. Die Prozessdokumentation setzt sich zusammen aus den Prozessbeschreibungen der Einzelprozesse. Im Gegensatz zu den operativen Tätigkeiten beschreiben Prozesse die operative Ebene nicht detailliert. Im Fokus stehen vielmehr betriebswirtschaftliche Faktoren wie Kosten und Erlöse. Kennzahlen sind daher eine wichtige Prozesseigenschaft.
- **IT-Services:** In dieser Kategorie wird die Ausprägung des IT-Servicemanagements (ITSM) betrachtet. Die Aufgabe von IT-Servicemanagement ist es, Qualität und Quantität der IT-Services zu planen, zu überwachen und zu steuern, mit dem übergeordneten Ziel, dass die IT-Services die bestmögliche Unterstützung für die Geschäftsprozesse der Kunden bieten. Die Ausprägung von IT-Servicemanagement reicht von einzelnen definierten IT-Services über einen definierten Servicekatalog mit zusammenhängenden und aufeinander aufbauenden Services bis hin zu gelebten Service-Lebenszyklus-Prozessen. Dem steht eine IT-Dokumentation gegenüber, die von einzelnen Servicebeschreibungen bis hin zur Abbildung der Services in Form von Configuration Items in entsprechenden Datenbanken reicht.
- **Sicherheit und Datenschutz:** Unabhängig von der Größe oder dem aktuellen Grad der Prozess- und Serviceorientierung unterliegt jede IT-Organisation Anforderungen an die Informationssicherheit und den Datenschutz und muss diese entsprechend nachweisen. Die zunehmende IT-Durchdringung macht es erforderlich, dass die IT einen großen Beitrag zur Informationssicherheit des Unternehmens leisten muss. Sie hat zu gewährleisten, dass erforderliche Daten tatsächlich verfügbar sind, schützenswerte Daten vertraulich bleiben und ein Unternehmen mit unverfälschten und zuverlässigen Daten arbeiten kann.

Individuelle Ausprägungen bestimmen die Struktur der Dokumentation

Jedes Unternehmen und jede IT-Organisation sind anders. Die Dokumentation muss daher ebenfalls individuell betrachtet werden und an die eigenen Anforderungen angepasst werden. Eine IT-Organisation, die serviceorientiert aufgestellt ist, benötigt auch die zugehörige Servicemanagement-Dokumentation. IT-Organisationen, deren Arbeitsweise hingegen überwiegend an den Funktionen und Systemen ausgerichtet ist, können darauf nachvollziehbarerweise verzichten. Das vorliegende Buch kann Ihnen natürlich nur einen generischen Ansatz liefern.

Um Sie bei der Adaption an Ihre individuelle Situation bestmöglich zu unterstützen, wurde für die Betriebsdokumentation ein fünfstufiges Strukturierungsmodell entwickelt, bei dem jede Stufe die komplette IT-Betriebsdokumentation für die beschriebene Stufe abbildet. Nachdem Sie anhand verschiedener Aspekte hinsichtlich Prozess- und Serviceorientierung des IT-Betriebs die für Sie passende Stufe ermittelt haben, finden Sie in einem gesonderten Abschnitt die für Ihre Organisation geeignete Struktur der Betriebsdokumentation sowie die erforderlichen Inhalte.

2.2.2 Notfalldokumentation

Aus einer Reihe der in *Kapitel 1* beschriebenen Anforderungen ergibt sich die Verpflichtung zur Einführung eines effektiven unternehmensweiten Notfallmanagements. Dabei herrscht noch immer in vielen Unternehmen der Irrglaube, dass mit der einmaligen Erstellung eines IT-Notfallhandbuchs, das aufzeigt, wie die Systeme im Notfall wiederherzustellen sind, alles für den Notfall getan ist. Doch nicht die Wiederherstellung der Systeme steht bei einem Notfall im Vordergrund, sondern die Wiederherstellung der Geschäftsprozesse, wie das nachfolgende Beispiel verdeutlicht.

Beispiel: IT-Notfallmanagement als Teil von BCM

Um den Fortbestand des Unternehmens im Notfall zu sichern, fordern gesetzliche Regelungen die Einführung eines unternehmensweiten Notfallmanagements. Ziel eines solchen Notfallmanagements *(Business Continuity Management - BCM)* ist die Aufrechterhaltung bzw. die Wiederaufnahme der wichtigen Geschäftsprozesse im Notfall.

Wird beispielsweise das Hauptgebäude eines Unternehmens durch einen Brand vernichtet, muss das Hauptaugenmerk darauf liegen, für die kritischen Geschäftsprozesse so schnell wie möglich einen Notbetrieb einzurichten. Idealerweise steht hierfür ein Ausweichstandort zur Verfügung. Zum Notbetrieb gehört in der Regel, abhängig vom Unternehmenszweck, in mehr oder weniger großem Umfang auch die Bereitstellung von IT-Systemen. Da hierbei ausschließlich die für das Überleben des Unternehmens erforderlichen Kernprozesse betrachtet werden, sind im Rahmen des Notfallmanagements IT-seitig lediglich die Systeme zu identifizieren, die für eine Aufrechterhaltung dieser Prozesse bzw. für den Notbetrieb auch tatsächlich erforderlich sind. Die Dokumentation dieser IT-Komponenten einschließlich Wiederherstellungsplänen und eine Beschreibung des Wiederanlaufs der IT-Systeme bei Rückkehr in den Normalbetrieb sollten daher Bestandteil eines übergeordneten Notfallplans sein bzw. diesen ergänzen. ■

Dass sich hinter dem Begriff Notfallmanagement außerdem ein komplexer Prozess verbirgt, wird ebenfalls gerne übersehen. Diesen Prozess beschreibt u.a. das Bundesamt für Sicherheit in der Informationstechnik (BSI) im *Standard 100-4 Notfallmanagement*, der im Februar 2009 in der finalen Version veröffentlicht wurde. Demzufolge muss der Notfallmanagementprozess sowohl die Notfallvorsorge, die Notfallbewältigung wie auch die Notfallnachsorge umfassen und besteht aus den folgenden Phasen:

- Initiierung eines Notfallprozesses und Erstellung eines Notfallvorsorgekonzepts,
- Erstellung eines Notfallhandbuchs zur Notfallbewältigung,
- Planung (Dokumentation) und Durchführung von Übungen und Tests,
- kontinuierliche Verbesserung des Notfallprozesses.

Dabei genügt es nicht, »Standardnotfälle« wie Brand- oder Wasserschäden in einem klassischen Notfallhandbuch einfach nur zu beschreiben. Vielmehr muss das Notfallhandbuch alle Informationen enthalten, um im Notfall die erforderlichen Maßnahmen zur Wiederaufnahme des wegen des Notfalls unterbrochenen Betriebs durchführen zu können. Außerdem muss es u.a. Beschreibungen der im Notfall auszuführenden Prozesse enthalten, Melde- und Eskalationswege festlegen und Wiederanlaufpläne und Ausweichprozesse für den Notbetrieb beschreiben. Wichtig ist dabei, dass es trotz der umfangreichen Anforderungen und der notwendigen Komplexität einfache und vollständige Handlungsanweisungen bietet. Und tritt ein Notfall ein, ist die Aufregung meist groß und die Gefahr, die Situation durch fehlerhaftes Verhalten zu verschlimmern, darf nicht unterschätzt werden. Um in einer Notfallsituation handlungsfähig zu bleiben, muss jeder wissen, was zu tun ist. Das aber ist nur möglich, wenn die Inhalte der Notfallpläne regelmäßig getestet und trainiert werden. In den meisten Unternehmen werden zwar Notfallhandbücher bzw. Notfallpläne erstellt, aber entweder gar nicht oder nur einmal getestet bzw. geübt. Viele dieser Pläne versagen dann beim ersten umfassenden Test oder schlimmstenfalls im konkreten Notfall. Aufgrund der Bedeutung und der weitreichenden Konsequenzen muss der Notfallmanagementprozess von der obersten Leitungsebene initiiert, gesteuert und kontrolliert werden.

Wie die Ausführungen zeigen, ist die IT-Notfalldokumentation zwingend als Bestandteil der Notfalldokumentation für das Unternehmen zu behandeln. Auch aus diesem Grund wird sie im Buch als eigenständiger Bereich und von der Betriebsdokumentation getrennt behandelt. Außerdem unterliegt das Management eines Notfalls anderen Abläufen - mit vom Betrieb abweichenden Regelungen.

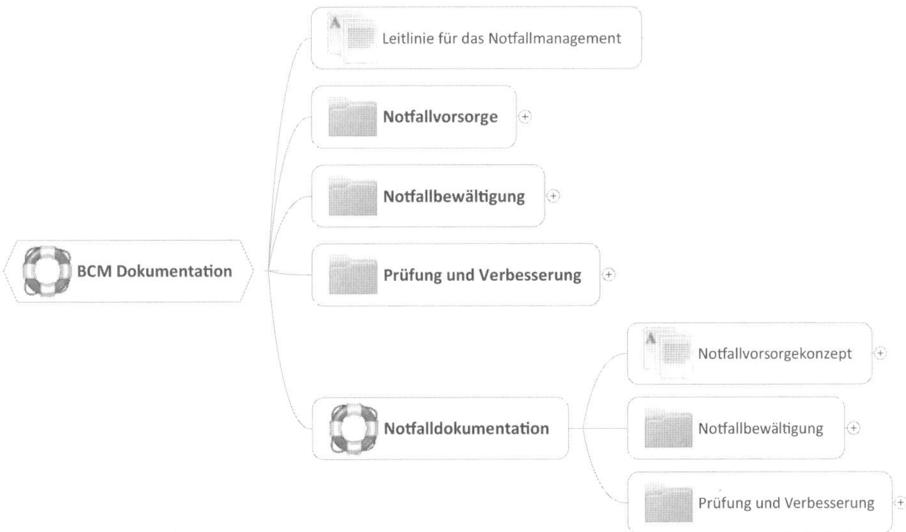

Bild 2.6 IT-Notfallmanagement muss Teil eines unternehmensweiten Notfallmanagements sein.

Gesondertes Kapitel zur Notfalldokumentation

Ausführliche Erläuterungen zu den hier angesprochenen Themen und Anleitungen zur Erstellung der erforderlichen Notfalldokumente finden Sie in *Kapitel 4*.

2.2.3 Projektdokumentation

Im Bereich der IT spielen Änderungsprozesse eine wesentliche Rolle, denn nur wenige Branchen sind wohl derartig häufig Änderungen und Anpassungen unterworfen wie die IT. Dabei können die Auslöser von Änderungen sehr unterschiedlicher Natur sein:

- gesetzliche Anforderungen,
- organisatorische Anforderungen (beispielsweise organisatorische Umstrukturierungen),
- technische Anforderungen,
- Anforderungen, die sich aus Optimierungsprozessen ergeben.

Änderungsaufgaben können sowohl innerhalb des IT-Regelbetriebs erfolgen als auch im Rahmen von Projekten. Insbesondere größere Veränderungen, die eine gesonderte Organisation und deshalb zusätzliche Ressourcen erfordern, werden meist als Projekt durchgeführt. Einen weiteren eigenständigen Baustein der IT-Dokumentation bildet daher die IT-Projektdokumentation.

Wichtiger Dokumentationsbereich: Software- bzw. Systementwicklung

Eine besondere Rolle spielt in diesem Zusammenhang der Bereich der *Software- bzw. Systementwicklung*. In größeren Unternehmen gibt es hierfür häufig einen eigenen Organisationsbereich, der für die Durchführung von Entwicklungsprojekten verantwortlich ist. Auf der anderen Seite handelt es sich um eine Querschnittsaufgabe, in die viele Organisationsbereiche auch aus Sicht der Dokumentation einbezogen sind. So muss der Fachbereich beispielsweise die Vorgaben dokumentieren und der IT-Betrieb zeichnet für die Betriebsdokumentation verantwortlich.

In *Abschnitt 5.3* befassen wir uns ausführlich mit dem Thema *Anwendungsdokumentation*. Wichtig ist uns hierbei eine ganzheitliche Betrachtung ausgehend von der Entwicklung, über die Bereitstellung durch die IT und die Nutzung der Applikation durch den Fachbereich.

Bei der Frage nach einer angemessenen Projektdokumentation stößt man zuerst auf die Überlegung: Was ist überhaupt ein Projekt bzw. wodurch ist ein Projekt definiert? Und diese Frage ist in der Tat nicht so einfach zu beantworten, wie sie sich anhört. Einen guten Ansatz zur Projektdefinition liefert die DIN 69901-5:2009. Demzufolge ist ein Projekt ein *»Vorhaben, das im Wesentlichen durch die Einmaligkeit der Bedingungen in ihrer Gesamtheit gekennzeichnet ist«* (DIN 69901, 2009) und sich durch folgende Kriterien auszeichnet:

- Zielvorgaben,
- zeitliche, finanzielle, personelle oder andere Begrenzungen,
- projektspezifische Organisation.

Die *Deutsche Gesellschaft für Projektmanagement e. V. (GPM)* erweitert diese Definition um den Aspekt der Arbeitsteilung und definiert Projekte als arbeitsteilige Prozesse. (Heinz Schelle, 2008)

DIN 69901 Projektmanagement – Projektmanagementsysteme und ISO 21500

Die DIN 69901 »Projektmanagement – Projektmanagementsysteme« ist im Januar 2009 erschienen. Hervorgegangen ist sie aus diversen Vorgängernormen. So wurden die aus der Netzplantechnik entstandenen und mehrmals ergänzten bisherigen Normen DIN 69901, DIN 69902, DIN 69903, DIN 69904 und DIN 69905 der Projektwirtschaft in den Teilen der DIN 69901 zusammengefasst, neu strukturiert, durchgängig aktualisiert und um wesentliche Teile ergänzt. Im Mittelpunkt der neuen fünfteiligen DIN 69901 unter dem Haupttitel *Projektmanagement – Projektmanagementsysteme* steht ein Modell der Prozesse im Projektmanagementsystem. Neu hinzugekommen ist außerdem ein Datenmodell. Wichtig ist aber auch *Teil 5 – Begriffe*. Dieser Normenteil fasst die bisher auf mehrere Normen verteilten Begriffe zusammen. Dabei wurde die Zahl der genormten Begriffe stark reduziert.

Als weiterer Standard steht seit 2012 mit der ISO 21500 »Guidance on Project Management« eine internationale Norm für das Projektmanagement zur Verfügung. Die Norm bietet neben Begriffen und Konzepten für das Projektmanagement vor allem ein durchgängiges Prozessmodell, das im Wesentlichen auf dem amerikanischen PMBOK-Guide und der deutschen Norm DIN 69901-2:2009 basiert. Die ISO 21500 will nationale Normen und Standards ergänzen und zu einer internationalen Harmonisierung beitragen. Unternehmen können die Norm als Anleitung für ihr Projektmanagement-Prozessmodell verwenden oder als Basis für die Abwicklung von Projekten mit internationalen Partnern.

Bei IT-Projekten handelt es sich demzufolge um zielgerichtete sowie zeitlich, personell und sachlich abgegrenzte IT-Vorhaben. Sie beinhalten die Konzeption, die Entwicklung, die Einführung bzw. wesentliche Änderungen von IT-Systemen und IT-Verfahren. Damit haben IT-Projekte die Erweiterung bzw. den Umbau des IT-Betriebs zur Folge. Die Abgrenzung eines Projekts zum Betrieb ergibt sich aus der funktionalen und organisatorischen Unterschiedlichkeit. So gibt es häufig eine eigene Projektorganisation, die von der Betriebsorganisation abweicht. Gerade bei extern vergebenen Projekten ist zudem noch eine wichtige zivilrechtliche Abgrenzung von Bedeutung. Erst nach der Implementierung und der Abnahme der Prozesse bzw. Systeme geht die Verantwortung auf das auftraggebende Unternehmen über. Eine wesentliche Grundlage für den Projekterfolg sowie die anschließende Wartung und Pflege der Systeme bzw. IT-Prozesse ist die Qualität der erstellten Unterlagen. Qualitativ hochwertige Projektarbeit ist nur möglich, wenn durch die Dokumente die Projektschritte und Projektergebnisse nachvollziehbar sind.

Was bei der Projektdokumentation darüber hinaus zu beachten ist und wie diese strukturiert werden kann, ist Gegenstand von *Kapitel 5*.

2.3 Rahmendokumente

Zusätzlich werden noch Rahmendokumente benötigt. Hierbei kann es sich zum einen um allgemeingültige unternehmensweite Vorgaben (Richtlinien, Leitlinien, Normen u. a.) handeln, die nicht in der Verantwortung der IT-Organisation liegen. Ein typisches Beispiel hierfür ist die Leitlinie zur Informationssicherheit. Diese ist ein Grundsatzdokument der Unternehmensleitung zum Stellenwert von Informationssicherheit, den verbindlichen Prinzipien und dem anzustrebenden Niveau der Informationssicherheit.

Zum anderen können auch Dokumente den Rahmendokumenten zugeordnet werden, die Gültigkeit für alle Bereiche der IT-Dokumentation haben und die von der IT-Organisation verantwortet werden. Typischerweise gehören IT-Managementdokumente wie das IT-Risikohandbuch zu den Rahmendokumenten.

Der von den Autoren bewusst gewählte Begriff *Rahmendokumente* (im Gegensatz zum eingrenzenden Begriff *Richtliniendokumente*) soll den weit gefassten und übergreifenden Charakter verdeutlichen.

2.3.1 Rahmendokumente bilden die Klammer

Wie bereits ausgeführt, besteht die IT-Dokumentation neben den Rahmendokumenten aus drei wesentlichen Dokumentationsbereichen:

- Betriebsdokumentation,
- Notfalldokumentation,
- Projektdokumentation.

Bei den Dokumenten, die den genannten drei Bereichen zugeordnet sind, handelt es sich um operative Dokumente. Im Gegensatz dazu sind Rahmendokumente, wie beispielsweise die Leitlinie zur Informationssicherheit oder eine Namenskonvention, allgemeine Regelwerke. Diese regeln übergreifend die allgemeinen Vorgaben und Normierungen.

Die meisten Rahmendokumente sind ein Ergebnis von (IT-)Management-Prozessen. Das IT-Management ist zuständig für die Steuerung der IT. Wie die Steuerung der IT erfolgt, hat ebenfalls Auswirkungen auf die Dokumentation. Viele IT-Organisationen haben eine flache Organisationsstruktur und die IT-Management-Aufgaben liegen bei der Unternehmensleitung. Bei anderen gibt es eine vielschichtige Organisationsstruktur und das IT-Management steuert alle Aufgabenbereiche. Grundsätzlich werden neben der Dokumentation für das Management der Aufbauorganisation daher auch Dokumente für das Management der Ablauforganisation benötigt.

Wichtig ist zum Beispiel die Erstellung eines Organigramms, das den Aufbau der IT-Organisation sowie die Einordnung der IT-Organisation in den Unternehmensstrukturen zeigt. Ein solches Dokument wird beispielsweise im Rahmen des Jahresabschlusses von den Wirtschaftsprüfern gefordert. Zusätzlich sollten die spezifischen Aufgaben in Form von Stellenbeschreibungen dokumentiert werden. Diese müssen Aussagen zu Tätigkeitsmerkmalen, Verantwortungsbereich, Einordnung in die betriebliche Hierarchie, Über- und Unterstellungsverhältnis sowie Stellvertretungsregelungen enthalten.

Aufgabenbereiche des IT-Managements

Gemäß Gabler Wirtschaftslexikon (http://wirtschaftslexikon.gabler.de) können die folgenden vier Aufgabenbereiche des IT-Managements unterschieden werden:

- *IT-Ressourcen-Management:* Das IT-Ressourcen-Management hat die Steuerung von relevanten Ressourcen, z. B. Hardware, Software, Informationen und Personal, zum Inhalt.
- *IT-Servicemanagement:* Dieses dient der Ausrichtung der IT auf ihre Kunden und bezeichnet die Gesamtheit von Maßnahmen und Methoden, die nötig sind, um die bestmögliche Unterstützung von Geschäftsprozessen durch die IT-Organisation zu erreichen.
- *IT-GRC-Management:* GRC steht als Zusammenfassung von Governance-, Risk- und Compliance-Management und dient dazu, die IT transparent und damit steuerbar zu machen, Risiken zu planen und sicherzustellen, dass die IT sich konform (compliant) zu internen und externen Regelwerken, insbesondere Gesetzen verhält.
- *IT-Programm- und Portfolio-Management:* Im IT-Progamm- und Portfolio-Management werden konkrete IT-Leistungen mit der IT-Strategie und der Geschäftsstrategie der Kunden und der Gesamtorganisation in Einklang gebracht und in sog. Programme mit ähnlichen Leistungen gruppiert, z. B. Anwendungsentwicklung, Netzwerkbetrieb oder Innovationsberatung. Innerhalb dieser Programme werden später konkrete Leistungen geplant und erbracht. (Wirtschaftslexikon)

2.3.2 Typische Rahmendokumente im Überblick

Für die IT-Dokumentation relevante Rahmendokumente können sowohl auf der Ebene der IT-Dokumentation als auch auf Unternehmensebene verwaltet werden. Hierbei kann es sich, wie bereits beschrieben, um allgemeingültige unternehmensweite Vorgaben (Richtlinien, Leitlinien, Normen u. a.) handeln, sie können aber auch in der Verantwortung der IT-Organisation liegen. Welche Dokumente als Rahmendokumente der IT-Dokumentation zuzuordnen sind, hängt vom Unternehmen und von dessen Verantwortlichkeiten für die Dokumentation ab und muss im Einzelfall betrachtet werden. So ist es möglich, dass bereits Dokumente für das Unternehmen existieren, die auch für die IT-Organisationseinheiten Gültigkeit haben. Ein typisches Beispiel stellt das *Risikohandbuch* dar. Im Rahmen des gesetzlich verankerten Risikomanagements sind Unternehmen verpflichtet, ein Risikomanagement zu betreiben und ein Risikohandbuch mit Maßnahmen zur Risikoerkennung, -steuerung, -quantifizierung, -kommunikation und -kontrolle zu pflegen. Da aber für den Bereich der IT nicht nur unternehmensgefährdende, sondern auch servicegefährdende operative Risiken betrachtet werden müssen, kann es sinnvoll sein, ein gesondertes IT-Risikohandbuch zu führen. Dieses stellt somit eine Detaillierung des unternehmensweiten Risikohandbuchs dar.

Fehlende Standardisierung der Begriffe nicht nur bei den Rahmendokumenten

Leider gibt es keine verbindlichen Definitionen oder Richtlinien für die Verwendung von Dokumentbezeichnungen. Sucht man beispielsweise im Internet nach dem Begriff »IT-Konzept«, findet man mehrere Tausend Einträge. Und fast genauso unterschiedlich ist das, was inhaltlich in einem IT-Konzept dargestellt wird. Während die einen unter einem IT-Konzept ein strategisches Papier der Unternehmensleitung verstehen, verwenden andere den Begriff IT-Konzept als Synonym für das Betriebshandbuch.

Besonders häufig findet der Begriff »Konzept« Verwendung. Gemäß Duden ist ein Konzept ein erster Entwurf bzw. die erste Fassung einer Rede oder eines Schriftstücks. Wikipedia erweitert diese Definition um die Begriffe Plan und Programm für ein Vorhaben. Konzepte haben also grundsätzlich planerischen und strategischen Charakter. Im Rahmen der IT-Dokumentation ist ein Konzept daher zum einen definiert als ein Dokument, das auf der Grundlage der Ausgangssituation und einer Anforderungsanalyse eine technisch zu realisierende Lösung für eine definierte Aufgabe liefert und planerischen Charakter hat.

Zum anderen handelt es sich um Dokumente, die technische und/oder organisatorische Maßnahmen beschreiben und vielfach der Umsetzung einer Richtlinie dienen, etwa zum Thema Informationssicherheit (hier beschreibt das Sicherheitskonzept konkrete Maßnahmen zur Umsetzung der Sicherheitsrichtlinie). Konzepte grenzen sich damit von Richtlinien ab, die allgemeine Anforderungen aus Sicht des Managements für Aufgaben, Abläufe und technische Sachverhalte formulieren. Siehe hierzu auch *Abschnitt 6.2.*

Wichtig ist es in jedem Fall, die Verwendung der Begriffe für das eigene Unternehmen zu definieren. Der folgende Abschnitt möchte für eine derartige Standardisierung Anhaltspunkte liefern. Er stellt wesentliche Rahmendokumente exemplarisch vor und zeigt, wie sich diese Dokumente gegen die übrigen im vorliegenden Buch beschriebenen Dokumentationen abgrenzen. Hierbei werden Dokumente mit den dafür üblicherweise verwendeten Begriffen bezeichnet. Werden für Dokumente in der Literatur bzw. im üblichen Sprachgebrauch verschiedene Namen verwendet, so werden diese (soweit bekannt) zusätzlich angegeben. ■

In diesem Abschnitt werden einige wichtige Rahmendokumente im Überblick vorgestellt. Dabei geht es nicht um Vollständigkeit. Vielmehr soll die Vorstellung ein Bild vermitteln, welche Dokumente den Rahmendokumenten zugeordnet werden können. Auch steht nicht deren Inhalt oder eine detaillierte Anleitung zur Erstellung im Vordergrund, sondern vielmehr eine Beschreibung der Aufgaben des jeweiligen Rahmendokuments. Dies hat mehrere Gründe: Zum einen könnte allein die Betrachtung des zu den Rahmendokumenten zählenden IT-Risikohandbuchs und der dahinter stehenden Prozesse das Kapitel füllen. Dies würde den Rahmen des Buchs schnell sprengen. Zum anderen gibt es aufgrund der Wichtigkeit der Inhalte dieser Dokumente umfangreiche einschlägige Literatur. Bild 2.7 zeigt einige wesentliche Rahmendokumente der IT-Dokumentation. Welche Dokumente im Einzelfall zu erstellen sind und ob darüber hinaus noch Dokumente benötigt werden, hängt vom Unternehmen und dessen Aufgaben ab und muss im Einzelfall entschieden werden.

Dokumente können ggf. zusammengefasst werden

Die im Folgenden vorgenommene Unterscheidung in Leitlinien, Richtlinien und Konzepte ist auch den Anforderungen von Normen u. Standards geschuldet, die diese Dokumente zum Teil explizit fordern. Sofern hier keine Verpflichtungen bestehen, können aus Gründen der Praktikabilität Dokumente durchaus zusammengefasst werden. Hinweise zur Strukturierung und Klassifizierung von Dokumenten finden Sie in Abschnitt 6.2.2.

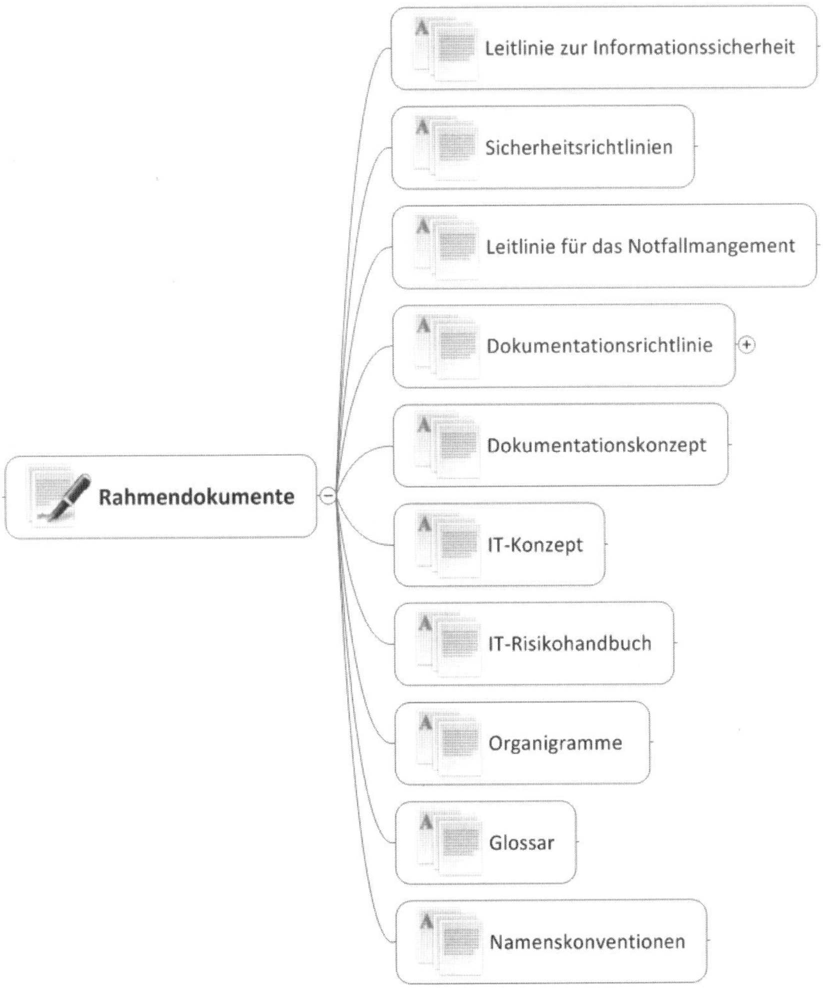

Bild 2.7 Typische Rahmendokumente für die IT-Dokumentation

2.3.2.1 IT-Konzept

Der Begriff IT-Konzept wird sehr unterschiedlich verstanden. Beispielsweise findet man bei Wikipedia eine Gleichsetzung von IT-Konzept mit DV-Konzept: *»Das DV-Konzept (ausführlich Datenverarbeitungskonzept) oder IT-Konzept ist eine Fortführung des Fachkonzeptes bei der Erstellung von Datenbanken oder bei der Programmierung. Es beschreibt die relevanten Daten und deren Verarbeitung. Die im Fachkonzept ermittelten Informationen werden auf die jeweilige Datenbank bzw. Programmiersprache angepasst. Die Aufgabenstellungen aus dem Fachkonzept werden bezüglich der Datenstrukturen und Verarbeitungsschritte strukturiert und dokumentiert«.* (Wikipedia, IT-Konzept)

Im Buch wird mit dem IT-Konzept ein strategisches Dokument bezeichnet, das die Ausrichtung der IT auf die Unternehmensstrategie beschreibt

So wird typischerweise im IT-Konzept festgelegt, ob die IT zentral oder dezentral strukturiert ist und mit welcher Ausprägung.

Es sollte auch für die IT beschreiben, mit welchen Verfahren (z.B. nach welchen Standards) das Unternehmen welche Zwecke verfolgt. Damit kann es einen Orientierungsrahmen für die weitere Entwicklung und geplante Maßnahmen aufzeigen. Was im IT-Konzept letztendlich geregelt wird, liegt allein in der Verantwortung des Unternehmens. So kann ein IT-Konzept durchaus auch Festlegungen (Methoden und Verfahren) zur Einordnung von IT-Projekten beinhalten. Wichtig ist aber, dass es keine Details beschreibt, sondern nur grundsätzliche Regelungen festschreibt, ohne diese zu spezifizieren. Die nachstehende Liste zeigt exemplarisch eine mögliche Gliederung für ein Betriebskonzept:

- Allgemeines
  - Grundsätze
  - Zielsetzung
  - Anforderungen aus gesetzlichen Vorschriften
  - Abgrenzung zu anderen IT-Richtlinien
  - Geltungsbereich
- Organisation
  - Verantwortliche Bereiche
  - Struktur (Organigramm)
- Verantwortung
  - Aufgabenbereiche
  - Rollen
  - Kompetenzen
  - Zentrale IT-Dienstleister
  - Entscheidungspyramide

Hinsichtlich der Rollenbeschreibungen kann es sinnvoll sein, im IT-Konzept die High-Level-Rollen zu definieren. Dies ersetzt jedoch nicht das in *Abschnitt 3.8.9* beschriebene Rollenkonzept für die Betriebsrollen. Mögliche Rollendefinitionen im IT-Konzept können beispielsweise folgendermaßen aussehen:

- **Systemadministratoren:** Systemadministratoren installieren, konfigurieren und betreiben IT-Systeme. Der ordnungsgemäße Betrieb der IT-Systeme beinhaltet die Einhaltung der vereinbarten Verfügbarkeitsanforderungen, die Datenschutzvereinbarungen sowie die Anwendung und Einhaltung der jeweiligen Sicherheitsrichtlinien. Systemadministratoren haben die erforderlichen Qualifikationen für die Systemumgebung nachzuweisen.
- **Anwenderbetreuer:** Anwenderbetreuer bilden die Schnittstelle zwischen den Administratoren und dem Anwender. Sie nehmen Leistungen des -Supports wahr und bereiten die Serviceanfragen und Störungsmeldungen der Nutzer systematisch auf. Können Probleme nicht vor Ort gelöst werden, organisieren und überwachen Anwenderbetreuer die Problemeskalation und -lösung. Außerdem übernehmen sie Schulungsaufgaben in der unmittelbaren Anwenderumgebung.
- **Anwendungsadministratoren:** Applikationen werden von den jeweiligen Administratoren konfiguriert und gewartet. Sie entwerfen Berechtigungskonzepte und setzen diese in der Benutzerverwaltung um. Die administrative und technische Betreuung erfolgt in enger Verbindung zur System- und Datenbankadministration. Änderungserfordernisse, die nicht durch Customizing der Anwendung und/oder des Systems erreicht werden können, sind als Entwicklungsaufgaben an das Change-Management weiterzuleiten.
- **Key-User:** Als Key-User werden Anwender eines Verfahrens verstanden, wenn sie über besondere Kenntnisse im Umgang mit und in den Funktionalitäten des Verfahrens verfügen. Sie stellen ein Bindeglied zwischen der Anwenderbetreuung und dem »Standard«-Nutzer dar und werden zu Multiplikatoren bei der Verbreitung von Know-how, bezogen auf das jeweilige Verfahren. Sie sind i. d. R. nicht in der IT angesiedelt.

2.3.2.2 IT-Risikohandbuch

Ein unternehmensweites Risikohandbuch bildet die Grundlage eines unternehmensweiten Risikomanagements. Es stellt organisatorische Maßnahmen und Regelungen dar, die zur Risikoerkennung, -quantifizierung, -kommunikation, -steuerung und -kontrolle zu beachten sind. Zusätzlich liefert dieses Handbuch die Basis für die Prüfung des Risikomanagements, die sowohl extern durch den Abschlussprüfer als auch intern durch die interne Revision oder den Aufsichtsrat vorgenommen werden kann.

Nicht nur das 1998 verabschiedete *Gesetz zur Kontrolle und Transparenz im Unternehmensbereich (KonTraG)* (siehe *Abschnitt 1.2.3*) fordert, bestehende Risiken aufzuzeigen und der Unternehmensleitung sowie den Anteilseignern oder Investoren transparent zu machen. Während früher aber vor allem Finanzrisiken betrachtet wurden, treten heute zunehmend auch die operativen Risiken in den Vordergrund, wie sie sich beispielsweise aus dem IT-Betrieb ergeben. Zumindest in großen Unternehmen wird deshalb zunehmend vom IT-Bereich ein eigenes IT-Risikohandbuch verlangt.

Aus der historischen Entwicklung heraus ergibt sich ein Problem mit der Abgrenzung zum Sicherheitskonzept. Wie bereits mehrfach betont, bleiben an dieser Stelle nur eine klare Definition der Begrifflichkeiten und die Abgrenzung zu anderen Dokumenten. So kann beispielsweise das IT-Risikohandbuch als Vorgabedokument für das Risikomanagement behandelt werden, während das Sicherheitskonzept einen konkreten Maßnahmenkatalog auf der Grundlage einer Risikoanalyse liefert, die zum Beispiel gemäß BSI-Standard erstellt wurde.

Da die Gewährleistung der Sicherheit ein kontinuierlicher Prozess ist, genügt es nicht, das IT-Risikohandbuch einmal zu erstellen und dann alle Sicherheitsmaßnahmen umzusetzen. Vielmehr muss das Risikomanagement auf neue technische Entwicklungen reagieren und das Risikohandbuch ständig überprüfen und aktualisieren.

Business-Impact-Analyse als Basis der Risikoanalyse

Im Zusammenhang mit der Risikoanalyse taucht häufig der Begriff *Business-Impact-Analyse (BIA)* auf. Was aber verbirgt sich hinter einer »Auswirkungsanalyse«, d. h. einer BIA? Die Business-Impact-Analyse ist eine Methode des Business Continuity Management und dient der Identifizierung und Erfassung der kritischen Geschäftsprozesse eines Unternehmens. Ziel ist es, wechselseitige Abhängigkeiten zwischen den Prozessen und/oder den Unternehmensbereichen aufzuzeigen und die Auswirkungen bei Ausfall von Prozessen bzw. die notwendigen Wiederanlaufzeiten zu ermitteln.

Zusammen mit der Risikoanalyse bildet die BIA die Grundlage für eine effektive Sicherheits- und Notfallvorsorgestrategie und die Basis für das Notfallvorsorgekonzept. Weitere Erläuterungen zur Bedeutung einer Business-Impact-Analyse für das Notfallmanagement finden Sie in *Kapitel 4*. Da es sich bei der Business-Impact-Analyse um eine Unternehmensaufgabe handelt und alle Geschäftsprozesse eines Unternehmens in die Analyse einbezogen werden sollten, sind die dabei entstehenden Dokumente nicht der IT-Dokumentation zuzuordnen. ■

2.3.2.3 Leitlinie und Richtlinien zur Informationssicherheit

Aufgrund der Bedeutung und der weitreichenden Konsequenzen der zu treffenden Entscheidungen muss der Informationssicherheitsprozess einschließlich dessen Teilbereich IT-Sicherheit (wie auch der Notfallmanagementprozess) von der obersten Leitungsebene initiiert, gesteuert und kontrolliert werden. Zu verankern ist die Verantwortung der Unternehmensleitung in entsprechenden Leitlinien.

Die **Leitlinie** zur Informationssicherheit ist demzufolge ein strategisches Unternehmensdokument, das die zentralen Ziele für die Informationssicherheit in einem Unternehmen festschreibt. Sie definiert die Sicherheitsziele und die Grundsätze für den Umgang mit Informationen sowie die Verantwortungsbereiche für die Informationssicherheit. Sinnvollerweise sollte die Leitlinie zur Informationssicherheit Bestandteil einer übergeordneten Sicherheitsleitlinie sein.

Für eine Sicherheitszertifizierung nach ISO 27001 oder BSI-Grundschutz ist die Leitlinie zur Informationssicherheit ein unverzichtbares Dokument und muss gemäß BSI Standard 100-1 Aussagen zu den nachfolgenden Punkten enthalten:

- Ziele und Strategien des Unternehmens in Bezug auf die Informationssicherheit unter Berücksichtigung geschäftlicher, gesetzlicher und vertraglicher Sicherheitsverpflichtungen,
- Beziehung der Sicherheitsziele zu den Geschäftszielen,
- angestrebtes Sicherheitsniveau,

- Leitaussagen, wie das angestrebte Sicherheitsniveau erreicht werden soll,
- Leitaussagen, ob und wodurch das Sicherheitsniveau nachgewiesen werden soll, und
- Organisationsstruktur für die Umsetzung der Leitlinie zur Informationssicherheit und Benennung der Verantwortlichen (u. a. Ernennung eines Sicherheitsbeauftragten).

Dabei beschreibt die Leitlinie keine Details, sondern macht grundsätzliche Aussagen, ohne diese zu spezifizieren. Sie sollte kurz und prägnant sein und wird in der Regel nur selten geändert.

Ergänzt wird die Sicherheitsleitlinie durch eine oder mehrere **Sicherheitsrichtlinien**. So fordert die ISO 27001 beispielsweise u. a. die Erstellung folgender Richtliniendokumente:

- Richtlinie für Zugriffsrechte und den Umgang mit Passwörtern,
- E-Mail-Richtlinie,
- Internetrichtlinie,
- Remote-Access-Richtlinie,
- Antivirus-Richtlinie,
- Richtlinie für Lieferanten und Provider.

Bei den genannten Sicherheitsrichtlinien handelt es sich jedoch um operative Dokumente, da sie konkrete Anweisungen und Festlegungen enthalten. Sie können daher auch der Betriebsdokumentation zugeordnet werden.

Weiterhin wird ein **Sicherheitskonzept** benötigt. Dieses regelt die Struktur und die konkrete Umsetzung der Informationssicherheit (Erläuterungen zum Sicherheitskonzept finden Sie in *Abschnitt 3.8.13*). Während also die Leitlinie Schutzziele und allgemeine Sicherheitsmaßnahmen im Sinne offizieller Vorgaben des Unternehmens vorgibt, beschreibt das Sicherheitskonzept detaillierte Sicherheitsmaßnahmen und Handlungsanweisungen zur Umsetzung der Leitlinie und der Richtlinien.

Wie alle Rahmendokumente müssen die Leitlinie zur Informationssicherheit und die Richtlinien sowohl in regelmäßigen Abständen wie auch anlassbezogen bei Änderungen von Rahmenbedingungen, Geschäftszielen, Aufgaben oder Strategien auf ihre Aktualität hin überprüft und gegebenenfalls angepasst werden. Zu empfehlen ist ein Review-Zyklus von zwei Jahren.

2.3.2.4 Dokumentationsrichtlinie

Mit wachsender Unternehmensgröße werden die Erstellung und die Durchsetzung einer Dokumentationsrichtlinie zunehmend wichtiger. Diese wird sinnvollerweise übergeordnet auf Unternehmensebene definiert. Wo eine solche übergeordnete Richtlinie fehlt, sollte sie für die IT-Organisation erstellt werden. Sinnvollerweise wird zusätzlich zur Richtlinie ein Dokumentationskonzept erstellt, das die operativen Vorgaben für die Dokumentation definiert (siehe hierzu *Abschnitt 6.2.22*).

Die Aufgabe einer Dokumentationsrichtlinie ist es, übergeordnete Regelungen für die Dokumentation festzulegen. Sie sollte mindestens folgende Punkte regeln:

- Abgrenzung der Dokumentation,
- Verantwortlichkeiten,
- übergeordnete Regelungen zur Dokumentenverwaltung.

Weitergehende Informationen zu den möglichen Inhalten einer Dokumentationsrichtlinie sowie zum Thema Standardisierung finden Sie in *Abschnitt 6.2.1.*

2.3.2.5 Glossar

Ein Glossar ist definiert als eine Zusammenstellung ausgewählter (Fach-)Begriffe, die mit knappen Sätzen erklärt werden. Handelt es sich dabei um Fremdwörter oder Wörter in einer anderen Sprache, ist zusätzlich eine Übersetzung sinnvoll.

Üblicherweise befindet sich in Dokumenten im Anhang ein Glossar, das die im Dokument verwendeten Fachbegriffe und Abkürzungen erläutert. Es soll den richtigen Gebrauch der Fachausdrücke und deren eindeutiges Verständnis sicherstellen. Wichtig ist dabei, dass das Glossar definiert, wie die Begriffe im betreffenden Dokument verwendet werden. So gibt es viele Fachbegriffe, die nicht eindeutig definiert sind. Für diese Fälle ist es zwingend erforderlich, im Glossar deren jeweilige Verwendung im Dokument zu erläutern.

Um eine einheitliche Verwendung von Begriffen sicherzustellen, ist die Pflege eines zentralen Glossars sinnvoll. Dieses sollte für den IT-Bereich auch die Verwendung von Dokumentenbezeichnungen definieren und diese deutlich voneinander abgrenzen. Weiter muss die verbindliche Verwendung der Begriffe kommuniziert und sichergestellt werden, dass jeder, der Dokumente erstellt, die Bezeichnungen wie definiert verwendet.

Wird ein zentrales Glossar gepflegt, ist in den Dokumenten nur dann ein Glossar notwendig, wenn das Dokument (auch) extern Verwendung findet.

Wie wichtig ein Glossar ist, kann man an diesem Buch ablesen, in dem ein nicht kleiner Teil dafür aufgewendet wird, die verwendeten Begriffe zu erklären und Abgrenzungen festzulegen.

Glossar im Anhang

Im Anhang finden Sie ein Glossar mit Erläuterungen der wesentlichen im Buch verwendeten Fachbegriffe. Die nachstehenden Begriffe dienen dem Verständnis der Beiträge im Buch und stellen eine Auswahl der wichtigsten Begriffe dar.
Ein erweitertes Glossar finden Sie auf unserem Blog unter http://www.itdoku-kompakt.de.

2.3.2.6 Namenskonventionen

Auf den ersten Blick mögen Namenskonventionen zweitrangig erscheinen, jedoch wird ihre Bedeutung häufig unterschätzt. Namenskonventionen gehören vielmehr zu den wichtigsten Rahmendokumenten. Die Erarbeitung und die Umsetzung von Namenskonventionen sind der erste Schritt zur Erreichung einer konsistenten IT-Dokumentation.

Beispielsweise ist ein im Vorfeld sorgfältig geplantes, einheitliches Schema der Namenskonventionen für alle Objekte der Active-Directory-Gesamtstruktur insbesondere in großen Unternehmen unerlässlich, um Wildwuchs mit entsprechend eingeschränkter Nachvollziehbarkeit bei den Objektbezeichnungen zu vermeiden. Wichtig ist, dass alle mit der Vergabe von Namen betrauten Mitarbeiter von den Regelungen – dies gilt vor allem auch für externe Berater – Kenntnis haben und sie auch anwenden.

Die nachstehende Aufstellung zeigt beispielhaft die wichtigsten Systeme und Komponenten, für die typischerweise in einer Active-Directory-Umgebung die Namen standardisiert werden sollten. Die Auflistung erhebt keinen Anspruch auf Vollständigkeit und muss im Einzelfall angepasst werden.

- Server,
- Cluster-Systeme (virtuelle Server und Cluster-Knoten),
- Linux-/UNIX-Server,
- Clients,
- Domänen (Root-Domäne und Sub-Domänen),
- Standorte im Active Directory (Standorte, Standort-Links und Standorteigenschaften),
- Organisationseinheiten (OUs),
- Gruppenrichtlinien (GPOs),
- Gruppen,
- Benutzer (Anmeldename, angezeigter Name, E-Mail-Adresse, Beschreibung),
- administrative Benutzer (Anmeldename, angezeigter Name, E-Mail-Adresse, Beschreibung),
- Funktionsbenutzer, z. B. Hotline-Benutzer (Anmeldename, angezeigter Name, E-Mail-Adresse, Beschreibung),
- Dienstkonten,
- Dateinamen, Verzeichnisnamen, Freigabebezeichnungen, persönliche Ordner, servergespeicherte Benutzerprofile,
- Drucker (Druckername, Druckerstandort),
- Messaging-Dienst, z. B. Exchange (Exchange-Server-Name, Routing Group, Connectoren, öffentliche Ordner, Verteilerlisten, persönliche Postfächer, Postfach-Alias, Funktionspostfächer).

Sind für die Produktionsumgebung und die Testumgebung unterschiedliche Namenskonventionen erforderlich, sollte dies entsprechend berücksichtigt werden.

Daneben gibt es für den IT-Betrieb aber noch weitere Komponenten, für die eine Standardisierung von Namen sinnvoll ist. Hierzu zählen beispielsweise Konventionen zur Benennung von Prozessen und Unterprozessen sowie Regelungen zur Benennung von Rollen (beispielsweise ob englische oder deutsche Bezeichnung). Und schließlich sollten für Dokumente verbindliche Namensregeln (sowohl für Dokumententitel als auch für Dateinamen) festgelegt werden (*siehe Abschnitt 6.2*).

2.4 Abgrenzung zur technischen Dokumentation

Die in den vorstehenden Kapiteln dargestellte Struktur mag fälschlicherweise den Eindruck erwecken, dass damit alle Dokumentationsbereiche für IT- und Anwendungssysteme erfasst sind. Es gibt aber noch eine Reihe weiterer Dokumentationsfelder mit Bezug zur IT, die im Buch nicht berücksichtigt werden. Hierzu gehört der Bereich der Produktdokumentation. Dieser stellt ein eigenständiges Aufgabengebiet mit speziellen Anforderungen und Vorgaben dar und wird der technischen Dokumentation zugeordnet.

Die nachstehenden Ausführungen sollen einen Überblick über die Aufgabenbereiche der technischen Dokumentation vermitteln. Für weitere Informationen sei auf die zahlreich vorhandene Spezialliteratur verwiesen.

Definition »Technische Dokumentation«

Wohl jeder hat schon einmal über die scheinbar banalen Sicherheitshinweise geschmunzelt, die in der mehrsprachigen Bedienungsanleitung auch einfachster Produkte zu finden sind. Diese sind jedoch keineswegs banal, sondern basieren auf einer ganzen Reihe gesetzlicher Anforderungen. Die Erstellung derartiger Anleitungen gehört in den Bereich der technischen Dokumentation.

Die Erstellung von Gebrauchsanweisungen für technische Produkte ist aber nur ein Teilbereich. Vielmehr ist der Begriff *Technische Dokumentation* der allgemeine Oberbegriff für die Dokumentation zu einem Produkt. Diese umfasst eine Reihe an Unterlagen, die beispielsweise eine Herstellerfirma für ihr Produkt bereitzustellen hat:

- Bedienungsanleitungen,
- Betriebsanleitungen,
- Serviceanleitungen,
- Installationshandbücher,
- Softwarehandbücher,
- ...

Diese Liste ist jedoch keineswegs vollständig, wie Bild 2.8 zeigt und einen Eindruck von der Vielschichtigkeit der Produktdokumentation vermittelt.

Eine Definition des Begriffs Technische Dokumentation, die anschaulich deren Aufgaben beschreibt, gibt Josef Grupp in seinem *Handbuch Technische Dokumentation*:

> *»Technische Dokumentation ist die geordnete Zusammenstellung ausgewählter Dokumente und Sprachmaterialien des Herstellers zu einem von ihm erstellten technischen Produkt, mit der er dem Verwender des Produkts den sicheren und nützlichen Umgang vermittelt und mit der er dem Gesetzgeber ein beweiskräftiges Zeugnis für die Erfüllung der gesetzlichen Anforderungen liefert bzw. ihm einen anschaulichen Beweis für die Erfüllung dieser Anforderungen gibt.«* (Grupp, 2008)

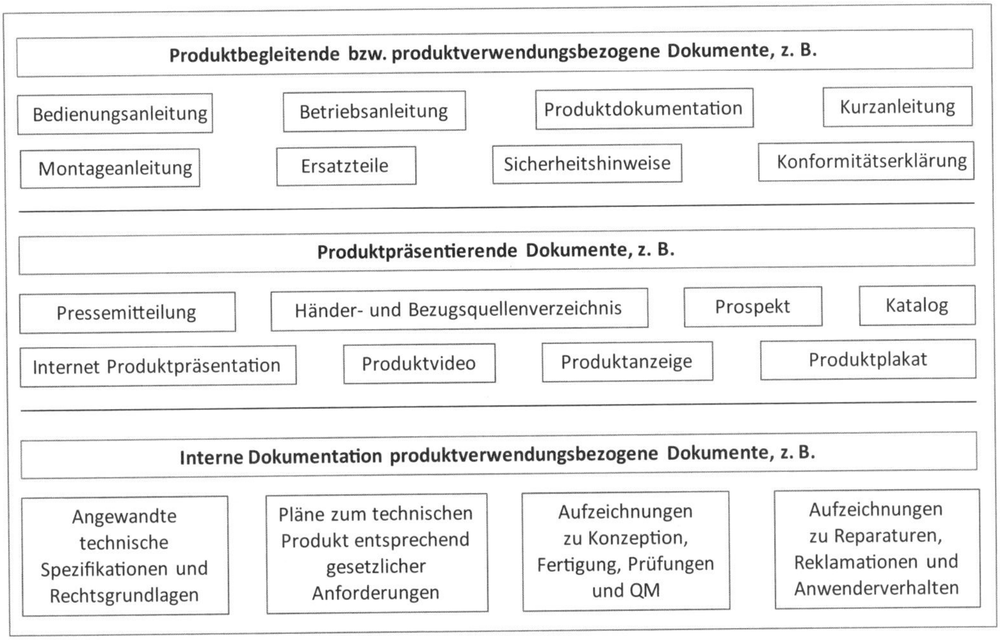

Bild 2.8 Teile der technischen Dokumentation nach (Grupp, 2008)

Die *tekom*, der deutsche *Fachverband für Technische Kommunikation und Informationsentwicklung*, benennt darüber hinaus in ihrer Definition die verschiedenen Zwecke, für die technische Dokumente benötigt werden. Hierzu gehören: Produktdefinition und Produktspezifikation, Konstruktion, Herstellung, Qualitätssicherung, Produkthaftung, Produktdarstellung, Beschreibung von Funktionen und Schnittstellen, bestimmungsgemäße, sichere und korrekte Anwendung, Instandhaltung und Reparatur eines technischen Produkts sowie gefahrlose Entsorgung.

Notwendigkeiten zur Erstellung einer technischen Dokumentation ergeben sich demzufolge aus einer ganzen Reihe von Anforderungen. Um beispielsweise die Sicherheit von Produkten sicherzustellen, fordern Gesetze und Vorschriften privatrechtlicher Organisationen entsprechende Dokumente von Seiten der Hersteller. Hierzu gehören in der EU Richtlinien wie die *Maschinenrichtlinie* oder die Produktsicherheitsrichtlinie, die in Deutschland in Form des *Produktsicherheitsgesetzes (ProdSG)* in nationales Recht umgesetzt wurden. Das ProdSG ersetzt seit 1. Dezember 2011 das Geräte- und Produktsicherheitsgesetz (GPSG). Es regelt die Sicherheitsanforderungen an technische Arbeitsmittel und Verbraucherprodukte und verpflichtet Hersteller und Händler, sichere Produkte auf den europäischen Markt zu bringen. Als ein wesentliches Kriterium für die Beurteilung der Sicherheit von Produkten nennt § 3, Absatz 2, Ziffer 3 GPSG ausdrücklich die Gebrauchs- und Bedienungsanleitung und die sonstigen produktbezogenen Angaben oder Informationen, insbesondere Warnhinweise. Und § 2, Absatz 4 ProdSG betont, dass eine Gebrauchsanleitung in deutscher Sprache dem Produkt beizuliegen hat.

Es gibt aber nicht nur zahlreiche Gesetze und Richtlinien, die die Verpflichtung zur Erstellung der Dokumentation regeln, sondern auch zahllose branchenbezogene Normen und Richtlinien, die eine Standardisierung sicherstellen und die Gestaltung technischer Dokumente regeln. In diesem Punkt unterscheidet sich die IT-Dokumentation sehr deutlich von der technischen Dokumentation.

Software als Produkt

Auch die Softwaredokumentation wird zumindest rechtlich der technischen Dokumentation zugeordnet, denn demnach handelt es sich bei einer Software um ein Produkt, für das alle Aspekte von Verbraucherschutz, Haftung und Gewährleistung u.a. zum Tragen kommen und für das eine entsprechende Dokumentation zu erstellen ist. Das findet seinen Niederschlag in zahlreichen Normen und Standards zur Softwaredokumentation. Hierzu zählen u.a. die folgenden:

- *»ISO/IEC 26514:2008 System and Software Engineering – Requirements for designers and developers of user documentation Die Norm ist eine Zusammenfassung und Aktualisierung der Normen IEEE 1063:2001 und ISO/IEC 18019:2004. Sie enthält sowohl die Richtlinien für den Erstellungsprozess als auch die Kriterien für das Dokumentationsprodukt.*
- *IEEE 1063:2001 Software user documentation Die internationale Norm beschreibt, wie eine qualitativ gute Softwaredokumentation aufgebaut und gestaltet sein sollte. Die Norm greift sowohl die Dokumentation in Papierform als auch elektronische Medien auf. Die Norm gliedert sich in Forderungen an Struktur, Inhalt und Form von Softwaredokumentation«* (Grünwied, 2009)

Die vollständige Dokumentation zu einem Softwareprodukt besteht demzufolge aus unterschiedlichen Teilen, die auf verschiedene Zielgruppen ausgerichtet sind:

- Programmiererdokumentation,
- Methodendokumentation,
- Installationsdokumentation,
- Benutzerdokumentation,
- Datendokumentation,
- Testdokumentation,
- Entwicklungsdokumentation.

Weiterführende Dokumentation

Die vorgestellten Anforderungen an eine technische Dokumentation sind für Sie relevant, wenn Sie beispielsweise Software entwickeln und vertreiben. Nähere Informationen zur Technischen Dokumentation und zu den Anforderungen an die Produktdokumentation finden Sie auf der Website der tekom unter dem folgenden Link: http://www.tekom.de.

Außerdem finden Sie in *Abschnitt 5.4* grundsätzliche Informationen zur Anwendungsdokumentation.

2.5 Zusammenfassung

Aus den Ausführungen der vorstehenden Kapitel lassen sich für den Bereich der IT-Dokumentation vier wesentliche Dokumentationsbereiche ableiten:

- Rahmendokumente,
- Betriebsdokumentation,
- Notfalldokumentation,
- Projektdokumentation.

Die in Bild 2.4 gezeigte Struktur bildet die Basis für das vorliegende Buch. Wie in diesem Kapitel gezeigt wurde, gibt es eine Reihe von Dokumenten, die übergeordneten Charakter haben und Regelungen und Richtlinien definieren. Sie werden im vorliegenden Buch als *Rahmendokumente* bezeichnet. In den folgenden Kapiteln werden die weiteren Dokumentationsbereiche ausführlich vorgestellt. Die Beschreibung beinhaltet sowohl Erläuterungen zu deren Strukturierung als auch Anleitungen zur Erstellung der erforderlichen Dokumente.

3 IT-Betriebsdokumentation

Das folgende Kapitel behandelt den für den IT-Betrieb erforderlichen Teil und damit gewissermaßen das Herzstück der IT-Dokumentation. Im allgemeinen Sprachgebrauch wird dieser Teil häufig als »Betriebshandbuch« bezeichnet.

In der Praxis besteht die Herausforderung vor allem darin, die vielen verschiedenen Dokumente, die für den IT-Betrieb benötigt bzw. während des Betriebs erstellt werden, zu strukturieren und sicherzustellen, dass alle Dokumente und Informationen in der erforderlichen Qualität und zum benötigten Zeitpunkt zur Verfügung stehen. Die Strukturierung der Dokumente ist deshalb der erste und wichtigste Schritt auf dem Weg zu einer nachhaltigen Dokumentation, die nicht nur die Compliance-Anforderungen erfüllt, sondern auch die betrieblichen Abläufe unterstützt. Das im Kapitel vorgestellte Strukturierungsmodell bietet hierbei Hilfestellung. Mithilfe definierter Stufen ist es einfach möglich, eine für das eigene Unternehmen sinnvolle Struktur abzuleiten und den Umfang sowie gegebenenfalls fehlende Dokumente zu identifizieren.

Hierfür ist das Kapitel in zwei Teile unterteilt: Der erste Teil bietet eine Blaupause für die Strukturierung der unternehmenseigenen Dokumentation des IT-Betriebs in Form eines Stufenmodells. Die Abschnitte der einzelnen Stufen beschreiben, was auf jeder Stufe zu dokumentieren ist *(Abschnitt 3.1 bis 3.7)*. Im zweiten Teil *(Abschnitt 3.8)* werden die wichtigsten Betriebsdokumente bzw. deren Inhalte – zum Teil anhand von Beispielen – vorgestellt.

In diesem Kapitel finden Sie die folgenden Themenschwerpunkte:

- Strukturierungsmodell für die IT-Dokumentation,
- die Systemdokumentation bildet die Basis,
- Struktur der Betriebsdokumentation für die Stufen 1 bis 5,
- Dokumente und Beispiele.

3.1 Strukturierungsmodell für die IT-Dokumentation

Der IT-Betrieb jedes Unternehmens ist individuell und muss daher individuell betrachtet werden. Und bei der Entwicklung in Richtung eines service- und kundenorientierten IT-Betriebs befindet sich jede IT-Organisation auf einem anderen Stück dieses Weges. »Die Dokumentation« für »den IT-Betrieb« kann es daher nicht geben. Vielmehr benötigt beispielsweise eine IT-Organisation, die prozessorientiert aufgestellt ist, eine Prozessdokumentation, die neben den Prozessbeschreibungen zum Beispiel auch ein Rollenkonzept einschließt. IT-Organisationen, deren Arbeitsweise hingegen überwiegend an den Funktionen und Systemen ausgerichtet ist, benötigen diese nachvollziehbarerweise nicht. Und eine Dokumentation zum Nachweis der Einhaltung sicherheits- und datenschutzrelevanter Anforderungen ist zwar von allen Organisationen zu pflegen, doch ist deren Zuordnung wiederum davon abhängig, ob Informationssicherheit als eigenständiger Prozess gelebt wird.

Wie die Erfahrungen aus den vorangegangenen Ausgaben des Praxishandbuchs IT-Dokumentation zeigen, ist es aus den zuvor genannten Gründen schwierig, aus einem komplexen generischen Modell die für das eigene Unternehmen relevanten Dokumente zu identifizieren. Benötigt wird vielmehr ein Strukturierungsmodell, das die verschiedenen Ausprägungen berücksichtigt. Zur Umsetzung dieses Ansatzes wurde der Dokumentationsleitfaden für die IT-Betriebsdokumentation in fünf Bereiche unterteilt, von denen jeder Teil die komplette IT-Betriebsdokumentation für die jeweilige Stufe abbildet. Wesentliche Merkmale für die Zuordnung zu einer Stufe sind dabei der Grad der Service- und Prozessorientierung einer IT-Organisation.

Dies ermöglicht eine einfache Adaption der hier vorgestellten Strukturierung an die unternehmenseigenen Gegebenheiten, d. h., sowohl kleine öffentliche bzw. private IT-Organisationen, die nicht oder noch nicht prozessorientiert arbeiten, können einen Ansatz zur Dokumentation ihrer IT finden, als auch Unternehmen, deren IT-Organisation vollständig serviceorientiert aufgestellt ist.

3.1.1 Einführung in das Strukturierungsmodell

Ziel der Autoren ist es, für den Bereich der IT-Betriebsdokumentation einen Strukturierungsansatz zu bieten, der den Bedürfnissen der meisten IT-Organisationen trotz ihrer unterschiedlichen Ausprägungen hinsichtlich Prozess- und Serviceorientierung gerecht wird.

3.1.1.1 Einfache Umsetzung dank Stufenmodell

Bevor das von den Autoren entwickelte Stufenmodell vorgestellt wird, ist ein Blick auf existierende Strukturierungsansätze (Reifegradmodelle) sinnvoll. Reifegradmodelle ermöglichen eine Bewertung des *»Maßes an Zuverlässigkeit, Effizienz und Effektivität eines Prozesses, einer Funktion, einer Organisation etc.«* (Beims, 2012). Sie dienen als Basis für eine Selbstbewertung und ermöglichen eine Standortbestimmung. In den letzten Jahren wurden einige Modelle zur Bestimmung des Prozessreifegrads entwickelt. Zu den bekanntesten gehört CMMI. *CMMI (Capability Maturity Model Integration)* ist der Nachfolger des bereits seit 1987 entwickelten CMM (Capability Maturity Model) und wurde entwickelt für die Reifegradbestimmung von Softwareentwicklungsprozessen. Ein zentraler Bestandteil des CMMI ist ein Modell zur Bestimmung der Prozessreife. Da sich dieses Modell auch für andere Prozesse als die ursprünglich adressierten Entwicklungsprozesse anwenden lässt, wird dieses Modell bereits seit vielen Jahren als Modell zur Reifegradbestimmung auch im IT-Service-Management eingesetzt. Auch ITIL® beschreibt in seinem Reifegradmodell *Process Maturity Framework (PMF)*, das sich sehr stark an CMMI anlehnt, was notwendig ist, um einen angestrebten Prozessreifegrad zu erreichen.

Allerdings dienen diese Reifegradmodelle dazu, den jeweils erreichten Grad zu beurteilen und daraus Ziele und Maßnahmen für Verbesserungen abzuleiten. Dies spielt an dieser Stelle keine Rolle, da weder eine Beurteilung noch eine Verbesserung von Projekt-, Prozess- oder Servicemanagementprozessen Ziel des Buchs sind. Da sie außerdem die Ablauforganisation überwiegend aus Managementsicht betrachten, sind sie für die Ableitung einer stufenbezogenen Struktur für die IT-Dokumentation des IT-Betriebs nicht geeignet.

Das im Folgenden beschriebene und neu entwickelte Strukturierungsmodell für die IT-Betriebsdokumentation lehnt sich zwar an vorhandene Reifegradmodelle an, betrachtet aber ausschließlich deren operativen Aspekte. Es dient zur Bestimmung des eigenen Standorts hinsichtlich mehrerer für die IT-Dokumentation relevanter Bereiche und dazu, eine für eine erreichte Stufe angemessene bzw. aus Compliance-Sicht erforderliche Dokumentation zu implementieren. Hierbei stellen die Dokumentationsanforderungen einer höheren Stufe keine Bewertung gegenüber den Dokumentationsanforderungen einer niedrigeren Stufe dar. Der Ansatz ist vielmehr: »Wenn es in einem Unternehmen keine definierten IT-Services gibt, können sie bzw. müssen sie auch nicht dokumentier werden«. Daneben gibt es jedoch auch Bereiche, die in jedem Fall zu dokumentieren sind.

Das hier verwendete Strukturierungsmodell zur Ableitung der Dokumentationserfordernisse basiert auf den in Bild 3.1 dargestellten Bereichen eines IT-Betriebs und deren Abhängigkeiten voneinander.

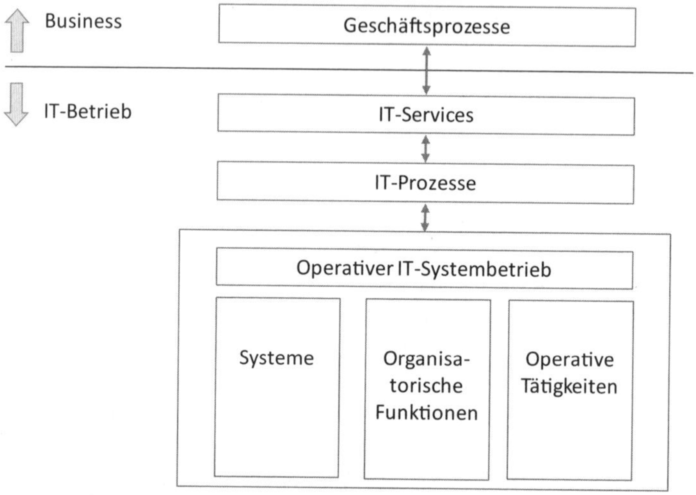

Bild 3.1 Bereiche eines serviceorientierten IT-Betriebs und deren Abhängigkeiten

Zur Ableitung der Stufen werden die Merkmale und deren Ausprägung für die drei Bereiche herangezogen:

- **Operativer IT-Systembetrieb:** Der IT-Systembetrieb umfasst den Betrieb der zentralen IT-Komponenten. Dazu gehören u. a. der Betrieb der Serversysteme, die Datensicherung, das Datenbank- und Netzwerkmanagement sowie die Betreuung der verschiedenen Anwendungen. Im Gegensatz zum IT-Systembetrieb ist das IT-Servicemanagement primär kundenorientiert organisiert und daher gesondert zu betrachten.

  Die Dokumentation beinhaltet alle für den operativen Systembetrieb erforderlichen Dokumente. Es handelt sich hierbei um eine modular aufgebaute Dokumentation, die u. a. alle Dokumente zu dessen Durchführung sowie zu Wartung und Fehlerbehebung beinhaltet. In diesem Bereich wird vor allem betrachtet, wie die Tätigkeiten im operativen Betrieb erfolgen (systemorientiert, auf Basis interner operativer Verfahren und Sollvorgaben, proaktiv oder reaktiv u. a.), da dies Auswirkungen auf die Dokumentationsanforderungen hat. Neben den aufgabenorientierten *Betriebshandbüchern* ist hier die Dokumentation der Systeme (*Systemakten*) einzuordnen, die neben der Dokumentation der eingesetzten Hardware- und Softwaresysteme sowie der IT-Infrastruktur auch eine Dokumentation der Durchführung des IT-Betriebs inkl. Wartung und Fehlerbehebung umfasst.

- **IT-Prozesse:** Bei einer prozessorientiert agierenden IT-Organisation erfolgt der Betrieb auf Basis definierter Prozesse sowie standardisierter operativer Tätigkeiten. Hierbei wird der IT-Betrieb als eine Kombination von Prozessen betrachtet und Aufgaben werden organisationsübergreifend anhand von in Prozessen beschriebenen Tätigkeiten bearbeitet und über Rollendefinitionen den Ressourcen aus den Organisationsbereichen zugeordnet. Viele Unternehmen haben zwar Business-Prozesse implementiert und dokumentiert, betrachten aber die IT nach wie vor funktionsorientiert bzw. beziehen die IT-Prozesse nicht mit ein. Dabei spielen IT-Servicemanagement-Prozesse eine wichtige Rolle bei der Umsetzung der Strategie und für das Erreichen der definierten Unternehmensziele. Mittlerweile ist jedoch ein Wandel zu beobachten, d. h., Unternehmen führen Schritt für Schritt auch IT-Prozesse bzw. IT-Servicemanagement-Prozesse ein. Hierbei kann es sich um die Implementierung einzelner Serviceprozesse zur Unterstützung der operativen Tätigkeiten handeln bis hin zu einer prozessorientierten Ausrichtung des gesamten IT-Betriebs.

- **IT-Services:** In dieser Kategorie wird die Ausprägung des IT-Servicemanagements (ITSM) betrachtet. Die Aufgabe von IT-Servicemanagement ist es, die Qualität und Quantität der IT-Services zu planen, zu überwachen und zu steuern mit dem übergeordneten Ziel, dass die IT-Services die bestmögliche Unterstützung für die Geschäftsprozesse der internen und externen Kunden bieten. Die Ausprägung von IT-Servicemanagement reicht von einzelnen IT-Services über einen definierten Servicekatalog bis hin zu gelebten Service-Lebenszyklus-Prozessen. Dem steht eine IT-Dokumentation gegenüber, die von einzelnen Servicebeschreibungen bis hin zur Abbildung der Services in Form eines Service-Lifecycle reicht.

In Abhängigkeit von der Ausprägung der drei Merkmale werden die folgenden fünf Stufen mit spezifischen Anforderungen an die IT-Dokumentation unterschieden:

- **Stufe 1:** Organisationen, die überwiegend systemorientiert arbeiten und bei denen die operativen Tätigkeiten anlassbezogen und kaum standardisiert erfolgen. Sie benötigen in erster Linie eine Dokumentation der Systeme. Auf dieser Stufe sind weder Prozesse noch Services eingeführt.
- **Stufe 2:** Ein wichtiges Merkmal der Stufe 2 ist, dass Tätigkeiten standardisiert erfolgen und zumindest einzelne Verfahren definiert sind. Oft gibt es besonders in historisch gewachsenen IT-Organisationen eine Vielzahl von gut eingespielten Prozessen und Verfahren. Allerdings sind diese nur selten dokumentiert. Zusätzlich zu einer Systemdokumentation wird hier vor allem eine gesonderte Dokumentation der operativen Tätigkeiten benötigt.
- **Stufe 3:** Die Stufe 3 ist durch die Einführung von Prozessen gekennzeichnet. Es sind einzelne IT-Prozesse (beispielsweise für das Störungsmanagement) eingerichtet, diese werden jedoch isoliert betrachtet und die Schnittstellen sind nicht definiert. Bei der Dokumentation kommen auf dieser Stufe Prozessbeschreibungen hinzu.
- **Stufe 4:** Die Ausrichtung von IT-Organisationen auf Stufe 4 ist service- und prozessorientiert. Es sind verschiedene IT-Services definiert und auch ein IT-Servicekatalog liegt vor. Zusätzlich zu den Prozessdokumenten werden hier IT-Servicemanagement-Dokumente benötigt.
- **Stufe 5:** Bei IT-Organisationen auf Stufe 5 erfolgen alle Tätigkeiten im Rahmen definierter IT-Services, die wiederum einen eigenen Lebenszyklus durchlaufen. Dies erfordert einen gesonderten Aufbau der IT-Dokumentation, da alle Dokumente den jeweiligen Services zuzuordnen sind und außerdem datenbankgestützt verwaltet werden.

3.1.1.2 Stufenbezogene Dokumentationsanforderungen

Zusammenfassend zeigt Bild 3.2, welche wesentlichen zusätzlichen Dokumentationsanforderungen ein Wechsel in die nächst höhere Stufe mit sich bringt. Dank dieses modularen Aufbaus ist es auch jederzeit möglich zusätzliche Dokumentationsbereiche zu ergänzen.

Einen strukturierten Überblick über die Merkmale und die daraus resultierenden Dokumentationsanforderungen der fünf Stufen zeigt Tabelle 3.1.

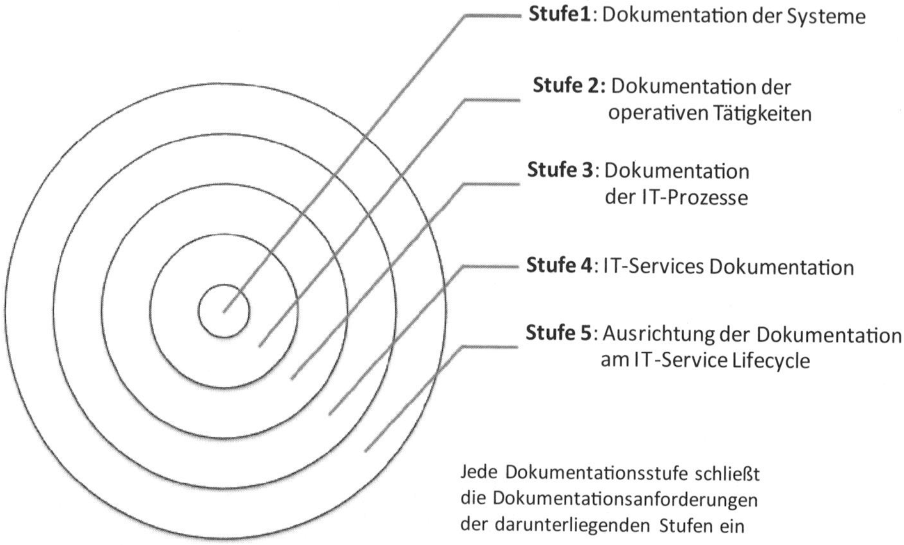

Bild 3.2 Hauptmerkmale der Betriebsdokumentation für die Stufen des Strukturierungsmodells

- **Systemdokumentation:** Gemäß Duden ist ein System eine Zusammenfassung mehrerer Komponenten zu einer als Ganzes aufzufassenden Einheit. Die Komponenten können von gleicher Art (homogene Systeme, z. B. Programme) oder sehr unterschiedlich sein (z. B. die Zusammenfassung von Hardware- und Software zu einem System). Ein System löst oder bearbeitet in der Regel ein definiertes Bündel von Aufgaben. Aus Sicht der IT-Dokumentation ist also ein Clientrechner bzw. ein Server ebenso als System zu betrachten und zu dokumentieren wie die Virtualisierungsumgebung oder das Active Directory.

  Systeme bilden die Basis für die Bereitstellung von IT-Dienstleistungen, unabhängig davon, auf welcher Stufe sich eine IT-Organisation befindet. Die Einrichtung und Pflege einer Systemdokumentation (in Form von *Systemakten*) als Bestandteil der IT-Betriebsdokumentation sind daher zwingend erforderlich. Diese muss die eingesetzten Hardwarekomponenten (Server- und Clientsysteme) genauso beinhalten wie Beschreibungen des Verzeichnisdienstes, der Server- und Netzwerkdienste, der eingesetzten Software sowie der Netzwerkkomponenten. Zusätzlich gehören diverse Pläne wie beispielsweise Netzwerkpläne zur Systemdokumentation.

  Systemakten beschreiben (häufig automatisiert) die Komponenten eines Systems sowie deren Konfiguration und damit das technische »Was«. Hierzu zählen neben Systemspezifikationen auch Informationen zu Garantieleistungen, Wartungsverträge, Lizenzen und Ähnliches. Dies erfordert einen modularen Aufbau, was durch den Begriff Systemakte verdeutlicht wird. Wie, wann und was mit dem System zu tun ist, wird hingegen sinnvollerweise in Betriebshandbüchern dokumentiert.

- **Dokumentation der operativen Tätigkeiten:** Diese Dokumentation soll vorrangig die Abläufe des täglichen operativen IT-Betriebs unterstützen. Sind die operativen Tätigkeiten gut und nachvollziehbar dokumentiert, erleichtern sie die täglichen Arbeitsabläufe. Außerdem können personelle Ausfälle leichter kompensiert werden und neue Mitarbeiter sich schneller einarbeiten. Zudem bleibt wertvolles Know-how erhalten, wenn Mitarbeiter das Unternehmen verlassen. Da sich häufig Aufgabenbereiche definieren lassen, die sich auf mehrere Systeme beziehen, ist eine Trennung von den Systemakten sinnvoll. Meist werden die operativen Tätigkeiten in Form von *Betriebshandbüchern* dokumentiert. Betriebshandbücher beschreiben aus organisatorischer Sicht »wer, was, wann, wie, wie oft« tun muss, um den operativen IT-Betrieb einschließlich der erforderlichen Kontroll- und Wartungsarbeiten sicherzustellen. Sinnvollerweise werden die Betriebshandbücher durch Arbeitsanleitungen und Ablaufbeschreibungen ergänzt. Ob Betriebshandbücher für jedes System oder alternativ für die verschiedenen Aufgabenbereiche wie beispielsweise Netzwerkmanagement, Serverbetrieb, Datenbankverwaltung gesonderte Betriebshandbücher gepflegt werden, ist individuell festzulegen.

- **IT-Prozessdokumentation:** Definierte, dokumentierte, wiederholbare und gelebte Prozesse sind die Basis einer erfolgreichen Serviceerbringung. Die Basis hierfür ist die Prozessdokumentation. Hierbei definiert die Prozessbeschreibung die Dokumentation eines einzelnen Prozesses. Die Prozessdokumentation hingegen umfasst als Gesamtdokument alle Einzelprozessbeschreibungen.
- **IT-Servicedokumentation:** Ein IT-Service ist eine in sich geschlossene Einheit, die dem Kunden angeboten wird, ohne ihn mit den einzelnen Systemkomponenten im Hintergrund, deren Zusammensetzung, Einzelkosten und Risiken zu konfrontieren. Intern besteht ein IT-Service in der Regel aus einer Vielzahl von IT-Komponenten (Infrastruktur, Softwaresysteme, IT-Prozesse u. a.). Daraus leiten sich eine interne und eine externe Sicht auf die IT-Services ab, die sich auch in der Dokumentation widerspiegeln. Der Servicekatalog ist der nach außen hin sichtbare Teil. Er beinhaltet alle aktuell vereinbarten bzw. alle aktuell lieferbaren Services und gehört zu den wichtigsten Servicemanagement-Dokumenten.

3.1.2 »Gebrauchsanweisung« für die Nutzung des Strukturierungsmodells

Für eine optimale Nutzung des Strukturierungsmodells sollten Sie zuerst anhand der genannten Kriterien in der nachstehenden Tabelle 3.1 die für Ihre IT-Organisation passende Stufe ermitteln. Diese gibt einen strukturierten Überblick über die Merkmale und die daraus resultierenden Dokumentationsanforderungen der fünf Stufen.

In der Praxis ist natürlicherweise nicht immer eine eindeutige Zuordnung zu einer Stufe möglich. So kann es durchaus möglich sein, dass Ihre Organisation im operativen Bereich anlassbezogen arbeitet und nur wenige Verfahren dokumentiert sind, Sie für Ihre Kunden aber IT-Services anbieten und dafür auch bereits einen Servicekatalog erstellt haben. In diesem Fall müssen Sie gegebenenfalls Bereiche aus mehreren Stufen kombinieren, was durch den modularen Aufbau des Strukturierungsmodells ermöglicht wird.

Außerdem haben Sie in Ihrer IT-Organisation möglicherweise den einen oder anderen Service an externe Dienstleistungsanbieter ausgelagert (beispielsweise das Webhosting, den ServiceDesk oder den Rechenzentrumsbetrieb). In diesem Fall können die Listen und Beschreibungen dazu verwendet werden, die Dokumentationsanforderungen an den jeweiligen Dienstleister zu identifizieren. Denn mit einer Auslagerung bzw. Outsourcing von Prozessen oder Verfahren ist kein Abwälzen der Risiken möglich. Die Risikoverantwortung obliegt auch bei Auslagerungen dem auslagernden Unternehmen. Sie müssen also bei Outsourcing sicherstellen bzw. sich davon überzeugen, dass die Compliance-Vorgaben, wie beispielsweise Sicherheits- und Datenschutzanforderungen durch den Auftragnehmer erfüllt werden und nachweisbar dokumentiert sind.

Tabelle 3.1 Die Stufen des Strukturierungsmodells für die IT-Betriebsdokumentation

Operativer IT-Systembetrieb	IT-Prozesse	IT-Services	Dokumentations-anforderungen
Stufe 1*			
▪ Operative Tätigkeiten zur Steuerung und zur Optimierung der Systeme erfolgen anlassbezogen und sind nicht standardisiert ▪ Informationssicherheit ist auf IT-Sicherheit beschränkt und wird systembezogen betrachtet	▪ Es gibt keine definierten Prozesse	▪ Es gibt keine definierten IT-Services	▪ Dokumentation aller eingesetzten Systeme in Systemakten ▪ Dokumentation der operativen Tätigkeiten in Form von Aufzeichnungen in den Systemakten. ▪ Dokumente zu Datenschutz und IT-Sicherheit
Stufe 2			
▪ Die operativen Tätigkeiten zur Steuerung und zur Optimierung der Systeme sind weitgehend standardisiert und durch Verfahren definiert ▪ Informationssicherheit ist auf IT-Sicherheit beschränkt und wird systembezogen bzw. verfahrensbezogen betrachtet	▪ Es gibt keine definierten Prozesse	▪ Es gibt keine definierten IT-Services	▪ Dokumentation aller eingesetzten Systeme in Systemakten ▪ Betriebshandbücher mit Ablaufbeschreibungen und Arbeitsanleitungen (einschließlich Aufzeichnungen) für die operativen Tätigkeiten ▪ Dokumente zu Datenschutz und Informationssicherheit
Stufe 3			
▪ Die operativen Tätigkeiten zur Steuerung und zur Optimierung der Systeme sind weitgehend standardisiert und durch Verfahren definiert	▪ Einzelne Prozesse und IT-Servicemanagement-Prozesse sind eingerichtet (z.B. für das Störungsmanagement)	▪ Es gibt keine oder gegebenenfalls einzelne IT-Services	▪ Dokumentation aller eingesetzten Systeme in Systemakten ▪ Betriebshandbücher mit Ablaufbeschreibungen und Arbeits-

Operativer IT-Systembetrieb	IT-Prozesse	IT-Services	Dokumentations-anforderungen
	▪ Prozesse werden isoliert betrachtet, Schnittstellen sind nicht definiert ▪ IT-Sicherheit ist Bestandteil eines übergeordneten ISMS-Prozesses		anleitungen (einschließlich Aufzeichnungen) für die operativen Tätigkeiten ▪ Dokumente zu Datenschutz und Informationssicherheit ▪ Prozessbeschreibungen
Stufe 4			
▪ Die operativen Tätigkeiten zur Steuerung und zur Optimierung der Systeme sind vollständig standardisiert und durch Verfahren definiert	▪ Erforderliche Prozesse sind eingeführt und werden gesteuert ▪ IT-Servicemanagement-Prozesse dienen der Erbringung der definierten IT-Services ▪ Es gibt definierte Prozessschnittstellen und Abhängigkeiten ▪ IT-Sicherheit ist Bestandteil eines übergeordneten ISMS-Prozesses	▪ Zusammenhängende IT-Services sind in einem Servicekatalog beschrieben	▪ Configuration Management System und Verwaltung der Systeme in einer CMDB ▪ Betriebshandbücher mit Ablaufbeschreibungen und Arbeitsanleitungen (einschließlich Aufzeichnungen) für die operativen Tätigkeiten ▪ Dokumente zu Datenschutz und Informationssicherheit ▪ Prozessbeschreibungen ▪ Servicebeschreibungen und weitere Servicemanagement-Dokumente
Stufe 5			
▪ Alle operativen Tätigkeiten erfolgen im Rahmen definierter IT-Services	▪ Es gibt einen IT-Service-Lifecycle-Prozess und dieser schließt alle anderen Prozesse mit ein	▪ IT-Servicemanagement ist eingeführt und alle IT-Services werden im Rahmen ihres Lifecycle betrachtet und gesteuert	▪ Service Knowledge Management System einschließlich Configuration Management System und CMDB

Jede Stufe wird in diesem Kapitel in einem eigenen Abschnitt vorgestellt, so dass Sie gezielt den für Sie passenden Aufbau der IT-Betriebsdokumentation ermitteln können. Dies darzustellen, ist in einem Buch kein leichtes Unterfangen, da ein Kompromiss gefunden werden muss zwischen Verweisen und Wiederholungen (so sind operative Tätigkeiten auf allen Stufen zu dokumentieren, aber in zum Teil unterschiedlicher Ausprägung). Die Autoren haben sich entschieden, auf Verweise zwischen den einzelnen Stufen so weit wie möglich zu verzichten. Dies führt an einigen Stellen zu Dopplungen, ermöglicht es aber, die Dokumentation einer Stufe durchgängig darzustellen, was Ihnen als Leser den Lesefluss und den Überblick über die Dokumentation Ihrer Stufe erleichtert.

Ausnahmen stellen die Ausführungen zur *Systemdokumentation* und zur *Sicherheitsdokumentation* dar. Die für alle Stufen relevanten Ausführungen zur Systemdokumentation sind in *Abschnitt 3.2* zu finden. Gegebenenfalls erforderliche Abweichungen und die spezifischen Ausprägungen bei den Inhalten der Dokumente werden innerhalb der jeweiligen Stufe beschrieben.

Gesonderte Betrachtung der Sicherheits- und Datenschutzdokumentation

Unabhängig davon, welches Gesetz oder welchen Standard man heranzieht, das Thema Informationssicherheit und damit auch IT-Sicherheit steht immer im Fokus. Ziel von Informationssicherheit ist es, durch angemessene infrastrukturelle, technische, organisatorische und personelle Maßnahmen ein definiertes Sicherheitsniveau sicherzustellen. Hierzu ist die Einrichtung eines Informationssicherheitsmanagements (ISMS) Voraussetzung. Aufgabe von Informationssicherheit ist es, die nachfolgenden Schutzziele sicherzustellen:

- **Vertraulichkeit** verlangt, dass von Dritten erlangte Daten nicht unberechtigt weitergegeben oder veröffentlicht werden. Organisatorische und technische Maßnahmen, wie beispielsweise Verschlüsselungstechniken, umfassen u. a. Anweisungen zur Beschränkung der Übermittlung personenbezogener Daten an Dritte, die verschlüsselte Übermittlung von Daten an berechtigte Dritte, die eindeutige Identifizierung und Verifizierung des Empfängers von Daten oder die Einhaltung von Löschfristen gespeicherter personenbezogener Daten.
- **Integrität** von IT-Systemen ist gegeben, wenn die Daten und die IT-Infrastruktur sowie die IT-Anwendungen vollständig und richtig zur Verfügung stehen und vor Manipulation und ungewollten oder fehlerhaften Änderungen geschützt sind. Organisatorische Maßnahmen sind geeignete Test- und Freigabeverfahren. Technische Maßnahmen sind z. B. Firewalls und Virenscanner.
- **Verfügbarkeit** verlangt zum einen, dass das Unternehmen zur Aufrechterhaltung des Geschäftsbetriebs die ständige Verfügbarkeit der Infrastruktur, der Anwendungen sowie der Daten gewährleistet. Zum anderen müssen diese sowie die erforderliche IT-Organisation in angemessener Zeit funktionsfähig bereitstehen. Daher sind z. B. geeignete Verfahren zur Notfallvorsorge einzurichten. Aber auch Maßnahmen zur Sicherung der Verfügbarkeit, um den Anforderungen nach Lesbarmachung gerecht zu werden, gehören dazu.

- **Autorisierung** bedeutet, dass nur im Voraus festgelegte Personen auf Daten zugreifen können (autorisierte Personen) und dass nur sie die für das System definierten Rechte wahrnehmen können. Diese Rechte betreffen das Lesen, Anlegen, Ändern und Löschen von Daten oder die Administration eines IT-Systems. Dadurch soll ausschließlich die genehmigte Abbildung von Geschäftsvorfällen im System gewährleistet werden. Geeignete Verfahren hierfür sind physische und logische Zugriffsschutzmaßnahmen (z. B. Passwortschutz). Organisatorische Regelungen und technische Systeme zum Zugriffsschutz sind die Voraussetzung zur Umsetzung der erforderlichen Funktionstrennungen.
- **Authentizität** ist gegeben, wenn ein Geschäftsvorfall einem Verursacher eindeutig zuzuordnen ist. Dies kann zum Beispiel über Berechtigungsverfahren wie digitale Signatur- oder passwortgestützte Identifikationsverfahren sichergestellt werden (gemäß IDW-Verlautbarungen zum Prüfungsstandard PS 330 RS-FAIT-1).

Unabhängig von der Größe oder der identifizierten Stufe unterliegt jede Organisation den benannten Anforderungen an Sicherheit und Datenschutz und muss diese entsprechend nachweisen. Neben den Anforderungen an die Sicherheit müssen IT-Organisationen auch Anforderungen an das Notfallmanagement erfüllen. Die hierfür erforderliche Dokumentation wird ausführlich in *Kapitel 4* vorgestellt.

Die Ausführungen zu den einzelnen Stufen beschreiben im Wesentlichen, *was* auf jeder Stufe zu dokumentieren ist. Die daraus resultierenden Dokumente und damit, *wie* eine Umsetzung möglich ist, werden im zweiten Teil dieses Kapitels in *Abschnitt 3.8* zum Teil anhand von Beispielen vorgestellt.

Die Abbildung der Dokumentation im Bereich *IT-Servicemanagement* basiert auf der *IT Infrastructure Library (ITIL®)*, da ITIL® zu den Frameworks mit dem höchsten Verbreitungs- und Akzeptanzgrad weltweit zählt. Es handelt sich dabei in erster Linie um eine Sammlung von dokumentierten Best Practices für die IT. Vor allem wenn Sie bereits Servicemanagement-Prozesse bzw. ITIL®-Prozesse eingeführt haben, sollten Sie zusätzlich den folgenden *Abschnitt 3.1.3* lesen, der die Rolle von ITIL® im Buch behandelt und eine Beschreibung der später verwendeten Begriffe und Abhängigkeiten liefert.

Strukturierungsmodell ist keine Umsetzung vorhandener Reifegradmodelle

Bei den im Buch definierten Stufen handelt es sich um einen Ansatz zur Strukturierung der IT-Betriebsdokumentation auf Basis praktischer Erfahrungen und in Anlehnung an vorhandene Reifegradmodelle. Es handelt sich nicht um eine Umsetzung der Stufen anderer Reifegradmodelle (beispielsweise nach ITIL® oder CMMI).

3.1.3 IT-Servicemanagement auf Basis von ITIL®

Aufgabe von IT-Servicemanagement (ITSM) ist es, die Qualität und Quantität der gelieferten Serviceleistungen unter den Aspekten Geschäftsprozess- und Kundenorientierung sowie Kostenoptimierung zu planen, zu überwachen und zu steuern. ITIL® bietet ein Modell für den Aufbau einer serviceorientierten IT-Organisation und eine Sammlung von Best Practices, die eine mögliche Umsetzung eines IT-Servicemanagements beschreiben und international als De-facto-Standard gelten. Dieser Abschnitt gibt einen Überblick über die aktuelle Version und deren Prozesse, soweit dies für das Verständnis der nachfolgenden Kapitel erforderlich ist.

3.1.3.1 ITIL® im Überblick

ITIL® wurde von der britischen Regierung in der Version 2 im Jahr 2001 veröffentlicht und ist in dem ISO-Standard 20000 als zertifizierbare Norm enthalten, womit es für ITIL® indirekt ebenfalls einen international anerkannten Standard gibt. Seit 2013 vermarktet das Joint Venture AXELOS sowohl ITIL® als auch Prince2®.

Bereits mit der Version *ITIL® 2005*, die auch in den ISO-Standard 20000 Eingang gefunden hat, ist ITIL® in Richtung Service Lifecycle weiterentwickelt worden. Ende Mai 2007 erschien *ITIL® V3*, die dritte Version dieser Bücherreihe. Mit der Version 3 erhielt die ITIL®-Literatur 2007 eine komplett neue Struktur. Statt wie in den älteren Versionen thematisch anhand der beschriebenen Prozesse strukturiert, orientiert sich die Literatur seit der Version 3 an einem IT-Service-Lifecycle. Der Lifecycle beschreibt den Lebenszyklus des IT-Services von der Erfassung der Anforderung über die Konzeption, Implementierung und den operativen Betrieb bis hin zur kontinuierlichen Anpassung der Servicequalität und letztlich der Außerbetriebnahme. Im Mittelpunkt steht also nicht mehr der Prozess als solcher, sondern der zu liefernde Service (Beims, 2012).

Vier Jahre nach der Einführung von ITIL V3 gab es mit *ITIL® 2011* ein Update. Ziel des Updates war es, bestehende Fehler und Inkonsistenzen im Text und in den Darstellungen zu beseitigen. ITIL® 2011 ist die aktuell gültige Version und definiert in fünf Kernbänden sowie einem Zusammenfassungsband die für den Betrieb einer IT-Infrastruktur notwendigen Prozesse, die IT-Organisation und die zur Umsetzung erforderlichen Komponenten.

Die Kernpublikationen der Ausgabe 2011 sind:

- Servicestrategie (engl. Service Strategy, SS),
- Serviceentwicklung (engl. Service Design, SD),
- Serviceinbetriebnahme (engl. Service Transition, ST),
- Servicebetrieb (engl. Service Operation, SO),
- Kontinuierliche Serviceverbesserung (engl. Continual Service Improvement, CSI).

Bild 3.3 zeigt die ITIL®-Prozesse der ITIL®-Edition 2011 und wie diese Prozesse den Kernbüchern des Service-Lifecycle zugeordnet sind. Einige Prozesse, wie beispielsweise das Change-Management, spielen durch die Orientierung am Lifecycle in mehreren Phasen eine Rolle.

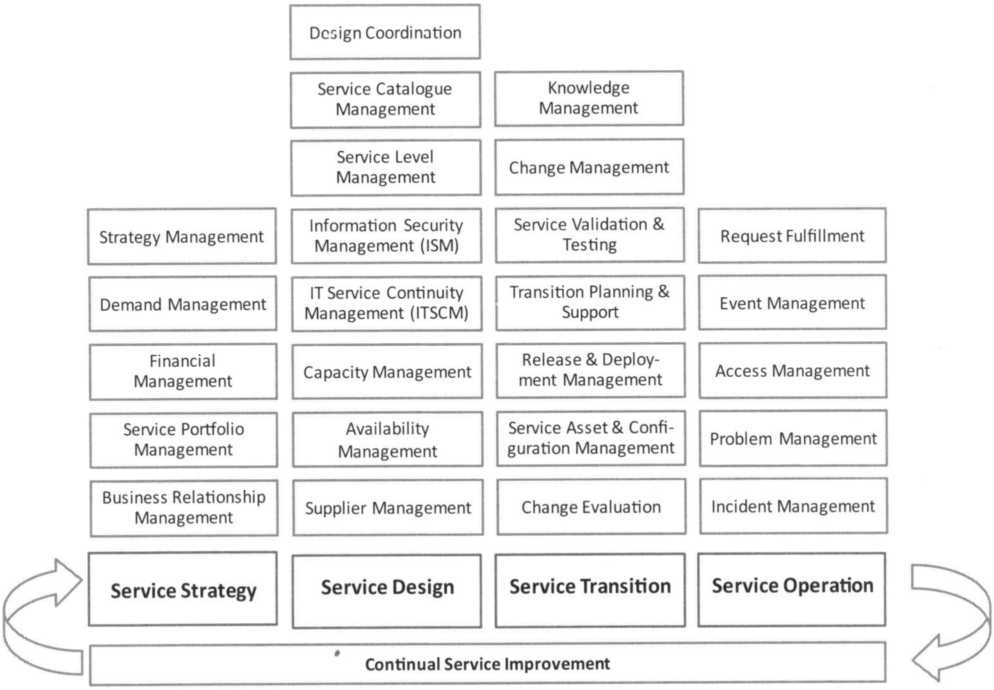

Bild 3.3 Die ITIL®-Prozesse und deren Phasenzuordnung gemäß (ITIL®, 2011)

3.1.3.2 »Typischer« Ablauf einer ITIL®-Einführung

Gemäß den Vorgaben von ITIL® agieren IT-Organisationen prozessorientiert und serviceorientiert. Das bedeutet, alle erforderlichen IT-Prozesse sind eingeführt, der IT-Betrieb erfolgt auf Basis definierter Prozesse und standardisierter operativer Tätigkeiten und das gesamte Handeln wird als eine Kombination von Servicemanagement- und internen IT-Prozessen betrachtet. Die Einführung von IT-Servicemanagement beginnt konsequenterweise mit der Definition der Services und der Erstellung eines IT-Servicekatalogs. Anschließend sind die für die Erbringung der IT-Services erforderlichen Prozesse und Funktionen zu definieren.

Entgegen dem geschilderten idealtypischen Vorgehen starten viele Unternehmen mit der Einführung einzelner IT-Serviceprozesse, ohne vorab IT-Services zu definieren oder gleich ein vollständiges IT-Servicemanagement einzuführen. Die Implementierung einzelner Services und die Erstellung eines IT-Servicekatalogs sind dann häufig erst der nächste Schritt.

Um den praktischen Anforderungen beim Strukturierungsmodell Rechnung zu tragen, sieht bereits die Stufe 3 die Einführung einzelner Serviceprozesse vor. Häufig beginnt nämlich die Einführung von IT-Servicemanagement mit dem Wunsch, mit Störungen im Betriebsablauf effizienter umzugehen. Um dies zu realisieren, wird mit der Einführung eines Prozesses zur Behandlung von Störungen gestartet. In vielen Fällen ist dies auch die erste Begegnung mit ITIL®, das hierfür den **Incident-Management-Prozess** definiert. Zentraler Punkt des Incident Management ist die Etablierung einer zentralen Anlaufstelle (Single Point of Contact) für den Anwender (in ITIL® als *ServiceDesk* bezeichnet), wo Störungen per

Mail oder Anruf entgegengenommen und die für die Behebung der Serviceunterbrechung erforderlichen Maßnahmen ergriffen werden.

Der konsequente nächste Schritt ist dann meist die Einführung eines **Problemmanagement**-Prozesses. Ziel von Problemmanagement ist die Vermeidung von Problemen und daraus entstehender Störungen und die Minimierung der Auswirkungen von Störungen, denen nicht vorgebeugt werden kann. Um dieses Ziel zu erreichen, führt das Problemmanagement sowohl proaktive als auch reaktive Tätigkeiten zur Ursachenforschung und zur Problembehebung durch.

Anwender kontaktieren den ServiceDesk nicht nur bei Problemen. Als Single Point of Contact fungiert der ServiceDesk auch als Anlaufstelle für Serviceanfragen der Anwender (Erweiterung von Zugriffsberechtigungen, geplanter Umzug, Austausch von Hardware u. a.). Während jedoch ITIL® v2 die Abwicklung von Serviceaufträgen (Service Requests) ebenfalls als Incidents behandelt und damit keine gesonderte Behandlung von Serviceanfragen und Störungsanfragen ermöglicht, wurde mit ITIL® v3 mit dem **Request Fulfilment** ein eigener Prozess zur Behandlung von Serviceanfragen eingeführt. Request Fulfilment beschreibt das Management von Service Requests mit dem Ziel, die Anwender- und Kundenzufriedenheit durch eine professionelle Abwicklung zu verbessern.

Bei der Einführung weiterer ITIL®-Prozesse steht zudem häufig das Ziel im Vordergrund, den IT-Betrieb moderner, zuverlässiger und sicherer zu gestalten. Eine häufige Ursache für Störungen im Geschäftsablauf bis hin zu gravierenden Beeinträchtigungen des Tagesgeschäfts sind nicht genehmigte oder unkoordiniert durchgeführte Systemänderungen. Aus diesem Grund ist es von entscheidender Bedeutung, dass Änderungen an der Infrastruktur koordiniert erfolgen, was zwingend die Einführung eines Änderungsmanagements (bei ITIL® als Change-Management bezeichnet) erfordert. Das **Change-Management** kontrolliert alle Veränderungen an vorhandenen IT-Komponenten, das Hinzufügen neuer Komponenten sowie deren Außerbetriebnahme. Ziel des Change-Managements sind die effiziente und effektive Durchführung von Änderungen und die Minimierung der negativen Auswirkungen von Veränderungen und die Minimierung von Nacharbeiten. Dazu muss das Change-Management sicherstellen, dass alle Änderungen dokumentiert und evaluiert sowie genehmigte Änderungen priorisiert, geplant, getestet, implementiert und überprüft werden. In *Abschnitt 3.8.6* finden Sie weitere Erläuterungen zum Change-Management-Prozess und zur Dokumentation von Änderungen.

Das **Release and Deployment Management** ist in Zusammenarbeit mit dem Change-Management für die Planung, Durchführung und Überwachung insbesondere bei umfangreichen Änderungen an der Hard- und Software zuständig. Dem Release and Deployment Management kommt hier die wichtige Aufgabe der vollständigen Dokumentation sowohl des Bestands als auch der Veränderungen der Hard- und Software zu. Ziel des Release and Deployment Management ist die erfolgreiche Integration von Releases in die geplante Zielumgebung unter Einhaltung der vorgegebenen Zeitplanung. Ziel ist auch die Bereitstellung adäquater Verfahren und Ergebnistypen wie Benutzerhandbücher, Schulungen und Kommunikationspläne, die den Anforderungen von Kunden, Anwendern und Service Management entsprechen.

In einem weiteren Schritt werden dann häufig die Bedingungen zur Festlegung und Überwachung von Service Level geschaffen. Hierfür ist im Wesentlichen ein **Service-Level-Management-Prozess** erforderlich. Ziele des Service Level Management sind die Definition, Vereinbarung und das Management von Servicevereinbarungen, sogenannten *Service Level Agreements – SLAs*. Ein SLA – auch als Dienstgütevereinbarung oder Dienstleistungsvereinbarung bezeichnet – ist eine Vereinbarung zwischen einem Auftraggeber und einem Dienstleister für wiederkehrende Dienstleistungen bzw. hier von IT-Services. Ziel ist es, die Kontrollmöglichkeiten für den Auftraggeber transparent zu machen, indem zugesicherte Eigenschaften wie Leistungsumfang, Reaktionszeit und Dienstgüte (Service Level) beschrieben werden. In der Praxis erfolgt die Dokumentation häufig in Form von Leistungsscheinen (siehe hierzu *Abschnitt 3.8.14*).

Um sicherzustellen, dass die definierten Service-Level-Ziele erreicht werden können, bzw. zu deren Überwachung ist die Einführung von Capacity Management und Availability Management erforderlich. Das **Capacity Management** ist der zentrale Prozess für alle kapazitäts- und servicerelevanten Aspekte der Services. Ziel ist es, sicherzustellen, dass der Service Provider stets über ausreichend Kapazitäten verfügt, um aktuell vereinbarte und künftig geplante Kundenanforderungen zuverlässig zu erfüllen. Die Planung des optimalen Einsatzes der Ressourcen, also auch des Personals, ist dabei eine zentrale Aufgabe. Die Datenhaltung und Datenverarbeitung finden in einer eigenständigen Datenbank, der Capacity Management Database, statt. Diese wird teilweise mit Ist-Daten aus der CMDB gefüllt und enthält Szenarien und strategische Daten für künftige Serviceangebote.

In Abgrenzung zum Capacity Management stellt das **Availability Management** sicher, dass die Services dem definierten Verfügbarkeitslevel entsprechen und dass die kundenseitigen Anforderungen konsistent umgesetzt werden. Hierzu werden einerseits Bedarfsprognosen erstellt und andererseits auf der Basis von Überwachungsmaßnahmen Vorschläge zur Optimierung der Leistungsfähigkeit erarbeitet. Hier werden u.a. interne Richtlinien erstellt und unterstützende Maßnahmen durchgeführt. Ein wichtiges (Dokumentations-) Instrument stellt der Verfügbarkeitsplan dar, in dem die technischen, personellen und auch finanziellen Aspekte berücksichtigt werden.

Sinnvollerweise wird die Einführung von Servicemanagement-Prozessen mit der Einführung eines **Service Asset and Configuration Management (SACM)** verbunden, da zuverlässige Daten über die IT-Infrastruktur die Grundlage für eine effektive Serviceerbringung bilden. Das SACM hat die Aufgabe, sowohl aktuelle und historische Konfigurationsdaten als auch Planungsdaten bereitzustellen und darüber sicherzustellen, dass alle Assets und Configuration Items identifiziert, überwacht und dokumentiert werden und die aktuelle Datenbasis regelmäßig konkreten Überprüfungen zur Sicherstellung der Übereinstimmung mit der tatsächlichen Konfiguration unterzogen wird. Die Verwaltung der Assets erfolgt sinnvollerweise in einer CMDB (siehe *Abschnitt 3.6.1*).

Wichtig im Zusammenhang mit der Serviceerbringung ist das **Financial-Management**. Dieses ist zuständig für alle Fragen zum externen und internen Rechnungswesen sowie der Budgetierung. Dabei ermittelt das Financial-Management nicht nur die Daten, sondern es ist auch an der Preisgestaltung für die angebotenen Dienstleistungen mit zuständig. Es liefert zudem wirtschaftliche Entscheidungsgrundlagen für die Managementebene und hat die Aufgabe, für ein angemessenes Kostenbewusstsein im Unternehmen zu sorgen.

Eine besondere Rolle hinsichtlich der Dokumentation spielt das **IT Security Management (ISM)**. Wie die Ausführungen in *Kapitel 1* zeigen, unterliegt jede IT-Organisation verschiedenen Anforderungen an die Informationssicherheit und den Datenschutz und muss diese entsprechend nachweisen. Vor allem aber ist Sicherheit die Grundlage für einen störungsfreien IT-Betrieb: Sie gewährleistet, dass erforderliche Daten tatsächlich verfügbar sind, dass schützenswerte Daten vertraulich bleiben und dass ein Unternehmen mit unverfälschten und zuverlässigen Daten arbeiten kann. Ziel des Information Security Management ist die Ausrichtung des Niveaus der IT-Sicherheit an den Anforderungen des Business. Hierzu müssen Risiken bezüglich der Informationssicherheit identifiziert und adäquate Maßnahmen zum Management dieser Risiken etabliert werden.

Neben IT Security Management ist die Einrichtung von **IT-Service Continuity Management (IT SCM)** unabdingbar. Abgesehen davon, dass die Einrichtung eines Notfallmanagements der Einhaltung der unternehmensbezogenen gesetzlichen Anforderungen dient, kann von einer vorausschauenden, durchdachten und dokumentierten Notfallplanung im Fall der Fälle nicht weniger als die Zukunft des Unternehmens abhängen. Auf Unternehmensebene ist deshalb die Einrichtung eines *Business Continuity Management - BCM* Pflicht. Hierbei übernimmt das BCM die Gesamtverantwortung für den Notfallmanagementprozess und die Planung für die Wiederherstellung aller Services. Für das Gesamtpaket IT-Service Continuity, das an den Geschäftsanforderungen ausgerichtet die Services mit ihren IT-Prozessen fokussiert, übernimmt die IT-Organisation die Verantwortung. Vorrangige Aufgabe des IT SCM ist die Unterstützung des übergeordneten Business Continuity Management, indem sichergestellt wird, dass jederzeit das definierte Mindestmaß an IT-Services zur Verfügung steht. Zudem gilt es, Maßnahmen zu planen, so dass die IT-Services zur Unterstützung der Geschäftsprozesse nach einer Katastrophe in der vorgegebenen Zeit wiederhergestellt werden können. IT SCM muss demnach integraler Bestandteil eines übergeordneten Business Continuity Management sein und vom Umfang aus den geschäftlichen Zielvorgaben abgeleitet werden (siehe hierzu *Kapitel 4*).

Welche (weiteren) IT-Servicemanagement-Prozesse eine IT-Organisation einführt, ist selbstverständlich von deren individuellen Erfordernissen und Zielen abhängig. Für die IT-Betriebsdokumentation hat dies lediglich quantitative Auswirkungen, inhaltlich spielt es keine Rolle, ob nur einige oder alle der in Bild 3.3 gezeigten Serviceprozesse eingerichtet sind. Allerdings nimmt mit der Anzahl der Prozesse und Services auch die Notwendigkeit zu, diese datenbankgestützt zu verwalten.

Individuelle Anpassungen erforderlich

Das ITIL®-Framework dient im Strukturierungsleitfaden als Basis für die Abbildung der Servicemanagement-Prozesse. Die genaue Ausgestaltung, d. h. die Auswahl der zu dokumentierenden Prozesse, muss natürlich individuell erfolgen. Auch die im Strukturierungsmodell vorgeschlagene Zuordnung einzelner ITIL®-Prozesse zur Stufe 3 bzw. zur Stufe 4 ist zu prüfen und gegebenenfalls entsprechend anzupassen.

Außerdem sollten Sie Folgendes beachten: Bei diesem Buch steht die IT-Dokumentation im Zentrum. Es ist nicht Ziel, die Einführung von Servicemanagement bzw. von ITIL®-Prozessen im Unternehmen zu beschreiben oder zu unterstützen. Zu diesem Thema sei auf die zahlreich vorhandene Literatur verwiesen.

3.2 Die Systemdokumentation bildet die Basis

Systeme bilden die Basis für die Bereitstellung von IT-Dienstleistungen, unabhängig davon, auf welcher Stufe sich eine IT-Organisation befindet. Die Einrichtung und Pflege einer Systemdokumentation in Form von Systemakten als Bestandteil der IT-Betriebsdokumentation ist daher zwingend erforderlich. Diese muss die eingesetzten Hardwarekomponenten (Server- und Clientsysteme) genauso beinhalten wie Beschreibungen des Verzeichnisdienstes, der Server- und Netzwerkdienste, der eingesetzten Software sowie der Netzwerkkomponenten. Zusätzlich gehören diverse Pläne, wie beispielsweise Netzwerkpläne zur Systemdokumentation.

Die Dokumentation für ein Hardwaresystem sollte beispielsweise neben den Hardwarespezifikationen den Aufstellungsort und Unterlagen zur Hard- und Softwareausstattung, Garantieleistungen, Wartungsverträge, Lizenzen und Ähnliches enthalten. Auch wer für das System verantwortlich ist, stellt neben den Regelungen zur Datensicherung eine wichtige Information dar. Dies erfordert einen modularen Aufbau, was durch den Begriff *Systemakte* verdeutlicht werden soll.

Alle Systemakten zusammen bilden die Systemdokumentation, die wiederum einen Teilbereich der Dokumentation für den IT-Betrieb darstellt.

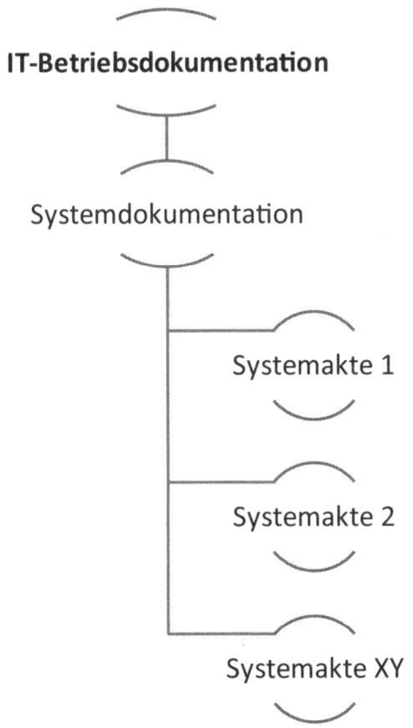

Bild 3.4 Systemakten bilden die Systemdokumentation.

3.2.1 Strukturierung der Systemakten

Um die Vielfalt der verschiedenen Systeme abbilden zu können, hat sich eine Unterteilung der Systemakten in die nachstehend gezeigten vier Kategorien als sinnvoll erwiesen, die sich an den IT-Grundschutzbausteinen des BSI (siehe hierzu *Abschnitt 1.6.2*) orientiert.

Deren Struktur bietet für die hier beabsichtigten Zwecke eine gute Basis – ohne diese jedoch exakt abzubilden – und außerdem den Vorteil, dass viele der aufgeführten Systeme bei Bedarf auch direkt den IT-Grundschutzbausteinen zugeordnet werden können. Außerdem liefert das BSI in den IT-Grundschutzkatalogen jeweils neben einer Kurzbeschreibung der betrachteten Komponenten einen Überblick über die Gefährdungslage sowie Maßnahmenempfehlungen, so dass auch Unternehmen, die keine BSI-Grundschutzausrichtung verfolgen, dort wertvolle Informationen finden. (BSI)

Damit bietet die hier vorgestellte Strukturierung einen generischen Ansatz. Eine Anpassung an die eigene Systemumgebung ist also zwingend erforderlich. Auch erheben die Listen keinen Anspruch auf Vollständigkeit und müssen gegebenenfalls bei einem Einsatz weiterer Komponenten ergänzt werden.

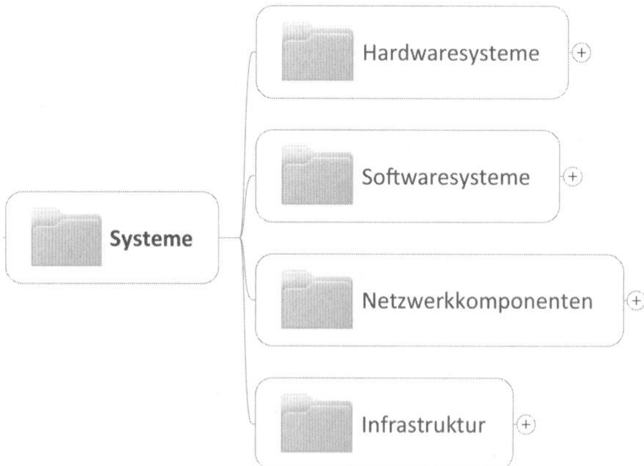

Bild 3.5 Systemakten können in vier Gruppen unterteilt werden.

3.2.1.1 Hardwaresysteme

In Zeiten verteilter Datenbanksysteme, SAN- und Storage-Umgebungen, Clustering, Virtualisierung und Cloud-Anwendungen gibt es keine Eins-zu-eins-Beziehung zwischen Hardware und Software, so dass eine Unterscheidung zwischen Hardwaresystemen und Softwaresystemen sinnvoll ist. Das nachfolgende Beispiel soll dies noch veranschaulichen.

Beispiel: Verteilte Anwendung

Viele Anwendungen werden auf verteilter Hardware gehostet, wie dies typischerweise beim Messaging-Dienst Exchange der Fall ist. Hier nehmen in der Regel verschiedene Server die unterschiedlichen Exchange-Serverrollen wahr, wie:

- Backend-Server zur Verwaltung der Datenbanken,
- Server zur Verwaltung der öffentlichen Ordner und
- Frontend-Server, die beispielsweise OWA-Zugriff für die Anwender zur Verfügung stellen.

Um eine hohe Ausfallsicherheit zu erzielen, werden die Exchange-Backend-Server meist in einem Cluster eingesetzt und sind in die SAN-Infrastruktur

(SAN = Storage Area Network) eingebunden. Nicht zu vergessen sind die Administrationskonsolen zur Verwaltung von Exchange, die auch auf Arbeitsplatzrechnern installiert werden können.Das kleine Beispiel zeigt, dass es in modernen Systemumgebungen nur noch selten eine Eins-zu-eins-Zuordnung zwischen Hardware und den eingesetzten Anwendungen gibt. Auch der Active-Directory-Verzeichnisdienst selbst liefert hierfür ein gutes Beispiel. ■

Bild 3.6 zeigt eine Liste typischer Hardwaresysteme. In den Publikationen des BSI zum Grundschutz werden die Hardwaresysteme als IT-Systeme bezeichnet und der Gruppe *B 3 IT-Systeme* zugeordnet.

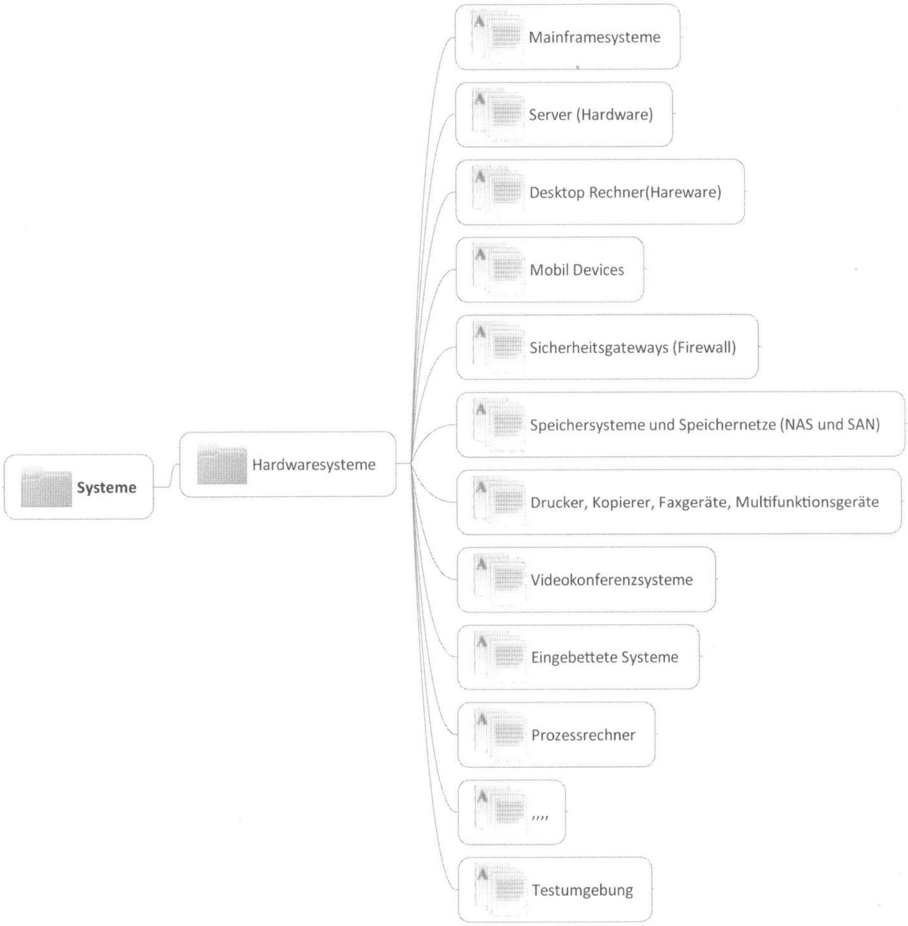

Bild 3.6 Systemakten der Kategorie Hardwaresysteme

In der Praxis ist eine exakte Trennung jedoch nicht bei allen Systemen möglich bzw. sinnvoll. Ein Beispiel hierfür sind Appliance-Systeme. Hierbei handelt es sich um kombinierte

Systeme aus Computerhardware und speziell auf diese Hardware optimierte Software, welche im Wesentlichen einer oder wenigen Anwendungen dient. Die Autoren behandeln derartige Systeme als Hardwaresysteme. Wird also im Unternehmen eine Firewall-Appliance eingesetzt, ist demnach die Dokumentation der Firewall den Hardwaresystemakten zuzuordnen.

Außerdem werden möglicherweise nicht alle genannten Systeme im Verantwortungsbereich der IT-Organisation liegen. Eingebettete Systeme beispielsweise werden in der Regel von den Fachbereichen betrieben und sind dort auch zu dokumentieren. Hierbei handelt es sich um elektronische Rechner, die in einen technischen Kontext eingebunden (eingebettet) sind. Dabei übernimmt der Rechner – für den Benutzer transparent – entweder Überwachungs-, Steuerungs- oder Regelfunktionen oder er ist für eine Form der Daten- bzw. Signalverarbeitung zuständig. Typische Beispiele eingebetteter Systeme finden sich in zahlreicher Form beispielsweise in Kraftfahrzeugen und anderen Verkehrsmitteln oder auch in der Medizintechnik. Zwar sind derartige Systeme zurzeit nur vereinzelt der IT zuzuordnen, doch im Zeitalter von »Industrie 4.0« mit einer zunehmenden Verschmelzung von Produktion und IT, also die Informatisierung der klassischen Industrie, kann sich dies durchaus ändern. Es ist daher anzunehmen, dass sich IT-Organisationen zunehmend mit diesen Systemen ebenfalls auseinandersetzen (und sie dann auch dokumentieren) müssen.

Ob es sinnvoll ist, für jeden Server und für jedes Mainframe-System eine gesonderte Systemakte anzulegen, muss individuell festgelegt werden. Gegebenenfalls ist eine Zusammenfassung verschiedener Hardwaregruppen sinnvoll. Und da an dieser Stelle die Hardware betrachtet wird, spielt es keine Rolle, ob es sich um einen Windows-, UNIX- oder Netware-Server handelt oder welche Serverdienste und Anwendungen installiert sind. Wichtig ist nur, dass die installierten Komponenten dokumentiert sind.

Für die Clientrechner ist es in den meisten Umgebungen kaum sinnvoll, für jeden einzelnen Rechner eine Systemakte zu führen. In vielen Unternehmen werden Standard-Clientsysteme verwendet. In diesem Fall sollte eine Systemakte für das oder die Standard-Clientsysteme gepflegt werden. Dieser können dann beispielsweise Lizenzen oder Wartungsverträge zugeordnet werden, was die Dokumentation deutlich vereinfacht. Gibt es keinen Standard-Client, sollte versucht werden, die Clientrechner zu Gruppen zusammenzufassen und diese in einer einzigen Systemakte zu dokumentieren.

Auch die Testumgebung muss dokumentiert werden

Gerne vergessen wird die Dokumentation der Testumgebung. Für diese sollten Sie eine gesonderte Systemakte erstellen und pflegen.

3.2.1.2 Softwaresysteme

Während die erste Kategorie die Dokumentation der Hardware beinhaltet, gehören in die zweite Gruppe alle Systemakten für Anwendungen. Hierzu zählen u.a. Betriebssysteme, alle Anwendungen und Dienste zur Steuerung und Verwaltung des IT-Betriebs, wie beispielsweise Active Directory, Backup-Anwendungen und Virtualisierungslösungen sowie Geschäftsanwendungen. Gemäß BSI-Zuordnung entspricht diese Gruppe den Bausteinen der Gruppe *B 5 Anwendungen*.

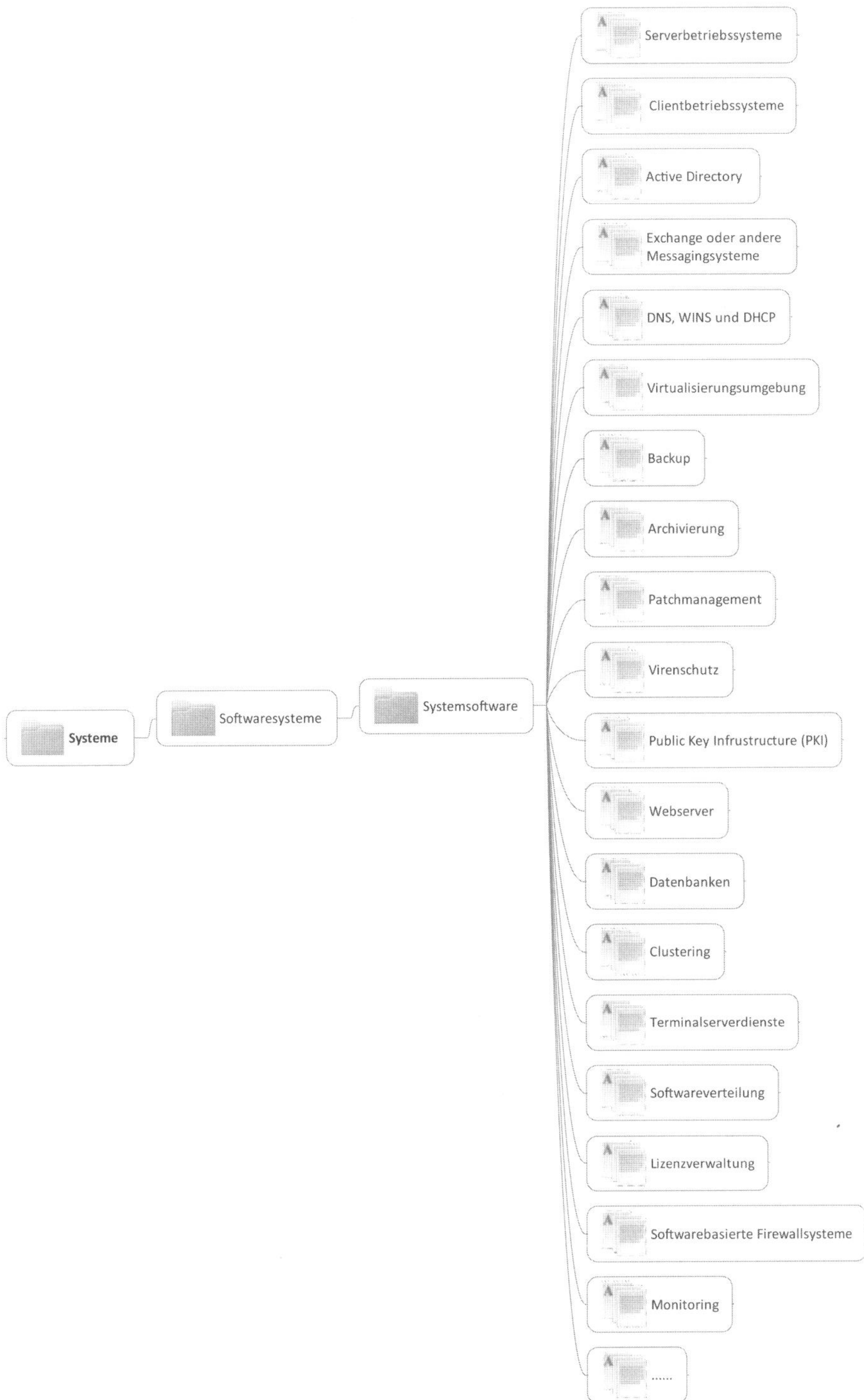

Bild 3.7 Typische Systemakten für Systemsoftware

Sinnvoll ist eine Unterscheidung zwischen *Systemsoftware* und *Anwendungssoftware. »Zur Systemsoftware zählen die Programme, die für den korrekten Ablauf einer Rechenanlage erforderlich sind, sowie alle Programme, die die Programmerstellung unterstützen, z. B. Übersetzer und Testwerkzeuge, und allgemeine Dienstleistungen bereitstellen (z. B. Formatierung, Dateiverwaltung, Datentransfer ...)«.* (Duden, 1993) Beispiele hierfür sind Betriebssysteme, Programme zur Datensicherung oder der Verzeichnisdienste, aber auch technische Anwendungen zur Steuerung von Anlagen.

Anwendungssoftware hingegen dient Benutzern zur Bewältigung von Aufgaben und zur Lösung von Problemen. In diese Kategorie können u. a. alle Anwendungen eingeordnet werden, die für die Erbringung der Geschäftsprozesse erforderlich sind und die von der IT-Organisation technisch betrieben werden. Typische Beispiele hierfür sind zum Beispiel ERP-Anwendungen wie SAP, aber auch Anwendungen für die Softwareentwicklung. Schließlich ist für den Entwickler seine Anwendung genauso ein Werkzeug wie für den Buchhalter seine Bilanzsoftware. Die Trennlinie zwischen Anwendungssoftware und Systemsoftware verläuft natürlich nicht immer ganz scharf. So kann man zum Beispiel Webbrowser sowohl als Teil eines Betriebssystems, als Anwendung oder auch als eine Schicht zwischen Anwendung und Betriebssystem dokumentieren. Hier muss im Einzelfall über die Zuordnung entschieden werden.

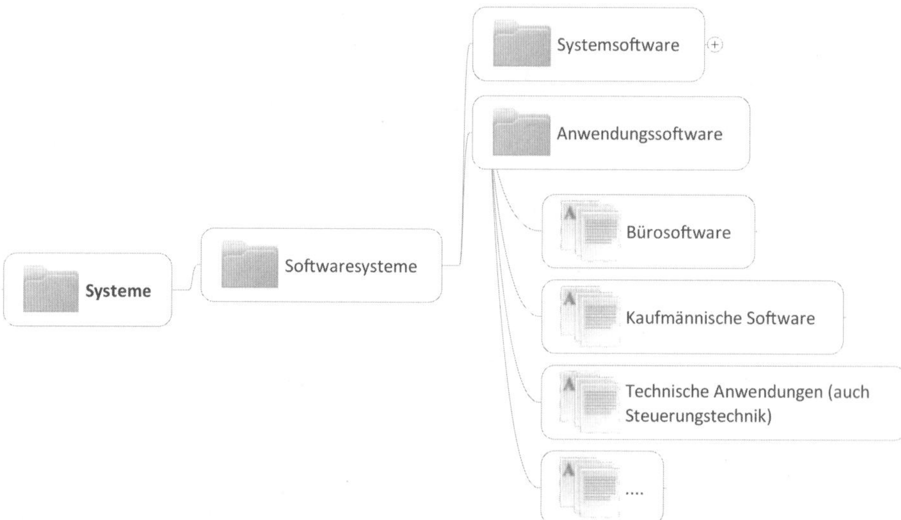

Bild 3.8 Dokumentation von Anwendungen ist ein wichtiger Bereich.

Für die Dokumentation spielt es im Übrigen keine Rolle, ob die Software auf einem physikalischen System, in einer virtuellen Maschine oder als Cloud-Anwendungen installiert ist. Zusätzlich muss jedoch beim Einsatz von Virtualisierungslösungen die Virtualisierungssoftware (z. B. VMWare) bzw. die Virtualisierungsumgebung in einer gesonderten Systemakte beschrieben werden.

Anwendungsdokumentation ist nur zum Teil eine Aufgabe der IT-Organisation

Zu den wesentlichen Aufgaben von IT-Organisationen gehört die Bereitstellung von Anwendungen für die Fachbereiche. Moderne Softwaresysteme sind, mindestens aus Sicht ihrer Ersteller und Betreiber, äußerst komplexe Gebilde, die zudem noch ständig korrigiert, erweitert oder einer sich ändernden Umgebung angepasst werden müssen. Die vollständige Dokumentation einer Anwendung besteht aus unterschiedlichen Teilen, die auf verschiedene Zielgruppen ausgerichtet sind. Anders als bei den IT-Systemen, liegt die Verantwortung für die Anwendungsdokumentation daher keineswegs allein bei der IT-Organisation. Wichtig ist vielmehr eine ganzheitliche Betrachtung ausgehend von der Entwicklung, über die Bereitstellung durch die IT und die Nutzung der Applikation durch den Fachbereich. Eine alleinige Zuordnung der Anwendungsdokumentation zum IT-Betrieb ist daher nicht sinnvoll.

Erläuterungen zur Anwendungsdokumentation finden Sie in *Abschnitt 5.3.* ■

3.2.1.3 Netzwerkkomponenten

Die dritte Kategorie lehnt sich an die Bausteine der *Gruppe B 4 Netze* des BSI an. Hier werden alle Systeme betrachtet, die der Vernetzung und der Kommunikation der Einzelkomponenten untereinander dienen. Dies beinhaltet, über den Ansatz des BSI hinausgehend, sowohl Netzkomponenten, wie Switches, Router und Gateways, als auch beispielsweise Verteilerschränke und Patchfelder. Zum Inhalt dieser Systemakten gehören zwingend auch Pläne, wie beispielsweise ein Netzwerkplan, der die Vernetzung der IT-Geräte untereinander grafisch darstellt.

Daneben können dieser Kategorie alle Netzwerktechnologien, wie zum Beispiel WLAN und VPN, für die entsprechende Softwaresystemakten zu pflegen sind, zugeordnet werden.

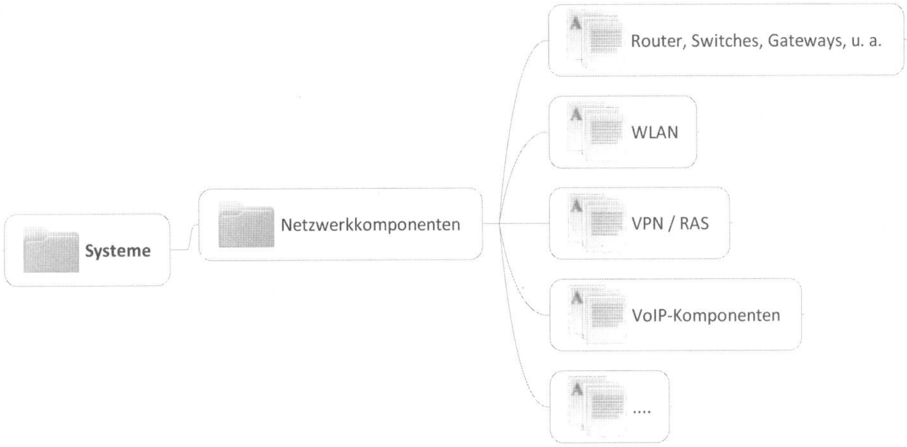

Bild 3.9 Systemakten der Kategorie Netzwerkkomponenten

3.2.1.4 Infrastruktur

Der IT-Grundschutz fasst unter *Infrastruktur* alle baulich-physischen Komponenten für die Informationsverarbeitung zusammen. Hierzu zählen: Gebäude, Serverräume, Klimaanlagen usw. Diese Komponenten werden heute unter dem Begriff *Facility*, was der Übersetzung des deutschen Wortes *Anlage* oder *Einrichtung* entspricht, zusammengefasst. Dem Facility-

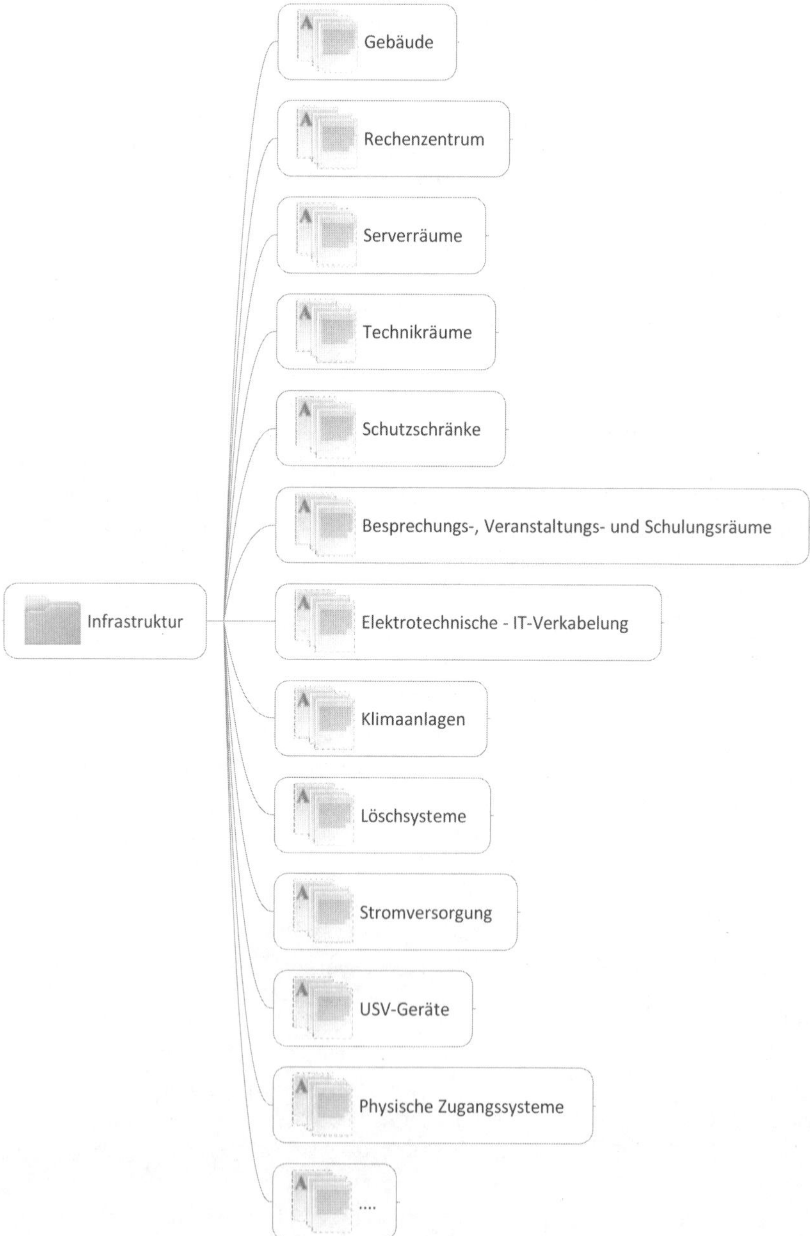

Bild 3.10 Systemakten der Kategorie *Infrastruktur*

Management werden üblicherweise technische Anlagen und Einrichtungen, Geräte, Gebäude, aber auch Arbeitsmittel und Energie zugeordnet. Die IT-Systeme und Netzwerkkomponenten gehören nicht dazu.

Für die Dokumentation der Facility-Komponenten ist in der Regel nicht die IT-Organisation verantwortlich, sondern das Gebäudemanagement (bzw. das Facility-Management).

In diesem Fall genügt ein Verweis auf die dort verwalteten Dokumente. Ein lesender Zugriff auf Schnittstellendokumente sollte ebenfalls möglich sein (zum Beispiel auf Gebäude- und Verkabelungspläne). Fehlen derartige Dokumente, ist es von Seiten des IT-Betriebs wichtig, diese einzufordern. Im Bedarfsfall können die Facility-Komponenten aber auch direkt der IT-Betriebsdokumentation zugeordnet werden.

Die folgende Liste enthält (ohne Anspruch auf Vollständigkeit) Systeme, deren Dokumentation gegebenenfalls nicht im Verantwortungsbereich der IT liegt, von dieser jedoch benötigt wird. Die genannten Komponenten entsprechen weitgehend denen, die das BSI in der Bausteinkategorie *B 2 Infrastruktur* beschreibt.

Wichtig für die Notfalldokumentation

Die Dokumentation der baulich-physischen Komponenten ist insbesondere auch für Notfälle wichtig. So ist es zum Beispiel bei einem Ausfall der Stromversorgung oder der Klimaanlage entscheidend, aktuelle Pläne zur Hand zu haben.

3.2.1.5 Dokumentation virtualisierter Umgebungen

In den letzten Jahren ist der Anteil der virtualisierten Systeme stark angestiegen. Virtualisierung bedeutet, dass mehrere logische (virtuelle) Maschinen auf einem oder mehreren physischen Computern ausgeführt werden, wobei die Ressourcen dieses einzelnen Computers von allen Umgebungen gemeinsam genutzt werden. Verschiedene virtuelle Maschinen können dabei unterschiedliche Betriebssysteme und mehrere Anwendungen, vom Datei- und Druckserver bis hin zur Bereitstellung von Clientanwendungen, auf ein und demselben physischen Computer ausführen. Durch die Konsolidierung lässt sich die Auslastung der Serverhardware deutlich erhöhen und der Administrationsaufwand senken.

Für die Umsetzung der Virtualisierung gibt es unterschiedliche Konzepte und unterschiedliche technische Verfahren, doch das Grundprinzip ist immer gleich: Einem *Gastsystem* (der virtuellen Maschine) wird eine logische Hardwareschicht zur Verfügung gestellt, die die physischen Gegebenheiten des *Hostsystems* versteckt und jedem Gastsystem (so gut es geht) vormacht, dass es der alleinige Nutzer einer Ressource ist. Daraus ergeben sich Möglichkeiten wie beispielsweise folgende:

- Mehrere virtuelle Server nutzen eine Hardwareplattform.
- Mehrere virtuelle Server nutzen virtuelle Plattensysteme, die auf physikalischen Plattensystemen abgebildet werden.

Für die Dokumentation ergibt sich aber die Notwendigkeit, sowohl das Hostsystem als auch das Gastsystem zu beschreiben. Leider behandeln viele Unternehmen ihre virtuellen Umgebungen aber als »Black Box«. Zwar bieten die Hersteller von Virtualisierungslösungen in ihren jeweiligen Managementwerkzeugen auch zahlreiche Berichtsmöglichkeiten, diese werden aber häufig nur für das aktuelle Monitoring eingesetzt.

Zu den größten Herausforderungen beim Einsatz einer Virtualisierungslösung zählt nämlich die Dokumentation der virtuellen Maschinen. Ist in einem Unternehmen erst einmal Virtualisierung eingeführt, steigt die Zahl der virtuellen Desktops, Server und Anwendungen meist schnell an, auch weil die Kosten der für die Virtualisierung benötigten Hardware signifikant gesunken sind. Viele Unternehmen erachten es als ausreichend, dass die virtuellen Maschinen in der Verwaltungskonsole der jeweils eingesetzten Virtualisierungssoftware zu finden sind, bzw. beschränken sich auf die dort verfügbaren Berichte. Derartige Berichte zeigen aber immer nur den jeweils aktuellen Zustand.

Zum Nachweis der Einhaltung von Compliance-Anforderungen ist es aber erforderlich, Berichte regelmäßig als Aufzeichnungen zu speichern, um beispielsweise für Audits eine Dokumentation unterschiedlicher Systemzustände im Zeitablauf vorweisen zu können. Einen wichtigen Faktor stellen hierbei die Softwarelizenzen dar, denn beim Einsatz von Anwendungen in virtuellen Umgebungen ist besondere Aufmerksamkeit nötig, da viele Anbieter spezielle Preise und Lizenzbestimmungen für virtuell eingesetzte Software vereinbaren. Wenn Unternehmen die Vertragsbestimmungen und -bedingungen des Anbieters bei der virtuellen Implementierung nicht einhalten, können auf der einen Seite bei einem Audit empfindliche Vertragsstrafen auf sie zukommen. Auf der anderen Seite wird möglicherweise Geld für nicht genutzte Lizenzen verschenkt. Ziel muss es daher sein, Informationen über die tatsächliche Nutzung der in virtuellen Maschinen installierten Programme zu erhalten.

Außerdem übersehen viele Unternehmen, dass durch die Zusammenlegung von Servern ein höheres Risiko entsteht, weil der Ausfall eines einzigen Servers nun gravierende Auswirkungen haben kann. Fällt in einer herkömmlichen Serverlandschaft ein Gerät aus, so trifft es die dort betriebene Anwendung. In einer Virtualisierungsumgebung sind dagegen immer eine ganze Reihe von Applikationen betroffen. Bei kleineren Unternehmen, die möglicherweise alle Anwendungen auf einem einzigen Hostsystem betreiben, bedeutet das unter Umständen einen Totalausfall der Applikationen. Virtualisierte Systeme müssen daher nicht nur besonders abgesichert werden. Auch der Dokumentation kommt hier eine besondere Bedeutung zu. Diese muss gewährleisten, dass vor allem in Notfällen alle Informationen verfügbar sind, die für die Einrichtung eines möglichen Notbetriebs und den Wiederanlauf der Virtualisierungsumgebung in den Normalbetrieb benötigt werden.

Mithilfe der dargestellten Struktur ist auch die Dokumentation des virtualisierten Systems gut darstellbar. Schließlich spielt es bei der Dokumentation eines Betriebssystems oder einer Anwendung keine Rolle, ob diese auf einem physischen Server oder in einer virtuellen Umgebung ausgeführt wird. Hier reicht ein Verweis auf das verwendete Hostsystem. Zusätzlich wird für das eingesetzte Virtualisierungsprodukt (zum Beispiel VMware oder Hyper-V) eine Systemakte benötigt, die alle erforderlichen Informationen zum Betrieb der Software enthält.

3.2.2 Systemakteninhalte

Eine sinnvolle Gliederung der Systemdokumentation ist, wie zuvor ausgeführt wurde, mit der Verwendung von Systemakten möglich. Dabei erfüllt die Systemdokumentation mehrere Zwecke. Zum einen dienen die Systemakten der Unterstützung des operativen IT-Betriebs. Gut dokumentierte IT-Systeme erleichtern Administrationsarbeiten, die Planung und Neuinstallation von Software oder auch das Beseitigen aufgetretener Fehler. Zum anderen werden mit der Systemdokumentation Dokumentationsanforderungen erfüllt, die sich aus unterschiedlichen Gesetzen und Vorschriften ergeben *(siehe Kapitel 1)*.

Nachdem festgestellt wurde, für welche Systeme sinnvollerweise Systemakten zu pflegen sind, gilt es im nächsten Schritt darzustellen, welchen Inhalt die Systemakten haben sollten. In der Praxis werden allerdings die Systemakten nicht nur inhaltlich, sondern auch in ihrer Struktur sehr unterschiedlich sein. Schließlich hängt der Inhalt vom zu dokumentierenden System ab. Eine Hardwaresystemakte für einen Domänen-Controller oder ein Cluster-System wird zwangsläufig anders aussehen als eine Softwaresystemakte für die Standard-Arbeitsplatzrechner oder die Infrastrukturdienste WINS und DNS. Der nachfolgend genannte inhaltliche Gliederungsvorschlag kann daher nur einen Vorschlag darstellen:

- Verantwortlichkeiten und Ansprechpartner,
- Systembeschreibung (Aufgabe und Schnittstellen),
- Informationen zum System (Hardware, Architektur, Schnittstellen u. a.),
- Konfigurationseinstellungen (insbesondere Abweichungen von den Standardeinstellungen), ggf. auch Hardening-Maßnahmen,
- Berechtigungen und Berechtigungsmatrix,
- Informationen zum Hersteller-Support und zu Wartungsverträgen,
- laufende Systemdokumentation (Übersicht über durchgeführte Änderungen, z. B. Rollenänderungen, Patches, Installation zusätzlicher Dienste),
- Verweise auf Protokolle und Monitoring-Auswertungen,
- erfasste Stör- und Notfälle (sofern diese nicht gesondert, beispielsweise in einem Ticketsystem, erfasst werden).

Systemakten dienen grundsätzlich der Beschreibung des Aufbaus eines Systems sowie der Konfigurationsbeschreibung. Demzufolge gehören auch Herstellerdokumentation, Verträge und ähnliche Dokumente, die sich speziell auf das System beziehen, zur Systemakte. Wichtig ist auch die Dokumentation möglicher Störungen des betreffenden Systems. Durch deren Erfassung (zum Beispiel durch Hardwareprobleme) wird es später möglich, eventuelle zukünftige Störungen und Probleme mit dem System sowie Trends zu erkennen.

Weiter sind die notwendigen (System-)Berechtigungen zu dokumentieren. So sollten beispielsweise die Berechtigungen, die Gruppen oder die Domänen-Admins an einem Datenbankserver in der Systemakte des Datenbankservers dokumentiert werden. Ziel ist es, feststellen zu können, in welcher Gruppe ein Mitarbeiter Mitglied sein muss, damit er beispielsweise den Datenbankserver verwalten kann. Bei Gruppen kann es sich sowohl um Active-Directory-Sicherheitsgruppen als auch um systemspezifische Gruppen handeln.

Berechtigungen sollten in einer Matrix dokumentiert werden

Eine gute Möglichkeit zur Dokumentation von Berechtigungen bietet eine *Berechtigungsmatrix*. In dieser kann tabellarisch eine Zuordnung von Tätigkeiten und Aufgaben bzw. von Berechtigungen zu Gruppen erfolgen. Die Matrix können Sie entweder gesondert verwalten oder der Systemakte zuordnen. *Abschnitt 3.8.4* zeigt eine Berechtigungsmatrix, in der beispielhaft einige administrative Tätigkeiten im Bereich der DHCP-Server-Verwaltung bei verteilten Verantwortlichkeiten dargestellt sind.

Die spezifischen Inhalte und die sinnvolle Ausgestaltung der Systemakten für die vier Kategorien werden in Abhängigkeit von der betrachteten Stufe in den entsprechenden Abschnitten vorgestellt.

3.2.3 Umsetzung in der Praxis

Auch wenn es sich so liest, als müssen alle Systemakten manuell und in Prosa geschrieben werden, ist dies in der Praxis selbst in kleinen Umgebungen ein kaum zu bewältigendes Unterfangen. Denn Systemakten begleiten das System während seiner gesamten Einsatzdauer, das heißt, sie dokumentieren den gesamten Lifecycle eines Systems. Alle Änderungen, die an dem betreffenden System vorgenommen werden, sind zeitnah festzuhalten. Idealerweise gibt es einen Änderungsprozess, der auch die Anpassung der Dokumentation sicherstellt. Ausführlich vorgestellt werden die Dokumentationsprozesse in *Abschnitt 6.3*.

Benötigt werden aktuelle Informationen auch für die Wiederherstellung der Systeme im Störfall bzw. schlimmstenfalls nach einem Notfall. Hierfür muss die jeweilige Systemakte die notwendigen Informationen bereitstellen. Die Aktualität der Dokumentation ist hier eine zwingende Forderung. Wurde also beispielsweise der Verantwortliche gewechselt, sollte dies unbedingt in der Systemakte vermerkt werden.

Systemakten sind nur selten »klassische« Dokumente

Der im Buch verwendete Begriff *Systemakte* soll den modularen Aufbau verdeutlichen. Eine Systemakte ist keineswegs immer ein Dokument, sondern wird in der Mehrzahl der Fälle aus mehreren - auch automatisiert erstellten - Einzeldokumenten (symbolisiert durch den Begriff »Akte«) bestehen.

Außerdem handelt es sich dabei nicht immer um »klassische« Dokumente. Auch die im Inventarisierungstool bereitgestellten Informationen können der Systemakte zugeordnet werden. Wichtig ist, dass die Informationen als Einheit gefunden und verwendet werden können, egal auf welchem Medium. Die im Inventarisierungstool gespeicherten Berichte oder Datenblätter erfüllen diese Anforderung durchaus.

Datenbankunterstützung und Automatisierung ist sinnvoll

Bevor mit dem Aufbau der Systemdokumentation begonnen wird, sollte deshalb geprüft werden, welche Teile der Systemdokumentation mit Hilfe automatischer Inventarisierungslösungen erstellt werden können und in welcher Form die Informationen zur Verfügung gestellt werden sollen. Schließlich bietet der Markt eine Reihe von Inventarisierungslösungen für jede Netzwerkgröße und für jedes Budget, mit denen zumindest der größte Teil der Hardwaresysteme automatisiert dokumentiert werden können. Alle Lösungen verfügen über Funktionen, mit denen regelmäßig die Rechner eines Netzwerks gescannt und ausgewertet werden können. Erfasst werden hierbei unter anderem die eingesetzten Betriebssysteme, welche Hard- und Software vorhanden ist und sofern erforderlich Registry-Einträge. Daneben erkennen die meisten Programme Netzwerkgeräte wie etwa Switches oder Router. Und auch sicherheitsrelevante Informationen wie beispielsweise Gruppen und Gruppenmitgliedschaften, Freigaben und deren Berechtigungen sowie Einstellungen der Sicherheitsrichtlinien liefern einige Inventarisierungsanwendungen. Hinweise zur Evaluierung von Anwendungen und Beispiele finden Sie in *Kapitel 7*.

Und die Notwendigkeit zum Einsatz von Datenbanken zur Verwaltung der IT-Systemdokumentation nimmt mit jeder Stufe zu. IT-Organisationen, die service- und prozessorientiert aufgestellt sind, werden ohne den Einsatz von datenbankgestützten Monitoring- und Servicemanagementtools nicht auskommen und zumindest Teile der Systemdokumentation sinnvollerweise in einer Datenbank verwalten. Mit zunehmender Komplexität nimmt nämlich auch die Notwendigkeit zu, Verknüpfungen zwischen den Systemen bzw. zwischen Systemen, Prozessen und Services abzubilden, was mit einer manuellen Dokumentation kaum zu leisten ist. Dies ist das Einsatzgebiet einer CMDB – *Configuration Management Data Base* (siehe dazu *Abschnitt 3.6.1*).

Es gibt jedoch kein Tool, das die gesamte Systemdokumentation automatisiert erstellen kann. So werden Softwaresysteme weitgehend manuell beschrieben werden müssen. Und auch die Beschreibung der operativen Tätigkeiten – sofern diese Bestandteil der Systemakte ist – erfordert eine manuelle Dokumentation.

Dokumente werden häufig als Konzept bezeichnet

Wie die nachstehenden Ausführungen zeigen, werden viele Dokumente als *Konzepte* bezeichnet. Typische Vertreter sind das Backup-Konzept, das Archivierungskonzept oder das Berechtigungskonzept. Gemäß Duden ist ein Konzept ein erster Entwurf bzw. die erste Fassung einer Rede oder eines Schriftstücks. Wikipedia erweitert diese Definition um die Begriffe Plan und Programm für ein Vorhaben. Konzepte haben also grundsätzlich planerischen und strategischen Charakter. Im Rahmen der IT-Dokumentation ist ein Konzept daher zum einen definiert als ein Dokument, das auf der Grundlage der Ausgangssituation und einer Anforderungsanalyse eine technisch zu realisierende Lösung für eine definierte Aufgabe liefert und planerischen Charakter hat.

Zum anderen handelt es sich um Dokumente, die technische und/oder organisatorische Maßnahmen beschreiben und vielfach der Umsetzung einer Richtlinie dienen, etwa zum Thema Informationssicherheit (hier beschreibt das Sicherheitskonzept konkrete Maßnahmen zur Umsetzung der Sicherheitsrichtlinie).

Konzepte grenzen sich damit von Dokumenten ab, die allgemeine Anforderungen aus Sicht des Managements für Aufgaben, Abläufe und technische Sachverhalte formulieren. Siehe hierzu auch *Abschnitt 6.2*.

3.3 Struktur der IT-Betriebsdokumentation – Stufe 1

Das wesentliche Merkmal von IT-Organisationen, die sich im Strukturierungsmodell der Stufe 1 zuordnen lassen, ist die Fokussierung auf die IT-Technologien bzw. die Systeme. Außerdem gibt es keine oder nur wenige standardisierte Arbeitsabläufe, stattdessen wird weitgehend anlassbezogen gehandelt. Auf dieser Stufe sind weder Prozesse noch Services eingeführt.

Tabelle 3.2 Merkmale von IT-Organisationen auf Stufe 1

Operativer IT-Systembetrieb	IT-Prozesse	IT-Services	Dokumentationsanforderungen
▪ Operative Tätigkeiten zur Steuerung und zur Optimierung der Systeme erfolgen anlassbezogen und sind nicht standardisiert ▪ Informationssicherheit ist auf IT-Sicherheit beschränkt und wird systembezogen betrachtet	▪ Es gibt keine definierten Prozesse	▪ Es gibt keine definierten IT-Services	▪ Dokumentation aller eingesetzten Systeme in Systemakten ▪ Dokumentation der operativen Tätigkeiten in Form von Aufzeichnungen ▪ Dokumente zu Datenschutz und IT-Sicherheit

Eine Liste aller Merkmale der fünf Stufen zeigt Tabelle 3.1.

IT-Organisationen der *Stufe 1* agieren überwiegend technologie- und systemgesteuert. Eingeführte Verfahren und Prozesse bzw. eine gesonderte Verfahrens- und Prozessdokumentation gibt es hier nicht. Die IT-Dokumentation kann auf dieser Stufe daher weitgehend auf die Systemdokumentation beschränkt werden. In diesem Fall sind beispielsweise alle Aufzeichnungen zu Änderungen an der Hard- und Softwarekonfiguration, durchgeführte Reparaturarbeiten und bewältigte Störungen und Probleme sinnvollerweise in der jeweiligen Systemakte zu dokumentieren.

Systembezogene operative Tätigkeiten (beispielsweise Wartungsarbeiten) gibt es jedoch auch auf dieser Stufe. Deren Dokumentation (beispielsweise ein Wartungsplan) sowie zugehörige Nachweise sollten sinnvollerweise ebenfalls der jeweiligen Systemakte zugeordnet werden. Demgegenüber verwalten beispielsweise IT-Organisationen, die prozess- und serviceorientiert aufgestellt und der *Stufe 4* zuzuordnen sind, sinnvollerweise Betriebshandbücher- und Arbeitsanleitungen gesondert von der Systemdokumentation.

Zusätzlich zu erstellen sind Dokumente zum Nachweis der Einhaltung gesetzlicher Anforderungen hinsichtlich Sicherheit und Datenschutz, die von allen IT-Organisationen unabhängig von der Stufe zu pflegen sind.

Dementsprechend besteht die Dokumentation auf dieser Stufe aus zwei Bereichen:

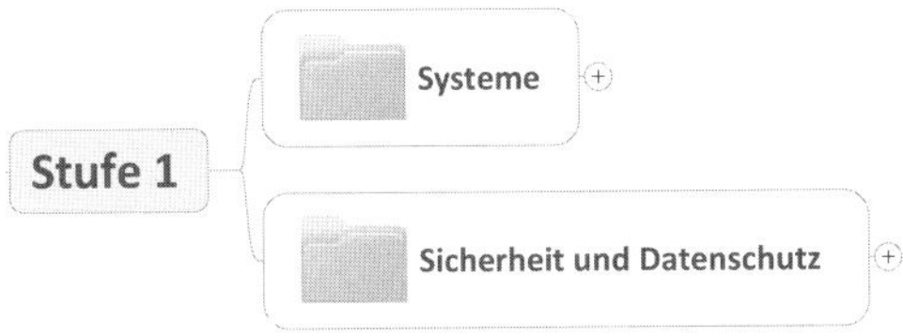

Bild 3.11
Bereiche der Betriebsdokumentation für die Stufe 1

3.3.1 Systemdokumentation – Stufe 1

Eine ausführliche Beschreibung zur Strukturierung der Systemdokumentation befindet sich in *Abschnitt 3.2*. Darauf basierend beschreibt dieser Abschnitt die spezifischen Merkmale und Inhalte der Systemdokumentation für Stufe 1.

Natürlich hängen der Aufbau und der Inhalt der einzelnen Systemakten wesentlich von den Unternehmenserfordernissen und den eingesetzten Inventarisierungs-, Verwaltungs- und Dokumentationstools ab. Die nachfolgenden Ausführungen zum Inhalt der Systemakten können daher nur einen Vorschlag darstellen.

Tabelle 3.3 Typische Inhalte einer Systemakte – Stufe 1

Kategorie	Inhalte
Hardware-systeme	▪ Verantwortlichkeiten und Ansprechpartner ▪ Hardwarespezifikationen ▪ Funktionsbeschreibung für Produktion und Test ▪ Installierte Anwendungen ▪ Installationsanleitungen ▪ Schnittstellen zu anderen Hardwaresystemen ▪ Konfigurationseinstellungen (insbesondere Abweichungen von Standardeinstellungen) ▪ Gegebenenfalls gehostete Anwendungen ▪ Informationen zu Herstellersupport und Wartungsverträge ▪ Verweis auf zusätzliche Dokumente (Herstelleranleitungen, Handbücher) **Tätigkeitsbeschreibungen** ▪ Support- und Wartungsaufgaben ▪ Beschreibung von Sicherungsprozeduren (z. B. bei Firewall-Systemen)

Tabelle 3.3 Typische Inhalte einer Systemakte – Stufe 1 *(Fortsetzung)*

Kategorie	Inhalte
	Aufzeichnungen ▪ Basisdaten (u. a. wann installiert) ▪ Protokolle und Monitoringauswertungen ▪ Übersicht über durchgeführte Änderungen, z. B. Installation zusätzlicher Hardwarekomponenten ▪ Dokumentation von Störfällen und Problemen
Softwaresysteme	▪ Verantwortlichkeiten und Ansprechpartner ▪ Funktionsbeschreibung ▪ Schnittstellen ▪ Installationsanleitung ▪ Konfiguration (insbesondere Abweichungen von der Standardkonfiguration, z. B. Härtung des Betriebssystems) ▪ Berechtigungen ▪ Informationen zu Herstellersupport und Wartungsverträge ▪ Verweis auf zusätzliche Dokumente (Herstelleranleitungen, Handbücher) ▪ Verweis auf zugehörige Pläne, z. B. Routingplan **Tätigkeitsbeschreibungen** ▪ Sicherungsmaßnahmen und Daten-Backup-Konzept ▪ Beschreibung administrativer Tätigkeiten ▪ Beschreibung der Support- und Wartungsaufgaben ▪ Übersicht über durchgeführte Änderungen, z. B. Schemaänderungen, Installation zusätzlicher Dienste **Aufzeichnungen** ▪ Basisdaten (u. a. wann installiert) ▪ Protokolle, Berichte und Monitoring-Auswertungen ▪ Dokumentation von Störfällen und Problemen
Netzwerkkomponenten	▪ Verantwortlichkeiten und Ansprechpartner ▪ Funktionsbeschreibung ▪ Hardwarespezifikationen ▪ Installierte Anwendungen ▪ Schnittstellen zu anderen Hardwaresystemen ▪ Konfigurationseinstellungen (insbesondere Abweichungen von Standardeinstellungen) ▪ Informationen zu Herstellersupport und Wartungsverträge ▪ Verweis auf zusätzliche Dokumente (Herstelleranleitungen, Handbücher) ▪ Verweis auf Netzwerkpläne

Kategorie	Inhalte
	Tätigkeitsbeschreibungen ▪ Beschreibung von Sicherungsprozeduren ▪ Anleitungen für Support- und Wartungsaufgaben **Aufzeichnungen** ▪ Basisdaten (u. a. wann installiert) ▪ Übersicht über durchgeführte Änderungen z. B. Installation zusätzlicher Hardwarekomponenten usw. ▪ Protokolle und Monitoring-Auswertungen ▪ Dokumentation von Störfällen und Problemen
Infrastruktur	▪ Verantwortlichkeiten und Ansprechpartner ▪ Funktionsbeschreibung ▪ Verweis auf entsprechende Pläne **Tätigkeitsbeschreibungen** ▪ Anleitungen für Support- und Wartungsaufgaben **Aufzeichnungen** ▪ Basisdaten (u. a. wann installiert) ▪ Übersicht über durchgeführte Änderungen, z. B. Installation zusätzlicher Komponenten Die weiteren Inhalte hängen von der betrachteten Infrastrukturkomponente ab.

Zusammenfassend sind die folgenden Punkte wichtig:

Hardwaresystemakten sollten u. a. alle erforderlichen Hardwareinformationen, Verantwortlichkeiten und installierten Anwendungen dokumentieren. Die Konfiguration der installierten Softwarekomponenten ist jedoch nicht Gegenstand dieser Systemakten. Diese ist in der Systemakte für das betreffende Softwaresystem zu beschreiben. Beispielsweise ist in der Systemakte des Hardwaresystems zu vermerken, dass es sich um einen Frontend-Server für Exchange handelt, und auf die entsprechende Systemakte für Exchange zu verweisen, die wiederum alle relevanten Informationen zur Exchange-Konfiguration enthält.

Weiterhin sind die notwendigen Berechtigungen, die für den Betrieb eines Systems erforderlich sind, zu dokumentieren. So sollten beispielsweise die Zugriffsberechtigungen der verschiedenen Gruppen für einen Datenbankserver in dessen Systemakte dokumentiert werden. Ziel ist es, feststellen zu können, in welcher Gruppe ein Mitarbeiter Mitglied sein muss, damit er beispielsweise den Datenbankserver verwalten kann. Bei Gruppen kann es sich sowohl um Active-Directory-Sicherheitsgruppen als auch um systemspezifische Gruppen handeln. Dies beinhaltet auch die Pflege einer Berechtigungshistorie. Denn sollte es einmal zu einem Sicherheitsvorfall kommen, lautet die erste Frage: Wer hatte zum Zeitpunkt X Zugriff auf das System Y? Auch Revisoren schauen sich Berechtigungskonzepte und deren Umsetzung sehr genau an. Und dafür müssen diese dokumentiert sein. Gut geeignet ist hierfür eine Berechtigungsmatrix (siehe *Abschnitt 3.8.4*).

Tätigkeitsbeschreibungen
Auf dieser Stufe verfügen IT-Organisationen per Definition nicht über eingeführte und dokumentierte Prozesse bzw. Tätigkeiten. Daher ist es sinnvoll, Anleitungen für systembezogene Administrations-, Support- und Wartungsaufgaben sowie Verantwortlichkeiten und Berechtigungen den Systemakten zuzuordnen bzw. in diesen auf zusätzliche Dokumente zu verweisen.

Werden die operativen Tätigkeiten jedoch bereits in Form von Betriebshandbüchern und/oder Ablaufbeschreibungen und Arbeitsanleitungen dokumentiert, was erst bei den höheren Stufen per Definition der Fall ist, genügt in der Systemakte ein Verweis auf diese Dokumente. Erläuterungen zu Arbeitsanleitungen finden Sie in *Abschnitt 3.8.2* und zu Betriebshandbüchern in *Abschnitt 3.8.5*.

Aufzeichnungen
Eine Trennung von Dokumenten und Aufzeichnungen ist grundsätzlich wichtig. (Erläuterungen zur Unterscheidung von Dokumenten und Aufzeichnungen finden Sie in *Abschnitt 2.1.2*.) Allerdings kann es auf dieser Stufe sinnvoll sein, Aufzeichnungen, wie beispielsweise Patch-Berichte, Änderungsanträge, System-Logs, Monitoring-Auswertungen, zusammen mit der Systemakte zu speichern.

Wichtig sind darüber hinaus die Dokumentation möglicher Störungen und deren Lösung allein aus Gründen der Nachvollziehbarkeit. Durch deren Erfassung wird es außerdem möglich, eventuelle zukünftige Störungen und Probleme mit dem System sowie Trends zu erkennen.

3.3.2 Sicherheits- und Datenschutzdokumentation – Stufe 1

Unabhängig von der Größe oder dem aktuellen Grad der Prozess- und Serviceorientierung unterliegt jede IT-Organisation Anforderungen an die Informationssicherheit und den Datenschutz und muss diese entsprechend nachweisen. Die zunehmende IT-Durchdringung macht es erforderlich, dass die IT einen großen Beitrag zur Informationssicherheit des Unternehmens leisten muss. Sie hat zu gewährleisten, dass erforderliche Daten tatsächlich verfügbar sind, schützenswerte Daten vertraulich bleiben und dass ein Unternehmen mit unverfälschten und zuverlässigen Daten arbeiten kann.

Nachweis der durchgeführten Sicherheitsmaßnahmen

Auf dieser Stufe sind Sicherheitsmaßnahmen in der Regel beschränkt auf IT-Sicherheit und system- und funktionsorientiert ausgerichtet, d. h., es gibt noch keine oder kaum Sollvorgaben und noch kein implementiertes Informationssicherheitsmanagement. Daher ist auch die Forderung nach einem Sicherheitskonzept nur selten zu erfüllen. Wo möglich, sollte es zumindest in Teilen erstellt werden. *Abschnitt 3.8.13* erläutert detailliert den Aufbau und die Inhalte eines Sicherheitskonzepts.

Unbedingt erforderlich sind aber die Dokumentation der systembezogenen Sicherheitsmaßnahmen und auch die aus der Umsetzung der Sicherheitsmaßnahmen resultierenden Aufzeichnungen in den Systemakten.

Datenschutzrelevante Verfahrensbeschreibungen

Zusätzlich gehören die *Beschreibungen datenschutzrelevanter Verfahren* in diesen Bereich. Das Bundesdatenschutzgesetz (BDSG) definiert verbindlich für alle Unternehmen, die der gesetzlichen Meldepflicht unterliegen, klare Anforderungen bezüglich der Einhaltung des Datenschutzes und der Datensicherheit.

Der Begriff Verfahren wird hier im datenschutzrechtlichen Zusammenhang verwendet und bezeichnet Vorgänge, in denen personenbezogene Daten verarbeitet oder genutzt werden. Typische Verfahren sind die automatisierte Zeiterfassung und die automatisierte Verarbeitung von personenbezogenen Daten im Rahmen von Entwicklung und Produktionsprozessen (z. B. Entwicklungsdokumentationen).

Informationen zu den datenschutzrelevanten Verfahrensbeschreibungen sowie zum Verfahrensverzeichnis finden Sie in *Abschnitt 3.8.7*. Außerdem erläutert *Abschnitt 1.2.10*, welchen datenschutzrechtlichen Verpflichtungen Unternehmen unterliegen.

Bild 3.12 zeigt zusammenfassend die Inhalte der Sicherheits- und Datenschutzdokumentation, die auf dieser Stufe sinnvollerweise in einem eigenen Bereich verwaltet wird.

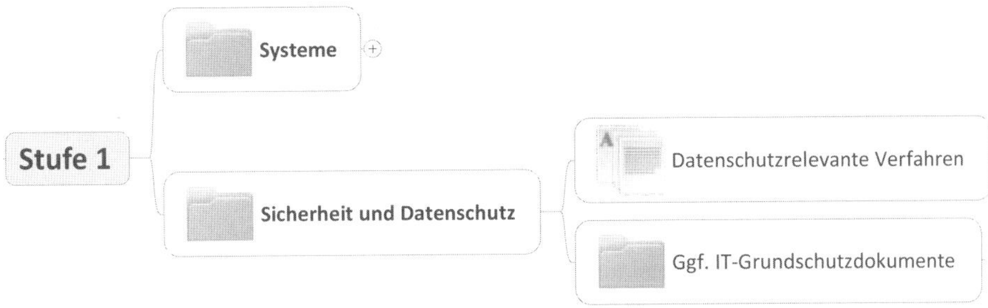

Bild 3.12 Auch die ggf. im Rahmen von IT-Grundschutz erstellten Dokumente können diesem Bereich zugeordnet werden.

3.4 Struktur der IT-Betriebsdokumentation – Stufe 2

IT-Organisationen, die sich gemäß dem Strukturierungsmodell der Stufe 2 zuordnen lassen, agieren per Definition ebenfalls überwiegend technologiegesteuert. Ein wichtiges Merkmal ist dabei jedoch, dass die Tätigkeiten standardisiert erfolgen und zumindest einzelne Verfahren definiert sind. Zusätzlich zu einer Systemdokumentation wird hier vor allem eine Dokumentation der operativen Tätigkeiten in Form von Betriebshandbüchern und Arbeitsanleitungen benötigt. Auf dieser Stufe sind weder Prozesse noch Services eingeführt.

Eine Liste aller Merkmale der fünf Stufen zeigt Tabelle 3.1.

Tabelle 3.4 Merkmale von IT-Organisationen auf Stufe 2

Operativer IT-Systembetrieb	IT-Prozesse	IT-Services	Dokumentations-anforderungen
▪ Die operativen Tätigkeiten zur Steuerung und zur Optimierung der Systeme erfolgen weitgehend nach standardisierten Verfahren ▪ Die operativen Tätigkeiten zur Steuerung und zur Optimierung der Systeme sind weitgehend standardisiert und durch Verfahren definiert ▪ Informationssicherheit ist auf IT-Sicherheit beschränkt und wird system- bzw. verfahrensbezogen betrachtet	▪ Es gibt keine definierten Prozesse	▪ Es gibt keine definierten IT-Services	▪ Dokumentation aller eingesetzten Systeme in Systemakten ▪ Betriebshandbücher mit Ablaufbeschreibungen und Arbeitsanleitungen (einschließlich Aufzeichnungen) für die operativen Tätigkeiten ▪ Dokumente zu Datenschutz und IT-Sicherheit

Wichtig ist auch auf dieser Stufe die Systemdokumentation (siehe *Abschnitt 3.2*). Zusätzlich zu erstellen sind Dokumente zum Nachweis der Einhaltung gesetzlicher Anforderungen hinsichtlich Sicherheit und Datenschutz, die von allen IT-Organisationen unabhängig vom Reifegrad hinsichtlich Prozess- und Serviceorientierung zu erbringen sind.

Ergänzend kommen auf dieser Stufe Betriebshandbücher, Ablaufbeschreibungen und Arbeitsanleitungen zur Beschreibung der operativen Tätigkeiten hinzu, sofern diese standardisiert und systemübergreifend erfolgen. Daraus leiten sich die folgenden drei Dokumentationsbereiche ab:

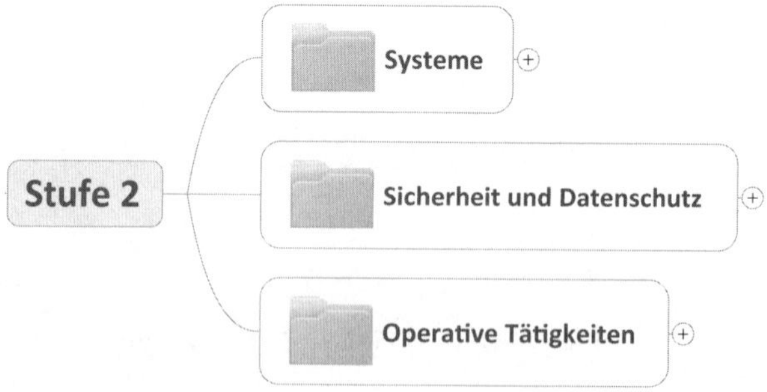

Bild 3.13 Bereiche der Betriebsdokumentation für die Stufe 2

3.4.1 Systemdokumentation – Stufe 2

Eine ausführliche Beschreibung zur Strukturierung der Systemdokumentation befindet sich in *Abschnitt 3.2*. Darauf basierend beschreibt dieser Abschnitt die spezifischen Merkmale und Inhalte der Systemdokumentation für Stufe 2.

Natürlich hängen der Aufbau und der Inhalt der einzelnen Systemakten wesentlich von den Unternehmenserfordernissen und den eingesetzten Inventarisierungs-, Verwaltungs- und Dokumentationstools ab. Die nachfolgenden Ausführungen zum Inhalt der Systemakten können daher nur einen Vorschlag darstellen.

Tabelle 3.5 Typische Inhalte einer Systemakte – Stufe 2

Kategorie	Inhalte
Hardware-systeme	▪ Verantwortlichkeiten und Ansprechpartner ▪ Hardwarespezifikationen ▪ Funktionsbeschreibung für Produktion und Test ▪ Installierte Anwendungen ▪ Installationsanleitungen ▪ Schnittstellen zu anderen Hardwaresystemen ▪ Konfigurationseinstellungen (insbesondere Abweichungen von Standardeinstellungen) ▪ Gegebenenfalls gehostete Anwendungen ▪ Informationen zu Herstellersupport und Wartungsverträgen ▪ Verweis auf zusätzliche Dokumente (Herstelleranleitungen, Handbücher) **Tätigkeitsbeschreibungen** ▪ Verweis auf Betriebshandbücher, Ablaufbeschreibungen und Arbeitsanleitungen ▪ Beschreibung von spezifischen Sicherungsprozeduren (z. B. bei Firewall-Systemen) gegebenenfalls innerhalb der Systemakte **Aufzeichnungen** ▪ Basisdaten (u. a. wann installiert) ▪ Übersicht über durchgeführte Änderungen, z. B. Installation zusätzlicher Hardwarekomponenten ▪ Verweis auf Protokolle und Monitoring-Auswertungen ▪ Verweis auf die Dokumentation zu Störfällen und Problemen
Software-systeme	▪ Verantwortlichkeiten und Ansprechpartner ▪ Funktionsbeschreibung ▪ Schnittstellen zu anderen Anwendungen ▪ Installationsanleitung ▪ Konfiguration (insbesondere Abweichungen von der Standardkonfiguration, z. B. Härtung des Betriebssystems)

Tabelle 3.5 Typische Inhalte einer Systemakte – Stufe 2 *(Fortsetzung)*

Kategorie	Inhalte
	▪ Berechtigungen (gegebenenfalls in gesonderter Berechtigungsmatrix) ▪ Informationen zu Herstellersupport und Wartungsverträge ▪ Verweis auf zusätzliche Dokumente (Herstelleranleitungen, Handbücher) ▪ Verweis auf zugehörige Pläne, z. B. Routingplan **Tätigkeitsbeschreibungen** ▪ Verweis auf Betriebshandbücher, Ablaufbeschreibungen und Arbeitsanleitungen **Aufzeichnungen** ▪ Basisdaten (u. a. wann installiert) ▪ Übersicht über durchgeführte Änderungen, z. B. Schemaänderungen, Installation zusätzlicher Dienste ▪ Verweis auf Protokolle, Berichte und Monitoring-Auswertungen ▪ Verweis auf Dokumentation zu Störfällen und Problemen
Netzwerkkomponenten	▪ Verantwortlichkeiten und Ansprechpartner ▪ Funktionsbeschreibung ▪ Hardwarespezifikationen ▪ Installierte Anwendungen ▪ Schnittstellen zu anderen Hardwaresystemen ▪ Konfigurationseinstellungen (insbesondere Abweichungen von Standardeinstellungen) ▪ Informationen zu Herstellersupport und Wartungsverträge ▪ Verweis auf zusätzliche Dokumente (Herstelleranleitungen, Handbücher) ▪ Verweis auf Netzwerkpläne **Tätigkeitsbeschreibungen** ▪ Verweis auf Betriebshandbücher, Ablaufbeschreibungen und Arbeitsanleitungen ▪ Beschreibung von spezifischen Sicherungsprozeduren gegebenenfalls innerhalb der Systemakte **Aufzeichnungen** ▪ Basisdaten (u. a. wann installiert) ▪ Übersicht über durchgeführte Änderungen, z. B. Installation zusätzlicher Hardwarekomponenten ▪ Verweis auf Protokolle und Monitoring-Auswertungen ▪ Verweis auf die Dokumentation von Störfällen und Problemen

Kategorie	Inhalte
Infrastruktur	▪ Verantwortlichkeiten und Ansprechpartner ▪ Funktionsbeschreibung ▪ Verweis auf entsprechende Pläne **Tätigkeitsbeschreibungen** ▪ Verweis auf Betriebshandbücher, Ablaufbeschreibungen und Arbeitsanleitungen **Aufzeichnungen** ▪ Basisdaten (u. a. wann installiert) ▪ Übersicht über durchgeführte Änderungen, z. B. Installation zusätzlicher Komponenten Die weiteren Inhalte hängen von der betrachteten Infrastrukturkomponente ab.

Zusammenfassend sind die folgenden Punkte wichtig:

Hardwaresystemakten sollten u. a. alle erforderlichen Hardwareinformationen, Verantwortlichkeiten und installierten Anwendungen dokumentieren. Die Konfiguration der installierten Softwarekomponenten ist jedoch nicht Gegenstand dieser Systemakten. Diese ist in der Systemakte für das betreffende Softwaresystem zu beschreiben. Beispielsweise ist in der Systemakte des Hardwaresystems zu vermerken, dass es sich um einen Frontend-Server für Exchange handelt, und auf die entsprechende Systemakte für Exchange zu verweisen, die wiederum alle relevanten Informationen zur Exchange-Konfiguration enthält.

Weiterhin sind die notwendigen Berechtigungen, die für den Betrieb eines Systems erforderlich sind, zu dokumentieren. So sollten beispielsweise die Zugriffsberechtigungen der verschiedenen Gruppen für einen Datenbankserver in dessen Systemakte dokumentiert werden. Ziel ist es, feststellen zu können, in welcher Gruppe ein Mitarbeiter Mitglied sein muss, damit er beispielsweise den Datenbankserver verwalten kann. Bei Gruppen kann es sich sowohl um Active-Directory-Sicherheitsgruppen als auch um systemspezifische Gruppen handeln. Dies beinhaltet auch die Pflege einer Berechtigungshistorie. Denn sollte es einmal zu einem Sicherheitsvorfall kommen, lautet die erste Frage: Wer hatte zum Zeitpunkt X Zugriff auf das System Y? Auch Revisoren schauen sich Berechtigungskonzepte und deren Umsetzung sehr genau an. Und dafür müssen diese dokumentiert sein. Gut geeignet ist hierfür eine Berechtigungsmatrix (siehe *Abschnitt 3.8.4*).

Ob die systembezogenen Sicherheitsmaßnahmen und auch die aus der Umsetzung resultierenden Aufzeichnungen den Systemakten oder den operativen Tätigkeiten zuzuordnen sind, muss im Einzelfall betrachtet werden. So sollte es beispielsweise ein Backup-Konzept geben, das alle Backup- und Recovery-Maßnahmen beschreibt. Dieses kann den operativen Tätigkeiten zugeordnet werden. Auf der anderen Seite macht es durchaus Sinn, spezielle Zugriffsberechtigungen oder Härtungsmaßnahmen für ein System, wie beschrieben, in dessen Systemakte zu dokumentieren. Alternativ kann es sinnvoll sein, die Berechtigungen im Betriebshandbuch zu dokumentieren.

Tätigkeitsbeschreibungen

Beschreibungen der administrativen Tätigkeiten und Aufzeichnungen sind auf dieser Stufe nicht mehr Gegenstand der Systemakten. Sofern die operativen Tätigkeiten standardisiert sind, sollten Administrations-, Support- und Wartungsaufgaben in Form von Betriebshandbüchern und diesen zugeordneten Ablaufbeschreibungen (siehe *Abschnitt 3.8.1*) und Arbeitsanleitungen dokumentiert werden. Erläuterungen zum Aufbau von Betriebshandbüchern finden Sie in *Abschnitt 3.8.5*.

Aufzeichnungen

Wie in *Abschnitt 2.1.2* vorgestellt, ist eine Trennung von Dokumenten und Aufzeichnungen wichtig. Auf dieser Stufe sollten Aufzeichnungen wie beispielsweise Patch-Berichte, Änderungsanträge, Monitoring-Auswertungen usw. systemübergreifend (gegebenenfalls in einem Archivierungssystem) gespeichert werden. Zusätzlich sollte in den Systemakten darauf verwiesen werden, wo die zugehörigen Aufzeichnungen zu finden sind.

3.4.2 Sicherheits- und Datenschutzdokumentation – Stufe 2

Unabhängig von der Größe oder dem aktuellen Grad der Prozess- und Serviceorientierung unterliegt jede IT-Organisation Anforderungen an die Informationssicherheit und den Datenschutz und muss diese entsprechend nachweisen. Die zunehmende IT-Durchdringung macht es erforderlich, dass die IT einen großen Beitrag zur Informationssicherheit des Unternehmens leisten muss. Sie hat zu gewährleisten, dass erforderliche Daten tatsächlich verfügbar sind, schützenswerte Daten vertraulich bleiben und dass ein Unternehmen mit unverfälschten und zuverlässigen Daten arbeiten kann.

Auf dieser Stufe ist Informationssicherheit funktionsorientiert ausgerichtet und in den operativen Tätigkeiten verankert. Einen übergeordneten Sicherheitsmanagementprozess gibt es nicht.

Bild 3.14 zeigt die möglichen Inhalte der Sicherheits- und Datenschutzdokumentation auf dieser Stufe.

Bild 3.14 Mögliche Inhalte der Sicherheits- und Datenschutzdokumentation

Sicherheitskonzept ist immer erforderlich

Das zentrale Dokument für die Informationssicherheit ist das Sicherheitskonzept.

Aus dem *Sicherheitskonzept* leiten sich die konkreten Sicherheitsmaßnahmen ab, d.h., es regelt die Struktur und die konkrete Umsetzung der Informationssicherheit und beschreibt detaillierte Sicherheitsmaßnahmen sowie Handlungsanweisungen. Dies beinhaltet die technischen und organisatorischen Maßnahmen, die im Unternehmen zum Datenschutz und zur Datensicherheit getroffen wurden. *Abschnitt 3.8.13* erläutert detailliert den Aufbau und die Inhalte eines Sicherheitskonzepts.

Datenschutzrelevante Verfahrensbeschreibungen

Zusätzlich können diesem Bereich die *Beschreibungen datenschutzrelevanter Verfahren* zugeordnet werden. Das Bundesdatenschutzgesetz (BDSG) definiert verbindlich für alle Unternehmen, die der gesetzlichen Meldepflicht unterliegen, klare Anforderungen bezüglich der Einhaltung des Datenschutzes und der Datensicherheit.

Der Begriff Verfahren wird hier im datenschutzrechtlichen Zusammenhang verwendet und bezeichnet Vorgänge, in denen personenbezogene Daten verarbeitet oder genutzt werden. Typische Verfahren sind die automatisierte Zeiterfassung und die automatisierte Verarbeitung von personenbezogenen Daten im Rahmen von Entwicklung und Produktionsprozessen (z.B. Entwicklungsdokumentationen).

Informationen zu den datenschutzrelevanten Verfahrensbeschreibungen sowie zum Verfahrensverzeichnis finden Sie in *Abschnitt 3.8.5* Außerdem erläutert *Abschnitt 1.2.10*, welchen datenschutzrechtlichen Verpflichtungen Unternehmen unterliegen.

3.4.3 Dokumentation der operativen Tätigkeiten - Stufe 2

Auf dieser Stufe agiert die IT-Organisation überwiegend technologiegesteuert, allerdings stehen nicht die Ad-hoc-Tätigkeiten im Fokus des Handelns. Stattdessen gibt es definierte operative Routineaufgaben, die meist von unterschiedlichen funktionalen Einheiten erbracht werden. Hierzu zählen beispielsweise Aufgaben zur Benutzerverwaltung. In der Praxis werden derartige Handlungsabläufe umgangssprachlich häufig als Prozess bezeichnet. Doch nicht jeder Handlungsstrang ist auch gleich ein Prozess. Definierte Prozesse haben u.a. folgende Eigenschaften:

- Sie liefern einen Mehrwert für das Unternehmen.
- Sie sind messbar (z.B. hinsichtlich Kosten und Qualität).
- Sie liefern einen definierten Output (individuell erkennbar, zählbar).
- Sie haben spezifische Abnehmer (intern oder extern).
- Sie sind immer auf einen definierten Auslöser zurückzuführen.

Diese Eigenschaften sind auf die meisten operativen Tätigkeiten nur mit Mühe oder nicht sinnvoll anwendbar. Eine Unterscheidung zwischen operativen Tätigkeiten und Prozessen ist aus Sicht der IT-Dokumentation aber auch aus ganz praktischen Erwägungen sinnvoll. An eine Prozessbeschreibung sind klare formale und inhaltliche Anforderungen zu stellen. Eine vollständige Prozessbeschreibung umfasst neben einem Prozesssteckbrief eine grafische Darstellung der Prozessabläufe einschließlich textlicher Erläuterungen sowie zugehörige Arbeitsanleitungen. Es ist in der Praxis weder machbar noch sinnvoll, eine solche Prozessdokumentation für alle Tätigkeiten zu erstellen.

Dies bedeutet nun natürlich nicht, dass die operativen Tätigkeiten nicht zu beschreiben sind. Im Gegenteil, sind die operativen Tätigkeiten in Form von Betriebshandbüchern, Ablaufbeschreibungen und Arbeitsanleitungen gut und nachvollziehbar dokumentiert, erleichtert dies die täglichen Arbeitsabläufe. Außerdem können personelle Ausfälle leichter kompensiert werden und neue Mitarbeiter sich schneller einarbeiten. Zudem bleibt wertvolles Know-how erhalten, wenn Mitarbeiter das Unternehmen verlassen.

Strukturierung der Dokumentation für die operativen Tätigkeiten

Die Dokumentation soll vorrangig die Abläufe des täglichen operativen IT-Betriebs unterstützen und muss auf Basis der funktionalen Ausprägungen der eigenen IT-Organisation erfolgen.

Um eine allgemeingültige Darstellung zu ermöglichen, werden die operativen Tätigkeiten in einem eigenen Bereich abgebildet. Die in Bild 3.15 genannten Bereiche sind angelehnt an die, die bei ITIL® im Buch Service Operations (ITIL®, 2007) als »Allgemeine Service Operation Tätigkeiten« beschrieben werden. Die genannten Kategorien sollen hier als Anregung dienen.

- *Monitoring und Steuerung:* Diese Tätigkeitengruppe umfasst die regelmäßige Überwachung, das Reporting, regelmäßige Tests einschließlich der Auswertung sowie die Erstellung von Berichten.
- *IT-Betrieb:* Diese Kategorie fasst (gemäß ITIL®) alle Tätigkeiten aus den Bereichen Konsolenmanagement, Job Scheduling und Druck zusammen. Auch alle Tätigkeiten zur Durchführung von Datensicherungen sowie zur Daten- und Systemwiederherstellung sind hier zuzuordnen.
- *Verwaltung der Mainframe-Systeme:* Hierzu zählen alle Tätigkeiten des täglichen Betriebs für die betreuten Mainframe-Systeme. Diese umfassen den Betrieb, die Wartung, den Support, die Systemprogrammierung sowie die Entwicklung von Batches und Skripts.
- *Verwaltung der Serversysteme:* Hierzu zählen alle Tätigkeiten des täglichen Betriebs für die betreuten Serversysteme. Diese umfassen den Betrieb, die Wartung, den Support, die Systemprogrammierung, das Lizenzmanagement, die Systemsicherheit und die Steuerung von Kapazitäten und Performance. Auch das Management virtueller Server ist hier einzuordnen.
- *Netzwerkmanagement:* Das Netzwerkmanagement verantwortet den Betrieb und die Wartung der Netzwerkinfrastruktur. Die Tätigkeiten des Netzwerkmanagements umfassen die Netzwerkplanung, Beschaffung, Bereitstellung und Wartung von Netzwerkkomponenten sowie das Netzwerkmonitoring.
- *Speichern und Archivieren:* Zu den Tätigkeiten des Speichermanagements gehören die Beschaffung, die Bereitstellung sowie die Wartung aller im Unternehmen eingesetzten Speichertechnologien und -systeme (NAS, SAN, CAS u. a.). Außerdem umfasst diese Kategorie alle Tätigkeiten im Rahmen der Archivierung.
- *Datenbankverwaltung:* Hierzu zählen alle Tätigkeiten des täglichen Betriebs für die betreuten Datenbanksysteme. Dies umfasst den Betrieb, die Wartung und den Support.

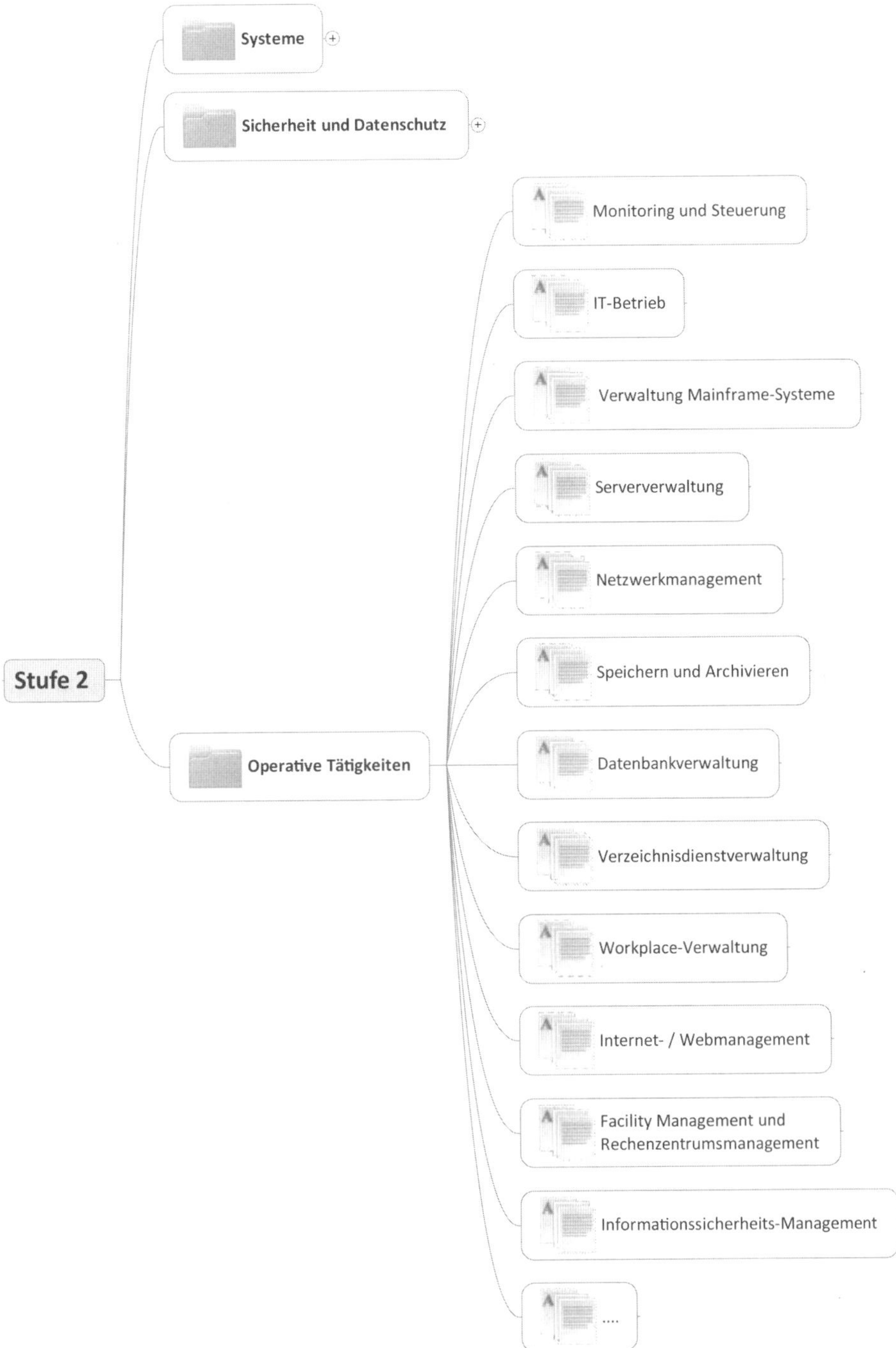

Bild 3.15 Mögliche Strukturierung der Dokumentation für die operativen Tätigkeiten auf Stufe 2

- *Verzeichnisdienstverwaltung:* In diese Kategorie sind alle Tätigkeiten einzuordnen, die zur Verwaltung, Wartung und Weiterentwicklung des Verzeichnisdienstes einschließlich der zugehörigen Dienste erforderlich sind.
- *Workplace-Verwaltung:* Hierzu zählen Beschaffung, Bereitstellung (z. B. Images), Austausch und Entsorgung von Arbeitsplatzrechnern, Mobil Devices, Druckern und anderer IT-Komponenten, mit denen Benutzer auf die IT-Dienste zugreifen.
- *Internet/Webmanagement:* Das Internet/Webmanagement stellt sowohl den Betrieb der Unternehmenswebsite (einschließlich Design, Test, Implementierung und Pflege von Websites) als auch den zuverlässigen Zugriff auf Funktionalitäten im Internet sicher.
- *Facility-Management und Rechenzentrumsmanagement:* Diese Kategorie schließt alle Tätigkeiten zur Verwaltung der kompletten physikalischen Umgebung ein, sofern diese in der Verantwortung der IT-Organisation liegen. Zu den typischen Aufgaben zählen das Gebäudemanagement, das Management der Energieversorgung und Klimasteuerung und der physikalische Zugangsschutz.
- *Informationssicherheitsmanagement:* Zu den Tätigkeiten des Sicherheitsmanagements zählen alle Tätigkeiten zur Gewährleistung der Sicherheitsanforderungen auf operativer Ebene: Überprüfung von Sicherheitsjournalen und Protokollen, Überwachung von Eindringungsversuchen und Erstellung von Berichten über potenzielle und tatsächliche Sicherheitsverstöße.
- *Verbesserung operativer Tätigkeiten:* Hierzu zählen Tätigkeiten zur Automatisierung manueller Tätigkeiten, operative Audits und Weiterbildungs- und Schulungsmaßnahmen.

Erforderliche Dokumente

Die Dokumentation der operativen Tätigkeiten umfasst alle Dokumente, die für deren Durchführung erforderlich sind. In der Regel sind dies Betriebshandbücher bzw. Konzepte und ergänzende Arbeitsanleitungen sowie Ablaufbeschreibungen

Bei den Arbeitsanleitungen kann es sich um textliche Anleitungen und/oder grafische Anleitungen oder bei komplexeren Abläufen um Handbücher handeln. Hilfreich sind auch Zeitpläne, Formulare und Checklisten. Checklisten und Formulare können während der Ausführung der Aktivität ausgefüllt und abgezeichnet werden und dienen dann als Aufzeichnungen sowie Ablaufbeschreibungen. Wichtig ist, dass alle Dokumente eine eindeutige Nummer erhalten, so dass auf diese referenziert werden kann. In *Abschnitt 3.8.2* finden Sie Erläuterungen zur Erstellung von Arbeitsanleitungen. Erläuterungen zu Betriebshandbüchern finden Sie in *Abschnitt 3.8.5* und Ablaufbeschreibungen werden in *Abschnitt 3.8.1* vorgestellt.

Bei ITIL® findet man diese Dokumente unter der Bezeichnung *Standard operating procedures - SOPs*. Damit beschreibt ITIL® ein »Set« an Dokumenten, die zum einen detaillierte Anleitungen und Zeitpläne für die täglichen Routinearbeiten und zum anderen Anleitungen zur Durchführung von Änderungen umfassen.

In der Praxis ist der Übergang häufig fließend

Per Definition sind auf Stufe 2 noch keine Prozesse eingeführt. In der Praxis ist eine solch scharfe Trennung aber natürlich nicht gegeben. Häufig haben IT-Organisationen einzelne der genannten Tätigkeiten als Prozess umgesetzt.

Die Ausführung im Rahmen eines Prozesses kann aus wirtschaftlichen Gründen sinnvoll sein, aber auch um Schnittstellenprobleme bei funktionsübergreifenden Abläufen zu vermeiden. Typischerweise werden die folgenden Aufgaben als Prozess verwaltet: Softwareerstellung, Störungsmanagement, Beschaffung von IT-Komponenten oder die Bereitstellung von Benutzerarbeitsplätzen.

In diesem Fall sollten Sie die Prozesse gesondert ausweisen und gemäß den Erläuterungen zur Dokumentation von Prozessen in *Abschnitt 3.8.10* dokumentieren. ■

3.5 Struktur der IT-Betriebsdokumentation – Stufe 3

Die Stufe 3 ist durch die Einführung von Prozessen kennzeichnet. Einzelne Aufgaben sind funktionsübergreifend als IT-Prozesse definiert und auch einzelne IT-Servicemanagement-Prozesse sind bereits eingeführt (beispielsweise ein Prozess zum Umgang mit Störungen). Die Prozesse werden jedoch isoliert betrachtet und die Schnittstellen sind nicht definiert. Bei der Dokumentation rücken dementsprechend auf dieser Stufe Prozessbeschreibungen in den Blickpunkt.

Eine Liste aller Merkmale der fünf Stufen zeigt Tabelle 3.1.

Tabelle 3.6 Merkmale von IT-Organisationen auf Stufe 3

Operativer IT-Systembetrieb	IT-Prozesse	IT-Services	Dokumentationsanforderungen
▪ Die operativen Tätigkeiten zur Steuerung und zur Optimierung der Systeme sind weitgehend standardisiert und durch Verfahren definiert	▪ Einzelne Prozesse und IT-Servicemanagement-Prozesse sind eingerichtet (z. B. für das Störungsmanagement) ▪ Prozesse werden isoliert betrachtet, Schnittstellen sind nicht definiert ▪ IT-Sicherheit ist Bestandteil eines übergeordneten ISMS-Prozesses	▪ Es gibt keine oder gegebenenfalls ansatzweise eingerichtete IT-Services	▪ Dokumentation aller eingesetzten Systeme in Systemakten ▪ Betriebshandbücher mit Ablaufbeschreibungen und Arbeitsanleitungen (einschließlich Aufzeichnungen) für die operativen Tätigkeiten ▪ Dokumente zu Datenschutz und Informationssicherheit ▪ Prozessbeschreibungen

An die IT-Dokumentation leiten sich aus diesen Merkmalen die folgenden Anforderungen ab: Die Basis bildet die Systemdokumentation (siehe *Abschnitt 3.2*). Ergänzt wird die Systemdokumentation durch die Dokumentation der operativen Tätigkeiten. Zusätzlich werden auf dieser Stufe Prozessbeschreibungen für die Prozesse benötigt.

Aus diesen Überlegungen leiten sich die folgenden vier Dokumentationsbereiche ab:

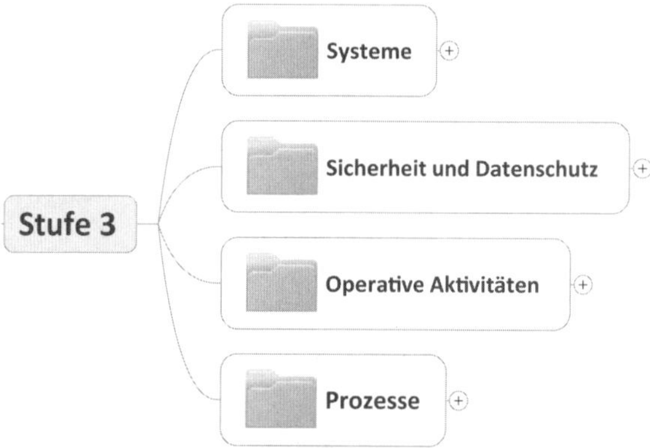

Bild 3.16
Bereiche der Betriebsdokumentation für die Stufe 3

3.5.1 Systemdokumentation - Stufe 3

Eine ausführliche Beschreibung zur Strukturierung der Systemdokumentation befindet sich in *Abschnitt 3.2*. Darauf basierend beschreibt dieser Abschnitt die spezifischen Merkmale der Systemdokumentation für Stufe 3.

Natürlich hängen der Aufbau und der Inhalt der einzelnen Systemakten wesentlich von den Unternehmenserfordernissen und den eingesetzten Inventarisierungs-, Verwaltungs- und Dokumentationstools ab. Die nachfolgenden Ausführungen zum Inhalt der Systemakten können daher nur einen Vorschlag darstellen.

Tabelle 3.7 Typische Inhalte einer Systemakte - Stufe 3

Kategorie	Inhalte
Hardwaresysteme	▪ Verantwortlichkeiten und Ansprechpartner ▪ Hardwarespezifikationen ▪ Funktionsbeschreibung für Produktion und Test ▪ Installierte Anwendungen ▪ Installationsanleitungen ▪ Schnittstellen zu anderen Hardwaresystemen ▪ Konfigurationseinstellungen (insbesondere Abweichungen von Standardeinstellungen) ▪ Gegebenenfalls gehostete Anwendungen ▪ Informationen zu Herstellersupport und Wartungsverträge ▪ Verweis auf zusätzliche Dokumente (Herstelleranleitungen, Handbücher)

Kategorie	Inhalte
	Tätigkeitsbeschreibungen ▪ Verweis auf Prozessbeschreibungen und Betriebshandbücher sowie Arbeitsanleitungen ▪ Beschreibung von spezifischen Sicherungsprozeduren (z. B. bei Firewall-Systemen) gegebenenfalls innerhalb der Systemakte **Aufzeichnungen** ▪ Basisdaten (u. a. wann installiert) ▪ Übersicht über durchgeführte Änderungen, z. B. Installation zusätzlicher Hardwarekomponenten ▪ Verweis auf Protokolle und Monitoring-Auswertungen ▪ Verweis auf die Dokumentation zu Störfällen und Problemen
Software-systeme	▪ Verantwortlichkeiten und Ansprechpartner ▪ Funktionsbeschreibung ▪ Schnittstellen zu anderen Anwendungen ▪ Installationsanleitung ▪ Konfiguration (insbesondere Abweichungen von der Standardkonfiguration, z. B. Härtung des Betriebssystems) ▪ Berechtigungen (gegebenenfalls in gesonderter Berechtigungsmatrix) ▪ Informationen zu Herstellersupport und Wartungsverträge ▪ Verweis auf zusätzliche Dokumente (Herstelleranleitungen, Handbücher) ▪ Verweis auf zugehörige Pläne, z. B. Routingplan **Tätigkeitsbeschreibungen** ▪ Verweis auf Prozessbeschreibungen sowie Betriebshandbücher, Ablaufbeschreibungen und Arbeitsanleitungen **Aufzeichnungen** ▪ Basisdaten (u. a. wann installiert) ▪ Übersicht über durchgeführte Änderungen, z. B. Schemaänderungen, Installation zusätzlicher Dienste) ▪ Verweis auf Protokolle, Berichte und Monitoringauswertungen ▪ Verweis auf Dokumentation zu Störfällen und Problemen
Netzwerk-komponenten	▪ Verantwortlichkeiten und Ansprechpartner ▪ Funktionsbeschreibung ▪ Hardwarespezifikationen ▪ Installierte Anwendungen ▪ Schnittstellen zu anderen Hardwaresystemen ▪ Konfigurationseinstellungen (insbesondere Abweichungen von Standardeinstellungen) ▪ Informationen zu Herstellersupport und Wartungsverträge

Tabelle 3.7 Typische Inhalte einer Systemakte – Stufe 3 *(Fortsetzung)*

Kategorie	Inhalte
	▪ Verweis auf zusätzliche Dokumente (Herstelleranleitungen, Handbücher) ▪ Verweis auf Netzwerkpläne **Tätigkeitsbeschreibungen** ▪ Verweis auf Prozessbeschreibungen sowie Betriebshandbücher, Ablaufbeschreibungen und Arbeitsanleitungen ▪ Beschreibung von spezifischen Sicherungsprozeduren gegebenenfalls innerhalb der Systemakte **Aufzeichnungen** ▪ Basisdaten (u. a. wann installiert) ▪ Übersicht über durchgeführte Änderungen, z. B. Installation zusätzlicher Hardwarekomponenten ▪ Verweis auf Protokolle und Monitoringauswertungen ▪ Verweis auf die Dokumentation von Störfällen und Problemen
Infrastruktur	▪ Verantwortlichkeiten und Ansprechpartner ▪ Funktionsbeschreibung ▪ Verweis auf entsprechende Pläne **Tätigkeitsbeschreibungen** ▪ Verweis auf Prozessbeschreibungen und Betriebshandbücher, Arbeitsanleitungen **Aufzeichnungen** ▪ Basisdaten (u. a. wann installiert) ▪ Übersicht über durchgeführte Änderungen, z. B. Installation zusätzlicher Komponenten Die weiteren Inhalte hängen von der betrachteten Infrastrukturkomponente ab.

Zusammenfassend sind die folgenden Punkte wichtig:

Hardwaresystemakten sollten u. a. alle erforderlichen Hardwareinformationen, Verantwortlichkeiten und installierten Anwendungen dokumentieren. Die Konfiguration der installierten Softwarekomponenten ist jedoch nicht Gegenstand dieser Systemakten. Diese ist in der Systemakte für das betreffende Softwaresystem zu beschreiben. Beispielsweise ist in der Systemakte des Hardwaresystems zu vermerken, dass es sich um einen Frontend-Server für Exchange handelt, und auf die entsprechende Systemakte für Exchange zu verweisen, die wiederum alle relevanten Informationen zur Exchange-Konfiguration enthält.

Weiterhin sind die notwendigen Berechtigungen, die für den Betrieb eines Systems erforderlich sind, zu dokumentieren. So sollten beispielsweise die Zugriffsberechtigungen der verschiedenen Gruppen für einen Datenbankserver in dessen Systemakte dokumentiert werden. Ziel ist es, feststellen zu können, in welcher Gruppe ein Mitarbeiter Mitglied sein muss, damit er beispielsweise den Datenbankserver verwalten kann. Bei Gruppen kann es sich sowohl um Active-Directory-Sicherheitsgruppen als auch um systemspezifische Gruppen handeln. Dies beinhaltet auch die Pflege einer Berechtigungshistorie. Denn sollte es einmal zu einem Sicherheitsvorfall kommen, lautet die erste Frage: Wer hatte zum Zeitpunkt X Zugriff auf das System Y? Auch Revisoren schauen sich Berechtigungskonzepte und deren Umsetzung sehr genau an. Und dafür müssen diese dokumentiert sein. Gut geeignet ist hierfür eine Berechtigungsmatrix (siehe *Abschnitt 3.8.3*).

Ob die systembezogenen Sicherheitsmaßnahmen und auch die aus der Umsetzung resultierenden Aufzeichnungen den Systemakten oder den operativen Tätigkeiten zuzuordnen sind, muss im Einzelfall betrachtet werden. So sollte es beispielsweise ein Backup-Konzept geben, das alle Backup- und Recovery-Maßnahmen beschreibt. Dieses kann den operativen Tätigkeiten zugeordnet werden. Auf der anderen Seite macht es durchaus Sinn, spezielle Zugriffsberechtigungen oder Härtungsmaßnahmen für ein System, wie beschrieben, in dessen Systemakte zu dokumentieren. Alternativ kann es sinnvoll sein, die Berechtigungen im Betriebshandbuch zu dokumentieren. Erläuterungen zum Aufbau von Betriebshandbüchern finden Sie in *Abschnitt 3.8.5*.

Tätigkeitsbeschreibungen

Beschreibungen der administrativen Tätigkeiten und Aufzeichnungen sind auf dieser Stufe nicht mehr Gegenstand der Systemakten. Sofern die operativen Tätigkeiten standardisiert sind, sollten Administrations-, Support- und Wartungsaufgaben in Form von Betriebshandbüchern und diesen zugeordneten Ablaufbeschreibungen (siehe *Abschnitt 3.8.1*) und Arbeitsanleitungen dokumentiert werden. Erläuterungen zum Aufbau von Betriebshandbüchern finden Sie in *Abschnitt 3.8.5*.

Außerdem ist auf dieser Stufe häufig ein ServiceDesk als zentrale Anlaufstelle eingerichtet, so dass die Dokumentation von Störfällen und Problemen beispielsweise im Ticketsystem erfolgt. Hierfür müssen den Service-Desk-Mitarbeitern Anleitungen zur Behebung von Störungen und bekannte Lösungsmöglichkeiten zur Verfügung stehen.

Aufzeichnungen

Wie in *Abschnitt 2.9.2* vorgestellt, ist eine Trennung von Dokumenten und Aufzeichnungen wichtig. Auf dieser Stufe sollten Aufzeichnungen wie beispielsweise Patch-Berichte, Änderungsanträge, Monitoring-Auswertungen usw. systemübergreifend (gegebenenfalls in einem Archivierungssystem) gespeichert werden. Zusätzlich sollte in den Systemakten darauf verwiesen werden, wo die zugehörigen Aufzeichnungen zu finden sind.

3.5.2 Sicherheits- und Datenschutzdokumentation – Stufe 3

Unabhängig von der Größe oder dem aktuellen Grad der Prozess- und Serviceorientierung unterliegt jede IT-Organisation Anforderungen an die Informationssicherheit und den Datenschutz und muss diese entsprechend nachweisen. Die zunehmende IT-Durchdringung macht es erforderlich, dass die IT einen großen Beitrag zur Informationssicherheit des Unternehmens leisten muss. Sie hat zu gewährleisten, dass erforderliche Daten tatsächlich verfügbar sind, schützenswerte Daten vertraulich bleiben und dass ein Unternehmen mit unverfälschten und zuverlässigen Daten arbeiten kann.

Bild 3.17 zeigt die Inhalte der Sicherheits- und Datenschutzdokumentation, die auf dieser Stufe sinnvollerweise als eigenständiger Bereich betrachtet wird.

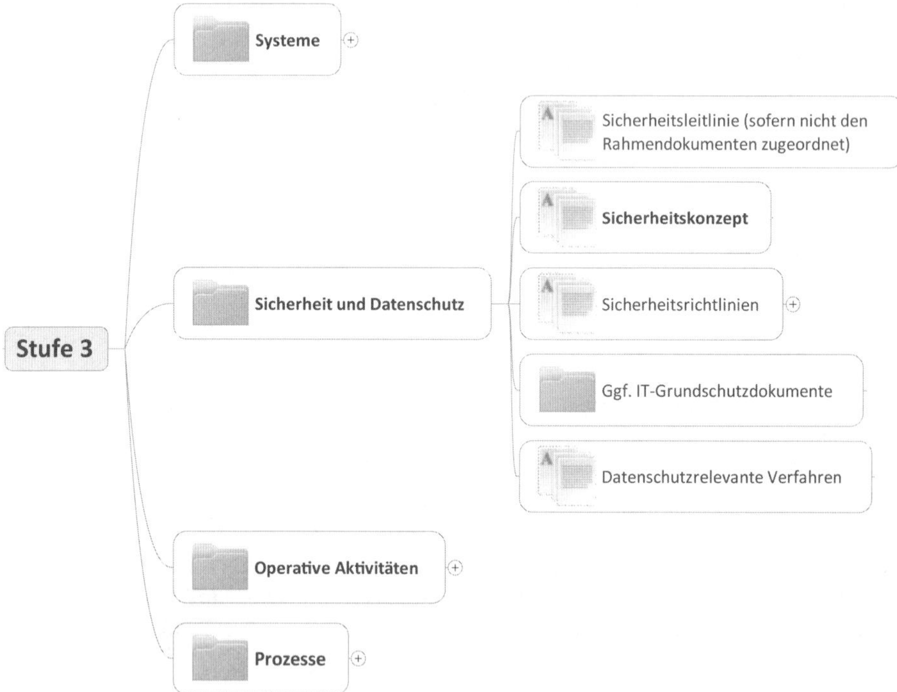

Bild 3.17 Mögliche Inhalte der Sicherheits- und Datenschutzdokumentation

Sicherheitskonzept ist immer erforderlich

Das zentrale Dokument für die Informationssicherheit ist das Sicherheitskonzept. Es dient der Umsetzung der *Sicherheitsrichtlinie* und/oder der *Sicherheitsleitlinie*, die Schutzziele und allgemeine Sicherheitsmaßnahmen im Sinne offizieller Vorgaben formuliert (siehe hierzu die Ausführungen zu den Rahmendokumenten in *Abschnitt 2.3)*.

Aus dem *Sicherheitskonzept* leiten sich die konkreten Sicherheitsmaßnahmen ab, d. h., es regelt die Struktur und die konkrete Umsetzung der Informationssicherheit und beschreibt detaillierte Sicherheitsmaßnahmen sowie Handlungsanweisungen. Dies beinhaltet die technischen und organisatorischen Maßnahmen, die im Unternehmen zum Datenschutz und zur Datensicherheit getroffen wurden. *Abschnitt 3.8.13* erläutert detailliert den Aufbau und die Inhalte eines Sicherheitskonzepts.

Datenschutzrelevante Verfahrensbeschreibungen

Zusätzlich können diesem Bereich die *Beschreibungen datenschutzrelevanter Verfahren* zugeordnet werden. Das Bundesdatenschutzgesetz (BDSG) definiert verbindlich für alle Unternehmen, die der gesetzlichen Meldepflicht unterliegen, klare Anforderungen bezüglich der Einhaltung des Datenschutzes und der Datensicherheit.

Der Begriff Verfahren wird hier im datenschutzrechtlichen Zusammenhang verwendet und bezeichnet Vorgänge, in denen personenbezogene Daten verarbeitet oder genutzt werden. Typische Verfahren sind die automatisierte Zeiterfassung und die automatisierte Verarbeitung von personenbezogenen Daten im Rahmen von Entwicklung und Produktionsprozessen (z. B. Entwicklungsdokumentationen).

Informationen zu den datenschutzrelevanten Verfahrensbeschreibungen sowie zum Verfahrensverzeichnis finden Sie in *Abschnitt 3.8.5*. Außerdem erläutert *Kapitel 1 - Anforderungen*, welchen datenschutzrechtlichen Verpflichtungen Unternehmen unterliegen.

Sicherheitsdokumentation kann auch der Prozessdokumentation zugeordnet werden

Definitionsgemäß ist auf dieser Stufe Informationssicherheit als ein vom Management gesteuerter Prozess eingerichtet. Deshalb werden die Dokumente für Sicherheit und Datenschutz hier als gesonderter Bereich dargestellt. Je nach individueller Ausprägung kann es aber durchaus sinnvoll sein, IT-Sicherheit als Servicemanagement-Prozess zu betrachten und der Prozessdokumentation zuzuordnen. ■

3.5.3 Dokumentation der operativen Tätigkeiten - Stufe 3

Auf dieser Stufe sind einzelne IT-Servicemanagement-Prozesse eingeführt und auch die notwendigen operativen Prozesse definiert. Zusätzlich gibt es standardisierte Tätigkeiten, die von den funktionalen Einheiten erbracht werden. Hierzu zählen beispielsweise Aufgaben zur Benutzerverwaltung.

In der Praxis werden derartige Handlungsabläufe umgangssprachlich häufig als Prozess bezeichnet. Doch nicht jeder Handlungsstrang ist auch gleich ein Prozess. Definierte Prozesse haben u. a. folgende Eigenschaften:

- Sie sind messbar (z. B. hinsichtlich Kosten und Qualität).
- Sie liefern einen definierten Output (individuell erkennbar, zählbar).
- Sie haben spezifische Abnehmer (intern oder extern).
- Sie sind immer auf einen definierten Auslöser zurückzuführen.

Diese Eigenschaften sind auf die meisten operativen Tätigkeiten nur mit Mühe anwendbar. Hilfreich für die weiteren Betrachtungen ist deshalb die Unterscheidung zwischen operativen Tätigkeiten und Prozessen, die wie folgt in ITIL® zu finden ist:

> *»... This chapter focuses on a number of operational activities that ensure that technology is aligned with the overall Service and Process objectives. These activities are sometimes described as processes, but in reality they are sets of specialized technical activities all aimed at ensuring that the technology required to deliver and support services is operating effectively and efficiently.*
>
> *These activities will usually be technical in nature - although the exact technology will vary depending on the type of services being delivered. This publication will focus on the activities required to manage IT.«* (ITIL®, 2011)

Eine Unterscheidung zwischen operativen Tätigkeiten und Prozessen ist aus Sicht der IT-Dokumentation auch aus ganz praktischen Erwägungen sinnvoll. An eine Prozessbeschreibung sind klare formale und inhaltliche Anforderungen zu stellen. Eine vollständige Prozessbeschreibung umfasst neben einem Prozesssteckbrief eine grafische Darstellung der Prozessabläufe einschließlich textlicher Erläuterungen sowie zugehörige Arbeitsanleitungen. Es ist in der Praxis weder machbar noch sinnvoll, eine solche Prozessdokumentation für alle Tätigkeiten zu erstellen.

Dies bedeutet nun natürlich nicht, dass die operativen Tätigkeiten nicht zu beschreiben sind. Im Gegenteil, sind die operativen Tätigkeiten in Form von Betriebshandbüchern, Ablaufbeschreibungen und Arbeitsanleitungen gut und nachvollziehbar dokumentiert, erleichtert dies die täglichen Arbeitsabläufe. Außerdem können personelle Ausfälle leichter kompensiert werden und neue Mitarbeiter sich schneller einarbeiten. Zudem bleibt wertvolles Know-how erhalten, wenn Mitarbeiter das Unternehmen verlassen. Benötigt werden dafür ebenfalls Arbeitsanleitungen, Checklisten, Handbücher u.a., aber weniger formal, als dies bei den im Folgenden beschriebenen Prozessbeschreibungen erforderlich ist.

Strukturierung der Dokumentation für die operativen Tätigkeiten

Die Dokumentation soll vorrangig die Abläufe des täglichen operativen IT-Betriebs unterstützen und muss auf Basis der funktionalen Ausprägungen der eigenen IT-Organisation erfolgen.

Um eine allgemeingültige Darstellung zu ermöglichen, werden die operativen Tätigkeiten in einem eigenen Bereich abgebildet. Die in Bild 3.18 genannten Bereiche sind angelehnt an die, die bei ITIL® im Buch Service Operations (ITIL®, 2007) als »Allgemeine Service Operation Tätigkeiten« beschrieben werden. Die genannten Kategorien sollen hier als Anregung dienen.

- *Monitoring und Steuerung:* Diese Tätigkeitengruppe umfasst die regelmäßige Überwachung, das Reporting, regelmäßige Tests einschließlich der Auswertung sowie die Erstellung von Berichten.
- *IT-Betrieb:* Diese Kategorie fasst (gemäß ITIL®) alle Tätigkeiten aus den Bereichen Konsolenmanagement, Job Scheduling und Druck zusammen. Auch alle Tätigkeiten zur Durchführung von Datensicherungen sowie zur Daten- und Systemwiederherstellung sind hier zuzuordnen.
- *Verwaltung der Mainframe-Systeme:* Hierzu zählen alle Tätigkeiten des täglichen Betriebs für die betreuten Mainframe-Systeme. Diese umfassen den Betrieb, die Wartung, den Support, die Systemprogrammierung sowie die Entwicklung von Batches und Skripts.
- *Verwaltung der Serversysteme:* Hierzu zählen alle Tätigkeiten des täglichen Betriebs für die betreuten Serversysteme. Diese umfassen den Betrieb, die Wartung, den Support, die Systemprogrammierung, das Lizenzmanagement, die Systemsicherheit und die Steuerung von Kapazitäten und Performance. Auch das Management virtueller Server ist hier einzuordnen.
- *Netzwerkmanagement:* Das Netzwerkmanagement verantwortet den Betrieb und die Wartung der Netzwerkinfrastruktur. Die Tätigkeiten des Netzwerkmanagements umfassen die Netzwerkplanung, Beschaffung, Bereitstellung und Wartung von Netzwerkkomponenten sowie das Netzwerkmonitoring.

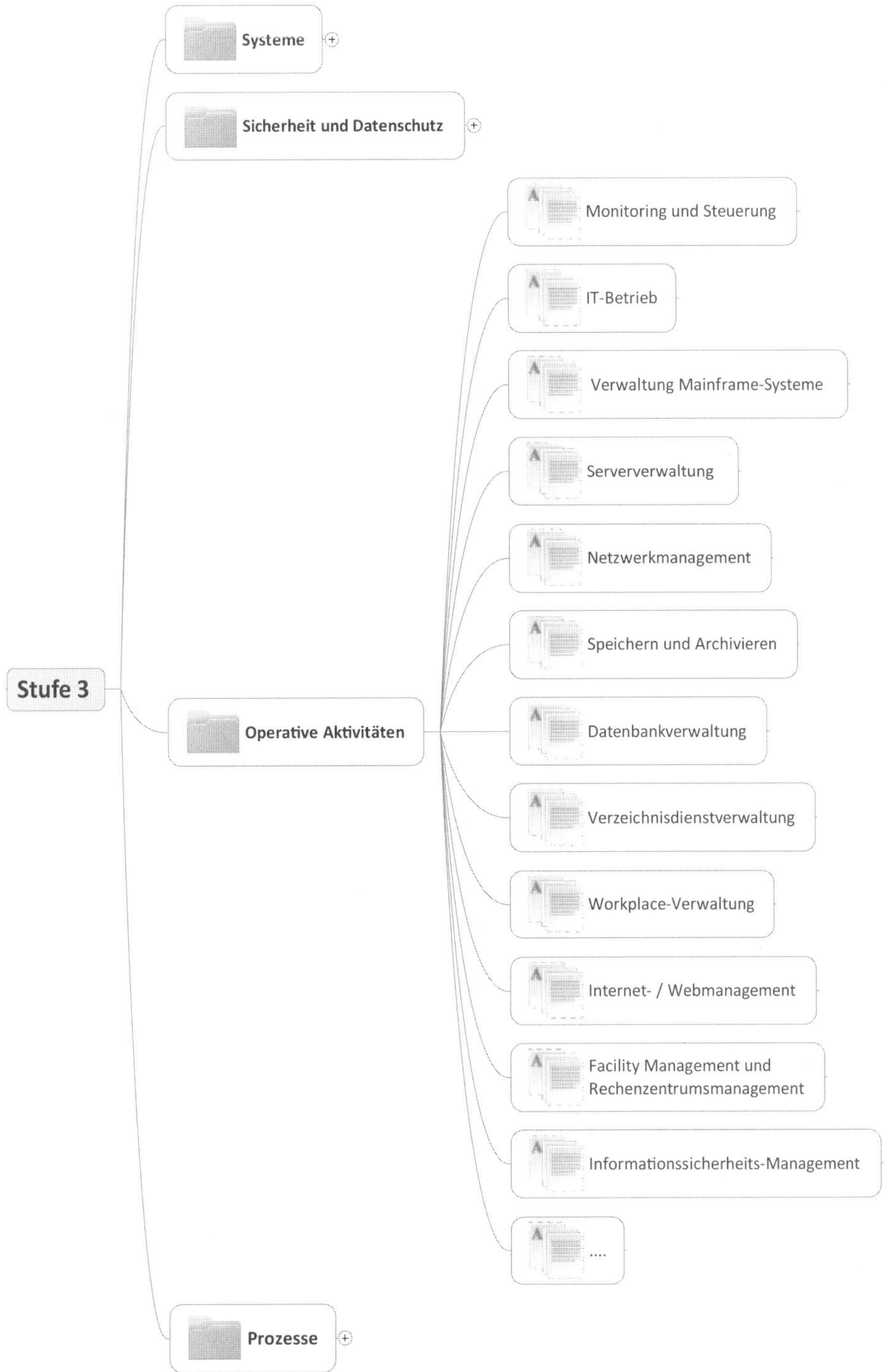

Bild 3.18 Mögliche Strukturierung der Dokumentation für die operativen Tätigkeiten auf Stufe 3

- *Speichern und Archivieren:* Zu den Tätigkeiten des Speichermanagements gehören die Beschaffung, die Bereitstellung sowie die Wartung aller im Unternehmen eingesetzten Speichertechnologien und -systeme (NAS, SAN, CAS u. a.). Außerdem umfasst diese Kategorie alle Tätigkeiten im Rahmen der Archivierung.
- *Datenbankverwaltung:* Hierzu zählen alle Tätigkeiten des täglichen Betriebs für die betreuten Datenbanksysteme. Dies umfasst den Betrieb, die Wartung und den Support.
- *Verzeichnisdienstverwaltung:* In diese Kategorie sind alle Tätigkeiten einzuordnen, die zur Verwaltung, Wartung und Weiterentwicklung des Verzeichnisdienstes einschließlich der zugehörigen Dienste erforderlich sind.
- *Workplace-Verwaltung:* Hierzu zählen Beschaffung, Bereitstellung (z.B. Images), Austausch und Entsorgung von Arbeitsplatzrechnern, Mobil Devices, Druckern und anderer IT-Komponenten, mit denen Benutzer auf die IT-Dienste zugreifen.
- *Internet/Webmanagement:* Das Internet/Webmanagement stellt sowohl den Betrieb der Unternehmenswebsite (einschließlich Design, Test, Implementierung und Pflege von Websites) als auch den zuverlässigen Zugriff auf Funktionalitäten im Internet sicher.
- *Facility Management und Rechenzentrumsmanagement:* Diese Kategorie schließt alle Tätigkeiten zur Verwaltung der kompletten physikalischen Umgebung ein, sofern diese in der Verantwortung der IT-Organisation liegen. Zu den typischen Aufgaben zählen das Gebäudemanagement, das Management der Energieversorgung und Klimasteuerung und der physikalische Zugangsschutz.
- *Informationssicherheitsmanagement:* Zu den Tätigkeiten des Sicherheitsmanagements zählen alle Tätigkeiten zur Gewährleistung der Sicherheitsanforderungen auf operativer Ebene: Überprüfung von Sicherheitsjournalen und Protokollen, Überwachung von Eindringungsversuchen und Erstellung von Berichten über potenzielle und tatsächliche Sicherheitsverstöße.
- *Verbesserung operativer Tätigkeiten:* Hierzu zählen Tätigkeiten zur Automatisierung manueller Tätigkeiten, operative Audits und Weiterbildungs- und Schulungsmaßnahmen.

Erforderliche Dokumente

Die Dokumentation der operativen Tätigkeiten umfasst alle Dokumente, die für deren Durchführung erforderlich sind. In der Regel sind dies Betriebshandbücher bzw. Konzepte und ergänzende Arbeitsanleitungen.

Bei den Arbeitsanleitungen kann es sich um textliche Anleitungen und/oder grafische Anleitungen oder bei komplexeren Abläufen um Handbücher handeln. Hilfreich sind auch Zeitpläne, Formulare und Checklisten. Checklisten und Formulare können während der Ausführung der Aktivität ausgefüllt und abgezeichnet werden und dienen dann als Aufzeichnungen sowie Ablaufbeschreibungen. Wichtig ist, dass alle Dokumente eine eindeutige Nummer erhalten, so dass auf diese referenziert werden kann. In *Abschnitt 3.8.2* finden Sie Erläuterungen zur Erstellung von Arbeitsanleitungen. Erläuterungen zu Betriebshandbüchern finden Sie in *Abschnitt 3.8.5* und Ablaufbeschreibungen werden in *Abschnitt 3.8.1* vorgestellt.

Bei ITIL® findet man diese Dokumente unter der Bezeichnung *Standard operating procedures - SOPs.* Damit beschreibt ITIL® ein »Set« an Dokumenten, die zum einen detaillierte Anleitungen und Zeitpläne für die täglichen Routinearbeiten und zum anderen Anleitungen zur Durchführung von Änderungen umfassen.

3.5.4 Prozessdokumentation - Stufe 3

Auf dieser Stufe sind definitionsgemäß einzelne IT-Prozesse eingeführt. Oft gibt es besonders in historisch gewachsenen IT-Organisationen sogar eine Vielzahl von gut eingespielten Prozessen. Zu den typischen Beispielen zählen u. a. die Bereitstellung neuer Anwendungen, Softwareentwicklung, Beschaffung von IT-Komponenten oder die Bereitstellung von Benutzerarbeitsplätzen. Die Darstellung als Prozess kann aus wirtschaftlichen Gründen sinnvoll sein, aber auch um Schnittstellenprobleme bei funktionsübergreifenden Abläufen zu vermeiden. Bei einer prozessorientiert agierenden IT-Organisation erfolgt der Betrieb auf Basis definierter Prozesse und standardisierter operativer Tätigkeiten. Hierbei wird das gesamte Handeln als eine Kombination von Prozessen betrachtet und Aufgaben werden organisationsübergreifend anhand von in Prozessen beschriebenen Tätigkeiten bearbeitet und über Rollendefinitionen den Ressourcen aus den Organisationsbereichen zugeordnet. Viele Unternehmen haben zwar Business-Prozesse implementiert und dokumentiert, betrachten aber die IT nach wie vor funktionsorientiert bzw. beziehen die IT-Prozesse nicht in die Prozessorganisation mit ein. Dabei spielen IT-Servicemanagement-Prozesse eine wichtige Rolle bei der Umsetzung der Strategie und für das Erreichen der definierten Unternehmensziele. Mittlerweile ist jedoch ein Wandel zu beobachten, d.h., Unternehmen führen Schritt für Schritt auch IT-Prozesse bzw. IT-Servicemanagement-Prozesse ein. Hierbei kann es sich um die Implementierung einzelner Serviceprozesse zur Unterstützung der operativen Tätigkeiten handeln bis hin zu einer prozessorientierten Ausrichtung des gesamten IT-Betriebs.

Eine große Herausforderung stellt hierbei die notwendige Dokumentation der gelebten Prozesse dar. Dies bedeutet, die gelebten Prozesse zu verstehen, ggf. zu optimieren und zu dokumentieren.

Strukturierung der Prozesse

Im ersten Schritt ist es erforderlich, die Prozesse zu identifizieren und zu analysieren.

Hinweis

Die Prozessdokumentation ist zwangsläufig sehr individuell und es ist an dieser Stelle kaum möglich, einen allgemeingültigen Strukturierungsansatz für die Prozesse zu definieren. Die in Bild 3.19 gezeigte Strukturierung der Prozesse ist daher nur exemplarisch. Sie basiert auf Erfahrungen der Autoren und auf den Ausführungen zur Einführung von ITIL®-Prozessen in *Abschnitt 3.1.3*. In diesem Abschnitt finden Sie auch eine kurze Einführung zu ITIL® sowie eine Beschreibung der hier genannten ITIL®-Prozesse. Eine Anpassung an die Gegebenheiten im eigenen Unternehmen ist aber zwingend erforderlich. Hilfreich können dabei auch die Erläuterungen zur Dokumentation von Prozessen in *Abschnitt 3.8.10* sein.

Bild 3.19 Mögliche Strukturierung der Prozessdokumentation (Beispielprozesse) auf Stufe 3

Erforderliche Prozessdokumente

Für jeden Prozess sollte es eine eigene Prozessbeschreibung geben. Diese muss so gestaltet sein, dass sie alle wesentlichen Aspekte des Prozesses darstellt und eine Bewertung ermöglicht. Im einfachsten Fall kann das Fließtext oder eine Tabelle sein. In der Praxis werden Prozesse meist grafisch in Form von Ablaufdiagrammen dargestellt. Hierbei ist die grafische Darstellung der Prozesse als Ergänzung der Prozessbeschreibung zu sehen. Sie kann in der Regel eine detaillierte Beschreibung der Abläufe nicht ersetzen.

Welche weiteren Punkte eine Prozessbeschreibung beinhalten sollte und worauf bei der Dokumentation von Prozessen zu achten ist, wird ausführlich in *Abschnitt 3.8.10* erläutert. Und auch ITIL® liefert Beschreibungen für die IT-Servicemanagement-Prozesse. Diese müssen an die Bedürfnisse des jeweiligen Unternehmens angepasst werden, sind aber eine gute Einstiegshilfe.

Zusätzlich zu den Prozessbeschreibungen verbergen sich hinter den einzelnen Prozessen eine ganze Reihe weiterer Dokumente, die entweder für die Prozessausführung erforderlich sind oder als Ergebnisdokumente und Aufzeichnungen während des Prozesses erstellt werden. Ein Beispiel soll dies verdeutlichen.

Beispiel: Dokumentation des Change-Prozesses

Das offensichtliche Ergebnis eines Change-Prozesses ist sicherlich ein erfolgreich gelöster und abgeschlossener Change. Bis es so weit ist, werden eine ganze Reihe von Dokumenten und Informationen verwendet bzw. erstellt. Ob dies in Form von Dokumenten oder in einer Anwendung erfolgt, spielt bei dieser Betrachtung keine Rolle.

- Der Initiator des Change reicht einen Request for Change (RFC) ein. Es soll eine neue Version einer Anwendung unternehmensweit ausgerollt werden. Die Entgegennahme des Change wird protokolliert, dem Einreicher wird der Eingang bestätigt und der Change wird in die Liste der zu genehmigenden Change Requests aufgenommen.
- Der Versionswechsel wird hinsichtlich seines Nutzen und seiner Auswirkungen bewertet. Um die Bewertung durchführen zu können, müssen die erforderlichen Informationen aus den Bereichen Infrastruktur, Sicherheit u. a. zur Verfügung stehen.
- Das Ergebnis der Bewertung wird dokumentiert und der Change zur formalen Freigabe wird weitergeleitet. Die Freigabe wird dokumentiert.
- Nach erfolgter formaler Freigabe wird das Rollout der Anwendung vorbereitet (Paketierung und Test). Hierfür werden Vorgabedokumente u. a. für das Testen benötigt. Die Ergebnisse der Tests werden protokolliert. Außerdem sind gegebenenfalls Anleitungen für die Rollout-Durchführung und Anleitungen für die Anwender (mit Hinweisen zu neuen Funktionen der Anwendung) zu erstellen.
- Nach der Abnahme wird der Change für das Rollout freigegeben und terminiert. Die Freigabe wird dokumentiert und der Change wird im Change-Kalender eingetragen.
- Nach dem Rollout bzw. dem Abschluss des Change erfolgt eine Evaluierung. Das Ergebnis wird ausgewertet und dokumentiert.

■

Das vorstehende Beispiel zeigt, dass nicht nur Prozessbeschreibungen benötigt werden, sondern dass während der Ausführung eines Prozesses eine Reihe von Dokumenten und Aufzeichnungen entstehen (z.B. Testprotokolle, Prüfberichte, ausgefülltes RFC-Formular, Anleitungen für die Durchführung des Change, Abnahmeprotokoll u.a.).

Andere Prozesse liefern als Ergebnis ein oder mehrere Dokumente, die dann wiederum anderen Prozessen als Input dienen. Der *Service-Catalogue-Management-Prozess* ist ein weiteres gutes Beispiel. Das Hauptziel des Service Catalogue Management ist die Bereitstellung eines aktuellen Servicekatalogs, d.h., Ziel dieses Prozesses ist die Erstellung eines Dokuments. Dieses dient dann anderen Prozessen als Input.

Ein weiteres Beispiel liefert der *Capacity-Management-Prozess*, der die Erstellung eines Kapazitätenplans erfordert. Dieser dient als Grundlage für die Kapazitätenplanung und dokumentiert die aktuelle Situation der Nutzung der Services sowie Annahmen über zukünftige Nutzungsentwicklungen.

In *Abschnitt 3.8.11* finden Sie einige Erläuterungen zu diesem Themenbereich und exemplarisch ein paar Beispiele für Dokumente, die im Rahmen der Prozessausführung zu erstellen sind. Eine weitere Betrachtung der zu erstellenden Dokumente ist an dieser Stelle nicht möglich und von der individuellen Umsetzung im Unternehmen abhängig.

Mit zunehmender Prozess- und Serviceorientierung steigt außerdem die Notwendigkeit, Informationen datenbankgestützt bereitzustellen. Gemäß ITIL® sind beispielsweise für ein effektives und effizientes Incident- und Problemmanagement die Einrichtung und die Verwaltung einer sogenannten *Known Error Database* unverzichtbar. Dies hat natürlich ebenfalls Einfluss auf die Ausprägung der Prozessdokumentation.

Known Error Database

Ein *Known Error (bekannter Fehler)* beschreibt ein Problem, dessen Ursache identifiziert und für das ein Workaround definiert wurde. Known Error Records sollten in einer gesonderten Datenbank verwaltet und dem ServiceDesk für die Diagnose und Behebung von Störungen zur Verfügung gestellt werden. Die Known Error Database wird durch den Problemmanagementprozess verantwortet und beinhaltet alle dokumentierten Known Errors sowie die zugehörigen Workarounds.

Rollenkonzept erforderlich – Prozesslandkarte sinnvoll

Mit der Einführung des ersten Prozesses wird zusätzlich eine Dokumentation der Rollen erforderlich. Rollen werden innerhalb von Prozessen verwendet, um Verantwortlichkeiten sowohl für den Prozess als auch für die einzelnen Tätigkeiten innerhalb eines Prozesses festzulegen. Um eine allgemeingültige Verwendung aller Rollen innerhalb des Unternehmens bzw. der IT-Organisation zu gewährleisten, ist die Pflege eines sogenannten *Rollenkonzepts* zu empfehlen. Sinnvollerweise sollte auch eine *Betriebsmatrix* gepflegt werden. In den *Abschnitten 3.8.6 und 3.8.8* finden Sie Hinweise zur Erstellung dieser beiden Dokumente sowie Beispiele.

Zusätzlich sind die Erstellung und Pflege einer IT-Prozesslandkarte zu empfehlen. Eine Prozesslandkarte dient der grafischen Darstellung der Wechselwirkungen und/oder zeitlichen Beziehungen der Prozesse einschließlich des Zusammenwirkens der einzelnen Teilprozesse. Was für die Darstellung der Aufbauorganisation das Organigramm ist, das ist für die Ablauforganisation die Prozesslandkarte. Sie dient originär der Darstellung der Geschäftsprozesse, kann aber auch zur grafischen Abbildung der IT-Prozesse nützlich sein. In *Abschnitt 3.8.12* finden Sie Hinweise zur Erstellung einer Prozesslandkarte.

3.6 Struktur der IT-Betriebsdokumentation – Stufe 4

Definitionsgemäß agieren IT-Organisationen ab dieser Stufe prozessorientiert und zunehmend serviceorientiert. Bei einer prozessorientierten Vorgehensweise werden Aufgaben nicht mehr allein innerhalb einer Organisationseinheit verantwortet. Sie werden stattdessen organisationsübergreifend anhand von in Prozessen beschriebenen Tätigkeiten bearbeitet und über Rollendefinitionen den Ressourcen aus den Organisationsbereichen zugeordnet.

Mit der Prozessorientierung eng verbunden ist die Ausrichtung auf die Kunden. Hierbei versteht sich die IT-Organisation als Service-Provider, der seinen Kunden vertraglich geregelte Dienstleistungen mit definierten SLAs (Services) anbietet. Die Prozesse dienen dabei der Erbringung der Services. Allerdings werden die IT-Services auf dieser Stufe noch separat betrachtet und sind nicht in einen übergeordneten Servicemanagement- und Lifecycle-Prozess eingebunden. Auch übergeordnete Servicestrategieprozesse zur Verwaltung der Services existieren noch nicht.

Tabelle 3.8 Merkmale von IT-Organisationen auf Stufe 4

Operativer IT-Systembetrieb	IT-Prozesse	IT-Services	Dokumentationsanforderungen
▪ Die operativen Tätigkeiten zur Steuerung und zur Optimierung der Systeme sind vollständig standardisiert und durch Verfahren definiert	▪ Erforderliche IT-Prozesse sind eingeführt und werden gesteuert ▪ IT-Servicemanagement-Prozesse dienen der Erbringung definierter IT-Services ▪ Es gibt definierte Prozessschnittstellen und Abhängigkeiten ▪ IT-Sicherheit ist Bestandteil eines übergeordneten ISMS-Prozesses	▪ Zusammenhängende IT-Services sind in einem Servicekatalog beschrieben	▪ Configuration Management System und Verwaltung der Systeme in einer CMDB ▪ Betriebshandbücher mit Ablaufbeschreibungen und Arbeitsanleitungen (einschließlich Aufzeichnungen) für die operativen Tätigkeiten ▪ Dokumente zu Datenschutz und Informationssicherheit ▪ Prozessbeschreibungen ▪ Servicebeschreibungen und weitere Servicemanagement-Dokumente

Eine Liste aller Merkmale der fünf Stufen zeigt Tabelle 3.1.

An die IT-Dokumentation leiten sich aus diesen Merkmalen die folgenden Anforderungen ab: Es werden Prozessbeschreibungen sowie diverse Dokumente für die Serviceerbringung benötigt. Hierzu zählt vorrangig der Servicekatalog.

Zusätzlich zur servicebezogenen Dokumentation sind selbstverständlich auch auf dieser Stufe Dokumente für die Steuerung und die Verwaltung der IT-Systeme zu pflegen. Erforderlich sind demzufolge eine Systemdokumentation (siehe *Abschnitt 3.2*) und die Dokumentation der operativen Tätigkeiten. Damit können auf dieser Stufe vier Dokumentationsbereiche unterschieden werden:

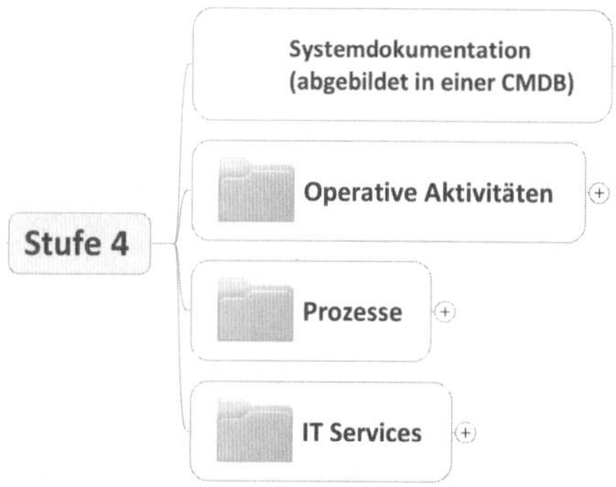

Bild 3.20
Bereiche der Betriebsdokumentation für die Stufe 4

3.6.1 Systemdokumentation – Stufe 4

Die Dokumentation der IT-Systeme, Anwendungen, Netzwerkkomponenten sowie der Architektur bildet auch auf dieser Stufe die wesentliche Basis. Aus der Einführung von IT-Services ergibt sich aber noch eine weitere Notwendigkeit: Die Verknüpfungen der IT-Services mit den Systemen müssen erfasst und dokumentiert werden. Denn nachvollziehbarerweise erfordert ein effektives IT-Servicemanagement konkrete und verlässliche Informationen über alle beteiligten IT-Komponenten.

ITIL® sieht in der aktuellen Version dafür die Einführung eines *Configuration Management System (CMS)* zur Pflege sowohl aller aktuellen und historischen Konfigurationsdaten als auch von Planungsdaten vor. Es enthält alle Details zu allen IT-Komponenten und deren wechselseitige Beziehungen. Wichtig sind diese Verknüpfungen zum Beispiel, um die Frage zu beantworten, welcher Service bei Ausfall einer Komponente betroffen ist. Fällt beispielsweise ein Server aus, muss das CMS Informationen liefern, welche Anwendungen davon betroffen sind, welche Services diese Anwendung nutzen und welche Kunden wiederum von der Unterbrechung des Service betroffen sind. Die im CMS verwalteten Elemente werden gemäß ITIL® als *Configuration Items* bezeichnet. Hierbei kann es sich um IT-Services, Hardware, Software, Gebäude oder auch Prozessdokumentationen und Verträge handeln.

Die Verwaltung des CMS liegt in der Verantwortung des *Service Asset and Configuration Management (SACM)*, das die Aufgabe hat, sowohl aktuelle und historische Konfigurationsdaten als auch Planungsdaten bereitzustellen und darüber sicherzustellen, dass alle Assets und Configuration-Items identifiziert, überwacht und dokumentiert werden und die aktuelle Datenbasis regelmäßig konkreten Überprüfungen zur Sicherstellung der Übereinstimmung mit der tatsächlichen Konfiguration unterzogen wird.

Ein CMS kann jedoch nur ein logischer Container sein, der aus verschiedenen physikalischen Datenbanken und Schnittstellen besteht. Zu den wichtigsten und in der Praxis am häufigsten zu findenden zählt die *Configuration Management Database (CMDB)*. Weitere Datenquellen sind u.a. Monitoring- und Überwachungstools und Schnittstellen zu Unternehmensapplikationen (SAP und Ähnliche).

Was ist eine CMDB?

Viele Unternehmen nutzen nebeneinander unterschiedliche Datenbanken für Problem-, Change-, Asset- sowie für Vorgangsdaten. Oft liegen relevante Informationen verstreut und/ oder schwer zugänglich in verschiedenen Datenbanken. Hier setzt das Konzept der CMDB an. Ziel ist es, alle Informationen aus den oben genannten Datenbanken an einer Stelle zu konsolidieren und so den Zugriff auf diese Daten einfacher und transparenter zu gestalten. Nicht zwangsläufig müssen dazu die Daten physisch in einem Datenbanksystem vereinigt werden. Stattdessen kann hier der Einsatz eines verteilten Datenbankmanagementsystems vorteilhaft sein.

Gemäß ITIL® handelt es sich bei einer CMDB um eine Datenbank zur Verwaltung von Konfigurationselementen während ihres gesamten Lebenszyklus. Die CMDB dient zum Sammeln, Speichern, Managen, Aktualisieren, Analysieren und zur Präsentation von Daten zu allen Configuration-Items und deren Beziehungen. Lange Zeit wurden derartige Datenbanken unter dem Titel *Zentrales IT-Repository* oder *Inventardatenbank* geführt. Heute werden sie durch die Verbreitung des ITIL®-Standards als CMDB bezeichnet.

Welche Konfigurationsinformationen eine CMDB enthalten kann oder sollte, ist jedoch nicht geregelt. In der Regel deckt eine CMDB die IT-Infrastruktur mit allen Systemen ab, aber auch andere Typen wie Richtlinien, Projektdokumente, Mitarbeiter, Verträge usw. sind möglich. Ziel ist es, alle Informationen aus verschiedenen Datenbanken an einer Stelle zu konsolidieren und so den Zugriff auf diese Daten einfacher und transparenter zu gestalten.

Möglich ist unter anderem die Verwaltung der folgenden Configuration-Items:

- Stammdaten der Mitarbeiter (Person, Ort, Abteilung),
- Kunden, Lieferanten (Kostenstelle, Kontaktdaten),
- IT-Systeme (PC, Server, Drucker, Netzwerkkomponenten usw.),
- Konfigurationsinformationen (IP-Adressen, Hostnamen, Netzwerkrang usw.),
- Facility-Komponenten (Technikräume, Klimaanlagen, Löschsysteme usw.),
- Leistungskomponenten (Kosten, Budget, Kontierung, AfA-Verrechnung usw.),
- Lizenzen,
- Berechtigungen,
- Verträge (Vertragspartner, Laufzeiten, Konditionen, Service Level Agreements usw.).

Diese Liste, die keineswegs vollständig ist, zeigt, dass eine CMDB weit über eine reine Inventardatenbank zur Systemverwaltung hinausgeht. Nicht zwangsläufig müssen die Daten dabei physisch in einem Datenbanksystem vereinigt werden (verteiltes Datenbankkonzept). In der Praxis bezieht eine CMDB ihre Daten nämlich aus einer ganzen Reihe von

Anwendungen und Systemen, die zur Unterstützung der operativen Prozesse eingesetzt werden – wie beispielsweise Softwareverteilungs- und Monitoringtools. Entscheidend ist hierbei aber, dass in einer CMDB die verschiedenen Konfigurationsdaten in Beziehung zueinander gesetzt werden. Damit kann eine CMDB anforderungsbezogene Informationen liefern, beispielsweise alle Daten, die der ServiceDesk-Mitarbeiter bei der Erfassung und Lösung einer Störungsanfrage benötigt, oder alle Wartungsverträge für ausgewählte Server. In der Praxis ist die CMDB außerdem häufig an das SAP-System angebunden, so dass IT-Leistungen direkt gebucht und den Kunden in Rechnung gestellt werden können.

Dabei ist die Integrität der Daten in der CMDB unabdingbar. Die Möglichkeiten einer CMDB sind nur dann nutzbar, wenn die Informationen widerspruchsfrei, vollständig und aktuell sind. Diese Anforderungen sind selbstverständlich nicht ohne entsprechende Softwareunterstützung möglich – auch wenn ITIL® lediglich die Aufgabe einer CMDB definiert und nicht, wie diese Informationen zu erfassen, zu pflegen und zu verwalten sind. Entsprechend der zunehmenden Forderung nach einer umfassenden, aber einfach zu pflegenden und in der Detailtiefe anpassbaren Dokumentation für den IT-Betrieb stehen heute zahlreiche Programme zum Aufbau und zur Pflege einer CMDB zur Verfügung. Dabei reicht das Angebot von kostenlosen Tools bis hin zu komplexen Lösungen, die auch die Verwaltung von Prozessen und Workflows unterstützen. Hinweise zur Evaluierung von Anwendungen und Beispiele finden Sie in *Abschnitt 7.3.1*.

Merkmale der Systemdokumentation auf Stufe 4

Spätestens mit der Einführung von IT-Services und damit dem Erreichen der Stufe 4 ist eine Verwaltung der Systemdokumentation in Form der zuvor beschriebenen Systemakten in der Regel nicht mehr darstellbar. Sinnvollerweise erfolgen sowohl die Erfassung der Informationen als auch die Verwaltung und Bereitstellung in Form konsolidierter Sichten datenbankunterstützt. Systemakten können dann als Report zur Verfügung gestellt werden.

Bei der Ermittlung der benötigten Informationen können die Erläuterungen zur Systemdokumentation in *Abschnitt 3.2* eine gute Hilfe bieten. Zusätzlich können die für Stufe 1 bis 3 beschriebenen Inhalte für die verschiedenen Systemaktentypen wichtige Anhaltspunkte liefern. Diese sind nun allerdings nicht mehr in Form von Akten zu gestalten, sondern als Items mithilfe von Metadaten und Verknüpfungen in einer Datenbank abzubilden.

Beispiel: Informationsbasis CMDB

Bei entsprechendem Input und mit Hilfe von Verknüpfungen innerhalb der CMDB lassen sich zum Beispiel für die eingesetzte Exchange-Lösung u. a. die folgenden Informationen ermitteln:

- Verantwortlichkeiten und Ansprechpartner,
- benötigte Rollen und deren Beschreibungen,
- Funktionsbeschreibung und Darstellung der Exchange-Organisation (Backend-Server, Frontend-Server, Connectoren usw.),
- Konfiguration (globale Einstellungen, System Policies u. a.),
- Hardwaresysteme, auf denen Exchange installiert ist,

- Abhängigkeiten von Facility-Komponenten (Räume, Löschsysteme u. a.),
- Abhängigkeiten von Netzwerkkomponenten (z. B. Verlinkung mit Routingplänen),
- Berechtigungen,
- Support- und Wartungsverträge,
- Schnittstellen,
- Sicherungsmaßnahmen,
- Lizenzen,
- zugehörige Protokolle, Berichte und Monitoring-Auswertungen,
- zugehörige Herstelleranleitungen, Installationsanleitungen, Handbücher u. a.,
- bekannte Fehler und Workarounds,
- Dokumentenverweise.

Ob die systembezogenen Sicherheitsmaßnahmen und auch die aus der Umsetzung resultierenden Aufzeichnungen innerhalb der CMDB verwaltet oder den operativen Tätigkeiten zugeordnet werden, muss im Einzelfall betrachtet werden. So sollte es beispielsweise sinnvollerweise ein Backup-Konzept geben, das alle Backup- und Recovery-Maßnahmen beschreibt. Dieses kann zum Beispiel den operativen Tätigkeiten zugeordnet werden. Auf der anderen Seite macht es durchaus Sinn, spezielle Zugriffsberechtigungen oder Härtungsmaßnahmen für ein System in der CMDB zu dokumentieren. Alternativ kann es sinnvoll sein, die Berechtigungen im Betriebshandbuch zu dokumentieren. Erläuterungen zum Aufbau von Betriebshandbüchern finden Sie in *Abschnitt 3.8.5*.

3.6.2 Sicherheits- und Datenschutzdokumentation – Stufe 4

Unabhängig von der Größe oder dem aktuellen Grad der Prozess- und Serviceorientierung unterliegt jede IT-Organisation Anforderungen an die Informationssicherheit und den Datenschutz und muss diese entsprechend nachweisen. Die zunehmende IT-Durchdringung macht es erforderlich, dass die IT einen großen Beitrag zur Informationssicherheit des Unternehmens leisten muss. Sie hat zu gewährleisten, dass erforderliche Daten tatsächlich verfügbar sind, schützenswerte Daten vertraulich bleiben und dass ein Unternehmen mit unverfälschten und zuverlässigen Daten arbeiten kann.

Auf dieser Stufe ist IT-Sicherheit Bestandteil von Informationssicherheitsmanagement und als *IT Security Management Process (ITSM)* in das Servicemanagement integriert. ITIL® V3 ordnet ITSM im Service-Design-Prozess ein und definiert es als Teil eines unternehmensweiten Security Management. Information Security Management stellt sicher, dass alle Informationen, die von den IT-Services genutzt werden, jederzeit hinsichtlich ihrer Vertraulichkeit, Integrität und Verfügbarkeit geschützt sind.

ITIL® liefert keine detaillierte Beschreibung, sondern bietet nur einen Überblick über die wichtigsten Tätigkeiten von ITMS und definiert die Schnittstellen zu den anderen Servicemanagement-Prozessen. Für eine detaillierte Ausgestaltung von ITSM verweist ITIL® auf entsprechende Sicherheitsstandards wie der ISO 27001 (siehe hierzu *Abschnitt 1.6.2*).

Bild 3.21 zeigt die Inhalte der Sicherheits- und Datenschutzdokumentation, die auch auf dieser Stufe sinnvollerweise den IT-Servicemanagement-Prozessen zugeordnet werden.

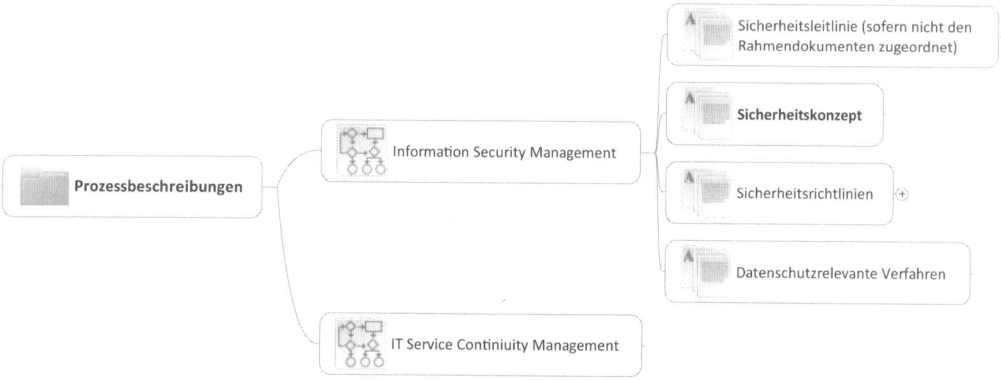

Bild 3.21 Mögliche Inhalte der Sicherheits- und Datenschutzdokumentation.

Sicherheitskonzept ist immer erforderlich

Das zentrale Dokument für die Informationssicherheit ist das Sicherheitskonzept. Es dient der Umsetzung der *Sicherheitsrichtlinie* und/oder der *Sicherheitsleitlinie*, die Schutzziele und allgemeine Sicherheitsmaßnahmen im Sinne offizieller Vorgaben formuliert (siehe hierzu die Ausführungen zu den Rahmendokumenten in *Abschnitt 2.3)*.

Aus dem *Sicherheitskonzept* leiten sich die konkreten Sicherheitsmaßnahmen ab, d.h., es regelt die Struktur und die konkrete Umsetzung der Informationssicherheit und beschreibt detaillierte Sicherheitsmaßnahmen sowie Handlungsanweisungen. Dies beinhaltet die technischen und organisatorischen Maßnahmen, die im Unternehmen zum Datenschutz und zur Datensicherheit getroffen wurden. *Abschnitt 3.8.13* erläutert detailliert den Aufbau und die Inhalte eines Sicherheitskonzepts.

Datenschutzrelevante Verfahrensbeschreibungen

Zusätzlich können diesem Bereich die *Beschreibungen datenschutzrelevanter Verfahren* zugeordnet werden. Das Bundesdatenschutzgesetz (BDSG) definiert verbindlich für alle Unternehmen, die der gesetzlichen Meldepflicht unterliegen, klare Anforderungen bezüglich der Einhaltung des Datenschutzes und der Datensicherheit.

Der Begriff Verfahren wird hier im datenschutzrechtlichen Zusammenhang verwendet und bezeichnet Vorgänge, in denen personenbezogene Daten verarbeitet oder genutzt werden. Typische Verfahren sind die automatisierte Zeiterfassung und die automatisierte Verarbeitung von personenbezogenen Daten im Rahmen von Entwicklung und Produktionsprozessen (z.B. Entwicklungsdokumentationen).

Informationen zu den datenschutzrelevanten Verfahrensbeschreibungen sowie zum Verfahrensverzeichnis finden Sie in *Abschnitt 3.8.7* Außerdem erläutert *Abschnitt 1.2.10,* welche datenschutzrechtlichen Verpflichtungen Unternehmen unterliegen.

3.6.3 Dokumentation der operativen Tätigkeiten – Stufe 4

Wie im Abschnitt zuvor beschrieben, sind auf dieser Stufe die erforderlichen Prozesse eingeführt. Zusätzlich gibt es standardisierte Tätigkeiten, die von den funktionalen Einheiten erbracht werden. Hierzu zählen beispielsweise das proaktive Monitoring oder die tägliche Datensicherung. In der Praxis werden diese Handlungsabläufe häufig auch als Prozesse bezeichnet, ITIL® unterscheidet diese jedoch von den Prozessen:

> *»... This chapter focuses on a number of operational activities that ensure that technology is aligned with the overall Service and Process objectives. These activities are sometimes described as processes, but in reality they are sets of specialized technical activities all aimed at ensuring that the technology required to deliver and support services is operating effectively and efficiently.*
>
> *These activities will usually be technical in nature -although the exact technology will vary depending on the type of services being delivered. This publication will focus on the activities required to manage IT.«* (ITIL®, 2011)

Eine Unterscheidung zwischen operativen Tätigkeiten und Prozessen ist aus Sicht der IT-Dokumentation auch aus ganz praktischen Erwägungen sinnvoll. An eine Prozessbeschreibung sind klare formale und inhaltliche Anforderungen zu stellen. Eine vollständige Prozessbeschreibung umfasst neben einem Prozesssteckbrief eine grafische Darstellung der Prozessabläufe einschließlich textlicher Erläuterungen sowie zugehörige Arbeitsanleitungen. Es ist in der Praxis weder machbar noch sinnvoll, alle Tätigkeiten als Prozess zu definieren und eine solche Prozessdokumentation zu erstellen.

Dies bedeutet nun natürlich nicht, dass die operativen Tätigkeiten nicht zu beschreiben sind. Im Gegenteil, sind die operativen Tätigkeiten in Form von Betriebshandbüchern, Ablaufbeschreibungen und Arbeitsanleitungen gut und nachvollziehbar dokumentiert, erleichtern sie die täglichen Arbeitsabläufe. Außerdem können personelle Ausfälle leichter kompensiert werden und neue Mitarbeiter sich schneller einarbeiten. Zudem bleibt wertvolles Know-how erhalten, wenn Mitarbeiter das Unternehmen verlassen. Benötigt werden dafür ebenfalls Arbeitsanleitungen, Checklisten, Handbücher u.a., aber weniger formal, als dies bei den im Folgenden beschriebenen Prozessbeschreibungen erforderlich ist.

Strukturierung der Dokumentation für die operativen Tätigkeiten

Die Dokumentation soll vorrangig die Abläufe des täglichen operativen IT-Betriebs unterstützen und muss auf Basis der funktionalen Ausprägungen der eigenen IT-Organisation erfolgen.

Um eine allgemeingültige Darstellung zu ermöglichen, werden die operativen Tätigkeiten in einem eigenen Bereich abgebildet. Die in Bild 3.22 genannten Bereiche entsprechen weitgehend denen, die bei ITIL® im Buch Service Operations (ITIL®, 2007) als »Allgemeine Service Operation Tätigkeiten« beschrieben werden. Die genannten Kategorien sollen hier als Anregung dienen.

Bild 3.22 Mögliche Strukturierung der Dokumentation für die operativen Tätigkeiten

- *Monitoring und Steuerung:* Diese Tätigkeitengruppe umfasst die regelmäßige Überwachung, das Reporting, regelmäßige Tests einschließlich der Auswertung sowie die Erstellung von Berichten.
- *IT-Betrieb:* Diese Kategorie fasst (gemäß ITIL®) alle Tätigkeiten aus den Bereichen Konsolenmanagement, Job Scheduling und Druck zusammen. Auch alle Tätigkeiten zur Durch-

führung von Datensicherungen sowie zur Daten- und Systemwiederherstellung sind hier zuzuordnen.

- *Verwaltung der Mainframe-Systeme:* Hierzu zählen alle Tätigkeiten des täglichen Betriebs für die betreuten Mainframe-Systeme. Diese umfassen den Betrieb, die Wartung, den Support, die Systemprogrammierung sowie die Entwicklung von Batches und Skripts.
- *Verwaltung der Serversysteme:* Hierzu zählen alle Tätigkeiten des täglichen Betriebs für die betreuten Serversysteme. Diese umfassen den Betrieb, die Wartung, den Support, die Systemprogrammierung, das Lizenzmanagement, die Systemsicherheit und die Steuerung von Kapazitäten und Performance. Auch das Management virtueller Server ist hier einzuordnen.
- *Netzwerkmanagement:* Das Netzwerkmanagement verantwortet den Betrieb und die Wartung der Netzwerkinfrastruktur. Die Tätigkeiten des Netzwerkmanagements umfassen die Netzwerkplanung, Beschaffung, Bereitstellung und Wartung von Netzwerkkomponenten sowie das Netzwerkmonitoring.
- *Speichern und Archivieren:* Zu den Tätigkeiten des Speichermanagements gehören die Beschaffung, die Bereitstellung sowie die Wartung aller im Unternehmen eingesetzten Speichertechnologien und -systeme (NAS, SAN, CAS u. a.). Außerdem umfasst diese Kategorie alle Tätigkeiten im Rahmen der Archivierung.
- *Datenbankverwaltung:* Hierzu zählen alle Tätigkeiten des täglichen Betriebs für die betreuten Datenbanksysteme. Dies umfasst den Betrieb, die Wartung und den Support.
- *Verzeichnisdienstverwaltung:* In diese Kategorie sind alle Tätigkeiten einzuordnen, die zur Verwaltung, Wartung und Weiterentwicklung des Verzeichnisdienstes einschließlich der zugehörigen Dienste erforderlich sind.
- *Workplace-Verwaltung:* Hierzu zählen Beschaffung, Bereitstellung (z. B. Images), Austausch und Entsorgung von Arbeitsplatzrechnern, Mobil Devices, Druckern und anderer IT-Komponenten, mit denen Benutzer auf die IT-Dienste zugreifen.
- *Internet/Webmanagement:* Das Internet/Webmanagement stellt sowohl den Betrieb der Unternehmenswebsite (einschließlich Design, Test, Implementierung und Pflege von Websites) als auch den zuverlässigen Zugriff auf Funktionalitäten im Internet sicher.
- *Facility Management und Rechenzentrumsmanagement:* Diese Kategorie schließt alle Tätigkeiten zur Verwaltung der kompletten physikalischen Umgebung ein, sofern diese in der Verantwortung der IT-Organisation liegen. Zu den typischen Aufgaben zählen das Gebäudemanagement, das Management der Energieversorgung und Klimasteuerung und der physikalische Zugangsschutz.
- *Informationssicherheitsmanagement:* Zu den Tätigkeiten des Sicherheitsmanagements zählen alle Tätigkeiten zur Gewährleistung der Sicherheitsanforderungen auf operativer Ebene: Überprüfung von Sicherheitsjournalen und Protokollen, Überwachung von Eindringungsversuche und Erstellung von Berichten über potenzielle und tatsächliche Sicherheitsverstöße.
- *Verbesserung operativer Tätigkeiten:* Hierzu zählen Tätigkeiten zur Automatisierung manueller Tätigkeiten, operative Audits und Weiterbildungs- und Schulungsmaßnahmen.

Erforderliche Dokumente

Die Dokumentation der operativen Tätigkeiten umfasst alle Dokumente, die für deren Durchführung erforderlich sind. In der Regel sind dies Betriebshandbücher bzw. Konzepte und ergänzende Arbeitsanleitungen sowie Ablaufbeschreibungen

Bei den Arbeitsanleitungen kann es sich um textliche Anleitungen und/oder grafische Anleitungen oder bei komplexeren Abläufen um Handbücher handeln. Hilfreich sind auch Zeitpläne, Formulare und Checklisten. Checklisten und Formulare können während der Ausführung der Aktivität ausgefüllt und abgezeichnet werden und dienen dann als Aufzeichnungen sowie Ablaufbeschreibungen. Wichtig ist, dass alle Dokumente eine eindeutige Nummer erhalten, so dass auf diese referenziert werden kann. In *Abschnitt 3.8.2* finden Sie Erläuterungen zur Erstellung von Arbeitsanleitungen. Erläuterungen zu Betriebshandbüchern finden Sie in *Abschnitt 3.8.5* und Ablaufbeschreibungen werden in *Abschnitt 3.8.1* vorgestellt.

Bei ITIL® findet man diese Dokumente unter der Bezeichnung *Standard operating procedures - SOPs*. Damit beschreibt ITIL® ein »Set« an Dokumenten, die zum einen detaillierte Anleitungen und Zeitpläne für die täglichen Routinearbeiten und zum anderen Anleitungen zur Durchführung von Änderungen umfassen.

3.6.4 Prozessdokumentation - Stufe 4

Einen wichtigen Teil der IT-Betriebsdokumentation dieser Stufe stellt die Prozessdokumentation dar. Definierte, dokumentierte, wiederholbare und gelebte Prozesse sind die Basis einer erfolgreichen Serviceerbringung. Definitionsgemäß sind die erforderlichen Prozesse eingeführt, der IT-Betrieb erfolgt auf Basis definierter Prozesse und standardisierter operativer Tätigkeiten und das gesamte Handeln wird als eine Kombination von Prozessen betrachtet.

Strukturierung der Prozesse

Im ersten Schritt ist es erforderlich, die Prozesse zu identifizieren und zu analysieren.

Hinweis

Die Prozessdokumentation ist zwangsläufig sehr individuell und es ist an dieser Stelle kaum möglich, einen allgemeingültigen Strukturierungsansatz für die Prozesse zu definieren. Die in Bild 3.23 gezeigte Strukturierung der Prozesse ist daher nur exemplarisch. Sie basiert auf Erfahrungen der Autoren und auf den Ausführungen zur Einführung von ITIL®-Prozessen in *Abschnitt 3.1.3*. In diesem Abschnitt finden Sie auch eine kurze Einführung zu ITIL® sowie eine Beschreibung der hier genannten ITIL®-Prozesse. Integriert sind Prozesse, die gemäß ITIL® 2011 den drei Phasen *Service Design*, *Service Transition* und *Service Operation* zugeordnet werden können. Die Prozesse aus *Service Strategy* und die *Continual Service Improvement* spielen auf dieser Stufe per Definition noch keine Rolle.

Eine Anpassung an die Gegebenheiten im eigenen Unternehmen ist aber zwingend erforderlich. Hilfreich können dabei auch die Erläuterungen zur Dokumentation von Prozessen in *Abschnitt 3.8.10* sein. ■

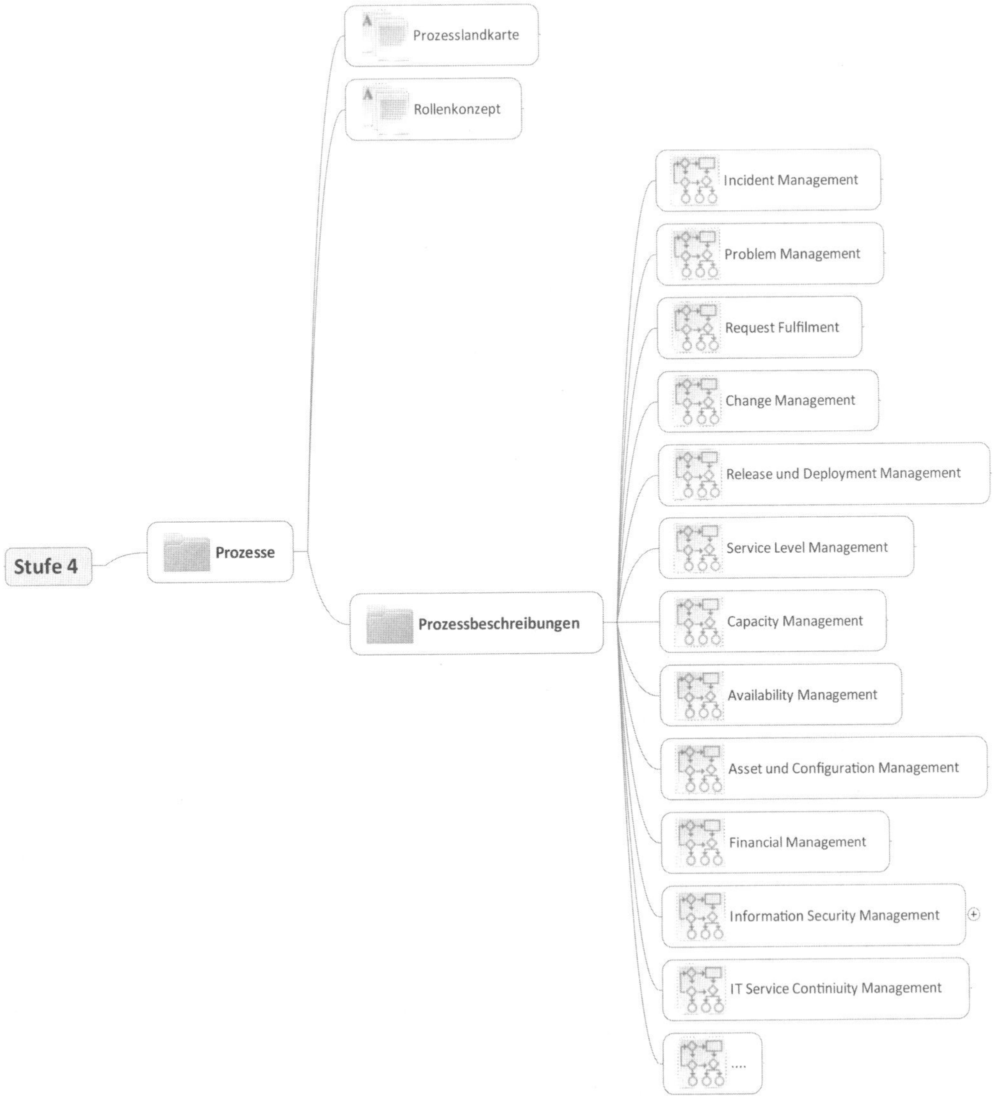

Bild 3.23 Mögliche Strukturierung der Prozessdokumentation (Beispielprozesse) auf Stufe 4

Erforderliche Prozessdokumente

Für jeden Prozess sollte es eine eigene Prozessbeschreibung geben. Diese muss so gestaltet sein, dass sie alle wesentlichen Aspekte des Prozesses darstellt und eine Bewertung ermöglicht. Im einfachsten Fall kann das Fließtext oder eine Tabelle sein. In der Praxis werden Prozesse meist grafisch in Form von Ablaufdiagrammen dargestellt. Hierbei ist die grafische Darstellung der Prozesse als Ergänzung der Prozessbeschreibung zu sehen. Sie kann in der Regel eine detaillierte Beschreibung der Abläufe nicht ersetzen.

Welche weiteren Punkte eine Prozessbeschreibung beinhalten sollte und worauf bei der Dokumentation von Prozessen zu achten ist, wird ausführlich in *Abschnitt 3.8.10* erläutert. Und auch ITIL® liefert Beschreibungen für die IT-Servicemanagement-Prozesse. Diese müssen an die Bedürfnisse des jeweiligen Unternehmens angepasst werden, sind aber eine gute Einstiegshilfe.

Zusätzlich zu den Prozessbeschreibungen verbergen sich hinter den einzelnen Prozessen eine ganze Reihe weiterer Dokumente, die entweder für die Prozessausführung erforderlich sind oder als Ergebnisdokumente und Aufzeichnungen während des Prozesses erstellt werden. Ein Beispiel soll dies verdeutlichen.

Beispiel: Dokumentation des Change-Prozesses

Das offensichtliche Ergebnis eines Change-Prozesses ist sicherlich ein erfolgreich gelöster und abgeschlossener Change. Bis es so weit ist, werden eine ganze Reihe von Dokumenten und Informationen verwendet bzw. erstellt. Ob dies in Form von Dokumenten oder in einer Anwendung erfolgt, spielt bei dieser Betrachtung keine Rolle.

- Der Initiator des Change reicht einen Request for Change (RFC) ein. Es soll eine neue Version einer Anwendung unternehmensweit ausgerollt werden. Die Entgegennahme des Change wird protokolliert, dem Einreicher wird der Eingang bestätigt und der Change wird in die Liste der zu genehmigenden Change Requests aufgenommen.
- Der Versionswechsel wird hinsichtlich seines Nutzen und seiner Auswirkungen bewertet. Um die Bewertung durchführen zu können, müssen die erforderlichen Informationen aus den Bereichen Infrastruktur, Sicherheit u. a. zur Verfügung stehen.
- Das Ergebnis der Bewertung wird dokumentiert und der Change wird zur formalen Freigabe weitergeleitet. Die Freigabe wird dokumentiert.
- Nach erfolgter formaler Freigabe wird das Rollout der Anwendung vorbereitet (Paketierung und Test). Hierfür werden Vorgabedokumente u. a. für das Testen benötigt. Die Ergebnisse der Tests werden protokolliert. Außerdem sind gegebenenfalls Anleitungen für die Rollout-Durchführung und Anleitungen für die Anwender (mit Hinweisen zu neuen Funktionen der Anwendung zu erstellen).

- Nach der Abnahme wird der Change für das Rollout freigegeben und terminiert. Die Freigabe wird dokumentiert und der Change wird im Change-Kalender eingetragen.
- Nach dem Rollout bzw. dem Abschluss des Change erfolgt eine Evaluierung. Das Ergebnis wird ausgewertet und dokumentiert.

Das vorstehende Beispiel zeigt, dass nicht nur Prozessbeschreibungen benötigt werden, sondern dass während der Ausführung eines Prozesses eine Reihe von Dokumenten und Aufzeichnungen entstehen (z. B. Testprotokolle, Prüfberichte, ausgefülltes RFC-Formular, Anleitungen für die Durchführung des Change, Abnahmeprotokoll u. a.).

Andere Prozesse liefern als Ergebnis ein oder mehrere Dokumente, die dann wiederum anderen Prozessen als Input dienen. Der *Service-Catalogue-Management-Prozess* ist ein weiteres gutes Beispiel. Das Hauptziel des Service Catalogue Management ist die Bereitstellung eines aktuellen Servicekatalogs, d. h., Ziel dieses Prozesses ist die Erstellung eines Dokuments. Dieses dient dann anderen Prozessen als Input.

Ein weiteres Beispiel liefert der *Capacity-Management-Prozess*, der die Erstellung eines Kapazitätenplans erfordert. Dieser dient als Grundlage für die Kapazitätenplanung und dokumentiert die aktuelle Situation der Nutzung der Services sowie Annahmen über zukünftige Nutzungsentwicklungen.

In *Abschnitt 3.8.11* finden Sie einige Erläuterungen zu diesem Themenbereich und exemplarisch ein paar Beispiele für Dokumente, die im Rahmen der Prozessausführung zu erstellen sind. Eine weitere Betrachtung der zu erstellenden Dokumente ist an dieser Stelle nicht möglich und von der individuellen Umsetzung im Unternehmen abhängig.

Mit zunehmender Prozess- und Serviceorientierung steigt außerdem die Notwendigkeit, Informationen datenbankgestützt bereitzustellen. Gemäß ITIL® sind beispielsweise für ein effektives und effizientes Incident- und Problemmanagement die Einrichtung und Verwaltung einer sogenannten *Known Error Database* unverzichtbar. Dies hat natürlich ebenfalls Einfluss auf die Ausprägung der Prozessdokumentation.

Known Error Database

Ein *Known Error (bekannter Fehler)* beschreibt ein Problem, dessen Ursache identifiziert und für das ein Workaround definiert wurde. Known Error Records sollten in einer gesonderten Datenbank verwaltet und dem ServiceDesk für die Diagnose und Behebung von Störungen zur Verfügung gestellt werden.
Die Known Error Database wird durch den Problemmanagementprozess verantwortet und beinhaltet alle dokumentierten Known Errors sowie die zugehörigen Workarounds.

Dokumentation der Rollen erforderlich

Mit der Einführung des ersten Prozesses wird zusätzlich eine Dokumentation der Rollen erforderlich. Rollen werden innerhalb von Prozessen verwendet, um Verantwortlichkeiten sowohl für den Prozess als auch für die einzelnen Tätigkeiten innerhalb eines Prozesses festzulegen. Um eine allgemeingültige Verwendung aller Rollen innerhalb des Unternehmens bzw. der IT-Organisation zu gewährleisten, ist die Pflege eines sogenannten *Rollenkonzepts* zu empfehlen. Sinnvollerweise sollte auch eine *Betriebsmatrix* gepflegt werden. In den *Abschnitten 3.8.6 und 3.8.8* finden Sie Hinweise zur Erstellung dieser beiden Dokumente sowie Beispiele.

Hilfreiche Übersicht: Die Prozesslandkarte

Mit zunehmender Prozessausrichtung sind die Erstellung und die Pflege einer IT-Prozesslandkarte zu empfehlen. Eine Prozesslandkarte dient der grafischen Darstellung der Wechselwirkungen und/oder zeitlichen Beziehungen der Prozesse einschließlich des Zusammenwirkens der einzelnen Teilprozesse. Was für die Darstellung der Aufbauorganisation das Organigramm ist, das ist für die Ablauforganisation die Prozesslandkarte. Prozesslandkarten werden häufig im Rahmen der Geschäftsprozessdokumentation verwendet, können aber auch zur grafischen Abbildung der IT-Prozesse nützlich sein. In *Abschnitt 3.8.12* finden Sie Hinweise zur Erstellung einer Prozesslandkarte.

3.6.5 IT-Servicemanagement-Dokumentation – Stufe 4

Definitionsgemäß sind auf dieser Stufe zusammenhängende IT-Services in einem Servicekatalog beschrieben. Allerdings wird auf dieser Stufe IT-Servicemanagement eher im Sinne von ITIL® V2 mit den beiden Hauptdisziplinen *Service Support* und *Service Delivery* verstanden. Eine Abbildung der Services in Phasen eines Lebenszyklus gemäß dem ITIL® V3 Service Lifecyle findet nicht statt.

Ein *IT-Service* ist eine in sich geschlossene Einheit (ein Produkt), die dem Kunden angeboten wird, ohne ihn mit den einzelnen Service-Komponenten, deren Zusammensetzung, Einzelkosten und Risiken zu konfrontieren. Intern besteht ein IT-Service in der Regel aus einer Vielzahl von IT-Komponenten (Infrastruktur, Anwendungen, IT-Prozesse u. a.). Die Mitarbeiter der IT-Organisation, die für die Bereitstellung der Services verantwortlich sind, haben zwangsläufig eine andere Sicht auf die IT-Services. Sie benötigen Informationen zu Beziehungen und technischen Komponenten.

Daraus leiten sich eine interne und eine externe Sicht auf die IT-Services ab, die sich auch in der Dokumentation widerspiegeln. In der Regel wird mit der Dokumentation der internen Sicht in Form von Servicebeschreibungen begonnen. Zusätzlich werden auf dieser Stufe meist auch die Bedingungen zur Festlegung und Überwachung von Service Level geschaffen. Ziel des Service Level Management sind die Definition, Vereinbarung und das Management von Servicevereinbarungen, sogenannten *Service Level Agreements – SLAs*. Ein SLA – auch als Dienstgütevereinbarung oder Dienstleistungsvereinbarung bezeichnet – ist eine Vereinbarung zwischen einem Auftraggeber und einem Dienstleister für wiederkehrende Dienstleistungen bzw. hier von IT-Services. Ziel ist es, die Kontrollmöglichkeiten für den Auftraggeber transparent zu machen, indem zugesicherte Eigenschaften wie Leistungsumfang, Reaktionszeit und Dienstgüte (Service Level) beschrieben werden. Werden IT-Services innerhalb eines Unternehmens anderen Organisationen bereitgestellt, wird hingegen der Begriff *Operation Level Agreement - OLA* verwendet. Im Gegensatz zu einer SLA ist ein Operating Level Agreement eine interne Leistungsvereinbarung zwischen Leistungserbringern innerhalb der IT-Organisation, die es ermöglicht, Vereinbarungen aus SLAs umzusetzen.

In der Praxis werden die konkreten Vereinbarungen zwischen Auftraggeber und Dienstleister häufig in Form von *Leistungsscheinen* vereinbart.

Inhalte einer Servicebeschreibung

Martin Beims benennt die folgenden Attribute, die in einer Servicebeschreibung enthalten sein sollten:

- *»Servicename und -beschreibung: Stellen die eindeutige Identifizierung des Service sicher und beschreiben, was dieser Service leistet.*
- *Status: Beschreibt, in welchem Status sich der Service in der Organisation befindet. Mögliche Status sind »definiert«, »genehmigt«, »entwickelt«, »in Betrieb«.*
- *Klassifizierung: Welche Bedeutung hat dieser Service für das Business?*
- *Genutzte Applikationen und Daten: Welche Anwendungen, Systeme und Daten werden für den Service benötigt?*
- *Unterstützter Geschäftsprozess: Zu welchem Geschäftsprozess leistet dieser Service welchen Beitrag?*
- *Business Owner, Business User, IT-Owner: Wer ist für den Service verantwortlich?*
- *Zugesicherte Eigenschaften (SLA): Welche Eigenschaften wie z. B. Verfügbarkeit oder Performance werden dem Kunden zugesichert?*
- *Unterstützende Services und Ressourcen: Welche Ressourcen und welche anderen Services werden benötigt, um diesen Service zu liefern?*
- *OLA, Contracts: Welche Vereinbarungen wurden intern und extern für die Serviceerbringung getroffen?*
- *Servicekosten und Servicepreis: Zu welchem Preis wird der Service erbracht und welche Kosten entstehen dadurch? (Die Kosten werden bei einem externen Provider in der Regel nicht transparent für den Kunden, es besteht allerdings diese Möglichkeit durch Open-Book-Kalkulation.)*
- *Metriken: Welche Messgrößen werden erfasst, wie werden sie erfasst und wie sieht der Report aus?«* (Beims, 2012)

Servicekatalog

Im nächsten Schritt wird dann meist ein Servicekatalog erstellt, dessen originäre Aufgabe es ist, die Kunden über die angebotenen Produkte zu informieren, und der damit die externe Sicht repräsentiert. Zusätzlich werden häufig aber auch die intern erforderlichen Informationen im Servicekatalog beschrieben. Er gehört damit zu den wichtigsten Dokumenten eines an den Services ausgerichteten IT-Betriebs und enthält ausschließlich die aktiven und genehmigten Services inklusive aller notwendigen Informationen. Dazu gehört neben einer detaillierten Beschreibung der jeweiligen IT-Leistungen u. a. auch die Verfügbarkeit der Services.

Weitere Informationen zum Inhalt eines IT-Servicekatalogs sowie zu den SLA-Vereinbarungen finden Sie in *Abschnitt 3.8.12*.

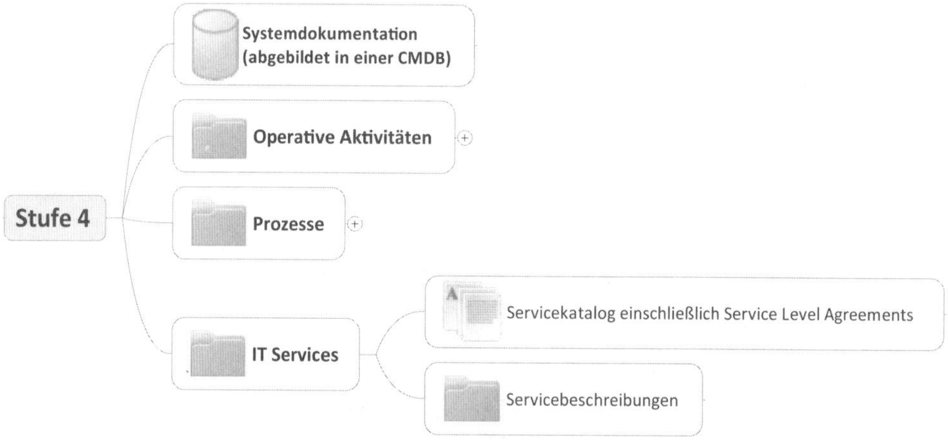

Bild 3.24 Mögliche Strukturierung der IT-Servicemanagement-Dokumentation

Aufbau der Dokumentation ist abhängig von eingesetzten Tools

IT-Servicemanagement ohne die Unterstützung entsprechender Tools ist nur schwer darstellbar. So ist der Betrieb eines ServiceDesk ohne ein Ticketsystem wohl nur in Ausnahmefällen möglich. Klassische Tools für das ITSM sind u. a.

- Tickettools für das Incident-, Change- und/oder Problemmanagement,
- CMDB-(Configuration Management Database-)Tools zur Speicherung von Konfigurationsdaten.

Damit aber hängen die Struktur und die Ausgestaltung vor allem auch von den eingesetzten Anwendungen ab und müssen individuell gestaltet werden.

3.7 Struktur der IT-Betriebsdokumentation – Stufe 5

Bei IT-Organisationen auf Stufe 5 erfolgen alle Tätigkeiten im Rahmen definierter IT-Services, die wiederum einen eigenen Lebenszyklus gemäß dem ITIL® V3 Service Lifecycle durchlaufen.

Tabelle 3.9 Merkmale von IT-Organisationen auf Stufe 5

Operative Tätigkeiten	IT-Prozesse	IT-Services	Dokumentationsanforderungen
▪ Operative Tätigkeiten erfolgen im Rahmen definierter IT-Services	▪ Alle Prozesse erfolgen im Rahmen definierter IT-Services ▪ Es gibt einen IT-Service-Lifecycle Prozess	▪ IT-Servicemanagement ist eingeführt und alle IT-Services werden im Rahmen ihres Lifecycle betrachtet und gesteuert	▪ Service Knowledge Management System einschließlich Configuration Management System und CMDB

Eine Liste aller Merkmale der fünf Stufen zeigt Tabelle 3.1.

3.7.1 Der Service Lifecycle im Überblick

In den Abschnitten zu den vorangegangenen Stufen werden die IT-Servicemanagement-Prozesse bzw. deren Dokumentationsanforderungen erläutert. Die Prozesse beschreiben, wie die Aufgaben im Rahmen des IT-Servicemanagements zu erledigen sind. IT-Organisationen auf Stufe 4 haben bereits definitionsgemäß zumindest einige IT-Services eingeführt und dokumentiert. Allerdings wird bis zur Stufe 4 IT-Servicemanagement eher im Sinne von ITIL® V2 mit den beiden Hauptdisziplinen *Service Support* und *Service Delivery* verstanden. Das ändert sich mit dieser Stufe.

Mit ITIL® V3 wurde der Service Lifecycle eingeführt, der für einen IT-Service fünf Lebensphasen abbildet:

- **Service Strategy** (Servicestrategie): Service Strategy bildet den Ausgangspunkt für alle Tätigkeiten des Service Lifecycle und bietet Unterstützung und Anleitung für die Phasen Design, Entwicklung und Implementierung von Servicemanagement an. Im Rahmen von Service Strategy wird festgelegt, welche Arten von Services welchen Kunden bzw. am Markt angeboten werden sollen. Hierfür müssen Ziele definiert und Chancen und Möglichkeiten für die Gestaltung neuer Services identifiziert werden.
- **Service Design** (Servicegestaltung): Service Design setzt die Vorgaben aus Service Strategy um und liefert Vorgaben und Vorlagen für die Entwicklung neuer IT-Services und die Änderung bestehender Services. In der Phase Service Design wird identifiziert, welche konkreten Serviceanforderungen bestehen. Kernthemen sind das Servicekatalog-, das Capacity- und das Service-Level-Management.
- **Service Transition** (Serviceüberführung): In dieser Phase werden die neuen oder geänderten Services aufgebaut und implementiert. Hierfür stellt Service Transition Anleitungen und Prozessaktivitäten (Change-Management, Service Asset and Configuration Management, Release und Deployment Management u. a.) bereit.
- **Service Operation** (Servicebetrieb): In dieser Phase erfolgt das tägliche Geschäft des Servicebetriebs. Service Operation ist auf die Erledigung aller betrieblichen Aufgaben ausgerichtet, die im laufenden Tagesgeschäft anfallen, und fokussiert die effektive und effiziente Lieferung bzw. Unterstützung von Services, mit dem Ziel, Mehrwert für Kunden

und Service Provider zu erzielen. Service Operation umfasst neben den klassischen Prozessen wie Incident oder Problemmanagement auch Prozesse zur Steuerung von Prozessen und Funktionen.

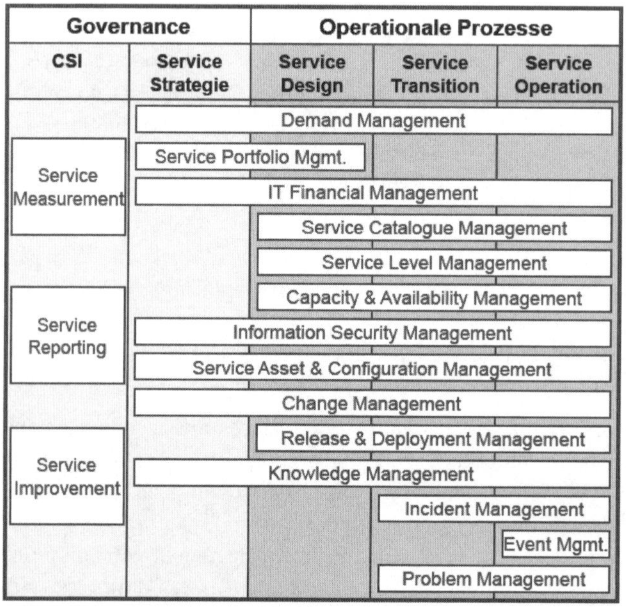

Bild 3.25 Einfluss zentraler Prozesse im Lifecycle – Quelle: Beims, 2012

- **Continual Service Improvement – CSI (Kontinuierliche Serviceverbesserung):** Durch diesen Prozess wird ein geschlossener Regelkreis zur fortlaufenden Verbesserung der Effektivität und Effizienz von IT-Services und Prozessen gesteuert. Ziel von Continual Service Improvement ist die kontinuierliche Verbesserung von Service Design, Service Transition und Services Operation durch Kombination von Methoden des Qualitätsmanagements, des Change-Managements und des Capability Improvement.

3.7.2 Aufbau und Inhalte der Dokumentation – Stufe 5

Auf dieser Stufe ist die Qualität der IT-Services maßgeblich abhängig von der Qualität der Dokumentation bzw. der Informationen. Ziel der Dokumentation ist es, dass alle für die Serviceerbringung, Prozessdurchführung und Überwachung notwendigen Informationen nachvollziehbar und für alle berechtigten Personen jederzeit zugänglich sind.

Die Abbildung der Prozesse im Kontext des Lifecycle erfordert dabei einen anderen Strukturierungsansatz als bei den anderen Stufen, denn jeder Service erfordert einen kompletten Satz an IT-Dokumentation. Außerdem ist die Erbringung der Services ohne die Unterstützung entsprechender Tools auf dieser Stufe nicht möglich, so dass eine Verschiebung weg von papierbasierten Dokumenten hin zu in Datenbanken gespeicherten Informationen stattfindet.

Dementsprechend sieht ITIL vor, dass alle Informationen für den Betrieb der vereinbarten Services, wie z. B. Störungen, Eigenschaften der Services oder technische Informationen in einem zentralen *Service Knowledge Management System (SKMS)* vorgehalten und allen an der Leistung der Services beteiligten Rollen bereitgestellt werden. Knowledge Management wurde als neuer Prozess in ITIL V3 eingeführt, dessen Aufgabe es ist, das erforderliche Wissen für alle IT-Servicemanagement-Prozesse zur Verfügung zu stellen, indem alle Informationen im Service-Knowledge-Management-System abgelegt werden.

Hierbei darf *Knowledge Management* jedoch nicht einschränkend mit *Wissensmanagement* übersetzt werden. Das *DIKW-(Data-Information-Knowledge-Wisdom-)Modell* beispielsweise unterscheidet zwischen Daten, Informationen und Wissen.

- **Daten (Data):** *Die unterste Stufe der Aggregation sind die Daten, also einfache Fakten über den Zustand der Infrastruktur, der Services oder erkannter Ereignisse (Incidents). Basis für korrekte und vollständige Daten sind entsprechende Methoden zur Messung und Erfassung und zur Erkennung (z. B. Ereignisse, Alarme, ...).*
- **Informationen (Information):** *Informationen entstehen, wenn Daten analysiert bzw. kombiniert und so in einen konkreten Kontext gesetzt werden. Informationen werden in Dokumenten wie z. B. Reports oder E-Mails gespeichert und zur Verfügung gestellt.*
- **Wissen (Knowledge):** *Werden die vorhandenen Daten verarbeitet, entsteht Wissen. Die Verarbeitung der Daten erfolgt mit Hilfe von Erfahrungen, Ideen und individuellen Entscheidungen. Ergebnisse sind dynamisch und vom Kontext und den persönlichen Fähigkeiten der Verarbeiter abhängig.* (Beims, 2012)

Ein SKMS besteht aus verschiedenen Tools und Datenbanken, die alle gemeinsam in ein logisches System eingebunden sind. Bestandteile eines SKMS u. a. die Known Error Database und das Configuration Management System, das wiederum eine oder mehrere CMDBs umfasst. Damit bietet das SKMS Zugriff auf Informationen zu den Services einschließlich Status und Abhängigkeiten, aber auch auf bisherige Incidents und Probleme, Rollen, SLAs und Verantwortlichkeiten.

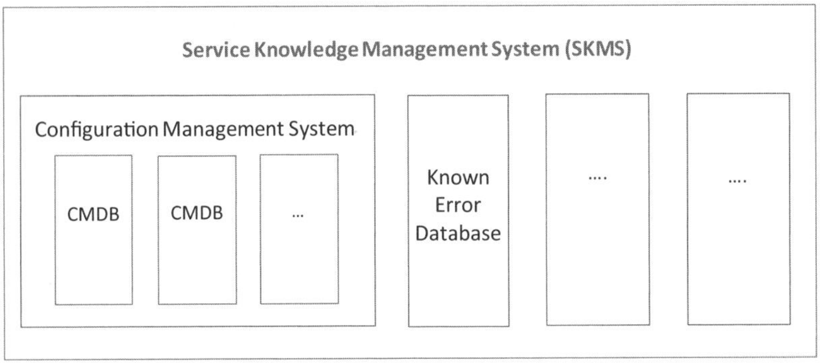

Bild 3.26 Bestandteile eines SKMS

Eine weitere Betrachtung dieses Themas ist an dieser Stelle weder möglich noch sinnvoll, da es in der Literatur zu ITIL umfänglich beschrieben wird.

3.8 Dokumente und Beispiele

Dieser Abschnitt beschreibt einige der in den vorstehenden Abschnitten genannten Dokumente (in alphabetischer Reihenfolge), zum Teil anhand von Beispielen. Ob diese im Einzelfall zu erstellen sind, hängt auch von der Zuordnung des eigenen Unternehmens im Strukturierungsmodell ab. Und die inhaltliche Ausgestaltung der Dokumente basiert auch auf der individuellen Situation der IT-Organisation.

Begriffschaos nicht nur bei den Rahmendokumenten

Besonders häufig verwendet wird für Dokumente, die dem Bereich der Rahmendokumente zuzuordnen sind, der Begriff *Konzept* (Berechtigungskonzept, Sicherheitskonzept, Administrationskonzept, Rollenkonzept, IT-Konzept). Dabei haben die meisten dieser Dokumente keinen konzeptionellen Charakter. Dass beispielsweise ein IT-Berechtigungskonzept mit verbindlichen Festlegungen für Zugriffsberechtigungen nichts mit einem Konzept gemein hat, wird deutlich, wenn man sich die Definition von Konzept betrachtet. Gemäß dem Duden ist ein Konzept ein erster Entwurf bzw. die erste Fassung einer Rede oder eines Schriftstücks. Wikipedia erweitert diese Definition um die Begriffe *Plan* und *Programm für ein Vorhaben*. Konzepte haben also grundsätzlich planerischen und strategischen Charakter.

Verschärft wird die Situation noch dadurch, dass es keine verbindliche Definition oder Richtlinien für die Verwendung von Dokumentbezeichnungen gibt. Sucht man im Internet nach dem Begriff *IT-Konzept*, findet man mehrere Tausend Einträge. Und fast genauso unterschiedlich ist das, was inhaltlich in einem IT-Konzept dargestellt wird. Während die einen unter einem IT-Konzept ein strategisches Papier der Unternehmensleitung verstehen, verwenden andere den Begriff IT-Konzept als Synonym für das Betriebshandbuch.

Die vorstehenden Beispiele verdeutlichen, dass man von einer Normung von Dokumentbezeichnungen gerade im Bereich der IT weit entfernt ist. Es ist daher dringend zu empfehlen, beim Aufbau der eigenen IT-Dokumentation die Verwendung der Dokumentbezeichnungen für das eigene Unternehmen zu definieren und diese deutlich voneinander abzugrenzen. Weiter muss die verbindliche Verwendung der Begriffe kommuniziert und sichergestellt werden, dass jeder, der Dokumente erstellt, die Bezeichnungen wie definiert verwendet.

Die folgenden Abschnitte möchten für eine derartige Standardisierung einige Anhaltspunkte liefern. Sie stellen die wichtigsten Rahmendokumente exemplarisch vor und zeigen, wie sich diese Dokumente gegen die übrigen im vorliegenden Buch beschriebenen Dokumentationen abgrenzen.

3.8.1 Ablaufbeschreibungen

Wie in den vorstehenden Kapiteln ausgeführt, werden die operativen Tätigkeiten in der Praxis häufig als Prozess bezeichnet. Aus Sicht der Dokumentation ist eine klare Unterscheidung jedoch sinnvoll, denn an Prozessbeschreibungen sind umfassende Anforderungen zu stellen (siehe hierzu *Abschnitt 3.8.10*).

Aber natürlich gibt es im Rahmen der operativen Tätigkeiten zu dokumentierende Handlungsstränge, die sich aus einzelnen Aktivitäten zusammensetzen. Für diese ist eine Dokumentation in Form von Ablaufbeschreibungen sinnvoll. Im Gegensatz zu Arbeitsanleitungen oder Arbeitsanweisungen beschreiben Ablaufbeschreibungen nicht einzelne Aktivitäten, sondern das Zusammenspiel mehrerer Aktivitäten im Rahmen einer definierten Aufgabe. Hierbei sind Aktivitäten als kleinste Ausführungseinheit definiert und dadurch gekennzeichnet, dass die Verantwortung für diese nicht unterteilbar ist.

Die Unterscheidung zwischen Abläufen und Aktivitäten bzw. zwischen Arbeitsanleitungen und Ablaufbeschreibungen mag akademisch anmuten. In der Praxis aber erleichtert eine klare Definition dieser Dokumententypen die Einrichtung und Pflege von Dokumentationsverfahren.

Beispiel für eine Ablaufbeschreibung

Ablaufbeschreibungen sollen die Ausführung einer Tätigkeit unterstützen, indem sie das Zusammenspiel der verschiedenen Aktivitäten verdeutlichen. Grafische Beschreibungen auch in Form von Flussdiagrammen sind hierzu natürlich hilfreich.

Ein gutes Beispiel findet sich auf dem ElsterOnline-Portal der Finanzverwaltung. Die nachstehende Abbildung zeigt einen Ausschnitt aus der Ablaufbeschreibung zur Registrierung im ElsterOnline-Portal.

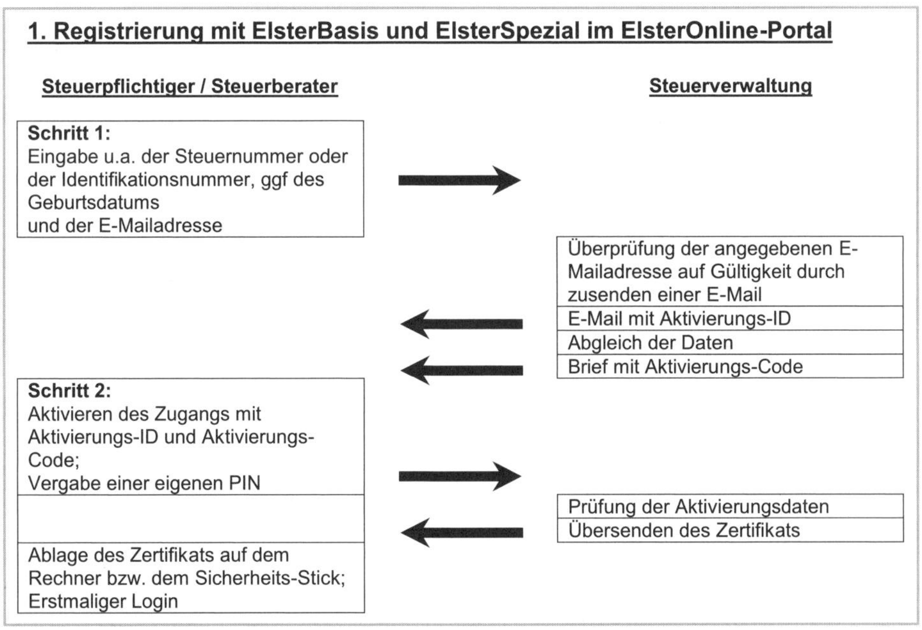

Bild 3.27 Beispiel für eine grafische Ablaufbeschreibung – Quelle: https://www.elsteronline.de/eportal/Oeffentlich.tax

3.8.2 Arbeitsanleitungen und Arbeitsanweisungen

Arbeitsanleitungen (auch als Work Instructions bezeichnet) sollen die Ausführung einzelner Aktivitäten unterstützen. Sinnvoll ist eine Unterscheidung von *Arbeitsanleitungen* und *Arbeitsanweisungen*. Arbeitsanweisungen haben, im Gegensatz zu Arbeitsanleitungen, verbindlichen Charakter. Bei den Ausführungen im Buch verwenden die Autoren stellvertretend auch für Anweisungen den Begriff **Arbeitsanleitungen**. Sofern diese im Einzelfall verbindlich sind, sollte hingegen besser der Dokumententyp Arbeitsanweisung verwendet werden.

Hierbei ist es aus Sicht der Dokumentation unerheblich, ob die Aktivitäten im Rahmen von Serviceprozessen erbracht werden oder als definierte operative Routineaufgaben bei funktionsorientierten Organisationen. Dies schließt Beschreibungen ein, was zu tun ist, wenn eine Ausnahme erkannt oder eine Änderung erforderlich ist.

Bei ITIL® findet man diese Dokumente unter der Bezeichnung *Standard operating procedures - SOPs*. Damit beschreibt ITIL® ein »Set« an Dokumenten, die zum einen detaillierte Anleitungen und Zeitpläne für die täglichen Routinearbeiten und zum anderen Anleitungen zur Durchführung von Änderungen umfassen.

Für Arbeitsanweisungen und Arbeitsanleitungen gibt es keine formalen Vorgaben. In der Praxis können sie in Form unterschiedlicher Dokumententypen Verwendung finden bzw. durch diese ergänzt werden. Hierzu zählen

- textliche Anleitungen auch in Form von Schritt-für-Schritt-Anleitungen,
- technische Handbücher,
- Bilder und Grafiken,
- Checklisten,
- Wartungspläne,
- Mustervorlagen,
- Formulare,
- Pläne.

Sinnvoll ist ein Abgrenzung zu *Ablaufbeschreibungen* (siehe vorstehenden Abschnitt). Ablaufbeschreibungen beschreiben nicht einzelne Aktivitäten, sondern das Zusammenspiel mehrerer Aktivitäten im Rahmen einer definierten Aufgabe.

Inhalt einer Arbeitsanleitung

Betrachtet man beispielsweise die Aktivität »Arbeitsplatzrechner einrichten«, so ist es sinnvoll, dem Ausführenden eine Anleitung zur Verfügung zu stellen, in der alle Arbeitsschritte (Aufstellen und Anschließen der Hardware, durchzuführende Tests usw.) beschrieben sind. Zusätzlich benötigt der Mitarbeiter gegebenenfalls ein ausgefülltes Formular, in dem er alle Informationen findet, die für die individuelle Einrichtung des Rechners benötigt werden (Standort, Rechnername, zu verwendende Bodentankdose usw.). Hilfreich wäre außerdem eine Checkliste, in der er alle erledigten Arbeiten abhaken kann. Diese kann gleichzeitig als Arbeitsnachweis dienen und einem Verantwortlichen zur Unterschrift vorgelegt werden. Wichtig sind solche Nachweise vor allem bei Rollouts, bei denen externe Mitarbeiter eingesetzt werden.

Einen Eindruck einer solchen Anleitung – auch wenn der Inhalt ein völlig anderer ist – soll die Grafik in Bild 3.28 vermitteln, die einen Ausschnitt aus einer Anleitung zur Benutzung von Scannern der Bibliothek der TU Chemnitz zeigt, die in dieser Form auch als Arbeitsanleitung dienen kann.

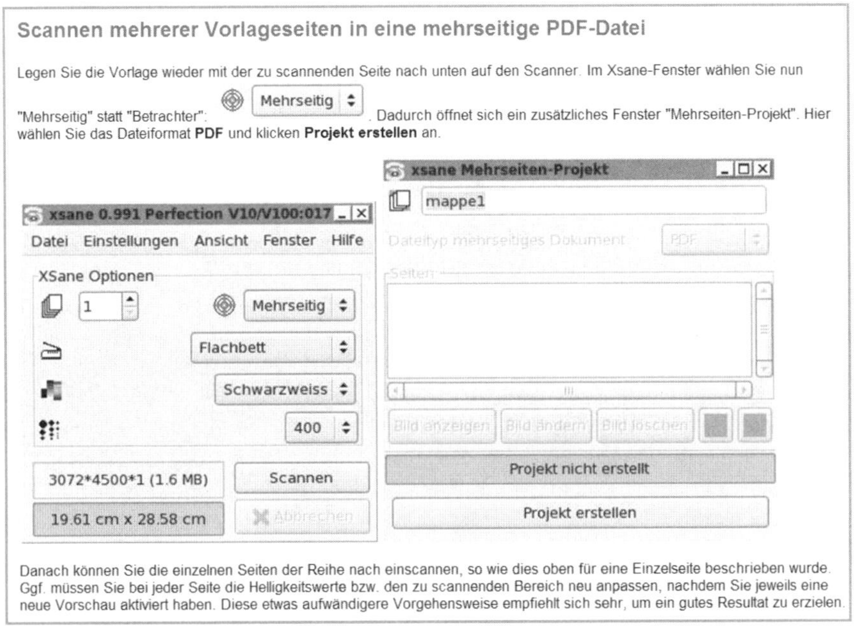

Bild 3.28 Beispiel einer grafisch aufbereiteten Arbeitsanleitung – Quelle: TU Chemnitz

Arbeitsanleitungen erstellen

Die Bedeutung, aber auch der zeitliche Aufwand für die Erstellung geeigneter Arbeitsanleitungen dürfen nicht unterschätzt werden. Die wichtigste Frage, die es immer zu beantworten gilt, lautet daher: Wie detailliert müssen Arbeitsanleitungen sein?

Grundsätzlich sollten Art und Umfang der Beschreibungen die Qualifikation und Kenntnisse der Ausführenden berücksichtigen. Erfordert beispielsweise eine Aufgabe die Ausführung durch jemanden mit der Qualifikation eines Microsoft Certified Engineer MCSE, ist es wohl nicht erforderlich, eine Schritt-für-Schritt-Anleitung für das Einrichten eines Benutzerkontos in Active Directory beizufügen. Sehr wohl wird aber ein Formular benötigt, das alle Objektinformationen für den neu einzurichtenden Benutzer enthält. Auf der anderen Seite kann es erforderlich sein, die Einrichtung eines Clientarbeitsplatzes im Rahmen einer Migration sehr detailliert bzw. in Form einer Schritt-für-Schritt-Anleitung zu beschreiben, da für diese Aufgabe externe Mitarbeiter hinzugezogen werden, die ihre Aktivitäten ausschließlich und streng nach den Vorgaben ausführen sollen.

Bei der Entwicklung von Arbeitsanleitungen ist es sinnvoll, in mehreren Schritten vorzugehen:

- Im ersten Schritt geht es darum, die Aktivitäten genau zu definieren, sie gegenüber anderen Aufgaben abzugrenzen und ihre Ziele festzulegen.

- Im zweiten Schritt werden die zur Erfüllung der Aktivitäten notwendigen Arbeitsschritte beschrieben. Wichtig ist bei diesem Schritt die Einbeziehung aller mit der Aufgabe betrauten Mitarbeiter, denn diese kennen ihre Arbeitsabläufe in der Regel am besten. Das Einbeziehen der Mitarbeiter kann durch eine Befragung erfolgen. Dabei gilt es zu klären, welche Verfahrensschritte wann erfolgen, welche Informationsquellen zur Verfügung stehen und wer formell beteiligt und wer informell einbezogen werden muss. Dabei ist es nicht unüblich, die Mitarbeiter mit der Erstellung der von ihnen später zu verwendenden Arbeitsanleitungen zu betrauen.
- Der dritte Arbeitsschritt umfasst die Testphase. In dieser werden im Produktiveinsatz die Arbeitsanleitungen von den Mitarbeitern getestet und bewertet. Die Erprobungsphase sollte zeitlich beschränkt und die Rückmeldungen sollten systematisch ausgewertet werden.

Verantwortlichkeiten festlegen

Die zuvor beschriebene Vorgehensweise zur Erstellung von Arbeitsanleitungen ist sicherlich idealtypisch und kaum mit vertretbarem Aufwand für alle Anleitungen umsetzbar. In der Praxis werden Arbeitsanleitungen daher meist direkt von den mit den Aufgaben betrauten Mitarbeitern erstellt und direkt und ohne Test in die Dokumentation aufgenommen. Wichtig ist jedoch, dass es klare Regelungen und Verantwortlichkeiten für die Bereitstellung gibt. In jedem Fall muss nämlich verhindert werden, dass sich jeder Mitarbeiter seine eigenen Anleitungen schreibt und diese irgendwo im Filesystem verschwinden. Wichtig ist daher die Einführung von Dokumentationsverfahren, wie sie in *Abschnitt 6.3* dargestellt werden.

Beispiele

Die folgende Arbeitsanleitung beschreibt die Vorgehensweise zur Einrichtung eines neuen Active-Directory-Kontos. Zur Verdeutlichung kann die Anleitung durch Abbildungen der entsprechenden Dialogboxen ergänzt werden.

Die Einrichtung eines neuen Benutzers erfolgt im BENUTZERMANAGER FÜR DOMÄNEN. Im Einzelnen ist folgendermaßen vorzugehen:

1. *Ein neues Benutzerkonto anlegen (im Menü BENUTZER die Option NEUER BENUTZER verwenden)*
2. *Benutzername vergeben (siehe Formular FL xxx). Der Benutzername muss den Namenskonventionen entsprechen. Siehe hierzu Dokument »Namenskonventionen«*
3. *Alle Benutzereigenschaften gemäß Formular FL xxx eintragen*
4. *Startkennwort eintragen. Das Startkennwort für die Domäne BEISPIELFIRMA ist: START123*
5. *Die Option BENUTZER MUSS KENNWORT BEI DER NÄCHSTEN ANMELDUNG ÄNDERN ist standardmäßig aktiviert. Diese Option ist nur in Ausnahmefällen zu deaktivieren (beispielsweise bei der Erstellung von systembezogenen Konten).*

6. *Die Gruppenzugehörigkeit festlegen (siehe Formular FL xxx). Standardmäßig ist der neue Benutzer Mitglied der Gruppe »Domänenbenutzer«.*
7. *Abhängig von der Zugehörigkeit zu einer Abteilung, ist die Mitgliedschaft in der entsprechenden Gruppe Abtxxxxxx bzw. Refxxxxxx einzutragen. Standarddomänenbenutzer müssen der Gruppe »Zertifikatsbenutzer« hinzugefügt werden.*
8. *Umgebungsprofil für den neuen Benutzer einrichten, Pfad für Benutzerprofil festlegen. Speicherort für die Profile sind die jeweiligen Basisverzeichnisse der Benutzer. Siehe Formular FL xxx.*

Das Logon-Skript gemäß Formular FL xxx eintragen. Standarddomänenbenutzer erhalten kein Logon-Skript.

Weitere Benutzerbeschränkungen sind zurzeit nicht vorgesehen. Bei den Optionen ZEITEN, ANMELDEN AN, KONTO und RAS sind die Standardeinstellungen zu übernehmen.

Eine gute Unterstützung können Formulare bieten. Das nachstehende Beispiel zeigt Auszüge aus einem Formular mit den Informationen, die der Mitarbeiter für die individuelle Einrichtung des Arbeitsplatzrechners benötigt.

Tabelle 3.10 Musterformular als Ergänzung einer Arbeitsanleitung bzw. einer Arbeitsanweisung

FL xxx – Umzug eines Benutzers		
Allgemeine Benutzerkonteninformationen		
Vorname	Gabi	Keine Änderung
Nachname	Muster	Keine Änderung
Titel	Dr.	Keine Änderung
Anzeigename	Muster, Gabi	Keine Änderung
Organisationseinheit (OU)	IT-Zentrale	
Profilpfad	\\beispielsrv\profile$\gabi.muster$	
...		
Gruppenmitgliedschaften (Active Directory und Anwendungen)		
Active-Directory-Gruppen, in die der Benutzer aufgenommen werden muss		
Active-Directory-Gruppen, aus denen der Benutzer entfernt werden muss		
Anwendungen, für die der Benutzer Zugriffe benötigt (Gruppen, in die der Anwender aufzunehmen ist)	Anwendung und erforderliche Rechte	
...		
Postfachinformationen		
Postfach		Keine Änderung

Tabelle 3.10 Musterformular als Ergänzung einer Arbeitsanleitung bzw. einer Arbeitsanweisung *(Fortsetzung)*

FL xxx – Umzug eines Benutzers		
E-Mail-Adressen	FAX: 12345 SMTP: gabi.muster@beispielfirma.de	X400-Adresse hinzufügen. Andere Adressen: keine Änderung
...		
Terminalserverprofil		
Terminalserver: Benutzerprofil	\\terminalsrv\profile$\gabi.muster$	
Terminalserver: Basislaufwerk	\\terminalsrv\profile$\gabi.muster$	
Umzuziehende Daten		
Datei oder Ordner	Von	Nach
...		
Einstellungen für sicherheitskritische Sicherheits- und Verteilergruppen (Zuweisen von Administratorrechten)		
Administratorengruppen, aus denen das Benutzerkonto entfernt werden muss		
Administratorengruppen, in die der Benutzer aufgenommen werden muss		
...		

Checklisten sind hilfreich, da in ihnen alle erledigten Arbeiten abgehakt werden können. Gleichzeitig können Checklisten als Nachweis dienen und bei z. B. sicherheitskritischen Aufgaben durch Unterschrift bestätigt werden. Sie werden damit zu Aufzeichnungen und sind entsprechend aufzubewahren.

Tabelle 3.11 Muster-Checkliste als Ergänzung einer Arbeitsanleitung bzw. einer Arbeitsanweisung

Checkliste CH xxx – Mitarbeiterumzug	
Aktivität	**Erledigt**
Das Benutzerkonto wurde umgezogen.	
Die Kontoinformationen wurden angepasst.	
Die Postfachinformationen wurden geändert.	
Das Terminalserverprofil wurde angepasst.	
Die persönlichen Daten des Benutzers wurden umgezogen.	
Das Benutzerkonto wurde aus nicht mehr benötigten Sicherheits- und Verteilergruppen entfernt.	
Das Benutzerkonto wurde in die erforderlichen Sicherheits- und Verteilergruppen aufgenommen.	

Checkliste CH xxx – Mitarbeiterumzug	
Das Benutzerkonto wurde aus nicht mehr benötigten Administratorengruppen entfernt.	
Das Benutzerkonto wurde in die erforderlichen Administratorengruppen aufgenommen.	
Zusätzlich benötigte Rechte wurden erteilt.	

3.8.3 Berechtigungskonzept

Das Berechtigungskonzept beschreibt nicht die konkreten Berechtigungen je Benutzer, sondern welche Zugriffsregeln für einzelne Benutzer oder Benutzergruppen auf die IT-Systeme bzw. die Daten gelten. Außerdem enthält es Regelungen, wie Benutzerrechte vergeben werden und wie die Einhaltung der Regelungen sichergestellt wird.

Aus Compliance-Sicht handelt es sich hierbei um ein sehr wichtiges Dokument, das nicht nur dem Schutz vor unbefugter Veränderung und unbefugter Kenntnisnahme dient, sondern auch deren Nachvollziehbarkeit sicherstellen muss. Aufgrund der hohen Bedeutung steht die Prüfung des Berechtigungskonzepts und der tatsächlich eingerichteten Berechtigungen in den IT-Systemen bei Prüfungen weit oben auf der Prüfungsliste.

Dazu muss das Berechtigungskonzept u. a. die folgenden Fragen beantworten:

- Wie erfolgt die Zuordnung von Benutzern zu den Rollen und Rechten?
- Wie ist das Antragsverfahren gestaltet? Wer legt fest, wer was darf?
- Wie erfolgt die Vergabe von Rechten an die Benutzer bzw. Rollen?
- Ist sichergestellt, dass keine anonymen Accounts verwendet werden? Um nachvollziehen zu können, welcher Benutzer welche Aktionen im System durchgeführt hat, sollten nur personalisierte Accounts zugelassen werden (keine Gast- oder Funktionsaccounts).
- Wie wird verhindert, dass fiktive Accounts angelegt werden können, die in der Realität nicht existieren? Mit ihrer Hilfe können unzulässige Aktionen durchgeführt werden.
- Gibt es eine Funktionstrennung zwischen der Vergabe der Rolle und der Zuordnung von Rechten zu der Rolle bzw. der Produktivsetzung der Rolle?
- Wie kann die aktuelle Rechtesituation ermittelt werden? Kann beispielsweise eine Liste aller Accounts mit Name, Kennung und Rechten bzw. eine Liste aller Accounts, die über ein bestimmtes Recht verfügen, erstellt werden?
- Wie ist sichergestellt, dass die eingerichteten Rechte in den IT-Systemen mit den beantragten und genehmigten Rechten übereinstimmen?
- Wie und wann erfolgen Kontrollen, die sicherstellen, dass die definierten Berechtigungen mit der Realität übereinstimmen?

Jeder Änderungsstand muss gesichert und gemäß GoBD aufbewahrt werden.

Anstelle eines Berechtigungskonzepts trifft man in der Praxis häufig auf ein *Rollen- und Berechtigungskonzept*, was darauf hindeutet, dass auch die Definition der Rollen in diesem Dokument zu finden ist. Eine solche Zusammenfassung in einem Dokument ist zwar grundsätzlich möglich, im vorliegenden Buch werden das Berechtigungskonzept und das Rollenkonzept (siehe hierzu *Abschnitt 3.8.9*) als zwei unterschiedliche Dokumente behandelt.

Verwaltung von Kennwörtern

Die Vergabe individueller Berechtigungen ist notwendigerweise mit entsprechenden Authentifizierungsmaßnahmen verknüpft. Die Menge der zu verwaltenden Kennwörter und Zugangsdaten ist insbesondere in großen Unternehmen nicht zu unterschätzen und der Umgang damit stellt in der Praxis vielfach ein Problem dar. Zum einen müssen Kennwörter vertraulich behandelt und damit sicher vor dem Zugriff durch Unbefugte gespeichert werden, zum anderen müssen sie bei Bedarf, d. h. bei Störfällen und Notfällen, verfügbar sein. So ist beispielsweise für die Autorisierung eines DHCP-Servers in Active Directory die Berechtigung eines Organisationsadministrators erforderlich. Ist dieser »wichtige Mensch« bei einem Störfall nicht erreichbar und das Kennwort nicht verfügbar, stellt dies ein ernsthaftes Problem dar. Gleiches gilt, wenn beispielsweise ein externer Mitarbeiter die Active-Directory-Datenbank zurücksichern muss, aber nicht autorisiert ist. Und nicht zuletzt erfordern viele »normale« Verwaltungsarbeiten auf den Arbeitsplatzrechnern die Kenntnis des lokalen Administratorkennworts.

Daher ist es wichtig, im Sicherheitskonzept zu definieren, wie mit vertraulichen Daten wie Passwörtern, Zugangsdaten und Lizenzschlüsseln umgegangen werden soll, und dafür entsprechende Verfahren zu entwickeln. Gegebenenfalls ist eine gesonderte Passwortrichtlinie zu erstellen.

3.8.4 Berechtigungsmatrix

Eine Berechtigungsmatrix ist eine tabellarische Zuordnung von konkreten Berechtigungen und Berechtigungsprofilen zu Benutzern bzw. Gruppen. Berechtigte können einzelne Benutzer (Einzelberechtigung) bzw. bestimmte Benutzergruppen sein (Gruppenberechtigung). Einzelne Benutzer können dabei in unterschiedlichen Rollen unterschiedliche Berechtigungen besitzen.

Das Beispiel zeigt einen Auszug aus einer Berechtigungsmatrix zur Regelung der Verantwortlichkeiten am Beispiel der DHCP-Server-Verwaltung.

Tabelle 3.12 Beispiel Berechtigungsmatrix

Berechtigungsmatrix: DHCP-Server-Verwaltung				
Berechtigung	Gruppe	Gruppe	Gruppe	Gruppe
	DHCP-Administratoren (Lokal)	DHCP-Benutzer (Lokal)	Domänen-Admins	Administratoren (Lokal)
Anzeigen der DHCP-Serverdaten, einschließlich der DHCP-Serverkonfiguration	Lokaler Server	Lokaler Server	Alle DHCP-Server	Lokaler Server

Berechtigungsmatrix: DHCP-Server-Verwaltung				
Anzeigen der DHCP-Protokolldateien	Lokaler Server	Lokaler Server	Alle DHCP-Server	Lokaler Server
Erstellen und Löschen von Bereichen	Lokaler Server		Alle DHCP-Server	Lokaler Server
Erstellen von Bereichsgruppierungen	Lokaler Server		Alle DHCP-Server	Lokaler Server
Verwalten von Reservierungen	Lokaler Server		Alle DHCP-Server	Lokaler Server
Änderung der DHCP-Optionen	Lokaler Server		Alle DHCP-Server	Lokaler Server
Ändern der Konfiguration des DHCP-Serverdienstes			Alle DHCP-Server	Lokaler Server

In Einzelfällen kann es sinnvoll sein, für ein einzelnes Systemobjekt die Berechtigungen zu spezifizieren. Das folgende Beispiel für eine differenziertere Berechtigungsmatrix zeigt einen Auszug aus den zu konfigurierenden Sicherheitseinstellungen für eine neu einzurichtende Active-Directory-Organisationseinheit (OU).

Tabelle 3.13 Beispiel für eine detaillierte Berechtigungsmatrix

Berechtigungsmatrix für eine ausgewählte AD-Organisationseinheit (OU)			
Gruppe	Geerbt von	Gültig für	▪ Berechtigungen
Kontenoperatoren	Explizit	Nur dieses Objekt	▪ Computer erstellen oder löschen ▪ Benutzerkonto erstellen oder löschen ▪ Gruppen erstellen oder löschen ▪ Drucken erstellen oder löschen
Administratoren	Explizit	Dieses und alle untergeordneten Objekte	▪ Inhalt auflisten ▪ Alle Eigenschaften lesen ▪ Alle Eigenschaften schreiben ▪ Löschen ▪ Berechtigungen lesen ▪ Berechtigungen ändern ▪ Besitzer ändern ▪ Alle erweiterten Rechte ▪ Alle untergeordneten Objekte erstellen
Authentifizierte Benutzer	Explizit	Nur dieses Objekt	▪ Inhalt auflisten ▪ Alle Eigenschaften lesen ▪ Berechtigungen lesen

3.8.5 Betriebshandbücher

Weder in der Praxis, noch in der Literatur finden sich verbindliche Definitionen für den Begriff »Betriebshandbuch«. Entsprechend gibt es auch keine verbindlichen Regelungen, wie detailliert ein Betriebshandbuch sein muss bzw. welche Inhalte es haben muss oder kann.

Im Rahmen der im Buch beschriebenen IT-Dokumentation dienen Betriebshandbücher der Dokumentation der Tätigkeiten des operativen Systembetriebs und werden folgendermaßen definiert: Ein Betriebshandbuch (BHB) ist die Basis für den ordnungsgemäßen Betrieb einer Anwendung oder eines Aufgabenbereichs und beschreibt deren betriebliche Sicht. Das beinhaltet Aussagen zu »wer, was, wann, wie, wie oft« tun muss, um den operativen IT-Betrieb einschließlich der erforderlichen Kontroll- und Wartungsarbeiten sicherzustellen. Sinnvollerweise werden die Betriebshandbücher durch Arbeitsanleitungen und Ablaufbeschreibungen (*siehe Abschnitt 3.8.1*) ergänzt.

Mögliche Grobgliederung eines Betriebshandbuchs

Die im Folgenden dargestellte Gliederung dient als Beispiel, das individuell angepasst werden muss. Außerdem kann es sinnvoll sein, für einzelne Themen gesonderte Dokumente zu erstellen (beispielsweise Installationshandbücher oder Arbeitsanleitungen). In diesem Fall genügt im Betriebshandbuch ein Verweis auf die entsprechenden Dokumente.

Inhaltsverzeichnis Betriebshandbuch für System xy

1. *Beschreibung des Systems*
   a) Hauptzielsetzung und Funktionen im Überblick
   b) Leistungsbeschreibung
   c) Verantwortlichkeiten
   d) Ansprechpartner/Support/Hersteller
2. *Technische Beschreibung*
   a) Systemkomponenten (ggf. Verweis auf Systemakte)
   b) Plattformen und Infrastrukturkomponenten
   c) Anforderungen Produktivbetrieb und Testbetrieb
   d) Schnittstellen – Quellsysteme und Zielsysteme
3. *Installation und Konfiguration*
   a) Installation und Konfiguration des Systems in der Produktivumgebung (ggf. Verweis auf Installationshandbuch oder Systemakte)
   b) Installation und Konfiguration des Systems in der Testumgebung (ggf. Verweis auf Installationshandbuch oder Systemakte)
4. *Verfügbarkeit*
   a) Betriebszeiten/Wartungsfenster
   b) SLAs/OLAs (ggf. Verweis auf Leistungsschein)
5. *Sicherheit*

   a) Berechtigungen/Passwörter
   b) Schutzbedarf und Sicherheitsrichtlinien
6. *System-/Anwendungsbetrieb*
   a) Rollen und Aufgaben
   b) Überwachung und Reporting
   c) Datensicherung
   d) Archivierung
   e) Systemspezifische Tätigkeiten (ggf. Verweis auf Arbeitsanleitungen und Ablaufbeschreibungen)
7. *Störungsmanagement*
   a) Alarmierung und Eskalation
   b) Fehlerbehebung (inkl. Test)
   c) Restart und Wiederanlauf
   d) Verweis auf Notfallpläne

3.8.6 Change Requests

Das Änderungsmanagement (Change-Management gemäß ITIL®) steuert alle Aufgaben, die der Einführung neuer oder der Änderung vorhandener IT-Systeme und IT-Verfahren dienen. Es definiert die Verantwortlichkeiten und plant die auszuführenden Arbeiten. Der Umfang der Änderungssteuerung ist dabei abhängig von der Komplexität und den erwarteten Auswirkungen einer Änderung und demzufolge sehr unterschiedlich. Er kann von einer automatischen Genehmigung kleinerer Änderungen bis hin zur Umsetzung im Rahmen von Projekten reichen.

Änderungsmanagement, Veränderungsmanagement und Change-Management

Das *Änderungsmanagement* ist verantwortlich für die Steuerung und Überwachung von Änderungen. Ziel ist, dass Änderungen an Systemen oder Prozessen kontrolliert und dokumentiert erfolgen. Im Rahmen des Änderungsmanagements werden Änderungen identifiziert, beschrieben, klassifiziert, bewertet, genehmigt, durchgeführt und verifiziert.

Abzugrenzen davon ist das *Veränderungsmanagement*, das sich auf betriebliche Veränderungsprozesse im Unternehmen bzw. auf Veränderungen im Projektumfeld bezieht.

Zu beachten ist, dass der englische Begriff *Change-Management* sehr häufig für beides verwendet wird, was zu Missverständnissen führen kann. Im Buch wird Change Management ausschließlich im Sinne von Änderungsmanagement verwendet.

Ziel des Change-Managements sind die geplante, kontrollierte und standardisierte Durchführung von Changes und die Minimierung der negativen Auswirkungen von Veränderungen auf die IT-Services. Störungen und Serviceunterbrechungen aufgrund von Changes sollen soweit wie möglich reduziert und unnötige Nacharbeiten minimiert werden.

Jede Änderung muss initiiert werden. Hierfür ist ein Antrag erforderlich. Eine wichtige Rolle in diesem Prozess spielt deshalb die *Änderungsanforderung*. In der Praxis wird diese auch als *Change Request (CR)* oder *Request for Change (RFC)* bezeichnet. Im Wesentlichen handelt es sich bei der Änderungsanforderung um einen standardisierten Antrag zur Durchführung einer Änderung. Jede Änderungsanforderung sollte mindestens die folgenden Informationen beinhalten:

- eindeutige RFC-ID,
- Datum der Erstellung,
- Name des Erstellers,
- Begründung für die Änderung und Erläuterung, welches Ziel mit der Änderung erreicht werden soll,
- Beschreibung der Änderung,
- bekannte Auswirkungen auf andere Systeme oder Prozesse sowie mögliche Risiken,
- bekannte Auswirkungen und Risiken, sofern die Änderung nicht durchgeführt wird,
- gewünschtes Datum für die Umsetzung,
- geschätzter Zeitaufwand für die geforderte Änderung,
- Kostenschätzung der Änderung und Alternativkostenberechnung (gegebenenfalls getrennt nach internen und externen Kosten, Lizenzkosten, Personalkosten usw.),
- beteiligte Organisationseinheiten,
- Ergebnis der Genehmigungsprüfung (Begründung, Auflagen),
- detaillierte Beschreibung der erforderlichen Änderung,
- Rollback-Pläne.

Während des Änderungsprozesses müssen die beantragte Änderung bewertet und genehmigt und die geplanten Änderungen getestet werden, was die entsprechenden Testdokumente erforderlich macht. Erst nach der Freigabe wird die Änderung in der Produktionsumgebung und damit im IT-Betrieb bereitgestellt. Hierfür werden wiederum Abnahmedokumente benötigt. Zudem ist eine Anpassung der vorhandenen Betriebsdokumente erforderlich.

Es ist daher wichtig, den Änderungsprozess so zu gestalten, dass nur kontrolliert geändert wird. Dazu sollte der Änderungsprozess mindestens die folgenden Schritte umfassen:

- Änderungen identifizieren und beschreiben (Änderungsanforderung),
- Änderungen klassifizieren nach der Dringlichkeit und dem Grad ihrer Auswirkung,
- Änderungen bewerten und eine Entscheidung vorbereiten in Bezug auf die Risiken, die entstehen, wenn die Änderung nicht durchgeführt wird, und in Bezug auf die Risiken, die durch die Änderung entstehen,
- Änderungen genehmigen,
- Änderungen veranlassen und terminieren,

- Änderungen durchführen, testen und freigeben,
- Änderungen verifizieren (ist der erwartete Nutzen eingetreten?),
- durchgeführte Änderungen dokumentieren.

Zu beachten ist, dass auch ein Abbruch oder die Ablehnung einer Änderung einen formalen Prozess durchlaufen und dokumentiert werden muss. Beispielsweise ist zu klären, ob der Antrag ganz oder teilweise abgelehnt wird und ob eine Alternative zwingend erforderlich ist.

Eine wichtige Rolle auch in Bezug auf die Dokumentation spielen Standard-Changes. Diese haben den Änderungsprozess bereits durchlaufen, werden regelmäßig durchgeführt, sind gut bekannt und dokumentiert. Der Austausch einer Festplatte im SAN-System oder die Vergabe von erweiterten Zugriffsberechtigungen sind typische Standardänderungen, die keine erneuten Eingriffe durch das Änderungsmanagement erfordern.

Tabelle 3.14 Vorlage für einen Änderungsantrag (Change Request)

Änderungsanforderung (Change Request)			
1. Angaben des Antragstellers			
Allgemeine Angaben	RFC-ID (wird vergeben)		Datum der Antragstellung:
Antragsteller	Name: Organisationseinheit: Telefon:		
Ziel der Änderung	▪ Funktionale Systemänderung/-erweiterung ▪ Kapazitätserweiterung ▪ Außerbetriebnahme einer Systemkomponente ▪ Änderung oder Erweiterung eines Prozesses ▪ Andere		
Änderungswunsch: Was soll geändert werden?			
Grund der Änderung (Notwendigkeit beschreiben)			
Bekannte Auswirkungen auf andere Systeme/Prozesse inkl. bereits bekannter Risiken			
Risiken bei Nichtumsetzung			
Erforderlicher Zeitrahmen/Termin			
Unterschrift des Antragstellers			
2. Angaben des Antragsbearbeiters			
Bearbeiter	Name	Organisa- tionseinheit	Telefon

Tabelle 3.14 Vorlage für einen Änderungsantrag (Change Request) *(Fortsetzung)*

Änderungsanforderung (Change Request)	
Machbarkeit/Nutzen (Ist die Änderung durchführbar und ist das Ziel der Änderung damit erreichbar?)	▪ Ja ▪ Ja, mit folgender Einschränkung: ▪ Nein, weil:
Zusätzlich zu beteiligende Organisationseinheiten?	▪ Keine ▪ Ja, folgende:
Erkannte Risiken (Welche Probleme können bei der Einführung oder danach auftreten?)	▪ Keine ▪ Folgende:
Detaillierte Beschreibung der Änderung. Was ist zu tun, um das Ziel zu erreichen? Was muss im Detail geändert werden?	
Erforderliche Rollback-Maßnahmen	
Auswirkungen auf Notfallpläne, deren erforderliche Anpassungen nach Umsetzung des RFC	
Geschätzte Kosten	______________________EURO ▪ Finanzierung gesichert durch ________
Aus den Risiken und dem Umfang abgeleitete Änderungsklasse	▪ Änderungsklasse A ▪ Änderungsklasse B
Erweitertes Genehmigungsverfahren (bei Änderungen der Klasse A zwingend erforderlich)	☐ Nein ☐ Ja
Empfehlung für erweitertes Genehmigungsverfahren	☐ Sollte umgesetzt werden ☐ Mit folgender Einschränkung umzusetzen: ☐ Ablehnung, Grund:
3. Angaben zur Umsetzung	
Bewilligung erteilt	☐ Erteilt ☐ Nicht erteilt, weil ☐ Mit Auflagen:
Geplanter Zeitrahmen/Termin	
Unterschrift des Bearbeiters	Datum:

3.8.7 Datenschutzrelevante Verfahrensbeschreibungen

Das Bundesdatenschutzgesetz (BDSG) definiert verbindlich für alle Unternehmen, die der gesetzlichen Meldepflicht unterliegen, klare Anforderungen bezüglich der Einhaltung des Datenschutzes und der Datensicherheit. Nach § 9 BDSG muss die verantwortliche Stelle technische und organisatorische Sicherheitsmaßnahmen treffen, um eine datenschutzgerechte Verarbeitung personenbezogener Daten sicherzustellen. Ziffer 9 erfordert eine allgemeine Beschreibung, die es ermöglicht, vorläufig zu beurteilen, ob die Maßnahmen zur Gewährleistung der Sicherheit der Verarbeitung angemessen sind. Darüber hinaus sind entsprechend der Anlage zu § 9 S. 1 die Maßnahmen, welche zum Schutz der Daten oder Datenkategorien getroffen wurden, zu konkretisieren. Diese Angaben müssen und sollten vom Unternehmen nicht öffentlich gemacht werden.

Zur Einhaltung eines gesetzeskonformen Datenschutzmanagements sind unter anderem die Pflege und Veröffentlichung eines sogenannten *Verfahrensverzeichnisses* durch den Datenschutzbeauftragen des Unternehmens für alle Unternehmen vorgeschrieben. Das Verfahrensverzeichnis muss alle automatisierten Verfahren einer Organisation auflisten, mit denen im Rahmen eines automatisierten Verfahrens ermittelte personenbezogene Daten gespeichert werden.

Der Begriff *Verfahren* wird hier im datenschutzrechtlichen Zusammenhang verwendet und bezeichnet Vorgänge, in denen personenbezogene Daten verarbeitet oder genutzt werden. Ein typisches Verfahren ist eine automatisierte Zeiterfassung. Die für ein Verfahren verantwortliche Stelle muss im Verfahrensverzeichnis Angaben zu sämtlichen von ihr betriebenen automatisierten Verfahren machen, mit denen sie personenbezogene Daten verarbeitet.

Entsprechend der Zielsetzung des Verfahrensverzeichnisses konzentriert sich sein Inhalt auf die Offenlegung der für die Verarbeitung personenbezogener Daten verantwortlichen Stellen und Personen, auf die Zweckbestimmung der Verarbeitung sowie auf die betroffenen Personengruppen. Außerdem müssen Regelfristen für die Datenlöschung definiert werden. Im BDSG werden die in die Verfahrensbeschreibung aufzunehmenden Angaben verbindlich aufgezählt (siehe *Abschnitt 3.8.7*). Dabei wird unterschieden zwischen den Angaben, die zu veröffentlichen sind, und den Teilen, die nicht zu veröffentlichen sind. Jedes Verfahren ist eindeutig zu benennen. Bei der Verfahrensbezeichnung ist ein möglichst »sprechender« Name zu verwenden. Verknüpfungen zu anderen Verfahren sind dann anzugeben, wenn mithilfe der Verknüpfung automatische Suchvorgänge oder automatische Veränderungen von anderen Verfahren aus oder in anderen Verfahren durchgeführt werden.

Konkret schreibt das BDSG vor, dass der für den Datenschutz Zuständige in geeigneter Weise die folgenden Angaben für alle Betroffenen verfügbar zu machen hat.

»Sofern Verfahren automatisierter Verarbeitungen meldepflichtig sind, sind folgende Angaben zu machen:

Name oder Firma der verantwortlichen Stelle,

Inhaber, Vorstände, Geschäftsführer oder sonstige gesetzliche oder nach der Verfassung des Unternehmens berufene Leiter und die mit der Leitung der Datenverarbeitung beauftragten Personen,

Anschrift der verantwortlichen Stelle,

Zweckbestimmungen der Datenerhebung, -verarbeitung oder nutzung, eine Beschreibung der betroffenen Personengruppen und der diesbezüglichen Daten oder Datenkategorien,

Empfänger oder Kategorien von Empfängern, denen die Daten mitgeteilt werden können,

Regelfristen für die Löschung der Daten,

eine geplante Datenübermittlung in Drittstaaten,

eine allgemeine Beschreibung, die es ermöglicht, vorläufig zu beurteilen, ob die Maßnahmen nach § 9 zur Gewährleistung der Sicherheit der Verarbeitung angemessen sind.« (BDSG, 2015)

Musterdokumentationen verfügbar

Es gibt im Internet eine ganze Reihe von Musterdokumentationen, die bei der Erstellung der Dokumente für das Verfahrensverzeichnis hilfreich sein können. Neben den Landesdatenschutzbeauftragten stellt vor allem auch der *Bundesverband Informationswirtschaft, Telekommunikation und neue Medien e. V. (BITKOM)* hilfreiche Muster und Leitfäden zu verschiedenen Themen im Bereich Sicherheit und Datenschutz kostenlos zur Verfügung.

3.8.8 IT-Betriebsmatrix

Wie im vorstehenden Kapitel beschrieben, werden beim prozessorientierten Ansatz Rollen definiert, denen Aufgaben und Verantwortlichkeiten zugewiesen werden.

Darüber hinaus muss es ein Dokument geben, in dem die Zuordnung von Organisationseinheiten und Personen zu den Rollen erfolgt, also ein Dokument, in dem konkret steht, welcher Rolle der Mitarbeiter XY zugeordnet ist. Dabei kann eine Person mehrere Rollen besetzen; ebenso kann aber auch eine Rolle von mehreren Personen eingenommen werden. Hierfür wird häufig eine sogenannte *Betriebsmatrix* verwendet. Sie definiert die organisatorische Platzierung der Aufgaben und Rollen. Eine Betriebsmatrix ermöglicht demzufolge eine eindeutige Zuordnung von Personen und Rollen und hilft dabei, Doppelbesetzungen, unklare Zuständigkeiten und Überschneidungen zu verhindern. Zeigt sich beispielsweise bei der Erstellung, dass ein Mitarbeiter Rollenträger für sehr viele Rollen ist, sollte überprüft werden, ob nicht einzelne Rollen auf andere Mitarbeiter übertragen werden können. Dies ist insbesondere dann notwendig, wenn für einzelne Rollen eine Funktionstrennung vorgesehen ist. Zwar ist es durchaus üblich, dass ein Mitarbeiter mehrere Rollen ausübt, doch wenn dieser Inhaber dreier Rollen ist, die eigentlich jeweils 100 Prozent seiner Arbeitszeit beanspruchen, so stimmt etwas nicht. Möglicherweise wird dabei aber auch deutlich, dass wichtige Rollen überhaupt nicht eindeutig zugeordnet sind und im operativen Betrieb »irgendwie von irgendjemandem« erledigt werden.

Die Betriebsmatrix kann ebenfalls entweder zentral für das gesamte Unternehmen gepflegt werden oder auch gesondert von jeder Organisationseinheit. In den meisten Unternehmen gibt es zwar Dokumente, aus denen hervorgeht, welcher Mitarbeiter welche Position einnimmt. Eine rollenbasierte Betriebsmatrix ist aber noch eher selten zu finden. Fehlt also eine solche Betriebsmatrix, ist die Erstellung einer Matrix für den IT-Betrieb zu empfehlen.

Die nachstehende Tabelle zeigt beispielhaft an einem Auszug den Aufbau einer Betriebsmatrix für den IT-Betrieb.

Tabelle 3.15 Beispiel Betriebsmatrix

Rolle	Name Rollenträger	Organisatorische Zuordnung	Anmerkungen
Rollen im Supportprozess			
Prozess-Owner	Mitarbeiter A	Bereichsleiter XY	Rollenzuständigkeit endet am 31.12.2014
ServiceDesk-Manager	Mitarbeiter B	Gruppenleiter XY	
Incident Manager	Mitarbeiter K	Organisationseinheit XY	
1st Level Support	Mitarbeiter L	Organisationseinheit XY	
	Mitarbeiter M	Organisationseinheit XY	Zu 30 % zugeordnet
	Mitarbeiter N	Organisationseinheit XY	
	Mitarbeiter O	Organisationseinheit XY	
2nd Level Support	Mitarbeiter M	Organisationseinheit XY	Zu 70 % zugeordnet
	N. N.	Externer Berater	
Rollen im Change-Management-Prozess			
Prozess-Owner	Mitarbeiter A	Bereichsleiter XY	Rollenzuständigkeit endet am 31.12.2014
Change- Manager	Mitarbeiter C	Gruppenleiter XY	
Change-Operator	Mitarbeiter D	Organisationseinheit XY	
	Mitarbeiter E	Organisationseinheit XY	
	Mitarbeiter F	Organisationseinheit XY	

3.8.9 IT-Rollenkonzept

Für das Funktionieren der IT-Prozesse ist das IT-Rollenkonzept von besonderer Bedeutung. Während beim funktionsorientierten Ansatz Rechte und Pflichten einzelnen Mitarbeitern zugewiesen werden, werden beim prozessorientierten Ansatz *Rollen* verwendet. Eine Rolle kann dabei als die Beschreibung einer Menge von Aufgaben und Verantwortlichkeiten definiert werden, die von einem, aber auch von mehreren Mitarbeitern wahrgenommen werden können.

Beispiel: Rollenbeschreibung

Ein Beispiel ist die Rolle »Support-Mitarbeiter«: Ein Mitarbeiter, der diese Rolle innehat, soll bestimmte Aufgaben erfüllen und benötigt bestimmte Rechte und Befugnisse, um seine Aufgaben erfüllen zu können. So ist der Inhaber dieser Rolle beispielsweise befugt, Störungen anzunehmen und Störungsmeldungen im Ticket-System einzutragen.

In der Beschreibung der Rolle muss also genau festgelegt sein, was ein Support-Mitarbeiter überhaupt ist, welche Tätigkeiten er auszuführen hat, welche Befugnisse er hat und welche fachlichen und persönlichen Fähigkeiten für die Ausübung der Rolle erforderlich sind. In der Prozessbeschreibung für die Annahme und Abwicklung von Störungen wiederum steht als Bearbeiter nicht der Mitarbeiter XY, sondern die Rolle »Support-Mitarbeiter«. Dies gewährleistet die Unabhängigkeit von organisatorischen und projektspezifischen Rahmenbedingungen. ■

Je nach Ausrichtung des Unternehmens kann es ein unternehmensweites Rollenkonzept geben und/oder ein IT-Rollenkonzept, das alle im Bereich der IT eingesetzten Rollen definiert und beschreibt. Bei konsequenter Anwendung (jede Rolle in einem Prozess muss zunächst im Rollenkonzept dokumentiert werden) verhindert ein Rollenkonzept, dass in Prozessen beliebige und nicht im Gesamtsystem verankerte Rollen benannt werden.

In einem weiteren Schritt können die Mitarbeiter des Unternehmens bzw. die Organisationseinheiten den definierten Rollen zugeordnet werden. Wechselt beispielsweise ein Mitarbeiter des Backup-Teams in eine andere Abteilung, wird ihm lediglich die Rolle *Backup-Operator* entzogen. Entsprechend seiner neuen Rolle in der neuen Abteilung können dem Mitarbeiter anhand des Rollenkonzepts alle erforderlichen Kompetenzen und Berechtigungen zugewiesen werden, ohne dass eine Änderung der Prozessdokumentation erforderlich ist. Lediglich die IT-Betriebsmatrix muss angepasst werden.

Die Zielgruppe für das Rollenkonzept sind u. a. die Organisationsverantwortlichen sowie die für das Personalmanagement verantwortlichen Mitarbeiter, aber auch Abschlussprüfer und Revisoren. Zwar müssen jedem Mitarbeiter die ihm übertragenen Verantwortlichkeiten und die ihn betreffenden Regelungen bekannt sein, doch ist dies eine Aufgabe der Verfahrensbeschreibungen und nicht des Rollenkonzepts.

Für die Servicemanagementprozesse lohnt sich ein Blick auf das Rollenmodell von ITIL®, da für diese Prozesse bereits zahlreiche Dokumentationen vorliegen, die als Vorlage dienen können. Die in ITIL® beschriebenen Prozesse definieren jeweils einen Prozesseigner, der die Zielvorgaben und die Kontrolle des Prozesses verantwortet, einen Prozessmanager, der für die Umsetzung des Prozesses verantwortlich ist, und einen oder mehrere Servicetechniker für die operative Umsetzung des Prozesses.

Wie beschrieben, sind im Prozesssteckbrief der Prozessverantwortliche und alle beteiligten Rollen zu benennen. ITIL® definiert für die beschriebenen Prozesse jeweils einen *Prozesseigner* (engl. *Process Owner*), der die Zielvorgaben und die Kontrolle des Prozesses verantwortet und für das Erreichen seiner Leistungsziele verantwortlich ist. Zusätzlich gibt es für jeden Prozess eine oder mehrere Rollen, die für die operative Umsetzung des Prozesses verantwortlich sind *(Prozessnutzer).*

Typische Aufgaben der beiden Rollen Prozesseigner und Prozessnutzer zeigt beispielhaft die folgende Tabelle:

Tabelle 3.16 Beispiel – Beschreibung von Prozessrollen

Rolle	Zuständigkeiten
Prozesseigner (Verantwortlicher des Prozesses)	▪ Gesamtverantwortung für den Prozess ▪ Klärung der Schnittstellen zu anderen Prozessen ▪ Bewertung und Freigabe des Prozesses ▪ Bewertung der Prozessrisiken und der Maßnahmen zur Risikoreduzierung ▪ Turnusmäßige Überprüfung des Prozesses hinsichtlich Zielerreichung und Effizienz anhand der Prozesskennzahlen und gegebenenfalls Anpassung des Prozesses ▪ Erstellung und Pflege der Prozessdokumente ▪ Turnusmäßige Überprüfung der Prozessdokumente ▪ Bereitstellung der Prozessdokumente (z. B. im Intranet) ▪ Mithilfe bei der Schulung im Umgang mit den Dokumenten ▪ Überprüfung und Abnahme von prozessergänzenden Dokumenten (Arbeitsanleitungen, Formulare, Checklisten usw.)
Prozessnutzer (Prozessausführende)	▪ Ausführung der im Prozess definierten Tätigkeiten ▪ Einhaltung der Vorgaben ▪ Einreichung von Optimierungsvorschlägen zum Prozess beim Prozessmanager ▪ Melden von Problemen, die im Rahmen der Prozessausführung auftreten ▪ Erstellung der prozessergänzenden Dokumente

Beispiel Rollenbeschreibung

Die folgende Tabelle zeigt exemplarisch ein Beispiel für die Beschreibung einer Rolle. Zu beachten ist, dass bei dem Beispiel die Art der Dokumentationsmöglichkeit im Vordergrund steht und der Inhalt nur exemplarisch ist.

Der ServiceDesk wird im Allgemeinen als Anlaufstelle definiert, an die sich die IT-Nutzer mit Problemen und Serviceanfragen wenden können. Der ServiceDesk-Manager stellt sicher, dass die im Rahmen des ServiceDesk definierten Tätigkeiten durchgeführt werden. Eine Rollenbeschreibung für den ServiceDesk-Manager kann wie folgt aussehen:

Tabelle 3.17 Beispiel – Rollenbeschreibung

Rollenbeschreibung: ServiceDesk-Manager	
Kurzbeschreibung	▪ Der ServiceDesk-Manager hat die Gesamtverantwortung für die definierten ServiceDesk-Leistungen. Er berichtet an den ServiceDesk-Owner. ▪ Der ServiceDesk-Manager repräsentiert und führt den ServiceDesk. Er ist Ansprechpartner für den operativen Betrieb aus Kundensicht.
Aufgaben/ Verantwortung	▪ Gesamtverantwortung für den ServiceDesk ▪ Ansprechpartner für alle Support-Themen aus dem Anwenderbereich ▪ Ansprechpartner im Eskalationsfall ▪ Qualitätsmanagement und Reporting ▪ Liefert regelmäßige Statusberichte über Leistungen und Trends im ServiceDesk ▪ Führt Reviews durch, welche die Effizienz und Effektivität des ServiceDesk periodisch untersuchen (Kostenmanagement) ▪ Definiert und führt qualitätssichernde Maßnahmen durch ▪ Informiert den ServiceDesk-Eigner über bevorstehende Maßnahmen und Tätigkeiten ▪ Ressourcen- und Infrastrukturmanagement ▪ Organisation und Bereitstellung der notwendigen Technologien und Werkzeuge am ServiceDesk ▪ Bereitstellung der benötigten Mitarbeiter und Organisation von Trainings
Befugnisse	▪ Stellt die Personalplanung sicher und trägt fachliche Verantwortung für das Personal ▪ Veranlasst Ausbildungs- und Bedarfsplanung ▪ Führt Mitarbeiter- und Bewerbungsgespräche
Anforderungen (technische Fähigkeiten)	▪ Kenntnisse über eingesetzte IT-Systeme (Hardware und Software) ▪ Produktkenntnisse insbesondere des verwendeten ServiceDesk-Ticket-Systems
Anforderungen (nichttechnische Fähigkeiten)	▪ Gute Kenntnisse über die IT-Infrastruktur des Unternehmens ▪ Kundenorientierung und Kommunikationsfähigkeit ▪ Sicheres Auftreten ▪ Ausgeprägte Präsentationsfähigkeiten ▪ Teamfähigkeit ▪ Durchsetzungsvermögen ▪ Selbstständiges Arbeiten ▪ Organisationsfähigkeit und Zeitmanagement
Unterstützung durch	▪ Alle Rollen aus dem Supportbereich

3.8.10 Prozessbeschreibungen

Eine Prozessbeschreibung enthält alle für einen Prozess relevanten Informationen. Die Dokumentation und Visualisierung von Prozessen ist die Grundlage für Prozessoptimierungen und dient als Nachweis der Einhaltung von Organisationspflichten.

3.8.10.1 Anforderungen an die Prozessdokumentation

An Prozessbeschreibungen sind die allgemeinen revisorischen Anforderungen zu stellen. Dementsprechend müssen sie für einen sachverständigen Dritten in angemessener Zeit nachvollziehbar, vollständig und aktuell sein. Vorgaben, in welcher Form Prozesse zu beschreiben sind, gibt es hingegen nicht. Sie können in jeder Form und Art und mit jedem beliebigen Medium erstellt werden. Wichtig ist, dass alle Mitarbeiter Kenntnis von den Prozessen erhalten. Eine entscheidende Rolle spielt hierbei die Dokumentation. Dazu müssen ihnen die Dokumente entweder an zentraler Stelle in Papierform vorliegen oder sinnvollerweise im Intranet einsehbar sein. Besonders hilfreich ist es, wenn die Prozessbeschreibungen Links zu den relevanten Dokumenten enthalten, so dass die Benutzer direkt die für sie relevanten Dokumente öffnen können.

Es sollte darüber hinaus Verfahren geben, die die Erstellung, Freigabe, Bereitstellung und Änderung von Prozessdokumenten regeln. Die DIN-Norm 9001:2008 beispielsweise fordert explizit ein *Verfahren zur Lenkung von Dokumenten, Daten und Aufzeichnungen.* Dieses muss die folgenden Aspekte regeln:

- Wie erfolgen die Erstellung, Änderung und Freigabe von Dokumenten und wer ist für die Freigabe verantwortlich?
- Wie werden Dokumente im Unternehmen bereitgestellt?
- Wo sind Dokumente, Daten und Aufzeichnungen aufzubewahren und wie lange?

Nähere Erläuterungen zur Einführung und Umsetzung von Dokumentationsverfahren finden Sie in *Abschnitt 6.3.1.*

Prozessbeschreibungen müssen so aufgebaut sein, dass sie alle wesentlichen Aspekte des Prozesses darstellen und eine Bewertung ermöglichen. Bei einem Audit werden für die Bewertung der zu prüfenden Prozesse die nachstehenden Kriterien zugrunde gelegt. Hier wird insbesondere darauf geachtet, dass die Prozesse eindeutig, lückenlos und konsistent beschrieben sind. Die Prozessdokumentation sollte deshalb die folgenden Inhalte darstellen.

- **Prozessziele:** Die Prozesse wurden auf der Grundlage von Zielsetzungen entwickelt und umgesetzt. Die Prozessbeschreibung der Einzelprozesse muss demzufolge das Prozessziel und die daraus abzuleitenden Zielsetzungen messbar beschreiben.
- **Orientierung an Unternehmenszielen:** Die Zielsetzungen der einzelnen Prozesse stehen in Einklang mit den Unternehmenszielen und sind an diesen ausgerichtet.
- **Prozesswirksamkeit:** Die Wirksamkeit der Prozesse ist sicherzustellen. Dazu wird die Qualität der Prozesse regelmäßig anhand von Kennzahlen (KPI) überprüft und gegebenenfalls angepasst. Die Dokumentation der Prozesse wird gepflegt und ist mit den realisierten Prozessen konsistent, das heißt, die Prozesse werden tatsächlich in der dokumentierten Form angewendet.

- **Prozessverantwortlichkeiten:** Den Prozessen und jedem Prozessschritt sind eindeutige Verantwortlichkeiten zugeordnet.
- **Qualitätssicherung:** Die Prozesse beinhalten Prozessschritte, die die Qualität der erreichten (Zwischen-)Ergebnisse sicherstellen und die Ergebnisse dokumentieren.
- **Risiken:** Die Risiken und Gefahren, die mit einem Prozess verbunden sind, sind analysiert und beschrieben.

3.8.10.2 Aufbau einer Prozessbeschreibung

Die Schwierigkeit bei der Erstellung der Prozessdokumentation besteht in der Frage der Detaillierungstiefe. Soll diese nicht nur als Nachweis gegenüber der Unternehmensleitung und gegebenenfalls einem Prüfer dienen, sondern auch ein Arbeitsmittel für die Mitarbeiter darstellen, sind zusätzliche detaillierte Beschreibungen der Arbeitsabläufe sowie Checklisten und Formulare als Anlage zu den Prozessbeschreibungen unverzichtbar. Hierfür ist ein modularer Aufbau erforderlich.

Im Idealfall sind Prozessbeschreibungen so aufgebaut, dass sich einerseits die Unternehmensleitung einen schnellen Überblick verschaffen kann und andererseits der Anwender in der Lage ist, die ihm zugeordneten Tätigkeiten in der festgelegten Art und Weise zu erledigen. Mit der nachstehenden Struktur ist das gewährleistet. Dabei wird jede Prozessbeschreibung als eine Akte behandelt, die alle für den beschriebenen Prozess erforderlichen Dokumente enthält. Hierbei ist es wichtig, sich frühzeitig zu überlegen, wie und wo die Prozessdokumente veröffentlicht werden sollen (als Printversion oder im Intranet zum Beispiel).

Möglicher Aufbau einer Prozessbeschreibung:

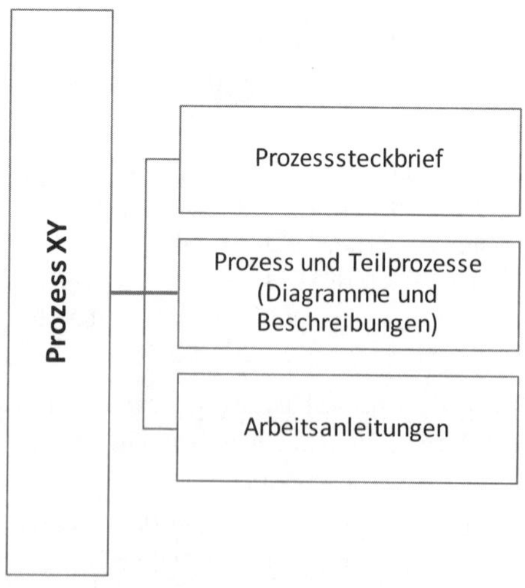

Bild 3.29
Mögliche Gliederung einer Prozessbeschreibung

3.8.10.3 Prozesssteckbrief

Jede Prozessbeschreibung sollte einen Prozesssteckbrief beinhalten. Der Prozesssteckbrief liefert einen schnellen Überblick über alle wichtigen Prozessmerkmale. Hierzu sind folgende Informationen erforderlich:

- **Prozessname:** Jeder Prozess erhält einen Namen, der möglichst eindeutig und prägnant das Ziel des Prozesses erkennen lässt. Möglich ist beispielsweise festzulegen, dass der Prozessname immer aus einem Substantiv und einem Verb bestehen muss (zum Beispiel »Benutzerkonto einrichten«).
- **Prozessnummer:** Jeder Prozess benötigt eine eindeutige Nummer. Diese ermöglicht es beispielsweise, in unterschiedlichen Dokumenten auf den Prozess zu verweisen. Pflegt das Unternehmen eine unternehmensweit durchgängige Prozessnummerierung (entweder in tabellarischer Form oder in einer *Prozesslandkarte*, so ist diese natürlich zu berücksichtigen. In diesem Fall enthält jeder IT-Prozess eine entsprechende übergeordnete Nummer vorangestellt, die die Einordnung in den Unternehmensprozesskontext ermöglicht. Alternativ ist eine gesonderte Nummerierung der IT-Prozesse möglich.
- **Beschreibung:** Die Beschreibung soll in aller Kürze die Aufgabe und das Ergebnis des Prozesses beschreiben.
- **Prozessziel:** Jeder Prozess muss zwingend ein definiertes Ziel haben. Dieses muss überprüfbar und eindeutig sein. Das Ziel muss außerdem durch den Prozess erreichbar sein. Ein Prozess darf also keine Parameter oder Ereignisse definieren, die nicht der Kontrolle des Prozesses unterliegen.
- **Prozessverantwortlicher:** Für jeden Prozess muss es einen Verantwortlichen geben. Dieser ist als Rolle und gegebenenfalls mit der Funktion in der Aufbauorganisation zu benennen.
- **Prozessteam:** Für alle Prozessschritte muss die Rolle benannt werden, die die jeweilige Aktivität zu erledigen hat. Dies kann in der grafischen Darstellung des Prozesses erfolgen oder in dessen detaillierter Beschreibung. Im Projektsteckbrief dagegen genügt es, die beteiligten Rollen aufzuführen.
- **Prozessauslösendes Ereignis:** Es muss eindeutig beschrieben sein, durch welches Ereignis der Prozess ausgelöst wird. So löst beispielsweise der Eingang einer E-Mail beim ServiceDesk einen Störungsprozess aus.
- **Prozessinput (Daten/Dokumente):** Es sollten die Inputkomponenten benannt werden, die den Prozess auslösen. Hierbei kann es sich sowohl um Dokumente handeln wie beispielsweise ein Formular oder auch um Daten, die das Ergebnis eines anderen Prozesses sind.
- **Prozessoutput (Daten/Dokumente):** Im Prozesssteckbrief sollten die wichtigsten Prozessergebnisse, z. B. eine ausgefüllte Checkliste, genannt werden. Dies gilt insbesondere für Dokumente oder Daten, die einen Input für einen Folgeprozess darstellen.
- **Schnittstellen zu anderen Prozessen:** Hat ein Prozess Schnittstellen zu anderen Prozessen – und es wird kaum Prozesse geben, bei denen dies nicht der Fall ist –, sind diese im Projektsteckbrief zu benennen.
- **Risiken und Gefahren:** Unter diesem Punkt sind Einflüsse zu benennen, die den Prozessverlauf behindern können.

- **Prozesskennzahlen/Messgrößen:** Ein Prozess kann nur dann im Sinne des Qualitätsmanagements optimiert werden, wenn sein Ergebnis messbar ist. Zu jeder Zielformulierung gehören daher sinnvolle und messbare Kriterien, mit denen der Erfüllungsgrad des Ziels ermittelt werden kann.
- **Prozess freigeben am und freigegeben durch:** Prozesse müssen, wiederum im Rahmen eines entsprechenden Prozesses, geprüft und freigegeben werden. Im Prozesssteckbrief sollte vermerkt werden, wann und durch wen der Prozess vor der Inbetriebnahme freigegeben wurde.
- **Prozessbewertung (Verantwortlicher und Termin):** Prozesse sollten turnusmäßig daraufhin überprüft werden, ob sie noch effizient sind und ob das gewünschte Ziel mit dem minimal erforderlichen Aufwand erzielt wird. Es ist sinnvoll, im Prozesssteckbrief einzutragen, wann die nächste Überprüfung erfolgen soll und durch wen.
- **Arbeitsanleitungen:** Sind dem Prozess andere Dokumente wie beispielsweise Formulare oder Checklisten zugeordnet, sollte im Prozesssteckbrief darauf verwiesen werden.

Das nachstehende Beispiel zeigt exemplarisch den Aufbau eines solchen Prozesssteckbriefs.

Tabelle 3.18 Muster – Prozesssteckbrief

Prozesssteckbrief			
Prozessname:		Prozess-Nr.	
Kurzbeschreibung:			
Prozessziel:			
Rollen			
Prozessverantwortlicher:		Prozessteam (Rollen):	
Prozessinput (Daten/Dokument)			
Prozessoutput (Daten/Dokumente)			
Prozessauslösendes Ereignis			
Schnittstellen zu anderen Prozessen			
Risiken und Gefahren			
Prozesskennzahlen Messgrößen			
Prozess freigeben am		Freigegeben durch:	
Prozessbewertung durch		Termin/Turnus:	
Arbeitsanweisungen			

3.8.10.4 Dokumentation von Haupt- und Unterprozessen

Prozesse können auf unterschiedliche Weise dokumentiert werden. Dies kann im einfachsten Fall sogar Fließtext oder eine Tabelle sein. In der Praxis werden Prozesse meist grafisch in Form eines Ablaufdiagramms dargestellt, das den Prozess veranschaulicht und dem eine textliche Beschreibung vorangestellt ist. Hierbei ist die grafische Darstellung der Prozesse als Ergänzung der Prozessbeschreibung zu betrachten. Sie kann in der Regel eine detaillierte Beschreibung der Abläufe nicht ersetzen.

Bevor also mit der Dokumentation von Prozessen begonnen werden kann, müssen das Prozessmodell und die Modellierungswerkzeuge ausgewählt werden. Zur Auswahl stehen eine Reihe von Techniken von einfachen Flussdiagrammen bis zu standardisierten Modellierungsmodellen, wie beispielsweise *Business Process Modeling Notation (BPMN), Unified Modeling Language (UML)* und *Ereignisgesteuerte Prozessketten (EPKs).*

Darüber hinaus sind weitere Modellierungsregeln zu definieren. Hierzu zählen zum Beispiel:

- Welche Symbole (Objekte) werden zur Prozessbeschreibung eingesetzt?
- In welcher Sprache wird modelliert?
- Welche und wie viele Beschreibungsebenen werden eingerichtet?
- Wie werden die Prozesse und Teilprozesse der verschiedenen Beschreibungsebenen bezeichnet?
- In welcher Art werden Schnittstellen zwischen den Teilprozessen dargestellt und wie werden diese bezeichnet?
- Welche Rollen gibt es (siehe Rollenkonzept in *Abschnitt 3.8.6*)?

Begriff Workflow

Auch im Bereich der Prozessmodellierung findet man viele unterschiedliche Begriffe, die mit gänzlich unterschiedlicher Bedeutung verwendet werden. Ein typisches Beispiel hierfür ist der Begriff *Workflow*, der in mannigfaltiger Weise benutzt wird.

Auf eine Verwendung des Begriffs *Workflow* wird an dieser Stelle verzichtet, da dieser Begriff mit so unterschiedlichen Bedeutungen besetzt ist, dass dies zu Verwirrungen führen würde. ■

Im Bereich der IT-Dokumentation gehören EPKs und Darstellungen als Flussdiagramme zu den am weitesten verbreiteten Darstellungsformen. Diese und zwei damit verwandte Typen werden im Folgenden näher vorgestellt.

Ereignisgesteuerte Prozesskette (EPK)

Ereignisgesteuerte Prozesskette (EPK) ist ein Modell zur Darstellung von Prozessen und ein wesentliches Element des ARIS-Konzepts der Firma IDS Scheer. Das Modell wurde 1992 von einer Arbeitsgruppe an der Universität des Saarlandes zusammen mit der SAP AG zur Dokumentation von Geschäftsprozessen entwickelt. ARIS (Architektur integrierter Informationssysteme) und die ereignisgesteuerten Prozessketten haben sich mittlerweile zu einem Quasistandard für die Geschäftsprozessmodellierung insbesondere bei SAP-gestützten Unternehmensprozessen entwickelt.

EPKs stellen einen Prozess als eine Kette von Tätigkeiten (im EPK-Modell als *Funktionen* bezeichnet) dar, die wiederum durch *Ereignisse* verknüpft sind. Eine Funktion hat als Eingang definierte Ereignisse, die eingetreten sein müssen, bevor die Funktion ausgeführt werden kann (Startereignisse). Eine Funktion, die ausgeführt wird, erzeugt wiederum ein oder mehrere Ereignisse. Jede Funktion kann zusätzlich mit einem Informationsobjekt verbunden werden. Diese dienen dazu, das Einspielen oder Speichern von Informationen darzustellen.

Durch eine zusätzliche Verknüpfung von Ereignissen durch logische Konnektoren können parallele Abläufe oder alternative Abläufe dargestellt werden:

- **AND – Und-Verknüpfung:** Die Aussage ist wahr, wenn beide Aussagen gleichzeitig wahr sind.
- **OR – Und-oder-Verknüpfung:** Die Aussage ist wahr, wenn mindestens eine Aussage gleichzeitig wahr ist.
- **XOR – Entweder-oder-Verknüpfung:** Die Aussage ist wahr, wenn genau eine der beiden Aussagen wahr ist.

Eine ereignisgesteuerte Prozesskette besteht demzufolge aus drei möglichen Knotentypen:

- **Funktion:** Funktionen bilden die Grundbausteine des Diagramms. Jede Funktion entspricht einer ausgeführten Aktivität.
- **Ereignis:** Ereignisse können vor und/oder nach der Ausführung einer Funktion auftreten und sind durch Ereignisse verbunden.
- **Konnektor:** Konnektoren verknüpfen Funktionen und Ereignisse. Es gibt drei Typen: UND, ODER sowie das ausschließende ODER (XOR).

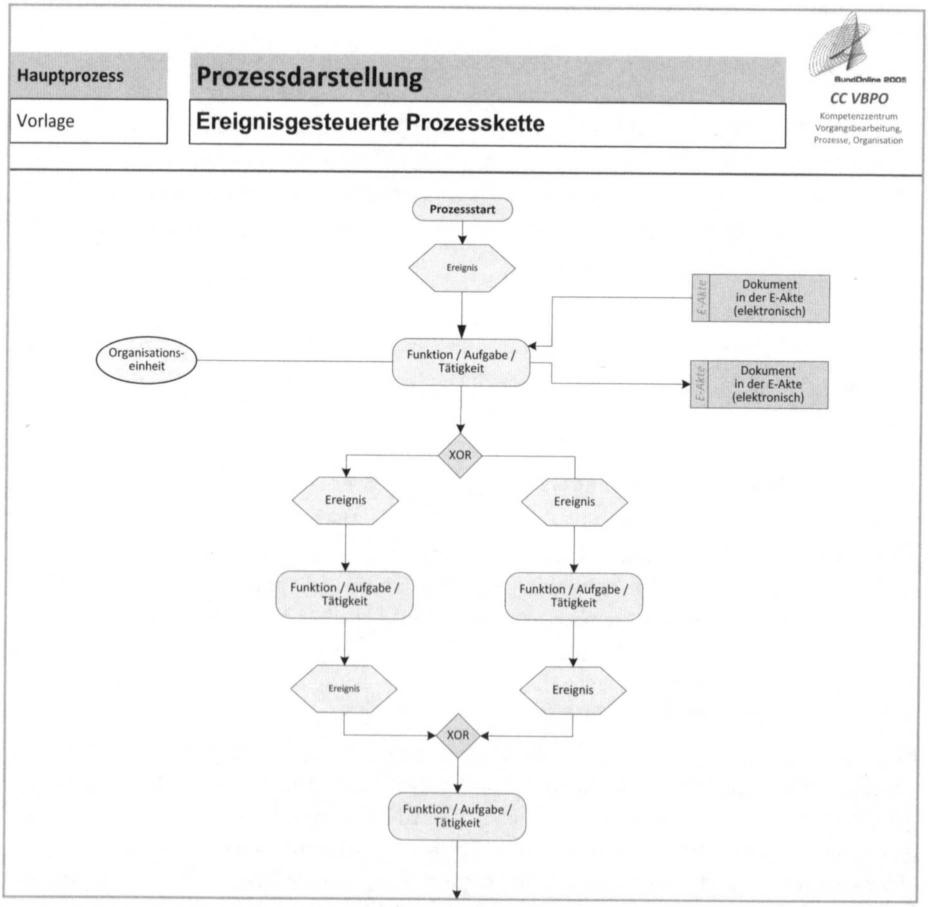

Bild 3.30 Beispiel EPK-Notation – Quelle: BIT, 2010

Zusätzlich zu den genannten Grundelementen können EPKs um zusätzliche Elemente erweitert werden. Beim Verwenden dieser Elemente spricht man von *erweiterten EPKs (eEPK)*. So können beispielsweise die mit der Ausführung von Funktionen betrauten Organisationseinheiten sowie ein- und ausgehende Datenobjekte dargestellt werden. Somit ermöglichen erweiterte EPKs eine Prozessverfolgung über mehrere Organisationseinheiten hinweg. Bild 3.30 zeigt einen in EPK-Notation verfassten Prozess.

EPKs sind gut geeignet für die Darstellung von Prozessen, können jedoch sehr lang werden, da für alle Funktionen dargestellt werden muss, durch welche Ereignisse sie initiiert werden. Die formale Form der EPKs bedingt auch, dass Verzweigungen und Schleifen schwer darstellbar sind, so dass sie für die detaillierte Darstellung von Arbeitsabläufen nicht gut geeignet sind.

Flussdiagramme

Flussdiagramme sind eine einfache und häufig eingesetzte Darstellungsform, um Prozesse und Arbeitsabläufe zu dokumentieren. Im Gegensatz zu EPKs unterliegen Flussdiagramme keinen Standardisierungsregeln. Zwar definiert die DIN 66001 von 1966 bzw. die ISO-Norm 5807 einen Satz von Symbolen (engl. Shapes) für Datenfluss- und Programmablaufpläne und dieser hat sich ebenfalls weitgehend als Symbolsatz zur Darstellung von Prozessen und Tätigkeiten durchgesetzt, verbindliche Regelungen für deren Verwendung, wie dies bei EPKs der Fall ist, gibt es aber nicht.

Weit verbreitet ist die Verwendung von *Funktionsbändern* in Flussdiagrammen (auch als Swimlanes – Schwimmbahnen bezeichnet). Mithilfe von Funktionsbändern kann die Beziehung zwischen einer Aktivität und dem für diese Aktivität verantwortlichen Bearbeiter bzw. der Organisationseinheit dargestellt werden. Hierzu werden die Tätigkeiten in den Bändern platziert, die den für diese Schritte verantwortlichen Funktionseinheiten entsprechen. Grundsätzlich können Funktionsbänder auch bei der Modellierung mit EPKs eingesetzt werden. Sie finden dort aber seltener Anwendung.

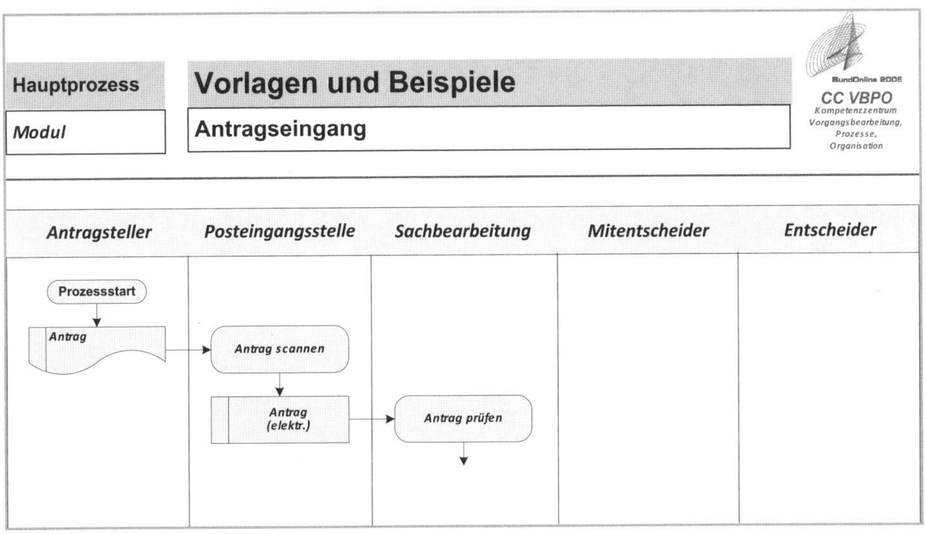

Bild 3.31 Beispiel Flussdiagrammnotation – Quelle: BIT, 2010

Um die allgemeine Verständlichkeit und Einheitlichkeit der Prozessbeschreibungen zu gewährleisten, sollte eine standardisierte Beschreibungssprache in Form von Symbolen (Notation) eingesetzt werden. Die nachstehenden Symbole zum Beispiel werden häufig verwendet. In der Praxis finden bei Flussdiagrammdarstellungen vor allem die folgenden Symbole Anwendung:

Symbol	Bezeichnung	Symbol	Bezeichnung
	Start / Ende		Daten
	Prozess	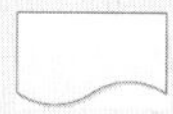	Dokument
	Teilprozess		Externe Daten
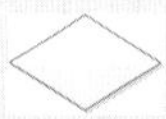	Entscheidung		Datenbank

Eine spezielle Form der Flussdiagrammdarstellung ergibt sich aus der Kombination von Flussdiagrammen und RACI- bzw. RASCI-Modellen. *RACI-Diagramme* sind eine Technik zur Analyse und Darstellung von Verantwortlichkeiten, deren Name sich aus den Anfangsbuchstaben der englischen Begriffe *Responsible, Accountable, Supportive, Consulted* und *Informed* ableitet.

Diese Verantwortlichkeiten werden im Diagramm eingetragen. Sie tragen die folgenden Abkürzungen:

- **Responsible (R):** verantwortlich. Der Rolleninhaber ist für die Durchführung verantwortlich. Dies wird auch als sachliche Verantwortung bezeichnet.
- **Accountable (A):** rechenschaftspflichtig. Der Rolleninhaber muss »genehmigen und abzeichnen« und ist im rechtlichen oder kaufmännischen Sinne für das Ergebnis und die Qualität verantwortlich. Dies wird auch als Verantwortung aus Kostenstellensicht bezeichnet.
- **Supportive (S):** unterstützend. Der Rolleninhaber hat eine unterstützende Funktion und kann Sachmittel zur Verfügung stellen.
- **Consulted (C):** beratend. Der Rolleninhaber hat eine beratende Funktion. Dies wird auch als Verantwortung aus fachlicher Sicht bezeichnet.
- **Informed (I):** informiert. Der Rolleninhaber erhält Informationen über den Verlauf bzw. das Ergebnis der Tätigkeit oder besitzt die Berechtigung, Auskunft zu erhalten.

RACI-Diagramme

RACI-Diagramme dienen zur Beschreibung, welche Rolle für welche Tätigkeiten verantwortlich ist und welche Rollen zu beteiligen sind. Für jeden Prozessschritt wird bei dieser Darstellung zusätzlich angegeben, welche Rolle verantwortlich ist, wer Richtlinienkompetenz besitzt und genehmigt, wer den Prozess beratend unterstützt und welche Rolle informiert wird. Im Vordergrund steht hierbei die Beschreibung der Verantwortlichkeiten und Zuständigkeiten.

Da bei dieser speziellen Form eines Flussdiagramms nicht der Prozessablauf, sondern die Darstellung der Verantwortlichkeiten im Vordergrund steht, ist der verfügbare Platz für das eigentliche Flussdiagramm zwangsläufig beschränkt. Insofern eignen sich RACI-Diagramme weniger für eine detaillierte Darstellung komplexer Arbeitsflüsse, als vielmehr zur übersichtlichen Dokumentation von Prozessen und zu den damit zugeordneten Verantwortlichkeiten. Im Rahmen der Dokumentation zur Erlangung einer ISO-Zertifizierung stellen sie allerdings eine häufig verwendete Darstellungsform dar.

Bild 3.32 zeigt exemplarisch ein an die RACI-Notation angelehntes Flussdiagramm. Das Diagramm wurde mit dem Prozessmodellierungstool SemTalk der Firma Semtation erstellt. Die Notation bei SemTalk betrachtet – abweichend von RACI – nur die Verantwortungen *Responsible*, *Supportive* und *Informed*.

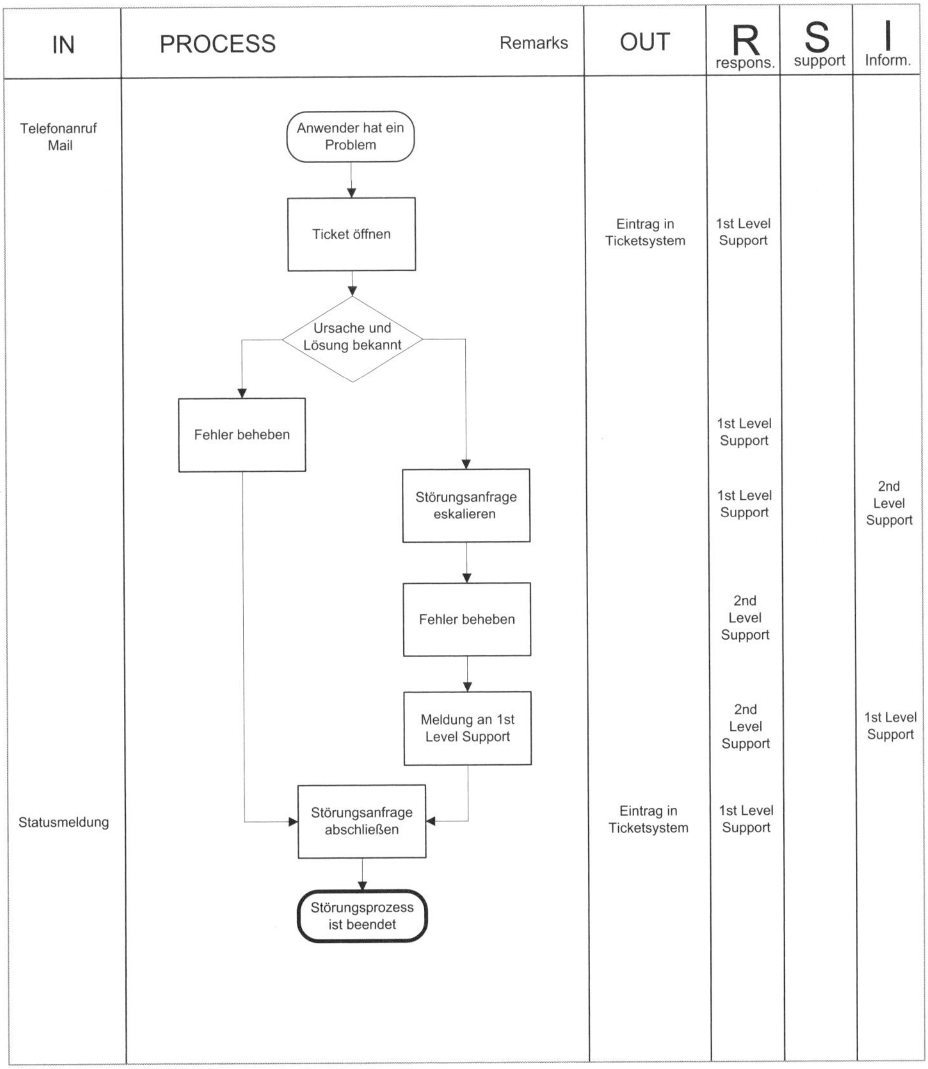

Bild 3.32 Beispielprozess in RSI-Notation

Kommunikationsstrukturanalyse (KSA)

Die KSA-Methode ist in den späten 1980er-Jahren an der Technischen Universität Berlin unter dem Namen *Kommunikationsstrukturanalyse (KSA)* entwickelt worden. KSA-Modelle zählen zur Gruppe der Informationsmodelle und dienen der hierarchischen Strukturierung der zu bearbeitenden Aufgaben und Informationen. Der Fokus von KSA-Modellen liegt also auf der Beschreibung, Analyse und Optimierung von Informationsflüssen. Betrachtet wird dabei der Austausch von Informationen und Informationsträgern zwischen den Prozessschritten und ihren Bearbeitern. Die Vorgehensweise dabei ist top-down. Ein Prozess im

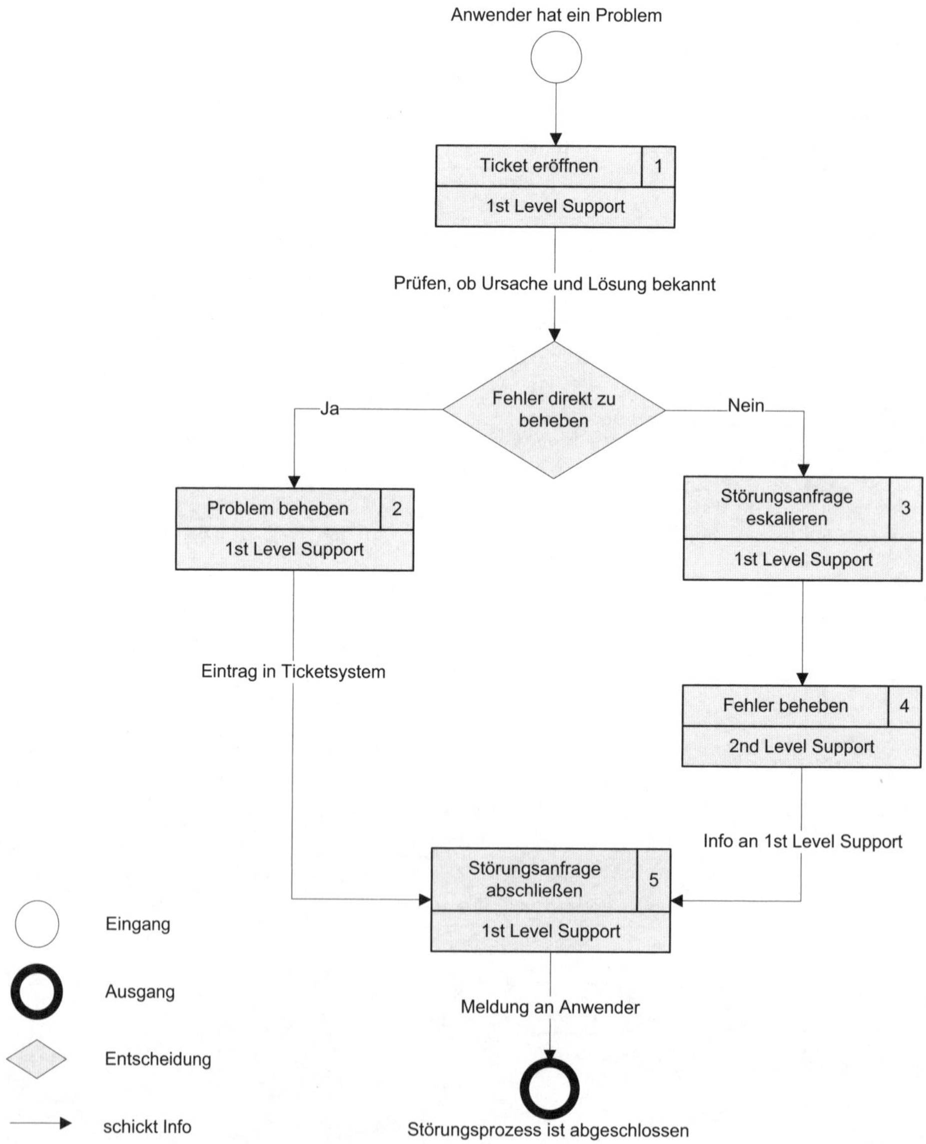

Bild 3.33 Beispielprozess in KSA-Notation

KSA-Modell ist eine Abfolge von Tätigkeiten (Aufgaben) mit definierten Schnittstellen wie Eingängen und Ausgängen. Zwischen diesen Prozesselementen gibt es Informationsflüsse (z. B. »Schickt Info«), bei denen angegeben werden kann, welche Informationen zwischen zwei Tätigkeiten sowie den Prozessschnittstellen fließen. Weitere Prozesselemente sind Sachmittel und Speicher, die mit den Tätigkeiten verbunden werden können. Alle Prozesselemente können wahlweise auch in Funktionsbändern angeordnet und so einem Bearbeiter zugeordnet werden.

KSA-Modelle werden bevorzugt im Qualitätsmanagement eingesetzt. Außerdem entsprechen sie den Standards der *Workflow Management Coalition (WfMC)*. Diese Organisation wurde 1993 gegründet und stellt einen Verbund von mehreren Hundert Herstellern, Nutzern, Beratern und Wissenschaftlern im Bereich des Workflow-Managements dar. Hauptziel der WfMC ist die Etablierung eines Workflow-Referenzmodells. Dieses spezifiziert die Struktur für Workflow-Management-Systeme sowie deren Charakteristika, Funktionen und Schnittstellen. Bild 3.33 zeigt exemplarisch einen Prozess in KSA-Notation:

3.8.10.5 Empfehlungen für die Prozessdokumentation

Vor der Wahl eines Prozessmodells für die Dokumentation von Prozessen ist es wichtig zu klären, welchen Einsatzzweck die Dokumentation hat und in welchem Kontext sie benötigt wird. Steht bei der Dokumentation der Prozesse die ISO-Zertifizierung im Vordergrund, ist ein anderer Abstraktionsgrad erforderlich, als wenn die Prozessdokumentation in erster Linie die Mitarbeiter bei der Erledigung ihrer Aufgaben unterstützen soll. Und werden Prozessdokumentationen als Grundlage für die Implementierung automatisierter Abläufe benötigt, sind wiederum andere Anforderungen zu berücksichtigen, da in diesem Fall die Frage der Standardisierung im Vordergrund stehen muss.

Von der Zielsetzung der Prozessdokumentation hängt nicht nur die Auswahl der Methode, sondern auch deren Inhalt und Detaillierungsgrad ab. Die Festlegung der Notation ist in der Praxis außerdem häufig mit der Einführung eines Tools zur Prozessmodellierung verknüpft. An dieser Stelle sollen daher nur einige grundsätzliche Hinweise gegeben werden.

EPKs bieten als quasistandardisiertes Modellierungsmodell den Vorteil, dass Konventionen für die Prozessmodellierung im Unternehmen einfacher durchgesetzt werden können und diese allgemeingültig sind. Außerdem können erstellte Prozesse bei einer späteren Einführung eines Prozessmodellierungstools übernommen werden. Allerdings bedingt die Struktur der EPKs, dass sich komplexe Prozesse oder Arbeitsabläufe nur schwer darstellen lassen. Zum einen werden EPKs in diesen Fällen sehr lang, da für alle Funktionen dargestellt werden muss, durch welche Ereignisse sie initiiert werden, und zum anderen sind Verzweigungen und Schleifen nur schwer darstellbar.

Flussdiagramme sind im Gegensatz zu EPKs gut zur Darstellung komplexer Prozessabläufe geeignet. Die Prozessmodellierung mit Flussdiagrammen wird, weil sie weniger starren Regeln unterliegt, häufig als einfacher empfunden. Diese Darstellungsart ist somit zur Modellierung operativer Arbeitsabläufe meist besser geeignet als EPKs. Aus den beschriebenen Vor- und Nachteilen beider Notationen lässt sich fast zwangsläufig ableiten, dass eine Kombination ein sinnvoller Weg sein kann. Während EPKs oder eEPKs zur Modellierung der Prozesse auf einer abstrakten Ebene eingesetzt werden, erfolgt die Darstellung der operativen Arbeitsabläufe in Form von Flussdiagrammen.

Zur Darstellung von Prozessen im Rahmen des Qualitätsmanagements kann auch die Verwendung der KSA- oder RACI-Notation sinnvoll sein. Zur Modellierung der operativen Arbeitsabläufe ist allerdings auch hier die Verwendung von Flussdiagrammen zu empfehlen.

Unabhängig vom verwendeten Modellierungsmodell ist es sinnvoll, verbindliche Richtlinien für die grafische Darstellung von Prozessen festzulegen und dabei die folgenden Aspekte zu regeln:

- Verwendung der grafischen Symbole (insbesondere bei Verwendung von Flussdiagrammen und eEPKs)
- Darstellung der ausführenden Rolle im Diagramm mittels Symbol oder durch Verwendung von Funktionsbändern
- Nummerierung der Objekte. Hier gilt es u.a. festzulegen, ob nur Tätigkeiten zu nummerieren sind oder beispielsweise auch Dokumente, Datenspeicher, Entscheidungen und Unterprozesse.

Die Bedeutung der Symbole muss in jedem Dokument in einer Legende dargestellt werden. Dies ist wichtig, um sicherzustellen, dass der Ersteller des Prozesses und der Anwender das Gleiche sehen, also das gleiche Verständnis von den verwendeten Symbolen haben.

Ein wichtiger und schwieriger Punkt ist der anzuwendende Detaillierungsgrad. Bei der Modellierung der Abläufe stellt sich meist die Frage, wie genau diese modelliert werden sollen. Einerseits möchte man eine möglichst genaue Modellierung, um Mehrdeutigkeiten auszuschließen, andererseits möchte man die Modelle klein halten, um Übersichtlichkeit zu gewährleisten. An dieser Stelle kann nur auf die Ausgangsfrage verwiesen werden: Was ist der Einsatzzweck und wer ist die Zielgruppe? Der Detaillierungsgrad muss an dieser Frage ausgerichtet werden.

Hilfreich ist hierbei eine mehrstufige Vorgehensweise, d.h. eine Unterteilung in Haupt- und Unterprozesse und eine Verfeinerung einzelner Aufgaben in gesonderten Arbeitsabläufen. Eine Verfeinerung der Prozesse auf mehreren Ebenen ermöglicht es, alle Modelle einer Ebene möglichst gleich granular darzustellen und trotzdem einzelne Prozesse stärker zu verfeinern.

Hilfreiche Vorlagen

Das Bundesverwaltungsamt stellt auf seiner Internetseite http://www.bva.bund.de eine Reihe hilfreicher Anleitungen zur Prozessdokumentation zur Verfügung (beispielsweise das Konventionenhandbuch für eine einheitliche Modellierung von IT-Prozessen und Diensten.

3.8.11 Prozessergebnisdokumente

Die Prozessdokumentation besteht jedoch nicht nur aus Vorgabedokumenten, d. h. Prozessbeschreibungen und Arbeitsanleitungen, sondern auch aus Dokumenten, die als Ergebnisdokumente und Aufzeichnungen während des Prozesses erstellt werden. Zu den Prozessoutputdokumenten gehören zum Bespiel alle Arten von Plänen (Wartungspläne, Schichtpläne u. a.) und Protokolle (Nutzungsprotokolle, Monitoring-Protokolle, Anwendungsaktivitätsprotokolle u. a.).

Zusätzlich gibt es Dokumente, die während der Prozesserstellung - häufig in elektronischer Form - entstehen. Im Rahmen der Dokumentation aber spielen sie natürlich eine Rolle, vor allem wenn es um Fragen zum Nachweis der Ordnungsmäßigkeit geht. Zwei typische Beispiele sollen dies verdeutlichen.

Dokumentation eines Incident

Das Ziel des Incident-Management-Prozesses ist die schnellstmögliche Wiederherstellung der beeinträchtigten IT-Services durch unverzügliche Störungsbeseitigung. Hierzu registriert, kategorisiert und priorisiert das Incident-Management alle Störungen.

Während der Bearbeitung des Incident werden relevante Informationen dokumentiert, so dass zum Abschluss ein »Dokument« mit der vollständigen Historie zur bearbeiteten Störung vorliegt, das beispielsweise die folgenden Informationen enthält:

- *Incident ID (Ticket ID):* eindeutige Bezeichnung,
- *Status:* Zustand des Incident innerhalb seines Lebenszyklus,
- *Betreff:* Kurzbeschreibung der Störung (auch für den Benutzer sichtbar),
- *Interne Incident-Beschreibung:* interne Beschreibung mit Ergänzungen zur externen Beschreibung,
- *Owner:* für den Incident-Verantwortlichen,
- *Bearbeiter:* aktueller Bearbeiter des Incident,
- *Betroffener Kunde:* Kunde(n), der/die von dieser Störung betroffen sind,
- *Betroffene User:* der oder die Benutzer, die von dieser Störung betroffen sind,
- *Melder:* Name der Person, die den Incident ausgelöst hat (oft identisch mit dem Benutzer),
- *Betroffene Services:* Service(s), die von dieser Störung betroffen sind,
- *SLA:* Informationen zum relevanten Service Level Agreement,
- *Betroffene Systeme:* Hardware oder Software, die von der Störung betroffen ist,
- *Priorität:* Priorität auf Basis der Auswirkung und Dringlichkeit,
- *Impact:* Auswirkung eines Incident, z. B. Anzahl der betroffenen Benutzer,
- *Dringlichkeit:* Dringlichkeit des Incident,
- *Deadline:* der Endtermin hängt von der Priorität der Störung ab,
- *Medium:* das Medium, das zum Auslösen der Störung genutzt wurde (wird auch als bevorzugter Informationskanal für die weitere Kommunikation verwendet),
- *Verknüpftes Problem oder Fehler:* Liste der Probleme oder der bekannten Fehler, die in Bezug zu dem Incident stehen,

- *Workaround:* angewandter Workaround,
- *Eskalationen:* durchgeführte Weiterleitungen des Incident (funktional und hierarchisch),
- *Ausgelöste Changes:* Liste der durch den Incident ausgelösten Veränderungen,
- *Externe Lösungsbeschreibung:* für den Benutzer sichtbare Beschreibung der Störung und der Dokumentation der einzelnen Schritte,
- *Interne Lösungsbeschreibung:* interne Lösungsbeschreibung mit Ergänzungen zur externen Lösungsbeschreibung,
- *Anmerkungen:* Informationsfeld, in dem die einzelnen Arbeitsschritte kommentiert und zusätzliche Informationen hinzugefügt werden können,
- *Closing Comment:* zusätzliche Information bezogen auf die Abschlussaktivität,
- *Anhänge:* Dateien, Dokumente, Screenshots etc.

In der Praxis handelt es sich hierbei nicht um ein ausgedrucktes Dokument, sondern um einen Datenbanksatz im vom ServiceDesk verwendeten Tool. Für die vorstehende Liste der zu erfassenden Informationen spielt das Speichermedium aber keine Rolle:

Meldungsbestätigung

Ein weiteres Dokument, das in diesem Zusammenhang (meist in elektronischer Form entsteht) ist die Incident-Meldungsbestätigung. Diese enthält in der Regel die nachstehenden Informationen und wird dem Melder eines Incident aktiv oder passiv bei Statusänderungen zur Verfügung gestellt.

- Incident-ID,
- Status,
- Betreff,
- Priorität,
- Endtermin,
- externe Incident-Beschreibung,
- externe Lösungsbeschreibung.

Wichtig ist, dass in der Prozessdokumentation alle Output-Dokumente und Aufzeichnungen benannt werden. Dazu gehören auch die hier im Beispiel beschriebenen »digitalen Dokumente«. Wo die Dokumente abzulegen sind bzw. wohin der Output weiterzuleiten ist, sollte aus der jeweiligen Arbeitsanleitung hervorgehen.

Wichtig ist auch, dass es definierte Abläufe gibt, wie mit Aufzeichnungen zu verfahren ist. Hierzu gehört beispielsweise, dass sie revisionssicher archiviert werden oder dass ab einem bestimmten Zeitpunkt keine Änderungen mehr an Datensätzen erfolgen dürfen. So sollte beispielsweise nach Abschluss eines Request der Record im Ticketsystem nicht mehr verändert werden.

3.8.12 Prozesslandkarte

Eine Prozesslandkarte dient der grafischen Darstellung der Wechselwirkungen und/oder zeitlichen Beziehungen von Prozessen. Sie beschreibt die Struktur der Unternehmensprozesse und das Zusammenwirken der einzelnen Teilprozesse. Was für die Darstellung der Organisationsstruktur eines Unternehmens das Organigramm ist, das ist für die Ablauforganisation die Prozesslandkarte. Sie dient originär der Darstellung der Geschäftsprozesse, kann aber auch zur grafischen Abbildung der IT-Prozesse nützlich sein. Ihre Publikation soll auch dazu beitragen, dass die Mitarbeiter und Führungskräfte die Einordnung »ihres« Prozesses in das Gesamtgefüge erkennen und so die Bedeutung ihrer Leistung beurteilen können.

Sie enthält aber weder Informationen zu den Prozessen selbst noch Input-Output-Informationen noch Informationen bezüglich der Prozessschrittabfolge. Diese sollten zusätzlich in einer entsprechenden tabellarischen Form dargestellt werden.

Bei einer HTML-basierten Bereitstellung der Prozessdokumentation ist es sinnvoll, die Prozesslandkarte als Einstiegsseite bzw. Inhaltsübersicht zu verwenden und diese mit den dahinter liegenden Prozessen für einen direkten Zugriff zu verknüpfen.

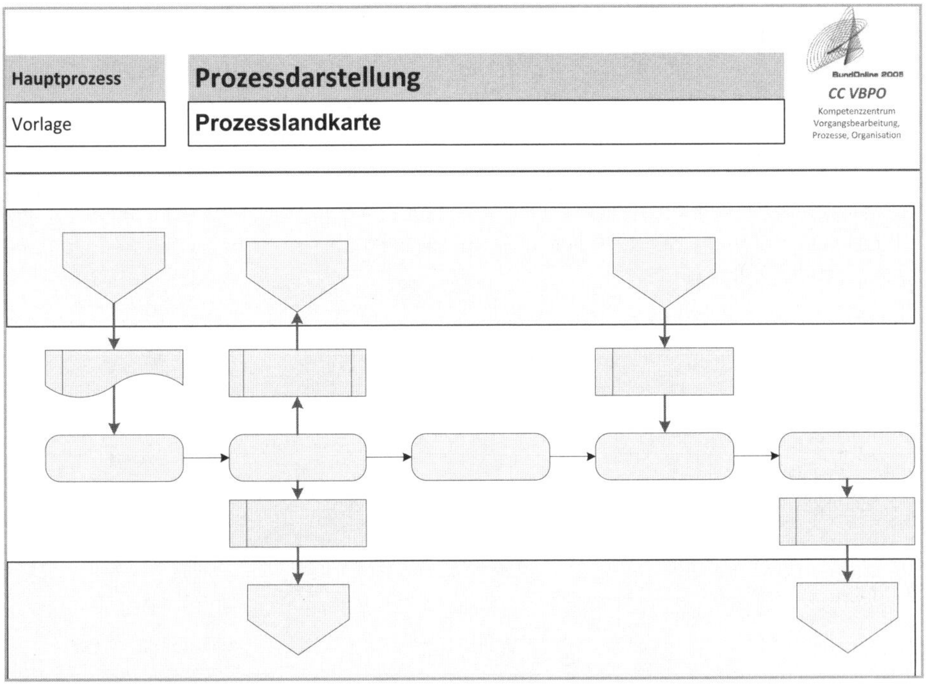

Bild 3.34 Vorlage für eine Prozesslandkarte – Quelle: BIT, 2010

3.8.13 Servicekatalog

Der IT-Servicekatalog stellt das Leistungsverzeichnis der IT-Organisation dar. Er beschreibt gemäß ITIL® in einer Datenbank oder einem Dokument alle IT-Services, die ein Unternehmen seinen Mitarbeitern oder Kunden anbietet. Er kann sowohl je Kunde als auch als Gesamtkatalog für alle Kunden definiert sein. Der Servicekatalog enthält ausschließlich die aktiven und genehmigten Services inklusive aller notwendigen Informationen. Dazu gehören neben einer detaillierten Beschreibung der jeweiligen IT-Leistungen u. a. Verfügbarkeit des Services sowie die gegenseitigen Abhängigkeiten der Services. Weiterhin enthält der Servicekatalog in vielen Fällen auch die Preise und die SLAs (Service Level Agreements). Es ist jedoch auch möglich bzw. üblich, die SLA-Vereinbarungen in gesonderten Dokumenten zu verwalten.

Gemäß ITIL® kann im Servicekatalog neben der externen Sicht (die Business-Perspektive) auch die interne Sicht (die technische Perspektive) auf die IT-Services abgebildet werden. Er wird daher häufig strukturiert in einen *Business-Servicekatalog* und einen *Technischen Servicekatalog*.

Die Business-Perspektive beschreibt die Services aus Sicht des Kunden und enthält die Details aller IT-Services, die den Kunden bereitgestellt werden. Sie stellt außerdem die Beziehungen zwischen den IT-Services und den davon abhängigen Geschäftsbereichen und Businessprozessen dar. Der Business-Servicekatalog ist für den Kunden sichtbar.

Der Technische Servicekatalog enthält Details zu allen IT-Services sowie die Beziehungen zu den unterstützenden Services, Applikationen, Serviceprozessen und technischen Komponenten, die notwendig sind, um den IT-Service für das Business bereitzustellen. Dieser Teil des Servicekatalogs ist nur für Mitarbeiter der IT-Abteilung sichtbar.

Inhalte eines Servicekatalogs

Für jeden Service sollte der Servicekatalog gemäß ITIL® die folgenden Informationen enthalten. Welche Inhalte der externen und welche der internen Sicht zuzuordnen sind, ist individuell festzulegen.

- Servicename,
- Servicebeschreibung,
- Servicetyp,
- unterstützende Services,
- Business Owner,
- Geschäftsbereiche,
- Business-Auswirkungen,
- Business-Priorität,
- Service Owner,
- Service Level Agreement,
- Service-Level-Klassen,
- Sicherheitsstufe/-klasse,
- Servicezeiten,
- Business-Kontakte,
- Eskalationskontakte,
- Serviceberichte,
- Service Reviews.

(ITIL®, 2011)

Leistungsscheine

SLAs sind Vereinbarungen zwischen einem Service Provider und Auftraggeber bezüglich der Servicequalität und -quantität sowie der Ziele für die Serviceerbringung. Sie bilden die Basis für die Beziehung zwischen Service Provider und Kunden. Anhand dieser verbindlichen Vereinbarung können Kunden und deren Mitarbeiter erkennen, welche Services zu erwarten sind, und der Service Provider hat eine eindeutige Grundlage für die Gestaltung und Lieferung der Services. In der Praxis werden die konkreten Vereinbarungen zwischen Auftraggebern und Dienstleister häufig in Form von *Leistungsscheinen* vereinbart.

Tabelle 3.19 Beispiel Leistungsschein

Dienstleistungsbeschreibung	
Name des Service	*Name gemäß Servicekatalog*
Leistungsbeschreibung	*Falls vorhanden auch Angaben zu den verarbeitenden Mengen, z. B. Bandbreitenangaben; außerdem Art des Service sowie die Verantwortlichkeiten*
Betriebs- und Servicezeiten	
Betriebszeiten	*Zeiträume, in welchen der Service nutzbar ist*
Servicezeiten	*Beispielsweise Wartungsfenster mit der entsprechenden Zeitperiode sowie einer Beschreibung*
Verfügbarkeit und Performance	
Verfügbarkeit	*Art, maximale Ausfalldauer sowie die maximale Anzahl der Ausfälle pro Zeitperiode*
Performanz	*Performanzparameter, z. B. Rückruf innerhalb von drei Stunden*
Technische Anforderungen	*Beschreibung der minimalen technischen Anforderungen*
Eskalation	
Kriterien und Reaktionszeit	*Eskalationsszenarien mit den vorgesehenen Reaktionszeiten*
Kritikalität	*Kritikalität gegebenenfalls pro Dienstleistung*
Sicherheitsanforderungen & Notfallvorsorge	
Sicherheitsanforderungen	*Art mit einer kurzen Beschreibung und gegebenenfalls zugrunde liegende Compliance-Anforderungen (z. B. gesetzliche Anforderungen)*
Notfallvorsorge	*Definierte Notfälle und Maßnahmen sowie Verantwortlichkeiten (müssen jeweils mit dem Notfallvorsorgekonzept des Leistungsnehmers übereinstimmen)*
Risk Management	*Identifizierte Risiken*
Kosten	
Kosten	*Kosten sofern verrechnet (gegebenenfalls Verweis auf weitere Dokumente)*

3.8.14 Sicherheitskonzept

Das Sicherheitskonzept beschreibt auf der Grundlage der Risikobewertung die technischen und organisatorischen Maßnahmen, die im Unternehmen zu Datenschutz und Datensicherheit getroffen wurden. Hierzu liefert es detaillierte Informationen zur Planung, Umsetzung, Aktualisierung und Überwachung der eingesetzten Sicherheitsmaßnahmen. Das Sicherheitskonzept dient damit der Umsetzung der Sicherheitsleitlinie und geltenden Sicherheitsrichtlinien (siehe hierzu die Ausführungen zu den Rahmendokumenten in *Abschnitt 2.3.2.3.*

Aus Sicht der Informationssicherheit werden aber nicht nur IT-basierte Werte betrachtet: Ein Sicherheitskonzept setzt für eine Umgebung Sicherheitsmaßnahmen fest, die sich aus den Risiken und dem Schutzbedarf der im Unternehmen zu schützenden Informationen ableiten. Dabei kann ein ISMS-Sicherheitskonzept auch nur Teilbereiche der IT-Infrastruktur umfassen.

Nicht alle Bereiche einer Institution müssen daher durch ein einziges Sicherheitskonzept abgedeckt werden. Vor allem bei großen Behörden und Unternehmen kann es mehrere Sicherheitskonzepte geben, die verschiedene Organisationsbereiche behandeln. Insbesondere viele IT-Organisationen pflegen ein gesondertes IT-Sicherheitskonzept, ggf. ergänzt durch system- oder applikationsspezifische Detailkonzepte. Die folgenden Ausführungen beschränken sich auf die Erstellung eines IT-Sicherheitskonzepts.

Inhalte eines IT-Sicherheitskonzepts

Obwohl verschiedene Standards und Verordnungen die Pflege eines Sicherheitskonzepts einfordern, gibt es keine verbindlichen Vorschriften für Form und Inhalt eines Sicherheitskonzepts. In Anlehnung an das BSI sollte ein Sicherheitskonzept die folgenden Themen behandeln:

- Festlegung der zu schützenden Werte (Informationen, Systeme, Objekte)
- Risikoanalyse
  - Analyse der Bedrohungen und Schwachstellen
  - Bewertung von Eintrittswahrscheinlichkeit und potenzieller Schadensschwere sowie Ermittlung des Schadenserwartungswerts
- Maßnahmen zur Vermeidung bzw. Reduzierung der Eintrittswahrscheinlichkeit bzw. der Schadenshöhe

Demzufolge muss ein Sicherheitskonzept eine Auflistung der vorhandenen Schwachstellen, der möglichen Bedrohungen und der bereits umgesetzten sowie der geplanten Maßnahmen liefern. Für die Erstellung eines IT-Sicherheitskonzepts bietet das BSI mit der Grundschutzmethodik eine hilfreiche Vorgehensweise an, die gleichzeitig eine sinnvolle Strukturierung des IT-Sicherheitskonzepts darstellt. Die Grundschutzmethode zeichnet sich vor allem dadurch aus, dass auf eine detaillierte Risikoanalyse verzichtet wird. Stattdessen wird von pauschalen Gefährdungen ausgegangen und dabei auf die differenzierte Einteilung nach Schadenshöhe und Eintrittswahrscheinlichkeit verzichtet und durch Einordnung in Schutzbedarfskategorien der Schutzbedarf eines untersuchten Systems festgestellt. Für die Umsetzung von Maßnahmen enthalten die IT-Grundschutzkataloge Sicherheitsmaßnahmen für typische Geschäftsprozesse und IT-Systeme, die auf einem mittleren Schutzbedarf ausgerichtet sind. Zusätzlich wird für Komponenten mit hohem oder sehr hohem Schutzbedarf empfohlen, eine weitergehende Risikoanalyse durchzuführen.

Sicherheitskonzept enthält vertrauliche Informationen

Ein Sicherheitskonzept enthält in der Regel unternehmenskritische und damit vertraulich zu behandelnde Informationen, die nicht beliebig weitergegeben werden dürfen. Hierzu können zum Beispiel Informationen über noch nicht beseitigte Schwachstellen zählen. Sie sollten deshalb bereits bei der Erstellung darauf achten, dass für die unterschiedlichen Zielgruppen die für sie relevanten Teile ausgegliedert werden können. Eine entsprechende Gliederung des Sicherheitskonzepts kann dies unterstützen. ■

Der Weg zum IT-Sicherheitskonzept

Die folgenden Ausführungen beschreiben die Vorgehensweise zur Erstellung eines IT-Sicherheitskonzepts auf Basis der BSI-Grundschutzmethode und den drei Standards 100-1 bis 100-3. Das zentrale Dokument ist der *BSI-Standard 100-2 - IT-Grundschutz-Vorgehensweise* (BSI 100-2) in dem beschrieben wird, wie die Strukturanalyse der IT-Systeme, Anwendungen, Räume und Netzkomponenten erfolgt und wie darauf aufbauend die Schutzbedarfsfeststellung und die Ermittlung der Gefährdungen sowie der jeweils zu treffenden Maßnahmen aus den IT-Grundschutzkatalogen/-bausteinen vorzunehmen ist. Der *BSI-Standard 100-1 - Managementsysteme für Informationssicherheit (ISMS)* (BSI 100-1) vermittelt hingegen die Grundlagen und beschreibt allgemeine Anforderungen an ein Informationssicherheits-Management-System. Beide Schriften liefern eine detaillierte Anleitung zur Erstellung einer Sicherheitskonzeption auf Basis von IT-Grundschutz.

1. **Schutzbedarfsfeststellung:** Die Schutzbedarfsfeststellung umfasst die nachstehend genannten drei Schritte. Im Vordergrund steht dabei die Fragestellung, wie groß der maximale Schaden ist, wenn die Verfügbarkeit, die Integrität oder die Vertraulichkeit der zu untersuchenden IT-Systeme und Informationen beeinträchtigt werden:
   - Analyse, welche Gefährdungen bzw. Risiken für das Unternehmen bei unzureichender IT-Sicherheit bestehen,
   - Identifizierung möglicher Schäden durch einen Verlust an Vertraulichkeit, Integrität oder Verfügbarkeit,
   - Analyse und Bewertung der potenziellen Auswirkungen auf die Geschäftstätigkeit oder die Aufgabenerfüllung durch IT-Sicherheitsvorfälle und andere IT-Sicherheitsrisiken.
2. **Bewertung der erfassten IT-Systeme und IT-Prozesse:** Im nächsten Schritt werden die Systeme bewertet und kategorisiert. Dazu werden die in der Schutzbedarfsfeststellung identifizierten Risiken auf die erfassten IT-Systeme angewendet und für die darauf verarbeiteten Informationen die Maximalschäden bestimmt. Dies schließt die Identifikation und Beurteilung sicherheitsrelevanter Informationen, Geschäftsprozesse und organisatorischer Abläufe ein. Ziel ist es, Systeme und Prozesse mit gängigen Risiken von denen mit hohen oder sehr hohen Risiken zu unterscheiden.

3. **Sicherheits-Ist-Analyse/Risikoanalyse:** Im nächsten Schritt sind die vorhandenen Sicherheitsmaßnahmen zu erfassen und mögliche Defizite aufzuzeigen (Soll-Ist-Vergleich). Auch hierbei ist eine Unterteilung sinnvoll. Diese kann wie folgt aussehen:
   - vorhandene Sicherheitsmaßnahmen und Risiken übergeordneter Komponenten mit hohem Schutzbedarf (Organisation, Personal, Notfallvorsorge, Datensicherung, Datenschutz),
   - vorhandene Sicherheitsmaßnahmen und Risiken von Infrastrukturkomponenten (Gebäude, Verkabelung, Büroräume, Serverräume/Rechenzentrum, Datenträgerarchiv, Räume für die technische Infrastruktur) sowie der betrachteten IT-Systeme,
   - vorhandene Sicherheitsmaßnahmen und Risiken für die betrachteten IT-Prozesse.
4. **Festlegung der IT-Grundschutzmaßnahmen:** Für alle untersuchten IT-Systeme und Prozesse mit gängigem Risiko werden pauschal Maßnahmenempfehlungen festgelegt.
5. **Zusätzliche Maßnahmen für Systeme mit höherem Risiko:** Für alle Systeme und Prozesse, die der Gruppe mit höherem Risiko zuzuordnen sind, sollte zusätzlich eine detaillierte Sicherheitsanalyse durchgeführt werden. Diese muss sowohl eine Schwachstellenanalyse als auch eine individuelle Risikoanalyse gemäß dem IT-Sicherheitskonzept des BSI umfassen.

Risikoanalyse als Basis für Grundschutzmaßnahmen

Die Risikoanalyse liefert für ausgewählte IT-Systeme und IT-Prozesse auf der Basis der Ergebnisse von Bedrohungs- und Schwachstellenanalysen die Wahrscheinlichkeit für das Eintreffen eines gefährdenden Ereignisses und den damit verbundenen potenziellen Schaden.

Der BSI-Standard 100-3 »*Risikoanalyse auf der Basis von IT-Grundschutz*« (BSI 100-3) beschreibt ausführlich Methoden zur Durchführung zusätzlicher IT-Risikoanalysen (siehe hierzu *Abschnitt 1.6.2*).

GSTOOL des BSI

Weitere Informationen sind in der umfangreichen Literatur zum Informationssicherheitsmanagement zu finden. Eine der wichtigsten Informationsquellen stellt hier sicherlich die Website des BSI dar.

Mit dem Tool IT-Grundschutz (GSTOOL) stellte das BSI außerdem bis 2014 eine Software bereit, die den Anwender bei der Erstellung, Verwaltung und Fortschreibung von Sicherheitskonzepten entsprechend dem IT-Grundschutz nach den BSI-Standards 100-1 bis 100-3 unterstützte. Das BSI hat die weitere Entwicklung des GSTOOL in der Version 5.0 eingestellt. Nähere Informationen dazu sowie zu alternativen Sicherheitsmanagement-Tools finden Sie in *Abschnitt 7.4*.

3.8.15 Verfahrensbeschreibungen

Leider findet man in kaum einem anderen Bereich so viele unterschiedliche Bedeutungen für einen Begriff wie für das Wort »Verfahren«. Umgekehrt gibt es keinen standardisierten Begriff, mit dem allgemeingültig die Dokumentation von Abläufen (z.B. Durchführung mehrstufiger Testläufe) benannt wird. Von Verfahrensbeschreibungen, Ablaufbeschreibungen, Beschreibungen für Fachverfahren bzw. IT-Lösungen, aber auch Konzept reicht die Spannweite und diese Auflistung ist noch längst nicht vollständig.

So definieren beispielsweise Klaus Schmidt und Dirk Brand (Klaus Schmidt, 2011):

Ein Fachverfahren ist ein Verfahren in einem Unternehmen, das in einem Fachbereich angewendet wird, um eine fachliche Aufgabe durchzuführen. Fachliche IT-Verfahren sind informationstechnische Verfahren im Unternehmen, die die Fachverfahren technologisch unterstützen. Hierfür findet sich auch der Begriff der IT-Lösung.

Bei einer prozessorientiert agierenden IT-Organisation stehen die Geschäftsprozesse im Mittelpunkt der betrieblichen IT-Organisation und der Betrieb erfolgt auf Basis definierter Prozesse und standardisierter Verfahren. Hierbei wird das gesamte Handeln als eine Kombination von Prozessen betrachtet und Aufgaben werden organisationsübergreifend anhand von in Prozessen beschriebenen Aktivitäten bearbeitet und über Rollendefinitionen den Ressourcen aus den Organisationsbereichen zugeordnet.

Ein Verfahren ist ein zusammenhängend ablaufender Teil eines Prozesses, bei dem die operative Sicht im Vordergrund steht. Verfahren stellen operative Detailansichten eines Prozesses dar. Sie können, müssen jedoch nicht IT-unterstützt durchgeführt werden.

Während die **Prozessbeschreibung** (siehe *Abschnitt 3.8.10*) den Prozessablauf strukturiert darstellt und die Abläufe beschreibt, in denen Verfahren abgewickelt werden, stellt eine **Verfahrensbeschreibung** dar, wie ein Prozess operativ auszuführen ist bzw. wie er ein Ergebnis erzielt. Auch gängige Standards und Normen unterscheiden in diesem Sinne zwischen Prozessen und Verfahren (Verfahrensbeschreibungen werden vielfach auch als *Verfahrensanleitungen* oder *Verfahrensanweisungen* bezeichnet).

Aktivitäten bilden die kleinste Ausführungseinheit und sind dadurch gekennzeichnet, dass die Verantwortung für diese nicht unterteilbar ist. Die Durchführung von Aktivitäten sollte durch Arbeitsanleitungen und Ablaufbeschreibungen unterstützt werden

Arbeitsanleitungen (siehe *Abschnitt 3.8.2*) **und Ablaufbeschreibungen** (siehe *Abschnitt 3.8.1*) wiederum beschreiben im Vergleich zu den Verfahrensbeschreibungen auf einer tieferen Ebene detailliert die einzelnen Aktivitäten. Sie sind an einen Prozess bzw. ein Verfahren gebunden und regeln tätigkeitsbezogene Abläufe. Bei ITIL® findet man diese Dokumente unter der Bezeichnung *Standard operating procedures - SOPs*. Damit beschreibt ITIL® ein »Set« an Dokumenten, die zum einen detaillierte Anleitungen und Zeitpläne für die täglichen Routinearbeiten und zum anderen Anleitungen zur Durchführung von Aktivitäten umfassen.

> **Beispiel: Prozess – Verfahren – Aktivitäten**
>
> **Durchführung eines Change (Versionsupdate einer Anwendung)**
>
> **Prozess:** Der hier betrachtete Change-Prozess beinhaltet typischerweise die folgenden Teilprozesse: Change Request prüfen, Change genehmigen, neue Version paketieren und testen, Change freigeben, Rollout der neuen Version, Evaluierung und Abschluss.
>
> **Verfahren:** Nach der Paketierung durchläuft das Softwarepaket verschiedene Tests. Die Test- und Freigabeverfahren gehören dabei zu den wichtigsten Verfahren eines Change-Prozesses: Systemtest, Integrationstest, Abnahmetest u. a. und Abnahmen.
>
> **Aktivitäten:** Eine Aktivität bildet die kleinste Einheit in einem Verfahren. Jedes Verfahren besteht aus einer Reihe von Aktivitäten: Testfallfindung, Beschreiben je Testfall, was genau zu testen ist, Festlegen und Erstellen der Eingabedaten, Testdurchführung u. a.

Aus Compliance-Sicht werden Verfahren jedoch eingeschränkter definiert. Demnach ist die Verfahrensdokumentation zunächst auf die rechnungslegungsrelevanten Prozesse gerichtet und damit Geschäftsprozessebene. Sie dient hier zum Nachweis, dass die Anforderungen des Handelsgesetzbuchs (HGB), der Abgabenordnung und der GoBS bzw. der GoBD an die Entwicklung und den Betrieb von Anwendungen sowie an die Verarbeitung und die Archivierung der Daten erfüllt sind. So ist beispielsweise ein Unternehmen verpflichtet, seine rechnungsrelevanten Daten revisionssicher zu archivieren und dies auch in der *Verfahrensbeschreibung* zu dokumentieren: von der Entstehung der Information über die Indizierung und Speicherung, das eindeutige Wiederfinden, die Absicherung gegen Verlust und Verfälschung bis zur Reproduktion am Bildschirm und auf dem Drucker.

Zusätzlich wird der Begriff Verfahren im datenschutzrechtlichen Zusammenhang verwendet und bezeichnet hier Vorgänge, in denen personenbezogene Daten verarbeitet oder genutzt werden. Ein Beispiel für ein Verfahren ist die automatisierte Zeiterfassung.

Nähere Informationen zu den Anforderungen an eine GoBD-konforme Verfahrensdokumentation finden Sie in *Abschnitt 1.2.7*. Welche Anforderungen an eine Verfahrensdokumentation gestellt werden, welche Inhalte erforderlich sind und worauf Revisoren bei der Prüfung der Verfahrensdokumentation Wert legen, wird in *Abschnitt 1.4* vorgestellt. Außerdem ist das Thema Verfahrensdokumentation Bestandteil der in *Abschnitt 5.3* beschriebenen Anwendungsdokumentation.

Welche Inhalte eine Verfahrensbeschreibung aus datenschutzrechtlicher Sicht erfüllen muss, wird in *Abschnitt 3.8.7* vorgestellt.

Die Autoren verwenden im Buch den Begriff *Verfahrensdokumentation,* soweit sinnvoll, im Sinne der u. a. von GoBD bzw. GoBS und GdPdU geforderten Dokumentation von Anwendungen mit Rechnungslegungsrelevanz. Hier dient die Verfahrensdokumentation dem Nachweis, dass die gesetzlichen Anforderungen erfüllt sind.

Aufgrund des hohen Durchdringungsgrads der IT in den Unternehmensprozessen sind die IT-Systeme und IT-Abläufe zur Unterstützung der Unternehmensprozesse immer ein Teil der Verfahrensdokumentation. Daher sind einige der im Bereich der IT-Betriebsdokumentation zu erstellenden Dokumente der Verfahrensdokumentation zuzuordnen. Sie stellen jedoch nur einen Teil der Verfahrensdokumentation dar.

Verwendung der Begriffe definieren

Bereits an mehreren Stellen im Buch wurde auf die Notwendigkeit hingewiesen, die Verwendung von Dokumentationsbegriffen für das eigene Unternehmen zu definieren. Die völlig unterschiedliche Verwendung des Begriffs *Verfahren* macht dies noch einmal deutlich. Definieren Sie daher unbedingt in einem Glossar, welche Begriffe Sie in Ihrem Unternehmen für welche Dokumente bzw. Dokumentationsbereiche verwenden. Die Erstellung einer Dokumentationslandkarte ist hierbei hilfreich (siehe Ausführungen zur Strukturierung und Klassifizierung von Dokumenten in *Abschnitt 6.2.2*).

3.9 Zusammenfassung

Die Betriebsdokumentation ist das Herzstück der IT-Dokumentation. Hierbei muss sie den IT-Betrieb in seiner ganzen heutigen Vielschichtigkeit und Komplexität abbilden und nach Möglichkeit unterstützen. Das ist kein leichtes Unterfangen und auch deshalb wird das Thema Dokumentation in vielen IT-Organisationen immer wieder zurückgestellt, ganz nach dem Motto: »Wir haben keine Chance, lassen wir es sein.«

Der erste und wichtigste Schritt auf dem Weg zu einer nachhaltigen Dokumentation besteht in der Erfassung und Strukturierung der im Unternehmen vorhandenen Dokumentationsbereiche und Dokumente. Das im Kapitel vorgestellte Strukturierungsmodell bietet hierbei Hilfestellung. Mithilfe definierter Stufen ist es einfacher, eine für das eigene Unternehmen sinnvolle Struktur abzuleiten. Die Stufen orientieren sich an den unterschiedlichen Ausprägungen hinsichtlich Prozess- und Serviceorientierung. Da im Modell alle Stufen aufeinander aufbauen, ist es außerdem möglich, die Dokumentation später bei Bedarf zu erweitern und beispielsweise die nun notwendige Dokumentation von Services in die Dokumentation aufzunehmen.

Mit dieser Vorgehensweise ist es in einem weiteren Schritt möglich, Lücken zu erkennen und gegebenenfalls fehlende Dokumente zu identifizieren. Beim Füllen dieser Lücken können die Beschreibungen der wichtigsten Betriebsdokumente bzw. deren Inhalte im zweiten Teil des Kapitels helfen. Hier wird zum Teil anhand von Beispielen beschrieben, worauf bei der Erstellung der Dokumente zu achten ist.

Insgesamt kann mit einer vollständigen, aktuellen und nachvollziehbaren Dokumentation des IT-Betriebs nicht nur die Compliance-Tauglichkeit der IT-Organisation nachgewiesen werden, sondern sie bietet darüber hinaus einen echten Mehrwert für die operativen Organisationseinheiten, nicht zuletzt was die Qualität der Verfahrensdokumentation betrifft.

4 Notfalldokumentation

»Et hät noch emmer joot jejange
(Es ist bisher noch immer gut gegangen)«

Erstaunlich viele Unternehmen verfahren beim Thema Notfalldokumentation bzw. Notfallmanagement nach dem Zitat aus dem Buch »Et kütt wie et kütt – Das Rheinische Grundgesetz« von Konrad Beikircher (Beikircher, 2001).

Abgesehen davon, dass die Pflege einer Notfalldokumentation der Einhaltung der unternehmensbezogenen gesetzlichen Anforderungen dient, kann von einer vorausschauenden, durchdachten und dokumentierten Notfallplanung im Fall der Fälle nicht weniger als die Zukunft des Unternehmens abhängen. Tritt ein Notfall ein, ist die Aufregung meist groß; und die Gefahr, die Situation durch fehlerhaftes Verhalten zu verschlimmern, darf nicht unterschätzt werden. Um in einer Notfallsituation handlungsfähig zu bleiben, muss jeder wissen, was zu tun ist. Notfallmanagement ist aber mehr als Notfallbewältigung. Ein wirkungsvolles Notfallmanagement muss bei der Notfallvorsorge beginnen und die eingerichteten Maßnahmen müssen regelmäßig getestet, geübt und angepasst werden. Dass Revisoren und Wirtschaftsprüfer bei einer Prüfung mittlerweile neben dem Notfallhandbuch auch auf ein Notfallvorsorgekonzept und ein Schulungs- und Übungskonzept bestehen, trägt dem Rechnung.

In diesem Kapitel finden Sie die folgenden Themenschwerpunkte:

- Notfallstandards im Überblick
- Die Rolle der IT im unternehmensweiten Notfallmanagement
- Dokumente für die Notfallvorsorge
- Notfallhandbuch für die Notfallbewältigung
- Test- und Übungsdokumentation
- Das Umsetzungsrahmenwerk (UMRA) für den BSI-Standard 100-4
- Toolunterstützung für die Notfalldokumentation

4.1 Notfallrelevante Standards im Überblick

Viele Unternehmen verlangen von ihren Lieferanten mittlerweile den Nachweis über ein angemessenes Notfallmanagement, zum Beispiel bei einem outgesourcten Rechenzentrumsbetrieb. Und Ratingagenturen beispielsweise achten immer stärker auf die Risikovorsorge und erwarten Nachweise für die Vorhaltung eines angemessenen Notfallmanagements.

In den letzten Jahren haben daher Standards, Normen und Frameworks für das Notfallmanagement an Bedeutung gewonnen. Diese werden durch diverse Organisationen und Berufsverbände definiert und zyklisch verbessert. Aus Compliance-Sicht ist die Einhaltung solcher Standards ein wichtiges Indiz dafür, dass rechtlichen Vorgaben genüge getan ist. Zu finden sind derartige Standards unter dem Stichwort »Business Continuity Management (BCM)«. BCM ist ein seit mittlerweile mehr als 15 Jahren geprägter Begriff, der Methoden und Maßnahmen beschreibt, die eine Geschäftsfortführung – Business Continuity – im Notfall sicherstellen. Einige Standards und Leitfäden, die entweder ausschließlich das Thema BCM andressieren oder es maßgeblich berücksichtigen, werden in diesem Abschnitt vorgestellt.

4.1.1 BSI-Standard 100-4

Der ca. 120 Seiten umfassende Standard 100-4 Notfallmanagement wurde vom Bundesamt für Sicherheit in der Informationstechnik (kurz BSI) Ende 2008 veröffentlicht und beschreibt eine Methode zum Aufbau eines eigenständigen Managementsystems für die Notfallvorsorge und die Notfallbewältigung.

Wie Bild 4.1 zeigt, ordnet das BSI den Standard 100-4 formal der Standardreihe zur Informationssicherheit und zum IT-Grundschutz zu. Zusätzliche Informationen zu den Publikationen des BSI finden Sie in *Abschnitt 1.6.2*.

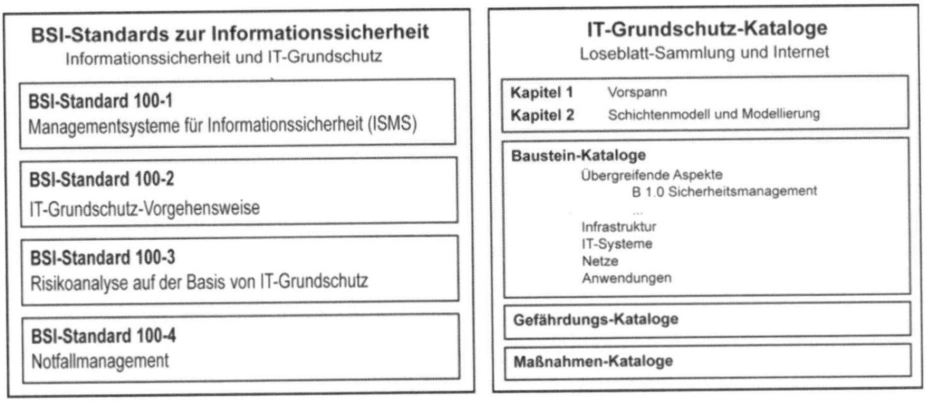

Bild 4.1 Die BSI-Publikationen zum Sicherheitsmanagement – Quelle: BSI 100-2

Bis zur Veröffentlichung des Standards 100-4 behandelte das BSI das Thema Notfall in den beiden Bausteinen *B1.3 Notfallvorsorge-Konzept* und *B 1.8 Behandlung von Sicherheitsvorfällen*. Internationale Standards wie beispielsweise der britische Standard BS 25999 machten jedoch deutlich, dass auch der Umgang mit Notfällen nicht nur als kontinuierlicher Prozess, sondern vor allem unternehmensweit betrachtet werden muss. Schließlich beschränken sich die typischen Notfälle, wie Brand oder Wassereinbruch, in der Regel nicht auf den IT-Bereich.

Allerdings steht das BSI bei vielen, die im Bereich der IT tätig sind, als Synonym für IT-Sicherheit und IT-Grundschutz. Deshalb ist es nicht verwunderlich, dass auch der vom BSI veröffentlichte Standard 100-4 zum Notfallmanagement immer noch als ein Standard zur Absicherung der IT-Systeme betrachtet wird, zumal das BSI ihn auch als IT-Grundschutz-Standard bezeichnet. Doch die Absicherung der IT steht, wie auch bei den Standards zum Informationssicherheitsmanagement, bei diesem Standard keineswegs im Fokus. Ziel ist es vielmehr, einen systematischen Weg aufzuzeigen, um bei Notfällen und Krisen, die auf Unternehmensebene zu einer Geschäftsunterbrechung führen, schnell und adäquat reagieren zu können. Im Vordergrund stehen hierbei die Vermeidung von Notfällen und die Minimierung von Schäden in einem Notfall sowie die Wiederherstellung der Geschäftsprozesse bei einem Notfall.

Mit der Einführung des Standards 100-4 hat das BSI einen Trendwechsel von der IT-Notfallplanung hin zum unternehmensweiten Notfallmanagement eingeleitet. Dies wird auch in der Einleitung des Standards 100-4 deutlich, in der es heißt:

> *»... Eine ganzheitliche Betrachtung ist daher ausschlaggebend. Es sind alle Aspekte zu betrachten, die zur Fortführung der kritischen Geschäftsprozesse bei Eintritt eines Schadensereignisses erforderlich sind, nicht nur die Ressource Informationstechnik. IT-Notfallmanagement ist ein Teil des Notfallmanagements.«* (BSI-Standard 100-4, 2008)

Ein wesentliches Ziel bei der Entwicklung des Standards war es, die Grundschutzvorgehensweise mit Methoden aus verschiedenen Standards rund um das Thema Business Continuity Management zu verbinden. Eingeflossen sind dabei vor allem die Inhalte des britischen Standards BS 25999, zu dem der Standard 100-4 kompatibel ist. Ergänzend folgt er aber der Philosophie des Grundschutzes und ist daher konkreter und bietet eine weitergehende Umsetzungsunterstützung als andere Standards und Normen.

Der BSI-Baustein Notfallmanagement

Wie beschrieben behandelte das BSI bis zur Veröffentlichung des Standards 100-4 das Thema Notfall in den beiden Bausteinen *B1.3 Notfallvorsorge-Konzept* und *B 1.8 Behandlung von Sicherheitsvorfällen*.

Mit der elften Ergänzungslieferung der Grundschutzkataloge im Oktober 2011 hat das BSI auch die Notfallbausteine reformiert. Die neue Fassung des Bausteins *B 1.3 Notfallmanagement* erweitert die Notfallthematik deutlich in Richtung einer Betrachtung eines unternehmensweiten Notfallmanagements. Inhaltlich basiert er auf dem BSI-Standard 100-4 und fasst dessen wesentliche Aspekte in der Nomenklatur der Grundschutzkataloge zusammen. Er sollte daher nicht als isolierter Baustein, sondern immer im Zusammenhang mit dem ihm zugrunde gelegten Standard verwendet werden. Damit werden Behörden, die zur Umsetzung von IT-Grundschutz verpflichtet sind, indirekt auch zur Umsetzung des Standards 100-4 verpflichtet.

4.1.2 Standards und Normen der British Standards Institution

Dem Standard 100-4 des BSI fehlt ein entscheidendes Merkmal: Er ist nicht isoliert zertifizierbar, sondern nur im Rahmen des IT-Grundschutzzertifikats. Wer sich zertifizieren wollte, konnte dies lange Zeit nur auf Grundlage der British Standards (BSi) tun. British Standards ist der Name für die *Standards der British Standards Institution (BSI)*. Bei dieser handelt es sich um eine Normungsorganisation, vergleichbar dem Deutschen Institut für Normung e. V. (DIN). Die British Standards Institution entwickelt Normen, die sowohl unter dem Namen »BS XXXX« als auch unter der Bezeichnung »BSi XXXX« veröffentlicht werden.

Zu den in der Vergangenheit international häufig umgesetzten Standards zählt der British Standard 25999. In diesem werden der Aufbau einer Organisationsstruktur und die Umsetzung eines (allgemeinen) Business-Continuity-Management-Prozesses auf Unternehmensebene beschrieben sowie Punkte festgelegt, die für eine Zertifizierung benötigt werden. Der Standard 25999 wurde erstmalig 2006 veröffentlicht und mittlerweile durch die ISO-Normenfamilie 22300 ersetzt.

Ein weiterer bekannter und aus Sicht der IT wichtiger britischer Standard war der *BS 25777:2008 Information and communications technology continuity management - Code of practice*. Bei diesem handelt es sich um einen Standard zur Einrichtung eines IT Continuity Managements. Der Standard formuliert die umzusetzenden Maßnahmen für die erfolgreiche Implementierung und Aufrechterhaltung eines IT Continuity Managements als einen kontinuierlichen Lebenszyklus, der in Anlehnung an den Standard BS 25999 aufgebaut ist. 2011 ist der Standard BS 25777 durch die ISO-Norm 27031 ebenfalls ersetzt worden.

4.1.3 ISO 22301 und ISO 22313

Lange Zeit waren die British Standards zum BCM allein maßgeblich. Doch in den vergangenen Jahren hat sich im Bereich Normung von Business Continuity Management viel getan.

Die ISO-Norm *22301:2012 Societal security - Business continuity management systems - Requirements* ist im Mai 2012 freigegeben worden und somit die neueste Norm für die Umsetzung und Zertifizierung des betrieblichen Notfallmanagements. Bei ihr handelt es sich um die weltweit erste internationale Norm für ein unternehmensweites Notfallmanagement. Die Norm ist eine Ergänzung der von der ISO herausgegebenen generischen Normen, zu denen beispielsweise die ISO 31000 (Risikomanagement) oder die ISO 27001 (Informationssicherheits-Managementsysteme) gehört. Sie kann für Unternehmen jeder Größe und unabhängig von der vorhandenen Technologie angewandt werden. (22301:2012)

Ergänzend wurde ebenfalls 2012 die ISO-Norm *22313:2012-12 Societal security - Business continuity management systems - Guidance* veröffentlicht (22313:2012). Die Guidance ergänzt die ISO-Norm 22301 um die Ausführungsanleitung und bietet eine Anleitung zur Einführung und Umsetzung eines BCM-Management-Systems.

Tipp

Im Bereich Normen und Normierung werden verwirrend viele Begriffe und Abkürzungen verwendet, die den Umgang damit erschweren. Hilfreich ist hier die Website des Deutschen Instituts für Normung e. V. Auf diesen Seiten finden Sie nicht nur eine gute Zusammenstellung der in diesem Umfeld verwendeten Begriffe und Abkürzungen: http://www.din.de.

4.1.4 ISO-27000-Normenfamilie

Zu den bekanntesten und wichtigsten Standards im Bereich Informationssicherheitsmanagement gehört die ISO-2700x-Reihe. Und da Verfügbarkeit zu den ISMS-Schutzzielen zählt, ist das Thema Continuity Management hier ebenfalls Gegenstand. So führt der Anhang A14 der ISO 27001 Anforderungen für ein BCM auf. Konkreter ist die ISO 27002, in der der Leitfaden für ein ISMS (Information Security Management System) samt BCM deutlicher beschrieben ist.

Nur wenig bekannt ist, dass es mit der ISO-Norm *27031:2011 Guidelines for information and communication technology readiness for business continuity management* eine Norm zum Aufbau eines IT Continuity Management gibt (27031:2011). Diese hat im März 2011 den britischen Standard BS 25777 abgelöst. Sie beschreibt die Konzepte, Prinzipien und konkrete Kriterien wie beispielsweise Performance-Kriterien für ein IT Continuity Management. Grundlage für die Maßnahmen sind die Anforderungen, die im Rahmen einer Business-Impact-Analyse im Rahmen des BCM identifiziert werden. Der Geltungsbereich umfasst alle Ereignisse und Vorfälle (einschließlich sicherheitsrelevante), die Auswirkungen auf IT-Infrastruktur und -Systeme haben könnten.

4.1.5 Good Practice Guidelines

Eine weitere BCM-Richtlinie, auf die auch der BSI-Standard 100-4 referenziert, sind die *Good Practice Guidelines (GPG)* des *Business Continuity Institute (BCI)*. Bei den GPG handelt es sich vorrangig um ein umfangreiches Handbuch, das Implementierungshilfen zur Umsetzung eines Business Continuity Management bereitstellt. Im Jahre 2002 wurden die GPG zum ersten Mal herausgegeben und seitdem regelmäßig aktualisiert und optimiert.

Die jeweils aktuelle Version kann direkt beim BCI bezogen werden. Mitglieder der BCI können die Good Practice Guidelines dort kostenlos herunterladen.

4.1.6 ISO 20000

Die ISO 20000 ist eine speziell auf das IT-Servicemanagement ausgerichtete Norm und wurde im Jahr 2005 veröffentlicht. Im Gegensatz zu ITIL® aber, das keinen Standard darstellt, sind die Prozesse des IT-Servicemanagements nach ISO 20000 international anerkannt zertifizierbar.

Die Anforderungen an die IT-Notfallvorsorge beschreibt Kapitel 6.3, *Service Continuity and Availability Management* der ISO-Norm. Die beiden Prozesse sollen sicherstellen, dass die vereinbarten Zielsetzungen Verfügbarkeit und Kontinuität gegenüber dem Kunden in jedem Fall sichergestellt werden können. Um eine Zertifizierung nach ISO 20000 zu erreichen, müssen gemäß *Tabelle 12: ISO/IEC Spezifikationen 6.3 Service Continuity und Availability Management* die folgenden Spezifikationen nachweisbar umgesetzt (d.h. auch dokumentiert) werden:

- *»Die Availability- und Service-Continuity-Anforderungen müssen auf Basis von Businessplänen, SLAs und Risikoanalysen identifiziert werden.*
- *Die Anforderungen müssen Zugriffsrechte, Antwortzeiten und End-to-end-Verfügbarkeit der Systemkomponenten berücksichtigen.*
- *Die Availability- und Service-Continuity-Pläne sind mindestens jährlich zu überprüfen, um sicherzustellen, dass die Anforderungen jederzeit auch tatsächlich erfüllt werden können.*
- *Die Availability- und Service-Continuity-Pläne sind laufend zu aktualisieren, um sicherzustellen, dass sie die vereinbarten und vom Business benötigten Änderungen erfüllen.*
- *Die Availability- und Service-Continuity-Pläne müssen nach jedem Major Change erneut getestet werden.*
- *Der Change Management Process muss die Auswirkungen von Änderungen auf die Availability- und Service-Continuity-Pläne ermitteln und entsprechend bei der Umsetzung berücksichtigen.*
- *Die vereinbarte Verfügbarkeit muss gemessen und aufgezeichnet werden.*
- *Alle ungeplanten Nicht-Verfügbarkeiten müssen analysiert werden. Zudem gilt es, entsprechende Maßnahmen für die künftige Vermeidung solcher Unterbrechungen umzusetzen.*
- *Die Service-Continuity-Pläne, Kontaktlisten und die Configuration-Management-Datenbank müssen auch in der Notsituation außerhalb der normalen Büroräumlichkeiten verfügbar sein.*

- *Die Service-Continuity-Pläne müssen die Wiederherstellung des Normalbetriebs berücksichtigen.*
- *Es sind regelmäßige, das heißt mindestens jährlich, Tests in Abstimmung mit den Kundenbedürfnissen durchzuführen.*
- *Die Continuity-Testresultate sind zu dokumentieren und auf Fehler zu analysieren. Allfällige Maßnahmen sind zu planen und umzusetzen.«* (Andenmatten, 2008)

4.2 Die Rolle der IT im unternehmensweiten Notfallmanagement

Häufig wird die IT-Organisation mit der Erstellung der Notfalldokumentation beauftragt, mit der Konsequenz, dass das Thema Notfallmanagement auf die Sicht der IT beschränkt bleibt. Umgekehrt gibt es oft zwar ein unternehmensweites Notfallmanagement, das aber die IT nicht ausreichend berücksichtigt, so dass die Anbindung der Notfallmaßnahmen an die konkrete Technik bzw. die IT-Systeme fehlt.

Bevor man sich aber überhaupt mit der Erstellung einer Notfalldokumentation befassen kann, lautet die wichtigste, keineswegs einfach zu beantwortende Frage: Was ist ein Notfall, was ist eine Krise und wer definiert das?

An dieser Stelle ist ein Blick in den BSI-Standard 100-4 sinnvoll. Hier heißt es:

> *»Ein Notfall ist ein Schadensereignis, bei dem Prozesse oder Ressourcen einer Institution nicht wie vorgesehen funktionieren. Die Verfügbarkeit der entsprechenden Prozesse oder Ressourcen kann innerhalb einer geforderten Zeit nicht wiederhergestellt werden. Der Geschäftsbetrieb ist stark beeinträchtigt. Eventuell vorhandene SLAs (Service Level Agreements) können nicht eingehalten werden. Es entstehen hohe bis sehr hohe Schäden, die sich signifikant und in nicht akzeptablem Rahmen auf das Gesamtjahresergebnis eines Unternehmens oder die Aufgabenerfüllung einer Behörde auswirken. Notfälle können nicht mehr im allgemeinen Tagesgeschäft abgewickelt werden, sondern erfordern eine gesonderte Notfallbewältigungsorganisation«.* (BSI-Standard 100-4, 2008)

Vor allem zwei Punkte weisen demnach einen Notfall aus: eine erhebliche Schadenshöhe mit Auswirkungen auf das Gesamtunternehmen und das Erfordernis einer gesonderten Organisation zur Bewältigung des Notfalls, wobei das Unternehmen und dessen Geschäftsprozesse im Mittelpunkt stehen. Der BSI-Notfall-Standard 100-4 macht dieses auch dadurch deutlich, indem er Themen wie Business-Impact-Analyse (BIA), Risikoanalyse und Kontinuitätsstrategien hervorhebt. Mithilfe einer BIA können die Auswirkungen von Prozessausfällen und die Abhängigkeiten zwischen den Prozessen ermittelt sowie die benötigten Wiederanlaufzeiten beschrieben werden. Die ermittelten Ergebnisse sind Voraussetzung für die dann durchzuführende Risikoanalyse zur Feststellung der Eintrittswahrscheinlichkeit und für die Auswahl geeigneter Notfallstrategien sowie entsprechender (Vorsorge-)Maßnahmen. Außerdem ist die BIA eine Voraussetzung, um Anforderungen für den Notbetrieb zu definieren.

Genau an dieser Stelle aber wird es schwierig und IT-Verantwortliche stehen oft vor der Frage, welcher Teil des Notfallmanagements und damit der Notfalldokumentation in ihren Verantwortungsbereich fällt. Denn die Erstellung einer BIA für die Geschäftsprozesse kann keine Aufgabe der IT sein.

Unterscheidung von BCM und IT SCM ist wichtig

Hilfreich ist hier die u. a. in ITIL® verwendete Unterscheidung zwischen *Business Continuity Management (BCM)* und *IT-Service Continuity Management (IT SCM).*

- Das **BCM** adressiert (wie der Name bereits aussagt) die Businessprozesse, d. h. die unternehmensweiten Kernprozesse. Hierbei stehen die Analyse und das Management der Risiken im Vordergrund, damit das Unternehmen jederzeit die erforderliche Mindestproduktionskapazität bzw. die Mindestservices gewährleisten kann.
- Vorrangige Aufgabe des **IT SCM** ist die Unterstützung des übergeordneten Business Continuity Management, indem sichergestellt wird, dass jederzeit das definierte Mindestmaß an IT-Services zur Verfügung steht. Zudem gilt es Maßnahmen zu planen, so dass die IT-Services zur Unterstützung der Geschäftsprozesse nach einer Katastrophe in der vorgegebenen Zeit wiederhergestellt werden können. IT SCM muss demnach integraler Bestandteil eines übergeordneten Business Continuity Managements sein und vom Umfang aus den geschäftlichen Zielvorgaben abgeleitet werden.

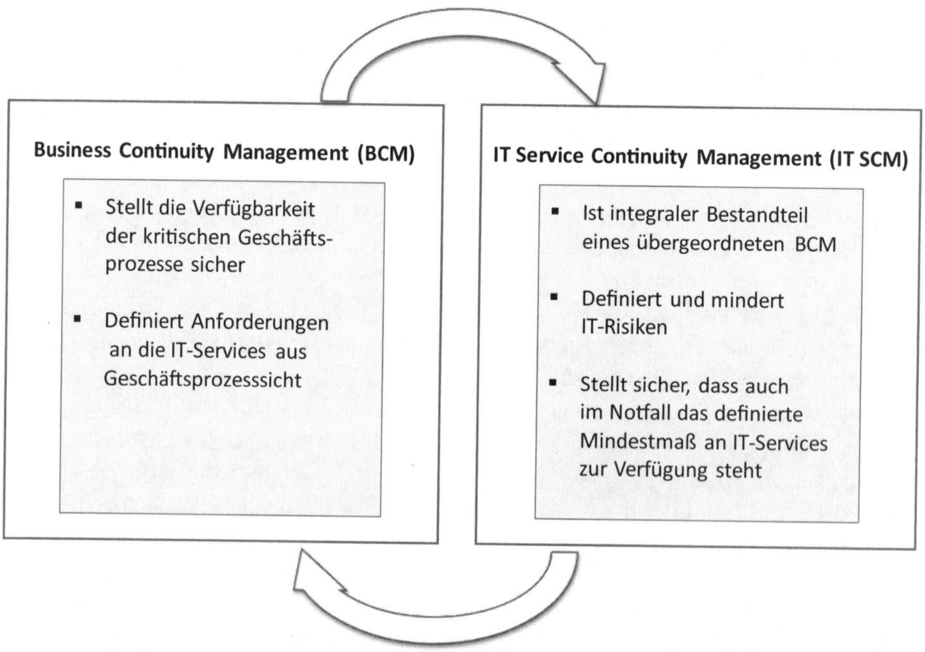

Bild 4.2 Das Zusammenspiel von BCM und IT SCM ist wichtig.

Die Integration beider Bereiche ist wegen des Querschnittscharakters der im Notfallmanagement anfallenden Aufgaben zwingend erforderlich, erfordert dabei aber eine Trennung der Verantwortlichkeiten. Hierbei übernimmt das BCM die Gesamtverantwortung für den

Notfallmanagementprozess und die Planung für die Wiederherstellung aller Services. Dazu kann es beispielsweise als gesonderte Stabstelle verankert oder beim Risikomanagement bzw. beim Sicherheitsmanagement angegliedert werden. Für das Gesamtpaket IT-Service Continuity, in dem die Technik zwar einen wesentlichen Teil darstellt, das aber an den Geschäftsanforderungen ausgerichtet die Services mit ihren IT-Prozessen fokussiert, übernimmt die IT-Organisation die Verantwortung.

Der Notfallmanagementprozess

Ein weiterer Aspekt aller BCM-Standards ist, dass Notfallmanagement nicht als einmalige Aktion betrachtet werden darf, sondern als kontinuierlicher Unternehmensprozess verankert werden muss. So formuliert der Standard 100-4 das Notfallmanagement als einen

> *»Managementprozess mit dem Ziel, gravierende Risiken für eine Institution, die das Überleben gefährden, frühzeitig zu erkennen und Maßnahmen dagegen zu etablieren. Der Notfallmanagementprozess besteht aus den folgenden Phasen: Initiierung des Notfallmanagements, Konzeption, Umsetzung des Notfallvorsorgekonzepts, Notfallbewältigung, Tests und Übungen sowie Aufrechterhaltung und kontinuierliche Verbesserung des Notfallmanagementprozesses.«* (BSI-Standard 100-4, 2008)

Der Notfallmanagementprozess beinhaltet demnach – in Anlehnung an die PDCA-Methode (Plan-Do-Check-Act) – neben Planung, Überprüfung und Training auch die ständige Verbesserung der Organisationsprozesse. Entsprechend zählen zu den wesentlichen Aufgaben des Notfallmanagements die folgenden Punkte:

- Identifikation der überlebensnotwendigen, organisationsentscheidenden Kernprozesse und Werte,
- Analyse denkbarer Situationen, die zum Stillstand kritischer Prozesse führen und damit das Überleben des Unternehmens bedrohen können,
- Bewertung des Ausfalls der Geschäftsprozesse,
- Analyse von Risiken und Festlegung von Maßnahmen zur Minimierung möglicher Ausfallzeiten,
- Planung und Dokumentation konkreter Handlungsanweisungen, die nach dem Eintritt von Notfallsituationen eine schnelle Wiederherstellung der Geschäftsprozesse ermöglichen,
- Durchführung von Tests und Übungen.

Aus den genannten Punkten leiten sich drei Aufgabenbereiche ab:

- Notfallvorsorge,
- Notfallbewältigung,
- Prüfung und Verbesserung.

Es ist daher sinnvoll, auch die Notfalldokumentation entsprechend in die Dokumentation für die Notfallbewältigung und die Dokumentation für die Notfallvorsorge zu gliedern.

Bild 4.3 Möglicher Aufbau der BCM-Dokumentation

Wichtige Notfallmanagementdokumente

Der vorstehend genannten Aufteilung entsprechend ist zwischen dem *Notfallvorsorgekonzept* und dem *Notfallhandbuch* zu unterscheiden. Das Notfallvorsorgekonzept ist das zentrale Dokument für die Notfallvorsorge. Für die Notfallbewältigung wird ein Notfallhandbuch benötigt. Letzteres muss konkrete Handlungsanweisungen beschreiben, die nach dem Eintritt von Notfallsituationen die schnelle Wiederherstellung der Geschäftsprozesse gewährleisten.

Notfallkonzept versus Notfallvorsorgekonzept

In der Literatur wird manchmal zwischen *Notfallkonzept* und *Notfallvorsorgekonzept* unterschieden. Das BSI beispielsweise definiert das Notfallvorsorgekonzept als Teil des Notfallkonzepts. Diese Unterscheidung ist zwar darstellbar, aber verwirrend und damit wenig praktikabel. Und auch der Begriff *Notfallhandbuch* wird nicht einheitlich verwendet. Häufig wird vom Notfallkonzept gesprochen, obwohl das Notfallhandbuch gemeint ist und umgekehrt. Hier bleibt Ihnen nichts anderes übrig, als aus dem jeweiligen Kontext zu schließen, wovon die Rede ist. Im vorliegenden Buch werden die Begriffe wie folgt verwendet:

- Dokument für die Notfallvorsorge = Notfallvorsorgekonzept
- Dokument für die Notfallbewältigung = Notfallhandbuch

Beide Dokumente sind Teile der Notfalldokumentation.

Zusätzlich erforderlich ist eine *Leitlinie (Policy) für das Notfallmanagement.* Diese dient vorrangig der Übernahme der Gesamtverantwortung für das Notfallmanagement durch die Leitungsebene. Aufgrund der Bedeutung und der weitreichenden Konsequenzen der zu treffenden Entscheidungen muss der Notfallmanagementprozess von der obersten Leitungsebene initiiert, gesteuert und kontrolliert werden. Es ist daher sinnvoll, die Verantwortung der Unternehmensleitung für das Notfallmanagement in einer entsprechenden Leitlinie zu verankern. Die Leitlinie zum Notfallmanagement fasst die grundlegende Position zu den Zielen und den organisatorischen Rahmenbedingungen zusammen und hat damit eine ähnliche Funktion wie die Leitlinie zur Informationssicherheit für den Informationssicherheitsprozess. Darüber werden häufig in der Leitlinie auch bereits die grundsätzliche Struktur und Zuständigkeiten der Notfallorganisation festgelegt.

Die Leitlinie zum Notfallmanagement sollte kurz und bündig formuliert sein und gemäß BSI die folgenden Aspekte darstellen:

- *»Kurze Darstellung, was unter Notfallmanagement verstanden wird,*
- *Geltungsbereich des Notfallmanagementsystems,*
- *Stellenwert des Notfallmanagements für die Institution,*
- *Zielsetzung des Notfallmanagements,*
- *Kernaussagen der Notfallstrategie,*
- *Übernahme der Verantwortung durch die oberste Institutionsleitung, die zusätzlich durch die explizite Freigabe per Unterschrift dokumentiert wird,*
- *Eingliederung des Notfallmanagementsystems in die weiteren Managementsysteme der Institution,*
- *zugrunde gelegtes Vorgehensmodell für die Einrichtung und den Betrieb des Notfallmanagements,*
- *Struktur der Aufbauorganisation für das Notfallmanagement mit den wichtigsten Rollen und deren Zuständigkeiten,*
- *Verpflichtung der Institutionsleitung, durch regelmäßige Überprüfungen, Tests und Übungen das Notfallmanagement zu optimieren,*
- *Bezug zu den relevanten Gesetzen, Richtlinien und Vorschriften, die zu beachten sind,*
- *allgemeine Aussagen zur Erfolgskontrolle des Notfallmanagements«* (BSI-Standard 100-4, 2008)

Ergänzend zur Leitlinie für das Notfallmanagement beschreibt das Notfallvorsorgekonzept detailliert, mit welchen infrastrukturellen, technischen, organisatorischen und personellen Maßnahmen die gewählten Notfallvorsorgestrategien umgesetzt werden sollen.

Wie die Sicherheitsrichtlinie ist auch die Leitlinie für das Notfallmanagement sowohl in regelmäßigen Abständen wie auch anlassbezogen bei Änderungen von Rahmenbedingungen, Geschäftszielen, Aufgaben oder Strategien zu aktualisieren. Für die Durchführung dieser Aufgabe ist der Notfallbeauftragte koordinierend zuständig.

In den nachfolgenden Abschnitten werden die im Rahmen des Notfallmanagementprozesses zu erstellenden Dokumente vorgestellt. Da ein funktionierendes IT-Notfallmanagement immer in ein unternehmensweites Notfallmanagement eingebunden sein muss, werden jeweils zunächst die im Rahmen des BCM-Prozesses erforderlichen Dokumente beschrieben. Dies erfolgt in Anlehnung an den BSI-Notfallstandard 100-4. Die Anforderungen aus Sicht von IT SCM werden daran anschließend jeweils gesondert behandelt.

4.3 Dokumente für die Notfallvorsorge

Das zentrale Dokument für die Notfallvorsorge ist das *Notfallvorsorgekonzept*. Es beschreibt die Strategien und Vorgaben für alle Aktivitäten der Notfallvorsorge. Dies beinhaltet auch organisatorische Regelungen für die Notfallbewältigung. Gleichzeitig dient es als zentrales Dokument zur Darstellung der Notfallvorsorgemaßnahmen und der angewendeten Methodik und ist somit ein wichtiges Compliance-Dokument.

Alle Maßnahmen und Tätigkeiten hingegen, die zur eigentlichen Bewältigung eines Notfalls nach dessen Eintritt beitragen, sind im Notfallhandbuch zu beschreiben.

Die Erstellung eines Notfallvorsorgekonzepts erfordert eine Reihe konzeptioneller Arbeiten. Hierbei gilt es, das in allen BCM-Standards formulierte »Verständnis für die eigene Organisation zu erlangen«. Wichtig ist, die Geschäftsprozesse im Rahmen einer Business-Impact-Analyse zu identifizieren und zu klassifizieren, die prozessnotwendigen Ressourcen zu ermitteln, Schwachstellen zu erkennen und Risiken zu bewerten und Gegenmaßnahmen zu etablieren.

4.3.1 BIA und Risikoanalyse bilden die Basis

Die Prozesse eines Unternehmens sind logisch miteinander verknüpft. Wichtig ist es, diese Verknüpfungen zu kennen, zu bewerten und aus den Ergebnissen entsprechende Maßnahmen für die Notfallvorsorge abzuleiten. Business-Impact-Analyse (BIA) und Risikoanalyse sind hierfür wichtige Werkzeuge.

Business-Impact-Analyse

Die zentrale Aufgabe einer Business-Impact-Analyse (BIA) ist es, zu ermitteln, welche Geschäftsprozesse wichtig für die Aufrechterhaltung des Geschäftsbetriebs sind und welche Folgen ein Ausfall haben kann. Hierzu müssen zunächst die kritischen Geschäftsprozesse identifiziert und die Verfügbarkeitsanforderungen an die Prozesse und deren Ressourcen ermittelt werden. Dies wiederum ermöglicht es, die kritischen Systeme zu identifizieren und zu priorisieren sowie Auswirkungen bei Ausfällen von Prozessen und die maximal tolerierbaren Ausfallzeiten zu definieren. Auswirkungen können sowohl klar messbare Faktoren wie finanzielle Einbußen oder Verlust von Kunden als auch weiche Faktoren wie Imageverlust sein.

Für die Durchführung einer BIA ist die Unterstützung durch die Unternehmensleitung von entscheidender Bedeutung. Außerdem ist es erforderlich, alle Service- bzw. Prozessverantwortlichen einzubeziehen.

Die BIA betrachtet allerdings nicht die Gründe für mögliche Ausfälle. Dies ist die Aufgabe der Risikoanalyse. Die Risikoanalyse liefert die nötigen Informationen über bestehende Risiken, gegen die sich das Unternehmen absichern sollte.

Grundsätzlich umfasst eine Business-Impact-Analyse die folgenden Arbeitsschritte:

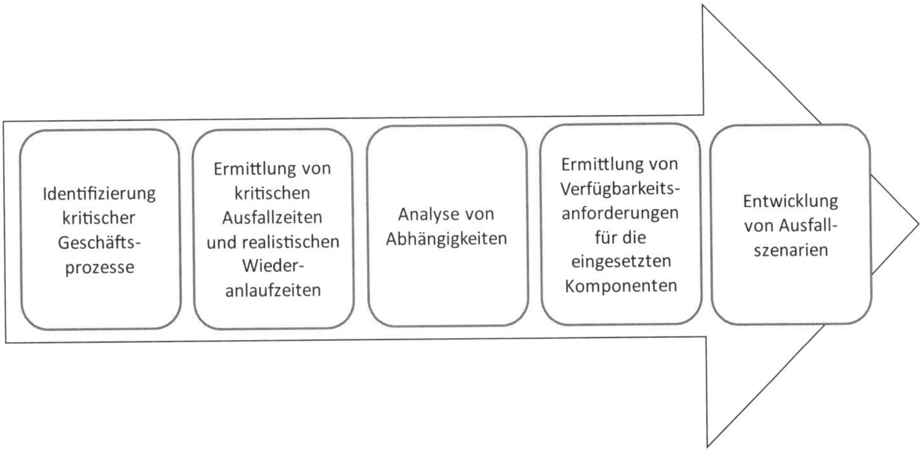

Bild 4.4 Schritte bei der Durchführung einer Business-Impact-Analyse

Risikoanalyse

Nachdem mithilfe einer Business-Impact-Analyse alle kritischen Geschäftsprozesse ermittelt wurden, kann für diese eine Risikoanalyse durchgeführt werden. Die Risikoanalyse im Kontext des Notfallmanagements dient dazu, die Gefährdungen zu identifizieren, die eine Unterbrechung von Geschäftsprozessen verursachen können, und die damit verbundenen Risiken zu bewerten. Ziele der Risikoanalyse sind:

- die bestehenden Risiken gegenüber den Verantwortlichen transparent zu machen,
- geeignete Strategien und Gegenmaßnahmen zu entwickeln, um diese Risiken im Vorfeld zu reduzieren.

Zwar führen die meisten Unternehmen Risikoanalysen durch, schließlich fordert nicht nur beispielsweise das Gesetz zur Kontrolle und Transparenz im Unternehmensbereich (KonTraG) oder die MaRisk, bestehende Risiken zu erkennen, doch werden dabei meist ausschließlich Finanzrisiken betrachtet. Im Rahmen der Risikoanalyse müssen aber vor allem operative Risiken identifiziert und bewertet werden.

Die Ergebnisse der Business-Impact-Analyse und der Risikoanalyse bilden eine wesentliche Basis des Notfallmanagements. Auf den Berichten dieser beiden Analysen aufbauend können Maßnahmen für die Notfallvorsorge wirtschaftlich und zielgerichtet betrieben werden.

Risikoorientierte Ansätze und Standards für das Risikomanagement

Genau wie die ISO 27001 haben u. a. auch die ISO 22301 für das Business Continuity Management und der BSI-Standard 100-4 einen risikobasierten Ansatz. Das bedeutet, dass nicht jedes Unternehmen alle Maßnahmen im gleichen Maß umsetzen muss. Ziel ist vielmehr eine Minimierung der Risiken bis hin zu einem »angemessenen« Schutzniveau, das in jedem Unternehmen aber individuell abhängig von den Produkten, Dienstleistungen, Zielbranchen und eben den verarbeiteten Daten ist.

Dementsprechend ist eine Risikoanalyse unabdingbar und die Einführung eines Risikoprozesses eine wichtige Anforderung. Dieser Prozess sollte sinnvollerweise gängigen Standards entsprechen. Seit den 1990er-Jahren wurden in zunehmendem Maße weltweit Regelwerke und Standards entwickelt, die die formalen Abläufe und Strukturen zur Risikohandhabung in Unternehmen regeln. Zu diesen gehören u. a.

- ISO/IEC 31000:2009 Risk Management - Guidelines for principles and implementation of risk management
- ISO/IEC 31010:2009 Risk management - Risk assessment techniques
- ISACA Risk IT - IT Risk Management Framework
- ISO/IEC 27005:2011 - Information security risk management
- BSI Standard 100-3 - Risikoanalyse auf der Basis von IT-Grundschutz

Notfallvorsorgestrategien

Bei der Entwicklung von Notfallvorsorgestrategien (auch als *Kontinuitätsstrategien* bezeichnet) geht es nun darum, passende alternative Prozessabläufe auszuarbeiten, mit denen die kritischen Geschäftsprozesse des Unternehmens abgesichert werden können. Folgende Schritte sind hierfür erforderlich:

- Aufnahme des Ist-Zustands,
- Ermittlung geeigneter Strategieoptionen für die kritischen Prozesse,
- Bewertung der verschiedenen Optionen mittels einer Kosten-Nutzen-Analyse,
- Auswahl tatsächlich umzusetzender Notfallvorsorgemaßnahmen für die betrachteten Prozesse auf der Grundlage der vorhergehenden Untersuchungen.

Sind alle Schritte abgeschlossen, kann mit der Erstellung des Notfallvorsorgekonzepts begonnen werden.

4.3.2 Notfallvorsorgekonzept

Das Notfallvorsorgekonzept legt detailliert fest, mit welchen infrastrukturellen, technischen, organisatorischen und personellen Maßnahmen die gewählten Notfallvorsorgestrategien im Unternehmen umgesetzt werden sollen. Grundsätzlich sollte das Notfallvorsorgekonzept gemäß dem Standard 100-4 Aussagen zu den folgenden Punkten beinhalten:

- Notfallvorsorgeorganisation und Notfallbewältigungsorganisation,
- zugrunde liegende Vorgehensmodelle für die Notfallvorsorge und die Notfallbewältigung,
- Definitionen und Abgrenzung von Notfällen,
- Notfallvorsorgemaßnahmen,
- Regeln für den kontinuierlichen Verbesserungsprozess des Notfallmanagements.

Das folgende Bild zeigt eine mögliche Gliederung für das Notfallvorsorgekonzept.

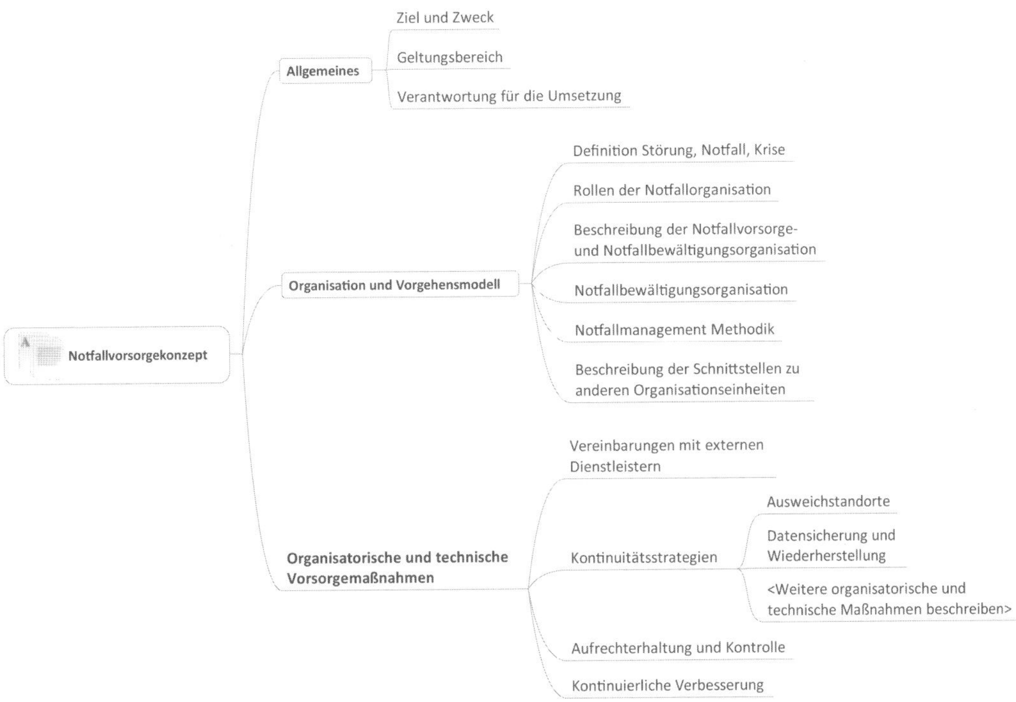

Bild 4.5 Exemplarische Gliederung des Notfallvorsorgekonzepts

Verantwortlich für die Erstellung und die Pflege des Notfallvorsorgekonzepts ist der Notfallbeauftragte. Das BSI ordnet der Rolle des Notfallbeauftragten alle Aktivitäten zur Steuerung der Notfallvorsorge zu. Demzufolge ist dieser für die Erstellung, Umsetzung und Pflege des Notfallmanagementprozesses sowie der zugehörigen Dokumente und Regelungen zuständig. Außerdem ist er während der Notfallbewältigung für die Beratung des Krisenstabs in Fragen der Notfallorganisation zuständig. In der Praxis übernimmt häufig der Sicherheitsbeauftragte die Rolle des Notfallbeauftragten in Personalunion.

Definition der Begriffe Störung, Notfall, Krise, Katastrophe

Zu den wichtigsten Teilen des Notfallvorsorgekonzepts gehört die Beantwortung der bereits am Anfang dieses Kapitels gestellten Frage, was überhaupt ein Notfall oder eine Krise ist. Hierzu lohnt sich noch einmal ein Blick auf die Notfalldefinition, wie sie im BSI Standard 100-4 zu finden ist, und vor allem auf die hervorgehobenen Punkte.

> *»Ein Notfall ist eine Situation, in der* wesentliche *Bereiche, Prozesse oder Ressourcen einer Behörde oder eines Unternehmens nicht wie vorgesehen funktionieren und bei denen* innerhalb der geforderten Zeit *deren Verfügbarkeit nicht wiederhergestellt werden kann. Es entstehen* hohe bis sehr hohe *Schäden, die sich* signifikant und in nicht akzeptablem Rahmen *auf das Gesamtjahresergebnis eines Unternehmens oder die Aufgabenerfüllung einer Behörde auswirken. Notfälle sind nicht mehr im allgemeinen Tagesgeschäft abzuwickeln, sondern erfordern eine gesonderte Notfallbewältigungsorganisation.«* (BSI-Standard 100-4, 2008)

In dieser Form ist die Definition wenig aussagefähig. Denn was heißt signifikant, hoch bis sehr hoch oder wesentlich und was sind die geforderten Zeiten? Genau diese Platzhalter muss jedes Unternehmen für sich festlegen. Eine allgemeingültige Definition kann es also nicht geben. Erst die Ergebnisse aus der BIA und der Risikoanalyse ermöglichen eine genaue Spezifikation der wesentlichen Prozesse sowie der tolerierbaren Zeiten und Schadenshöhen und somit eine Definition, was für das Unternehmen ein Notfall ist.

Ob zusätzlich eine Unterscheidung zwischen Notfall und Krise bzw. Katastrophe notwendig ist, muss ebenfalls unternehmensspezifisch festgelegt werden. Gemäß Standard 100-4 handelt es sich bei einer *Krise* um eine Eskalationsstufe des Notfalls, bei der die Existenz des Unternehmens und/oder das Leben und die Gesundheit von Personen gefährdet sind. Im Gegensatz zur *Katastrophe* kann die Krise aber, zumindest größtenteils, innerhalb der Institution selber behoben werden, während sich eine Katastrophe als zeitlich und örtlich nicht begrenztes Ereignis darstellt, dessen Behebung nicht im Einflussbereich des Unternehmens liegt.

Der wesentliche Unterschied in der Bewältigung eines Notfalls und einer Krise bzw. einer Katastrophe aber besteht darin, dass für einen Notfall ein entsprechender Notfallplan existiert, mit dessen Hilfe der Notfall koordiniert bewältigt werden kann. Krisen und Katastrophen hingegen sind weitreichender und in der Regel einzigartig. Das Krisenmanagement kann hier nicht auf vorgedachten Szenarien aufsetzen, sondern muss situativ entscheiden.

BSI Standard 100-4 enthält auch Anleitungen für die Umsetzung

Alle BCM-Standards behandeln die hier vorgestellten Maßnahmen zur Erstellung bzw. Entwicklung von BIA, Risikoanalyse, Vorsorgestrategien und Notfallvorsorgekonzept, allerdings meist auf einem sehr abstrakten Niveau. Hilfreich ist hier der BSI-Standard, da dieser auch Anleitungen zu Vorgehensweisen enthält. Außerdem erhalten Sie mit dem Umsetzungsrahmenwerk zum Notfallmanagement nach BSI-Standard 100-4 hilfreiche Vorlagen zur Erstellung der notwendigen Dokumente (siehe *Abschnitt 4.6*).

4.3.3 Notfallvorsorge aus Sicht von IT-Service Continuity Management

Die vorstehenden Abschnitte betrachten die erforderlichen Maßnahmen bzw. Dokumente der Notfallvorsorge, für die das Unternehmen die Verantwortung trägt. In diesem Abschnitt stehen die Notfallvorsorgemaßnahmen im Vordergrund, die von Seiten der IT im Rahmen eines unternehmensweiten Notfallmanagements zu erbringen sind.

Ziel dieser Maßnahmen ist es, die Eintrittswahrscheinlichkeit für den Ausfall von IT-Services zu verringern und sicherzustellen, dass jederzeit das im Rahmen der BIA definierte Mindestmaß an IT-Services zur Verfügung steht.

IT-SCM-Vorsorgemaßnahmen

Wie beim BCM müssen auch im Rahmen von IT SCM zunächst die Anforderungen und Risiken ermittelt und daraus Notfallvorsorgestrategien entwickelt werden. Wichtiger Bestandteil ist auch hier die Definition von Kriterien für die Bewertung eines Notfalls, denn nur in diesem sind die Maßnahmen im IT SCM relevant. Daraus leiten sich die folgenden Tätigkeiten ab:

- Ermittlung von Abhängigkeiten anhand der BIA,
- Risikoanalyse für die IT-Services,
- Entwicklung und Implementierung von IT-Notfallvorsorgestrategien.

Um Notfällen wirksam begegnen zu können, ist es zunächst wichtig, Abhängigkeiten zu identifizieren und Ausfallzeiten zu bewerten. So macht es beispielsweise für einen Webshop keinen Sinn, besondere Ausfallsicherheitsmaßnahmen für den Faxserver zu implementieren, wenn keine unternehmenskritischen Prozesse davon abhängen. Der Ausfall des unternehmenseigenen Webservers ist hier aber durchaus als unternehmenskritisch einzustufen.

Anhand der Business-Impact-Analyse werden in dieser Phase die Abhängigkeiten der Geschäftsprozesse von den einzelnen IT-Services und die potenziellen Auswirkungen eines Serviceausfalls betrachtet. Das Ergebnis dieser Auswertung ist eine Gewichtung der IT-Services und Prozesse entsprechend ihrer Wichtigkeit für das Unternehmen (Kritikalität). Diese Einordnung bildet eine Grundlage für die Entwicklung von IT-Notfallvorsorgestrategien.

Im nächsten Schritt steht die Frage im Vordergrund: Was sind mögliche Ursachen für einen Ausfall der IT-Services? Die Risikoanalyse dient dazu, die Risiken zu ermitteln und zu bewerten, die zu einem Serviceverlust führen können. ITIL® beispielsweise benennt exemplarisch die folgenden Risiken und ordnet diesen entsprechende Bedrohungen zu:

- Verlust interner IT-Systeme,
- Verlust externer IT-Systeme,
- Verlust von Daten,
- Abfluss von Daten (Diebstahl),
- Verlust der Netzwerk-Services,
- Ausfall von technischem Schlüsselpersonal,
- Ausfall eines Service Providers.

Abhängig von der Eintrittswahrscheinlichkeit für ein Risiko und der ermittelten Kritikalität können in einem weiteren Schritt Präventivmaßnahmen festgelegt werden. Ziel sind vor allem die Identifizierung und Eliminierung möglicher »Single Points of Failure«.

Typische technische IT-Notfallmaßnahmen sind:

- hochverfügbare Systeme für kritische Anwendungen, bei denen selbst minimale Ausfallzeiten nicht akzeptabel sind,
- RAID-Arrays und Cluster-Lösungen,
- Backup- und Recovery-Maßnahmen,
- Beseitigung von Single Points of Failure, wie zum Beispiel redundante Netzzugangspunkte,
- Outsourcing von Services bei mehr als einem Provider,

- mit den IT-Systemen gekoppelte Brandmeldeanlagen,
- unterbrechungsfreie Stromversorgung und Backup-Stromversorgung.

Allerdings darf nicht nur der Bereich der technischen Maßnahmen betrachtet werden. In der Praxis resultiert der Ausfall von IT-Services häufig nicht aus schwerwiegenden physikalischen Schäden oder Hardwareausfällen. Vielmehr sind es oft simple Bedienungs- oder Wartungsfehler, Verlust von Datenbankintegrität oder Softwarefehler. Awareness-Maßnahmen zur Sensibilisierung der Mitarbeiter sind daher beispielsweise ebenso wichtig.

Im Rahmen der IT-Notfallvorsorge ist die Entwicklung geeigneter Strategien unter Berücksichtigung der erforderlichen Verfügbarkeit von entscheidender Wichtigkeit. Je nachdem, ob Schäden unmittelbar nach dem Ausfall oder erst nach einiger Zeit auftreten würden, kann in der Notfallkonzeption der Schwerpunkt stärker auf die Prävention von Notfällen oder auf eine angemessene Notfallreaktion gelegt werden. Detaillierte Ausführungen dazu sind an dieser Stelle nicht möglich. Hier lohnt sich ein Blick in die ITIL®-Publikationen (ITIL® 2011), in denen ausführlicher die folgenden Strategien erläutert werden.

- **Manuelle Workarounds:** Die einfachste Methode, um einer Bedrohung durch den Ausfall eines IT-Service zu begegnen, ist eine manuelle Ausweichlösung, d. h. beispielsweise eine manuelle Datenerfassung in ausgedruckten Formularen während eines Systemausfalls.
- **Gegenseitige Vereinbarungen** (Reciprocal arrangements): Bei dieser Methode werden Vereinbarungen zur Nutzung von Ressourcen mit Vertragspartnern getroffen.
- **Allmähliche Wiederherstellung** (Gradual recovery oder cold standby): Bei dieser Methode werden Ausweichressourcen vorgehalten, die jedoch erst gestartet oder in Betrieb gesetzt werden müssen.
- **Zügige Wiederherstellung** (Intermediate recovery oder warm standby): Bei dieser Methode wird ein Ausweichstandort mit der notwendigen Ausstattung vorgehalten, so dass die IT-Services nach Rücksicherung der Daten zügig wiederhergestellt werden können.
- **Schnelle Wiederherstellung** (Fast recovery): Hierbei handelt es sich um eine erweiterte Variante der zügigen Wiederherstellung, bei der durch einen regelmäßigen Datenabgleich mit den Produktivsystemen eine schnellere Wiederherstellung des Service möglich ist.
- **Sofortige Wiederherstellung** (Immediate recovery oder hot standby): Bei dieser Methode steht eine komplett gespiegelte Produktivumgebung innerhalb des Unternehmens zur Verfügung, die im Fehlerfall ohne Unterbrechung die Aufgaben des Primärsystems übernimmt.

Dokumentation der IT-Vorsorgemaßnahmen

Den beschriebenen Maßnahmen entsprechend sind von Seiten der IT für die Notfallvorsorge zum BCM analoge Dokumente zu erstellen. Hierzu zählt neben der Dokumentation der Risikoanalyse vor allem die Dokumentation der organisatorischen und technischen Maßnahmen (Datensicherungen und Ausweichstandorte sowie Vereinbarungen mit externen Dienstleistern) zur Notfallvorsorge. Organisatorisch sollten diese Dokumente Bestandteil der unternehmensweiten Notfalldokumentation und dem Portfolio der Notfalldokumentation zugeordnet sein. Die Verantwortung für die Dokumente verbleibt dabei bei der IT-Organisation bzw. dem Dokumenten-Owner.

Eine besondere Betrachtung verdienen die Beschreibungen der technischen IT-Notfallvorsorgemaßnahmen. In der Praxis sind diese von den IT-Sicherheitsmaßnahmen kaum zu trennen. So gibt es in der Regel ein Datensicherungssystem, das sowohl die Sicherungen erstellt, die bei Störungen verwendet werden (also beispielsweise zur Wiederherstellung versehentlich gelöschter Dateien), das aber auch die Disaster-Recovery-Backups sichert. Das Beispiel zeigt, dass eine getrennte Dokumentation von Sicherheits- und Notfallvorsorgemaßnahmen meist nicht praktikabel ist.

Es ist daher zu empfehlen, alle technischen IT-Notfallvorsorgemaßnahmen in die IT-Betriebsdokumentation zu integrieren und im Notfallvorsorgekonzept auf die für das Notfallmanagement relevanten Informationen bzw. Dokumente ausschließlich zu verweisen.

Bild 4.6 verdeutlicht die Organisation der IT-Notfallvorsorgedokumente.

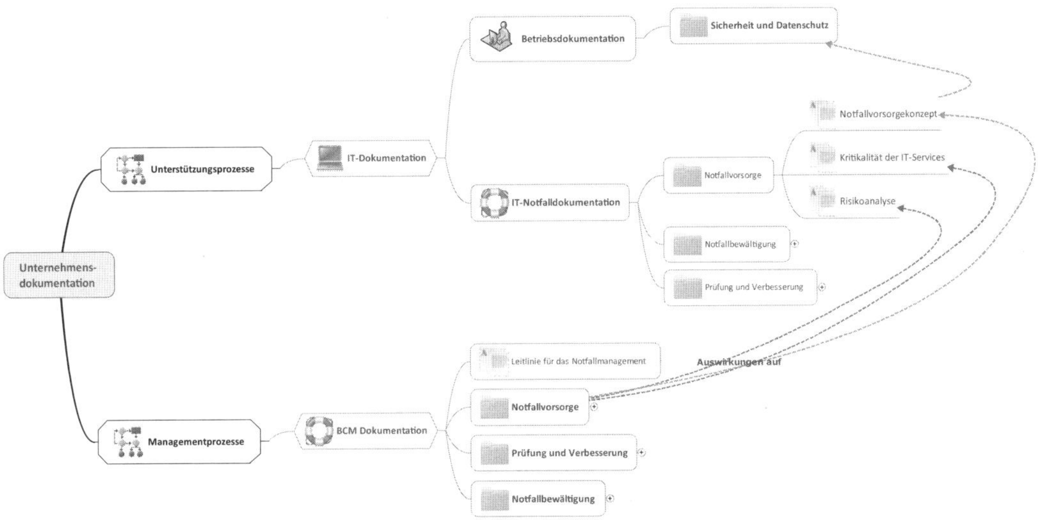

Bild 4.6 Zusammenspiel von BCM und ITSCM im Bereich Vorsorge

4.4 Dokumentation für die Notfallbewältigung

Trotz aller noch so sorgfältig geplanten und eingerichteten Notfallvorsorgemaßnahmen bleibt immer ein Restrisiko bestehen. Und für diese aus dem Restrisiko resultierenden Notfälle wird ein Notfallhandbuch benötigt. Dieses dient als Instrument der Notfallbewältigung und muss konkrete Handlungsanweisungen beschreiben, die nach dem Eintritt von Notfallsituationen die schnelle Wiederherstellung der Geschäftsprozesse gewährleisten.

Dabei genügt es aber nicht, »Standardnotfälle« wie Brand- oder Wasserschäden in einem klassischen Notfallhandbuch einfach nur zu beschreiben. So fordert der Gesetzgeber beispielsweise für Finanz- und Versicherungsdienstleister, die den Mindestanforderungen an das Risikomanagement (MaRisk) unterworfen sind, dass für alle kritischen Aktivitäten und

Prozesse ein Notfallhandbuch vorliegen muss, einschließlich ergänzender Geschäftsfortführungspläne sowie Wiederanlaufpläne. Die Wiederanlauf- und Geschäftsfortführungspläne müssen gewährleisten, dass im Notfall zeitnah Ersatzlösungen zur Verfügung stehen und alle wichtigen Geschäftsprozesse nicht oder nur temporär unterbrochen werden. Außerdem müssen Wiederherstellungspläne innerhalb eines angemessenen Zeitraums die Rückkehr zum Normalbetrieb ermöglichen. Die im Notfall zu verwendenden Kommunikationswege sind ebenfalls zu beschreiben.

Der folgende Abschnitt beschreibt im ersten Teil die Inhalte eines unternehmensweiten Notfallhandbuchs und betrachtet in *Abschnitt 4.4.3* die sich daraus ableitenden Dokumentationsanforderungen an die IT-Organisation.

4.4.1 Strukturierung des Notfallhandbuchs

Das Notfallhandbuch muss alle Informationen enthalten, um im Notfall die erforderlichen Maßnahmen zur Wiederaufnahme der unterbrochenen Geschäftsprozesse durchführen zu können. Dazu muss es unter anderem die Beschreibungen der im Notfall auszuführenden Prozesse enthalten, Melde- und Eskalationswege festlegen und Wiederanlaufpläne und Ausweichprozesse für den Notbetrieb beschreiben. Hierbei muss es trotz der umfangreichen Anforderungen und der notwendigen Komplexität einfache und vollständige Handlungsanweisungen bieten. Der letzte Punkt ist deshalb besonders wichtig, damit in der Stresssituation eines Notfalls keine wichtigen Arbeitsschritte vergessen oder fehlinterpretiert werden.

Wichtig ist ein modularer Aufbau des Notfallhandbuchs. Dabei ist es auch freigestellt, ob die erforderlichen ergänzenden Pläne innerhalb des Notfallhandbuchs oder als separate Dokumente verwaltet werden (mit Verweisen im Notfallhandbuch).

Bild 4.7 zeigt die erforderlichen Bestandteile der Notfallbewältigungsdokumentation in Anlehnung an den Notfallstandard 100-4.

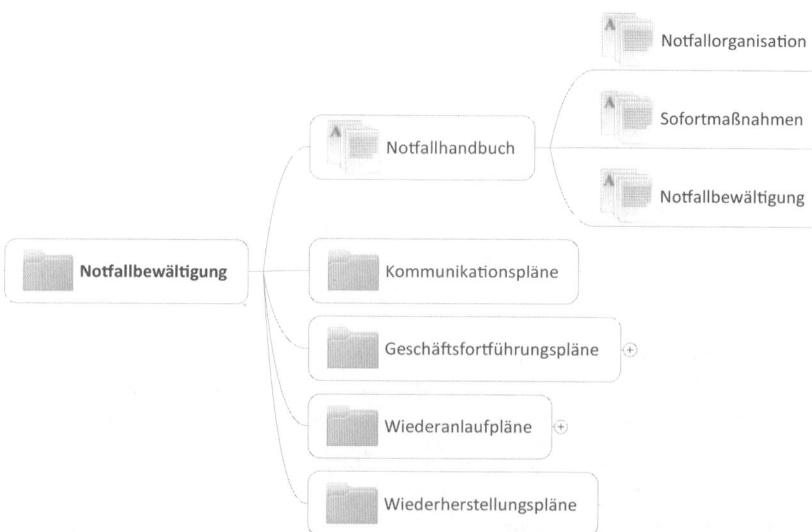

Bild 4.7 Erforderliche Bestandteile der Notfallbewältigungsdokumentation

4.4.1.1 Notfallorganisation

Die Bewältigung von Notfällen erfordert eine gesonderte Organisation. Es ist daher wichtig, die Rollen, Zuständigkeiten und Kompetenzen der Notfallbewältigungsorganisation eindeutig festzulegen und zu dokumentieren. Konkret geht es dabei um die Besetzung des Krisenstabs und der Notfallteams.

Das zentrale Gremium für die Notfallbewältigung ist der *Notfallstab* bzw. *Krisenstab*. Ob im Unternehmen bei einer Eskalation zusätzlich zum Notfallstab ein Krisenstab einberufen wird oder ob es ausschließlich einen Notfallstab bzw. Krisenstab gibt, muss individuell festgelegt werden. In Anlehnung an den BSI-Standard 100-4 verwenden die Autoren im Buch den Begriff Krisenstab, unabhängig davon, ob es sich um einen Notfall, eine Krise oder sogar eine Katastrophe handelt. Der Krisenstab besteht aus einer Gruppe von Personen, die ausschließlich im Notfall zusammenkommt und abteilungsübergreifend arbeitet. Mit dem Zusammentreten des Krisenstabs beginnt die eigentliche Notfall- oder Krisenbewältigung. Zu den wichtigsten Aufgaben des Krisenstabs gehören die Koordination der Aktivitäten im Notfall, die Steuerung der Notfallprozesse und die Bereitstellung aller relevanten Informationen und Ressourcen zur Bewältigung des Notfalls. Dabei ist der Krisenstab den vom Notfall betroffenen Organisationseinheiten gegenüber weisungsbefugt, d.h., die normale Aufbauhierarchie wird für die Dauer des Notfalls für die vom Notfall betroffenen Bereiche außer Kraft gesetzt.

Der Krisenstab setzt sich in der Regel aus einem Leiter und einem Krisenstabsteam zusammen, das gegebenenfalls durch Fachberater unterstützt wird. Hierbei kommt dem Krisenstabsleiter besondere Bedeutung zu, da dieser auch darüber entscheidet, ob ein Vorfall als Störung, Notfall oder Krise einzustufen ist.

Bevor aber der Krisenstab aktiv werden kann, muss ein Schadensereignis eine gewisse Schwelle überschritten bzw. eine entsprechende Eskalation stattgefunden haben. Hierfür müssen Kriterien und Schwellenwerte festgelegt und Entscheidungshilfen entwickelt werden. Wichtig in diesem Zusammenhang sind die Alarmierungs- und Eskalationspläne. Diese sind im Vorfeld zu definieren und müssen festlegen, wer wen in welcher Reihenfolge über den Notfall zu informieren hat und wer Notfälle eskalieren darf. Die dafür im Notfallhandbuch zu dokumentierenden Prozesse sollten beispielsweise auch festlegen, wie die Alarmierung außerhalb der normalen Arbeitszeit zu erfolgen hat.

Neben organisatorischen Regelungen enthält dieser Teil auch alle wichtigen Kontaktdaten. Hierzu zählen die Adresslisten und Telefonnummern (dienstlich, privat und mobil) der zu informierenden Mitarbeiter genauso wie beispielsweise die Notrufnummern für Feuerwehr, Notarzt, Wasser- und Stromversorger und Telekommunikationsanbieter, Netzwerkanbieter und Vertragsfirmen.

Weiter sollten hier die für den Notfallbetrieb geltenden Dokumentationsregelungen beschrieben und Vorlagen zur Verfügung gestellt werden. Alternativ können die Vorlagen aber natürlich auch als Anhang gespeichert werden.

Dokumentation während der Notfallbewältigung

Verständlicherweise gehört die Dokumentation nicht zu den ersten Dingen, woran in der Hektik eines Notfalls gedacht wird. Dennoch ist eine gewissenhafte Dokumentation sowohl der getroffenen Entscheidungen als auch der durchgeführten Maßnahmen während der Notfallbewältigung extrem wichtig.

Zum einen ist es für ein reibungsloses Ineinandergreifen der einzelnen Prozesse wichtig, jederzeit den aktuellen Status erfragen zu können. Zum anderen müssen gegebenenfalls Finanzierungs-, Versicherungs- und Rechtsangelegenheiten mithilfe der Aufzeichnungen durchgesetzt werden. Daher muss die Notfalldokumentation gegebenenfalls gerichtsverwertbar sein. Dies gilt insbesondere für alle Entscheidungen des Krisenstabs.

Um die Mitarbeiter hierbei zu unterstützen, sollten Sie Checklisten, Protokollvordrucke und Formulare erstellen und ausgedruckt zur Verfügung stellen. Mithilfe dieser Vordrucke stellen Sie sicher, dass in der Aufregung keine wichtigen Informationen vergessen werden. Nützlich sind auch kurze Anleitungen und Hinweise in den Vorlagen, worauf bei der Dokumentation bzw. Protokollierung zu achten ist.

4.4.1.2 Sofortmaßnahmen

Sofortmaßnahmen dienen dem Ziel – nachdem ein Schadensereignis erkannt worden ist –, weiteren Schaden vom Unternehmen sowie von Personen abzuwenden. Als erste Schritte bei der Notfall- und Krisenbewältigung sind die Sicherheit und Unversehrtheit von Personen zu gewährleisten. Daher ist es wichtig, für spezifische Notfälle Sofortmaßnahmen zu definieren und zu dokumentieren. Zu den wichtigsten Maßnahmen gehören das Bergen, Retten und Evakuieren von Personen.

Die Sofortmaßnahmen sind grundsätzlich von jeder Person, die ein Schadensereignis bemerkt, einzuleiten und gegebenenfalls auszuführen. Richtig angewandt werden können sie jedoch nur dann, wenn sie allen Mitarbeitern bekannt und die Dokumentation für jeden jederzeit verfügbar ist. Daher sollte dieser Teil des Notfallhandbuchs beispielsweise zusätzlich im Intranet bereitgestellt werden.

Alle durchgeführten Sofortmaßnahmen einschließlich deren Ergebnisse müssen zeitnah dokumentiert werden. Hierfür sollten entsprechende Vordrucke bereitgestellt werden.

4.4.1.3 Notfallbewältigung

Dieser Teil des Notfallhandbuchs behandelt im Wesentlichen die Aufgaben des Krisenstabs. In der Literatur wird er daher oftmals auch als *Krisenstabsleitfaden* oder als *Krisenmanagementhandbuch* bezeichnet. Der Krisenstabsleitfaden muss den Krisenstab wirksam in allen Phasen unterstützen. Dazu sollte er beispielsweise Entscheidungshilfen zur Beurteilung der Lage und zur Auswahl von geeigneten Plänen und Optionen zur Geschäftsfortführung und zum Wiederanlauf bieten.

Organisation

Sobald die Einberufung des Krisenstabs beschlossen wurde, werden die Mitglieder des Krisenstabs umgehend informiert und treffen sich an einem zuvor festgelegten Ort, dem *Krisenstabsraum*. Während der Dauer des Notfalls dient der Krisenstabsraum als Arbeitsumgebung und muss entsprechend ausgestattet sein. Neben der IT-Infrastruktur sollte der Krisenstabsraum beispielsweise über eine redundante Stromversorgung und eine redundante Telefon- und Internetanbindung verfügen. Weiterhin muss die Verpflegung des Krisenstabs geregelt sein. Wichtig ist, den Raum und dessen Ausstattung regelmäßig auf die Funktionsfähigkeit zu überprüfen und dies zu dokumentieren.

Im Notfallhandbuch ist an dieser Stelle zu beschreiben, wie der Krisenstabsraum vorzubereiten beziehungsweise vorzuhalten ist und welche Rollen oder Personen für diesen verantwortlich sind. Außerdem ist zu beschreiben, wo sich die Räumlichkeiten des Notfallstabs befinden und wie diese erreicht werden können (beispielsweise eine Abbildung des Standorts in einem Stadtplan, wenn sich der Raum an einem anderen Standort befindet). Diese Informationen müssen den Mitgliedern des Krisenstabs jederzeit verfügbar sein.

Die Bedeutung des Krisenstabsraums wird häufig unterschätzt, im Notfall spielt er aber eine wichtige Rolle. Entsprechend sorgfältig sollten die Planung und Dokumentation zum Krisenstabsraum sein. Ausführliche Infos zur Ausgestaltung eines Krisenstabsraums sind im BSI-Standard 100-4 zu finden.

Aufgaben des Krisenstabs

Der Begriff Krisenstab wird, wie zuvor ausgeführt, unabhängig davon verwendet, ob es sich um einen Notfall, eine Krise oder sogar eine Katastrophe handelt. Die Arbeit des Krisenstabs unterscheidet sich aber durchaus. Der wesentliche Unterschied zwischen einem Notfall und einer Krise besteht darin, dass für den Notfall entsprechende Notfallpläne vorhanden sind, mit deren Hilfe der Notfall koordiniert bewältigt werden kann. Krisen und Katastrophen hingegen sind weitreichender und in der Regel einzigartig. Das Krisenmanagement kann daher nicht auf vorgedachte Szenarien aufsetzen, sondern lediglich auf Rahmenanweisungen zurückgreifen. Krisen und Katastrophen erfordern also immer situative Entscheidungen.

Umso mehr aber muss der Krisenstabsleitfaden den Krisenstab bei organisatorischen Abläufen unterstützen (beispielsweise durch Vorlagen für die Dokumentation während der Krise).

Aufnahme der Arbeit des Krisenstabs

Zu den wichtigsten Tätigkeiten des Krisenstabs gehört die Durchführung einer Bestandsaufnahme. Die dafür erforderlichen Prozesse sind hier zu beschreiben, wobei vor allem das Vorgehen für eine erste Schadensaufnahme festzulegen ist. So ist es beispielsweise erforderlich zu regeln, woher und durch wen der Krisenstab im Notfall die erforderlichen Informationen und Unterlagen erhält, die er für die Beurteilung der Lage benötigt.

Nach der Bestandsaufnahme und der Lagebeurteilung ist die formale Feststellung eines Notfalls der nächste Schritt. Mit dieser Maßnahme wird der Regelbetrieb offiziell außer Kraft gesetzt und stattdessen treten die entsprechenden Pläne in Kraft. Nach der formalen Inkraftsetzung des Notfallplans ist das weitere Vorgehen festzulegen. So ist beispielsweise zu entscheiden, ob eine direkte Wiederherstellung des Regelbetriebs möglich oder ob die Einrichtung eines temporären Notbetriebs erforderlich ist. Das Notfallhandbuch sollte den Krisenstab bei diesen Tätigkeiten durch kurze und präzise Arbeitsanweisungen, Formulare, Checklisten und gegebenenfalls zusätzlich erforderliche Informationen unterstützen.

Gesonderte Dokumente für die Notfallbewältigungsmaßnahmen

Die Beschreibungen der Notfallbewältigungsmaßnahmen und der Maßnahmen für den Wiederanlauf sind gemäß Standard nicht Gegenstand des Notfallhandbuchs. Hierfür sind zusätzlich u. a. Geschäftsfortführungspläne zu erstellen. Abhängig von der Unternehmensgröße können Sie aber natürlich diese Maßnahmen auch im Notfallhandbuch beschreiben. Hierbei müssen Sie auf einen modularen Aufbau achten. Ziel ist es, den Notfallteams alle Unterlagen für die Bewältigung des eingetretenen Notfalls vollständig und unmittelbar zur Verfügung stellen zu können.

Überwachung und Steuerung

Alle Aktivitäten während der Notfallbewältigung müssen überwacht werden. Wurde beispielsweise ein Geschäftsfortführungsplan in Kraft gesetzt, muss geprüft werden, ob die darin geforderten Maßnahmen auch erfolgreich durchgeführt wurden. Gegebenenfalls sind zusätzliche Maßnahmen einzuleiten.

Aus Gründen der Nachweisbarkeit sollte eine formale Abnahme der Wiederanlauf- und Geschäftsfortführungsmaßnahmen erfolgen. Die dafür notwendigen Arbeitsschritte sind ebenfalls in diesem Teil des Notfallhandbuchs darzustellen. Hierfür sollte das Notfallhandbuch Vorlagen für Abnahmeprotokolle enthalten.

Deeskalation und Notfallabschluss

Nach der Behebung des Notfallereignisses sollte mittels eines geplanten Vorgehens der Normalbetrieb wiederhergestellt und der Notbetrieb beendet werden (Deeskalation), was in einem gesonderten Abschnitt im Notfallhandbuch zu beschreiben ist. Hier muss beispielsweise definiert werden, wann dieser Zeitpunkt erreicht ist oder welche Bedingungen dazu erfüllt werden müssen.

Hinsichtlich der Rückführung in den Regelbetrieb werden an dieser Stelle ausschließlich die organisatorischen Prozesse zur Überführung des Notbetriebs in den Regelbetrieb betrachtet. Der operative Teil hingegen ist Gegenstand der Notfallpläne für die spezifischen Ereignisse.

Weiter sind in diesem Abschnitt alle Tätigkeiten zu erläutern, die der Feststellung der erfolgreichen Rücküberführung in den Regeltrieb dienen. So muss beispielsweise genau festgelegt werden, wer nach einer erfolgreichen Abarbeitung des Rückführungsplans berechtigt ist, den Notfall offiziell zurückzunehmen, und welche Abnahmedokumente erforderlich sind.

Als letzter Punkt sollte beschrieben werden, welche Tätigkeiten nach dem Abschluss erforderlich sind. Diese müssen sich sowohl auf die Ursachenklärung als auch auf die Notfallbewältigung beziehen. So sollten beispielsweise die Notfallprozesse selbst hinsichtlich erkannter Schwachstellen analysiert werden. Die angewandten Verfahren und Pläne müssen anschließend überarbeitet und aktualisiert werden. Außerdem ist festzulegen, welche Abschlussberichte zu erstellen sind und welcher jeweiligen Vertraulichkeitsstufe diese unterliegen.

In welcher Form muss das Notfallhandbuch bereitgestellt werden?

Dass das Notfallhandbuch nicht allein im Firmennetzwerk gespeichert werden darf, ist nachvollziehbar, denn dieses steht gegebenenfalls im Notfall nicht zur Verfügung. Wie sichergestellt werden kann, dass die Notfalldokumentation auch im Notfall zur Verfügung steht, ist also eine Frage, die unbedingt beantwortet werden muss.

Die Beantwortung hängt auch von den eingesetzten Dokumentationsplattformen und Anwendungen ab. Hersteller von Lösungen für das Notfallmanagement bieten in der Regel spezielle Speichermöglichkeiten, die eine Bereitstellung der Dokumentationsumgebung einschließlich Daten bei einem Notfall auf beliebiger Hardware ermöglichen. Alternativ bzw. zusätzlich kann es sinnvoll sein, die Notfalldokumentation als PDF-Dokumente auf verschlüsseltenden USB-Sticks zu sichern und diese allen im Notfall relevanten Mitarbeitern zur Verfügung zu stellen. Und Unternehmen mit mehreren Standorten können die Notfalldokumentation ggf. wechselseitig auf ihren Systemen speichern. Dem Krisenstab sollte für den Zugriff darauf ein gesondertes Notebook (und ein Drucker) zur Verfügung stehen.

Zusätzlich sollten Sie das Notfallhandbuch aber auch ausgedruckt im Krisenstabsraum bereitstellen und Formulare und Checklisten in ausreichender Anzahl ausdrucken.

Unabdingbar ist bei allen Varianten die Einrichtung von Verfahren zur Aktualisierung der Dokumentation. ■

4.4.2 Ergänzende Pläne

Zusätzlich zu dem eigentlichen Notfallhandbuch werden eine Reihe zusätzlicher Pläne benötigt, zu denen u.a. der Notfall- und Krisenkommunikationsplan, die Geschäftsfortführungspläne und die Wiederanlauf- und Wiederherstellungspläne zählen. Wie bereits ausgeführt, ist es (auch abhängig vom Umfang der Dokumentation) möglich, die erforderlichen ergänzenden Pläne in das Notfallhandbuch zu integrieren.

Die Nomenklatur der im Folgenden beschriebenen Pläne entspricht dem BSI-Standard 100-4, so dass diese den Vorlagen zugeordnet werden können, die das BSI im Rahmen des Umsetzungsrahmenwerks zur Verfügung stellt (siehe hierzu *Abschnitt 4.6*).

4.4.2.1 Kommunikationspläne

Zu den wichtigsten Aufgaben während der Notfallbewältigung gehört die Kommunikation mit den verschiedenen Interessensgruppen (Mitarbeiter, Kunden, Partner, Behörden, Medien u. a.). Neben den bereits genannten Alarmierungs- und Eskalationsplänen wird deshalb noch ein gesonderter Krisenkommunikationsplan benötigt.

Im Krisenkommunikationsplan ist geregelt, wie die interne und externe Kommunikation in einem Notfall bzw. einer Krise erfolgen soll. Weiterhin sollte im Krisenkommunikationsplan festgelegt werden, wer welche Informationen an wen weitergeben darf und in welcher Art und Weise. Wichtig ist dabei eine Unterscheidung zwischen interner und externer Kommunikation.

Eine detaillierte Beschreibung, welche Anforderungen an die Notfallkommunikationsarbeit gestellt werden, kann dem *Leitfaden Krisenkommunikation* des Bundesministeriums des Innern für Behörden und Unternehmen entnommen werden (BMI, 2008).

4.4.2.2 Geschäftsfortführungspläne

Der Hauptzweck der Geschäftsfortführungspläne besteht darin, dass wichtige Geschäftsprozesse selbst in kritischen Situationen und in Notfällen nicht oder nur temporär unterbrochen werden und die wirtschaftliche Existenz des Unternehmens trotz des Schadens gesichert bleibt. Hierzu müssen die Geschäftsfortführungspläne für verschiedene Szenarien Vorgehensweisen beschreiben, mit deren Hilfe die kritischen Geschäftsprozesse im Notbetrieb fortgesetzt werden können. Außerdem beschreiben sie die Maßnahmen für die Rückkehr in den Regelbetrieb.

Bild 4.8 zeigt Szenarien, für die typischerweise Geschäftsfortführungspläne erstellt werden. Die Szenarien und die zu beschreibenden Abläufe sind aber unternehmensspezifisch und müssen auf Basis der durchgeführten Business-Impact-Analyse erfolgen.

Für die einzelnen Szenarien sollte der jeweilige Geschäftsfortführungsplan die folgenden Informationen enthalten:

- Beschreibung des Notfallszenarios,
- Rollen und Zuständigkeiten,
- Anforderungen an den Notbetrieb,
- Maßnahmen zur Aktivierung der Geschäftsfortführung,
- Prozessbeschreibungen für den Notbetrieb bzw. der verschiedenen Alternativen,
- Maßnahmen für die Rückführung in den Normalbetrieb,
- Maßnahmen für die Nacharbeiten.

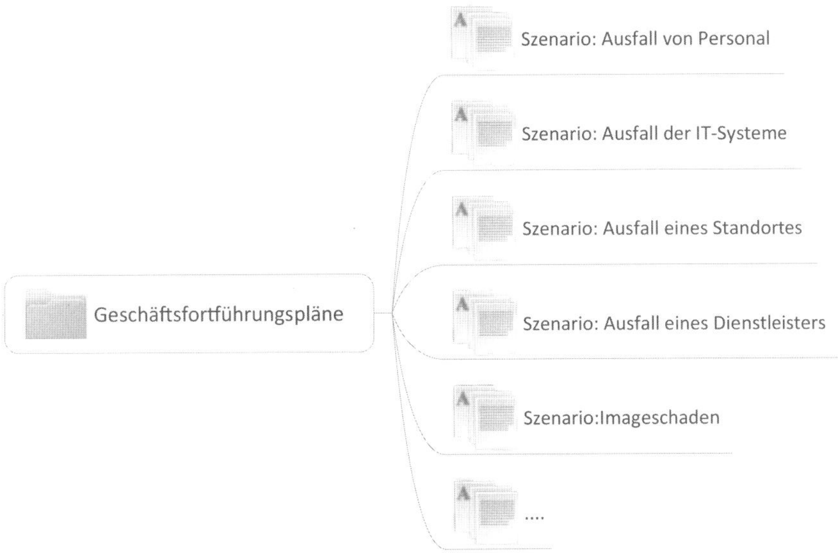

Bild 4.8 Geschäftsfortführungspläne für typische Szenarien

4.4.2.3 Wiederanlaufpläne

Wiederanlaufpläne ergänzen die Geschäftsfortführungspläne. Im Gegensatz zu den Geschäftsfortführungsplänen, die die Prozessebene abbilden, beschreiben Wiederanlaufpläne auf operativer Ebene für einzelne Ressourcen, was in welcher Reihenfolge zu tun ist, um nach dem Ausfall einer Ressource die Wiederaufnahme und Fortführung der Betriebsfunktion in einem Notbetrieb zu ermöglichen.

Wichtig ist dabei auch die Beschreibung interner oder externer Ausweichmöglichkeiten. Gibt es beispielsweise ein externes Rechenzentren, mit dem ein Servicevertrag abgeschlossen wurde, und kann auf einem dort vorgehaltenen System direkt mit dem Wiederanlauf begonnen werden, so ist dieses einschließlich der Ansprechpartner selbstverständlich zu beschreiben. Möglicherweise stehen aber auch intern bzw. in einer Niederlassung Ersatzgeräte bereit, so dass von dort aus die kritischen Prozesse wieder anlaufen können. Die folgenden Inhalte sollten in einem Wiederanlaufplan zu finden sein:

- Ansprechpartner für die Geschäftsprozesse,
- Wiederbeschaffungsmöglichkeiten,
- interne und externe Ausweichmöglichkeiten,
- Schnittstellen und abhängige Ressourcen,
- Wiederanlaufreihenfolge,
- Maßnahmen für den Wiederanlauf,
- Verweis auf die Wiederherstellungspläne für die einzelnen Systeme.

Der Wiederanlauf der Geschäftsprozesse ist explizit nicht Gegenstand der Wiederanlaufpläne, sondern wird im Zuge der Erstellung der Geschäftsfortführungspläne dokumentiert.

Bild 4.9 Liste möglicher Wiederanlaufpläne

Schadensfälle zu Szenarien zusammenfassen

Um die Anzahl der Wiederanlaufpläne (bzw. der Notfallpläne) überschaubar zu halten, sollten Sie allgemeine Szenarien beschreiben, die mehrere spezifische Schadensfälle zusammenfassen. So können Sie beispielsweise bei einem schadensorientierten Ansatz alle Ereignisse, die zu Mitarbeiterausfällen führen (Streik, Demonstration, Epidemie), zu einem Szenario zusammenfassen. Ein weiteres Szenario könnte den Ausfall des Rechenzentrums zum Inhalt haben. Denn in der Praxis spielt es für die Notfallbewältigung letztendlich kaum eine Rolle, ob der Ausfall durch einen Wasserschaden oder einen Brand verursacht wurde.

4.4.2.4 Wiederherstellungspläne

Gemäß BSI enthält ein Wiederherstellungsplan *»alle erforderlichen Informationen und Vorgehensweisen, um nach dem Ausfall einer Ressource die beschädigten oder zerstörten Ressourcen* *durch funktionsfähige Ressourcen zu ersetzen und damit den Betriebszustand vor Eintreten des Notfalls wieder zu erreichen«.* (BSI-Standard 100-4, 2008)

Neben der Beschreibung der Tätigkeiten zur Wiederherstellung des Systems bzw. der Systeme sollten sowohl die Wiederbeschaffungsmöglichkeiten einschließlich der Adressen als auch Ansprechpartner der bisherigen Lieferanten für Hardware und Zubehör zu finden sein. Da im Notbetrieb nicht alle Geschäftsprozesse durchgeführt wurden, sind die entstandenen Arbeitsrückstände zu berücksichtigen. Zudem muss dokumentiert werden, welche Maßnahmen die Wiederherstellung abschließen und welche Bedingungen erfüllt sein müssen, damit der Regelbetrieb als wieder aufgenommen gilt.

Beispiel: Einsatzzweck der Pläne

Bei einem Brand werden Teile der Produktionsanlagen zerstört. Mit Hilfe eines entsprechenden *Geschäftsfortführungsplans* wird der Notbetrieb in Kraft gesetzt. Dieser definiert auf Prozessebene u. a., wie über einen vordefinierten ausgedehnten Zeitraum die Fortführung der kritischen Geschäftsprozesse in einem Notbetrieb zu gewährleisten ist. *Wiederanlaufpläne* beschreiben auf der operativen Ebene für die ausgefallenen Produktionsanlagenteile die Wiederaufnahme und Fortführung einer eingeschränkten Produktion mit Hilfe der verbliebenen Anlagen. Mit Hilfe von *Wiederherstellungsplänen* werden die zerstörten Anlagen durch funktionsfähige Anlagen ersetzt und damit der Betriebszustand vor Eintreten des Notfalls wiederhergestellt. ■

4.4.3 IT-Notfallhandbuch

Dieser Abschnitt beschreibt den Aufbau bzw. die Inhalte eines Notfallhandbuchs für die IT-Organisation. Der IT-Notfall ist (bzw. sollte sein) ein Teil des Notfallhandbuchs für das Unternehmen. ITIL® verwendet hierfür den Begriff *IT-Service-Continuity-Plan*. Dieser ist Bestandteil des zentralen *Business-Continuity-Plans*. (ITIL® 2011)

Ziel von IT SCM ist es, dass der IT-Betrieb nach Notfällen aufrechterhalten werden kann bzw. die Services zur Unterstützung der Geschäftsprozesse nach einer Katastrophe in der vorgegebenen Zeit wiederhergestellt werden können. Erforderlich ist hierfür eine Dokumentation u. a. mit Beschreibungen der folgenden Tätigkeiten:

- Etablierung einer IT-Notfallbewältigungsorganisation,
- Wiederanlauf kritischer IT-Services,
- Etablierung eines anforderungsgerechten Notbetriebs für die IT-Services,
- Bereitstellung eines Notfallsupports für Kunden/Fachabteilungen,
- Wiederherstellung der ausgefallenen IT-Services.

Zusätzlich muss definiert werden, wann die jeweiligen Pläne zur Anwendung kommen und welche Personen, Systeme und Prozesse von den Maßnahmen betroffen sind oder einen Beitrag leisten und wie die Inhalte kommuniziert werden.

Wie bereits beschrieben, erfordert die Bewältigung von Notfällen eine gesonderte Organisation. Es ist daher wichtig, die Rollen für die Notfallbewältigungsorganisation eindeutig festzulegen und zu dokumentieren. So sollten beispielsweise Teams definiert werden, die für die Wiederherstellung der einzelnen IT-Services verantwortlich sind. In der Praxis wird sich zwar die Notfallorganisation einer IT-Abteilung kaum von der Organisation des Tagesgeschäfts unterscheiden, doch ist in Notfällen häufig eine zeitlich befristete Veränderung bzw. Erweiterung von Befugnissen erforderlich, die zu definieren und zu dokumentieren sind. Dies betrifft zum Beispiel die kurzfristige Beschaffung von Ersatzhardware durch die IT, ohne den üblichen Einkaufsprozess einhalten zu müssen. Auch ist zu berücksichtigen, dass möglicherweise Mitarbeiter in Aufgaben des übergeordneten Notfallmanagements eingebunden sind und daher dem IT-Notfallmanagement nicht zur Verfügung stehen.

Der grundsätzliche Aufbau des IT-Notfallhandbuchs entspricht dem des im Rahmen des BCM zu erstellenden Notfallhandbuchs für das Unternehmen. Im Einzelfall aber sind die Inhalte von den Vorgaben durch das unternehmensweite Notfallmanagement abhängig, das auch die Schnittstellen definieren (zum Beispiel die Koordinierung der Alarmierungspläne) und Verantwortlichkeiten festlegen muss. Tabelle 4.1 zeigt die Inhalte im Vergleich und erläutert die erforderlichen Schnittstellen.

Tabelle 4.1 Zusammenspiel von BCM- und IT-SCM-Notfallhandbuch

BCM-Notfallhandbuch	IT-SCM-Notfallhandbuch
Organisation	
Notfallorganisation (Krisenstab, Notfallteams)	IT-Notfallorganisation (IT-Notfallstab, IT-Notfallteams)
Alarmierungs- und Eskalationspläne für das Unternehmen	Alarmierungs- und Eskalationspläne für die IT-Organisation
Kontaktdaten der zu informierenden Mitarbeiter sowie Notrufnummern u. a.	Für das IT SCM relevante Kontaktdaten
	Zusätzlich erforderliche Informationen (z. B. Netzwerkpläne oder Raumpläne)
Vorgaben und Vorlagen für die Dokumentation während der Notfallbewältigung	Vorgaben und Vorlagen für die Dokumentation während der Wiederherstellung der IT-Services
Sofortmaßnahmen	
Rollen- und Zuständigkeiten (u. a. Ersthelfer, Sanitäter)	Sofortmaßnahmen für IT-relevante Notfälle
Handlungsanweisungen für spezifische Notfälle	Handlungsanweisungen für die IT-Organisation betreffende Notfälle
Notfallbewältigung	
Dokumentation des Krisenstabsraums	
Handlungsanweisungen für die Bestandsaufnahme und für die formale Inkraftsetzung des Notfallplans	Handlungsanweisungen für die Bestandsaufnahme der IT-Services

BCM-Notfallhandbuch	IT-SCM-Notfallhandbuch
Geschäftsfortführungspläne für definierte Szenarien und Wiederanlaufpläne zur Einrichtung eines Notbetriebs und Wiederherstellung im Normalbetrieb (Verweise auf die Pläne der operativen Einheiten)	Verweise auf die Geschäftsfortführungspläne Wiederanlaufpläne und Wiederherstellungspläne für IT-Systeme

Rolle der IT-Systemdokumentation

Die Grundlage der IT-Notfalldokumentation bildet die Systemdokumentation, denn schließlich kann nur etwas wiederhergestellt werden, das auch bekannt ist. Fehlt eine Systemdokumentation, sollte die Erstellung des Notfallhandbuchs als Anlass genommen werden, eine solche aufzubauen. Dies aber darf nicht aus Sicht der Notfalldokumentation erfolgen. Vielmehr muss die Systemdokumentation so eigenständig gehalten sein, dass sie sowohl für den operativen IT-Betrieb als auch für Notfälle alle wichtigen Daten bereitstellt. In der Praxis hat es sich bewährt für die kritischen Systeme zusätzlich Wiederanlaufpläne zu erstellen und auf diese in den Systemakten zu verweisen. Detaillierte Erläuterungen zu Struktur und Aufbau einer solchen Systemdokumentation finden Sie in *Abschnitt 3.2*.

Außerdem muss die Systemdokumentation Informationen zum möglichen Notbetrieb der jeweiligen Systeme liefern. Wie in den vorstehenden Abschnitten dargestellt wurde, ist bei vielen Notfällen die Einrichtung eines Notbetriebs erforderlich. Die Wiederherstellung des Regelbetriebs erfolgt in diesen Fällen erst nachgelagert. Der Notbetrieb wiederum dient dazu, das Überleben des Unternehmens durch den Betrieb der kritischen Geschäftsprozesse zu sichern, was die dafür erforderlichen IT-Systeme möglicherweise reduziert. So kann beispielsweise für den Notbetrieb ein einzelner Stand-alone-Server ausreichen, während für den Regelbetrieb eine komplexe Active-Directory-Systemlandschaft bereitgestellt wird. Nachvollziehbarerweise ist in diesem Fall für den Aufbau des Notbetriebs die Systemdokumentation des IT-Betriebs allein wenig hilfreich, auch wenn ein solches Szenario in Zeiten von Virtualisierung und jederzeit verfügbarer Ausweichrechenzentren wohl immer seltener eintreten wird. Informationen zum Notbetrieb sollten ebenfalls die Wiederanlaufpläne liefern.

4.5 Test- und Übungsdokumentation

Bei einem Notfall hängt die Handlungsfähigkeit vor allem von der Qualität, der Aktualität und der Verfügbarkeit der Notfalldokumentation ab. So nutzt auch das aktuellste Notfallhandbuch nichts, wenn es nicht verfügbar ist oder niemand weiß, wie damit umzugehen ist. Welche Maßnahmen zur Erfüllung der genannten drei Forderungen sinnvoll sind, ist Gegenstand dieses Abschnitts. Hierbei wird die Testdokumentation aus Sicht des unternehmensweiten Notfallmanagements betrachtet.

Für die Qualität des Notfallmanagements sind zwei Kriterien entscheidend. Zum einen ist bei der Erstellung des Handbuchs und beim Design der Notfallprozesse eine entsprechende

Qualitätssicherung erforderlich. Zum anderen müssen die Inhalte der Notfallpläne regelmäßig getestet und trainiert werden. In den meisten Unternehmen werden zwar Notfallhandbücher bzw. Notfallpläne erstellt, aber entweder gar nicht oder nur im Zuge der Dokumentenerstellung getestet. Viele dieser Pläne versagen dann beim ersten umfassenden Test oder schlimmstenfalls im konkreten Notfall. Nur in einem Test kann zum Beispiel festgestellt werden, ob innerhalb der vereinbarten Zeit alle erforderlichen Verantwortlichen auch wirklich verfügbar sind und die Wiederherstellungsanleitungen auch tatsächlich funktionieren. Sinnvoll ist es deshalb, die Pläne in Übungen regelmäßig zu trainieren. Derartige Übungen haben gleich zwei Funktionen: Während der Übungen erlernen die Mitarbeiter die erforderlichen Notfalltätigkeiten und können so im Ernstfall besser reagieren. Dabei werden gleichzeitig die Maßnahmen auf ihre Funktionsfähigkeit hin geprüft. So kann bei einem solchen Test beispielsweise festgestellt werden, ob das Notstromaggregat auch unter Belastung funktioniert.

Die Regelungen zur Durchführung derartiger Übungen sollten in einem *Übungskonzept* festgeschrieben werden. Zusätzlich werden Übungspläne für die einzelnen Übungen benötigt. Das Übungskonzept regelt die grundsätzliche Organisation der Notfallübungen und gilt für alle Übungen. Hierfür sollte das Übungskonzept Aussagen zu den folgenden Punkten beinhalten:

- Verantwortlicher (für die Übungsorganisation und das Übungskonzept),
- Zeitpläne (Festlegung, in welchem Turnus und wann welche Übungen durchzuführen sind),
- grundsätzliche Regeln für alle Notfallübungen.

Zusätzlich werden für die einzelnen Notfallübungen *Übungspläne* benötigt, die unter anderem Folgendes regeln:

- Verantwortlicher für die Übung,
- erforderlicher Teilnehmerkreis (hierzu zählen auch gegebenenfalls Dienstleister und externe Berater),
- Hinweise und Anleitungen zum Ablauf der Übung. Für besonders komplexe Szenarien kann ein Übungsdrehbuch erstellt werden. In diesem sind der zeitliche Ablauf und die vordefinierten Ereignisse der Übung detailliert in ihrem zeitlichen Ablauf zu beschreiben.
- Kriterien für einen Abbruch der Übung. Ein Abbruch kann beispielsweise erforderlich sein, wenn die noch benötigte Zeitspanne oder die noch durchzuführenden Übungen den Produktivbetrieb beeinflussen würden oder die umgesetzten Maßnahmen nicht den erwarteten Erfolg bringen.

Alle Übungen müssen detailliert dokumentiert werden. Außerdem sollten sie sorgfältig ausgewertet werden. Häufig ergeben sich aus den Notfallübungen Änderungserfordernisse für die Notfallpläne. Diese Änderungen sollten zeitnah im Rahmen eines Änderungsprozesses eingearbeitet werden. Der Umfang und die Häufigkeit der Übungen und Tests hängen von der Art der Übung ab. Es müssen aber nicht immer aufwendige Notfallübungen sein, denn es gibt durchaus verschiedene Test- und Übungsarten. Diese reichen von der einfachen Überprüfung von Einzelmaßnahmen bis hin zur komplexen Ernstfallübung. Einfache Überprüfungen werden dabei in der Regel als Tests bezeichnet, komplexere Überprüfungen, denen ein Szenario hinterlegt ist, als Übungen.

Gemäß BSI-Standard 100-4 (BSI 100-4) können die folgenden Arten unterschieden werden:

- **Vollübungen:** Die aufwendigste Art einer Simulation ist die Ernstfall- oder Vollübung. Je nach Szenario sind dabei alle Hierarchieebenen vom Management bis zum einzelnen Mitarbeiter mit einzubeziehen, aber auch Externe, wie beispielsweise die Feuerwehr, Hilfsorganisationen und Behörden.
- **Kommunikations- und Alarmierungsübungen:** Ein zentraler Punkt der Notfallbewältigung ist die Meldung und Alarmierung des Krisenstabs und weiterer Verantwortlicher. Alarmierungs- und Eskalationspläne müssen daher regelmäßig überprüft werden. Entsprechende Tests können dabei von einfachen Überprüfungen der Kontaktinformationen bis hin zum Zusammentreten des Krisenstabs im Krisenstabsraum reichen.
- **Plan-Review:** Ziel von Plan-Reviews ist es, die einzelnen Pläne der Notfall- und Krisenbewältigung am »grünen Tisch« zu überprüfen. Die Teilnehmer gehen bei dieser Testart die Pläne theoretisch durch. Im Vordergrund steht die Überprüfung von Plausibilitäten.
- **Simulation von Szenarien:** Bei diesen Übungen werden in Simulationen die festgelegten Prozesse und Maßnahmen für die Bewältigung einzelner Notfallszenarien auf ihre Zweckmäßigkeit, Angemessenheit und Funktionalität getestet. Wichtig ist, dass dabei sowohl die Alarmierung und Eskalation, die Aufgaben der Notfallbewältigungsorganisation als auch die Zusammenarbeit aller beteiligten Stellen geübt werden. Derartige Übungen können auf der Ebene einzelner Organisationseinheiten, aber auch unternehmensweit durchgeführt werden.
- **Funktionstests:** Mit dieser Übungsart werden die Prozesse und Maßnahmen auf ihre Funktionalität überprüft, die in den verschiedenen Plänen festgelegt sind. Dazu zählen Wiederanlaufpläne, aber auch Pläne für die Sofortmaßnahmen (z. B. zur Evakuierung der Mitarbeiter des Rechenzentrums bei Feueralarm). Im Vordergrund der Tests stehen die Überprüfung des Zusammenspiels und die Abhängigkeiten der verschiedenen Komponenten.
- **Test der technischen Vorsorgemaßnahmen:** Um die Funktionsfähigkeit der technischen Systeme im Ernstfall sicherzustellen, müssen diese getestet werden. Hierzu zählen beispielsweise Tests der Stromversorgung, der Wiederherstellung von Datensicherungen oder der Ausfallsicherheit von Clustern.

Nachvollziehbarerweise unterliegen die verschiedenen Test- und Übungsarten auch unterschiedlichen Verantwortlichkeiten. So fallen Übungen zur Evakuierung eines Standorts sicherlich in den Verantwortungsbereich des unternehmensweiten Notfallmanagements, während zum Beispiel Übungen zur Wiederherstellung der Virtualisierungsdatenbanken Aufgabe des IT-Notfallmanagements sind.

Bild 4.10 zeigt die Dokumentation von Test- und Übungsmaßnahmen aus Sicht von IT SCM.

Die Wirksamkeit des Notfallmanagements ist wesentlich davon abhängig, dass Änderungen in den Services und den Prozessen auch beim Notfallmanagement berücksichtigt werden und dass die Notfalldokumentation fortlaufend aktualisiert wird. Deshalb ist es wichtig, bereits in den Geschäftsprozessen Ereignisse zu verankern, die eine Anpassung der Notfallprozesse und der Notfalldokumentation auslösen. Wird beispielsweise ein Prozess an einen externen Dienstleister vergeben, hat dies notwendigerweise auch Auswirkungen auf die Notfallprozesse.

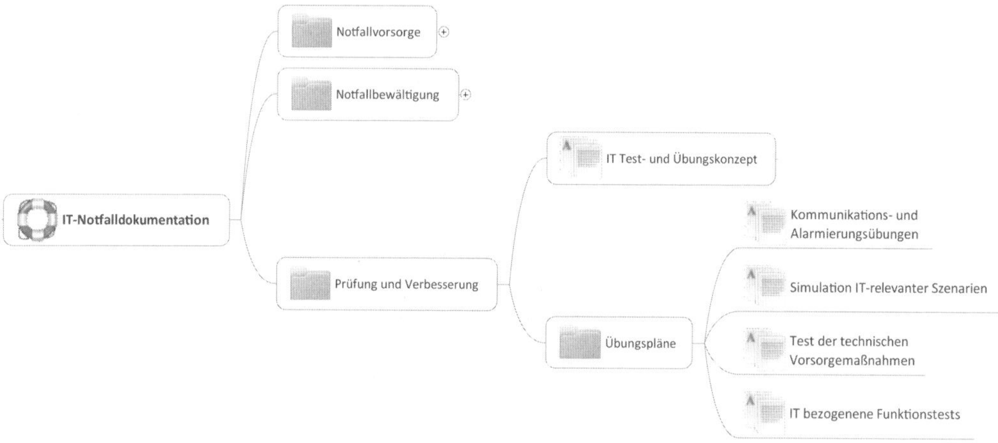

Bild 4.10 Test- und Übungskonzeption aus Sicht von IT SCM

Zusätzlich sollte auch der Notfallmanagementprozess selbst regelmäßig auf seine Wirksamkeit hin überprüft werden. Ausgehend von der Forderung, dass die Unternehmensleitung die Verantwortung für den Notfallmanagementprozess übernehmen muss, sollten auch die regelmäßige Kontrolle und Bewertung des Prozesses durch die Leitungsebene stattfinden (Managementbewertung).

4.6 Umsetzungsrahmenwerk (UMRA) zum Notfallmanagement

Mit dem im Auftrag des BSI von der Firma Hisolutions entwickelten und Anfang 2013 veröffentlichten *Umsetzungsrahmenwerk zum Notfallmanagement nach BSI-Standard 100-4* stellt das BSI einen »Werkzeugkasten« für die Etablierung eines Notfallmanagements zur Verfügung. Gemäß seiner Ausrichtung wendet sich das BSI mit UMRA in erster Linie an Behörden und Institutionen, stellt es aber kostenfrei zum Download für jeden zur Verfügung.

Der Aufbau des Umsetzungsrahmenwerks gliedert sich in neun Module und bietet für diese neben verschiedenen Leitfäden und einer Modulbeschreibung, in welcher nötige Vorarbeiten und zu erzielende Ergebnisse beschrieben sind, auch Dokumentvorlagen, Ausfüllanleitungen, Checklisten und Vorlagen für Präsentation. Letztere werden in der Nomenklatur von UMRA als Hilfsmittel bezeichnet. Zusätzlich gibt es ein Hauptdokument, das einen guten Einstieg in das Thema bietet, da es allgemeine Erläuterungen zu UMRA und eine generelle Einführung in das Thema Notfallmanagement enthält.

Bild 4.11 auf nächster Seite zeigt die neun Module in der Übersicht sowie exemplarisch die enthaltenen Hilfsmittel für die drei Module *Business-Impact-Analyse, Tests & Übungen* und *Risikoanalyse*. Behörden finden gegebenenfalls ergänzende Hilfsmittel zu den Modulen auf den Webseiten der Sicherheitsberatung des Bundes.

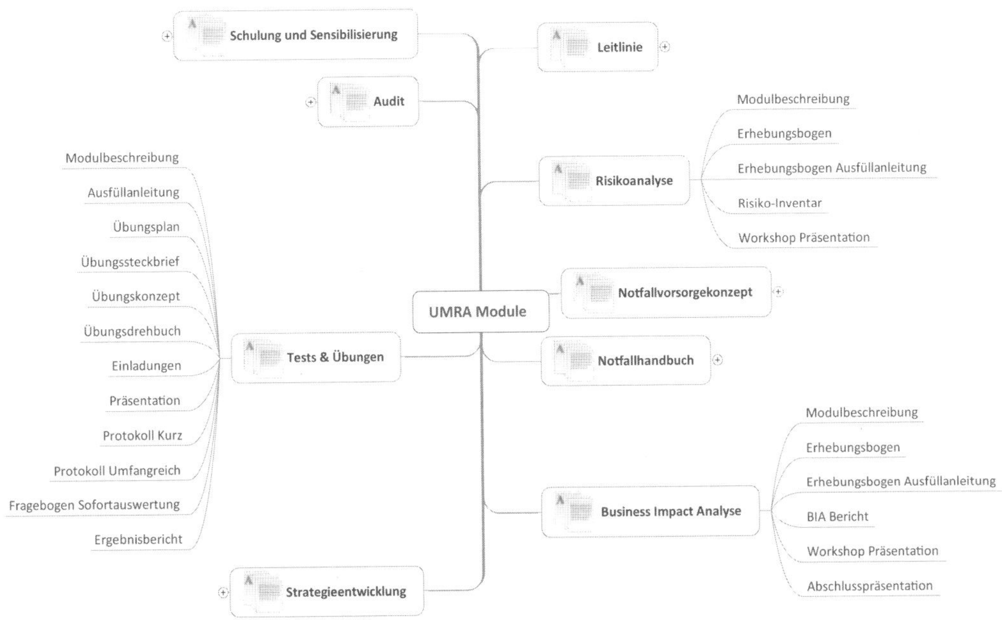

Bild 4.11 UMRA ist in neun Module unterteilt.

Besonders hilfreich sind sicherlich für viele Unternehmen die mitgelieferten Vorlagen. Nicht umsonst gehört in den entsprechenden Foren die Suche nach einer Vorlage für ein Notfallhandbuch mit zu den häufigsten Anfragen. UMRA bietet für alle in diesem Kapitel beschriebenen Dokumente eine Vorlage, die nicht nur die Dokumentenstruktur vorgibt, sondern auch zahlreiche Anleitungen und Beispieltexte enthält. Bild 4.12 auf nächster Seite zeigt einen Ausschnitt aus der Vorlage für den BIA-Bericht, die im Modul Business-Impact-Analyse zu finden ist.

Um den Einstieg zu erleichtern, basiert UMRA auf einem dreistufigen Modell, das eine schrittweise Umsetzung unterstützt. Damit ist es möglich, ein Notfallmanagement konform zum BSI-Standard 100-4 aufzubauen, ohne sofort alle Module umsetzen zu müssen. Hierfür sind die Module so ausgestaltet, dass eine Erweiterung bzw. die Umsetzung der nächsthöheren Stufe jederzeit teilweise oder vollständig möglich ist. Unterschieden werden die folgenden drei aufeinander aufbauenden Stufen:

- **Stufe 1:** Auf dieser Stufe werden ausschließlich reaktive Maßnahmen des Notfallmanagements eingeführt. Zielsetzung der Anforderungen dieser Stufe ist es, dass das Unternehmen in Notfall- und Krisensituationen grundsätzlich handlungsfähig bleibt.
- **Stufe 2:** Die Umsetzung der Anforderungen dieser Stufe erfordert die Etablierung grundlegender präventiver und reaktiver Maßnahmen. Damit ist es Unternehmen möglich, ein noch auf das Notwendigste reduziertes, aber zum BSI-Standard 100-4 kompatibles Notfallmanagement einzuführen.
- **Stufe 3:** Mit der Umsetzung der Anforderungen der Stufe 3 ist der Notfallmanagementprozess mit allen Phasen eingeführt und wird auf Basis eines kontinuierlichen Verbesserungsprozesses regelmäßig überprüft und optimiert. Bild 4.13 zeigt das UMRA zugrunde liegende Stufenmodell.

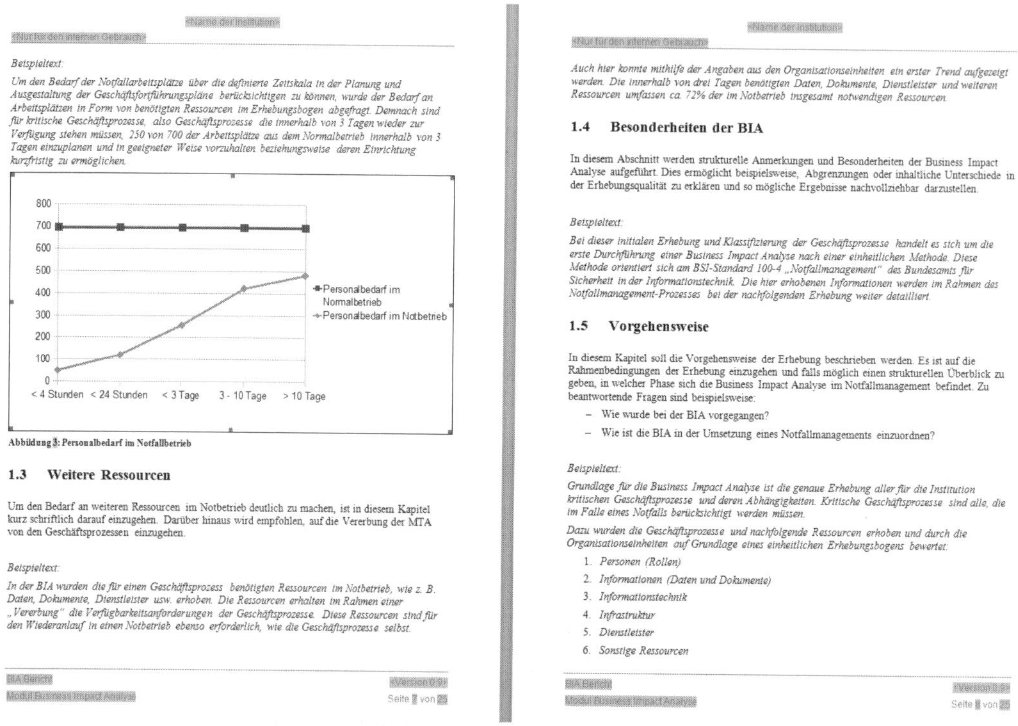

«Name der Institution»
«Nur für den internen Gebrauch»

Beispieltext:

Um den Bedarf der Notfallarbeitsplätze über die definierte Zeitskala in der Planung und Ausgestaltung der Geschäftsfortführungspläne berücksichtigen zu können, wurde der Bedarf an Arbeitsplätzen in Form von benötigten Ressourcen im Erhebungsbogen abgefragt. Demnach sind für kritische Geschäftsprozesse, also Geschäftsprozesse die innerhalb von 3 Tagen wieder zur Verfügung stehen müssen, 250 von 700 der Arbeitsplätze aus dem Normalbetrieb innerhalb von 3 Tagen einzuplanen und in geeigneter Weise vorzuhalten beziehungsweise deren Einrichtung kurzfristig zu ermöglichen.

Abbildung 3: Personalbedarf im Notfallbetrieb

1.3 Weitere Ressourcen

Um den Bedarf an weiteren Ressourcen im Notbetrieb deutlich zu machen, ist in diesem Kapitel kurz schriftlich darauf einzugehen. Darüber hinaus wird empfohlen, auf die Vererbung der MTA von den Geschäftsprozessen einzugehen.

Beispieltext:

In der BIA wurden die für einen Geschäftsprozess benötigten Ressourcen im Notbetrieb, wie z. B. Daten, Dokumente, Dienstleister usw. erhoben. Die Ressourcen erhalten im Rahmen einer „Vererbung" die Verfügbarkeitsanforderungen der Geschäftsprozesse. Diese Ressourcen sind für den Wiederanlauf in einen Notbetrieb ebenso erforderlich, wie die Geschäftsprozesse selbst.

BIA Bericht
Modul Business Impact Analyse
«Version 0.9»
Seite 7 von 25

«Name der Institution»
«Nur für den internen Gebrauch»

Auch hier konnte mithilfe der Angaben aus den Organisationseinheiten ein erster Trend aufgezeigt werden. Die innerhalb von drei Tagen benötigten Daten, Dokumente, Dienstleister und weiteren Ressourcen umfassen ca. 72% der im Notbetrieb insgesamt notwendigen Ressourcen.

1.4 Besonderheiten der BIA

In diesem Abschnitt werden strukturelle Anmerkungen und Besonderheiten der Business Impact Analyse aufgeführt. Dies ermöglicht beispielsweise, Abgrenzungen oder inhaltliche Unterschiede in der Erhebungsqualität zu erklären und so mögliche Ergebnisse nachvollziehbar darzustellen.

Beispieltext:

Bei dieser initialen Erhebung und Klassifizierung der Geschäftsprozesse handelt es sich um die erste Durchführung einer Business Impact Analyse nach einer einheitlichen Methode. Diese Methode orientiert sich am BSI-Standard 100-4 „Notfallmanagement" des Bundesamts für Sicherheit in der Informationstechnik. Die hier erhobenen Informationen werden im Rahmen des Notfallmanagement-Prozesses bei der nachfolgenden Erhebung weiter detailliert.

1.5 Vorgehensweise

In diesem Kapitel soll die Vorgehensweise der Erhebung beschrieben werden. Es ist auf die Rahmenbedingungen der Erhebung einzugehen und falls möglich einen strukturellen Überblick zu geben, in welcher Phase sich die Business Impact Analyse im Notfallmanagement befindet. Zu beantwortende Fragen sind beispielsweise:

– Wie wurde bei der BIA vorgegangen?
– Wie ist die BIA in der Umsetzung eines Notfallmanagements einzuordnen?

Beispieltext:

Grundlage für die Business Impact Analyse ist die genaue Erhebung aller für die Institution kritischen Geschäftsprozesse und deren Abhängigkeiten. Kritische Geschäftsprozesse sind alle, die im Falle eines Notfalls berücksichtigt werden müssen.

Dazu wurden die Geschäftsprozesse und nachfolgende Ressourcen erhoben und durch die Organisationseinheiten auf Grundlage eines einheitlichen Erhebungsbogens bewertet:

1. *Personen (Rollen)*
2. *Informationen (Daten und Dokumente)*
3. *Informationstechnik*
4. *Infrastruktur*
5. *Dienstleister*
6. *Sonstige Ressourcen*

BIA Bericht
Modul Business Impact Analyse
«Version 0.9»
Seite 8 von 25

Bild 4.12 Auszug aus der in UMRA enthaltenen BIA-Berichtsvorlage – Quelle: BSI UMRA, 2013

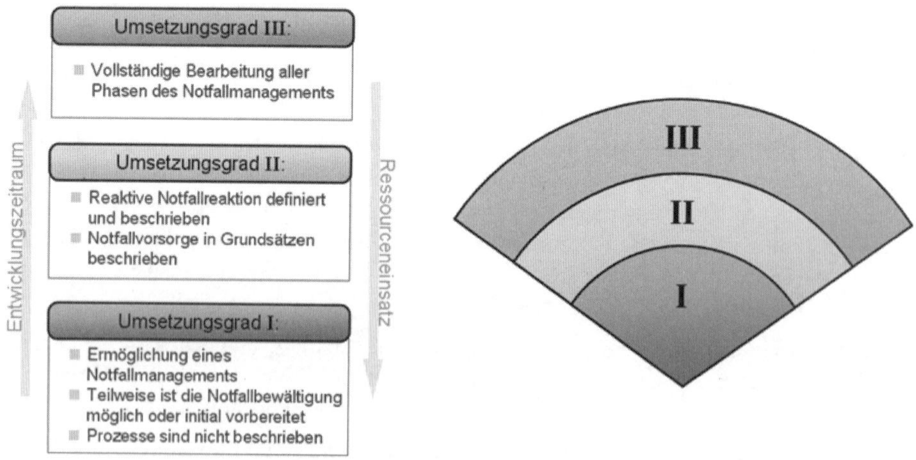

Bild 4.13 UMRA-Stufenmodell – Quelle: BSI UMRA, 2013

Jede der drei Stufen wird in einem separaten Leitfaden beschrieben. Die Leitfäden bilden gewissermaßen den roten Faden für die Umsetzung und enthalten (unabhängig von der Stufe) die folgenden Punkte:

- Voraussetzungen zur Umsetzung,
- Mindestanforderung zur Erreichung der definierten Stufe,
- Mindestinhalte der Hilfsmittel,
- Modul Eingangsinformationen,
- Modul Ausgangsinformationen.

Die zugehörigen Dokumentvorlagen, Ausfüllanleitungen, Frage- und Erhebungsbögen sowie Berichts- und Präsentationsvorlagen enthalten bis auf die Risikoanalyse immer die maximale Detailtiefe und sind je nach Anforderung des Leitfadens der Stufe anzupassen. Die Risikoanalyse ist aufgrund spezieller Anforderungen bereits in drei Versionen unterteilt.

4.7 Tool-Unterstützung für die Notfalldokumentation

Mit der Unternehmensgröße steigen auch die Komplexität und damit die Schwierigkeit, die Aufgaben des Notfallmanagements ohne den Einsatz von Tools zu bewältigen. So sind allein das Auffinden und Zusammenstellen aller erforderlichen Dokumententeile aus der Systemdokumentation, der Prozessdokumentation und den Rahmendokumenten und die Zusammenführung in der Notfalldokumentation ohne Tool-Unterstützung nur schwer möglich und vor allem fehleranfällig. Und auch die Bereitstellung eines aktuellen Notfallhandbuchs bedarf manuell einigen Aufwands. Hierfür müssen beispielsweise Prozesse zur Änderungsbenachrichtigung definiert und implementiert werden, die sicherstellen, dass alle Beteiligten über Änderungen im Notfallhandbuch möglichst zeitnah informiert werden. In großen Unternehmen kann dies einigen Aufwand bedeuten.

Hinweis

In *Kapitel 7* stellen wir Ihnen einige Tools vor, die Sie bei der Erstellung der IT-Betriebsdokumentation und der Notfalldokumentation unterstützen können. Darüber hinaus finden Sie unter dem Link http://www.bcm-news.de/bcm-tools/ eine Website, die in einer Marktübersicht eine Auswahl der aktuell verfügbaren Notfall- und BCM-Tools vorstellt.

4.8 Fazit

Kein Unternehmen verzichtet auf einen angemessenen Versicherungsschutz. In Bezug auf das Notfallmanagement und die Notfalldokumentation aber handeln immer noch viele Unternehmen nach dem Grundsatz: »Es wird schon nichts passieren.«

Dies ist nicht nur sträflicher Leichtsinn, sondern widerspricht auch den Anforderungen, die sich aus den allgemeingültigen Unternehmensgesetzen ableiten lassen – von den Anforderungen der Notfallstandards ganz abgesehen. Ein gut geplantes Notfallvorsorge- und Notfallbewältigungsmanagement zur Absicherung wichtiger Geschäftsprozesse ist ein absolutes Muss für jedes Unternehmen.

Zur Notfalldokumentation gehört zwingend die Erstellung eines Notfallvorsorgekonzepts, das beschreibt, mit welchen infrastrukturellen, technischen, organisatorischen und personellen Maßnahmen die gewählten Notfallvorsorgestrategien im Unternehmen umgesetzt werden sollen. Kernstück der Dokumentation für die Notfallbewältigung ist das Notfallhandbuch, das nicht nur alle wichtigen organisatorischen Notfallprozesse beschreibt, sondern vor allem auch Verantwortlichkeiten regelt. Ergänzend werden Geschäftsfortführungspläne, Wiederanlaufpläne und Wiederherstellungspläne benötigt.

Mit der Erstellung des Notfallhandbuchs ist der Prozess des Notfallmanagements aber nicht abgeschlossen. Die in den Notfallplänen und Notfallszenarien beschriebenen Abläufe müssen getestet und vor allem regelmäßig geübt werden. Nur wenn alle Verantwortlichen ihre Rolle genau kennen, können sie in der Hektik eines Notfalls richtig und besonnen handeln.

Die komplexen Anforderungen, die damit vonseiten des Notfallmanagements an die Dokumentation gestellt werden, sind ohne den Einsatz eines Tools kaum zu leisten. Vor der Auswahl eines solchen Tools müssen die eigenen Anforderungen sehr sorgfältig evaluiert werden. Moderne Notfalltools unterstützen vor allem die Einbindung des Notfallmanagements in die Geschäftsprozesse. Wirksam einsetzbar sind diese aber nur, wenn sie sich in die vorhandene Systemlandschaft integrieren lassen.

Die vorstehenden Ausführungen beziehen sich auf das unternehmensweite Notfallmanagement, wie es von verschiedenen Standards gefordert wird. Zusätzlich muss aber Notfallmanagement auch aus Sicht der IT betrachtet werden, denn die Integration beider Bereiche ist wegen des Querschnittscharakters der im Notfallmanagement anfallenden Aufgaben zwingend erforderlich. Hierbei übernimmt das BCM die Gesamtverantwortung für den Notfallmanagementprozess und die Planung für die Wiederherstellung aller Services. Für das Gesamtpaket IT-Service Continuity, in dem die Technik zwar einen wesentlichen Teil darstellt, das aber an den Geschäftsanforderungen ausgerichtet die Services mit ihren IT-Prozessen adressiert, übernimmt die IT-Organisation die Verantwortung und die dargestellten Aufgaben.

5 Dokumentation von IT-Projekten

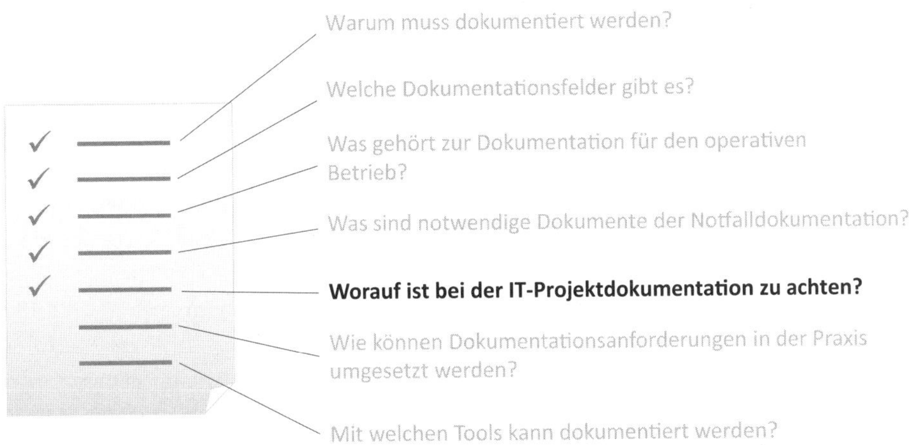

Eigentlich gelten die für den IT-Betrieb definierten Regeln, Vorgehensweisen und Strukturen zur Erstellung und Verwaltung von Dokumenten in gleicher Weise auch für Projekte. Und doch ist bei Projekten vieles anders. Bei IT-Projekten handelt es sich um einmalige, zielgerichtete und zeitlich, personell und sachlich abgegrenzte IT-Vorhaben, die der Konzeption, Entwicklung, Einführung bzw. Änderung von Systemen, Anwendungen und IT-Verfahren dienen.

Bei der Projektdokumentation gibt es daher zwei Ebenen der Dokumentation zu betrachten. Zum einen definieren einige Gesetze und Standards bzw. Normen Anforderungen an die Entwicklungsdokumentation. Hierzu gehören Richtlinien für die Softwareentwicklung genauso wie Konzepte für die Umsetzung der technischen Spezifikationen und Nachweise über die Einhaltung von Freigabe- und Testverfahren. Die im Rahmen eines Projekts zu erstellenden Dokumente gehören zu den Ergebnisdokumenten, die den Schwerpunkt dieses Kapitels bilden. Konkret steht hierbei die Anwendungsdokumentation bzw. die Dokumentation von Anwendungen im Rahmen des Life Cycle im Fokus.

Da sich Projekte per Definition durch eine Begrenzung an zeitlichen, personellen und finanziellen Ressourcen auszeichnen, muss mit diesen sorgsam umgegangen werden, was entsprechende Planungen erfordert. Diese Planungsdokumente sind als Projektmanagementdokumente ebenfalls Bestandteil der Projektdokumentation. Daneben ist ein Projekt durch eine eigene Projektorganisation geprägt, die es zu betrachten gilt.

In diesem Kapitel finden Sie die folgenden Themenschwerpunkte:

- Bestandteile der Projektdokumentation,
- anforderungsgerechte Projektdokumentation,
- Anwendungsdokumentation aus Life-Cycle-Sicht,
- Best Practices für die Projektdokumentation.

5.1 Bestandteile der Projektdokumentation

In diesem Abschnitt wird zunächst die mögliche Struktur einer Projektdokumentation näher beleuchtet. Diese ist auf der obersten Ebene sehr einfach gehalten.

Die *Projektdokumentation* (manchmal als PDO abgekürzt) ist gemäß DIN 69901-5 *»die Gesamtheit aller relevanten Dokumente, die in oder aus einem Projekt entstehen, Verwendung und Anwendung finden oder anderen Bezug zum Projekt haben.«* (DIN 69901, 2009)

In der Literatur und im Internet wird häufig der Begriff »Projektakte« als Sammelbegriff für alle Dokumente eines Projekts und damit als Synonym für den Begriff der Projektdokumentation verwendet. Dem schließen sich die Autoren an und verwenden im Buch die Begriffe wie folgt:

- Der Begriff *Projektdokumentation* dient als übergeordnete Bezeichnung für alle Dokumente, die Bestandteil der IT-Dokumentation sind und im Rahmen von Projekten erstellt werden oder für IT-Projekte gelten. Die Projektdokumentation umfasst die Zusammenstellung und Archivierung aller Unterlagen und ermöglicht es, sich jederzeit umfassend über alle Projekte zu informieren.
- Die Projektdokumentation besteht wiederum aus den *Projektakten*. Projektakten bezeichnen die Zusammenstellung aller auf ein Projekt bezogenen Dokumente. Hierbei kann es sich sowohl um Dokumente des Projektmanagements als auch um Ergebnisdokumente handeln. Für jedes Projekt ist innerhalb der Projektdokumentation eine Projektakte zu führen. Der Begriff der Projektakte wurde gewählt, da er nach Ansicht der Autoren eindeutiger ist.

Die nachstehende Grafik zeigt die Struktur der Projektdokumentation auf der obersten Ebene.

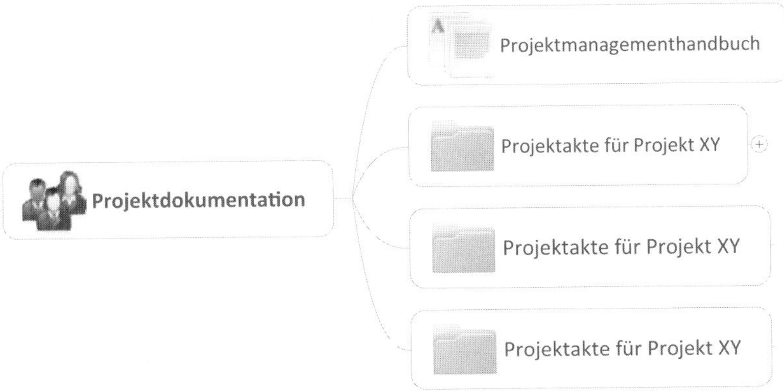

Bild 5.1 Oberste Ebene der Projektdokumentation

5.1.1 Projektmanagement-Handbuch

Das Projektmanagement-Handbuch (PM-Handbuch) enthält verbindliche Sollvorgaben für die Projektdurchführung und definierte Verfahren, nach denen Projekte im Unternehmen durchzuführen sind. Es ist nach DIN 69901-5:2009-01 eine *»Zusammenstellung von Regelungen, die innerhalb einer Organisation generell für die Planung und Durchführung von Projekten gelten«* (DIN 69901, 2009). Das bedeutet, es enthält Richtlinien, die für alle im Unternehmen durchzuführenden Projekte gelten, mit dem Ziel, dass alle Projekte im Unternehmen nach einheitlichen Standards durchgeführt werden. Hierzu sollte das PM-Handbuch Aussagen zu den folgenden Aspekten enthalten:

- Festlegungen, was ein Projekt ist und welche Rahmenbedingungen zur Durchführung eines Projekts führen,
- Definition und Abgrenzungen der Projektarten (Entwicklungsprojekte, Organisationsprojekte, externe Projekte bei Kunden, Großprojekte usw.),
- Vorgehensmodelle für die verschiedenen Projektarten,
- grundlegender Aufbau der Projektorganisation,
- standardisierte Projektmanagementprozesse,
- Methoden und Instrumente der Projektplanung und der Projektsteuerung,
- Projektmanagementglossar mit der unternehmensspezifischen Terminologie.

Demzufolge hat das PM-Handbuch übergeordneten Charakter und ist den Unternehmensdokumenten zuzuordnen. Möglich ist aber auch, dass das unternehmensweite Projektmanagement-Handbuch lediglich allgemeine Vorgaben macht (beispielsweise die Projektorganisation vorgibt), für IT-Projekte aber zusätzlich ein gesondertes IT-Projektmanagement-Handbuch existiert. In Letzterem kann beispielsweise festgelegt werden, dass IT-Projekte grundsätzlich nach dem PRINCE2-Projektmodell durchzuführen sind.

PRINCE2 (PRojects IN Controlled Environments)

Dieser Projektstandard wurde von dem britischen *Office of Government Commerce (OGC)* entwickelt und ist eine Methode zur Organisation, zum Management und zur Steuerung von Projekten. PRINCE2 enthält verschiedene in der Praxis bewährte Methoden und liefert standardisierte Projekte, die ein einheitliches Vorgehen, einheitliches Vokabular und einheitliche Dokumente haben.

Existiert ein IT-Projektmanagement-Handbuch, so regelt dieses die verbindlichen Sollvorgaben, die für alle IT-Projekte gelten, und ist Bestandteil der Projektdokumentation wie in Bild 5.1 dargestellt. Darüber hinaus kann das IT-Projektmanagement-Handbuch Ergänzungen zu anderen unternehmensweit gültigen Dokumenten oder zu Rahmendokumenten beinhalten. Hierbei kann es sich beispielsweise um projektspezifische Namenskonventionen oder ergänzende Teile zum Dokumentationskonzept handeln.

Mustervorlagen

Im Internet sind diverse Vorlagen für Projektmanagement-Handbücher zu finden. Beispielsweise finden Sie unter dem Link http://www.Projektmanagement-Handbuch.de/ nicht nur ein Beispiel-PM-Handbuch, sondern auch diverse Vorlagen für Projektmanagementdokumente.

Auch wenn die Vorgaben eines solchen Projektmanagement-Handbuchs grundsätzlich für alle Projekte gelten, sollte die Umsetzbarkeit im Hinblick auf das spezielle Projekt überprüft und darauf abgestimmt werden. So kann beispielsweise bei einem kleinen Projekt die Organisationsstruktur durchaus flacher sein als gefordert.

Auch hinsichtlich der zu erstellenden Dokumente ist eine Überprüfung sinnvoll. Schließlich ist es schwierig, in einem übergreifenden Regelwerk alle Besonderheiten für alle Projekte abzudecken. Sinnvoll ist es daher, eine Liste zu erstellen, die wesentliche projektbezogene Dokumente auflistet und vorgibt, ob diese verpflichtend zu erstellen und in die Projektakte aufzunehmen sind. Zur Kennzeichnung der Dokumentationspflicht ist die folgende Unterscheidung empfehlenswert:

- **Obligatorisch:** Das Dokument ist vorgeschrieben.
- **Projektabhängig:** Das Dokument ist abhängig von der Projektkategorie oder beim Vorliegen der genannten Vorgaben verpflichtend zu erstellen. So kann beispielsweise ein Schulungskonzept verpflichtend vorgeschrieben sein, sofern sich aus dem Projekt die Notwendigkeit für Schulungen ergibt.
- **Optional:** Die Entscheidung, ob eine Dokumentation erforderlich ist, ist von den Projektverantwortlichen zu treffen.

Die nachstehende Tabelle zeigt exemplarisch einen Ausschnitt aus einer derartigen Übersichtsliste:

Tabelle 5.1 Beispiel – Festlegung der im Projekt zu erstellenden Dokumente

Dokument	Beschreibung	Verbindlichkeit	Kategorie
Projektmanagementdokumente			
Projektsteckbrief	Er enthält alle wichtigen Daten und Rahmenbedingungen. Bei extern zu vergebenden Projekten kann er die Grundlage für den Projektauftrag bilden.	Obligatorisch	Alle
Machbarkeitsstudie	Um Fehlinvestitionen zu verhindern, wird bei Zweifeln an der Erreichbarkeit des Projektziels eine Machbarkeitsstudie durchgeführt.	Projektabhängig	Großprojekte und im Vorfeld von Forschungs- und Entwicklungsprojekten
Meilensteinplan	Im Meilensteinplan sind alle Meilensteine des Projekts zusammengefasst. Damit strukturiert er das Projekt durch das zeitliche Festlegen von Teilzielen.	Obligatorisch	Alle
Interne Veröffentlichungen	Broschüren, Flyer, Newsletter, Intranetveröffentlichungen usw. Bei vielen Projekten (insbesondere Großprojekten) ist das Akzeptanzmanagement ein wesentlicher Erfolgsfaktor.	Projektabhängig	Großprojekte. Soweit Informationen oder Unterlagen erarbeitet werden, sind diese der Projektdokumentation beizufügen.
Pressemitteilungen	Sind im Rahmen der Presse- und Öffentlichkeitsarbeit zu erstellen	Optional	Ist bei Großprojekten oftmals üblich
Change-Request-Bericht	Änderungen (Change Requests), die sich im Hinblick auf den ursprünglichen Projektinhalt ergeben und wesentliche Auswirkungen haben, sind in einem Bericht zusammenzufassen.	Obligatorisch	Alle
usw.	usw.	usw.	usw.
Ergebnisdokumente			
Anforderungsbeschreibung oder Lastenheft	Nach der DIN 69901-5:2009-01 ist das Lastenheft die vom Auftraggeber festgelegte Gesamtheit der Forderungen an die Lieferungen und Leistungen eines Auftragnehmers innerhalb eines Auftrags.	Obligatorisch	Die Art der erforderlichen Anforderungsdokumente ist projekt- und prozessabhängig (beispielsweise ob eine Ausschreibung erforderlich ist).

Tabelle 5.1 Beispiel – Festlegung der im Projekt zu erstellenden Dokumente *(Fortsetzung)*

Dokument	Beschreibung	Verbindlichkeit	Kategorie
Schulungskonzept	Schulungen sollen die anwenderbezogene Nutzung im täglichen Betrieb sicherstellen. Das Schulungskonzept dient der Planung der Schulungen.	Projektabhängig	Sofern Anwenderschulungen erforderlich sind, ist ein Schulungskonzept zu erstellen.
Testkonzept	Umfasst Testorganisation, Testpläne, Testabläufe, konkrete Testfallbeschreibungen und Testtools	Obligatorisch	Alle
Übergabeprotokoll	Dokumentation des Überführungsprozesses (Verantwortliche und Beteiligte, Zeitpunkt, Ergebnisse, Mängel usw.)	Obligatorisch	Alle
usw.	usw.	usw.	usw.

5.1.2 Projektakten

Die Projektdokumentation besteht aus den einzelnen Projektakten, wie in Bild 5.1 dargestellt. Für jedes Projekt ist eine gesonderte Projektakte einzurichten und zu pflegen. Innerhalb der Projektakten ist eine Unterscheidung in Dokumente für das Projektmanagement und in Ergebnisdokumente sinnvoll. Zu den Ergebnisdokumenten zählen alle Dokumente, die vom Projekt zu erstellen sind. Hierzu zählen u. a. alle Anforderungsdokumente, aber auch Konzepte und Testdokumente (siehe *Abschnitt 5.3*).

Eine Unterscheidung ist auch deshalb sinnvoll, da es hierfür unterschiedliche Verantwortlichkeiten gibt. Für die Dokumente der Projektsteuerung und Projektüberwachung ist die Projektleitung verantwortlich, während die Ergebnisdokumente vom Projektteam (ggf. einschließlich externer Auftragnehmer) zu erstellen sind.

Bild 5.2 zeigt eine Möglichkeit für den inhaltlichen Aufbau einer Projektakte.

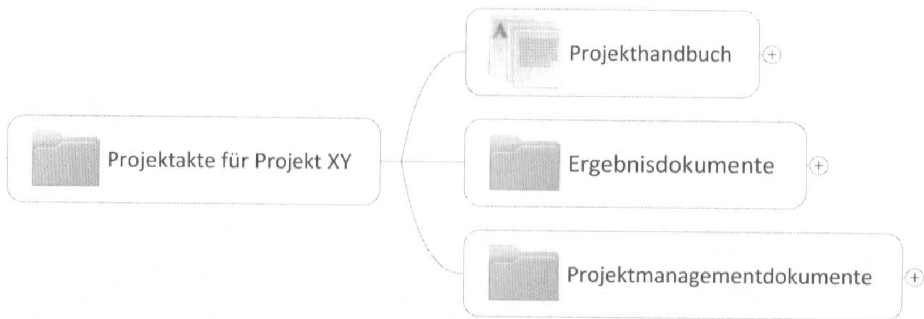

Bild 5.2 Exemplarische Gliederung einer Projektakte

Projekthandbuch

Wie beschrieben ist das Projektmanagement-Handbuch eine Zusammenstellung von Regelungen, die übergeordnet für alle Projekte gelten. Zusätzlich kann es sinnvoll sein (vor allem für größere Projekte), ein Projekthandbuch zu erstellen. Das Projekthandbuch ist *die »Zusammenstellung von Informationen, Standards und Regelungen, die für ein bestimmtes Projekt gelten«* (DIN 69901, 2009).

Im Gegensatz zu einem Projektmanagement-Handbuch enthält das *Projekthandbuch* also die speziell für das betrachtete Projekt geltenden Vereinbarungen und ergänzt gegebenenfalls das Projektmanagement-Handbuch. In ihm finden sich zentral alle wichtigen Informationen zum spezifischen Projekt. Hierbei sollte auf Wiederholungen aus dem PM-Handbuch verzichtet und stattdessen referenziert werden. Außerdem ist das Projekthandbuch ein »lebendes Dokument«, das während des Projekts bei Bedarf erweitert und aktualisiert wird.

Bild 5.3 zeigt beispielhaft die mögliche Gliederung eines Projekthandbuchs.

Bild 5.3 Mögliche Inhalte eines Projekthandbuchs

5.2 Anforderungsgerechte Projektmanagementdokumentation

Eine erfolgreiche Projektdurchführung erfordert ein wirksames Projektmanagement. Wie bereits in Kapitel 1 ausgeführt, können Normen und Standards dabei helfen, Anforderungen einzuhalten, und dienen gleichzeitig als Nachweis der Einhaltung.

In Bezug auf das Projektmanagement kann vor allem die DIN *69901 Projektmanagement - Projektmanagementsysteme* hilfreich sein. Diese definiert Projektmanagement als die *»Gesamtheit von Führungsaufgaben, -organisation, -techniken und -mitteln für die Initiierung, Definition, Planung, Steuerung und den Abschluss von Projekten.«* (DIN 69901, 2009) Damit verbunden ist die Erstellung zahlreicher Dokumente. Wer sich darüber informieren möchte, welche Projektmanagementdokumente mit welchen Inhalten zu erstellen sind, findet hierzu zahlreiche Literatur in Form von Printmedien und im Internet.

Die DIN 69901»Projektmanagement - Projektmanagementsysteme« ist im Januar 2009 auf der Grundlage von Vorgängernormen erschienen und besteht aus fünf Teilen:

- DIN 69901-1 *Grundlagen*
- DIN 69901-2 *Prozesse, Prozessmodell*
- DIN 69901-3 *Methoden*
- DIN 69901-4 *Daten, Datenmodell*
- DIN 69901-5 *Begriffe*

Im Mittelpunkt der fünfteiligen DIN 69901 unter dem Haupttitel Projektmanagement - Projektmanagementsysteme steht ein Modell der Prozesse im Projektmanagementsystem. Neu hinzugekommen ist außerdem ein Datenmodell. Wichtig ist aber auch Teil 5 - Begriffe. Dieser Normteil fasst die bisher auf mehrere Normen verteilten Begriffe zusammen. Dabei wurde die Zahl der genormten Begriffe stark reduziert.

Vielfach übersehen wird jedoch, dass die Projektdokumentation auch Compliance-Anforderungen unterliegt. Die Bedeutung von Projekten als strategischer Erfolgsfaktor für die Zukunftsfähigkeit von Unternehmen hat zwar in den letzten Jahren weiter zugenommen, aber Projekte liefern häufig nicht die gewünschten Ergebnisse. Viele IT-Projekte scheitern und das Scheitern ist zum größten Teil direkt oder indirekt auf unzureichendes Projektmanagement zurückzuführen. Da ist es nur folgerichtig, dass Projekte verstärkt Prüfungen unterzogen werden.

An dieser Stelle lohnt sich zunächst ein Blick in den *IDW Standard PS 850 - Projektbegleitende Prüfung bei Einsatz von Informationstechnologie*. Dieser beschreibt auf Basis der Ordnungsmäßigkeitsanforderungen des PS 330 *»die Prüfungsanforderungen an die in den jeweiligen Projektphasen getroffenen Entscheidungen des Managements zu Neuentwicklungen, Änderungen oder Erweiterungen IT-gestützter Rechnungslegungssysteme, in Bezug auf die für die Buchführung bestehenden Ordnungsmäßigkeits-, Sicherheits- und Kontrollanforderungen.«* (IDW PS 850, 2008). Zwar bezieht sich der Standard auf Projekte zur Einführung IT-gestützter Rechnungslegungssysteme, doch findet er auch darüber hinausgehend Anwendung.

Im Standard heißt es *»Das Management des Unternehmens ist für die sachgerechte Planung, Durchführung, Organisation und Überwachung von IT-Projekten verantwortlich und muss an-*

gemessene Maßnahmen ergreifen, um den Risiken aus der Projektdurchführung (Projektrisiken) begegnen zu können. Das Projektmanagement regelt die Einrichtung und Anwendung geeigneter aufbau- und ablauforganisatorischer Anweisungen und Verfahren (Projektorganisation) und die Überwachung der Projektziele und Projektkosten (Projektcontrolling).« (IDW PS 850, 2008)

Ziel der projektbegleitenden Prüfung ist es, frühzeitig Risiken aus dem Projekt zu erkennen und diesen rechtzeitig entgegenzusteuern. Die Prüfung des Projektmanagements richtet sich insbesondere darauf, ob eine der Komplexität des IT-Projekts angemessene phasenorientierte Projektsteuerung gewährleistet sowie ein entsprechendes Projektcontrolling vorgesehen ist und ob die projektbezogenen Kommunikations- und Dokumentationsverfahren eingehalten werden.

Prüfgebiete und Projektphasen	PROJEKT PHASE I Findung	PROJEKT PHASE II Planung	PROJEKT PHASE III Durchführung	PROJEKT PHASE IV Abschluss	PROJEKT PHASE V Nachschau
I. Prüfgebiet Projektmanagement					
1. Projektorganisation	Projektauftraggeber	Plan, Projektorganisation, Projektleiter	Projektorganisation, Projektrollen	Projektorganisation, Projektrollen	Auflösung Projektorganisation
2. Integrationsmanagement	Projektmandat, vorläufiger Projektauftrag, Offene-Punkte-Liste	Projektplan, Projektstrukturplan, Projektmanagement-Plan, Bearbeitung der Offene-Punkte-Liste	Projektleitungssitzungen, Lenkungsausschusssitzungen, Dokumentierte Entscheidungen, Offene-Punkte-Management	Übergabe der offenen Punkte an Linie	Ideen für Anschluss-Projekte
3. Inhalts- und Umfangsmanagement		Change Management Plan, Change Request Formular	Änderungsanträge, Update des Projektplans	Übergabe der Projektergebnisse an Linie	
4. Zeitmanagement		Meilensteinplan, Aktivitätenplan und Reihenfolgeplanung, Ressourcen und Arbeitspakete, Kritischer Pfad	Zeitmanagement, Maßnahmen zur Einhaltung, Update der Pläne		

Bild 5.4 Ausschnitt aus der Project Audit Universe-Matrix – Quelle: DIIR Standard Nr. 4, 2008

Aber auch Revisionen prüfen verstärkt im Rahmen der risikoorientierten Prüfung der Aufbau- und Ablauforganisation die Projektmanagementorganisationen und -prozesse. Grundlage ist hierbei häufig der *DIIR Standard Nr. 4 - Standard zur Prüfung von Projekten.* Der Standard beschreibt Art, Inhalt und Umfang der Projektrevision mit dem Schwerpunkt Projektmanagementrevision und gibt erste, allgemein gehaltene Empfehlungen zur Prüfungsdurchführung. Die Prüfgebiete eines Projekts enthalten weitere Teilgebiete, sogenannte Prüffelder (Prozesse, Produkte, Dokumente und Organisationselemente). Beide werden in einer Matrix dargestellt, der *Project Audit Universe,* die damit eine gute Übersicht über die Anforderungen an die Projektdokumentation bietet. Die Struktur des Project Audit Universe ist an die Projektmanagementprozesse des PMBoK (Project Management Body of Knowledge) (PMI, 2013) angelehnt. Aus den enthaltenen Prüfgegenständen ergibt sich unmittelbar die Verpflichtung zur Erstellung der benannten Projektmanagementdokumente.

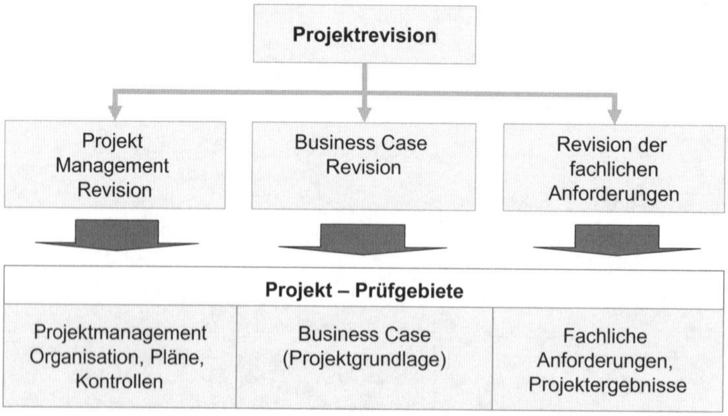

Bild 5.5 Prüfgebiete der Projektrevision - Quelle: DIIR Standard Nr. 4, 2008

Die folgenden Abschnitte erläutern auf der Basis der vorgestellten Anforderungen den möglichen Aufbau und die Inhalte einer Projektdokumentation.

Weitergehende Informationen

In *Abschnitt 1.4* finden Sie weitere Erläuterungen zu den hier vorgestellten Standards des IDW und des DIIR sowie Ausführungen zu den allgemeinen Anforderungen von Prüfern und Revisoren an die Dokumentation.

5.2.1 Phasen- und prozessorientierte Dokumentenstruktur

Eine Unterteilung eines Projekts ist nicht nur für die Projektsteuerung wichtig, sondern bietet auch eine gute Strukturierungsmöglichkeit für die Dokumentation und kann ebenso bei der Identifizierung der erforderlichen Projektmanagementdokumente hilfreich sein.

5.2.1.1 Projektphasen

Projektphasen bilden die oberste Ebene der ablaufbezogenen Projektstruktur. Auch die DIN 69901-2:2009-01 strukturiert das Projektmanagement entlang der Projektphasen. Während die *Projektphasen* den Lebensweg eines Projekts in handhabbare Abschnitte unterteilen, beschreiben die *Projektprozesse* alle Tätigkeiten, die zur Planung und Steuerung eines Projekts sowie zur Erzeugung des Projektprodukts erforderlich sind.

Eine Projektphase ist ein zeitlicher Abschnitt im Projektverlauf, der sachlich von anderen Abschnitten getrennt ist und mit einem definierten Ergebnis endet. Die Unterteilung eines Projekts in Projektphasen erlaubt es, die anstehenden Aufgaben detailliert zu planen. Der Übergang von einer abgeschlossenen Phase zur nächsten ermöglicht außerdem einen Rückblick auf die bislang erreichten Ergebnisse und eine Kontrolle hinsichtlich der Projektziele.

Die Phasengliederung ist grundsätzlich abhängig von der Art des Projekts und vom verwendeten Vorgehensmodell. Bei den Projektarten wird üblicherweise zwischen Investitionsprojekten, Organisationsprojekten und Forschungs- und Entwicklungsprojekten unterschieden. Zusätzlich werden zunehmend IT-Projekte als eigene Projektart behandelt. So unterscheidet sich beispielsweise der Ablauf eines Investitionsprojekts, das dem Bau eines Rechenzentrums dient, nachvollziehbarerweise vom Ablauf eines Systemmigrationsprojekts.

Projektmanagementmethoden und Vorgehensmodelle bieten einen Rahmen, in dem ein Projekt geordnet ablaufen kann. Sie bestimmen die Methoden und Elemente des Projektmanagements und geben Prozesse und Phasen eines standardisierten Projektablaufs vor. Aus diesem Grund bilden die jeweils eingesetzten Vorgehensmodelle und Methoden einen zentralen Bestandteil des Projektmanagement-Handbuchs. Bekannte Vorgehensmodelle sind u.a. das V-Modell und das Wasserfallmodell. Daneben gibt es noch herstellerabhängige Modelle. Zu Letzteren zählt beispielsweise das *Microsoft Solutions Framework (MSF-Modell)*, das speziell für die Einführung von Microsoft-Technologien entwickelt wurde. MSF hilft dabei, Lösungen auf Basis von Microsoft-Produkten zu entwickeln bzw. in den Betrieb zu überführen, und stellt dafür eine Sammlung von Konzepten, Methoden und Best Practices zur Verfügung.

Wasserfallmodell und V-Modell

Das Wasserfallmodell ist das wohl bekannteste Vorgehensmodell für die Softwareentwicklung. Software wird nach diesem Modell in mehreren Phasen entwickelt. Dabei gehen die Phasenergebnisse wie bei einem Wasserfall immer als bindende Vorgaben für die nächsttiefere Phase ein.

Eine Erweiterung des Wasserfallmodells ist das V-Modell. Das V-Modell ist ein Entwicklungsstandard für die Planung und Durchführung von IT-Systementwicklungsprojekten und wurde zunächst für die Bundeswehr und dann für Behörden entwickelt und ist eine geschützte Marke der Bundesrepublik Deutschland.

Das Modell hat vier Submodelle:

- PM: Projektmanagementmodell
- QS: Qualitätssicherungsmodell
- KM: Konfigurationsmanagementmodell
- SE: Systemerstellungsmodell

Die aus dem IDW Standard PS 850 stammenden Phasen sind so oder ähnlich bei fast allen Modellen bzw. Standards zu finden. Sie werden hier exemplarisch vorgestellt.

- *»In der* **Planungsphase** *werden der Projektplan und die Projektkalkulation erarbeitet sowie die Aufgabenbeschreibung (Lastenheft) festgelegt.*
- *Die* **Definitionsphase** *dient der Erstellung der fachlichen Pflichtenhefte.*
- *In der* **Entwurfsphase** *wird das fachliche Pflichtenheft in technische Entwurfsspezifikationen überführt.*
- *In der* **Realisierungsphase** *wird das Programm erstellt und Entwicklungstests unterzogen.*
- *In der* **Testphase** *werden die Modul-, Integrations- und Lasttests durchgeführt und das Programm für den Regelbetrieb freigegeben.*
- *In der* **Produktivsetzungsphase** *wird die Individualsoftware in den Regelbetrieb und in die Geschäfts- und Kontrollprozesse integriert.«* (IDW PS 850, 2008)

5.2.1.2 Projektmanagementphasen

Zusätzlich zu den Projektphasen definiert die DIN 69901-3:2009-01 fünf *Projektmanagementphasen.* Diese orientieren sich an den logisch zusammenhängenden Aufgaben des Projektmanagements:

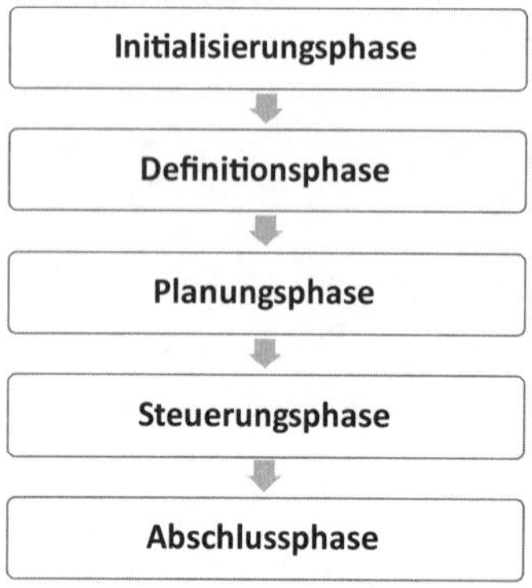

Bild 5.6
Projektmanagementphasen gemäß DIN 69901-3:2009-01

Eine Unterscheidung zwischen Projektphasen und Projektmanagementphasen erscheint auf den ersten Blick ungewöhnlich, zumal in der Praxis die Phasen parallel ablaufen. Sie erleichtert aber insbesondere in Bezug auf die Dokumentation eine Strukturierung. Außerdem ermöglicht dieser Ansatz eine Betrachtung aller Projektmanagementaktivitäten in Form von Prozessen, die unabhängig von der Projektart für alle Projekte Anwendung finden können.

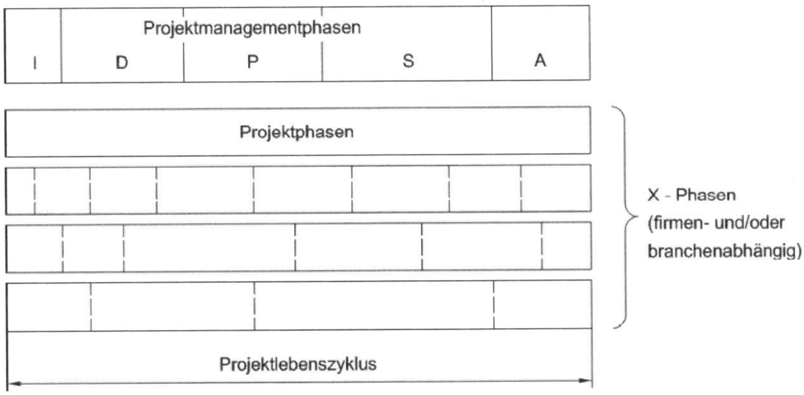

Bild 5.7 Projektmanagementphasen und Projektphasen - Quelle: DIN 69901, 2009

5.2.2 Prozesse im Projektmanagement

Die DIN 69901 beschreibt Projektmanagement als das fortwährende

> »*Planen, Organisieren, Überwachen, Lenken, Berichten und Ergreifen notwendiger Korrekturmaßnahmen in allen Projektprozessen, die benötigt werden, um die Projektziele zu erreichen. ... Das gewünschte Ergebnis wird wirksamer erreicht, wenn Tätigkeiten und damit verbundene Ressourcen als Prozess geleitet und gelenkt werden.*« (DIN 69901, 2009)

Von diesem Ansatz ausgehend bildet die Norm alle für das Projektmanagement wesentlichen Tätigkeiten als Prozesse ab und ordnet diese den Projektmanagementphasen zu.

In *Abschnitt 2.1* wurde erläutert, dass die Geschäftsprozesse eines Unternehmens typischerweise den drei Gruppen *Kernprozesse, Managementprozesse* und *Unterstützungsprozesse* zugeordnet werden. Eine daran angelehnte Unterscheidung nimmt die DIN 69901-2:2009-01 für die projektbezogenen Prozesse mit dem Modell des sogenannten *Prozesshauses* vor.

- Zu den *Wertschöpfungsprozessen* zählen alle Prozesse, die mit der Erfüllung der fachlich-inhaltlichen Aufgabenstellung des Projekts zu tun haben.
- Die Prozessgruppe *Führungsprozesse* stellt die Prozesse dar, die aus Projektmanagementsicht eine übergeordnete Rolle spielen. Hierzu zählen beispielsweise die Projektbeauftragung durch die Geschäftsleitung und die Prozesse des Multi-Projektmanagements.
- Alle Prozesse, die dem Management einzelner Projekte dienen, sind der Prozessgruppe der *Projektmanagementprozesse* zugeordnet.
- Zur Gruppe der *Unterstützungsprozesse* gehören alle Prozesse, die nicht unmittelbar dem Projektmanagement zuzuordnen sind, aber Unterstützung für ein Projekt bieten. Hierzu zählen beispielsweise Einkaufsprozesse oder die Prozesse des Personalwesens.

Wie bereits zuvor dargestellt, werden die Projektmanagementprozesse im Rahmen von Projektmanagementphasen ausgeführt. Damit können die Prozesse nicht nur den Prozessgruppen, sondern auch den Phasen zugeordnet werden.

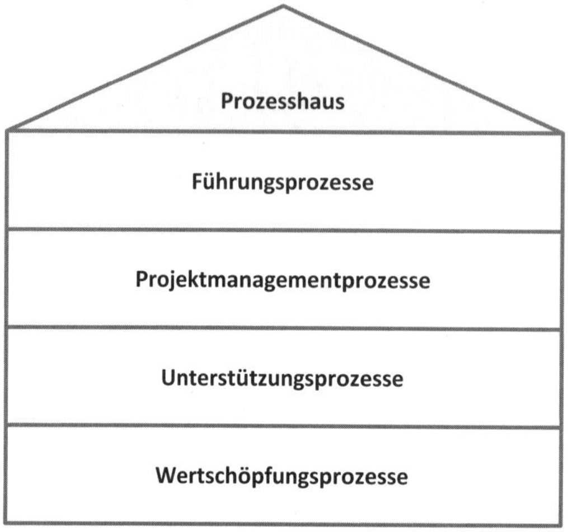

Bild 5.8 Projektmanagementprozesshaus – Quelle: DIN 69901, 2009

Alle Projektmanagementprozesse liefern als Output ein oder mehrere Projektmanagementdokumente. Tabelle 5.2 zeigt die Projektmanagementprozesse gemäß DIN 69901-2 im Phasenverlauf sowie deren Output-Dokumente. Alle Prozesse, die entsprechend der Norm mindestens zu implementieren sind (Mindeststandard), sind in der Tabelle kursiv ausgezeichnet.

Tabelle 5.2 Übersicht über die PM-Prozesse und deren Output-Dokumente nach DIN 69901-2

Phase	Projektmanagementprozess	Output-Dokumente
Initialisierung (I)	Zuständigkeiten klären	▪ Liste mit Verantwortlichen (Projektleiter) und gegebenenfalls Teammitglieder
	Ziele skizzieren	▪ Skizze der Projektziele ▪ Entscheidungsvorlage
	PM-Prozesse auswählen	▪ Liste der zu berücksichtigenden Prozesse
	Freigabe erteilen	▪ Freigabeprotokoll mit Liste offener Punkte ▪ Projektauftrag für die kommende Phase
Definition (D)	Projektkernteam bilden	▪ (Vorläufiges) Organigramm
	Information, Kommunikation, Berichtswesen festlegen	▪ Verfahren zum Umgang mit Informationen (z. B. Dokumentation, Archivierung) ▪ Kommunikationsverfahren (z. B. Kommunikationsmatrix) ▪ Berichtswege und -mittel sowie Entscheidungs- und Eskalationswege
	Umgang mit Risiken festlegen	▪ Verfahren zum Umgang mit Risiken ▪ Berichtswege und -mittel

Phase	Projektmanagementprozess	Output-Dokumente
	Umgang mit Verträgen definieren	▪ Verfahren zum Umgang mit Verträgen ▪ Aufgaben, Kompetenzen und Verantwortlichkeiten im Umgang mit Verträgen
	Ziele definieren	*Beschreibung der Projektziele*
	Projektumfeld/Stakeholder analysieren	▪ Darstellung der relevanten Umfeldfaktoren und Stakeholder einschließlich einer Bewertung der jeweiligen Einflüsse sowie geeigneter Maßnahmen
	Projektinhalte abgrenzen	▪ Projektinhalte
	Meilensteine definieren	▪ Beschreibung der Meilensteine ▪ Meilensteinplan
	Grobstruktur erstellen	▪ Grobstruktur
	Aufwände grob schätzen	▪ Grobe Aufwandsschätzung
	Vertragsinhalte mit Kunden festlegen	▪ Vertragsentwurf
	Machbarkeit bewerten	▪ *Bewertung der Machbarkeit*
	Erfolgskriterien definieren	▪ Darstellung der Erfolgskriterien und deren Messgrößen ▪ Entscheidungsvorlage für Freigabe
	Projektmarketing definieren	▪ Ziele und Zielgruppen des Projektmarketings ▪ Mittel und Wege des Projektmarketings (z. B. Intranetportal, Projekt-Newsletter)
	Freigabe erteilen	▪ Freigabeprotokoll mit Liste offener Punkte ▪ Projektauftrag für die kommende Phase
Planung (P)	*Projektstrukturplan erstellen*	▪ *Projektstrukturplan (PSP)*
	Arbeitspakete beschreiben	▪ Arbeitspaketbeschreibungen
	Vorgänge planen	▪ Ablaufplan ▪ Aktivitätenplan
	Vorgänge beschreiben	▪ Vorgangsbeschreibung
	Umgang mit Änderungen planen	▪ Verfahren zum Umgang mit Änderungen
Planung (P)	*Terminplan erstellen*	▪ *Terminplan*
	Kosten- und Finanzmittelplan erstellen	▪ Kosten- und Finanzmittelplan ▪ Businessplan
	Qualitätssicherung planen	▪ Qualitätssichtungsplan
	Ressourcenplan erstellen	▪ *Ressourcenplan* ▪ *Vorgaben für Lieferantenmanagement*

Tabelle 5.2 Übersicht über die PM-Prozesse und deren Output-Dokumente nach DIN 69901-2 *(Fortsetzung)*

Phase	Projektmanagementprozess	Output-Dokumente
	Projektorganisation planen	▪ Projektorganigramm ▪ Funktionendiagramm ▪ Funktionsbeschreibungen (Rollen)
	Information, Kommunikation, Berichtswesen und Dokumentation planen	▪ Plan über Informations-, Kommunikations- und Berichtswesen
	Risiken analysieren	▪ *Risikoportfolio mit der jeweiligen Eintrittswahrscheinlichkeit*
	Gegenmaßnahmen zu Risiken planen	▪ *Maßnahmenplan (gegebenenfalls Notfallplan)*
	Vertragsinhalte mit Lieferanten festlegen	▪ Entwurf Lieferantenvertrag mit Liefer- und Leistungsumfang sowie Schnittstellenvereinbarung ▪ Grober Umfang der Beschaffung
	Projektplan erstellen	▪ Projektplan
	Freigabe erteilen	▪ Freigabeprotokoll mit Liste offener Punkte ▪ Projektauftrag für die kommende Phase
Steuerung (S)	Kick-off durchführen	▪ Ergebnisprotokoll mit Commitment aller Projektbeteiligten bezüglich der Projektziele, dem Projektplan und der Rollenverteilung
	Vorgänge anstoßen	▪ Auftrag zur Umsetzung der einzelnen Vorgänge
	Änderungen steuern	▪ *Dokumentation der Änderungen* ▪ *Gegebenenfalls Anpassung der Projektdokumente (z. B. Projektplan)* ▪ *Dokumentation von Nachforderungen (Claims)*
	Information, Kommunikation, Berichtswesen und Dokumentation steuern	▪ Statusbericht zur Situation im Informations-, Kommunikations- und Berichtswesen ▪ Gegebenenfalls Steuerungsmaßnahmen
	Kosten und Finanzmittel steuern	▪ Status zu den Kosten und den Finanzmitteln ▪ Gegebenenfalls Steuerungsmaßnahmen und Anpassung der Projektdokumente (z. B. Finanzplan)
Steuerung (S)	Projektteam bilden	▪ Rollenverteilung mit gegenseitigem Commitment ▪ Regeln für die Zusammenarbeit im Projektteam
	Projektteam entwickeln	▪ Regeln für die Zusammenarbeit im Projektteam

Phase	Projektmanagementprozess	Output-Dokumente
	Ressourcen steuern	▪ *Status bezüglich der Ressourcen* ▪ *Gegebenenfalls Steuerungsmaßnahmen und Anpassung der Projektdokumente* ▪ *Informationen für das Lieferantenmanagement*
	Risiken steuern	▪ *Aktuelle Risikobewertung* ▪ *Gegebenenfalls Steuerungsmaßnahmen und Anpassung der Projektdokumente*
	Verträge mit Kunden und Lieferanten abwickeln	▪ Status zur Vertragsabwicklung ▪ Gegebenenfalls Steuerungsmaßnahmen und Anpassung der Projektdokumente ▪ Informationen für das Rechtswesen und das Lieferantenmanagement
	Zielerreichung steuern	▪ *Status zur Zielerreichung* ▪ *Gegebenenfalls Steuerungsmaßnahmen und Anpassung der Projektdokumente*
	Termine steuern	▪ *Status der Terminsituation* ▪ *Gegebenenfalls Steuerungsmaßnahmen*
	Nachforderungen steuern	▪ Festgestellte und dokumentierte Nachforderungen ▪ Gegebenenfalls Steuerungsmaßnahmen und Anpassung der Projektdokumente ▪ Informationen für das Rechtswesen und für das Lieferantenmanagement
	Qualität sichern	▪ Statusbericht zur Qualitätssicherung ▪ Gegebenenfalls Steuerungsmaßnahmen und Anpassung der Projektdokumente
	Abnahme erteilen	▪ Abnahmeprotokoll
Abschluss (A)	Nachkalkulation erstellen	▪ Nachkalkulation und Erfolgsrechnung ▪ Abweichungsanalyse
	Verträge beenden	▪ Beendete Verträge (u. a. realisierte Nachforderungen, gegebenenfalls in die Linie überführte Verträge) ▪ Informationen für das Rechtswesen und für das Lieferantenmanagement
	Projektabschlussbericht erstellen	▪ Projektabschlussbericht
Abschluss (A)	Abschlussbesprechung durchführen	▪ Protokoll der Abschlussbesprechung mit weiteren Maßnahmen
	Leistungen würdigen	▪ Informationen an Personalwesen über geeignete Maßnahmen

Tabelle 5.2 Übersicht über die PM-Prozesse und deren Output-Dokumente nach DIN 69901-2 *(Fortsetzung)*

Phase	Projektmanagementprozess	Output-Dokumente
	Projekterfahrungen sichern	▪ *Maßnahmen zur Sicherung der gesammelten Projekterfahrungen (»lessons learned«)* ▪ Informationen für das Wissensmanagement
	Projektdokumentation archivieren	▪ Projektarchiv
	Ressourcen rückführen	▪ Protokoll über Rückführung der Ressourcen ▪ Informationen an Personalwesen
	Projektorganisation auflösen	▪ Entlastung des Projektleiters ▪ Abschlussprotokoll

Die DIN 69901 enthält aber nicht nur Auflistungen der erforderlichen Projektprozesse, sondern stellt auch phasenbezogen die Beziehungen der PM-Prozesse in Ablaufdiagrammen dar und beschreibt jeden Prozess in einem Prozesssteckbrief (siehe Bild 5.9). Beides kann eine gute Basis für die eigene Dokumentation der Projektmanagementprozesse liefern.

Bestellt werden kann die DIN kostenpflichtig beim Beuth Verlag. Empfehlenswert ist der Kauf des DIN-Taschenbuchs 472 (DIN 69901, 2009), das alle wichtigsten Normen zum Projektmanagement mit Stand August 2009 enthält.

4.4.6 Prozess D.1.1 „Meilensteine definieren"

Vorgängerprozesse:	– D.9.1 Grobstruktur erstellen	***Nachfolgeprozesse:***	– D.4.1 Aufwände grob schätzen
Zweck und Hintergrund:	Nach der Abgrenzung der Projektinhalte und der Erstellung der Grobstruktur dient dieser Prozess dazu, die Zwischenereignisse/-ergebnisse in eine zeitliche Reihenfolge zu bringen. Dies ist u. a. Voraussetzung für die Abschätzung der Aufwände und die Bewertung der Machbarkeit sowie Grundlage für die Erstellung eines Terminplanes.		
Prozessbeschreibung (Vorgehen):	Zuerst werden die Meilensteine inhaltlich definiert (Meilenstein-Beschreibung), in eine zeitliche Reihenfolge gebracht und mit (groben oder vorläufigen) Terminen versehen (Meilensteinplan).		

Input	***PM-Methoden***	***Output***
– Projektziele – Projektinhalte – Grobstruktur	– Terminplanung*	– Beschreibung der Meilensteine – Meilensteinplan

Bild 5.9 Beispiele einer PM-Prozessbeschreibung in DIN 69901-2:2009-01 – Quelle: DIN 69901, 2009

Berichtswesen als Basis der Projektkommunikation

Wie die Aufstellung in Tabelle 5.2 zeigt, hat das Kommunikations-, Informations- und Berichtswesen einen hohen Stellenwert. Daher gilt den Berichts- und Kommunikationsprozessen an dieser Stelle besondere Aufmerksamkeit.

Die Aufgabe des Berichtswesens ist es, Informationen über das Projekt komprimiert und aussagefähig darzustellen. Es bildet damit die Basis für Abstimmungs- und Entscheidungsprozesse im Projekt. Berichte sollen den aktuellen Stand des Projekts festhalten – sowohl im Hinblick auf das bisher Erreichte als auch im Hinblick auf künftige Entwicklungen. Hierzu stellen Projektstatusberichte eines der wichtigsten Instrumente dar. Daneben gibt es eine Reihe weiterer Berichte, zu denen beispielsweise der Projektabschlussbericht gehört. Sinnvoll ist es für das Projekt, einen Berichtsplan zu erstellen, der alle zu erstellenden Berichte zusammenfasst und schnell Auskunft darüber gibt, wer welche Information wann und an wen weiterleiten muss. Die folgende Tabelle zeigt exemplarisch einen solchen Berichtsplan.

Tabelle 5.3 Für jedes Projekt sollte es einen Berichtsplan geben.

Bericht	Ersteller	Empfänger	Rhythmus
Statusberichte der Teilprojekte	Teilprojektleiter	Projektleitung	Wöchentlich
Statusberichte für das Gesamtprojekt	Projektleiter	Lenkungsausschuss, Betriebsrat, Revision	Monatlich
Projektsonderberichte	Projektmitarbeiter oder Projektleiter	Betroffene Organisationseinheiten Lenkungsausschuss	Bei Bedarf, wenn unerwartete Situationen eintreten, die weitere Maßnahmen und Entscheidungen erfordern
Meeting- und Ergebnisprotokolle	Protokollant	Alle Teilnehmer, Projektleitung	Bei Bedarf
Projektabschlussbericht	Projektleiter	Lenkungsausschuss, Geschäftsleitung	Am Ende des Projekts

5.2.3 Strukturierung der Projektmanagementdokumente

Eine Möglichkeit zur Strukturierung der Dokumente bietet der phasenbezogene Ansatz. Dieser ist jedoch nicht für alle Dokumente darstellbar, da viele Dokumente phasenübergreifend verwendet werden. Sinnvoller ist es meist, zusammengehörige Prozesse und die daraus resultierenden Dokumente thematisch zusammenzufassen. Dies erleichtert die Orientierung über den Projektlebenszyklus hinweg.

Zusätzlich können die Dokumente den Projektphasen bzw. Projektmanagementphasen mittels einer Kennung (*P für Planungsphase* z. B.) zugeordnet werden. Auch hierfür bietet die DIN 69901 eine gute Vorlage. Bild 5.10 zeigt einen Ausschnitt aus einer möglichen Strukturierung der Projektmanagementdokumente nach Themenbereichen mit einigen exemplarisch zugeordneten PM-Dokumenten. Dabei stehen die erste Ziffer für den Themenbereich und der Buchstabe für die Phase. Zusätzlich kann beispielsweise eine zweite Ziffer für eine fortlaufende Nummerierung verwendet werden.

Bild 5.10 Gliederung der Projektmanagementdokumente nach thematischen Bereichen gemäß DIN 69901

5.3 Anwendungsdokumentation aus Life-Cycle-Sicht

Der Betrieb von IT-Hardwaresystemen ist kein Selbstzweck, sondern dient letztendlich immer dem Zweck, Anwendungen bereitzustellen, die ihrerseits für die Erbringung der Geschäftsprozesse benötigt werden. Zu den wesentlichen Aufgaben der IT-Organisation gehört daher die Bereitstellung der Businessapplikationen für die Fachbereiche. Moderne Softwaresysteme sind, mindestens aus Sicht ihrer Ersteller und Betreiber, äußerst komplexe Gebilde, die zudem noch ständig korrigiert, erweitert oder einer sich ändernden Umgebung angepasst werden müssen. Die vollständige Dokumentation zu einem Softwareprodukt besteht aus unterschiedlichen Teilen, die auf verschiedene Zielgruppen ausgerichtet sind. Anders als bei den IT-Systemen, liegt die Verantwortung für die Anwendungsdokumentation daher keineswegs allein bei der IT-Organisation. Wichtig ist vielmehr eine ganzheitliche Betrachtung ausgehend von der Entwicklung, über die Bereitstellung durch die IT und die Nutzung der Applikation durch den Fachbereich. Eine alleinige Zuordnung der Anwendungsdokumentation zum IT-Betrieb ist daher nicht sinnvoll.

In der Praxis stellt das jedoch die IT-Administration bzw. die operative IT-Organisation immer wieder vor die Frage, was alles zur Anwendungsdokumentation gehört und für welchen Teil bzw. welche Teile der Anwendungsdokumentation sie eigentlich die Verantwortung trägt.

5.3.1 Was gehört zur Anwendungsdokumentation?

Versucht man, sich dem Thema über verschiedene Literaturquellen zu nähern, muss man zunächst einmal feststellen, dass es keine einheitliche Definition für den Begriff der Anwendungsdokumentation gibt. Vielmehr finden sich eine Reihe von Begriffen im Zusammenhang mit der Dokumentation von Anwendungen. Hierzu zählen neben Anwendungsdokumentation auch, Verfahrens-, Architektur-, Software- und Anforderungsdokumentation u. a. Verwirrenderweise werden diese Begriffe manchmal synonym verwendet, vielfach aber beschreiben sie unterschiedliche Dokumentationsfelder.

Erschwerend kommt hinzu, dass es bei der Frage nach den Inhalten sehr davon abhängt, wer bzw. mit welcher Zielrichtung die Anwendungsdokumentation gefordert wird. In der Softwareentwicklung spielt das Thema Requirements Engineering und damit auch die Dokumentation von Anforderungen eine wichtige Rolle. Das Ziel des Anforderungsmanagements ist es, ein gemeinsames Verständnis über ein zu entwickelndes System zwischen Auftragnehmer und Auftraggeber zu erreichen. Die Anforderungen an die GoBD-Konformität der Dokumentation finden weniger Beachtung, obwohl eine Dokumentation aus Compliance-Sicht andere Schwerpunkte einfordert.

Rein rechtlich ist eine Software ein Produkt, für das alle Aspekte von Verbraucherschutz, Haftung und Gewährleistung u. a. zum Tragen kommen und für das eine entsprechende Dokumentation zu erstellen ist. Das findet seinen Niederschlag in zahlreichen Normen und Standards zur Dokumentation von Softwareprodukten, wie beispielsweise der *ISO/IEC*

26514:2008 System and Software Engineering - Requirements for designers and developers of user documentation. Diese definiert sehr eindeutig Anforderungen an die Entwicklungsdokumentation und auch an die Dokumentation, die dem Anwender der Software zur Verfügung zu stellen ist. Siehe hierzu auch die Ausführungen zur technischen Dokumentation in *Abschnitt 2.4.*

Nicht ganz so eindeutig verhält es sich mit der Dokumentation für den operativen IT-Betrieb von Anwendungen. Für diesen fehlen eindeutige Vorgaben und klare Definitionen. Wie beispielsweise das Betriebshandbuch formal und inhaltlich auszugestalten ist, wie die Dokumentation (technisch) geführt wird, welche Qualitätsmerkmale gefordert werden oder welcher Umfang als angemessen zu betrachten ist, das bleibt dem operativen IT-Betrieb überlassen.

Wie aber kann nun eine Anwendungsdokumentation strukturiert werden und welche Dokumente sind aus Sicht der IT relevant? Nähert man sich den Fragen aus Sicht der Zuständigkeiten, findet man in der Regel drei Zuständigkeitsbereiche die sich aus den folgenden drei Aufgabenbereichen ableiten

1. Entwicklung und/oder Anpassung der Anwendung (ggf. im Rahmen des Releasemanagements und in Form von Projekten).
2. Betrieb und Wartung der Anwendung im operativen IT-Betrieb. Dies schließt auch das Störungsmanagement ein.
3. Nutzung der Anwendung durch den Fachbereich.

In der Praxis agieren die drei Bereiche natürlich nicht getrennt voneinander. Vielmehr gibt es mehrere übergreifende Prozesse. So muss eine neue Anforderung durch den Fachbereich definiert, durch die Entwicklungsabteilung umgesetzt und durch den operativen IT-Betrieb bereitgestellt werden. Die Dokumentation muss diese Prozesse widerspiegeln, d.h., eine isolierte Betrachtung aus Sicht der einzelnen Zuständigkeiten ohne Betrachtung von Schnittstellen ist wenig nutzbringend.

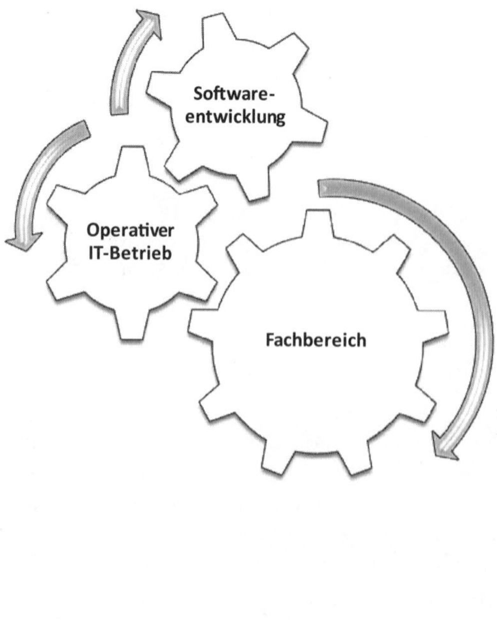

Bild 5.11
Anwendungen unterliegen verschiedenen Zuständigkeiten

Application Lifecycle Management

Einen hilfreichen Ansatz auch für die Dokumentation von Anwendungen bietet hierbei das Modell des *Application Lifecycle Managements (ALM)*. Der Lebenszyklus von Anwendungen umfasst sowohl die Entwicklung als auch den Betrieb und die Wartung von Anwendungen. Allerdings wird ALM von vielen Autoren und Anbietern von ALM-Lösungen aus ganz verschiedenen Blickwinkeln betrachtet. Eine nähere Auseinandersetzung mit den verschiedenen Ansätzen zum Thema Application Lifecycle Management aber würde den Rahmen des Buchs sprengen. Vielmehr soll mit dem nachfolgend exemplarisch gezeigten Phasenmodell ein besseres Verständnis für die Dokumentationserfordernisse geschaffen werden. Hierbei spielt es im Übrigen nur eine untergeordnete Rolle, ob die Entwicklung der Software im eigenen Hause stattfindet, von einem Dienstleister erstellt wird oder ob es sich um angepasste Standardprodukte handelt.

Bild 5.12 zeigt die verschiedenen Phasen einer Anwendung gemäß des Application-Lifecycle-Management-Ansatzes nach M. Rohloff (2011). Dieser unterscheidet innerhalb des Lifecycle zwischen Anwendungsentwicklung und Anwendungsbetrieb. Hierbei werden die drei Phasen Requirements, Design und Build der Entwicklung zugerechnet.

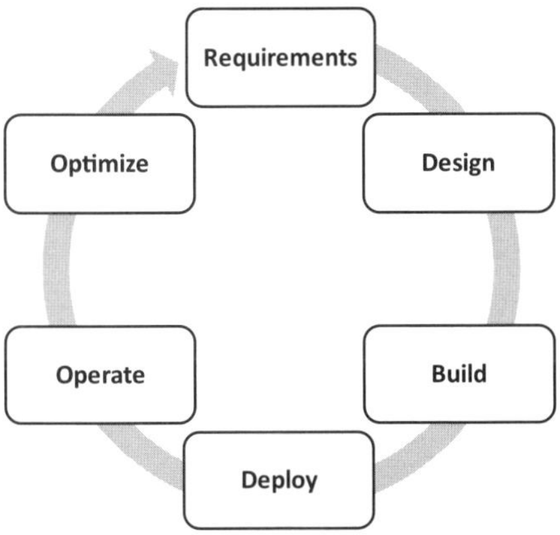

Bild 5.12
Application Lifecycle Management gemäß Rohloff, 2011

Aus Sicht der Dokumentation ist eine Betrachtung der folgenden sechs Phasen hinsichtlich ihrer Dokumentationsanforderungen interessant:

- **Requirements**
  Am Anfang steht die Erhebung und Dokumentation der fachlichen Anforderungen durch den Fachbereich. Häufig wird hierzu ein Fachkonzept erstellt, das die funktionalen Anforderungen an eine Software und deren anwendungsbezogenen Nutzen aufzeigt. Alternativ ist auch die Erstellung eines Lastenhefts möglich. Ein solches wird vor allem bei Ausschreibungen notwendig. Mithilfe des Lastenhefts (Anforderungsspezifikation) wird dem Entwickler mitgeteilt, welche Anforderungen an das fertige Produkt bestehen. Dieser entwickelt aus den Anforderungen des Kunden die Lösung einschließlich genauer Produktspezifikation. Das Pflichtenheft liefert den Lösungsvorschlag des Auftragnehmers. Bei Vergabe an Dritte bilden diese Dokumente wichtige Vertragsgrundlagen.
- **Design**
  Während das Requirements Engineering die Dokumentation der fachlichen Anforderungen umfasst, wird im Design die Umsetzung dieser fachlichen Anforderungen in der

Software und den technischen Systemen festgelegt. Die Dokumentation von Modellen, Architekturkonzepten, Entscheidungsvorlagen, Prototypen und Risikobewertungen sind typische Dokumente dieser Phase.

- **Build**
  Die Build-Phase beinhaltet die eigentliche Entwicklung und deren Dokumentation sowie die Integration der einzelnen Komponenten. Einen hohen Stellenwert in dieser Phase haben die verschiedenen Tests der zu entwickelnden Softwarelösung. Tests sind ein unverzichtbares Element der Qualitätssicherung im Rahmen von Softwareentwicklung. Hierbei müssen in der Regel mehrere Teststufen durchlaufen werden: Funktionstests, Integrationstests, Lasttests, Abnahmetests usw. Alle Tests müssen systematisch und klar definiert durchgeführt werden, was nur mit einer entsprechenden Dokumentation möglich ist.

  In dieser Phase ist in der Regel eine hohe Integration aller involvierten Bereiche erforderlich, was auch verteilte Dokumentationspflichten mit sich bringt. So müssen u.a. die Fachverantwortlichen in die Tests einbezogen werden und der IT-Betrieb muss die Infrastruktur und die Systeme für die Laufzeitumgebung der Anwendung bereitstellen. Am Ende steht die Abnahme der gesamten Applikation und Systemlösung.

- **Deploy**
  Mit der Deploy-Phase erfolgt der Übergang von der Anwendungsentwicklung in den Anwendungsbetrieb. Während der Deploy-Phase werden sowohl die Anwendung als auch die dafür erforderliche Infrastruktur implementiert und in die bestehende IT-Umgebung integriert. Abschließende Tests und dokumentierte Freigabeverfahren sind für einen geregelten Betriebsübergang erforderlich.

  Aus Sicht der IT-Organisation werden sowohl für die Übernahme als auch für den sich daran anschließenden Betrieb eine ganze Reihe von Dokumenten benötigt. Diese werden im anschließenden Abschnitt vorgestellt.

- **Operate**
  Diese Phase beschreibt die Nutzung durch den Fachbereich sowie die Bereitstellung durch den IT-Betrieb einschließlich der damit verbundenen Wartungs- und Überwachungsaufgaben. Hierzu gehört auch die Behandlung von Störungen.

- **Optimize**
  Im Fokus dieser Phase stehen die Verbesserung und regelmäßige Anpassung der Anwendung. Während des gesamten Lebenszyklus des Systems wird es immer wieder neue oder geänderte Anforderungen geben. So können beispielsweise neben neuen Kundenanforderungen auch Probleme im Betrieb zu Service Requests führen, die Anpassungen erforderlich machen.

5.3.2 Wesentliche Dokumente im Kontext der Phasen

Im Folgenden werden wesentliche Dokumente vorgestellt, die im Rahmen des Application Lifecycle Managements zu erstellen sind.

5.3.2.1 Anforderungsdokumentation

Am Anfang steht die Frage: »Was soll die gewünschte IT-Unterstützung leisten?« Diese Frage muss der Fachbereich beantworten, der ein neues System bzw. eine neue Anwendung oder eine Erweiterung zu einer bestehenden Anwendung beauftragt.

Ob das hierfür zu erstellende Dokument als *Fachspezifikation*, *Fachkonzept*, *Anforderungsbeschreibung* oder *Lastenheft* bezeichnet wird, spielt dabei nur eine untergeordnete Rolle. Allerdings haben Lastenhefte gegenüber den anderen Dokumenten einen mehr formellen Charakter. Sie finden bei Ausschreibungen Verwendung und sind durch eine DIN-Norm spezifiziert. Der Adressat des Lastenhefts ist der (externe oder firmeninterne) Auftragnehmer.

Lasten- und Pflichtenheft in DIN normiert

Sowohl das Lastenheft als auch das Pflichtenheft sind in der *DIN 69905 Projektmanagement, Begriffe* folgendermaßen normiert:

Nach der DIN 69901-5:2009-01 ist das Lastenheft die »*vom Auftraggeber festgelegte Gesamtheit der Forderungen an die Lieferungen und Leistungen eines Auftragnehmers innerhalb eines (Projekt-)Auftrags*«. Zugleich dient das Lastenheft auch als Grundlage beim Einholen von Angeboten.

Das Pflichtenheft hingegen enthält entsprechend der DIN die »*vom Auftragnehmer erarbeiteten Realisierungsvorgaben auf der Basis des vom Auftraggeber vorgegebenen Lastenheftes*« (DIN 69901, 2009). ■

Lastenheft

Wie auch die anderen Dokumente kann das Lastenheft als ein Anforderungskatalog beschrieben werden, der die Zielsetzungen, Aufgabenstellungen, Anforderungen des Auftraggebers und weitere Leistungsdaten des zu entwickelnden Produkts spezifiziert. Bei Bauprojekten wird das Lastenheft auch als *Leistungsverzeichnis (LV)* bezeichnet. Neben den funktionalen Anforderungen enthält das Lastenheft jedoch noch weitere Informationen: Zeitpunkte und Inhalte geplanter Auslieferungen, rechtliche und kaufmännische Bedingungen sowie Referenzen auf Normen. Diese Anforderungen werden den nichtfunktionalen Anforderungen zugeordnet. Das sind Anforderungen zur Qualität und zu vorgegebenen Randbedingungen.

Die Inhalte selbst sind jedoch nicht verbindlich geregelt und hängen insbesondere von der zu erstellenden Lösung ab. Die Anforderungen des Fachbereichs (der Anwender) sind überwiegend fachlicher Natur. Die nachstehende Tabelle erläutert exemplarisch die wichtigsten Bestandteile eines Lastenhefts für eine Anwendung. Die kann auch als Grundlage für die Erstellung eines Fachkonzepts oder einer Beschreibung der fachlichen Anforderungen dienen, wobei ggf. nicht erforderliche Teile entfallen können. Wird das Lastenheft als Grundlage für eine Ausschreibung verwendet, ist durchaus eine umfassendere Ausgestaltung möglich, wenn der Auftraggeber zusätzliche Anforderungen definiert.

Tabelle 5.4 Bestandteile eines Lastenhefts

Vorbemerkungen zum Dokument	
Zielsetzung des Lastenhefts	Das Lastenheft für die Anwendung xy beschreibt, welche Aufgabe zu erfüllen ist (das WAS) und welche Randbedingungen zu berücksichtigen sind. Es beschreibt das erwartete Ergebnis und liefert die Informationen, die notwendig sind, um die Anforderungen an das Ergebnis zu verstehen.
Abgrenzung	Abgrenzung zu anderen Dokumenten
Motivation, Ziele und Organisation	
Motivation	Kurze Beschreibung der Implementierungsidee (bei Neuentwicklung) oder kurze Beschreibung der Anpassungen (bei vorhandener Software oder vorhandenen Webanwendungen); Benennung der technischen und der betriebswirtschaftlichen Ziele
Aktuelle Situation	Beschreibung der aktuellen Situation und der Problembereiche und Schwachstellen
Stakeholder	Benennung aller, die gegebenenfalls einen direkten oder indirekten Einfluss auf die Anforderungen haben. Zu typischen Stakeholdern zählen beispielsweise die Fachabteilung, die Anwender des Systems, der IT-Betrieb, das Management usw.
Organisation	Beschreibung der Auftragsorganisation sowie der Mitwirkungsleistungen des Kunden, der Abgrenzung der Verantwortlichkeiten und der Anforderungen an die Dokumentation u. a.
Zeitliche Vorgaben und terminliche Abhängigkeiten	Gibt es Vorgaben für den Start des Projekts? Wann soll die Testphase beginnen? Wann soll das System in die produktive Nutzung übernommen werden?
Allgemeine Rahmenbedingungen	
Wirtschaftlichkeitsbetrachtung	Übersicht über den zu erwartenden Nutzens ggf. mit Verweis auf eine separate Kostenschätzung bzw. Business Case
Geplante Betriebsumgebung	Kurze Beschreibung der technologischen und physikalische Umgebung, in der die Anwendung eingebettet (installiert) werden soll
Funktionale Anforderungen	
Inhaltliche Beschreibung der fachlichen Anforderungen	Funktionale Anforderungen beschreiben, was die Anwendung leisten soll. Die Beschreibung der funktionalen Anforderungen sind die zentralen Vorgaben für die Systementwicklung. Sie werden im Anschluss durch den Auftragnehmer in der Systemspezifikation (Pflichtenheft) übernommen und im Hinblick auf die IT-technische Umsetzung konkretisiert. Zu beschreiben sind die Fähigkeiten der Anwendung, die ein Anwender erwartet, um mit deren Hilfe eine Aufgabe zu lösen. Die Anforderungen werden aus den zu unterstützenden Geschäftsprozessen und den Ablaufbeschreibungen zur Nutzung des Systems abgeleitet. Art und Umfang der zu verarbeitenden Daten Die Beschreibung der funktionalen Anforderungen kann auf verschiedene Weise erfolgen: ▪ Text, ▪ Anwendungsfälle (Use Cases), ▪ Aktivitätsdiagramme.

	Hilfreich sind Use-Case-Diagramme. Diese beschreiben das gewünschte externe Systemverhalten aus Sicht des Anwenders. Dabei werden mehrere Anwendungsfälle und ihre Beziehungen untereinander und zu den Akteuren grafisch dargestellt. Unabhängig von der gewählten Darstellungsform sind bei der Erfassung der funktionalen Anforderungen immer die folgenden Aspekte zu berücksichtigen: ▪ Was wird gemacht? ▪ Wer ist involviert/beteiligt? ▪ Welche Daten werden genutzt, benötigt etc.? ▪ Mit welchen (Nachbar-)Systemen interagiert die Anwendung? Welche Schnittstellen zu Anwendern gibt es?
Nichtfunktionale Anforderungen	
Allgemeine Beschreibung der nichtfunktionalen Anforderungen	Im Gegensatz zu den funktionalen Anforderungen, geben die nichtfunktionalen Anforderungen an, wie gut die Anwendung diese Funktionen leisten soll. Dies schließt insbesondere auch Anforderungen des Bereichs IT-Betrieb ein. Die Darstellung und Beschreibung erfolgt bei nichtfunktionalen Anforderungen überwiegend in Textform. Die nichtfunktionalen Anforderungen sollten dabei messbar, prüfbar und entscheidbar formuliert sein. Für die Messbarkeit müssen geeignete Metriken definiert werden.
Anforderungen an die Benutzeroberfläche	Dieser Teil beschreibt Vorgaben an die Schnittstelle der Anwendung zu seinen Benutzern. Dazu zählen beispielsweise Anforderungen an das äußere Erscheinungsbild oder an die Dialogführung: ▪ Gestaltung und Beschriftung, ▪ Dialogführung, ▪ Personalisierung.
Anforderungen an die Benutzbarkeit	Hier sind Anforderungen zu beschreiben, die sich auf den Aufwand beziehen, der für die Benutzung der Anwendung erforderlich ist: ▪ Verständlichkeit, ▪ Bedienbarkeit, ▪ Erlernbarkeit.
Anforderungen an die Performance	Dieser Abschnitt beschreibt, welches Leistungsniveau die Anwendung hinsichtlich Ressourcen- und Zeitverbrauch bereitstellen soll: ▪ Verbrauchsverhalten, ▪ Zeitverhalten, ▪ Erreichbarkeit und Verfügbarkeit.
Anforderungen an die Zuverlässigkeit	Hier sind die Eigenschaften zu definieren, die sich darauf beziehen, dass ein definiertes Leistungsniveau unter festgelegten Bedingungen über einen festgelegten Zeitraum gewährleistet ist: ▪ Fehlertoleranz, ▪ Ausfallsicherheit, ▪ Wiederherstellbarkeit.

Tabelle 5.4 Bestandteile eines Lastenhefts *(Fortsetzung)*

Anforderungen an die Änderbarkeit und Wartbarkeit	Nichtfunktionale Anforderungen im Bereich Änderbarkeit betreffen den Aufwand, der erforderlich ist, Änderungen an der Software vorzunehmen. Anlässe für Änderungen können Korrekturen, Verbesserungen oder geänderte Anforderungen sein: ▪ Wartbarkeit, ▪ Modifizierbarkeit, ▪ Analysierbarkeit, ▪ Testbarkeit.
Anforderungen an die Portierbarkeit	Dieses Kapitel beschreibt die Eignung der Anwendung respektive die Eignung einzelner Komponenten, von einer Umgebung in eine andere Umgebung übertragen zu werden: ▪ Anpassbarkeit, ▪ Installierbarkeit, ▪ Austauschbarkeit.
Anforderungen an die Sicherheit	Dieser Abschnitt beschreibt alle sicherheitsrelevanten Anforderungen, die für die Entwicklung des Systems von Belang sind. Dabei kann es sich sowohl um funktionale als auch nichtfunktionale Anforderungen handeln. Dies beinhaltet Vorgaben im Hinblick auf ▪ den Schutz von Personen, Eigentum und der Systemumgebung vor Schaden, ▪ den Schutz der Lösung vor unberechtigtem Zugriff (auf das System, einzelne Systemteile, Daten, ...) von Personen, anderen Systemen oder Programmen, ▪ den Schutz der Daten. Es beschreibt ferner, welche Maßnahmen durchgeführt werden müssen, um das System und die Daten zu schützen, unter Beachtung der Sicherheitsstandards auf Unternehmensebene. Konkret zu betrachten sind: ▪ Schutz der Systemumgebung, ▪ Zugriffsschutz, ▪ Rollenmodell, ▪ Datenschutz, ▪ Integrität und Datensicherheit.
Anforderungen an den operativen Betrieb	Hier sind einzuhaltende, konkrete Lösungen und Lösungskonzepte zu definieren. Weiterhin sind Vorgaben an das System, welche aufgrund des physikalischen (Temperatur, Feuchtigkeit ...) und technologischen (Stromversorgung, Ausrüstung ...) Betriebsumfelds einzuhalten sind, zu spezifizieren: ▪ physikalisches Umfeld, ▪ technologisches Umfeld, ▪ Mengengerüste.

Sonstige Qualitätsanforderungen	Hier sind mögliche Qualitätsstandards zu benennen, welche die Software zum Beispiel im Rahmen einer Zertifizierung oder interner Richtlinien erfüllen soll: ▪ Qualitätsanforderungen an den Lieferanten, ▪ Standards und Normen, ▪ vertragliche und rechtliche Anforderungen.
Begriffsdefinitionen	Definitionen zu im Lastenheft eingeführten und benutzten Begriffen, verwendete Unterlagen, Verweis auf Quellen, z. B. auf ein zentrales Glossar
Dokumentation	Spezifikation der zu erstellenden Dokumentation
Anhang	Liste der Anhänge zum Lastenheft

Pflichtenheft

Aufgabe des Pflichtenhefts ist es, aus den Anforderungen des Kunden (Lastenheft) eine möglichst vollständige konsistente und eindeutige Produktbeschreibung als Basis für das zu erstellende Produkt zu liefern. Während im Lastenheft der Auftraggeber das »Was« und das »Wofür« beschreibt, definiert das Pflichtenheft das »Was«, »Wie viel« und das »Womit«.

In der Praxis wird das Pflichtenheft auch als fachliches Feinkonzept, Sollkonzept, Anforderungsspezifikation oder Funktionsspezifikation bezeichnet.

Der Aufbau und Inhalt eines Pflichtenhefts muss sich noch stärker als das Lastenheft daran orientieren, für welchen Zweck das Pflichtenheft benötigt wird. So unterscheidet sich ein Pflichtenheft zur Erstellung von Software zwangsläufig deutlich von einem Pflichtenheft für die Bereitstellung von Komponenten für ein Rechenzentrum.

In der Literatur finden sich Beschreibungen für Pflichtenhefte zu fast allen Bereichen. Einen umfassenden Gliederungsvorschlag liefert beispielsweise Balzer in seinem Buch *Lehrbuch der Software-Technik* (Balzert, 1997). Eine detaillierte Darstellung einschließlich einer Gliederung ist auch unter http://www.hdvo.de/ zu finden.

Die nachstehende Auflistung beschränkt sich daher auf wichtige Punkte, die in einem Pflichtenheft zur Einführung eines neuen IT-Systems grundsätzlich zu berücksichtigen sind. Diese kann als Grundlage für die Erstellung eines eigenen Templates herangezogen werden. Auf einen Punkt sollte bei der Erstellung des Pflichtenhefts aber immer geachtet werden: Wird das Pflichtenheft aus der Sicht der später zu erstellenden Dokumente erstellt, können meist sehr viele Inhalte aus dem Pflichtenheft in die spätere Betriebsdokumentation (beispielsweise die Systemakte) und in die ggf. erforderliche Verfahrensdokumentation übernommen werden. Dies kann im Nachhinein viel Arbeit sparen.

1. **Einleitung**
   a) Zielgruppe
   b) Zielsetzung und Aufgabenstellung – Darstellung des zu erwartenden Ergebnisses, erfolgskritische Faktoren und Anforderungen mit Verweis auf das Lastenheft
   c) Grundsätzliche Annahmen und Abgrenzungen – Beschreibung, was nicht in diesem Pflichtenheft dargestellt wird, z. B. Komponenten, die durch andere Systeme bereitgestellt werden
   d) Darstellung des Lösungsansatzes – Zusammenfassung der geplanten Lösung

e) Referenzdokumente – Referenzierung zum Beispiel auf Designdokumente, Checklisten u. a.

2. **Umsetzung der funktionalen Anforderungen** – Beschreibung, wie die funktionalen Anforderungen aus dem Lastenheft technisch umgesetzt werden
   a) Beschreibung des Gesamtsystems – Beschreibung der Systemkomponenten, Funktionen, Daten, Schnittstellen
   b) Physisches Datenmodell – Datenbank, Mengengerüste, Transaktionsvolumina u. a.
   c) Logisches Datenmodell – Grafik und Beschreibung der benötigten Objekte, Tabellen, Attribute und Views
   d) Systemkomponenten aus funktionaler Sicht – Liste aller notwendigen Funktionen
   e) Details der Funktionen – Reporting-Funktionalitäten, Volumen und Performance, Transaktionsdiagramme
   f) Grafik des Gesamtsystems – grafische Darstellung der Systemkomponenten, Funktionen, Datenflüsse und Schnittstellen
   g) Datenübernahme – Beschreibung, wie die Übernahme der Datenbestände vom Altsystem ins Neusystem zu gewährleisten ist (für Test und Betrieb)
   h) Lizenzbedarf – Aussagen zu benötigten Softwarelizenzen
   i) Design der Speichermedien – Verzeichnisstrukturen u. a.
3. **Umsetzung der nichtfunktionalen Anforderungen** – Beschreibung, wie die nichtfunktionalen Anforderungen aus dem Lastenheft technisch umgesetzt werden
   a) Sicherheitskonzept – Sicherheitsanforderungen zu beschreiben, die über die Inhalte anderer Dokumente z. B. das Sicherheitskonzept hinausgehen. Wichtig: keine redundante Beschreibung.
   b) Berechtigungskonzept – Rollen und Rechte zum Betrieb und zur Nutzung der Anwendung
   c) Authentifizierung, Autorisierung – Zugriffsidentifizierung und entsprechende Rechte
   d) Datenintegrität – technische Maßnahmen zur Sicherstellung der Datenintegrität
   e) Datensicherung – Häufigkeit und Speicherorte der Datensicherung, ggf. Verweis auf Backup-Konzept
   f) Datenschutzkonzept – Beschreibung, wie die Anforderungen an den Datenschutz umgesetzt werden, ggf. Verweis auf Datenschutzkonzept
   g) Benutzeroberflächen – Dialoge und Hilfefunktionalität
   h) Fachliches Ausfallkonzept – Beschreibung der organisatorischen Maßnahmen und funktionalen Einschränkungen im Falle eines Ausfalls
   i) Service-Level-Anforderungen – Beschreibung, wie die Umsetzung der Service-Level-Anforderungen geplant ist
   j) Standards – Verweis auf Standards, die zur Anwendung kommen, z. B. Architekturregeln, Namenskonventionen, Style Guides u. a.
   k) Werkzeuge – Produkte, Systeme, Verfahren – Tools und Methoden für die Entwicklung, z. B. Programmiersprachen, Technologien, Frameworks usw.

l) Anpassbarkeit, Erweiterbarkeit – Flexibilität der Lösung bzgl. künftiger Performance-Anforderungen und Änderungen des Mengengerüsts

4. **Schnittstellenmodell**
   a) Schnittstellen zu externen Systemen – detaillierte Beschreibung der Schnittstellen (Technologie, Formate, Felder u. a.)
   b) Schnittstellen zwischen den Teilsystemen – detaillierte Beschreibung der Schnittstellen (Technologie, Formate, Felder u. a.)
   c) Nutzung der Schnittstellen – Bedingungen, Sicherheit, Regelungen, Richtung des Datenaustauschs

5. **IT-Betrieb**
   a) Benennung Systemkomponenten – Benennung aller Systemkomponenten und ihrer Verknüpfungen
   b) IT-Betriebsumgebung – grafische Darstellung der Systemkomponenten
   c) Betriebssystem – Angabe des/der Betriebssystems/-systeme inkl. Version
   d) Erforderliche Anwendungen – Angabe aller weiteren Programme, Systemerweiterungen usw., die zum Betrieb der Anwendung erforderlich sind
   e) Hardwareanforderungen – Angaben über die erforderliche Hardware, z. B. Prozessor, Speicher, Grafik usw. inkl. Leistungsmerkmale
   f) IT-Infrastruktur – die Infrastruktur muss die Umsetzung und Einhaltung der Performanceanforderungen unterstützen.
   g) Betriebliches Ausfallkonzept – Beschreibung der Infrastruktur und notwendiger Funktionen der Anwendungen, um die nichtfunktionalen Anforderungen im Falle eines Ausfalls des Gesamtsystems zu gewährleisten
   h) Systembetrieb – Anforderungen für den Anwendungsbetrieb
   i) Verantwortlichkeiten im Betrieb – Systemverantwortlichkeiten, organisatorische Befugnisse u. a.

6. **Querschnittsthemen**
   a) Testkonzept – Testarten z. B. Integrations- und Systemtest, Details zur Testumgebung, ggf. Verweis auf das Testkonzept
   b) Abnahmekriterien – Kriterien, mit deren Hilfe nachgewiesen wird, dass die Anforderungen aus dem Lastenheft umgesetzt wurden
   c) Spezifische Verfahren – Rücksetzen von Passwörtern, Löschen von Accounts u. a.
   d) Eskalationsregelungen – Eskalationsmatrix u. a.
   e) Ansprechpartner – Zuständigkeiten Entwicklung, Fachbereich, Anwenderseite
   f) Skills – Beschreibung der notwendigen Skills für die Entwicklung und den Betrieb
   g) Art, Umfang und Zeitpunkte für die zu erstellende Dokumentation

Aus Nachweisgründen sind eine vollständige und jederzeit nachvollziehbare Dokumentation der Anforderungen sowie deren Umsetzung wichtig. Dokumentiert werden sollten der Grund von Veränderungen, der jeweils zugrunde gelegten Ziele und Anforderungen und die als Vorgaben benutzten Dokumente (z. B. in Lastenheften und Pflichtenheften), ggf. beteiligte Personen und Organisationseinheiten; erfolgreiche und erfolglose Entwicklungsrichtungen, Planungs- und Entscheidungsunterlagen etc. Eine solche Dokumentation ist insbesondere in größeren Umgebungen allerdings ohne eine spezielle Software für das Requirements Engineering kaum darstellbar.

Wichtige Vertragsdokumente

Das Lasten- sowie das Pflichtenheft sind wichtige Dokumente der IT-Dokumentation, insbesondere wenn Aufträge extern vergeben werden. Sie dienen als Nachweis für das, was vereinbart wurde, und sind insbesondere bei Streitfällen von hoher Wichtigkeit. Sie sollten daher mit der entsprechenden Sorgfalt erstellt und revisionssicher archiviert werden. ■

5.3.2.2 Testdokumentation

Tests sind ein unverzichtbares Element der Qualitätssicherung nicht nur in einem Projekt. Sie dienen zwei Zwecken:

1. Zur Qualitätssicherung. Tests sollen während der Realisierung oder Umsetzung die Anzahl der Fehler möglichst gering halten und dafür sorgen, dass die Entwickler bereits während des Projekts aus erkannten Fehlern lernen können. Im Entwicklungszyklus einer IT-Lösung muss die Qualitätssicherung in den Projektablauf eingebettet sein und darf sich nicht nur auf eine Testphase zum Projektabschluss beschränken.
2. Zur Abnahme der entwickelten IT-Lösung. Mit der Abnahme bestätigt der Auftraggeber, dass seine Anforderungen erfüllt sind, die im Projektauftrag bzw. im Lastenheft beschrieben sind. Entsprechende Prozesse müssen sicherstellen, dass Systeme nicht ohne Tests in den Produktivbetrieb übernommen werden.
3. Nachweis der geforderten Integrität der Daten gemäß gesetzlicher Anforderungen

Es gibt verschiedene Testarten, die nach ihren Inhalten unterschieden und in verschiedenen Phasen des Projekts durchlaufen werden: Modultests, Funktionstests, Integrationstests, Lasttests, Abnahmetests u. a.

Beispiel – typische Begriffe im Testmanagement

Die Einführung einer neuen Software erfordert zunächst einen *Funktionstest*, in dem die zugesicherten Eigenschaften der Software getestet werden.

Wurde der Funktionstest erfolgreich abgeschlossen, muss die neue Software vonseiten der Fachabteilung getestet werden. Während beim Funktionstest nur geprüft wird, ob alle Funktionen der Software fehlerfrei arbeiten, geht es beim *fachlichen Test* vor allem darum, zu bewerten, ob die Software auch die korrekten Ergebnisse liefert. Die kann nur von den Fachverantwortlichen bzw. den späteren Anwendern bewertet werden.

Auf der nächsten Teststufe wird das Zusammenspiel der neuen Software mit den anderen Systemkomponenten *(Systemintegrationstest)* der Systemumgebung erprobt. Im Vordergrund stehen hier die Überprüfung der Funktionalitäten des Softwaresystems im Zusammenspiel mit dem Gesamtsystem und die Untersuchung möglicher Beeinträchtigungen des Gesamtsystems. Dies gewährleistet eine formalisierte Überprüfung, wie gut Änderungen mit dem produktiven System zusammenarbeiten werden.

Abhängig von der einzuführenden Software kann es nach dem Integrationstest erforderlich sein, weitere Tests zur Verifikation und Einschätzung der Systemkapazitäten und des Systemverhaltens unter Last durchzuführen. Während beim Integrationstest die Funktionen der Software nur anhand weniger Testdaten geprüft werden, dienen diese Tests dazu, das Verhalten der Software bei der Verarbeitung von Massendaten zu testen. Unterschieden werden kann noch zwischen *Lasttests*, die ein System an den (geforderten) Grenzen der Leistungsfähigkeit testen, und *Stresstests*, die das Verhalten bei Überlast, d. h. bei einem temporären Überschreiten der Grenzen, prüfen. Weiter kann es auf dieser Teststufe sinnvoll sein, *Robustheitstest* durchzuführen. Diese Tests überprüfen das Systemverhalten bei einem Ausfall einzelner Teile oder unter anormalen Umgebungsbedingungen und schließen den provozierten Ausfall spezifischer Teilkomponenten ein.

Hat die neu entwickelte Software auch diese Teststufe erfolgreich durchlaufen, erfolgt die Implementierung in der Produktivumgebung. Nach einer nochmaligen ausführlichen *Funktionskontrolle* können dann die Übergabe und Abnahme erfolgen (Abnahmetest). Der formelle *Abnahmetest* soll sicherstellen, dass das System die Forderungen des Pflichtenhefts in dem Verständnis des Auftraggebers erfüllt. Mit der Abnahme gehen schließlich auch die Gefahren auf den Auftraggeber über; die Gewährleistung beginnt. ■

Alle Tests müssen systematisch und klar definiert durchgeführt werden, was nur mit einer entsprechenden Dokumentation möglich ist. Diese Forderung gilt grundsätzlich und unabhängig davon, ob Änderungsprozesse im Rahmen eines Projekts oder im Regelbetrieb umgesetzt werden; sowie für alle Entwicklungen, egal ob es sich dabei um eine neu entwickelte Softwarelösung oder um einen neu zu implementierenden Server handelt. Beachtenswert, insbesondere für die Durchführung von Softwaretests, ist der erstmals 1998 und 2008 aktualisierte *Standard 829* für die Softwaretestdokumentation des *IEEE (Institute of Electrical and Electronic Engineers)*. Dieser Standard beschreibt in acht Dokumenten den inhaltlichen Aufbau von Testdokumenten und liefert wichtige Anhaltspunkte für die Dokumentation von Softwaretests. In Anlehnung an das V-Modell sind für den Test mehrere Stufen vorgesehen.

Für alle Tests, die in einem Projekt durchzuführen sind, ist zu gewährleisten, dass die Testfälle umfänglich und vollständig sind und einen definierten und dokumentierten Testprozess durchlaufen. Es werden daher Dokumente für die Testplanung und die Testdurchführung benötigt. Eine wichtige Rolle spielt deshalb das *Testkonzept*. Bezogen auf den IEEE-Standard 829 entspricht dieses Dokument dem dort benannten Testplan. Das Testkonzept bildet den inhaltlichen Leitfaden, also sozusagen das Drehbuch für die Testdurchführung, und beinhaltet sowohl die Testziele (erwartete Ergebnisse) sowie Abgrenzung, Vorgehensweise, Anforderungen an Testdaten und Ablaufplan der Testaktivitäten als auch Beschreibungen der

Testprozesse. In der Regel werden innerhalb eines Projekts unterschiedliche Teststufen durchlaufen. Hierbei handelt es sich meistens um die nachfolgenden Teststufen. Welche Tests erforderlich sind, ist natürlich vom jeweiligen Projekt abhängig und muss im Einzelfall festgelegt werden. Das Testkonzept sollte Vorgaben für alle Teststufen enthalten und für jede Stufe die folgenden Punkte beschreiben:

- Zielsetzung der Tests und erwartete Ergebnisse,
- Voraussetzungen für die Testdurchführung,
- Hinweise zur Testorganisation,
- Testinhalt und Testabgrenzung (zu testende Leistungsmerkmale und Leistungsmerkmale, die nicht getestet werden),
- Testinfrastruktur (Systemumgebung, Testtools),
- Testablaufplanung (Zeitplanung, Testteilnehmer),
- Prozessbeschreibung für den Testablauf,
- Verantwortlichkeiten und Zuständigkeiten,
- Vorgehen bei fehlerhaften Testergebnissen,
- Kriterien für einen Testabbruch und eine Testfortsetzung,
- Testdokumentation (was ist zu dokumentieren, welche Dokumente werden benötigt?),
- Abnahmekriterien und Freigabeverfahren,
- Risikoanalyse.

Dem Testkonzept kommt als weitere wichtige Aufgabe noch die Definition der Testverfahren und der im Unternehmen zu verwendenden Begriffe zu.

Gemäß IEEE-Standard 829 untergliedern sich die Dokumente für die Testdurchführung wie folgt: *Test-Design-Spezifikation*, *Testfall-Spezifikation* und *Test-Ablauf-Spezifikation*. Unabhängig davon, ob man sich an dieser Unterteilung ausrichtet oder nicht: Es werden Dokumente benötigt, die die einzelnen Testfälle spezifizieren. Ein Testfall ist eine Kombination von Eingabedaten, Verarbeitungsregeln und erwarteten Ausgaben, die einem bestimmten Zweck dienen. Daher müssen für jeden Testfall die zu benutzenden Eingaben und zu erwartenden Ausgaben benannt und alle Schritte zur Durchführung des jeweiligen Testfalls beschrieben werden.

Besonders wichtige Dokumente liefert natürlich die Testdurchführung. Hier müssen Ergebnisse, Fehler, Mängel und unerwartete Ereignisse dokumentiert werden. Der Standard IEEE 829 unterscheidet vier verschiedene Dokumente für die Testbeschreibung: *Testfall-Übertragungsbeschreibung*, *Testprotokoll*, *Test-Störfall-Beschreibung* und die *Test-Zusammenfassung*. Von besonderer Wichtigkeit sind Testprotokolle. Diese dienen zur Aufzeichnung der Ereignisse während eines Tests und enthalten Angaben über alle ausgeführten Testfälle, deren Ergebnisse und aufgetretene Abweichungen vom erwarteten Ergebnis. Das Protokoll dient in erster Linie dazu, die korrekte Arbeit des Testteams zu dokumentieren. Aufgetretene Fehlersituationen sollten besser in einem eigenen Dokument ausgeführt werden. Sinnvoll kann auch der Aufbau einer Fehlerdatenbank sein. (IEEE-SA)

Testdokumentation ist ein eigener Bereich

Wie Ihnen bereits die kurzen Ausführungen zur Testdokumentation zeigen, handelt es sich beim Testmanagement um einen komplexen Bereich, der hier nur angerissen werden kann. Außerdem ist er eher dem Bereich der Technischen Dokumentation als der IT-Dokumentation zuzuordnen (siehe hierzu *Abschnitt 2.4*). Möchten Sie sich näher mit dem Thema befassen, finden Sie unter den Stichworten *Softwaredokumentation* und *Testmanagement* entsprechende Literatur.

5.3.2.3 Erforderliche Dokumente für den Anwendungsbetrieb

Bleibt noch die Frage zu beantworten, welche Dokumente der operative IT-Betrieb benötigt. Hier gilt generell, dass er über alle erforderlichen Informationen für die Inbetriebnahme, den Betrieb und die Wartung der Anwendung im operativen IT-Betrieb verfügen muss. Dies schließt auch das Störungsmanagement ein. Erforderlich sind daher mindestens die im Folgenden genannten Dokumente. Diese werden teilweise vom Projekt- bzw. dem Entwicklerteam, zum Teil aber, wie beispielsweise das Betriebshandbuch, vom IT-Betrieb selbst zu erstellen sein.

Technische Spezifikation

Damit der operative Betrieb die erforderliche Infrastruktur implementiert und die Anwendung in die bestehende IT-Umgebung integrieren kann, benötigt er eine Dokumentation der technischen Spezifikationen. Hier ist zu dokumentieren, wie die Anwendung zu implementieren ist, auf welchen Plattformen und auf welchen Infrastrukturkomponenten. Erforderlich ist eine Beschreibung der

- Komponenten des Systems,
- Installationsanweisungen,
- Architektur,
- Anforderungen,
- Schnittstellen (Quellsysteme und Zielsysteme).

Diese Informationen liefert in der Regel das Pflichtenheft bzw. ein daraus abgeleitetes Übergabedokument.

Installationshandbuch

Nicht in jedem Fall erforderlich wird hingegen ein Installationshandbuch sein. Bei komplexen Systemen empfiehlt sich jedoch dessen Erstellung. Das Installationshandbuch beschreibt, wie die Anwendung technisch aufgebaut ist, aus welchen Komponenten sie besteht und wie diese Komponenten zusammenwirken, und enthält alle relevanten (Detail-) Informationen, um ein System vollständig aufzusetzen und zu konfigurieren. Den Hauptteil bildet deshalb die Detailbeschreibung der einzelnen Schritte während der Installation. Die Installationsanleitung sollte so weit wie möglich grafische Elemente enthalten.

Betriebshandbuch

Unerlässlich ist eine Dokumentation für die Anwendung im operativen IT-Betrieb. Wichtig sind u. a. Beschreibungen aller notwendigen Maßnahmen und deren Einhaltung zur Gewährleistung des ordnungsgemäßen Betriebs sowie der Betriebsbedingungen und Voraussetzungen. Das beginnt mit der Darstellung, welche Betriebsvoraussetzungen bzw. Betriebsbedingungen gegeben sein müssen, damit ein ordnungsmäßiger Betrieb überhaupt stattfinden kann. Als Nächstes wird der Betrieb selbst beschrieben: Welche IT-Betriebsprozesse und Tätigkeiten gehören dazu? Welche Arbeiten fallen zu welchen Zeitpunkten an? Wer ist verantwortlich, wer zuständig für welche Aufgaben? Wie kann festgestellt werden, ob die Tätigkeiten rechtzeitig und in ausreichender Qualität (Vollständigkeit, Korrektheit) durchgeführt wurden? Existieren hierfür Kontrollen?

Weiterhin sind Beschreibungen erforderlich zu den durchzuführenden Überwachungs- und Wartungsmaßnahmen und auch Anleitungen für das Störungsmanagement können in das Betriebshandbuch aufgenommen werden. Ausführliche Informationen zu den Anforderungen an ein Betriebshandbuch finden Sie in *Abschnitt 3.8.5*.

Datenflüsse und Schnittstellen

Diese Dokumentation dient dazu zu zeigen, welche Daten über welche Schnittstellen auf welche Weise in die Anwendung einfließen, von welchen IT-Systemen dort verarbeitet und über welche Schnittstellen wieder ausgegeben bzw. an andere Stellen übergeben werden (Datenmodell). Eine Schnittstelle ist ein Übergangspunkt. In einer Schnittstellenübersicht wird entsprechend vermerkt, welche Übergangspunkte es gibt, von wo nach wo der Übergang erfolgt und für was die Schnittstelle genutzt wird.

Die Übersicht ist vor allem wichtig, wenn die Abläufe eines Verfahrens betrachtet werden. Hierzu gehören auch Ablaufbeschreibungen für systeminterne Kontrollen. Wichtig ist beispielsweise, wie sichergestellt wird, dass übertragene Daten vom Zielsystem empfangen wurden bzw. wann und aufgrund welcher Ereignisse es bemerkt wird, dass sie nicht empfangen wurden.

Weitere Dokumente

Daneben sind weitere Dokumente bzw. Dokumentationen erforderlich, die hier nicht im Einzelnen betrachtet werden können. Dazu gehört z. B. das Thema Lizenzmanagement und Vertragswesen, aber auch der gesamte Bereich des Changemanagements. Da es für diese Bereiche häufig eigene Prozesse bzw. vielfach für diese Bereiche spezielle Softwarelösungen zum Einsatz kommen, ist eine weitere inhaltliche Betrachtung an dieser Stelle nicht sinnvoll.

5.4 Best Practices

In den vorstehenden Kapiteln wurden die Struktur und der Inhalt der Projektdokumentation vorgestellt. Diese Strukturierung zeigt aber nur den inhaltlich-logischen Aufbau, nicht jedoch die Strukturierung im Filesystem oder in anderen Anwendungen. Ob die Umsetzung in Form von Bibliotheken im Dokumentenmanagementsystem oder als Ordner im Dateisystem erfolgt, spielt für die Strukturierung keine Rolle und ist unternehmensspezifisch festzulegen. Im täglichen Umgang mit den Dokumenten in einem Projekt spielt dies jedoch eine erhebliche Rolle. Abschließend möchte dieser Abschnitt daher Hilfestellung zur Organisation der Projektdokumentation in der Praxis bieten.

5.4.1 Dokumentationsstandards auch für Projekte

Die im Buch vielfach beschriebenen Anforderungen an die Dokumentation gelten nicht nur für die Betriebsdokumentation, sondern selbstverständlich auch für die Projektdokumentation. So müssen beispielsweise der Projektfortschritt und die Projektergebnisse anhand der vorhandenen Dokumente nachvollziehbar sein. Hierzu kann es auch notwendig sein, verschiedene Versionsstände und Abnahmestufen zu speichern.

Die Festlegung von Richtlinien und Vorgaben für die Erstellung, Änderung und Speicherung von Dokumenten und für die Ablage von Aufzeichnungen ist die Voraussetzung zur Durchsetzung einheitlicher Qualitätsstandards und für die Sicherstellung von Dokumentationsanforderungen. Dies gilt auch für Projekte. Die Implementierung eines Dokumentationsmanagements mit Vorgaben auch für die Projektdokumentation ist hierfür der beste Weg. Ausführliche Informationen zur Einführung von Dokumentationsmanagement und zur Erstellung von Dokumentationsrichtlinie und Dokumentationskonzept finden Sie in *Abschnitt 6.2.*

Auf einige wichtige Punkte soll aber bereits an dieser Stelle hingewiesen werden:

1. Der Projektverlauf muss nachvollziehbar über alle Projektphasen dokumentiert werden. Alle dafür erforderlichen Dokumente sind zudem entsprechend den gesetzlichen Regelungen aufzubewahren. Dies umfasst zwingend alle Dokumente der Projektinitiierungs- und der Projektplanungsphase wie beispielsweise den Projektauftrag und natürlich alle relevanten Ergebnisprotokolle. Aber auch die Ergebnisdokumentation einschließlich aller Test- und Abnahmeergebnisse ist zu dokumentieren und zu archivieren.
2. Da sich in Projekten erstellte Dokumente in der Regel häufig ändern, werden vor allem Verfahren für die Durchführung von Änderungen benötigt, d.h., Änderungen an Dokumenten dürfen nur im Rahmen standardisierter Änderungsprozesse erfolgen und müssen nachvollziehbar sein. Müssen beispielsweise nach der Freigabe noch Änderungen an einem Konzept erfolgen, so sollten diese mittels einer Änderungsanforderung (RFC) beantragt werden. Dieser formale Weg ist erforderlich, da mit der Änderung gegebenenfalls erneute Tests verbunden sind. In diesem Fall sind bei einer Änderung dieselben Schritte wie bei der Neuerstellung zu durchlaufen. Änderungen an Konzepten dürfen nur bis zur Implementierung der im Konzept beschriebenen technischen Lösung und deren Abnahme für den Betrieb erfolgen, danach sind darauf bezogene RFCs nicht mehr zulässig.

Nach der Übergabe an den Betrieb darf ein Konzept nicht mehr geändert werden. Sind später noch Änderungen am System erforderlich, so müssen diese den betrieblichen Änderungsprozess durchlaufen. Die Dokumentation erfolgt dann in den Dokumenten für den IT-Betrieb.

3. Das Löschen von Projektdokumenten sollte eine Ausnahme darstellen und genau geregelt werden. Dem Löschen vorzuziehen ist das Setzen des Bearbeitungsstatus »Ungültig«.
4. Nach dem Abschluss des Projekts dürfen keine Änderungen mehr an den Projektdokumenten erfolgen. Die gesamte Projektdokumentation sollte deshalb mit der Beendigung des Projekts »eingefroren«, das heißt als kompletter Dokumentensatz unveränderbar archiviert werden. Da manchmal auch nach Projektabschluss noch Nacharbeiten erforderlich sind, müssen hierfür Regelungen getroffen werden.

In diesem Zusammenhang haben einige Landesverwaltungen Dokumentationsrichtlinien für IT-Projekte verabschiedet, die auf den *Mindestanforderungen der Rechnungshöfe des Bundes und der Länder zum Einsatz der Informations- und Kommunikationstechnik (IuK-Mindestanforderungen)* beruhen und für die landeseigenen Behörden gelten (IuK-Mindestanforderungen, 2011).

5.4.2 Problemfeld Dokumentenverwaltung im Projekt

Die meisten Projekte weisen im Hinblick auf den täglichen Umgang mit den Projektdokumenten ähnliche Probleme auf. Einige typische Probleme sowie mögliche Lösungswege werden im Folgenden vorgestellt.

Typische Probleme im Dokumentationsumfeld

Im Folgenden werden einige typische Dokumentationsprobleme vorgestellt, denen die Autoren im Projektalltag immer wieder begegnen.

Problem: Der Projektleiter als Dokumentenverwalter

Eine der Anforderungen an die Ordnungsmäßigkeit von Dokumenten lautet, dass die Lesbarkeit während der gesamten Aufbewahrungsdauer zu gewährleisten sowie die Datensicherheit in Bezug auf den Zugriffschutz und die Unveränderbarkeit der Daten sicherzustellen ist. Um diese und die übrigen oben genannten Anforderungen zu erfüllen, sind entsprechende Dokumentationsprozesse sowie eine möglichst zentrale Dokumentenverwaltung erforderlich.

Vergessen wird dabei häufig die Projektdokumentation. In den meisten Projekten obliegt die Verwaltung der Projektdokumente dem Projektleiter, gegebenenfalls in Zusammenarbeit mit dem Projektmanagement Office. Umfang und Ausprägung liegen dabei in seiner Verantwortung, einheitliche Vorgaben fehlen meist. Wie die Erfahrungen zeigen, ist dies aber nur bei kleinen Projekten ein gangbarer Weg. Bei größeren Projekten bleibt dem Projektleiter im täglichen Projektgeschäft meist kein Freiraum dafür. In diesen Fällen entwickeln sich im praktischen (hektischen) Projektalltag häufig individuell strukturierte Dokumentationsablagen, die die Verständlichkeit und Nachvollziehbarkeit der erarbeiteten Ergebnisse erheblich erschweren, massiv behindern oder so gut wie unmöglich machen.

Problem: Externe Mitarbeiter

Aber auch die Projektmitarbeiter bekommen es zu spüren, wenn die Projektdokumentation stiefmütterlich behandelt wird. Dies gilt insbesondere, wenn in einem Projekt externe Mitarbeiter beschäftigt werden. Um externen Mitarbeitern die erforderlichen Zugriffe – und nur diese (womöglich auch mit dem eigenen Notebook) – zu ermöglichen, ist allein zur Gewährleistung der erforderlichen Zugriffsrechte einiger Aufwand erforderlich, der vielfach gescheut wird.

Im besten Fall wird den externen Mitarbeitern ein Ordner für die eigenen Arbeitsdokumente zugewiesen. Darüber hinaus gibt es noch einen Gruppenordner, in dem ebenfalls Arbeitsversionen und Dokumente mit wichtigen Informationen gespeichert werden. Häufig aber arbeiten externe Mitarbeiter mit dem eigenen Notebook und speichern die Dokumente lokal. Bei Bedarf werden die Dokumente dann per E-Mail versendet. Änderungen und Abstimmungen erfolgen ebenfalls per E-Mail und sind somit für Dritte aufgrund der Ablage in lokalen E-Mail- und Dateiverzeichnissen in keiner Weise mehr nachvollziehbar. Und wohl jeder Berater ist in derartigen Umgebungen schon in die Situation geraten, dass im vermeintlich letzten Stand eines Dokuments »plötzlich« die Anmerkungen des Kollegen fehlten. Abgesehen davon, dass durch die Mehrfachspeicherung unnötigerweise wertvoller (Postfach-)Speicher belegt wird.

Problem: Redundante Datenhaltung

Aus der unstrukturierten oder sogar lokalen Speicherung der Projektdokumente erwachsen aber noch andere Probleme: Ein Grundsatz bei der Dokumentenerstellung muss lauten, dass Informationen grundsätzlich nur in einem Dokument stehen dürfen. Die häufig angewandte Methode, Informationen mittels Kopieren und Einfügen in ein anderes Dokument zu übernehmen, anstatt auf das Dokument zu verweisen, führt zwangsläufig zu Inkonsistenzen und erhöhtem Pflegeaufwand. Die gleichen Folgen hat die Erfassung von Informationen in einem Dokument, ohne die Inhalte anderer Dokumente zu berücksichtigen.

Um diesem Problem zu begegnen, muss sichergestellt werden, dass jedem Projektteammitglied die Inhalte der anderen (für ihn relevanten) Dokumente bekannt sind und ein Verweis auf diese Dokumente möglich ist. Zusätzlich ist zu gewährleisten, dass Änderungen an Dokumenten immer an der gültigen aktuellen Version eines Dokuments erfolgen.

Mit einer typischen wild wachsenden »Projektteam-Dokumentenablage«, in der in Dutzenden von Ordnern mindestens zehn Arbeitsversionen eines Dokuments liegen und die aktuelle Version sich auf dem lokalen Notebook des Beraters befindet, ist diese Forderung allerdings nicht durchzusetzen.

Problem: Verweise auf Inhalte, die es gar nicht gibt

Und noch ein weiteres Phänomen steht mit dem vorgenannten in unmittelbarem Zusammenhang und ist typisch für Projektdokumente. In einem Projekt werden häufig verschiedene Dokumente parallel von unterschiedlichen Personen erstellt. Mangels genauer Kenntnis der Dokumente – auch aufgrund unzureichender Zugriffsberechtigungen – und der Tatsache, dass das andere Dokument ebenfalls noch in der Erstellung ist, wird vielfach »blind« auf andere Dokumente verwiesen. Es wird hierbei davon ausgegangen, dass der andere Projektmitarbeiter dieses Thema in sein Dokument noch aufnehmen wird. So kommt es, dass man in Dokumenten Verweise auf Inhalte oder sogar auf Dokumente findet, die es gar nicht gibt.

Organisatorische Lösungen

Um den genannten typischen Problemen der Dokumentation in Projekten zu begegnen, sind sowohl organisatorische als auch technische Maßnahmen erforderlich.

Wie die Ausführungen zeigen, ist es ohne eine zentrale Verwaltung der Projektdokumente kaum möglich, den genannten Problemen zu begegnen. Bei umfangreichen oder langfristigen Projekten ist daher die Benennung eines internen Verantwortlichen für die projekteigene Dokumentenverwaltung dringend zu empfehlen. Typischerweise übernimmt dieser die folgenden Aufgaben:

- Erstellen eines Konzepts für die Verwaltung der Projektdokumente (eventuell als Teil des Projektmanagement-Handbuchs),
- Registrierung aller Dokumente,
- Kennzeichnung aller Projektdokumente mit einer eindeutigen ID,
- Einrichten einer geeigneten Ablagestruktur und sicherstellen, dass diese auch eingehalten wird,
- Sicherstellen, dass die Projektmitarbeiter Zugriff auf alle erforderlichen Referenzdokumente, d. h. auf Dokumente haben, die relevant für das Projekt sind, aber nicht vom Projekt erstellt und gepflegt werden,
- Überwachen von Dokumentenänderungen und Bereitstellung der geänderten Dokumente,
- Informieren der Projektmitarbeiter über wichtige Änderungen an Dokumenten,
- Vorbereiten und Durchführen von Dokumentenübergaben an den IT-Betrieb.

Einsatz eines Dokumentenmanagementsystems

Realistischerweise sind die genannten Anforderungen ohne den Einsatz eines elektronischen Dokumentenmanagementsystems (DMS) nur schwer umsetzbar. Die Hauptaufgabe des DMS liegt darin, die definierten Dokumentationsprozesse automatisiert zu steuern.

Für die Projektdokumentation sind insbesondere die Funktionen zum Erstellen und Ändern von Dokumenten wichtig. Das Versionsmanagement eines DMS beispielsweise kann die Bearbeitung von Dokumenten steuern. Das heißt, Dokumente müssen zur Bearbeitung aus dem System ausgecheckt werden und können während der Bearbeitungszeit von anderen Benutzern nur angezeigt, jedoch nicht geändert werden. Nach der Bearbeitung wird das Dokument wieder eingecheckt. Das DMS vergibt dann eine neue Versionsnummer. Hierdurch wird verhindert, dass zwei oder mehrere Projektmitarbeiter gleichzeitig an einem Dokument arbeiten und ihre Arbeitsergebnisse im schlimmsten Fall gegenseitig vernichten. Abhängig vom eingesetzten System sind diese Abläufe mehr oder weniger anpassbar und durch Workflows zu erweitern. Außerdem stellt ein DMS sicher, dass immer die aktuell gültige Version eines Dokuments verfügbar ist. Dies erst macht die Verwendung von Verlinkungen auf andere Dokumente möglich. Weitere Informationen zu den Leistungsmerkmalen von Dokumentenmanagementsystemen sind in *Abschnitt 6.3.3* zu finden.

Darüber hinaus bieten die meisten Dokumentenmanagementsysteme Workflows für die Dokumentensteuerung. Beispielsweise können Review- und Freigabeprozesse eingerichtet und die Abnahme von Dokumenten damit deutlich erleichtert werden. In *Abschnitt 7.7.2* finden Sie exemplarisch Erläuterungen zur Dokumentenverwaltung mit Microsoft SharePoint.

5.4.3 Dokumentenübergabe an den Betrieb

Auch wenn dies in der Praxis nicht immer durchzuhalten ist, sollten neue geänderte Systeme, Anwendungen oder Verfahren erst dann in die Produktionsumgebung übernommen werden, wenn auch die fertige Betriebs- und die ggf. erforderliche Verfahrensdokumentation dafür vorliegt. Nur so kann die Dokumentation in die Abnahme einbezogen werden – und was noch wichtiger ist: Nur so kann das neue System vorgabegerecht implementiert und gewartet werden. Ein weiteres wichtiges Argument für eine Erstellung der Dokumente parallel zur Implementierung ist, dass zu diesem Zeitpunkt alle Informationen noch präsent sind und aktuell vorliegen. Ebenso ist derjenige, der das System entwickelt und gegebenenfalls implementiert hat, noch greifbar.

Ebenfalls sollten bis zum Zeitpunkt der Übernahme eines neuen oder geänderten Systems bzw. Verfahrens in den Betrieb alle erforderlichen Änderungen an den bestehenden Betriebsdokumenten (beispielsweise Anpassungen im Rollenkonzept) bereits erfolgt sein.

Das, was sich in Bild 5.13, also in der Theorie, noch recht einfach darstellt, klappt erfahrungsgemäß in der Praxis nur selten oder gar nicht. Gerade die Dokumentenschnittstelle, also die Erstellung der Dokumente für die Betriebsdokumentation und die Anpassung vorhandener Betriebsdokumente, funktioniert häufig nicht gut oder gar nicht. Während sich alle auf die Übergabe der Systeme und Verfahren konzentrieren, fallen die Erweiterung und Anpassung der Betriebsdokumentation nämlich häufig »hinten runter«.

Ein wesentlicher Grund hierfür ist, dass für die Betriebsdokumente andere Personen verantwortlich sind und meist zwischen Projekt und Betrieb kein oder nur wenig Kontakt besteht. Hinzu kommt, dass diejenigen Projektmitarbeiter, die die Dokumentation erstellen, häufig (weil extern beauftragt) keine Kenntnis vom Betrieb und von dessen Anforderungen haben und auch nicht wissen können, welche Dokumente vonseiten des Betriebs benötigt werden. Diese Schwierigkeiten führen in der Praxis dann häufig zu dem Fehler, dass überhaupt keine Dokumente für den IT-Betrieb erstellt oder die im Projekt erstellten Betriebsdokumente zwar abgeschlossen, aber nicht offiziell übergeben werden. In der Folge werden Änderungen am System nicht in der Dokumentation berücksichtigt – es gibt somit eine weitere, bald veraltete »Schrank-Dokumentation«.

Wie kann diesen Problemen begegnet werden?

Der wichtigste Punkt ist eine gut strukturierte und gepflegte Dokumentation für den IT-Betrieb. Denn wie sollen die Projektmitarbeiter geeignete Dokumente an den Betrieb übergeben, wenn es keine adäquate Betriebsdokumentation gibt?

Vonseiten des Betriebs müssen klare Anforderungen an die zu übergebenden Dokumente definiert werden. Das heißt, die Dokumentationsanforderungen sollten Bestandteil des Lastenhefts sein. Die Erstellung der Betriebsdokumente muss als Arbeitspakete im Pflichtenheft und damit in den Projektaufgaben verankert werden. In vielen Projekten wird viel Aufwand auf die Erstellung der Projektdokumente verwandt, der Erstellung der Betriebsdokumentation aber kaum Raum eingeräumt. Ebenfalls sollten bis zum Zeitpunkt der Übernahme eines neuen oder geänderten Systems bzw. Verfahrens in den Betrieb alle erforderlichen Änderungen an den bestehenden Betriebsdokumenten (beispielsweise Anpassungen im Rollenkonzept) bereits erfolgt sein.

An dieser Stelle machen sich die immer noch vorhandenen Akzeptanzprobleme gegenüber der Dokumentation allgemein bemerkbar. Im Projekt müssen Dokumente erstellt werden und viele Auftraggeber sind bereit, für ein Konzept viel Geld zu bezahlen. Zusätzlich Geld ausgeben für Betriebsdokumente möchte man aber nicht. Dem kann nur durch die Einführung verbindlicher Übergabeverfahren begegnet werden.

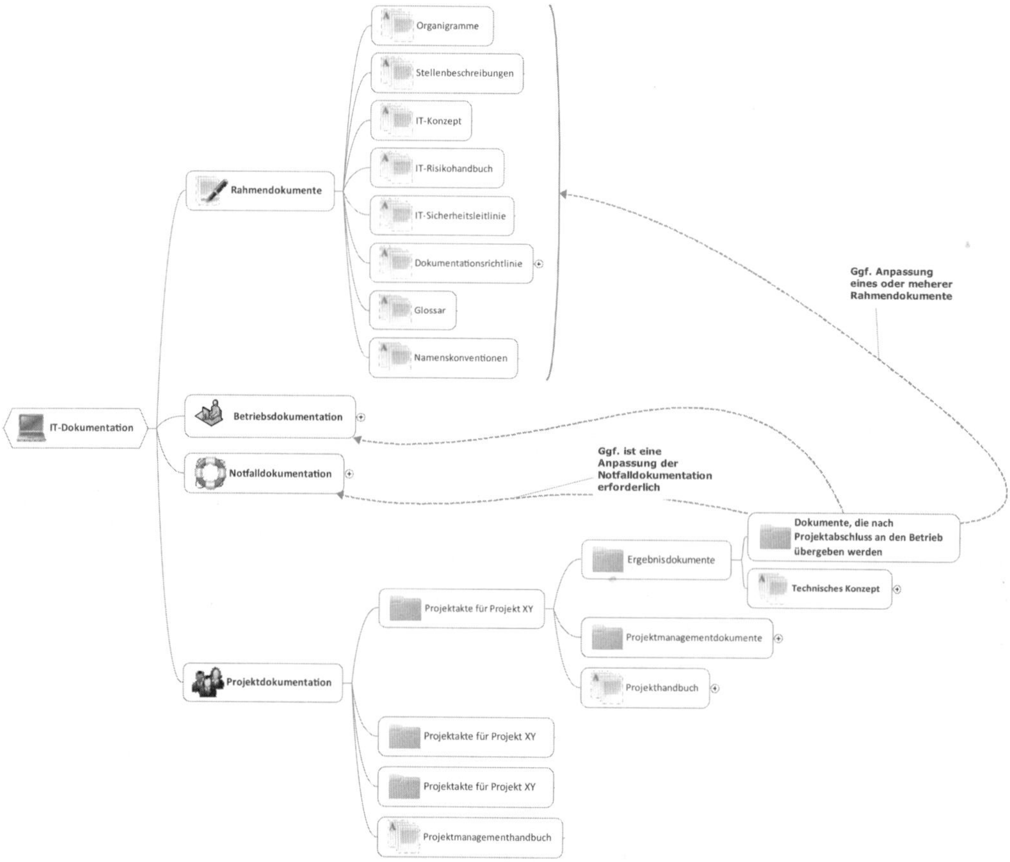

Bild 5.13 Erweiterung bzw. Anpassung der Betriebsdokumentation nach Projektabschluss

5.5 Zusammenfassung

IT-Projekte dienen dazu, Neuerungen, Anpassungen und Optimierungen von Anwendungen bzw. des IT-Betriebs zu realisieren, die aufgrund ihres Umfangs oder ihrer Ausprägung nicht im IT-Regelbetrieb durchführbar sind. Projekte sind gekennzeichnet durch eine eigene Projektstruktur und das Merkmal der Einmaligkeit. Dementsprechend unterscheidet sich die Dokumentation des IT-Betriebs von der Projektdokumentation. Dies manifestiert sich auch, wie das Kapitel gezeigt hat, an typischen Problemen, die in Bezug auf die Organisation der Dokumentation in Projekten bestehen.

Lösungen, die in einem Projekt entwickelt werden, müssen nach dem Testen in den IT-Betrieb überführt werden. Nicht nur hierfür muss es dokumentierte Prozesse geben. Wichtig ist, dass nur Systeme in den Betrieb überführt werden, für die auch Betriebsdokumente erstellt wurden. Eine Betriebsüberführung muss also auch die Überführung der Dokumente in den IT-Betrieb einschließen.

6 Umsetzung in der Praxis

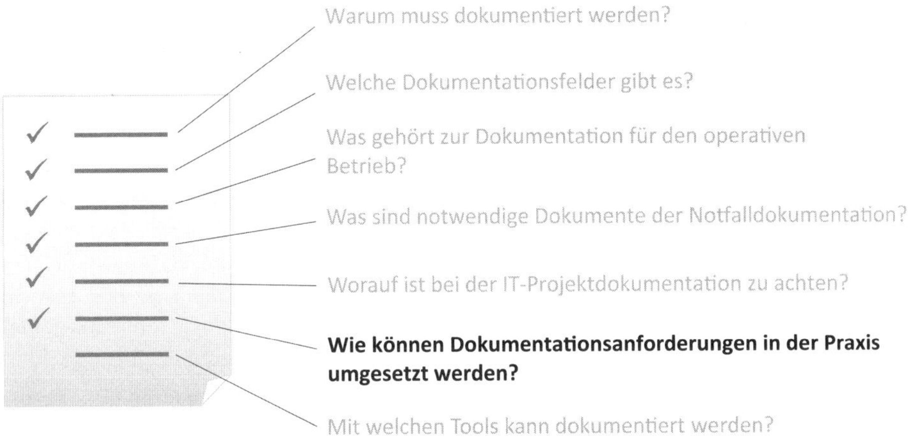

Die Ausführungen der vorangegangenen Kapitel haben gezeigt, dass Anforderungen an die IT-Dokumentation sowohl quantitativ als auch qualitativ immer größer werden. Und damit sieht sich mancher, der bislang die Dokumentation »seiner Systeme« weitgehend »im Kopf« hatte, mit dem häufig ungeliebten Thema Dokumentation konfrontiert. Außerdem sehen sich viele IT-Organisationen zunehmend den Anforderungen ausgesetzt, jederzeit zu jedem Thema auskunftsfähig sein zu müssen, sei es der Unternehmensleitung oder Prüfern und Auditoren gegenüber. Dies führt unweigerlich zu der Frage, wie der Aufbau und die Pflege einer angemessenen und jederzeit aktuellen IT-Dokumentation in der Praxis gelingen können.

Dieses Kapitel versteht sich daher als ein Plädoyer für die Einführung eines *Dokumentationsmanagements*. Ohne ein solches ist es zumindest bei größeren IT-Organisationen kaum möglich, eine nachhaltige Dokumentation bzw. IT-Dokumentation aufzubauen. Denn ohne festgelegte Verantwortlichkeiten, Richtlinien und definierte Abläufe wird es nicht gelingen, aus einer unzusammenhängenden Sammlung von Dokumenten eine ganzheitliche, verfügbare und aktuelle Dokumentation aufzubauen.

Betrachtet werden hierbei aber nicht nur die prozessuale Aspekte, sondern vor allem auch ganz praktische Punkte wie formale Anforderungen an Dokumente und wie man Fehler bei der Erstellung von Word-Dokumenten vermeidet.

In diesem Kapitel finden Sie die folgenden Themenschwerpunkte:

- Einführung von Dokumentationsmanagement
- Verfahren zur Lenkung von Dokumenten und Aufzeichnungen
- Die Erstellung von Dokumenten optimieren

6.1 Ohne Dokumentationsmanagement funktioniert es nicht

Das Thema Dokumentation ist in vielen IT-Organisationen lange Zeit vernachlässigt worden. Zunehmende Compliance-Anforderungen und das Erfordernis einer angemessenen und aktuellen Dokumentation zur Unterstützung immer komplexerer Arbeitsabläufe machen diese Haltung aber immer schwieriger, denn Dokumente und Aufzeichnungen sind die Grundlage von Servicemanagement, Informationssicherheitsmanagement und Qualitätsmanagement. Dies führt nun in vielen Unternehmen dazu, dass es nicht an Dokumenten mangelt, diese aber unabhängig nebeneinander bestehen und vor allem bei Bedarf nicht auffindbar oder nicht aktuell sind. Die Ursache dafür ist, dass es in der Mehrzahl weder Regelungen für Dokumentationsverfahren noch Dokumentationsstandards gibt.

Nicht umsonst fordern Standards wie die ISO 27001 oder die ISO 9001 nicht nur die Erstellung von entsprechenden Dokumenten, sondern vor allem die Einführung von organisatorischen Maßnahmen und gesteuerten Verfahren zur Lenkung von Dokumenten. Gibt man aber den Begriff »Dokumentationsmanagement« bei Wikipedia ein, wird man zu Dokumentenmanagement gelenkt, denn Wikipedia kennt diesen Begriff derzeit noch nicht. *Dokumentenmanagement* ist an dieser Stelle aber nicht gemeint, denn das bezeichnet laut Duden *»die elektronische Verwaltung von Dokumenten in Datenbanken«* (Duden, 1993). Und dass der Duden das Wort »Dokumentationsmanagement« ebenso nicht findet, ist bezeichnend.

Die Autoren dieses Buchs machen in der Praxis immer wieder die Erfahrung, dass es nicht reicht, ein paar Vorlagen herzunehmen und die notwendigen Dokumente zu erstellen. Vielmehr erfordert der Aufbau einer ganzheitlichen IT-Dokumentation auch die Einführung von Vorgaben und eines entsprechenden Verfahrens, eben ein Dokumentationsmanagement. Hierbei muss es sich nicht immer um eine aufwendige Organisation handeln. Bei IT-Organisationen, die den in *Kapitel 3* beschriebenen Stufen 1 oder 2 zuzuordnen sind, kann es ausreichen, wenn einige wenige Regelungen existieren und Arbeitsanleitungen bzw. Arbeitsanweisungen, Vorlagen und Checklisten bei den Dokumentationsaufgaben unterstützen. IT-Organisationen auf Stufe 3 oder höher benötigen darüber hinaus weitergehende Regelungen und vor allem Vorgaben für Dokumentationsverfahren. Außerdem ist es in allen Fällen wichtig, Verantwortlichkeiten zu regeln. Aus diesen Überlegungen leiten sich die in Bild 6.1 genannten Bereiche eines Dokumentationsmanagements ab.

- **Steuerung durch Vorgaben:**
  Die Steuerung der Dokumentation durch Vorgaben ist eine zentrale Aufgabe des Managements. So ist beispielsweise die in der Praxis häufig fehlende Dokumentationsrichtlinie hierfür ein gutes Instrument. Sie definiert High-Level-Vorgaben für die Erstellung, Änderung und Speicherung von Dokumenten und ist die Voraussetzung zur Durchsetzung einheitlicher Qualitätsstandards und für die Sicherstellung der Revisionssicherheit für die Dokumentation. Außerdem müssen in der Dokumentationsrichtlinie die Verantwortlichkeiten für das Dokumentationsmanagement geregelt werden. Die Erstellung und Durchsetzung einer Dokumentationsrichtlinie ist daher der erste und wichtigste Schritt zur Konsolidierung der Dokumentation. Sinnvollerweise wird die Dokumentationsrichtlinie (Management Ebene) durch ein Dokumentationskonzept (operative Ebene) ergänzt.
- **Zu dokumentierende Informationen:**
  Der linke Bereich mit der Beschriftung *IT-Dokumentation* kennzeichnet die Dokumentationsinhalte, d. h. die zu erstellenden Dokumente bzw. die zu dokumentierenden Informationen. Im Mittelpunkt steht hier die Frage: Was muss dokumentiert werden bzw. wer benötigt welche Informationen? Die Beantwortung dieser Frage ist Gegenstand der Kapitel 2 bis 5 dieses Buchs.
- **Dokumentenverwaltung:**
  Eine wichtige Rolle innerhalb des Dokumentationsmanagementsystems spielt die Dokumentenverwaltung, d. h. die Erstellung und Verwaltung von Dokumenten auf Basis der zentralen Vorgaben. Jedes Dokument durchläuft von der ersten Arbeitsversion bis zu seiner endgültigen (finalen) Version die dargestellten Phasen, einige davon auch mehrfach. Es ist demnach sicherzustellen, dass Dokumente während ihres gesamten Lebenszyklus gesteuert werden. Hierbei ist darauf zu achten, dass die Dokumente geordnet abgelegt werden, Änderungen kontrolliert erfolgen und zeitnah den betroffenen Personen kommuniziert werden.
- **Dokumentationstools:**
  Je umfangreicher die Anzahl an Dokumenten und je größer die Komplexität der Abhängigkeiten ist, desto stärker ist das Erfordernis einer zentralen IT-gestützten Datenhaltung und Tool-Unterstützung bei der Dokumentation. Diese müssen die definierten Dokumentationsbereiche unterstützen und an den Vorgaben für das Dokumentationsmanagement ausgerichtet sein. Kapitel 7 stellt exemplarisch Tools für die verschiedenen Einsatzbereiche vor.

Damit steuert und koordiniert das Dokumentationsmanagement alle Aufgaben in Bezug auf die Dokumentation. Es bildet damit die Summe aller Aktivitäten und Funktionen zur Erstellung und Verwaltung von Dokumenten, die gewährleisten, dass alle erforderlichen Informationen aktuell, vollständig und in ausreichender Qualität verfügbar sind.

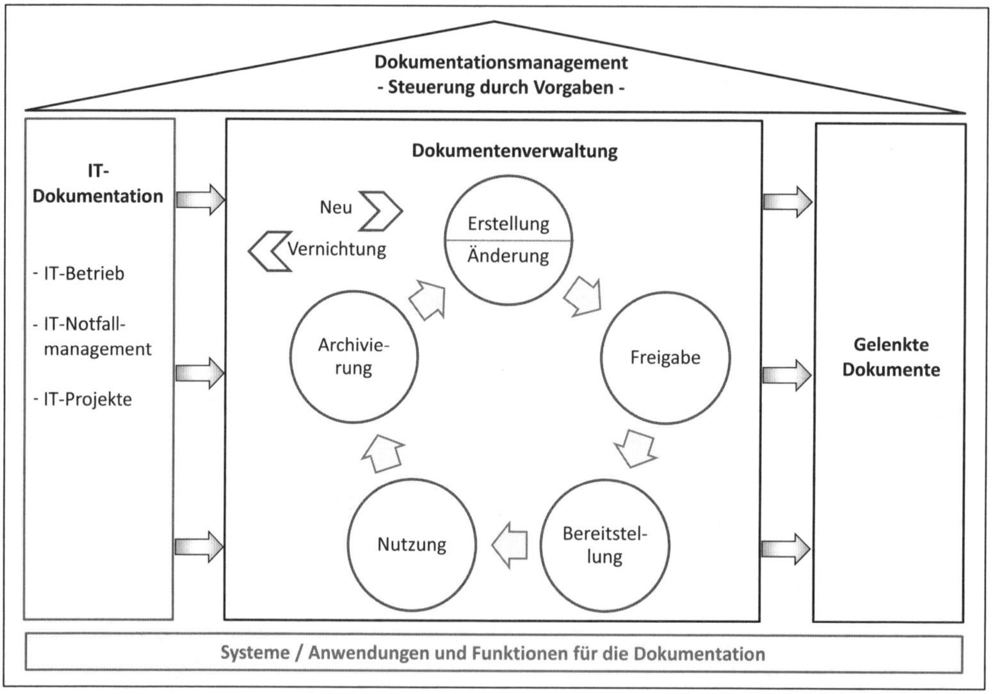

Bild 6.1 Dokumentationsmanagementbereiche

6.2 Einführung von Dokumentationsstandards

Das Festlegen von Regelungen und Vorgaben für die Erstellung, Änderung, Speicherung, Löschung und Archivierung von Dokumenten ist die Voraussetzung zur Durchsetzung einheitlicher Qualitätsstandards und für die Sicherstellung der Revisionssicherheit für die Dokumentation. Ohne verbindliche Regelungen ergeben sich im praktischen IT-Betriebs- und Projektalltag häufig individuelle und unstrukturierte Dokumentationsablagen, die die Verständlichkeit und Nachvollziehbarkeit der erarbeiteten Inhalte erheblich erschweren. Und wer schon Erfahrung mit »wild gewachsenen« IT-Dokumentationen gemacht hat, weiß, welche Schwierigkeiten entstehen können, wenn die Einzeldokumente keinerlei Standards in Bezug auf Benennung, formalen Aufbau und inhaltliche Ausgestaltung aufweisen und Abhängigkeiten zwischen den Dokumenten nicht nachvollziehbar sind.

Auch Prüfer achten im Rahmen von Zertifizierungsaudits zunehmend darauf, dass die geprüften Dokumente einheitlichen Standards unterliegen und die Erstellung und Änderung von Dokumenten nach definierten Verfahren erfolgt. Die Festlegung dieser Vorgaben ist Aufgabe der Dokumentationsrichtlinie. Sinnvollerweise sollte eine solche Richtlinie übergeordnet auf Unternehmensebene definiert werden. Wo eine solche übergeordnete Richtlinie fehlt, sollte sie für die IT-Organisation erstellt werden. Idealerweise wird zusätzlich zur Richtlinie ein Dokumentationskonzept erstellt, das die operativen Vorgaben für die Dokumentation definiert (siehe hierzu *Abschnitt 6.2.1*).

6.2.1 Dokumentationsrichtlinie

Eigentlich müsste eine Suche im Internet nach dem Stichwort »Dokumentationsrichtlinie« Tausende von Treffern liefern. Doch die Ausbeute fällt ausgesprochen mager aus. Denn obwohl eigentlich jede Organisation ein solches Dokument benötigt, haben nur die wenigsten bislang eine Dokumentationsrichtlinie erstellt.

Eine zunehmende Forderung ist, dass Dokumente dem Anspruch der Revisionssicherheit entsprechen müssen. Dabei kann ein Dokument dann als revisionssicher betrachtet werden, wenn es *aktuell, vollständig, richtig und für einen sachverständigen Dritten in einer angemessenen Zeit nachvollziehbar ist.* Weiterhin muss die Aufbewahrungsform die Lesbarkeit während der gesamten Aufbewahrungsdauer gewährleisten sowie die Datensicherheit in Bezug auf den Zugriffschutz und die Unveränderbarkeit der Daten sicherstellen.

Um diesen Forderungen entsprechen zu können, muss die Richtlinie Folgendes regeln:

- Abgrenzung der Dokumentation,
- Verantwortlichkeiten,
- Übergeordnete Regelungen zur Dokumentenverwaltung.

6.2.1.1 Abgrenzung der Dokumentation

Es ist wichtig, dass in der Richtlinie definiert ist, für welche Bereiche und auch für welche Dokumente die definierten Regeln gelten. So müssen Arbeitsanleitungen beispielsweise in der Regel nicht freigegeben werden, Betriebshandbücher, Konzepte und Arbeitsanweisungen hingegen sollten ein Qualitätssicherungs- und Abnahmeverfahren durchlaufen.

Hilfreich ist daher eine grundsätzliche Unterscheidung der folgenden Dokumente:

- **Qualitätsgesicherte Dokumente:** Diese Dokumente müssen ein fachliches und formales Review- und Abnahmeverfahren durchlaufen und freigegeben werden. Außerdem müssen sie regelmäßigen Qualitätssicherungen unterworfen werden. Wichtig ist dabei eine Funktionstrennung zwischen Dokumentenerstellung und Qualitätssicherung, d.h., Ersteller und Reviewer bzw. derjenige, der ein Dokument freigibt, dürfen nicht die gleiche Person sein.
- **Nichtqualitätsgesicherte Dokumente:** Bei diesen Dokumenten ist der Ersteller auch für die Einhaltung der fachlichen und formalen Vorgaben verantwortlich.

Und auch ausgeschlossene Bereiche sollten definiert werden. Von der Richtlinie nicht erfasst werden müssen Dokumente, die Mitarbeiter in ihrem persönlichen Bereich verwalten oder die ausschließlich der Information dienen. Ein Dokument, in dem ein Mitarbeiter gerade ein paar ergänzende Informationen zusammengetragen hat für die Erstellung eines Konzepts, unterliegt nicht den Regeln. Wichtig ist aber eine strikte Trennung beider Bereiche. Denn in vielen Fällen sind die Probleme einer unstrukturierten Dokumentation in der Vermischung beider Bereiche begründet. Muss ein für eine Zertifizierung benötigtes Dokument erst im Arbeitsbereich eines Mitarbeiters »aufgespürt« werden, ist es höchste Zeit für eine Optimierung der Dokumentationsstrukturen.

Soll die Dokumentationsrichtlinie nur für den Bereich der IT-Dokumentation Gültigkeit haben, ist außerdem eine Abgrenzung der IT-Dokumentation zu angrenzenden Dokumentationsbereichen wichtig. Gehört beispielsweise die Anwendungsdokumentation dazu und wenn ja, gilt die Richtlinie auch für den fachlichen Teil der Anwendungsdokumentation? Gibt es eine Systementwicklung und ist diese mit eingeschlossen? Dies sind wichtige Fragen, die es an dieser Stelle zu beantworten gilt.

6.2.1.2 Verantwortlichkeiten

Egal, welchen Standard man betrachtet, immer wird die Benennung eines Verantwortlichen gefordert. Beim Qualitätsmanagement ist die Einrichtung eines Qualitätsbeauftragten erforderlich und die ISO 27001 fordert die Einrichtung eines Sicherheitsbeauftragten. Und dies mit gutem Grund. Ohne eindeutig geregelte Zuständigkeiten gibt es keine gesteuerten Verfahren. Daraus leitet sich klar die Forderung ab, auch für das Dokumentationsmanagement einen Verantwortlichen zu benennen.

Diese Forderung setzt sich natürlich dem Vorwurf aus: »Und noch ein Manager!« Doch egal, wie man diese Position nennt, ohne dass sich jemand verantwortlich um das Thema IT-Dokumentation kümmert, ist ein effektives und nachhaltiges Dokumentationsmanagement nicht durchsetzbar und die Einrichtung eines Verantwortlichen zwingend erforderlich. Hierfür ist nicht unbedingt ein separater Mitarbeiter erforderlich. Diese Funktion kann auch an eine vorhandene Stelle mit entsprechenden Befugnissen angehängt werden, z. B. die des Qualitätsmanagementbeauftragten.

In Anlehnung an die Aufgaben des Qualitätsbeauftragten kann dieser (in Abhängigkeit von der Größe der IT-Organisation) die folgenden Aufgaben übernehmen:

- die Koordination der Erstellung, Überwachung und Lenkung der Dokumentationsrichtlinie einschließlich erforderlicher Dokumentvorlagen,
- die Überwachung der Verfahren zur Lenkung von Dokumenten und Aufzeichnungen,
- die Begleitung externer Audits,
- die Planung und Durchführung von Schulungsmaßnahmen bezüglich des Dokumentationsmanagements,
- die regelmäßige Berichterstattung an die IT-Leitung,
- Motivation und Beratung der Mitarbeiter in Fragen zum Dokumentationsmanagement.

6.2.1.3 Dokumentationsverfahren

Zusätzlich sollten für alle Phasen des Dokumentenlebenszyklus Verfahren implementiert werden. Hierzu zählen u. a. Verfahren zur Erstellung und Abnahme von Dokumenten, Review- und Archivierungsverfahren. Allerdings werden diese in der Regel nicht in der Dokumentationsrichtlinie beschrieben. Vielmehr reicht es aus, die Verfahren zu benennen und beispielsweise auf das Dokumentationskonzept bzw. die entsprechenden Verfahrensdokumente zu verweisen (siehe hierzu *Abschnitt 6.3*). Ziel der Richtlinie ist an dieser Stelle die Verpflichtung zur Einhaltung der Verfahren.

6.2.1.4 Allgemein gültige Regelungen

Zusätzlich kann die Dokumentationsrichtlinie die nachstehend genannten Punkte regeln. Diese stellen lediglich Beispiele dar und müssen entsprechend ergänzt bzw. angepasst werden.

- Nur Dokumente, die den Status *Endgültig* oder *Freigegeben* haben, dürfen als Arbeitsgrundlage für Aufgaben verwendet werden.
- Alle Dokumente müssen in Übereinstimmung mit geltenden Normen und Gesetzen und gegebenenfalls Vertragsinhalten, internen Anweisungen und spezifischen Anforderungen des Auftraggebers erstellt werden.
- Der Qualitätssicherer eines Dokuments darf nicht gleichzeitig der Ersteller eines Dokuments sein.
- Die Prüfung eines Dokuments erfolgt unter folgenden sachlichen und fachlichen Gesichtspunkten (eine entsprechende Checkliste dazu finden Sie in *Abschnitt 6.4.4.4*):
  - Übereinstimmung mit den Compliance-Anforderungen,
  - technische Angemessenheit und Durchführbarkeit,
  - Übereinstimmung mit den Anforderungen des Auftraggebers bzw. der Nutzer des Dokuments,
  - Schnittstellen zwischen dem zu prüfenden Dokument und bereits bestehenden Dokumenten.

6.2.2 Dokumentationskonzept

Im Sinne der in *Abschnitt 6.2.2.1* dargestellten Klassifizierung bzw. Hierarchisierung von Dokumenten ist es sinnvoll, zusätzlich zur Dokumentationsrichtlinie auch ein Dokumentationskonzept zu erstellen. Diese definiert Vorgaben aus Sicht des operativen Betriebs. In der Praxis ist eine Trennung zwischen Richtlinie und Dokumentationskonzept nicht immer erforderlich bzw. sinnvoll. Wichtig ist, dass die genannten Punkte geregelt werden. In welchem Dokument dies erfolgt, muss im Einzelfall entschieden werden.

Sinnvollerweise sollten die folgenden Punkte im Dokumentationskonzept geregelt werden:

- Strukturierung und Klassifizierung der Dokumente,
- Kennzeichnungspflichten,
- formale Vorgaben,
- verpflichtende Verwendung definierter Vorlagen.

6.2.2.1 Strukturierung und Klassifizierung der Dokumente

Zu den wichtigsten Bereichen gehören die Darstellung der für das Unternehmen geltenden Strukturierung der IT-Dokumentation und die Klassifizierung der Dokumente. In der Praxis entsteht immer wieder die Notwendigkeit, eine Übersicht zu erstellen, die alle relevanten Dokumentationsbereiche sowie die zugeordneten Dokumente abbildet. Erst wenn das Soll bekannt ist, können fehlende Dokumente und nicht ausreichend dokumentierte Bereiche identifiziert werden.

Als hilfreich hat sich hierfür die Erstellung einer *Dokumentationslandkarte* erwiesen, die auf Basis der Zuordnung von Dokumenten zu Dokumentenklassen und einer Unterscheidung in Dokumententypen eine wichtige Grundlage für die Identifizierung erforderlicher Dokumente sowie für die Implementierung von Dokumentationsverfahren bietet. Ein generischer Aufbau ist in Bild 6.2 dargestellt.

Dokumentenklassen und Dokumentenypen

Hierbei dienen *Dokumentenklassen* der Unterscheidung von Dokumenten beispielsweise nach organisatorischen Kriterien. Für die IT-Dokumentation können hier IT-Management, IT-Servicemanagement, IT-Systembetrieb, Systementwicklung u.a. sinnvolle Klassen sein. Dokumentenklassen können in Unterklassen unterteilt werden. So kann beispielsweise die Dokumentenunterklasse IT-Systembetrieb in Systeme und operative Tätigkeiten unterteilt werden. Einer Dokumentenklasse können verschiedene Dokumententypen zugeordnet werden.

Ein *Dokumententyp* beschreibt eine Gruppe von Dokumenten mit gleichartigen Eigenschaften (Attribute). Die Zuordnung zu einem Dokumententyp definiert ein Dokument im Hinblick auf seinen Informationsinhalt, seine Anforderungen an die Dokumentenlenkung und die Darstellungsform. Die Einordnung kann generell oder sehr spezifisch erfolgen. Typische allgemeingültige Dokumententypen sind u.a. Richtliniendokumente, Prozessbeschreibungen, Installationshandbücher, Konzepte und Verträge. Die Klassifizierung kann bis zu einem konkreten Dokumententyp, z.B. Anwendungsbetriebshandbücher, verfeinert werden und ist dann durch einen gleichen inhaltlichen Aufbau gekennzeichnet. Das Zusammenspiel zwischen Dokumentenklassen und Dokumententypen verdeutlicht Bild 6.2.

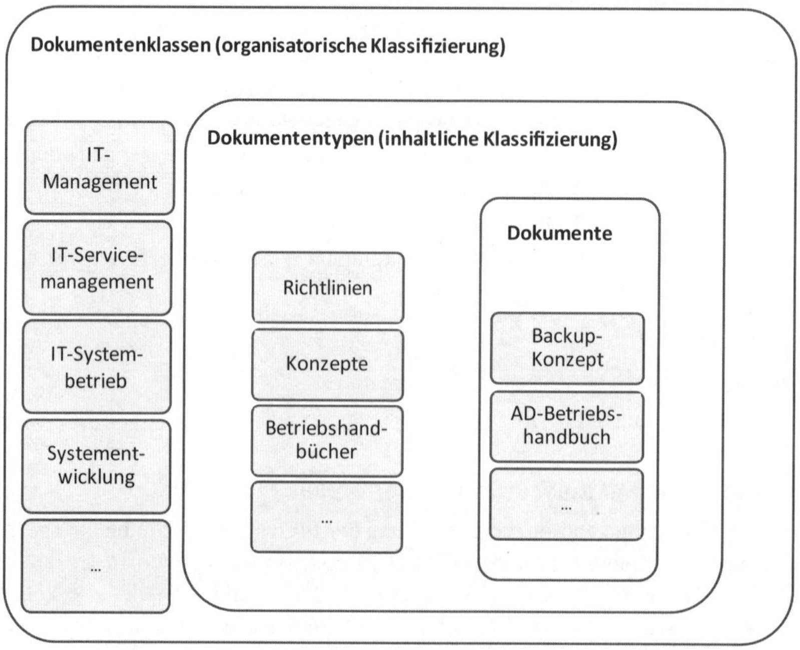

Bild 6.2 Elemente einer Dokumentationslandkarte (DLK) aus organisatorischer Sicht

Weiterhin können für Dokumententypen Abhängigkeiten und hierarchische Zuordnungen definiert werden und aus diesen wiederum Dokumentationsverfahren abgeleitet werden. Ein Beispiel für typische Abhängigkeiten zwischen Dokumententypen zeigt Bild 6.3.

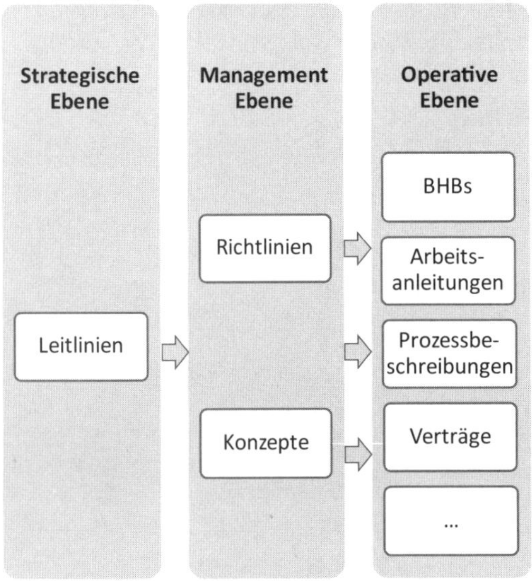

Bild 6.3
Beziehungen zwischen Dokumententypen (Beispiel)

Eine weitergehende ausführliche Darstellung einer Dokumentationslandkarte für die IT-Dokumentation ist an dieser Stelle nicht sinnvoll, da eine solche immer an die unternehmensspezifischen Erfordernisse angepasst werden muss und eine individuelle Analyse voraussetzt. So ist es beispielsweise auch möglich, die Dokumentenklassen an Compliance-Anforderungen oder der IT-technischen Struktur auszurichten.

Festlegungen für die Dateiablage

Die beschriebene Klassifizierung ist zunächst einmal eine logische Strukturierung. Wo und in welcher Form die Dokumente physisch verwaltet werden, ist aber natürlich ebenfalls festzulegen. Ohne eine zentral verwaltete Dokumentenablage ist es kaum möglich, eine ganzheitliche IT-Dokumentation zu pflegen. Dabei können die einzelnen Dokumente durchaus dezentral gespeichert werden. Wichtig ist vor allem eine übergeordnete Verwaltung für alle Dokumentationsbereiche.

Realistischerweise sind die beschriebenen Anforderungen an die Dokumentation und an Dokumentationsverfahren nur in kleineren Unternehmen ohne den Einsatz eines Dokumentenmanagementsystems (DMS) umsetzbar. Wird ein solches eingesetzt, sollte es ein zusätzliches Dokument geben, das definiert, in welcher Weise Dokumente im DMS verwaltet werden (siehe dazu *Abschnitt 6.3.3.2*). Wird kein DMS eingesetzt, sollte im Dokumentationskonzept dargestellt werden, wie die Dateiablage strukturiert ist, welche Verantwortlichkeiten es dafür gibt und wie die Berechtigungsstruktur aussieht.

6.2.2.2 Kennzeichnungspflichten

Zur Festlegung der Kennzeichnungspflichten lohnt sich ein Blick in den BSI-Standard 100-4 zum Notfallmanagement. Hier heißt es:

»Die Dokumente müssen so gekennzeichnet sein, dass sie im Bedarfsfall schnell gefunden und zugeordnet werden können. Daher müssen mindestens folgende Angaben vorhanden sein:

- *Eindeutige Bezeichnung (aussagekräftiger Titel),*
- *Ersteller/Autor/Dokumenteninhaber,*
- *Funktion des Erstellers,*
- *Versionsnummer,*
- *letzte Überarbeitung, nächste geplante Überarbeitung,*
- *Freigegeben am/durch,*
- *Klassifizierung (vertrauliche Inhalte müssen klassifiziert, als solche gekennzeichnet und die Dokumente müssen sicher verwahrt werden) und*
- *berechtigte Rollen (Verteilerkreis).*

Optional können folgende Informationen mit aufgenommen werden:

- *Quellenangaben,*
- *Aufbewahrungszeitraum und*
- *eine Änderungsübersicht.«* (BSI 100-4)

Eindeutige Dokumenten-ID

Es ist sinnvoll, dass jedes Dokument eine eindeutige Nummer erhält, die es unveränderbar während seines gesamten Lebenszyklus behält. Diese ermöglicht es, zweifelsfrei auf ein Dokument zu referenzieren. Ein solches Nummerierungssystem kann an bestehende Nummerierungsstrukturen (beispielsweise an das Nummerierungssystem für Prozesse) angelehnt werden. Möglich ist aber auch die Vergabe einer fortlaufenden Nummer. Allerdings erfordert die Pflege eindeutiger Dokumenten-IDs ohne Einsatz eines Dokumentenmanagementsystems organisatorische Regelungen. So muss beispielsweise die Vergabe geregelt werden.

Bei Dokumentenmanagementsystemen hingegen ist eine automatisierte eindeutige Kennzeichnung von Dokumenten ein wesentliches Merkmal. So ermöglicht SharePoint ab der Version 2010 beispielsweise die Zuweisung einer Dokumenten-ID, die innerhalb der gesamten SharePoint-Serverfarm als eindeutige Referenz verwendet werden kann.

Bearbeitungsstatus

Es ist weiterhin sinnvoll, jedem Dokument einen Status zuzuordnen, der den aktuellen Arbeitsstand dokumentiert. Diese Status können frei definiert werden, sollten aber möglichst einfach gehalten sein. Als sinnvoll hat sich die Unterscheidung der folgenden Bearbeitungszustände erwiesen:

- **In Bearbeitung (Draft):** Das Dokument befindet sich in der Erstellung oder in der Überarbeitung.

- **Endgültig (Final):** Das Dokument ist endgültig. Es unterliegt jedoch keinem Abnahmeprozess und kann daher vom Dokumentersteller diesen Status erhalten.
- **Freigegeben (Released):** Das Dokument wurde von einem Verantwortlichen abgenommen und freigegeben. Damit ist jedes freigegebene Dokument gleichzeitig auch »Endgültig«.
- **Ungültig (Expired):** Das Dokument ist nicht mehr gültig. Den Status »Ungültig« kann ein Dokument zu jeder Zeit erhalten. Dies kann beispielsweise geschehen, wenn die Freigabe verweigert wurde oder wenn ein Dokument Systeme oder Verfahren beschreibt, die außer Betrieb gestellt wurden. Die Vergabe des Status »Ungültig« muss einem gesonderten Verfahren unterliegen.

Versionierung

Ein wichtiger Punkt, der im Dokumentationskonzept geregelt werden sollte, betrifft die Versionierung. Dies umfasst sowohl die Versionsnummerierung als auch die damit verbundenen Verfahren. Verbindliche Festlegungen sind vor allem wichtig, wenn kein Dokumentenmanagementsystem mit einer automatischen Versionierung und unterstützenden Check-in- und Check-out-Funktionen eingesetzt wird. Gibt es hierzu keine verbindlichen Regeln, führt dies erfahrungsgemäß innerhalb kurzer Zeit dazu, dass jeder seine »eigenen Versionsnummern« verwendet und niemand mehr den Wirrwarr der Zahlen interpretieren kann. Hilfreich ist, wenn eine Notation gewählt wird, die zwei Status erkennen lässt:

- den Freigabestatus des Dokuments,
- den derzeitigen Bearbeitungsstatus des Dokuments.

Typischerweise werden für Dokumente bis zur Abnahme Nummern bis 0.99 vergeben. Das finale bzw. abgenommene Dokument erhält die Versionsnummer 1.0. Sind daran später Änderungen erforderlich, wird entsprechend hochgezählt. Zwischenabnahmen im Rahmen der Qualitätsprüfung können dabei z. B. mit der Versionsnummer 0.5 oder 0.8 gekennzeichnet werden. Der Nachteil bei der Verwendung einer solchen Nummer ist, dass Bearbeitungsstände nicht oder nur unzureichend dargestellt werden können. Häufig wird dafür die zweite Nachkommastelle verwendet, was aber zu Verwirrungen führen kann.

Besser ist es daher, eine zusätzliche Bearbeitungsnummer zu verwenden, d. h., der zweistelligen Versionsnummer folgt eine zweistellige Bearbeitungsnummer (BN). Bei qualitätsgesicherten Dokumenten kann der Dokumentersteller bis zur ersten Abnahme ausschließlich die BN verwenden und hochzählen. Bei der ersten Prüfung im Rahmen der Qualitätssicherung erhält das Dokument beispielsweise die Versionsnummer 05. Gleichzeitig wird die Bearbeitungsnummer BN wieder auf die BN = 00 zurückgesetzt. Jede erneute Abnahme erhöht die Versionsnummer. Mit der Abnahme, sprich mit der Freigabe, erhält das Dokument die Versionsnummer 1.0. Tabelle 6.1 zeigt dazu einige Beispiele.

Tabelle 6.1 Beispiel: Versionsnummern und ihre Bedeutung

Version 0.0-06	Sechste Arbeitsversion des Dokuments. Es ist noch keine Abnahme bzw. noch keine Prüfung erfolgt.
Version 0.5-02	Das Dokument ist in der Version 0.5 abgenommen und es handelt sich um die zweite Arbeitsversion nach der zweiten Prüfung.
Version 1.0-01	Das Dokument ist in der Version 1.0 final, wird aber derzeit in der ersten Arbeitsversion überarbeitet.

Während der Erstellung und Bearbeitung des Dokuments durch den Dokumentersteller wird also ausschließlich der zweite Nummernbereich (BN) für die Versionierung der Arbeitsversionen des Dokuments genutzt. Diese wird mit jeder Qualitätsprüfung zurückgesetzt. Die Versionsnummer hingegen erhöht sich fortlaufend über die ganze Lebenszeit des Dokuments. Bei nicht qualitätsgesicherten Dokumenten genügt hingegen die Verwendung der Versionsnummer.

Wird ein Dokumentenmanagementsystem eingesetzt, kann damit auch die Versionierung automatisiert werden, was einer manuellen Vergabe vorzuziehen ist. Nach Möglichkeit sollten die Regeln des DMS jedoch an die eigenen Anforderungen anpassbar sein.

Vertraulichkeitsstufen

Nicht nur die ISO 27001 fordert die Klassifizierung und Kennzeichnung von Informationen hinsichtlich ihrer Vertraulichkeit. Auch im behördlichen Umfeld ist die Kennzeichnung der Vertraulichkeitsstufe in der Regel Pflicht. Da bei der Klassifizierung nicht nur Dokumente, sondern alle Formen von Informationen (beispielsweise Rezepturen, Forschungsergebnisse, Strategieentscheidungen usw.) betrachtet werden, sollte es hierzu ein übergeordnetes eigenständiges Dokument geben.

Fehlt ein solches, können die Vertraulichkeitsstufen für Dokumente alternativ in der Dokumentationsrichtlinie oder im Dokumentationskonzept definiert werden. Diese regeln Restriktionen hinsichtlich der Weiterverbreitung des Dokuments. Typische Vertraulichkeitsstufen für Dokumente sind:

- offen bzw. öffentlich,
- intern,
- vertraulich,
- streng vertraulich.

Wichtig ist, dass die Kriterien und auch die daraus resultierenden Maßnahmen benannt werden. So sollten beispielsweise vertrauliche Dokumente nur verschlüsselt per Mail verschickt werden dürfen. Außerdem ist es wichtig, dass den Mitarbeitern und vor allem auch externen Mitarbeitern derartige Regelungen bekannt gemacht werden.

6.2.2.3 Formale Vorgaben

Auch formale Vorgaben beispielsweise zum Dokumentenlayout und zu den Speicherformaten können im Dokumentationskonzept festgelegt werden. Sinnvoll sind beispielsweise die Festlegungen zu folgenden Aspekten:

- die Sprache, in der Dokumente zu verfassen sind,
- Layoutvorschriften (Schriftgröße, Schriftart, Anforderungen an Barrierefreiheit u. Ä.). Die Umsetzung sollte durch ein Bereitstellen von Dokumentvorlagen, deren Verwendung verbindlich vorgeschrieben wird, sichergestellt werden (siehe hierzu *Abschnitt 6.2.3*).
- elektronische Formate (einzusetzende Office-Version, Format, in dem Dokumente zu erstellen, zu veröffentlichen und abzulegen sind). Empfehlenswert ist, dass Entwürfe, Zwischenschritte und alle anderen Dokumente, die weiterverarbeitet werden müssen, im jeweiligen Bearbeitungsformat (zum Beispiel .doc, .xls, .ppt, .mpp) abgespeichert werden. Zusätzliche Kopien sollten in einem nicht änderbaren Format (beispielsweise als PDF-

Dokument) abgespeichert werden. Relevante Dokumente, die den Bearbeitungsstatus *Endgültig* oder *Freigegeben* erreicht haben, sollten zusätzlich aus Nachweisgründen revisionssicher archiviert werden.

- Weiterhin kann definiert werden, welche Dokumentenform (Papierausdruck oder elektronisches Dokument) die jeweils gültige ist. Hierbei spielt es natürlich eine Rolle, ob Dokumente unterschrieben werden müssen oder ob elektronische Freigabeprozesse verwendet werden.

6.2.3 Dokumentvorlagen erleichtern die Standardisierung

Zur Durchsetzung definierter Vorgaben sollten für die Erstellung neuer Dokumente Dokumentvorlagen (Templates) bereitgestellt werden, die das Layout und die inhaltliche Strukturierung vorgeben. Dabei kann es sinnvoll sein, für unterschiedliche Dokumententypen gesonderte Dokumentvorlagen zu erstellen, beispielsweise für Richtliniendokumente, für Betriebshandbücher und für Anforderungsdokumente. Mit Hilfe derartiger Vorlagen wird nicht nur ein formal-inhaltlicher Standard (Layout, Dokumentkennzeichnungen usw.) gewährleistet. Vielmehr ist es auch möglich, dem Autor zusätzliche Informationen zum geforderten Inhalt zur Verfügung zu stellen und damit die Qualität der Dokumente zu verbessern. Außerdem kann es in mehrsprachigen Umgebungen sinnvoll sein, Vorlagen in verschiedenen Sprachversionen bereitzustellen.

6.2.3.1 Dokumentkennzeichnungen

Wie in *Abschnitt 6.2.1.2* ausgeführt, sind für jedes Dokument Mindestanforderungen an die formale Kennzeichnung erforderlich. So ist es beispielsweise wichtig, dass der Dokumentverantwortliche und das Datum der letzten Bearbeitung im Dokument benannt sind. In der Praxis fehlen diese Angaben nicht selten. Dies trifft sogar auf scheinbar selbstverständliche Angaben wie die Seitennummerierung zu.

Es darf daher nicht dem Autor eines Dokuments überlassen bleiben, welche Informationen er in sein Dokument aufnimmt. Vielmehr müssen Dokumentvorlagen hierfür entweder sich automatisch ändernde Felder (zum Beispiel Datumsfelder) oder Platzhalter beinhalten (siehe hierzu Erläuterungen zur Verwendung von Feldfunktionen bei Microsoft Word in *Abschnitt 6.4.1.2*). Wichtig sind vor allem die folgenden Informationen:

- **Dokumentennummer:** die eindeutige Nummer des Dokuments.
- **Verantwortlicher:** Name der Person, die für die Erstellung des Dokuments und für das Einpflegen von Änderungen verantwortlich ist. Diese muss nicht der Ersteller des Dokuments sein. Der bzw. die tatsächliche(n) Dokumentenersteller sind in der Änderungshistorie zu benennen.
- **Letzte Bearbeitung:** das Datum der letzten Bearbeitung.
- **Seitenzahl:** die Gesamtanzahl der Seiten des Dokuments.
- **Versionsnummer:** die Versionsnummer gemäß der in der Dokumentationsrichtlinie festgelegten Notation.
- **Freigegeben am und durch:** Ist das Dokument freigegeben, müssen das Freigabedatum und zusätzlich der Name des Freigebers im Dokument eingetragen werden.

- **Gültigkeitsbereich:** Für welche Unternehmensbereiche ist das Dokument gültig (z. B. nur für die IT-Organisation)?

Die aufgeführten Kennzeichnungen können beispielsweise bei einem Word-Dokument entweder auf dem Deckblatt stehen oder alternativ der Kopf- und/oder Fußzeile hinzugefügt werden. Wird ein Dokumentenmanagementsystem wie beispielsweise SharePoint eingesetzt, werden die meisten der genannten Informationen wie die Dokumenten-ID und die Versionsnummer automatisch als Metadaten generiert und können als Felder in das Office-Dokument eingefügt werden. Sinnvoll ist, ist, dass diese Informationen sowohl in der SharePoint-Datenbank als auch im Office-Dokument vorhanden sind und damit auch in der gedruckten Fassung.

6.2.3.2 Bereitstellung einer Basisdokumentvorlage

Sinnvollerweise enthalten Vorlagen neben Layoutvorgaben auch Hinweise zum Inhalt. Aber nicht für alle Dokumententypen wird es eigene Dokumentvorlagen geben. Eine allgemeingültige Standardvorlage für Word-Dokumente ist daher sinnvoll und sollte mindestens folgende Elemente beinhalten:

- Deckblatt mit den wichtigsten Dokumentinformationen (Autor, Vertraulichkeitsklassen, Dokumentstatus usw.) bzw. Layout mit entsprechender Kopf- und Fußzeile,
- Änderungsnachweis mit Hinweisen zu dessen Führung,
- grundlegender struktureller Aufbau ggf. einschließlich Abbildungs- und Tabellenverzeichnis und Index.

Die folgende Abbildung zeigt eine mögliche Gliederung, die dem jeweiligen Autor eine Auswahl optionaler Dokumententeile bietet, da nicht alle Dokumententypen alle Bestandteile benötigen. So werden beispielsweise Arbeitsanweisungen keine der aufgeführten Verzeichnisse und keine Management Summary enthalten und ein Richtliniendokument erfordert in der Regel keinen Index.

Inhaltsverzeichnis

Bild 6.4 Basisgliederung für alle Dokumente

Deckblatt

Grundsätzlich ist ein Deckblatt nicht zwingend erforderlich, es wird aber üblicherweise vor allem bei umfangreichen Dokumenten verwendet, um diese optisch ansprechender zu gestalten. Insofern steht beim Deckblatt die optische Gestaltung im Vordergrund. Inhaltlich sollte das Deckblatt neben dem hervorgehobenen Titel (in Verbindung mit dem Dokumententyp) die wichtigsten Informationen zum Dokument enthalten. Hierzu zählen unter anderem die Dokumentennummer, die Version, der Bearbeitungsstatus, der verantwortliche Dokumentenersteller sowie das Datum der letzten Bearbeitung. Bei Dokumenten, die mit Unterschrift freizugeben sind, gibt es vielfach eine Unterschriftenleiste auf dem Deckblatt. Erfolgt die Freigabe im Rahmen eines Workflows kann die Unterschriftenleiste natürlich entfallen.

Alternativ ist es auch möglich, alle erforderlichen Informationen in einer Tabelle in der Kopfzeile zu dokumentieren. Zusätzlich ist die Einbeziehung der Fußzeile möglich. Wird beispielsweise in der Fußzeile eine Dokumentennummerierung verwendet, aus der die Gesamtseitenzahl hervorgeht, kann die Angabe an anderer Stelle entfallen.

Änderungsnachweis

Zusätzlich zur Versionsnummer sollte jedes Dokument eine Tabelle enthalten, in der der Status, der jeweilige Bearbeiter, das Bearbeitungsdatum und eine (knappe) Beschreibung der wesentlichsten Änderungen fortgeführt werden.

Änderungsnachweis			
Version	Datum	Bearbeiter	Änderung / Bemerkung

Bild 6.5 Tabelle zur Pflege des Änderungsnachweises

Automatische Änderungshistorie bei SharePoint-Dokumenten

Speichern Sie Ihre Dokumente z. B. in einer Dokumentenbibliothek auf dem SharePoint-Server und wird dort die automatische Versionierung verwendet, kann gegebenenfalls auf den Änderungsnachweis verzichtet werden. Allerdings sollte dann sichergestellt werden, dass bei jeder Versionsänderung ein Kommentar mit Erläuterungen zu den Änderungen verfasst wird.

Die Versionshistorie ist dann sowohl in den Dokumenteigenschaften auf dem SharePoint-Server als auch in der Dokumentenhistorie im Backstage-Bereich von Word einsehbar.

Mitgeltende Dokumente

Erfahrungsgemäß führt diese Tabelle bei Erstellern von Dokumenten immer wieder zu Verwirrungen und wird daher oft nur sehr stiefmütterlich gepflegt. Dies liegt häufig daran, dass der Bearbeiter nicht weiß, welche Dokumente er hier einzutragen hat.

Betrachtet man den Begriff der mitgeltenden Dokumente eher eng, handelt es sich bei ihnen vor allem um Richtliniendokumente, die Regelungen enthalten, die für dieses Dokument

Gültigkeit besitzen, die aber im Dokument nicht explizit genannt werden (hierzu zählen typischerweise Namenskonventionen).

Meist wird der Begriff aber eher weit gefasst und beinhaltet dann auch alle *ergänzenden Dokumente*. Ergänzende Dokumente können auch externer Herkunft sein und enthalten Informationen, die in irgendeiner Form für das Dokument relevant sind bzw. es ergänzen. Auf ergänzende Dokumente wird an relevanter Stelle im Dokument verwiesen. Typischerweise sind Produktbeschreibungen des Herstellers als ergänzende Dokumente zu behandeln.

Hier muss also im Einzelfall festgelegt werden, welche Dokumente einzutragen sind. Sollen auch ergänzende Dokumente in die Tabelle aufgenommen werden, sollte diese besser den Titel *Mitgeltende und ergänzende Dokumente* tragen. Der Tabelle sollte außerdem eine kurze Erklärung beigefügt werden, die erläutert, welche Dokumente der Dokumentersteller einzutragen hat.

Sowohl mitgeltende als auch ergänzende Dokumente sollten erfasst werden

Der zweite Weg, also das Eintragen aller mitgeltenden und ergänzenden Dokumente, bietet in der Praxis den Vorteil, dass ein Benutzer mithilfe der Tabelle sehr schnell alle für das Dokument relevanten Dokumente identifizieren und bei Bedarf zusammenstellen kann. ■

Außerdem kann es sinnvoll sein, zu vereinbaren, dass nur auf freigegebene bzw. abgeschlossene Dokumente referenziert werden darf. Dies verhindert, dass beispielsweise auf Dokumente verwiesen wird, die es (noch) gar nicht gibt oder die sich noch im Entwurfsstadium befinden.

Ergänzende Dokumente/Mitgeltende Unterlagen*		
Nummer	Titel	Verantwortlicher

* In der Tabelle sind alle Dokumente einzutragen die für dieses Dokument Gültigkeit besitzen, die aber im Dokument nicht explizit genannt werden. Einzutragen sind auch alle Dokumente, auf die im nachfolgenden Dokument explizit verwiesen wird.

Bild 6.6 Tabelle zur Pflege der mitgeltenden Dokumente

Management Summary

Das sogenannte *Management Summary* soll Führungskräften und Entscheidern alle wichtigen Fakten liefern, so dass diese unter Berücksichtigung der Unternehmensstrategie und aller anderen Randbedingungen möglichst schnell die richtige Entscheidung treffen können. Typischerweise enthalten Konzepte eine solche Zusammenfassung.

Grundsätzlich empfiehlt es sich, dass das Management Summary die Gliederung des Hauptdokuments aufgreift und alle Hauptaussagen des Dokuments benennt (jeweils ein Satz). Wichtig ist außerdem, Entscheidungsalternativen und ihre jeweiligen Konsequenzen aufzuführen.

Inhaltsverzeichnis

Das Inhaltsverzeichnis ermöglicht es dem Leser, sich sehr schnell einen Überblick über das Dokument zu verschaffen. Wird es automatisch erzeugt – mithilfe entsprechender Funktionen des Textverarbeitungsprogramms – und enthält es Hyperlinks, die einen schnellen Zugriff auf das gewünschte Kapitel ermöglichen, bietet es einen zusätzlichen Nutzen, wenn Anwender das Dokument am Bildschirm lesen.

Nur bei sehr kurzen Dokumenten sollte daher auf das Inhaltsverzeichnis verzichtet werden.

Einleitung

Jedes Dokument sollte einen Einführungsteil enthalten. Hier sind der Zweck und die Zielsetzung des Dokuments zu benennen. Außerdem sollten die Rahmenbedingungen erläutert und Abgrenzungen getroffen werden.

In der Praxis begegnen den Autoren immer wieder Einleitungsteile, die sehr stark und auch nicht immer sinnvoll untergliedert sind. So ist beispielsweise oft unterhalb des Gliederungspunkts »Einleitung« noch ein Unterpunkt »Vorwort« zu finden. Da die Abgrenzung zwischen den einzelnen Teilen häufig nicht klar ist, verfahren die Ersteller eines Dokuments dann erfahrungsgemäß nach dem Grundsatz: *»Irgendwas muss ich da ja eintragen.«* Da zu den einzelnen Unterpunkten dann nur noch wenig Wesentliches geschrieben wird, fehlt dem Einleitungsteil häufig die Struktur.

Besser ist es daher, den Einleitungsteil so wenig wie möglich zu untergliedern. Als sinnvoll hat sich in der Praxis die folgende Unterteilung erwiesen:

- Zweck des Dokuments,
- Geltungsbereich und Abgrenzung.

Anhänge

Umfangreiche oder ergänzende Dokumententeile, die den Fluss des Dokuments stören, sollten als Anhänge (häufig auch als *Anlagen* bezeichnet) an das Ende des Dokuments verschoben werden. Typischerweise gehören Auswertungen und umfangreiche Tabellen in den Anhang.

In der Praxis werden vielfach Inhalte aus anderen gültigen Dokumenten als Anhänge eingefügt. Diese Vorgehensweise bringt gleich eine ganze Reihe von Nachteilen mit sich und sollte unbedingt unterbleiben. Werden beispielsweise Teile eines Dokuments in den Anhang eines anderen Dokuments kopiert, müssen bei einer Änderung immer beide Dokumente geändert werden. Da dies dann aber meist nicht erfolgt, entstehen nicht nur Inkonsistenzen, sondern es wird im schlimmsten Fall mit veralteten Informationen gearbeitet.

Soll auf Informationen bestehender Dokumente verwiesen werden, sollte dies nur mittels Verweis auf das Dokument geschehen. Ob hierzu eine Verknüpfung in das Dokument eingefügt oder auf das Dokument textlich verwiesen wird, muss individuell entschieden werden. Erfahrungsgemäß sind in der Praxis Verlinkungen auf Dokumente jedoch nur schwer sicherzustellen (aufgrund von Änderungen des Dateinamens und von Zugriffsbeschränkungen). Die Angabe einer eindeutigen Dokumentennummer ist daher sinnvoll, erfordert ohne DMS-Einsatz aber einen nicht unerheblichen Verwaltungsaufwand.

Kopieren kann erforderlich sein

In der Praxis gibt es jedoch einige Situationen, bei denen eine Abweichung von der Regel, keine Inhalte aus anderen Dokumenten einzufügen, durchaus sinnvoll ist.

So kann es beispielsweise erforderlich sein, Inhalte aus einem im Rahmen eines Projekts erstellten Konzepts in die für den Betrieb erforderliche Systemakte zu übernehmen. Wichtig ist, dass ab diesem Zeitpunkt keine Änderungen mehr am Konzept erfolgen.

Und sollten in einem Dokument die zum Zeitpunkt der Erstellung gültigen Inhalte aus einem anderen Dokument (beispielsweise die aktuell gültigen Namensrichtlinien) benannt werden, ist ebenfalls eine Übernahme der entsprechenden Inhalte möglich. Zu vermeiden ist aber, dass gleiche und nicht statische Inhalte in mehreren Dokumenten zu finden sind, so dass spätere Änderungen gleichzeitig in mehreren Dokumenten eingepflegt werden müssen. ■

Tabellen- und Abbildungsverzeichnisse

Typischerweise enthalten umfangreiche Dokumente ein Abbildungs- und ein Tabellenverzeichnis.

In welchen Dokumenten Abbildungs- und Tabellenverzeichnisse erforderlich sind, sollte einheitlich geregelt werden. Dabei sollte die jeweilige Notwendigkeit kritisch hinterfragt werden. In einem umfangreichen Richtliniendokument oder einem Konzept, das nur wenige Abbildungen und Tabellen enthält, die zudem sehr wichtig sind, kann es durchaus sinnvoll sein, diese mithilfe eines Verzeichnisses schnell finden zu können.

Betrachtet man aber einmal das eigene Leseverhalten und stellt sich die Frage, wie häufig man schon Abbildungs- oder Tabellenverzeichnisse verwendet hat, lautet bei vielen die Antwort wohl: noch nie. Abbildungs- und Tabellenverzeichnisse gehören zu den Dokumententeilen, die häufig erstellt werden, ohne dass deren Sinnhaftigkeit ernsthaft hinterfragt wird. Zwar verursacht die eigentliche Erstellung der Verzeichnisse kaum Aufwand – vorausgesetzt, die entsprechenden Funktionen des Textverarbeitungsprogramms wurden genutzt –, doch kosten sie in jedem Fall Platz und blähen Dokumente unnötig auf. Die Empfehlung kann daher nur lauten, sehr kritisch zu prüfen, bei welchen Dokumenten diese Verzeichnisse benötigt werden.

Die Frage, die es aber eigentlich zu beantworten gilt, ist, ob und wie Abbildungen und Tabellen zu beschriften sind. Sind in einem Dokument (beispielsweise in einem Installationshandbuch oder in einer Arbeitsanweisung) sehr viele Abbildungen zu beschriften, verursacht dies einen erheblichen Arbeitsaufwand. Um diesen einzuschränken, werden dann oftmals von den Dokumenterstellern nichtssagende Beschriftungen erstellt. Nicht selten steht unter einer Grafik der Beschriftungstext »Eigenschaftendialogbox«. Derartige Beschriftungen aber helfen niemandem – sie kosten nur Platz und Zeit.

Dabei macht die Beschriftung von Abbildungen und Tabellen durchaus Sinn. So können hier beispielsweise Erklärungen geliefert werden, die man im Fließtext mühsam suchen müsste. Auch ist es möglich, zusätzliche Informationen anzubieten. Und zur Einhaltung von

Barrierefreiheit ist es ohnehin wichtig, dass Abbildungen eine Beschriftung haben, da diese von Sprachprogrammen erfasst werden kann.

In Anleitungen, die Abbildungen von Dialogboxen oder Funktionen enthalten, kann es beispielsweise sinnvoll sein, in der Beschriftungszeile den Zugriffspfad, das heißt den Pfad zur gezeigten Dialogbox, zu benennen. Diese Vorgehensweise bietet einen wirklichen Zusatznutzen. So könnte die Beschriftung einer Abbildung beispielsweise folgendermaßen lauten:

Abbildung 3.5: Schrift in Großbuchstaben - Menü FORMAT\ZEICHEN

Alternativtext hinzufügen

Microsoft Word bietet die Möglichkeit, Grafiken einen Alternativtext hinzuzufügen, der von Lesegeräten erkannt und vorgelesen werden kann. Soll ein Dokument barrierefrei sein, fügen Sie den Grafiken einen kurzen beschreibenden Text hinzu. Nähere Erläuterungen finden Sie in *Abschnitt 6.4.1.3*.

Index

In einem Index sind die im Dokument behandelten Begriffe und Themen sowie die dazugehörigen Seitenzahlen aufgelistet. Die in den Index aufzunehmenden Begriffe müssen einzeln vom Dokumentersteller festgelegt und für den Indexeintrag markiert werden.

Auch hier stellt sich die Frage, wann es sinnvoll ist, einen Index in ein Dokument einzufügen. Der Index dient dazu, ein gewünschtes Thema oder einen Begriff schnell im Dokument zu finden. Insofern ist bei Dokumenten, die nur wenige Seiten umfassen, die Erstellung eines Index kaum sinnvoll.

Zusätzlich muss das vorrangige Ausgabemedium betrachtet werden. Werden die Dokumente in einem Dokumentenmanagementsystem verwaltet und bearbeitet, das die Dokumente automatisch indexiert und auch die Fundstellen anzeigt, und werden diese Dokumente überwiegend am Bildschirm gelesen, so ist ein manuell erstellter Index wenig sinnvoll. Und selbst wenn kein unterstützendes System eingesetzt wird, ist man mit der Suchfunktion des Textverarbeitungsprogramms bzw. des PDF-Readers meist immer noch schneller. Zudem ist man nicht darauf angewiesen, dass der Dokumentersteller genau den gesuchten Begriff in den Index aufgenommen hat.

Handelt es sich hingegen um umfangreiche Dokumente, mit denen auch oder sogar vorrangig in gedruckter Form gearbeitet wird, ist die Erstellung eines Index allerdings zu empfehlen.

Glossar

Ein Glossar soll die im Dokument verwendeten Fachbegriffe und Abkürzungen erklären und den richtigen Gebrauch der Fachausdrücke und deren eindeutiges Verständnis sicherstellen.

Wichtig ist daher, dass das Glossar definiert, wie die Begriffe im betreffenden Dokument verwendet werden. Wie das vorliegende Buch eindrucksvoll beweist, gibt es viele Fachbegriffe, die nicht eindeutig definiert sind. Für diese Fälle ist es zwingend erforderlich, im Glossar deren jeweilige Verwendung im Dokument zu erläutern.

Zentrales Glossar ist sinnvoll

Um ein einheitliches Verständnis und eine einheitliche Verwendung der im Unternehmen verwendeten Fachbegriffe sicherzustellen, ist es sinnvoll, ein zentrales Glossar zu erstellen und zu pflegen. Dieses kann beispielsweise im Intranet des Unternehmens bereitgestellt werden. Damit ist dann die Erstellung eines Glossars in den Einzeldokumenten nicht erforderlich, sofern nicht dokumentenspezifische Begriffe verwendet werden.

Allerdings erfordert ein zentral gepflegtes Glossar eindeutige Regelungen hinsichtlich Pflege und Verantwortlichkeiten. So muss beispielsweise geregelt sein, wer über die Aufnahme neuer Begriffe entscheidet.

6.3 Dokumentenverwaltung

Dieser Abschnitt stellt Verfahren vor, mit denen Dokumente und Aufzeichnungen verwaltet werden können.

6.3.1 Wichtige Dokumentationsverfahren

Jeder weiß es, aber es gelingt trotzdem nur selten: die regelmäßige Aktualisierung der Dokumente. Da wurde das Sicherheitskonzept schon über ein Jahr nicht mehr aktualisiert, das IT-Notfallhandbuch steht in einer uralten Version im Schrank und ob es sich bei der vorliegenden Version eines Konzepts wirklich um die aktuelle Version handelt, weiß nur der Ersteller.

Ohne feste Regeln für die regelmäßige Überprüfung und Überarbeitung der Dokumente wird sich an diesem Zustand auch nichts ändern. Nicht umsonst fordern Standards die Einrichtung von Verfahren zur Lenkung von Dokumenten und Aufzeichnungen. Neben der Festlegung der Richtlinien für alle Dokumente und der Definition des formalen Aufbaus der Einzeldokumente ist daher die Beschreibung von Dokumentationsverfahren eine wichtige Aufgabe. Diese müssen neben den Abläufen auch die Verantwortlichkeiten für die Dokumentenerstellung und die Dokumentenpflege regeln.

Wichtig ist, dass Dokumente und Aufzeichnungen, d. h. Nachweisdokumente, unterschiedlich zu verwalten sind. Wie bereits in *Abschnitt 1.6.4* beschrieben, definiert die Qualitätsmanagementnorm DIN EN ISO 9001 in der Fassung von 2008 die beiden Verfahren zur Lenkung von Dokumenten und zur Lenkung von Aufzeichnungen. Und auch wenn die ISO 9001 entsprechend den aktuellen Vorgaben der International Standard Organisation die strenge Unterscheidung von Dokumenten und Aufzeichnungen aufgegeben hat, liefert sie in der benannten Fassung wertvolle Hinweise für die praktische Umsetzung.

Dokumente unterliegen formalen Anforderungen und müssen revisorische Anforderungen an Nachvollziehbarkeit, Vollständigkeit, Aktualität und Richtigkeit erfüllen. Typische Dokumente sind Konzepte, Prozessbeschreibungen, Richtliniendokumente, Handbücher, SLAs u. a. Für die Lenkung von Dokumenten fordert die Norm folgendes Verfahren:

»4.2.3 Lenkung von Dokumenten [...]

Ein dokumentiertes Verfahren zur Festlegung der erforderlichen Lenkungsmaßnahmen muss eingeführt werden, um

a) *Dokumente bezüglich ihrer Angemessenheit vor ihrer Herausgabe zu genehmigen,*

b) *Dokumente zu bewerten, sie bei Bedarf zu aktualisieren und erneut zu genehmigen,*

c) *sicherzustellen, dass Änderungen und der aktuelle Überarbeitungsstatus von Dokumenten gekennzeichnet werden,*

d) *sicherzustellen, dass gültige Fassungen zutreffender Dokumente an den jeweiligen Einsatzorten verfügbar sind,*

e) *sicherzustellen, dass Dokumente lesbar und leicht erkennbar bleiben,*

f) *sicherzustellen, dass Dokumente externer Herkunft, die die Organisation als notwendig für die Planung und den Betrieb des Qualitätsmanagementsystems eingestuft hat, gekennzeichnet werden und ihre Verteilung gelenkt wird, und*

g) *die unbeabsichtigte Verwendung veralteter Dokumente zu verhindern und diese in geeigneter Weise zu kennzeichnen, falls sie aus irgendeinem Grund aufbewahrt werden.«* (9001:2008)

Jedes Dokument durchläuft von der ersten Arbeitsversion bis zu seiner endgültigen (finalen) Version verschiedene Phasen, einige davon auch mehrfach. Es ist demnach sicherzustellen, dass Dokumente während ihres gesamten Lebenszyklus gesteuert werden, was Regelungen für die folgenden Stadien erfordert.

Bild 6.7 zeigt den Zyklus, den ein Dokument von seiner Erstellung über die Verwendung bis zum Löschen bzw. bis zum Sichern in einem Langzeitarchiv und der endgültigen Löschung durchläuft.

Welche organisatorischen Anforderungen innerhalb jeder Phase zu beachten sind, wird im Folgenden erläutert.

Document Lifecycle Management (DLM)

Im Zusammenhang mit Dokumentenmanagementsystemen taucht in der Literatur auch immer wieder der Begriff *Document Lifecycle Management (DLM)* auf. DLM beschreibt die automatisierte Verwaltung und Kontrolle elektronischer Dokumente während ihrer gesamten Lebensdauer innerhalb einer Organisation – von ihrer Erstellung bis zu ihrer Löschung. ■

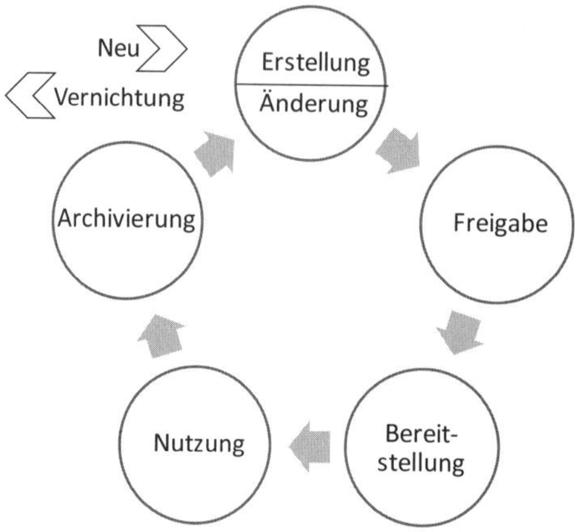

Bild 6.7
Jedes Dokument durchläuft verschiedene Phasen während seines Lebenszyklus.

Erstellung und Freigabe

Der Lebenszyklus eines Dokuments beginnt mit dessen Erstellung. Ein entsprechendes Verfahren muss die Erstellung von Dokumenten regeln und vor allem definieren, wie die Qualitätssicherung und die Dokumentenfreigabe erfolgen. Ein solches Verfahren ist auch eine wichtige Compliance-Anforderung.

Die Qualitätssicherung und Freigabe bilden einen mehrstufigen Prozess. Bei jeder Stufe sollten die folgenden grundsätzlichen Punkte überprüft werden:

- Übereinstimmung mit den im Dokumentationskonzept definierten formalen Anforderungen,
- Übereinstimmung mit den Anforderungen des Auftraggebers,
- formale und inhaltliche Vollständigkeit,
- technische Angemessenheit und Durchführbarkeit,
- sachliche Richtigkeit,
- Schnittstellen zwischen dem zu prüfenden Dokument und bereits bestehenden Dokumenten.

Wichtig ist bei jeder Qualitätssicherung und Freigabe außerdem die Einhaltung der Regel: Der Qualitätssicherer eines Dokuments darf nicht gleichzeitig der Ersteller sein (Funktionstrennung).

Bereitstellung und Veröffentlichung

Nachdem ein Dokument erstellt und gegebenenfalls freigegeben wurde, ist es in der vorher festgelegten Ablagestruktur für die Nutzung bereitzustellen. Eine der größten Herausforderungen im Umgang mit der IT-Dokumentation stellt die Entwicklung einer sinnvollen Ablagestruktur für die Dokumente dar.

Diese Struktur muss sicherstellen, dass zu jedem Zeitpunkt allen Beteiligten bekannt ist, welchen Status ein Dokument aktuell hat und wo dieses abgelegt ist. Außerdem sollte die Ablage die Services durch eine einfache Bereitstellung aller erforderlichen Dokumente unterstützen. Gleichzeitig müssen Berechtigungen sicherstellen, dass nur berechtigte Personen Zugriff auf die entsprechenden Dokumente erhalten.

Ist es erforderlich, mehrere Versionen von einem Dokument bereitzustellen, muss klar erkennbar sein, welche die aktuell gültige ist. Sinnvollerweise sollten Dokumente nur in einem nicht veränderbaren Format, wie dem PDF-Format, veröffentlicht werden. Außerdem sollte es Regelungen geben, wann und in welcher Art durchgeführte Änderungen zu kommunizieren sind.

Dokumentenänderung

Die meisten Dokumente müssen entweder ab und zu geändert werden oder unterliegen sogar regelmäßigen Überprüfungen. So fordern beispielsweise alle gängigen Standards im Rahmen des kontinuierlichen Verbesserungsprozesses auch eine Überprüfung und Überarbeitung der jeweiligen Dokumente.

Wichtig ist, dass Änderungen standardisiert nach festen Vorgaben erfolgen. So muss zum einen sichergestellt werden, dass definierte Überprüfungszyklen auch nachvollziehbar eingehalten werden. Und auch der Änderungsprozess selbst muss standardisiert erfolgen. Es darf nicht passieren, dass ein Mitarbeiter Änderungen in einem Dokument vornimmt, während andere Mitarbeiter mit »ihrer« Arbeitsversion des Dokuments weiterarbeiten und von den Änderungen nichts mitbekommen.

Auch die eigentlichen Änderungstätigkeiten müssen Regeln unterliegen. Dies gilt umso mehr, wenn ein Dokument gleichzeitig von mehreren Mitarbeitern bearbeitet wird. Beispielsweise ist die noch immer weit verbreitete Praxis, Dokumente per E-Mail zu verschicken, nicht nur eine »wirkungsvolle« Maßnahme, die Postfächer zu füllen, sondern führt zwangsläufig zu einer chaotischen Verbreitung von verschiedenen Arbeitsständen und zu Fragen wie der folgenden: »In welche Version bzw. Kopie hast du gestern eigentlich die Änderungen eingepflegt?«

Nach Abschluss der Änderung muss das Dokument erneut für den Zugriff bereitgestellt werden. Werden Dokumente geändert, die beispielsweise im Intranet veröffentlicht sind, darf die erneute Bereitstellung nicht vergessen werden.

Archivierung

Wie bereits ausgeführt, dient die Archivierung von Dokumenten dazu, die Unveränderbarkeit, langfristige Wiederauffindbarkeit, Wiedergabefähigkeit und jederzeitige Verfügbarkeit eines Dokuments zu gewährleisten.

Das Thema Archivierung und Langzeitspeicherung hat in den letzten Jahren besonders durch rechtliche Vorgaben an Bedeutung gewonnen. Gesetzliche Vorgaben wie die Archivierung, die mit der Verabschiedung der GoBD 2014 noch verschärft wurden (*siehe hierzu Abschnitt 1.2.7*), machen revisionssichere Archiv- und Speichersysteme erforderlich. Eine elektronische Archivierung wird als revisionssicher betrachtet, wenn die Archivsystemlösung den Anforderungen des Handelsgesetzbuchs sowie der Abgabenordnung und den GoBD an die sichere, ordnungsgemäße Aufbewahrung von kaufmännischen Dokumenten entspricht und die Aufbewahrungsfristen von sechs bis zehn Jahren erfüllt. Das HGB und die Abgabenordnung geben die Grundlagen für die Speicherung vor, ohne dabei herkömmliche Papierarchive von elektronischen Systemen zu unterscheiden.

Immer wieder wird die Frage nach dem »richtigen« Speichermedium zur Sicherstellung der gesetzlichen Anforderungen gestellt. Häufig werden WORM-Medien verwendet, die physisch nur einmal beschreibbar sind. Allerdings hängt die Revisionssicherheit nicht nur von den Speichermedien ab. Vielmehr muss das gesamte Verfahren der Archivierung revisionssicher sein. Dies geht über die Frage der Speicherlaufwerke und Speichermedien hinaus und bezieht auch die organisatorischen Prozesse mit ein.

Es sollten Verfahren definiert werden, die die Archivierung von Dokumenten regeln. Einen guten Leitfaden liefert der *VOI – Verband Organisations- und Informationssysteme e. V.* mit seinen zehn Merksätzen zur revisionssicheren Archivierung. Eine erste Version der zehn Merksätze veröffentlichte der VOI bereits in den 1990er-Jahren. Im Mai 2009 wurden diese aktualisiert und können in dieser Version kostenlos von der Website des VOI heruntergeladen werden.

1. *»Jedes Dokument muss nach Maßgabe der rechtlichen und organisationsinternen Anforderungen ordnungsgemäß aufbewahrt werden.*
2. *Die Archivierung hat vollständig zu erfolgen – kein Dokument darf auf dem Weg ins Archiv oder im Archiv selbst verloren gehen.*
3. *Jedes Dokument ist zum organisatorisch frühestmöglichen Zeitpunkt zu archivieren.*
4. *Jedes Dokument muss mit seinem Original übereinstimmen und unveränderbar archiviert werden.*
5. *Jedes Dokument darf nur von entsprechend berechtigten Benutzern eingesehen werden.*
6. *Jedes Dokument muss in angemessener Zeit wiedergefunden und reproduziert werden können.*
7. *Jedes Dokument darf frühestens nach Ablauf seiner Aufbewahrungsfrist vernichtet, d. h. aus dem Archiv gelöscht werden.*
8. *Jede ändernde Aktion im elektronischen Archivsystem muss für Berechtigte nachvollziehbar protokolliert werden.*
9. *Das gesamte organisatorische und technische Verfahren der Archivierung kann von einem sachverständigen Dritten jederzeit geprüft werden.*
10. *Bei allen Migrationen und Änderungen am Archivsystem muss die Einhaltung aller zuvor aufgeführten Grundsätze sichergestellt sein.«* (VOI, 2009)

Dokumentenvernichtung

Wenn ein Dokument nicht mehr in einem Prozess benutzt wird und/oder die gesetzliche Aufbewahrungsfrist abgelaufen ist, sollte es endgültig gelöscht werden.

Es empfiehlt sich, entsprechende Verfahren einzurichten, die ein regelmäßiges und gesetzeskonformes »Aufräumen« sicherstellen. So kann es für einzelne Dokumente erforderlich sein, dass für das Löschen eine gesonderte Freigabe durch die fachverantwortliche Stelle erforderlich ist. Außerdem sollte die Löschung protokolliert werden.

Weitere wichtige Hinweise zum Löschen und Vernichten von Daten und Dokumenten sind auf den Seiten des Bundesamts für Sicherheit in der Informationstechnik (BSI) zu finden.

6.3.2 Regelungen für Aufzeichnungen

Aufzeichnungen dienen der Nachweispflicht für ordnungsgemäße Geschäftsführung und der Einhaltung von Anforderungen. Da Aufzeichnungen nach der Erstellung nicht veränderbar sind, gibt es für diese keine Revisionsstände. Typischerweise handelt es sich bei Protokollen, Systemlogs, ausgefüllten Formularen und Berichten um Aufzeichnungen.

Aus diesem Grund stehen bei Aufzeichnungen die Regelungen für die Aufbewahrung und die Archivierung im Vordergrund. Diese Anforderungen definiert auch die Norm ISO 9001 in dem geforderten Verfahren:

> *»4.2.4 Lenkung von Aufzeichnungen*
>
> *Aufzeichnungen, die erstellt werden, um Nachweise der Konformität mit den Anforderungen und des wirksamen Funktionierens des Qualitätsmanagementsystems bereitzustellen, müssen gelenkt werden.*
>
> *Die Organisation muss ein dokumentiertes Verfahren erstellen, um die Lenkungsmaßnahmen festzulegen, die für die Kennzeichnung, die Aufbewahrung, den Schutz, die Wiederauffindbarkeit und die Aufbewahrungsfrist von Aufzeichnungen sowie die Verfügung über Aufzeichnungen erforderlich sind.*
>
> *Aufzeichnungen müssen lesbar, leicht erkennbar und wiederauffindbar bleiben.«*
> (ISO 9001:2008)

Wie bereits im vorstehenden Abschnitt erläutert, steht die elektronische Archivierung für die unveränderbare, sichere, geordnete und jederzeit zugreifbare langzeitige Aufbewahrung elektronischer Informationen. Für Aufzeichnungen, die per Definition Nachweischarakter haben, sind diese Punkte natürlich umso wichtiger. Es müssen daher Verfahren definiert werden, die eine gesetzeskonforme Archivierung und Löschung von Aufzeichnungen regeln.

6.3.3 Nutzen von Dokumentenmanagementsystemen

Die Hauptaufgabe eines Dokumentenmanagementsystems liegt darin, die definierten Dokumentationsverfahren in einem elektronischen System abzubilden, zu steuern und zu überwachen. Das DMS organisiert dabei Entwurf und Erstellung, Weitergabe und Verteilung, Auffinden sowie die Ablage und Übergabe an ein Archiv oder Löschung der Dokumente. Dabei kann zwischen Dokumentenmanagementsystemen im *engeren* und im *erweiterten* Sinne unterschieden werden.

- **Dokumentenmanagement** beschreibt die meist datenbankgestützte Verwaltung elektronischer Dokumente. Elektronische Dokumente sind entweder digital erzeugte bearbeitbare Dateien oder digitale Kopien eingescannter Papierdokumente.
- Heute wird das Dokumentenmanagement häufig als eine Komponente des übergreifenden **Enterprise Content Management (ECM)** betrachtet. ECM ist ein modernes Kunstwort, das Produkte, Lösungen sowie eine ganze Branche beschreibt und Technologien zur Erfassung, Verwaltung, Speicherung, Bewahrung und Bereitstellung von Daten (Content) und Dokumenten zur Unterstützung von organisatorischen Prozessen im Unternehmen kombiniert.

Unter »klassischen« Dokumentenmanagementsystemen sind solche Lösungen zu verstehen, die die Erstellung, Nutzung und Änderung von Dokumenten unterstützen. Bei ihnen stehen folgende Funktionen im Vordergrund:

- strukturierte Speicherung von Dokumenten,
- Überwachung des Zugriffs auf Dokumente,
- indexgestützte Dokumentensuche,
- Ein- und Auschecken von Dokumenten,
- Versionsmanagement.

Mit den beiden letztgenannten Funktionen unterstützt ein DMS die Erstellung und Änderung von Dokumenten. Das Versionsmanagement kontrolliert die Bearbeitung von Dokumenten, das heißt, Dokumente können zur Bearbeitung aus dem System ausgecheckt und während der Bearbeitungszeit von anderen Benutzern nur angezeigt, jedoch nicht geändert werden. Nach der Bearbeitung wird das Dokument wieder eingecheckt und das DMS vergibt eine neue Versionsnummer. Hierdurch wird verhindert, dass zwei oder mehrere Personen gleichzeitig an einem Dokument arbeiten und ihre Arbeitsergebnisse im schlimmsten Fall gegenseitig löschen. Ebenso sind die Bearbeitungsschritte nachvollziehbar (Historie). Es gibt auch Systeme, die gleichzeitige Änderungen mehrerer Benutzer an einer Datei zulassen. Anschließend werden die Änderungen automatisch oder manuell zusammengeführt.

Kennzeichnend für ein DMS ist die datenbankgestützte Metadatenverwaltung zur indexgestützten Dokumentensuche. Mit Hilfe von Metadaten sind weitaus mehr Informationsfelder recherchierbar, als sie ein Dateisystem zur Verfügung stellt.

Was sind Metadaten?

Als Metadaten (»Daten über Daten«) bzw. Metainformationen werden Daten bezeichnet, die strukturierende Informationen über andere Informationsressourcen enthalten und diese damit besser auffindbar machen. Metadaten liefern also Grundinformationen über ein Dokument, wie zum Beispiel Angaben über den Autor, den Titel, die ISBN-Nummer oder den Zeitpunkt der Veröffentlichung. Sie erleichtern das Auffinden von Dokumenten, weshalb sie insbesondere in Dokumentenmanagementsystemen eine wichtige Rolle spielen.

Eine wesentliche Funktion stellt hierbei die Möglichkeit dar, auswählbare Informationen zu »virtuellen Dokumenten«, sogenannten *»virtuellen Akten«*, zusammenzufassen. Es handelt sich hierbei um eine zusammenhängende Sicht auf die Informationen, die aus den verschiedenen Quellen zusammengeführt werden. Nutzer des DMS können sich in einer virtuellen Akte genau das zusammenstellen, was sie bei Bedarf an Daten in der Dokumentenansicht sehen möchten. Die Inhalte einer Sicht werden dynamisch zur Laufzeit als Sicht erzeugt und in der gewünschten Form, zum Beispiel als tabellarische Darstellung oder in einer Ordnungsstruktur, visualisiert.

Beispiel – Umdenken erforderlich

Aus den genannten Punkten ergeben sich einige grundlegende Unterschiede zur klassischen Dateiablage, wie das nachfolgende Beispiel zeigt: Bei der klassischen Ablage in Verzeichnissen wird in der Regel versucht, möglichst viele Dokumenteigenschaften durch Verwendung einer Ordnerhierarchie zu hinterlegen:

C:\Dokumente\Systemakten\Hardware\Server\Serv4711.doc

In einem DMS erhält das Dokument hingegen parallele Eigenschaften: Es wird der Dokumentenklasse der *Systemakten* zugeordnet, ist eine *Hardwareakte* der Kategorie *Server* mit dem Status *endgültig* und beschreibt den Server *Serv4711*. Gespeichert wird das Dokument in der Datenbank des DMS.

Damit kann dieser Server in beliebigen Suchanfragen gefunden werden:

»Liste alle Systemakten«

»Liste alle Systemakten der Kategorie *Server*«

»Liste alle Hardwareakten mit dem Status *Freigegeben*«

»Zeige die Systemakte für den Server *Serv4711*« ■

Gegenüber den Dokumentenmanagementsystemen im engeren Sinne unterstützen erweiterte Systeme den vollständigen Lebenszyklus von Dokumenten von ihrer Entstehung bis zur ihrer Entsorgung. Erweiterte Systeme ergänzen die klassischen Funktionen eines Dokumentenmanagements mindestens um die beiden Komponenten *Workflow* und *Archivierung*. Dabei müssen nicht alle Komponenten zwangsläufig von einem Hersteller kommen.

Mithilfe der Workflow-Komponente werden die eigentlichen Verfahren und Arbeitsabläufe abgebildet. Beispielsweise können Review- und Freigabeprozesse mithilfe einer Workflow-Komponente gesteuert werden. Sind die Rollen, Ausführungsparameter und die Prozessteilnehmer definiert, kann die Workflow-Komponente den Transfer der Informationen zwischen den Prozessteilnehmern steuern, die Ausführung überwachen und warnen, wenn zum Beispiel Bearbeitungszeiten überschritten werden. Verbunden mit einem DMS ermöglicht das Workflow-Management die vollständige Bearbeitung eines Vorgangs in einem elektronischen Medium vom Anfang bis zum Ende. Die gesamte Vorgangsbearbeitung wird dabei elektronisch gesteuert. Technisch kann es sich bei der Workflow-Komponente um ein Workflow-Management-System oder um ein *Business Process Management System (BPMS)* handeln.

Datensicherung ist keine Archivierung

Auch wenn im Zusammenhang mit Datensicherung der Begriff »Archiv« verwendet wird, ist eine Datensicherung keine Archivierung. Bei der Datensicherung werden im weitesten Sinne Dokumente auf einem Medium (Plattenspeicher, Magnetband usw.) gespeichert und für den Fall aufbewahrt, dass die gespeicherten Originaldokumente wiederhergestellt werden müssen. Archivierung hingegen ist an weitere Regeln gebunden wie: Unveränderbarkeit, langfristige Wiederauffindbarkeit, Wiedergabefähigkeit und jederzeitige Verfügbarkeit. Ein Archiv muss die Langzeitverfügbarkeit gewährleisten. ■

Die Funktionen eines DMS erleichtern die Durchsetzung von Richtlinien und Regelungen für die Dokumentation, sie machen sie aber nicht überflüssig. Seine Aufgabe kann ein DMS nur erfüllen, wenn alle Beteiligten ihre Dokumente entsprechend den Vereinbarungen erfassen und nicht an dem System »vorbeikommen«.

Der mögliche Widerstand der Anwender ist bei der Einführung eines DMS nicht zu unterschätzen. Der wesentliche Vorteil der leichteren und langfristigeren Wiederauffindbarkeit wird nicht allein durch das System sichergestellt, sondern durch Indexierung, Dokumentenklassen und eine entsprechende Verschlagwortung bei der Ablage eines Dokuments. Damit verbunden ist zwangsläufig ein gegenüber der Dokumentenablage im Dateisystem höherer Aufwand bei der Ablage von Dokumenten im Dokumentenmanagementsystem, der nicht selten zu einer Ablehnung des Systems durch die Benutzer führt. Es ist daher wichtig, entsprechende Akzeptanzmaßnahmen zu ergreifen. Hierzu zählt insbesondere eine frühzeitige und transparente Kommunikation mit den Anwendern.

6.3.3.1 Rechtliche Aspekte beim DMS-Einsatz

Bei der gesetzeskonformen Archivierung (hierbei spielt es keine Rolle, ob Dokumente oder E-Mails archiviert werden) müssen Unternehmen auf der einen Seite den Pflichten zur Aufbewahrung von handelsrecht- und steuerlich relevanten Informationen nachkommen, auf der anderen Seite dürfen die dafür gewählten Maßnahmen den Datenschutz und die Privatsphäre der Mitarbeiter nicht verletzen. Vielen Unternehmen, die ein DMS einführen, ist nicht bewusst, dass sie damit im Hinblick auf den Datenschutz und die Sicherheit einige wesentliche Punkte beachten und entsprechende Maßnahmen umsetzen müssen.

Datenschutzrechtliche Aspekte

Beim Einsatz eines Dokumentenmanagementsystems sind die allgemeinen datenschutzrechtlichen Grundsätze zu beachten:

> *»Personenbezogene Daten dürfen nur erhoben, verarbeitet oder sonst genutzt werden, wenn und soweit das zur rechtmäßigen Erfüllung der Aufgaben der Daten verarbeitenden Stelle für den gesetzlich zugelassenen oder durch Einwilligung eröffneten Zweck erforderlich ist. Die Daten verarbeitende oder die in deren Auftrag arbeitende Stelle hat diejenigen technischen und organisatorischen Maßnahmen zu treffen, die erforderlich sind, um den Schutz des informationellen Selbstbestimmungsrechts zu gewährleisten.«* ((BFDI, 2006)

Aus Sicht des Datenschutzes und der Datensicherheit sind daher beim Einsatz eines DMS folgende Punkte zu beachten:

Generelle datenschutzrechtliche Gefahren

In einem DMS werden Informationen häufig fachübergreifend vorgehalten. Dies allein birgt Risiken in Bezug auf das Grundrecht auf informationelle Selbstbestimmung. So können mithilfe des DMS in automatisierter Weise aus einer Datensammlung durch vielfältige Datenverknüpfungen zusätzliche Informationen gewonnen werden. Die ausführlichen Such- und Auswertungsfunktionen eines DMS ermöglichen, falls eine Volltextrecherche zugelassen ist, quasi per Knopfdruck umfassende Recherchen zu einer bestimmten Person. Insbesondere die gezielte Zusammenführung von personenbezogenen Daten aus unterschiedlichen Datenquellen und ihre Auswertung sind gesetzeswidrig im Sinne des Datenschutzes, zumal sie überwiegend ohne Kenntnis der Betroffenen erfolgen. Außerdem ergeben sich daraus möglicherweise Ansätze für eine Arbeitskontrolle zur Leistungsüberwachung, die jedoch gemäß Betriebsverfassungsgesetz untersagt ist.

Gefahren und eine Verletzung der informellen Selbstbestimmung ergeben sich auch aus der langen Aufbewahrungsfrist der Daten. Nach den Datenschutzgesetzen dürfen personenbezogene Daten nur so lange aufbewahrt werden, wie ihre Kenntnis für die verantwortliche Stelle zur Erfüllung ihrer Aufgaben erforderlich ist.

Auswertung von Nutzerverhalten

Dokumentenmanagementsysteme können aber auch zur Ausforschung und zur Verhaltens- und Leistungskontrolle von Mitarbeitern genutzt werden. Insbesondere beim Einsatz eines Workflow-Management-Systems gibt es einige Aspekte, die die Daten verarbeitende Stelle berücksichtigen muss. Hierzu gehören beispielsweise die Abbildung des Bearbeitungswegs sowie die Leistungskontrolle durch eine Überwachung der Verweildauer. Durch die systemgesteuerte Vorgangsbearbeitung werden die Laufwege dokumentiert. Es entsteht eine Fülle zusätzlicher Protokoll- und Verfahrensdaten, die mitarbeiterbezogen ausgewertet werden können. Damit können ohne Weiteres permanente Verhaltens- und Leistungskontrollen der Beschäftigten erfolgen, was jedoch nicht zulässig ist.

Sicherstellung der Vertraulichkeit

Es ist in jeder Phase der Datenverarbeitung sicherzustellen, dass nur befugte Personen Zugriff auf die Daten erlangen. Anwender dürfen nur die Rechte erhalten, die sie für die Erfüllung ihrer dienstlichen Aufgaben benötigen. Dies muss durch ein detailliertes Rollen- und Rechtekonzept sichergestellt werden. Der Einsatz eines DMS erfordert darüber hinaus von datenschutzrechtlicher Seite klare Festlegungen, wer für welche Aufgaben verantwortlich ist und wer die Verantwortung für die Vollständigkeit und Korrektheit der Daten trägt. Beim Einsatz eines DMS sollte deshalb ein gesondertes Datenschutzkonzept mit Bezug auf das DMS erstellt werden.

Weiterhin müssen Dokumente, an die hohe Vertraulichkeitsanforderungen gestellt werden, entsprechend sicher verschlüsselt werden. Die Verschlüsselung sollte sowohl bei der Übertragung der Daten erfolgen als auch eine verschlüsselte Speicherung der Daten umfassen.

Sicherstellung der Integrität

Ein wichtiger Aspekt der gesetzeskonformen Datenhaltung ist der Schutz der Dokumente vor Veränderungen. Die Integrität und Echtheit der Dokumente muss jederzeit sichergestellt und notfalls auch nachzuweisen sein. Eine zentrale Bedeutung beim Einsatz eines DMS kommt daher dem Signieren von Dokumenten zu. Mit einer Signatur wird die Urheberschaft nachweisbar. Signaturen dienen damit der Authentizität, der Integrität, der Revisionsfähigkeit und der Rechtssicherheit. Hierbei ist jedoch zu beachten, dass bei Ablage eines Dokuments verschiedene Daten anfallen, die gegebenenfalls auch unterschiedlich zu behandeln sind:

- Inhalt des Dokuments,
- Metadaten, die formale und inhaltliche Eigenschaften des Dokuments bezeichnen,
- Verfahrensdaten, die Eigenschaften der Organisation bzw. des Workflows, in den das Dokument und Personen eingebunden sind, bezeichnen,
- Protokolldaten, die systemtechnische Aktivitäten und Konfigurationsdaten enthalten.

Hinweis

Eine ausführliche Behandlung aller datenschutzrechtlichen Aspekte beim Einsatz eines DMS ist an dieser Stelle weder möglich noch sinnvoll. Die aufgezeigten Beispiele sollen lediglich auf die Problemfelder hinweisen, die bei der Einführung eines DMS zu beachten sind.

Einen guten Überblick über alle wichtigen Aspekte liefert die »*Orientierungshilfe Datenschutz bei Dokumentenmanagementsystemen*« des Arbeitskreises eGovernment der Konferenz der Datenschutzbeauftragten des Bundes und der Länder. Die Orientierungshilfe stellt die datenschutzrechtlichen und technischen Anforderungen, die zu beachtenden Sicherheitsaspekte und die Architektur des Dokumentenmanagementsystems vor und gibt praktische Hinweise, wie die Anforderungen an ein DMS datenschutzgerecht umgesetzt werden können. Einschränkend ist zu beachten, dass dieser Leitfaden bereits 2006 veröffentlicht wurde und daher die aktuellen gesetzlichen Regelungen nicht beinhaltet. (BFDI, 2006)

6.3.3.2 Planung des DMS ist elementar

Die Einführung eines Dokumentenmanagementsystems als Dokumentationsplattform erfordert eine umfassende Planung. Häufig werden hierbei allerdings vor allem technische Aspekte betrachtet. Wichtig ist aber gerade die fachliche Planung als Dokumentationsplattform. Metadatenmanagement, Taxonomie, Vorlagen und Ansichtenverwaltung sind nur einige Punkte, die eine wichtige Rolle spielen und die geplant und implementiert werden müssen. Leider vermittelt gerade der im Firmenumfeld zunehmend eingesetzte Microsoft SharePoint Server den Eindruck, dass Out-of-the-Box alles funktioniert und passt. Allerdings bietet Microsoft SharePoint dann nicht sehr viel mehr als eine bessere Dateiablage, die kaum Mehrwert bietet und von den Mitarbeitern nicht oder nur widerwillig genutzt wird, eine Erfahrung, die die Autoren häufig machen.

Die nachstehende Auflistung zeigt die wichtigsten Punkte, die in einem DNS-Konzept berücksichtigt werden sollten, am Beispiel von Microsoft SharePoint Server. Bei Microsoft SharePoint handelt es sich um eine Portal-Software zur Zusammenführung verschiedenster Anwendungen, Informationen und Datenquellen unter einer einheitlichen Weboberfläche. Die Dokumentenmanagementoptionen von Microsoft SharePoint liefern für alle der im vorstehenden Abschnitt genannten Anforderungen Standardfunktionen. Die zentrale Komponente zur Verwaltung von Dokumenten sind die sogenannten »Bibliotheken«. Hierbei handelt es sich um eine spezielle Form von Listen, die als Sammelbecken für verschiedenste Dateien unterschiedlichen Typs fungieren. Nähere Informationen zur Dokumentenverwaltung mit Microsoft SharePoint finden Sie in *Kapitel 7 in Abschnitt 7.7.2*.

Mögliche Inhalte eines DMS-Konzepts:

- Website-Struktur (Site Collection, Sites, Sub-Sites),
- Benutzer- und Rechteverwaltung
  - Gruppen

  - Zugriffsrechte
  - Vererbung
- Konfiguration der Dokumentbibliotheken (Inhaltsorganisation)
  - Dokumenten-ID
  - Metadatenmanagement
  - Taxonomie
- Dokumentenerstellung und Verwaltung
  - Vorlagen
  - Versionierung
    - Einstellungen
    - Verwaltung von Draft-Versionen
    - Veröffentlichungen
- Workflows
- Archivierung
  - Archivsystem
  - Regeln
- Datensicherheit und Datenschutz

Hinsichtlich Revisionssicherheit ist zu beachten, dass Microsoft Sharepoint Out-of-the-Box keine revisionssichere Speicherung und Archivierung unterstützt. Zwar können Richtlinien definiert werden, nach denen sich Dokumente automatisch archivieren, in PDF-Dateien umwandeln, verschieben, löschen oder wiederherstellen lassen, doch Revisionssicherheit wird nur durch den Einsatz von zusätzlichen Tools erreicht.

6.4 Die Erstellung von »Prosa-Dokumenten« optimieren

In diesem Abschnitt steht die Erstellung von anforderungsgerechten und zielgruppenorientierten Dokumenten im Vordergrund. Denn obwohl, wie im Buch vorgestellt, nicht in allen Bereichen Dokumente in Prosa erforderlich sind bzw. die Pflege der Dokumentation zum Beispiel in einem WIKI-System möglich ist, gehört Word immer noch zu den am häufigsten eingesetzten Dokumentationstools. Trotzdem machen die Autoren immer wieder die Erfahrung, dass beim Umgang mit Word elementare Fehler gemacht werden, die die Pflege der Dokumente erschweren.

Die Erstellung eines Dokuments darf aber nicht nur aus formaler Sicht betrachtet werden. Viele Fehler passieren im organisatorischen Bereich. Wurden beispielsweise bei der Informationssammlung wichtige Vorläuferdokumente übersehen und daher nicht berücksichtigt, kann auch ein formal perfektes Dokument die inhaltlichen Mängel nicht ausgleichen. Außerdem ist es beispielsweise wichtig zu klären, wie sich das zu erstellende Dokument in diese einfügen soll. Werden beispielsweise automatisiert mit einem Inventarisierungstool Systemakten für alle Server erstellt, ist es unnötig, im zu erstellenden Betriebshandbuch die IP-Konfiguration des Servers auszuführen. Dies schafft Redundanzen, die die Pflege der Dokumente später immens erhöhen.

Der Abschnitt bietet deshalb auch Hilfen und Anregungen zur Optimierung der Vorgehensweise bei der Erstellung von Dokumenten, beispielsweise durch Einsatz von Mindmaps. Gleichzeitig können Sie die hier zu findenden Anleitungen und Tipps für die Erstellung eigener Arbeitsanleitungen verwenden.

6.4.1 Microsoft Word optimal nutzen

Ein im Administrationsumfeld häufig gehörter Satz lautet: »Mit Office kenne ich mich nicht so gut aus.« Dementsprechend wird beispielsweise Word immer noch als eine bessere Schreibmaschine eingesetzt. Das ist schade, denn in aller Regel stellen die Office-Produkte das wichtigste Handwerkszeug für jeden dar, der in irgendeiner Weise Dokumente zu erstellen hat. Und Dokumente zu erstellen, ohne die wichtigsten Funktionen von Office zu beherrschen, erschwert nicht nur die Erstellung, sondern – bei daraus resultierender falscher Anwendung der Funktionen – vor allem auch die Pflege der Dokumente bei erforderlichen Änderungen.

Microsoft Word bietet eine Vielzahl an Funktionen, die nicht nur dem Dokumentersteller, sondern auch dem Nutzer von Dokumenten das Leben sehr erleichtern können. Und die Kenntnis einiger nützlicher Funktionen, aber auch das Wissen um einige Stolpersteine können das Erstellen und Nutzen von Microsoft-Office-Dokumenten deutlich vereinfachen.

Natürlich lassen sich Dokumente auch mit anderen Textverarbeitungsprogrammen (zum Beispiel mithilfe der Bürosuite von OpenOffice) erstellen. Ebenso können auch anspruchsvollere DTP-Programme wie beispielsweise Adobe FrameMaker verwendet werden, die umfangreichere Layoutmöglichkeiten bieten. So findet man in FrameMaker unter anderem eine integrierte Buchfunktion, die es erlaubt, mehrere Dokumente zu einem Dokument zusammenzufassen. Im Unternehmensumfeld ist Microsoft Word aber immer noch das am häufigsten eingesetzte Textverarbeitungsprogramm, was dessen Auswahl begründet.

Anleitungen bereitstellen

Es wird heute üblicherweise erwartet, dass jeder mit Office-Anwendungen wie Word und Excel umgehen kann. Daher findet man in fast keinem Unternehmensintranet Hilfestellungen zur Nutzung dieser Programme.

Es ist aber durchaus sinnvoll, den Anwendern eine kurze Anleitung zum Umgang mit den zu nutzenden Funktionen zur Verfügung zu stellen. Die Ausführungen in diesem Abschnitt können hierbei als Vorlage dienen. ■

Die nachstehend vorgestellten Beispiele zu den Office-Produkten basieren auf Office Professional 2013. Die dargestellten Funktionen können in gleicher oder ähnlicher Weise auch bei den Vorgängerversionen eingesetzt werden. Hierbei ist zu berücksichtigen, dass Microsoft mit der Einführung von Office 2007 eine grundsätzliche Neustrukturierung vor allem bei der Benutzeroberfläche vollzogen hat und statt der vertrauten Menübefehle nun sogenannte Menübänder und Register die Oberfläche prägen. Eine direkte Umsetzung der vorgestellten Funktionen ist daher nur mit der Version 2010 und 2013 möglich.

6.4.1.1 Wichtige Funktionen im Backstage-Bereich

Ein Klick auf das Register DATEI öffnet die Backstage-Ansicht von Office-Dokumenten ab der Version 2010. Während das Menüband alle Befehle für die Arbeit in einem Dokument enthält, sind hier alle Befehle für die Verwaltung von Dokumenten und der zugehörigen Daten zu finden. Dazu zählen alle Funktionen zum Erstellen, Speichern, Drucken und Senden von Dokumenten. Weiterhin können hier u.a. Informationen zum Dokument angezeigt, die Dokumenteigenschaften verwaltet, Dokumente auf verborgene Metadaten oder persönliche Daten überprüft und Optionen festgelegt werden.

Mit einem Klick auf das Register START oder durch Verwendung der ESC-Taste auf der Tastatur kann der Backstage-Bereich wieder verlassen werden.

Bild 6.8 Dokumentinformationen können in der Backstage-Ansicht im Bereich Informationen verwaltet werden.

Dokumenteigenschaften sinnvoll nutzen

Wie bereits mehrfach erläutert, gibt es Mindestanforderungen an die formale Kennzeichnung von Dokumenten. So ist es beispielsweise erforderlich, dass u.a. der Dokumentverantwortliche, die Versionsnummer, das Datum der letzten Bearbeitung und der aktuelle Bearbeitungsstatuts im Dokument benannt sind.

Einige dieser Informationen dürfen aber beispielsweise nicht nur auf dem Deckblatt stehen, sondern sollten, neben der Seitennummerierung, in der Kopf- bzw. Fußzeile jeder Seite zu finden sein. Hintergrund dabei ist, dass es bei einem revisionssicheren Dokument möglich sein muss, jede einzelne Seite eindeutig dem Dokument zuzuordnen. Das hierfür üblicherweise zitierte Beispiel ist ein Windstoß, der mehrere Dokumente durcheinanderwirbelt. Alle Einzelseiten müssen sich anschließend wieder zweifelsfrei den richtigen Dokumenten zuordnen lassen.

Dies aber bedeutet, dass einige Attribute, wie beispielsweise der Bearbeitungsstatus, an verschiedenen Stellen im Dokument gepflegt werden müssen, was erfahrungsgemäß unweigerlich zu Inkonsistenzen führt. Abhilfe schafft die Verwendung von *Feldfunktionen*. Microsoft Word bietet die Möglichkeit, eine Vielzahl von Informationen so einzufügen, dass diese automatisch aktualisiert werden. Beispielsweise können das aktuelle Datum oder die Seitenzahl als ein derartiges Feld eingefügt werden.

Darüber hinaus sind aber auch alle in den Dokumenteigenschaften verfügbaren Attribute als Felder verfügbar und können beispielsweise in die Fußzeile eingefügt werden. Wird Word in den Versionen 2010 oder 2013 eingesetzt, können die Dokumenteigenschaften in der sogenannten »Backstage-Ansicht« eingetragen bzw. gepflegt werden, die über das Register DATEI zu erreichen ist. Im Bereich INFORMATIONEN sind hier die wichtigsten Dokumentinformationen zu finden und können bearbeitet werden.

Mithilfe eines Klicks auf EIGENSCHAFTEN kann darüber hinaus u.a. die auch in den Vorgängerversionen enthaltene Registerkarte ANPASSEN geöffnet werden, in der eine bedeutend umfassendere Verwaltung der Dokumentinformationen möglich ist.

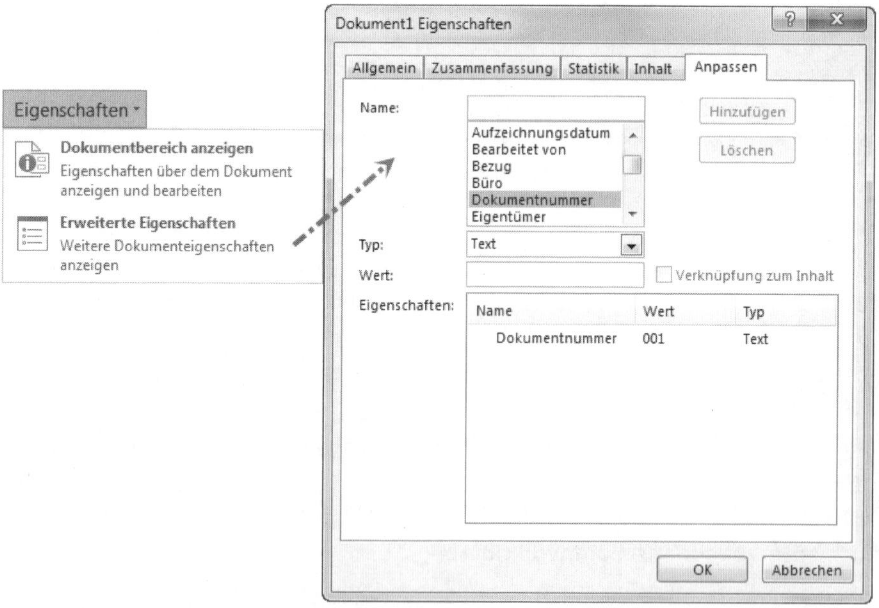

Bild 6.9 ERWEITERTE EIGENSCHAFTEN öffnet die aus den Vorgängerversionen bekannte Eigenschaften-Dialogbox.

Alle Dokumentinformationen können entweder als Feld oder als Inhaltssteuerelement an beliebiger Stelle im Dokument eingefügt werden. Die entsprechenden Optionen sind im Register EINFÜGEN in der Gruppe TEXT unter SCHNELLBAUSTEINE zu finden.

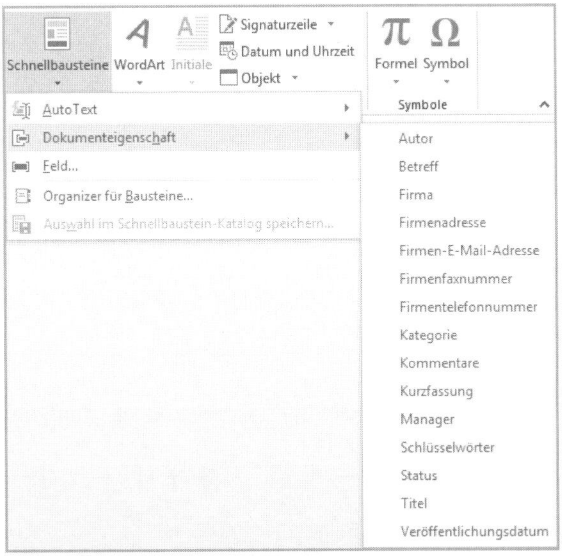

Bild 6.10 Dokumenteigenschaften können an beliebiger Stelle im Dokument eingefügt werden.

Formulare und Steuerelemente verwenden

Im Register ENTWICKLERTOOLS sind die aus den Vorgängerversionen bekannten Symbolleisten FORMULAR und STEUERELEMENTE-TOOLBOX vereint. (Achtung: Das Register ENTWICKLERTOOLS ist standardmäßig ausgeblendet.) Die Steuerelemente werden hier als Inhaltssteuerelemente bezeichnet und können zur Erstellung von Formularen verwendet werden. Anhand von Inhaltssteuerelementen lässt sich ein Formular so gestalten, dass es einfach und schnell ausgefüllt und gedruckt werden kann. Die Inhaltssteuerelemente dienen dabei nicht nur als Platzhalter für die Benutzereingaben, sondern sie vereinfachen auch das Ausfüllen, wie das nachstehende Beispiel zeigt.

Zusammenarbeit mit Microsoft SharePoint

Bereits mit Office 2010 sind viele Neuerungen und Erweiterungen in die Office-Produkte eingeflossen, die eine Zusammenarbeit mit SharePoint unterstützen. Die stärkste Integration erfuhren dabei Word, Excel und PowerPoint, wobei auch Outlook an Funktionen in Richtung SharePoint-Integration zugelegt hat.

Beispielsweise ist es möglich, in der Backstage-Ansicht direkt Dokumente zu öffnen, die entweder im eigenen OneDrive- bzw. im OneDrive for Business-Bereich oder aber in einer Bibliothek auf einer SharePoint-Website gespeichert sind. *OneDrive* hieß zunächst *Skydrive* und hatte das bei den Vorgängerversionen verfügbare Produkt *SharePoint Workspace* ersetzt, das vorrangig eine Offline-Bearbeitung der SharePoint-Dateien ermöglichte. Mit Hilfe des auf dem Clientrechner lokal installierten OneDrive-Synchronisierungsclients können die Dokumente in der OneDrive- oder einer SharePoint-Bibliothek mit den lokal gespeicherten Dokumenten synchronisiert werden. Die OneDrive-Sync-Funktion steht in Verbindung mit Office-365- und SharePoint-Online-Abonnements sowie lokalen SharePoint-Server-2013-Installationen zur Verfügung, vorausgesetzt, auf dem Clientrechner ist Office 2013 installiert.

Nähere Erläuterungen zu Microsoft SharePoint

Nähere Informationen zu den Dokumentenmanagementfunktionen von Microsoft Sharepoint finden Sie in *Kapitel 7 in Abschnitt 7.7.2.*

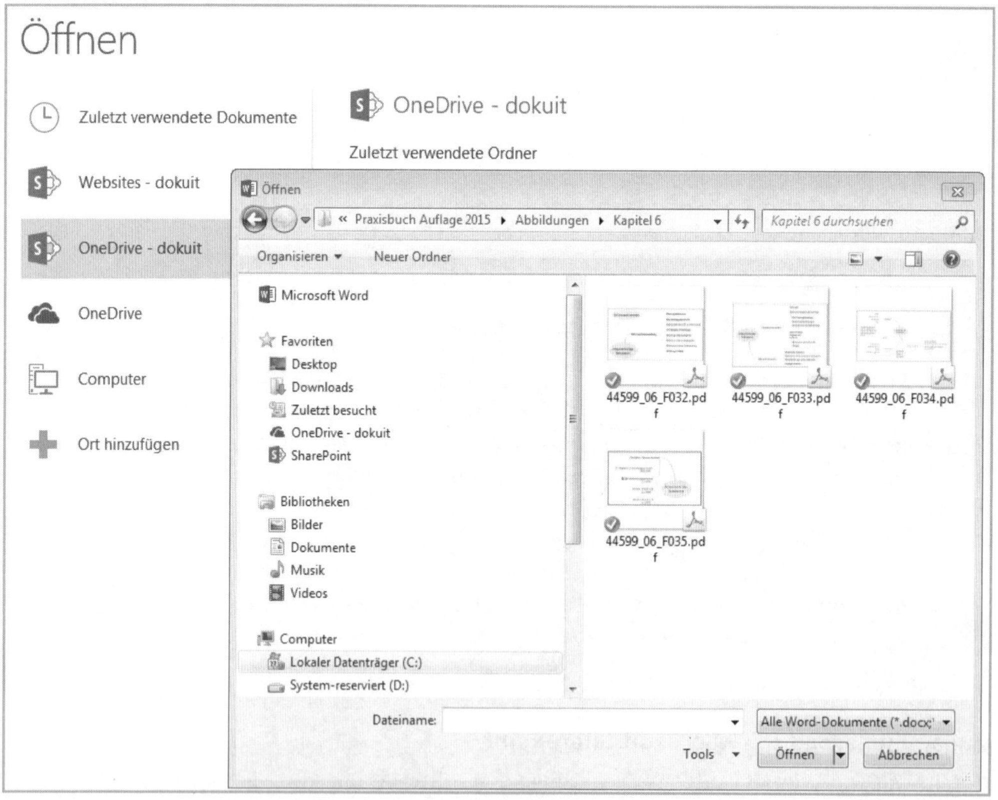

Bild 6.11 Auch auf einem SharePoint Server gespeicherte Dokumente können direkt im Backstage-Bereich geöffnet werden (erkennbar am Synchronisierungsstatus)

Erfordert die Bearbeitung eines Dokuments ein Auschecken, so ist auch dies möglich, ohne dass die gewohnte Umgebung verlassen werden muss. Darüber hinaus stehen zur Verwaltung der Dokumentversionen verschiedene Möglichkeiten zur Verfügung. Werden beispielsweise Haupt- und Nebenversionen verwaltet, kann auch ein getrennter Vergleich des aktuellen Dokuments mit der jeweils auf dem Server gespeicherten Version durchgeführt werden.

Zusätzlich ist im Backstage-Bereich ein Zugriff auf die im OneDrive-Bereich abgelegten Dokumente möglich. Leider hat Microsoft hier mit der Namensauswahl für Verwirrung gesorgt. Denn im Gegensatz zu *OneDrive for Business* handelt es sich bei *OneDrive* um einen kostenlosen Online-Speicherplatz in der Cloud. Mit Hilfe der von Microsoft angebotenen OneDrive-App ist es möglich, Daten auf OneDrive.com hochzuladen. Alle Dateien, die in diesen Ordner geschoben werden, werden automatisch zwischen dem lokalen Computer und OneDrive abgeglichen. Der kostenlose Speicherplatz beträgt 15 GB. Microsoft-Office-365-Kunden erhalten zusätzlich 100 GB freigeschaltet. Aber auch nicht Office-365-Kunden können sich durch Nutzung verschiedener Aktionen bis zu 100 GB kostenlosen Speicherplatz sichern. Um OneDrive nutzen zu können, benötigt man zwingend ein Microsoft-Konto, mit dem man sich mit einem dazugehörigen Passwort an der Cloud anmelden kann.

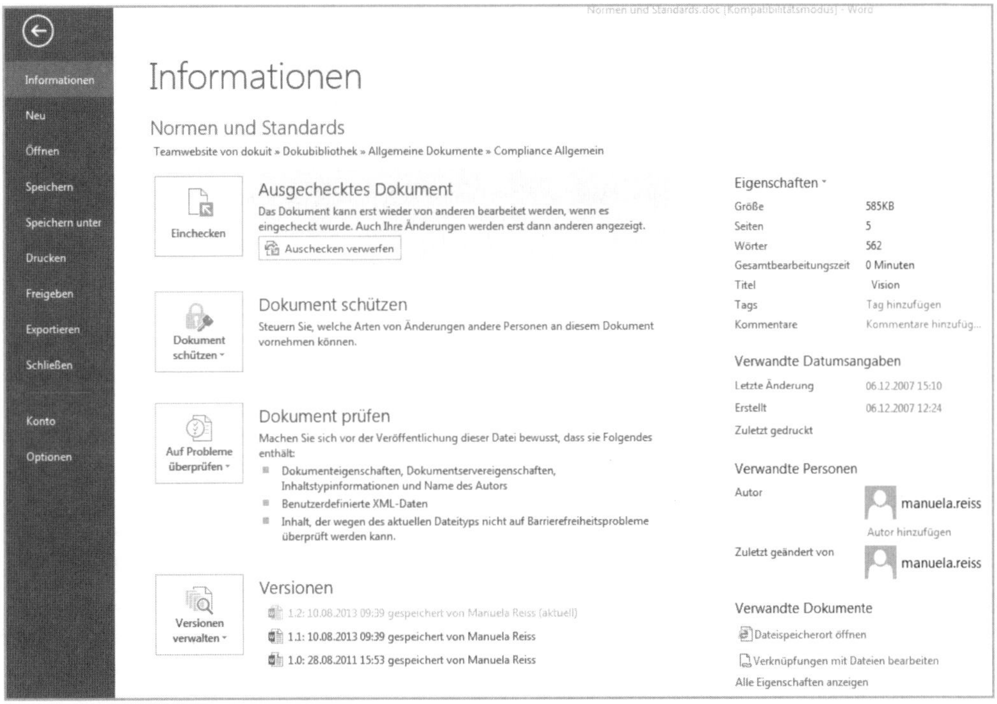

Bild 6.12 Word 2013 unterstützt alle SharePoint-Funktionen zur Bearbeitung von Dokumenten.

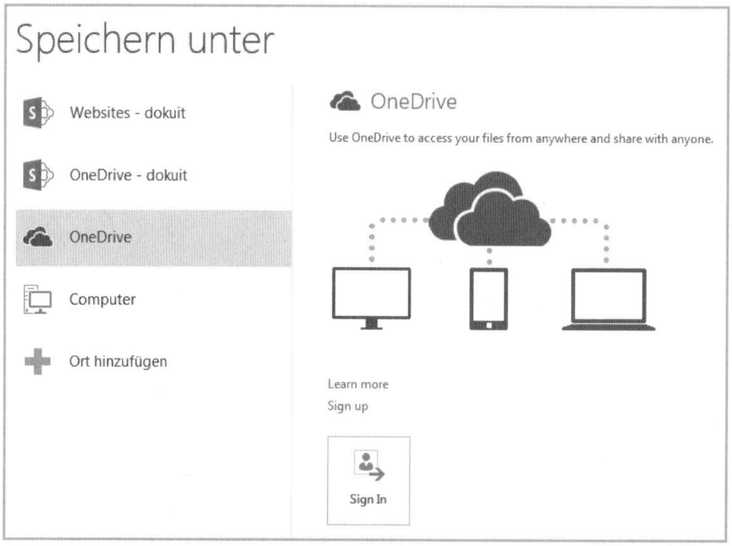

Bild 6.13 OneDrive (nicht zu verwechseln mit OneDrive for Business) bietet kostenlosen Speicherplatz in der Cloud.

6.4.1.2 Formatvorlagen erleichtern die Standardisierung

Ein Thema, um das man weder bei der Erstellung einer Dokumentvorlage noch bei deren Nutzung herumkommt, sind die *Formatvorlagen*. Hinter einer Formatvorlage (nicht zu verwechseln mit der Dokumentvorlage!) verbirgt sich eine Gruppe von Formatierungsmerkmalen, die auf einfache Weise Text, Absätzen, Tabellen oder Listen im Dokument zugewiesen werden kann. Der zuvor markierte Bereich übernimmt in einem Schritt alle in der Formatvorlage hinterlegten Formatierungen. Anstatt beispielsweise alle Überschriften in drei Einzelschritten zentriert und in 16 Punkt Arial zu formatieren, kann mithilfe einer zuvor erstellten Formatvorlage das gleiche Ergebnis durch Zuweisen einer Formatvorlage in einem Schritt erzielt werden.

Fast noch entscheidender aber sind die Möglichkeiten, die Formatvorlagen in Bezug auf nachträgliche Änderungen bieten. Soll in dem zuvor gewählten Beispiel die Schriftgröße aller Überschriften auf 18 Punkt geändert werden, genügt eine Anpassung der Formatvorlage, um die Änderung durchzuführen. Direkte (sogenannte »harte«) Formatierungen sollten also so weit wie möglich unterbleiben, da diese bei nachträglichen Änderungen erheblichen manuellen Aufwand verursachen. Formatvorlagen gehören somit zu den wichtigsten Werkzeugen, um Dokumente komfortabel zu formatieren. Außerdem ermöglichen sie es, und dieser Umstand ist mindestens genauso entscheidend, einen Standard im Layout durchzusetzen.

Allerdings machen die vielschichtigen Einsatzmöglichkeiten von Formatvorlagen diese zu einem sehr komplexen Thema. Die nachstehenden Ausführungen beschränken sich daher auf die wichtigsten Aspekte und Stolperfallen im Umgang mit Formatvorlagen. Für eine eingehende Beschäftigung mit dem Thema kann hier nur auf die umfangreiche Literatur und auf die umfassenden Erläuterungen in der Word-Hilfe verwiesen werden.

Die Standardformatvorlage bestimmt das Layout

Öffnet man ein neues Dokument ohne Auswahl einer Dokumentvorlage, so erstellt man automatisch ein Dokument, das auf der Standarddokumentvorlage *Normal.dotm* basiert. In dieser Dokumentvorlage befindet sich die Formatvorlage *Standard*, die unter anderem die standardmäßig verwendete Schriftart und Schriftgröße festlegt.

Soll nun beispielsweise die Standardschrift für alle Dokumente auf Arial 11 Punkt festgelegt werden, muss diese Formatvorlage geändert werden. Dies ist möglich, indem in der Dialogbox SCHRIFTART zunächst die gewünschte Schriftart und Größe festgelegt und anschließend die Option ALS STANDARD FESTLEGEN gewählt werden. Alternativ kann die im Schnellformatvorlagen-Katalog befindliche Standardformatvorlage mithilfe der u. a. im Kontextmenü zu findenden Option ÄNDERN angepasst werden.

Mit dieser Vorgehensweise wird die Standardschriftart für alle Dokumente geändert, für deren Erstellung nicht explizit eine Dokumentvorlage ausgewählt wird. Werden, wie empfohlen, Dokumentvorlagen eingesetzt, muss die Standardschriftart in jeder Dokumentvorlage einmalig geändert werden. Dazu ist entweder die Vorlage oder ein neues Dokument auf der Basis der gewünschten Vorlage zu öffnen. Die weitere Vorgehensweise ist dann identisch mit der zuvor beschriebenen.

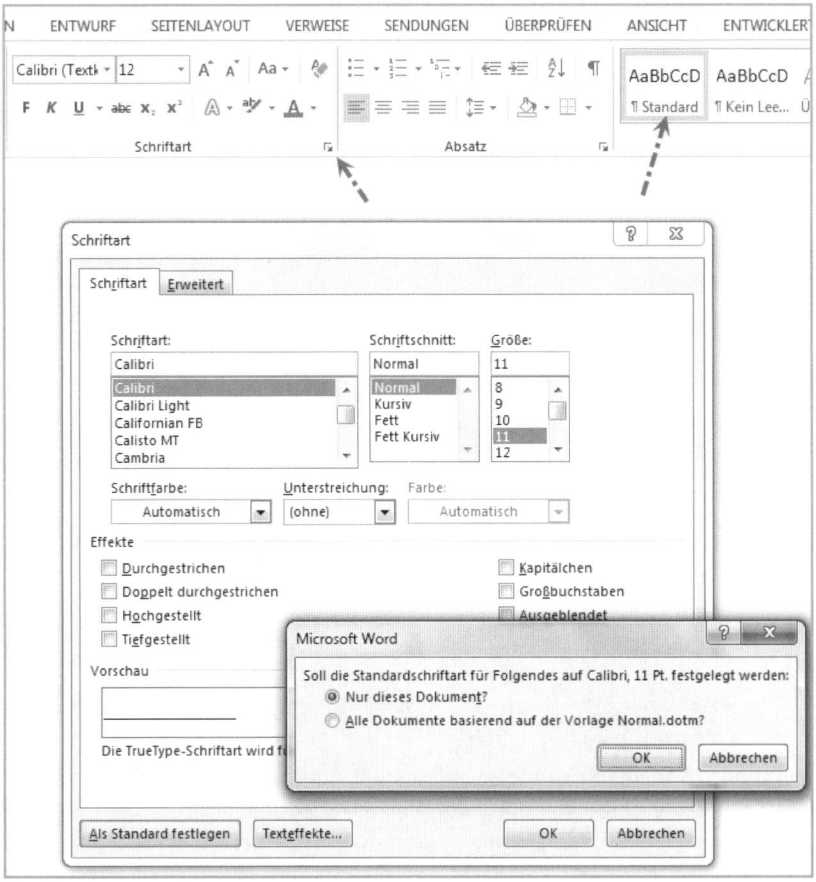

Bild 6.14 Standardschriftart für die Vorlage Normal.dotm ändern

Die richtige Schriftart finden

Ein gutes Layout erleichtert die Lesbarkeit von Dokumenten. Aber gerade beim Erstellen technischer Dokumentationen wird der Faktor Layout oftmals vernachlässigt, was dazu führt, dass die fachlich ausgerichteten und damit oftmals nicht leicht zu lesenden Texte für den Leser noch schwerer zu erfassen sind. Mit einem guten Layout kann viel für die Lesefreundlichkeit erreicht werden. Daher gilt es im ersten Schritt, den Satzspiegel und die Druckformate (d.h. die Schriftart und die Schriftgrößen) festzulegen.

Als gar nicht so einfach kann sich die Wahl der Standardschrift erweisen. Üblicherweise werden hierfür die beiden Schriftarten Times oder Arial gewählt. Und in den letzten Jahren hat zusätzlich die Schriftart Calibri an Beliebtheit gewonnen. Calibri ist Teil einer Reihe von Schriftarten, die mit Microsoft Windows Vista eingeführt wurden und seit der Version 2007 in Microsoft Office enthalten sind.

Bei Times bzw. Times New Roman (TNR) handelt es sich um eine Serifenschrift. Gedacht sind die Serifen als haarfeine Akzente, die den lesenden Blick unaufdringlich unterstützen, daher gelten sie bei gedrucktem Text als besser lesbar. Längere Texte werden deshalb meist in einer Serifenschrift gedruckt. Serifenlose Schriften, wie beispielsweise Arial, Helvetica oder Calibri, werden dagegen eher für kurze Texte und Überschriften eingesetzt. Daher ist Calibri eine beliebte Schriftart für PowerPoint-Präsentationen. Gut kombinieren lässt sich eine serifenlose Schrift für Überschriften und Bildunterschriften mit einer Serifenschrift für den Haupttext und die Marginalspalte.

Leider verkehren sich die Vorteile der Serifenschrift bei der Betrachtung am Bildschirm in Nachteile: Buchstaben und Wortbilder fransen optisch aus und verschwimmen, das Schriftbild wird undeutlich, das Lesen wird anstrengend. Für das Lesen am Bildschirm sind serifenlose Schriften wie Arial daher besser geeignet, dies gilt insbesondere für kleine Schriftgrößen. Einige Schriftarten wurden speziell für die Betrachtung am Bildschirm entwickelt bzw. verbessert. Hierzu zählen unter anderem Verdana, Tahoma, Trebuchet, Georgia und einige Lucida-Schnitte. Bei der Auswahl der Standardschrift sollte daher beachtet werden, welches Medium hauptsächlich zum Lesen der Dokumente eingesetzt wird.

Beachtung verdient auch die Wahl der Schriftgrößen. Hier können folgende Werte als Anhaltspunkte dienen:

- **Überschriften:** 13–17 Punkt. Werden mehrere Überschriftenebenen benötigt, ist natürlich eine entsprechende Abstufung nötig, die durch Auszeichnungen wie Fett oder Kursiv bzw. Einrückungen ergänzt werden kann.
- **Haupttext:** 10–12 Punkt
- **Bild- und Tabellenunterschriften:** 7–9 Punkt

Textauszeichnungen sparsam einsetzen

Ein Mix aus mehreren Schriftarten oder zu vielen Schriftgraden sollte vermieden werden, da dies das Dokument unruhig macht und die Lesbarkeit erschwert.

In den aktuellen Microsoft-Word-Versionen bietet Word zahlreiche erweiterte Formatierungsmöglichkeiten und Effekte. Grundsätzlich aber sollten vor allem Textauszeichnungen sparsam eingesetzt werden. Werden zu viele Formatierungen angewendet, wirkt der Text nicht nur unruhig, sondern er vermittelt auch schnell den Eindruck von Beliebigkeit. Dies gilt insbesondere für Doppelauszeichnungen, wie beispielsweise fett und unterstrichen. Textauszeichnungen sollten gezielt eingesetzt werden, damit sie ihren Zweck erfüllen. In diesem Fall ist wieder einmal weniger mehr. ■

Arbeiten mit Überschriftenformatvorlagen

Dokumente werden mithilfe von Überschriften strukturiert. Diese sollen sich durch Schriftauszeichnungen wie fette Schrift oder größere Schriftgrade hervorheben. Da es bei der Erstellung von Dokumenten vor allem auf Konsistenz ankommt, ist es hilfreich, wenn Überschriften derselben Ordnung sofort an der Schriftart, Schriftgröße und den Auszeichnungen erkannt werden. Es wäre nun aber fatal, jede Überschrift manuell zu gestalten. Auch für die Gestaltung von Überschriften sollten stets Formatvorlagen verwendet werden.

Werden unternehmensspezifische Dokumentvorlagen bereitgestellt, enthalten diese häufig auch individuell angepasste Überschriftenformatvorlagen. Anderenfalls sollten die standardmäßig mitgelieferten Überschriftenformatvorlagen *Überschrift 1 bis 9* verwendet werden. Überschriftenformatvorlagen beinhalten eine automatische Nummerierungsfunktion. Damit ist es möglich, Überschriften nicht nur herausgehoben zu formatieren, sondern auch entsprechend der Gliederungsebene zu nummerieren. Zusätzlich kann bei Verwendung von Überschriftenformatvorlagen ohne weitere manuelle Eingriffe das Inhaltsverzeichnis aus den damit formatierten Überschriften generiert werden.

Der Zugriff auf die Formatvorlagen ist am einfachsten über den sogenannten *Schnellformatvorlagen-Katalog* möglich. Dieser befindet sich auf der Registerkarte START in der Gruppe FORMATVORLAGEN und enthält standardmäßig die wichtigsten der mitgelieferten Formatvorlagen, darunter auch die Formatvorlagen für Überschriften.

Bild 6.15 Vordefinierte Überschriftenformatvorlagen erleichtern das Erstellen gegliederter Dokumente.

Formatvorlagen erstellen und anpassen

Es ist auch möglich, eigene Formatvorlagen als Überschriftenformatvorlagen zu erstellen. Im Sinne einer Dokumentenstandardisierung sollten diese jedoch zentral festgelegt und in einer allgemeingültigen Dokumentvorlage verfügbar sein.

Zur Erstellung und Anpassung der in diesem Kapitel vorgestellten Formatvorlagen gibt es diverse Vorgehensweisen. Eine Möglichkeit stellt die nachstehend gezeigte Dialogbox zur Verwaltung von Formatvorlagen dar, die mittels der im Formatvorlagenkatalog zu findenden Option FORMATVORLAGEN VERWALTEN angezeigt werden kann. Hier werden alle mitgelieferten und selbst erstellten Formatvorlagen aufgelistet und können mit umfangreichen Funktionen verwaltet werden. Auch das Erstellen neuer Formatvorlagen ist hier möglich.

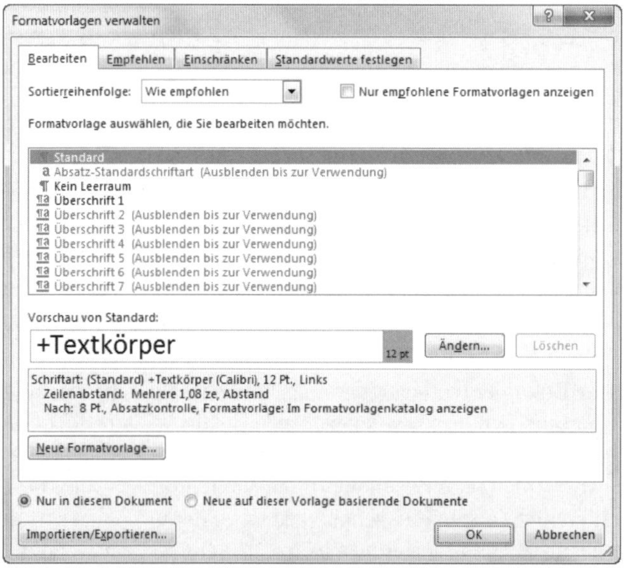

Bild 6.16 Die Dialogbox für die Formatvorlagenverwaltung bietet umfangreiche Funktionen.

Zum Erstellen einer neuen Formatvorlage ist die Option NEUE FORMATVORLAGE zu wählen. Hier muss zunächst festgelegt werden, für welchen Bereich (Absatz, Zeichen, Tabelle, Liste) die Vorlage gelten soll, auf welcher Vorlage sie basieren soll und welche Formatvorlage für den Folgeabsatz Anwendung findet. Anschließend können die Formatierungen festgelegt werden, die mit der zu erstellenden Formatvorlage zukünftig zugewiesen werden sollen.

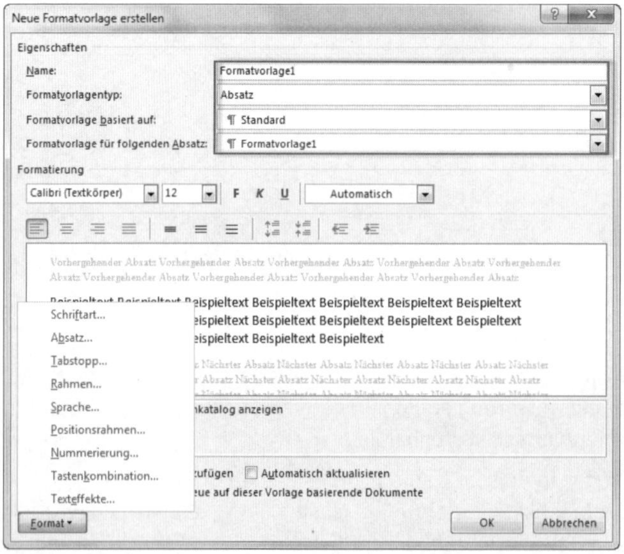

Bild 6.17 Benutzerdefinierte Formatvorlagen können alle verfügbaren Formatierungen einschließen.

Mit Marginalien »Lesestraßen« schaffen

Bei Marginalien handelt es sich um Randbemerkungen, die am Rand des Textes stehen. Sie sind ein wichtiges Gestaltungselement, das die Verständlichkeit des Textes deutlich fördern kann. Inhaltlich kann es sich um kurze Stichwörter zum danebenstehenden Textblock, aber auch um ergänzende Informationen handeln. Richtig eingesetzt schaffen sie in Kombination mit den Überschriften sogenannte Lesestraßen, an denen sich der Leser entlanghangeln kann. Da diese Bemerkungen einiges an Platz brauchen, muss der Außenrand genügend breit sein. Es sollte daher vor der Erstellung der Dokumentvorlage geklärt sein, ob Marginalien verwendet werden. Dies ist dann bei der Festlegung des Seitenformats zu berücksichtigen.

Technisch können in Word Marginalien mithilfe eines Positionsrahmens in den Randbereich gesetzt werden. Die erste Zeile der Marginalie muss dabei in der gleichen Zeile stehen wie der dazugehörige Textteil. Konsequenterweise sollte auch hierfür eine Formatvorlage bereitgestellt werden. Recht einfach möglich ist dies, indem eine neue Formatvorlage erstellt und unter FORMAT die Option POSITIONSRAHMEN gewählt wird. Durch Auswahl der Position AUSSEN wird immer dann, wenn einem Absatz diese Formatvorlage zugewiesen wird, der Text in einem Positionsrahmen im Randbereich platziert.

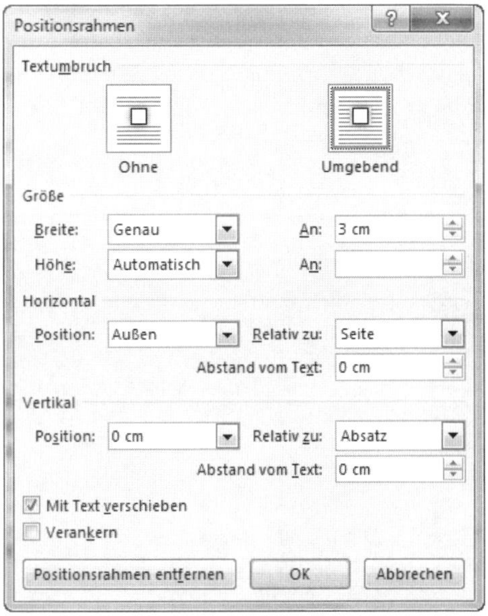

Bild 6.18
Die Einstellungen definieren einen Positionsrahmen zur Verwendung für Marginalien.

6.4.1.3 Die Verzeichnisfunktionen richtig nutzen

Ein immer noch weit verbreitetes Vorgehen sind manuell eingefügte Verweise - beispielsweise auf Überschriften, Abbildungen oder Tabellen. Bei Änderungen am Dokument, die einen der genannten Punkte betreffen, müssen in diesem Fall alle Verweise manuell geändert werden. Dass dies Aufwand und eine erhebliche Fehlerquelle darstellt, bedarf kaum der Erwähnung. Als eine Grundregel sollte daher gelten:

Keine manuellen Verweise auf andere Seiten, Überschriften, Abbildungen, Tabellen oder Formeln innerhalb eines Dokuments!

Außerdem können nur, wenn die entsprechenden Beschriftungsfunktionen richtig genutzt wurden, automatisch Inhalts- und/oder Abbildungs- bzw. Tabellenverzeichnisse erstellt werden.

Tabellen und Abbildungen beschriften

Enthalten eingefügte Grafiken oder Tabellen eine Beschriftung, wird gleichzeitig in der Regel eine fortlaufende Nummerierung verwendet. Sie sollten niemals manuell erstellt werden, da jede Umstellung im Dokument eine manuelle Anpassung der Grafik- und Tabellennummern nach sich ziehen würde. Außerdem ist es bei manuell erstellten Grafik- und Tabellenbeschriftungen nicht möglich, automatisch ein Verzeichnis zu generieren.

Um eine Grafik, Tabelle oder Formel zu beschriften, muss die Option BESCHRIFTUNG EINFÜGEN verwendet werden, die auf der Registerkarte EINFÜGEN in der Gruppe BESCHRIFTUNGEN zu finden ist. In der Dialogbox BESCHRIFTUNG ist zunächst festzulegen, was (Abbildung, Tabelle oder Formel) beschriftet werden soll. Anschließend kann das Format der Beschriftung festgelegt werden. Besonders nützlich ist es, wenn ein Teil der Nummer auf das Kapitel verweist. Hierzu ist die Option NUMMERIERUNG zu verwenden.

Die genannten Schritte müssen für jede Grafik oder Tabelle wiederholt werden. Da dies recht aufwendig ist, bietet es sich an, für die Beschriftungsfunktion mit der Dokumentvorlage ein entsprechendes Makro oder einen Autotext bereitzustellen. Fehlt eine solche Automatisierungsfunktion, ist es am einfachsten, die Beschriftung einmalig zu erstellen und im Bedarfsfall die Beschriftungszeile zu kopieren und anzupassen.

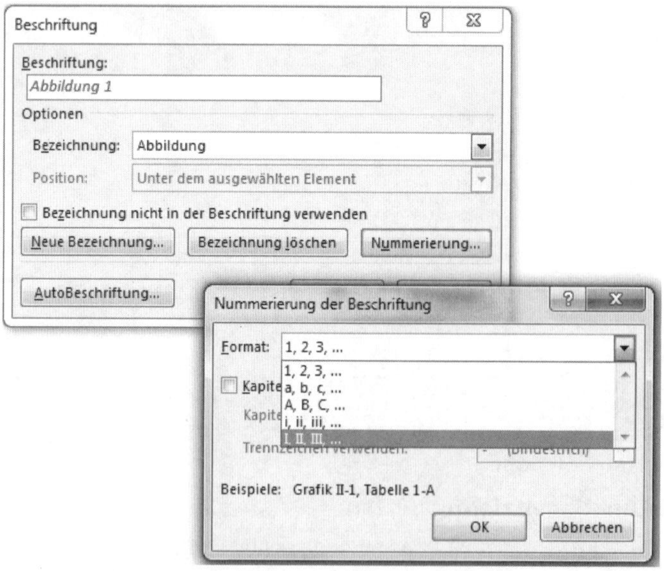

Bild 6.19 Abbildungen und Tabellen automatisch nummerieren mit der Beschriftungsfunktion

Beschriftungen sinnvoll nutzen

Beschriftungen müssen nicht nur formal richtig sein, sondern sollten auch einen sinnvollen Text enthalten, der die dargestellte Abbildung bzw. Tabelle näher erläutert. So kann es beispielsweise bei Screenshots sinnvoll sein, dass die Beschriftung den Zugriffspfad beschreibt.

Aus den so erstellten Grafik- und Tabellenbeschriftungen kann sehr einfach ein Abbildungs- bzw. Tabellenverzeichnis erstellt werden.

Zusätzlich bietet Microsoft Word die Möglichkeit, Grafiken einen »Alternativtext« hinzuzufügen. Dieser Text wird von Lesegeräten erkannt, was die Barrierefreiheit des Dokuments unterstützt. Hierzu muss im Kontextmenü der Grafik die Option GRAFIK FORMATIEREN und anschließend die Option ALTERNATIVTEXT gewählt werden.

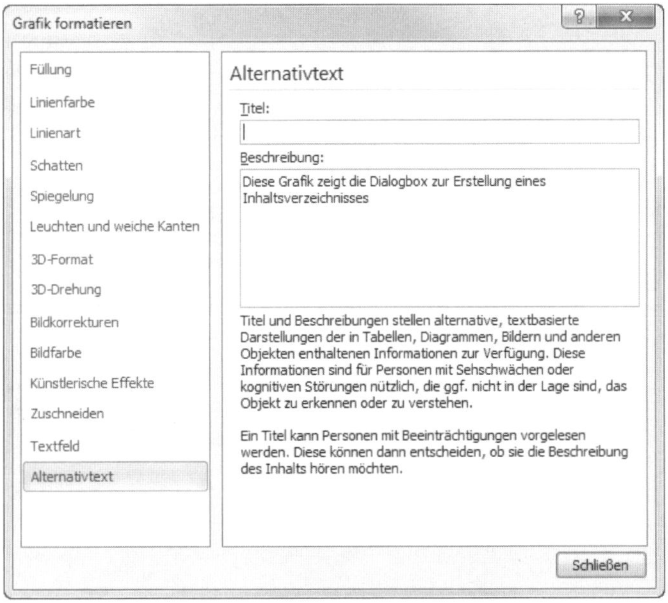

Bild 6.20 Alternativtexte tragen zur Barrierefreiheit von Dokumenten bei.

Verzeichnisse automatisiert erstellen

Sollen Dokumente einen Index erhalten, können diese bereits im gewünschten Layout in die entsprechende Dokumentvorlage integriert werden. Die richtige Anwendung der Funktionen vorausgesetzt, erhalten damit alle auf der Dokumentvorlage basierenden Dokumente ohne weitere Benutzereingriffe jederzeit aktuelle Verzeichnisse. Die Verzeichnisse enthalten so lange keine Inhalte, bis vom Anwender Überschriften, Indexeinträge oder Tabellen bzw. Grafiken mit den entsprechenden Beschriftungen hinzugefügt werden. Gibt es zum Beispiel in einem Dokument keine Indexeinträge, kann der überflüssige Index einfach gelöscht werden.

Damit die Verzeichnisse automatisch erstellt werden können, ist es aber auch wichtig, die Formatvorlagenfunktionen richtig zu nutzen.

Inhaltsverzeichnis

Nicht alle Dokumente benötigen ein Inhaltsverzeichnis. Hierzu gehören in der Regel Checklisten, Protokolle oder kleinere Arbeitsanweisungen. Bei umfangreichen Dokumenten aber ist das Inhaltsverzeichnis ein Pflichtelement.

Das Einbinden eines Inhaltsverzeichnisses kann mithilfe der Option INHALTSVERZEICHNIS erfolgen, das im Register VERWEISE in der Gruppe zu finden ist.

Wird hier die Option VON VORLAGE gewählt, bestimmen die dem Verzeichnis zugeordneten Formatvorlagen dessen Aussehen. Die Verzeichnisformatvorlagen entsprechen in ihrer Arbeitsweise vollständig den übrigen Formatvorlagen und können mithilfe der Option ÄNDERN konfiguriert werden.

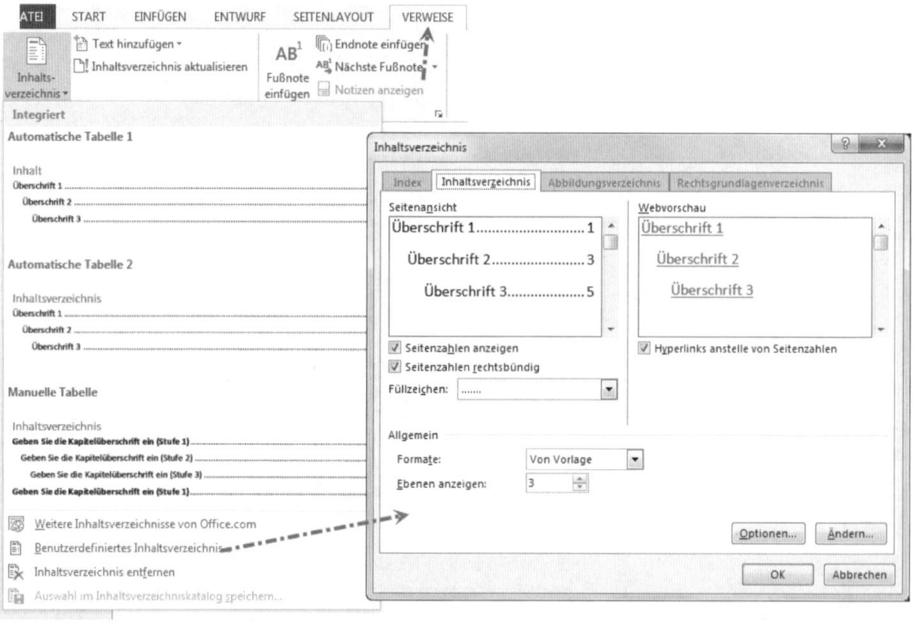

Bild 6.21 Sind keine Anpassungen erforderlich, ist das Inhaltsverzeichnis schnell erstellt.

Werden im Dokument für die Formatierung von Überschriften die vordefinierten Überschriftenformatvorlagen verwendet, gibt es an dieser Stelle weiter nichts zu tun. Wurden jedoch eigene Formatvorlagen für Überschriften erstellt, muss Word noch mitgeteilt werden, dass diese für das Inhaltsverzeichnis zu verwenden sind. Hierzu wird die Schaltfläche OPTIONEN verwendet. In der angezeigten Dialogbox erfolgt die Zuordnung. Werden ausschließlich eigene Formatvorlagen verwendet, müssen noch die standardmäßig gesetzten Zuordnungen gelöscht werden.

Bild 6.22
Auch benutzerdefinierte Formatvorlagen können für das Inhaltsverzeichnis verwendet werden.

Tipp

Bei einzelnen Überschriften wie beispielsweise *Inhaltsverzeichnis* oder *Anhang* ist es häufig nicht gewünscht, dass diese in die Nummerierung einbezogen werden. Andererseits soll ihnen ebenfalls eine Überschriftenebene zugewiesen werden, was standardmäßig zur Formatierung mit einer Überschriftennummer führt.

Um für einzelne Überschriften die Nummerierung zu entfernen, ist für diese in der Nummerierungsbibliothek (Option NUMMERIERUNG) die Auswahl OHNE zu verwenden.

Abbildungs- und Tabellenverzeichnisse automatisiert erstellen

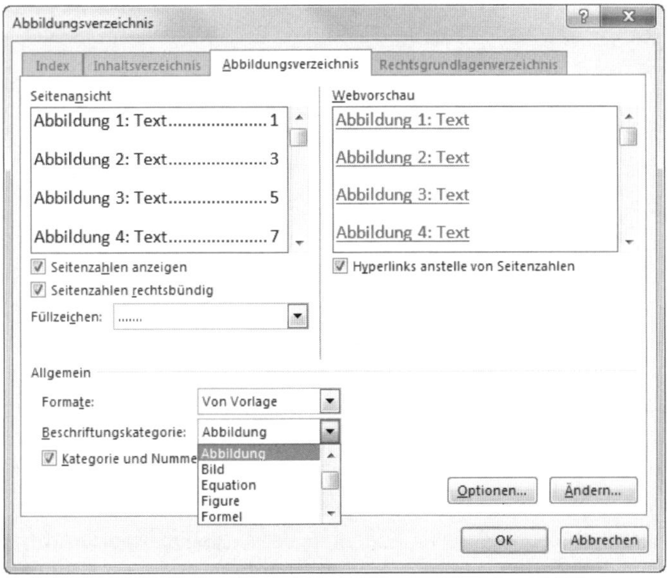

Bild 6.23 Zusätzlich zum Abbildungsverzeichnis können Tabellen- und Formelverzeichnisse erstellt werden.

Das Einbinden von Abbildungs- bzw. Tabellenverzeichnissen kann mithilfe der Option ABBILDUNGSVERZEICHNIS EINFÜGEN erfolgen, die sich im Register VERWEISE in der Gruppe BESCHRIFTUNGEN befindet. In der Dialogbox ABBILDUNGSVERZEICHNIS können sowohl das Abbildungsverzeichnis als auch Tabellen- und Formelverzeichnisse erstellt werden. Im ersten Schritt sollte das gewünschte Layout gewählt werden. Wird für das Layout die Option VON VORLAGE gewählt, bestimmen die zugrunde liegenden Formatvorlagen, wie bereits für das Inhaltsverzeichnis beschrieben, das Aussehen des Verzeichnisses und können ebenso angepasst werden.

Einen Index erstellen

In einem Index sind die im Dokument behandelten Begriffe und Themen sowie die dazugehörigen Seitenzahlen aufgelistet. Sollen alle Dokumente einen Index enthalten, sollte der Index in die entsprechenden Dokumentvorlagen integriert werden.

Das Einbinden des Index kann mithilfe der Option INDEX EINFÜGEN erfolgen, die sich ebenfalls im Register VERWEISE befindet. In der Dialogbox INDEX kann das gewünschte Layout für den Index gewählt werden. Wird für das Layout die Option VON VORLAGE gewählt, bestimmen auch bei diesem Verzeichnis die zugeordneten Formatvorlagen dessen Aussehen.

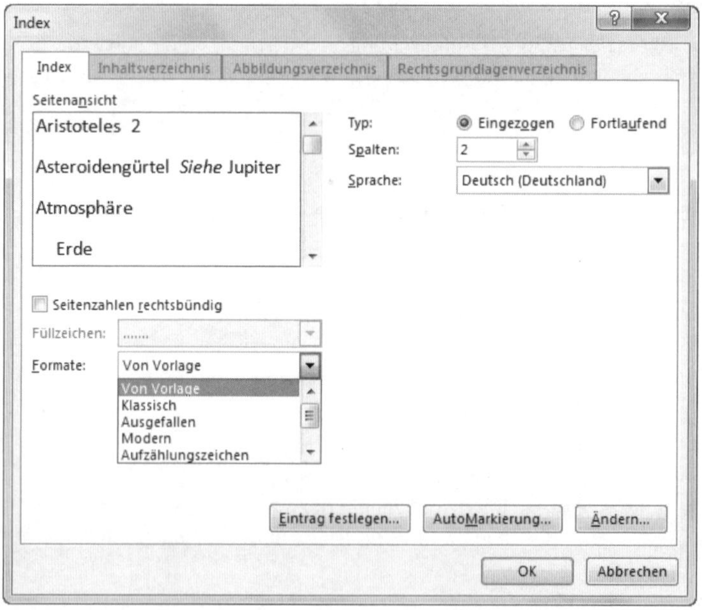

Bild 6.24 Dank vordefinierter Formate kann der Index meist ohne weitere Konfiguration verwendet werden.

Einträge in den Index aufnehmen

Benötigt wird die Option EINTRAG FESTLEGEN, die im Register VERWEISE der Gruppe INDEX zu finden ist. Die Option öffnet eine Dialogbox, die die Aufnahme des aktuell markierten Worts in den Index ermöglicht. Für diesen fügt Word ein Feld für den Indexeintrag (XE) in das

Dokument ein. Die Dialogbox bleibt geöffnet, so dass in einem Arbeitsgang mehrere Einträge festgelegt werden können.

Für die folgenden Elemente können Indexeinträge erstellt werden:

- einzelne Wörter, Wortgruppen oder Symbole,
- Themen, die sich über mehrere Seiten erstrecken (unter Verwendung von Textmarken),
- ein Bezug auf einen anderen Eintrag.

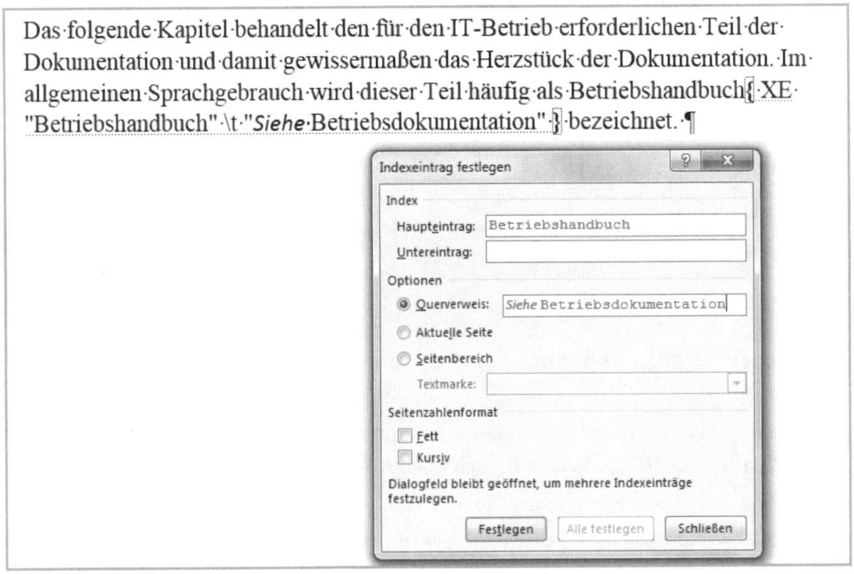

Bild 6.25 Ein Indexeintrag kann auf einen anderen Begriff verweisen.

Kommt ein Begriff mehrfach im Dokument vor, können mithilfe der Funktion ALLE FESTLEGEN in einem Arbeitsschritt alle Vorkommen in den Index aufgenommen werden. Alternativ ist es möglich (mithilfe der Option AUTOMARKIERUNG) eine Datei zu verwenden, in der alle im Index aufzunehmenden Wörter in einer Tabelle aufgelistet sind. Benutzer älterer Word-Versionen kennen diese Datei noch unter dem Namen *Konkordanzdatei*. Bei der Anwendung automatisierter Verfahren ist aber zu bedenken, dass nicht jedes Vorkommen eines Worts in einem bestimmten Zusammenhang für den Leser interessant ist. Umgekehrt enthält ein relevanter Textteil das entsprechende Stichwort möglicherweise gar nicht. Aus diesem Grund ist die manuelle Festlegung der Begriffe für den Index in der Regel anderen Verfahren vorzuziehen.

Nachdem alle Indexeinträge festgelegt sind, kann der Index erstellt werden. Beim Einsatz standardisierter Dokumentvorlagen ist auch der Index wahrscheinlich bereits im Dokument enthalten und muss nur noch aktualisiert werden. Anderenfalls kann der Index wie beschrieben in das Dokument eingefügt werden.

Während der Erstellung sammelt Word alle festgelegten Indexeinträge, ordnet sie alphabetisch, verweist auf ihre jeweiligen Seitenzahlen und sucht und entfernt mehrfache Einträge auf derselben Seite. Sonderzeichen (wie z.B. @) werden dabei am Anfang des Index eingefügt. Wurde ein Format für den Index gewählt, das Überschriften für alphabetisch sortierte

Gruppen enthält, werden die Sonderzeichen unter der Überschrift # eingeordnet (# steht für das Nummernzeichen).

Tipp

Wie die kurzen Ausführungen gezeigt haben, ist das Zusammenspiel von Formatvorlagen, Gliederungsebenen und Verzeichnissen auch bei den aktuellen Microsoft-Word-Versionen sehr komplex. Sofern möglich, sollten daher die integrierten Formatvorlagen für Gliederungsebenen und Überschriften verwendet werden. Ist dies nicht möglich, ist dringend anzuraten, sich vor der Bereitstellung der ersten Dokumentvorlage näher mit der Thematik zu beschäftigen. Und es ist wichtig, neu erstellte Dokumentvorlagen ausgiebig zu testen. Erfahrungsgemäß steckt hier die Tücke im Detail. Funktioniert das beschriebene Zusammenspiel nämlich nicht richtig, verursacht dies fehlerhafte Formatierungen und ein sehr eigenwilliges Verhalten der Vorlagen, das schnell dazu führt, dass Anwender die Vorlage nicht benutzen.

Ohne Querverweise geht es nicht

Die Querverweisfunktion von Word bietet die Möglichkeit, Verweise auf Überschriften, Abbildungen und Tabellen mit und ohne Seitenzahlen einzufügen. Die Querverweise werden automatisch aktualisiert, so dass man sich später nicht mehr darum kümmern muss.

Soll beispielsweise auf eine Überschrift in einem anderen Kapitel verwiesen werden, muss zunächst die nachstehend gezeigte Dialogbox geöffnet werden. Die Option QUERVERWEIS ist im Register EINFÜGEN in der Gruppe HYPERLINKS zu finden. Anschließend wird als Verweistyp ÜBERSCHRIFT gewählt. Danach kann festgelegt werden, worauf verwiesen werden soll.

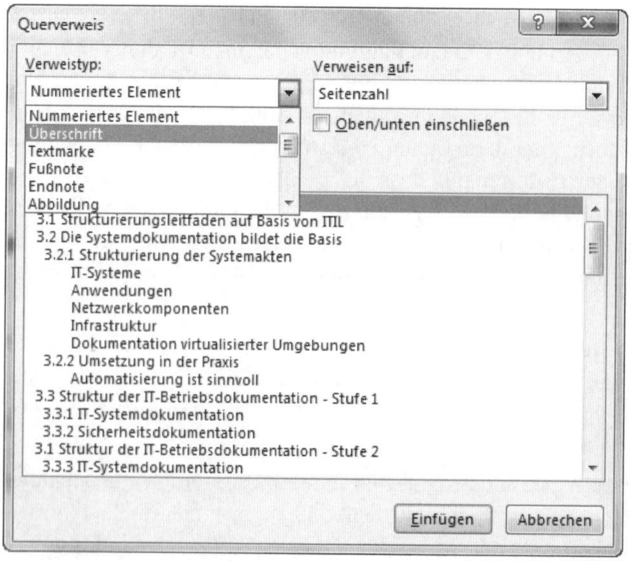

Bild 6.26 Die Querverweisfunktion unterstützt Verweise auf eine Reihe von Elementen.

Mittels des Verweistyps ÜBERSCHRIFT kann beispielsweise auf den Überschriftentext und die Überschriftennummer oder auch auf die Seitenzahl verwiesen werden. Selbstverständlich können auch mehrere Verweise miteinander kombiniert werden:

Siehe hierzu Abschnitt 3.2.1 auf Seite 10¶

Siehe hierzu Abschnitt { REF Rad_Ref265662018T \r \h } auf Seite { PAGEREF Rad_Ref265662018T \h }¶

Bild 6.27 Anzeige eines Verweises in der Feldfunktionsansicht

6.4.1.4 Daten aus anderen Anwendungen einfügen

Word spielt bei der Erstellung von Dokumenten die zentrale Rolle. Es gibt aber einige Elemente, die sich besser in anderen Anwendungen erstellen lassen. Für die Erstellung komplexer Tabellen beispielsweise ist Excel weitaus besser geeignet. Und Prozessdiagramme werden mit Visio oder einem speziellen Programm zur Modellierung von Prozessen erstellt.

Das Hauptdokument ist in den meisten Fällen jedoch ein Word-Dokument, in das Inhalte aus anderen Anwendungen eingefügt werden müssen. Für das Einfügen von Daten aus anderen Anwendungen gibt es mehrere Möglichkeiten. Diese sollen hier zunächst kurz vorgestellt werden, bevor gezeigt wird, welche Methode für welchen Einsatzzweck geeignet ist.

Daten kopieren

Die einfachste und am häufigsten angewendete Methode besteht darin, Daten aus anderen Anwendungen mit den Optionen KOPIEREN und EINFÜGEN (standardmäßiges Kopieren mit STRG + C und anschließendes Einfügen mit STRG + V nach Word zu übernehmen. Dabei werden die Daten vollständig in Word integriert. Ändert sich etwas an den Daten in der Quelldatei, bekommt das Word-Dokument davon nichts mit. Änderungen im Quelldokument können nur durch erneutes Kopieren übernommen werden. Es muss also organisatorisch sichergestellt werden, dass die Inhalte in den Dokumenten aktuell gehalten werden.

Daten als Objekte einbetten

Häufig unbekannt sind die Möglichkeiten der Option INHALTE EINFÜGEN. Hierüber ist es möglich, Inhalte aus anderen Anwendungen als Objekte einzubetten. Zu finden ist die Option im Register START unter der Option EINFÜGEN in der Gruppe ZWISCHENABLAGE.

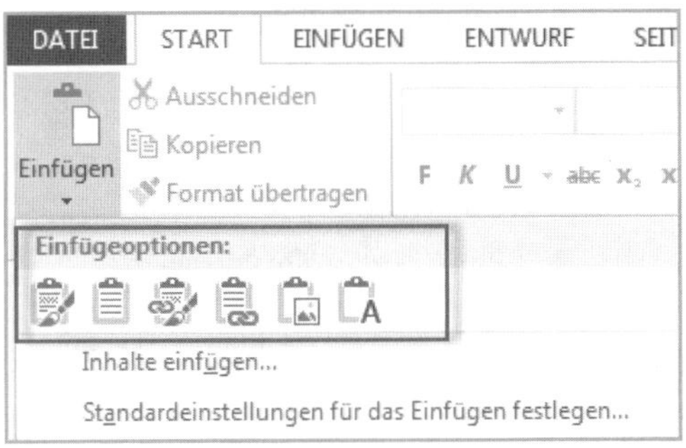

Bild 6.28 Die Option EINFÜGEN enthält eine Reihe nützlicher Befehle.

Wurden zuvor Inhalte in der Quelldatei in die Zwischenablage kopiert, erkennt Word die Ursprungsanwendung (im nachstehend gezeigten Beispiel ist dies Excel) und erlaubt es, die Inhalte als Excel-Arbeitsblatt-Objekt einzufügen. Wird dabei die Standardeinstellung *Einfügen* beibehalten, werden die Daten als Objekt in Word eingebettet. Eingebettete Objekte werden nach dem Einfügen zum Bestandteil der Zieldatei und sind nach dem Einbetten nicht mehr Bestandteil der Quelldatei. Daher werden die Informationen in der Zieldatei bei einer Änderung der Daten in der Quelldatei nicht aktualisiert.

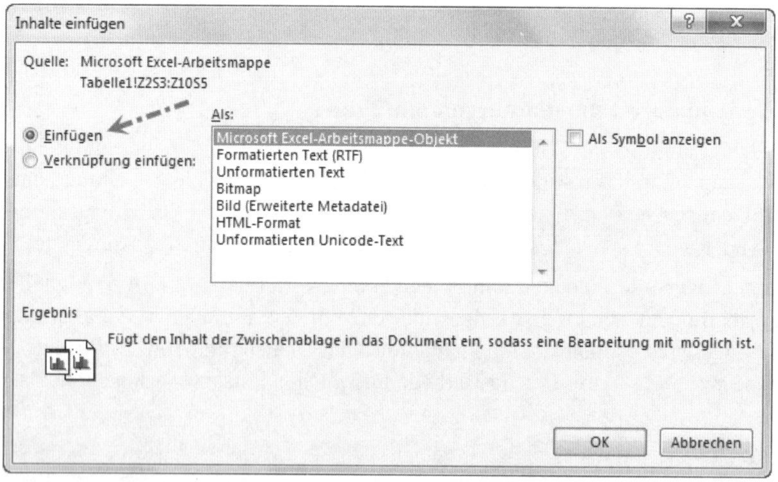

Bild 6.29 Daten aus Excel als Objekt einbetten

Im Gegensatz zu »normal« eingefügten Daten kann ein eingebettetes Objekt aus dem Zielprogramm heraus in der Ursprungsanwendung geändert werden. Ein Doppelklick auf das Objekt öffnet dieses in einer reduzierten Ansicht des Quellprogramms.

Daten als Objekt verknüpfen

Für viele Anwendungsfälle interessant ist auch die dritte Möglichkeit, Daten aus einer anderen Anwendung in Word zu übernehmen, nämlich sie als Objekt zu verknüpfen. Auch hierfür kann die Option Inhalte einfügen verwendet werden. Anschließend muss anstelle der Standardeinstellung Einfügen die Option Verknüpfung einfügen gewählt werden.

Alternativ stehen im Menü der Option Einfügen (siehe Bild 6.30) kontextabhängig verschiedene Einfügeoptionen zur Verfügung, die auch eine Verknüpfung mit den Quelldateien ermöglichen.

Wird ein Objekt verknüpft, so werden die Informationen im Word-Dokument in der Standardeinstellung automatisch jedes Mal aktualisiert, wenn das Dokument geöffnet oder wenn die Quelldatei bei geöffnetem Word-Dokument geändert wird. Grund dafür ist, dass die verknüpften Daten in der Quelldatei gespeichert werden. Die Zieldatei speichert nur den Speicherort der Quelldatei und zeigt eine Darstellung der verknüpften Daten an. Demzufolge werden Daten verknüpfter Objekte zwangsläufig immer in der Quelldatei bearbeitet.

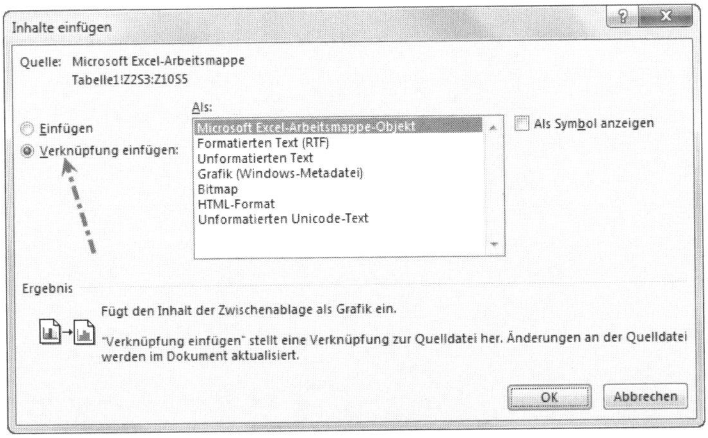

Bild 6.30 Daten aus Excel als Objekte einfügen

Hinweis

Beim Verknüpfen eines Excel-Objekts können wahlweise die Text- und Zahlenformatierungen von Excel oder die von Word bereitgestellten Formate verwendet werden. Werden die Word-Formate benutzt, so wird die in Word durchgeführte Formatierung auch bei der Aktualisierung der Daten beibehalten.

Um alle Verknüpfungen im Dokument anzuzeigen und deren Einstellungen zu bearbeiten, ist die Option VERKNÜPFUNGEN BEARBEITEN nützlich. Diese Option ist zu finden in der Registerkarte DATEI unter INFORMATIONEN.

In der nachstehend gezeigten Dialogbox werden alle verknüpften Objekte aufgelistet und können bearbeitet werden. Da auch Querverweise als Verknüpfungen realisiert sind, listet Word diese ebenfalls auf. Um beispielsweise eine Aktualisierung zu verhindern, können einzelne verknüpfte Objekte von einer Aktualisierung ausgeschlossen werden. In diesem Fall verwendet Word die zuletzt verfügbaren Informationen der Quelldatei.

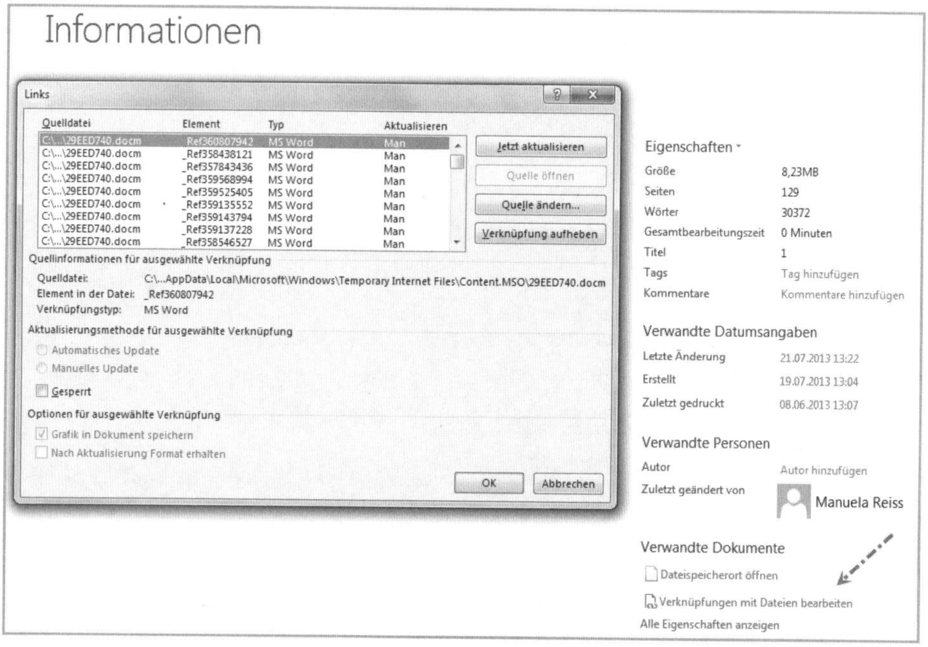

Bild 6.31 Dialogbox zum Bearbeiten von Verknüpfungen

Sinnvoller Einsatz der Methoden

Selbstverständlich bietet auf den ersten Blick das Verknüpfen von Objekten die meisten Vorteile: Die Informationen sind immer aktuell, die Daten werden nicht redundant gespeichert und die Dateigröße der Word-Datei bleibt überschaubar.

Zu beachten ist aber, dass Verknüpfungen nur funktionieren, wenn die Zugriffe auf die verknüpften Dateien gewährleistet sind. Und das ist durchaus nicht immer der Fall. Wurden beispielsweise von dem Dokumentersteller alle Abbildungen als Objekte eingefügt und hat er diese auf einem Netzlaufwerk gespeichert, auf das andere Benutzer keinen Zugriff haben, sehen diese nur leere Kästen anstelle der Abbildungen. Um also Fehlermeldungen und frustrierte Anwender zu vermeiden, die keinen Zugriff auf verknüpfte Objekte haben, muss genau geprüft werden, ob und für welche Dokumente derartige Verknüpfungen eingesetzt werden können.

Immer den Zugriff auf Verweise testen

Auch bei Verweisen auf andere Dokumente muss auf die Verfügbarkeit der verknüpften Inhalte geachtet werden. Selbstverständlich ist es komfortabel, wenn mit einem Mausklick auf einen Hyperlink das Dokument, auf das verwiesen wird, geöffnet werden kann. Bei einer Speicherung der Dokumente im Dateisystem sind durchgängige Zugriffe auf verknüpfte Dokumente jedoch nur schwer zu gewährleisten.

Eine Alternative kann das Einbetten von Objekten bieten. Da die gesamte Information in dem Word-Dokument enthalten ist, eignet sich das Einbetten besonders, wenn das Dokument Personen zur Verfügung gestellt werden soll, die keinen Zugang zu den unabhängig verwalteten Quelldateien der Daten haben. In diesem Fall können sie mit einem Doppelklick das Objekt öffnen und in der Quellanwendung bearbeiten.

Nachteilig hierbei ist, dass alle Änderungen an einem eingebetteten Objekt nicht in die Quelldatei übernommen werden. Bei dieser Methode »wissen« das Quelldokument und das Word-Dokument nichts voneinander. Hier muss organisatorisch geregelt werden, an welchem Dokument Änderungen erfolgen dürfen. Außerdem muss der Bearbeiter des eingebetteten Objekts Zugriff auf das Quellprogramm haben, falls er eingebettete Objekte bearbeiten will. Die Frage, wie mit Daten, die in anderen Anwendungen erstellt wurden, umgegangen werden soll, lässt sich daher nicht generell beantworten und muss im Einzelfall entschieden werden.

Grafiken richtig einfügen

Manchmal weisen eingefügte Grafiken ein recht merkwürdiges »Sprungverhalten« auf. Da kann es passieren, dass man eine eingefügte Grafik nach einem Verschiebevorgang zwischen zwei Seiten wiederfindet. Dieses Verhalten kann eintreten, wenn Grafiken nicht mit einem Absatz verknüpft sind, sondern als unverankertes Bild eingefügt wurden. Hier hilft die Verankerung der Grafik im Absatz, was mit der Option MIT TEXT IN ZEILE möglich ist. Diese Option ist u. a. zu finden nach einem Doppelklick auf die eingefügte Grafik im Register BILDTOOLS unter der Option POSITION.

Es kann daher sinnvoll sein, diese Option als Standard für alle Dokumente festzulegen. Möglich ist dies mithilfe der Option BILDER EINFÜGEN ALS in den allgemeinen Optionen, die im RegisterDatei im Bereich ERWEITERT zu finden ist.

Einfügen ist nicht gleich Einfügen

Wie die zuvor vorgestellte Option INHALTE EINFÜGEN gezeigt hat, gibt es beim Einfügen durchaus einige Punkte zu beachten. Das gilt auch für die Übernahme von Textpassagen aus anderen Dokumenten oder aus Webseiten. Beim standardmäßigen Kopieren mit STRG + C und anschließendem Einfügen mit STRG + V werden nicht nur alle Formierungen des Quelltextes, sondern auch ausgeblendete Steuerzeichen (beispielsweise Indexeinträge) und Links mit übernommen, was durchaus nicht immer gewünscht ist und lästige Nacharbeiten nach sich zieht. Wird ein Text hingegen mit der Option INHALTE EINFÜGEN als unformatierter Text eingefügt, übernimmt er beim Einfügen die Formatierung des aktuell gewählten Absatzes.

Besonders einfach haben es hier Anwender ab der Version 2010. Bei Verwendung von STRG + V wird automatisch ein Kontextmenü mit verschiedenen Optionen zur Formatierung des einzufügenden Textes angeboten. Die Option NUR DEN TEXT ÜBERNEHMEN fügt den Text unformatiert und ohne Steuerzeichen ein.

VBA-Makro hilft bei Vorgängerversionen

Bei den Vorgängerversionen von Word 2010 ist es hingegen hilfreich, diese Funktion als Makro bereitzustellen. Das Einfügen von unformatiertem Text kann jedoch nicht aufgezeichnet werden, sondern ist manuell als VBA-Makro zu erstellen. Dieses muss lediglich die folgende Zeile enthalten:

```
Selection.PasteSpecial DataType:=wdPasteText
```

6.4.2 Vom leeren Blatt zum fertigen Dokument

Nachdem in den vorangegangenen Abschnitten die Erstellung von Dokumenten eher aus technischer Sicht betrachtet wurde, stehen in diesem Abschnitt die organisatorischen Abläufe bei der Erstellung eines neuen Dokuments im Vordergrund. Viele Fehler passieren im organisatorischen Bereich. Wurden beispielsweise bei der Informationssammlung wichtige Vorläuferdokumente übersehen und daher nicht berücksichtigt, kann auch ein formal perfektes Dokument die inhaltlichen Mängel nicht ausgleichen. Das Kapitel bietet deshalb auch Hilfen und Anregungen zur Optimierung der Vorgehensweise bei der Erstellung von Dokumenten, beispielsweise durch Einsatz von Mindmaps.

6.4.2.1 Planung und Vorbereitung

Die Erstellung eines Dokuments sollte immer mit einer Planungs- und Vorbereitungsphase beginnen. Bevor mit dem Schreiben begonnen wird, sollten die nachfolgenden Fragen beantwortet sein:

- Welchen Zweck soll das Dokument erfüllen?
- Welche Zielgruppe soll adressiert werden?
- Welche Informationen liegen bereits vor?
- Wie ordnet sich das zu erstellende Dokument in die unternehmensweite Dokumentation ein?
- Gibt es im Unternehmen Standards für die Dokumentation?
- Existieren Standards für Dokumentvorlagen?
- Gibt es definierte Dokumentationsverfahren und sind diese bekannt?
- Gibt es bereits Vorgängerdokumente oder mitgeltende Dokumente, die zu beachten sind?
- Gibt es inhaltliche Vorgaben?

Die Beantwortung der Fragen hilft, typische Fehler zu vermeiden. Erst nachdem alle Rahmenbedingungen geklärt sind, sollte mit dem Erstellen eines Dokuments begonnen werden.

6.4.2.2 Recherche und Aufbereitung von Informationen

Jedes Dokument hat eine Vorgeschichte. Sei es, dass beispielsweise im Rahmen eines Projekts ein Konzept zu erstellen oder ein Prozess zu dokumentieren ist. Im ersten Fall erzeugt bereits die Projektplanungsphase diverse Unterlagen. Im zweiten Fall wurden möglicherweise Interviews mit Mitarbeitern geführt, um die Prozessabläufe zu erfassen. Ist hingegen beispielsweise eine Installationsanleitung zu erstellen, stellt die gegebenenfalls vorhandene Dokumentation des Herstellers eine wichtige Informationsbasis dar. Hinzu kommt, dass möglicherweise Vorgabe- und Richtliniendokumente zu berücksichtigen sind. Wie die Beispiele zeigen, gibt es in aller Regel vorhandene Informationen, die erfasst und ausgewertet werden müssen. Sie bilden die Basis für neu zu erstellende Dokumente.

Die Erstellung eines Dokuments muss daher immer mit der Sichtung und der Dokumentation der vorhandenen Unterlagen, also mit der Erstellung der Stoffsammlung, beginnen. Diese bildet nicht nur eine Informationsbasis, sondern dient auch als späterer Verwendungsnachweis, um Aussagen im Dokument zu belegen. Im Einzelfall kann es sinnvoll sein, dem Dokument einen Verweis auf bereits bestehende Unterlagen hinzuzufügen. Dabei kann es sich auch um Internetseiten und E-Mails handeln.

Gute Dienste bei der Recherche können Mindmaps bieten, die aufgrund der visuellen Darstellung einen schnellen Überblick über die vorhandenen Informationen ermöglichen. Dabei können Mindmaps mit wachsendem Kenntnisstand problemlos erweitert werden.

Was ist eine Mindmap?

Eine Mindmap ist eine visuelle Darstellung von Informationen und Gedanken. Die Grundidee bzw. das Thema befindet sich als Titel in der Mitte der Map und ist Ausgang der zugehörigen Unterpunkte, die in strahlenförmiger, hierarchischer Anordnung abzweigen. Jeder Unterpunkt befindet sich auf einem Zweig. Die Hauptzweige einer Map beginnen auf der 1-Uhr-Position und werden im Uhrzeigersinn gelesen.

Bei Einsatz eines Mindmap-Tools, wie beispielsweise dem MindManager von Mindjet, können außerdem Verlinkungen auf Ordner und Dateien im Dateisystem, auf Internetseiten oder auf Outlook-Elemente hinterlegt werden. Damit ist es jederzeit leicht möglich, auf Dateien oder E-Mails zuzugreifen, ohne die Informationen zusätzlich abspeichern zu müssen. Auch Microsoft Visio stellt Funktionen zur Erstellung von Mindmaps bereit.

Bild 6.32 zeigt beispielhaft die möglichen Hauptzweige in einer Mindmap für die Verwaltung der Informationsquellen für ein zu erstellendes Dokument.

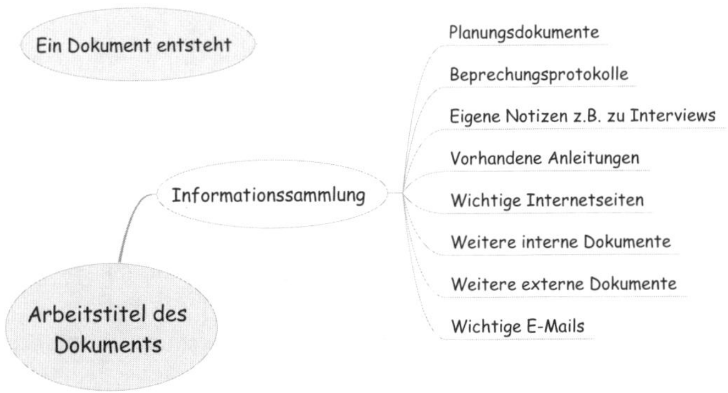

Bild 6.32 Die Erstellung eines Dokuments beginnt mit der Informationssammlung.

Mindjet MindManager gesondert vorgestellt

Mindmaps sind nicht nur ein gutes Werkzeug für die Informationssammlung, sondern können den gesamten Erstellungsprozess eines Dokuments wirkungsvoll unterstützen.

Weitere Erläuterungen zum Programm Mindjet MindManager und seine Möglichkeiten für eine effektive Unterstützung bei der Dokumentenerstellung und der Dokumentenverwaltung finden Sie in *Abschnitt 6.4.4.1*.

6.4.2.3 Vorgaben und Dokumentenumfeld klären

Bevor mit der Erstellung des Dokuments begonnen wird, muss Klarheit darüber bestehen, in welches Informations- und Dokumentationsnetz das zu erstellende Dokument eingebunden ist: Welchen Zweck erfüllt das zu erstellende Dokument und für wen wird es eine Informationsbasis sein?

Wer ist die Zielgruppe?

Einer der häufigsten Fehler - nicht nur bei der Erstellung von Dokumenten im IT-Bereich - ist die Missachtung der Zielgruppe und des Zwecks, für den ein Dokument erstellt wird.

Dabei muss vor allem der Abstraktionsgrad des Dokuments an der Zielgruppe ausgerichtet werden. So interessiert sich die Unternehmensleitung selten für Schritt-für-Schritt-Anleitungen, während andererseits dem Anwender die beeindruckenden Speicherkapazitäten des neuen Speichersystems oder abstrakte Prozessdarstellungen bei seiner Arbeit wenig weiterhelfen. Nur wenn vorher die *Zielgruppe* und der *Zweck* des Dokuments genau identifiziert werden, kann das Dokument zielgruppenspezifisch erstellt werden und damit seinen Zweck erfüllen.

Auch im Hinblick auf die Fachsprache muss die Zielgruppe berücksichtigt werden. Zwar sollte nach Möglichkeit eine für Auftraggeber und Entwickler gleichermaßen verständliche Sprache verwendet werden, doch ist dies nicht immer umsetzbar. So wird es nur sehr schwer möglich sein, ein Pflichtenheft für Entwickler so abzufassen, dass dieses auch der Geschäftsleitung als Entscheidungsgrundlage dienen kann.

Einordnung in die IT-Dokumentation

Im Vorfeld ist weiterhin zu klären, wie das zu erstellende Dokument in die bestehende Unternehmensdokumentation bzw. die IT-Dokumentation eingebunden ist. So sollten bereits in diesem Stadium alle ergänzenden und mitgeltenden Dokumente ermittelt werden. Insbesondere große Unternehmen verfügen zwangsläufig über eine umfangreiche Unternehmensdokumentation. Es ist wichtig zu klären, wie sich das zu erstellende Dokument in diese einfügen soll und welche Schnittstellen zu dem Dokument bestehen. Werden beispielsweise automatisiert mit einem Inventarisierungstool Systemakten für alle Rechner erstellt, ist es unnötig, im zu erstellenden Handbuch die IP-Konfiguration des Servers auszuführen. Dies schafft Redundanzen, die die Pflege des Dokuments später immens erhöhen.

Bei den mitgeltenden Dokumenten handelt es sich um eigenständige Dokumente, die Regelungen enthalten, die für das Dokument Gültigkeit besitzen, aber im Dokument nicht zwingend explizit genannt werden. Viele der Rahmendokumente gehören dazu. Beispielsweise kann in einer Arbeitsanweisung zur Einrichtung einer Verzeichnisfreigabe darauf verwiesen werden, dass für die Benennung der Freigabe die in der Namenskonvention benannten Regeln einzuhalten sind. Dazu muss natürlich der Zugriff auf derartige mitgeltende Dokumente sichergestellt sein. Weitere mitgeltende Dokumente können sein: Verträge, alle Richtliniendokumente, Service Level Agreements.

In diesem Zusammenhang sind außerdem Vorgängerdokumente oder Vorgängerversionen des Dokuments zu ermitteln. Diese zu kennen, kann Zeit und Arbeit sparen. Immer wieder kommt es nämlich vor, dass Dokumente neu erstellt werden, während bereits ein ähnliches Dokument zu diesem Thema in irgendeinem Ordner auf dem Dateiserver liegt. So werden häufig gerade in Projekten Dokumente erstellt, die dann später in Vergessenheit geraten, weil sie nicht Bestandteil der Betriebsdokumentation werden. Entsprechende Recherchen können also durchaus sinnvoll sein.

Inhaltliche Vorgaben und Richtlinien

Dokumente entstehen nicht auf der grünen Wiese. Sie müssen vielmehr bestehende Vorgaben und Richtlinien berücksichtigen. Hierbei kann es sich sowohl um externe als auch um interne Vorgaben handeln.

Soll in dem zu erstellenden Dokument beispielsweise die Archivierung von E-Mails konzipiert werden, müssen zwingend die gesetzlichen Datenschutzbestimmungen berücksichtigt werden. Auch aus Standards und Zertifizierungsanforderungen leiten sich inhaltliche Auflagen ab. Die zu berücksichtigenden Standards und Vorgaben zu ermitteln, zählt zu den wichtigsten Vorbereitungsaufgaben.

Formale Standards und Vorgaben

In vielen Unternehmen gibt es in irgendeiner Form Standards für die Dokumentenerstellung. Diese können beispielsweise den formalen Aufbau der Dokumente definieren oder Regeln für die Versionierung umfassen. Derartige formale Vorgaben und Vorschriften sind natürlich zu berücksichtigen. In vielen Fällen stehen auch Vorlagen zur Verfügung. Ist nicht klar, ob derartige Standards existieren, muss dies unbedingt vor Beginn der Dokumentation erfragt werden. Falls entsprechende Vorgaben fehlen, ist das zu erstellende Dokument ein guter Anlass, Standards zumindest für die IT-Dokumentation festzulegen.

Die aufgeführten Abhängigkeiten lassen sich ebenfalls gut in einer Mindmap darstellen. So können hier beispielsweise alle mitgeltenden Dokumente erfasst und später im Dokument in die Tabelle der mitgeltenden Dokumente übernommen werden.

Bild 6.33 zeigt die möglichen Hauptzweige für die Verwaltung des Dokumentationsumfelds in einer Mindmap.

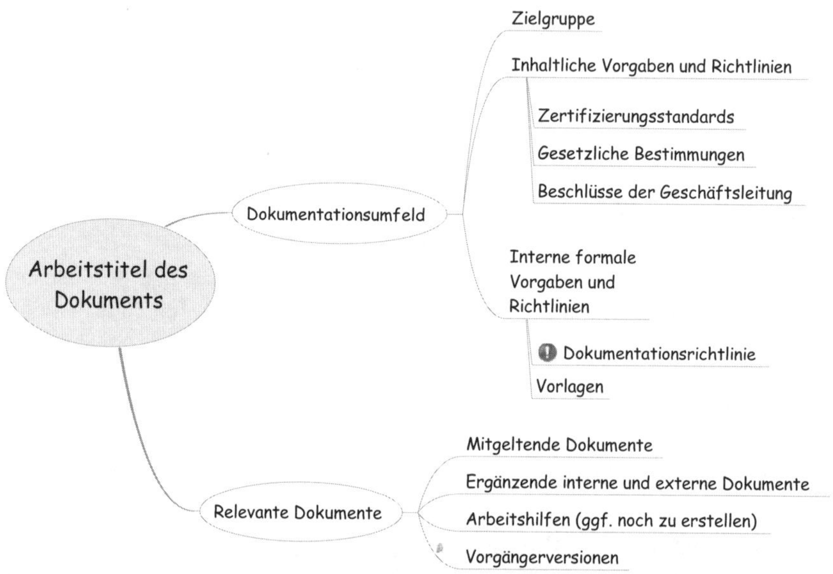

Bild 6.33 Das Sondieren des Dokumentenumfelds gehört zu den wichtigsten Vorbereitungen.

6.4.2.4 Richtiges Vorgehen bei der Dokumentenerstellung

Nach dem Abschluss der Vorbereitungsarbeiten kann mit dem neuen Dokument begonnen werden.

Gliederung festlegen

Die Struktur des Dokuments folgt in der Regel bestimmten Vorgaben. Gegebenenfalls gibt es auch eine Vorlage für den Dokumententyp, zu der das zu erstellende Dokument gehört. Ist dies nicht der Fall, müssen Hauptkapitel und Gliederungstiefe selbst festgelegt werden.

Auch beim Festlegen der Gliederung und beim Erstellen des Dokuments kann eine Mindmap gute Dienste leisten. Die Visualisierung ist eine gute Methode, um Fehler oder Brüche in der Strukturierung des Dokuments zu erkennen. Die Struktur sollte für jeden Leser nachvollziehbar sein. Kann sich der Leser an der Dokumentenstruktur wie an einem roten Faden entlanghangeln, werden sich ihm die Inhalte viel leichter erschließen. Deshalb sollten bei der Erstellung der Gliederung die folgenden Punkte beachtet werden:

- Inhalte, die gleichermaßen wichtig sind, haben die gleiche Gliederungsstufe.
- Die Gewichtung der Kapitel muss in sich stimmig sein. Stehen Kapitel auf der gleichen Ebene, von denen das eine Kapitel 20 Seiten Umfang hat und ein anderes Kapitel nur zwei Seiten lang ist, stimmt in der Regel etwas nicht.
- Die Untergliederung eines Kapitels ist nur erforderlich, wenn es mindestens zwei Unterpunkte gibt.
- Es sollten so wenige Gliederungsstufen wie möglich verwendet werden. Mehr als vier Gliederungsstufen sind selten sinnvoll und verringern eher die Übersichtlichkeit.

6.4.2.5 Zusammenstellung der Inhalte

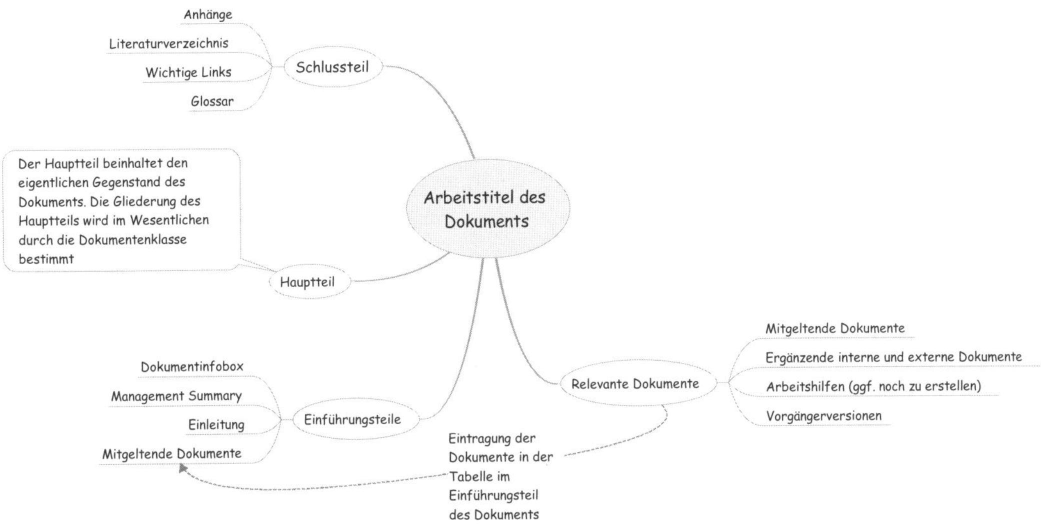

Bild 6.34 Die Gliederung des Dokuments kann in einer Mindmap entwickelt werden.

Aber auch bei der laufenden Erstellung des Dokuments kann eine Mindmap unterstützen. So können Erkenntnisse, die während der Erstellung des Dokuments gewonnen werden, und eintreffende Informationen jederzeit zugeordnet werden. Findet beispielsweise zu einem Thema des Dokuments eine Sitzung statt, kann das dazu erstellte Ergebnisprotokoll als Verknüpfung in dem entsprechenden Zweig eingefügt werden. Auch wichtige E-Mails können jederzeit als Verknüpfung eingebunden werden. Damit kann eine Mindmap den gesamten Entstehungsweg des Dokuments begleiten und nach der Abnahme als Nachweisdokument archiviert werden.

Wichtig ist der erste Eindruck

Nicht nur einmal haben die Autoren des Buchs Dokumente im Entwurf zum Review erhalten, bei denen die Strukturierung noch nicht stimmte, die viele Rechtschreibfehler und unfertige Sätze enthielten und bei denen die Formatierungen noch fehlten. Die Antwort der Verfasser solcher Dokumente war dann in der Regel: »Das ist ja nur der erste Entwurf.«

Diese Haltung ist problematisch. Nicht nur, dass ein solches Dokument für denjenigen, der das Dokument lesen muss, eine Zumutung ist. Viel problematischer ist, dass der erste, negative Eindruck dieses Dokuments später nur schwer wieder revidierbar ist. Erfahrungsgemäß werden spätere Versionen eines solchen Dokuments viel kritischer betrachtet als Dokumente, die im ersten Entwurf einen professionellen Eindruck gemacht haben.

Deshalb gilt: Auch der erste Entwurf muss mit der gleichen Sorgfalt erstellt werden wie die endgültige Version – außer es ist ausdrücklich abweichend vereinbart worden. Schließlich gibt man mit jedem erstellten Dokument seine Visitenkarte ab.

In den meisten Fällen unterliegt die Erstellung eines Dokuments einem festen Zeitplan. Zumindest aber gibt es einen geplanten Abgabetermin. Werden Dokumente im Rahmen von Projekten erstellt, gibt es zumindest einen definierten Review-Prozess mit festgelegten Terminen.

Es kann daher sinnvoll sein, auch Aufgaben und Termine in einer Mindmap darzustellen. Bild 6.35 zeigt ein Beispiel.

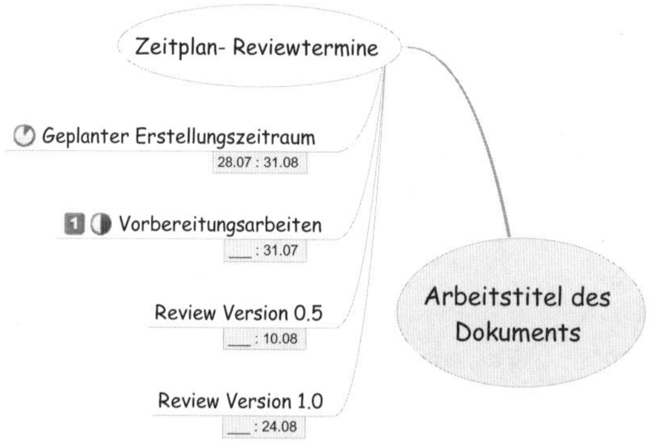

Bild 6.35
Nicht die Verwaltung, sondern die Visualisierung der Termine steht hier im Vordergrund.

6.4.3 Nützliche Helfer für die Dokumentenerstellung

Die Ausführungen dieses Abschnitts zeigen, wie Mindmaps die Erstellung von Dokumenten unterstützen können. Zusätzlich können nach den Erfahrungen der Autoren des vorliegenden Buchs zwei weitere Tools bei der Erstellung von Dokumenten sehr hilfreich sein. Hierbei handelt es sich um das Screenshot-Tool *Snagit* und *Adobe Acrobat Pro* zur Erzeugung von Dokumenten im PDF-Format.

6.4.3.1 Dokumentationsunterstützung mit Mindjet MindManager

Die folgenden Ausführungen zu MindManager (Mindjet GmbH) beziehen sich auf die Versionen ab der Versionsnummer 11. Mindjet hatte mit dieser Version den Programmnamen von MindManager in Mindjet MindManager geändert.

Die mit einem Mindmap-Tool erstellten Mindmaps können in vielen Bereichen der Dokumentation gute Dienste leisten. Nicht nur für eine strukturierte Informationssammlung bei der Dokumentenerstellung, sondern auch für eine visuelle Darstellung komplexer Inhalte bieten sie eine Reihe von Möglichkeiten.

Dabei haben computergestützte Mindmaps (auch als *Business Maps* bezeichnet) nur noch wenig mit der klassischen Papier-und-Bleistift-Methode gemein. Die Mindmap-Tools erweitern die klassischen Mindmaps häufig um zusätzliche Funktionen, mit denen Verweise auf Dateien, Internetseiten oder andere Objekte hergestellt werden können. Sie bieten darüber hinaus Verwaltungsfunktionen wie beispielsweise Anzeigefilter. Außerdem erlauben sie oftmals die Zusammenarbeit mit den Office-Programmen. Es kann daher nicht verwundern, dass Business Maps zunehmend an Bedeutung gewinnen.

Es gibt eine Reihe von Tools – von Freeware bis zu Geschäftsanwendungen –, die auf dem Mindmap-Prinzip basieren. Neben klassischen Mindmap-Werkzeugen für Einzelbenutzer existieren auch Lösungen, bei denen die Teilnehmer parallel an derselben Mindmap (auch in Echtzeit über das Web) arbeiten können. Das hier vorgestellte Mindjet MindManager zeichnet sich durch eine besonders hohe Integration in die Office-Tools aus. So können beispielsweise Microsoft-Outlook-Objekte (Kontakte, E-Mails, Aufgaben) eingefügt und regelmäßig synchronisiert werden.

Mindjet MindManager ermöglicht das Erstellen und Editieren von Mindmaps – verbunden mit vielen Funktionen zur Visualisierung (zahlreiche Text- und Zweigformatierungen, Icons, Beschriftungen oder Grafiken). Außerdem ist es möglich, Hyperlinks sowie Textnotizen zu Zweigen hinzuzufügen. Interessant ist auch die Multi-Map-Funktion, bei der Mindmaps mit anderen Mindmaps über Hyperlinks verknüpft und gemeinsam dargestellt werden können. Hilfreich sind auch die zahlreichen Filterfunktionen.

Im Hinblick auf die IT-Dokumentation ist wichtig, dass mit Mindjet MindManager erzeugte Mindmaps in diverse Formate exportiert werden können, u.a. HTML, PDF, Bilddateien, CSV-Datei, PowerPoint-Präsentation und Microsoft Word.

Einsatzmöglichkeiten und Arbeitsweise von Mindjet MindManager

Nach dem Start von Mindjet MindManager erscheint der Startbildschirm. Anschließend kann mit dem Befehl NEU eine neue Mindmap als Standard-Map oder auf der Basis vorhandener Vorlagen und Styles erstellt werden. Wurde keine Vorlage, sondern ein Stil gewählt, zeigt das Bearbeitungsfenster anschließend lediglich in der Mitte den Zweig zur Eingabe des Hauptthemas an.

Im nachstehenden Beispiel wird exemplarisch eine neue Map erstellt, die die Erstellung und Informationssammlung eines Abschnitts des Notfallhandbuchs unterstützt. Vom Hauptthema ausgehend, können anschließend die benötigten Zweige und Unterzweige mithilfe der Tastatur oder der Taste in der Multifunktionsleiste hinzugefügt werden. Mit der Maus können die Zweige zu jedem Zeitpunkt per Drag&Drop umgruppiert werden. Eine rote Markierung zeigt an, wo der Zweig hinzugefügt wird.

Durch das Erweitern (Pluszeichen) oder Reduzieren (Minuszeichen) von Zweigen kann die Mindmap übersichtlich gehalten werden. Die Map wird so ausgedruckt, wie sie angezeigt wird – reduzierte Zweige werden vor dem Drucken nicht erweitert.

Allen Zweigen können weitere Elemente (Notizen, Bilder, Beschriftungen usw.) hinzugefügt werden. Weiterhin ist es möglich, freie Anmerkungen, die nicht mit einem bestimmten Zweig der Map verbunden sind, einzufügen und frei zu positionieren. Wie andere Zweige auch können freie Anmerkungen mit Unterzweigen ergänzt und jederzeit auf einen Zweig gezogen werden, um sie zu verankern.

Zusätzlich ist es möglich, einem Zweig oder einem anderen Element eine Notiz beizufügen. Darin kann beispielsweise auf die ursächliche E-Mail verwiesen werden. Zweignotizen können formatiert werden; sie dürfen Hyperlinks, Tabellen und Grafiken enthalten.

Auf der rechten Seite erscheinen je nach Art der gewählten Funktion Befehle und Ressourcen, die das Gestalten von Mindmaps unterstützen und die einfach per Drag&Drop in die Map hineingezogen werden können.

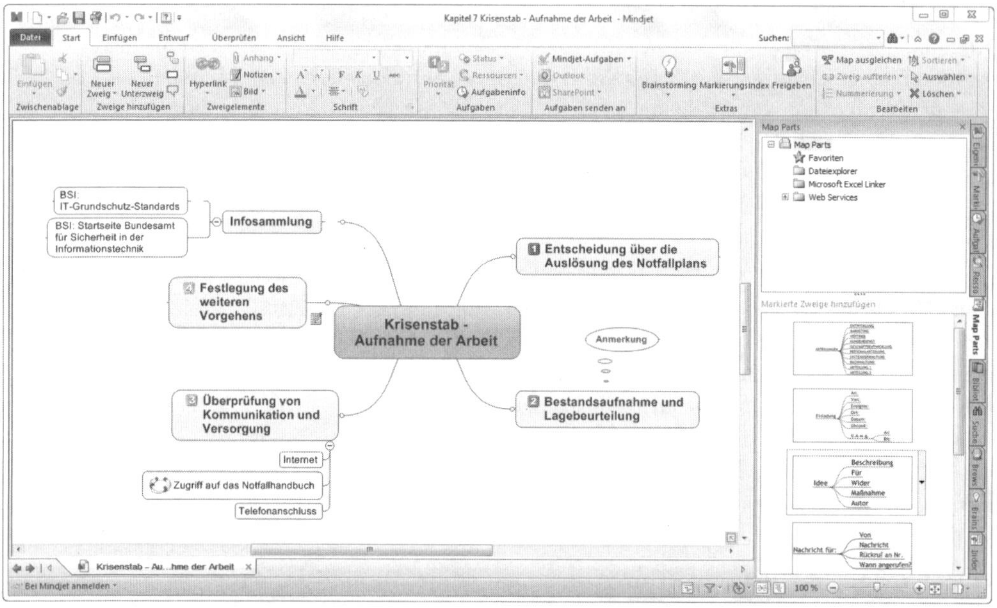

Bild 6.36 Zweige sind die wesentlichen Bestandteile einer Map.

In der vorstehenden Grafik wurden sogenannte Map-Markierungen verwendet. Diese dienen dazu, Zweigen eine bestimmte Bedeutung zuzuweisen oder sie in Gruppen zu ordnen. Eine Markierung kann ein Icon, eine Textmarkierung oder eine Aufgabeninformation sein. Jede Markierung hat einen zugehörigen Namen oder eine Bedeutung. Zu finden sind die Map-Markierungen im Aufgabenbereich nach Gruppen geordnet, wobei die Bedeutung jeder Markierung angezeigt wird.

Oft werden relevante E-Mails in einer mehr oder weniger ausgeklügelten Postfach-Ordnerstruktur abgelegt. Man hofft, sich später noch daran zu erinnern, dass man diese E-Mail erhalten hat. Besser wäre es jedoch, wichtige E-Mails direkt in die Arbeitsdokumentation einzubinden. Erfolgt die Planung mit Mindjet MindManager, ist dies ohne Weiteres möglich. Alle Termine, E-Mails, Aufgaben, Kontakte und Notizen können direkt aus Outlook heraus in eine Mindmap als Abfragen eingefügt werden. Wird ein Element in Outlook bearbeitet, so erfolgt auch eine Aktualisierung in Mindjet MindManager und umgekehrt. Mindjet MindManager bringt eine Reihe vordefinierter Outlook-Abfragen mit.

Wie bereits beschrieben, kann einem Zweig oder einer Notiz ein Hyperlink hinzugefügt werden, der auf ein Dokument oder einen Ordner verweist. Darüber hinaus ist es auch möglich, dass Zweige mittels Hyperlinks auf eine andere Map, eine Internetadresse oder eine E-Mail-Adresse verweisen. Hierzu kann Mindjet MindManager als Add-on in die Browserleiste eingefügt werden. Damit ist es mit einem Klick möglich, Hyperlinks auf Internetseiten in eine Mindmap einzubinden und die Seiten im integrierten Browser in Mindjet MindManager anzuzeigen.

Darüber hinaus können auch Verknüpfungen zu Bereichen in Excel-Dateien und zu Datenbankbereichen hinzugefügt werden. Der neue Zweig ist mit seinen Quelldaten dynamisch verknüpft. Werden die Daten in Excel bearbeitet, so werden sie auch in Mindjet MindManager aktualisiert.

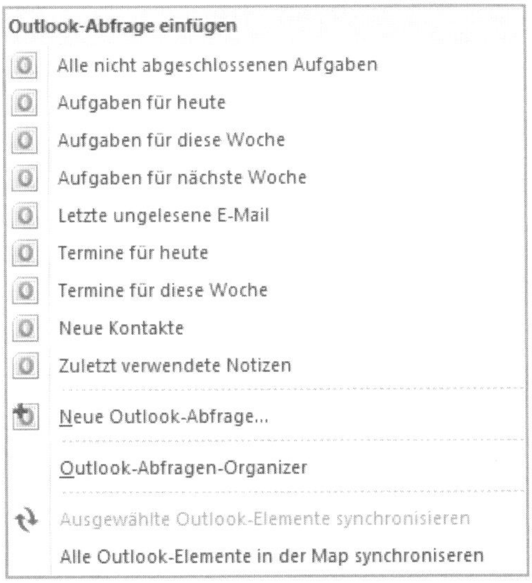

Bild 6.37
Vordefinierte Outlook-Abfragen

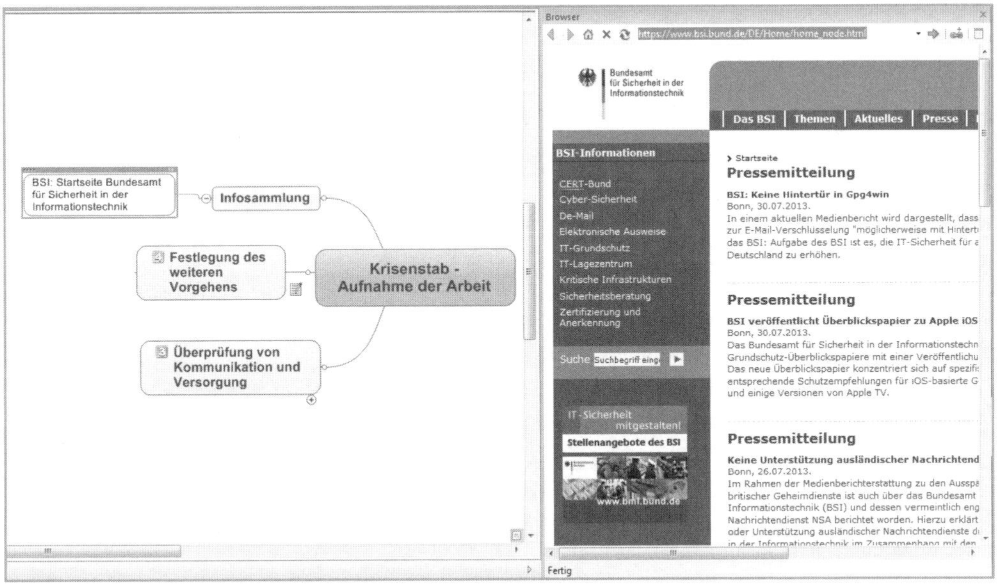

Bild 6.38 Verlinkte Internetseiten können im integrierten Browser angezeigt werden.

Zusammenarbeit mit Office und Microsoft SharePoint

In vielen Bereichen der Dokumentation können mit einem Mindmap-Tool erstellte strukturierte Grafiken hilfreich sein. Nicht nur für eine strukturierte Informationssammlung bei der Dokumentenerstellung, sondern auch für eine visuelle Darstellung komplexer Inhalte bieten sie eine Reihe von Möglichkeiten. In der aktuellen Version ist ohne zusätzliche Tools eine Integration von SharePoint-Sites möglich. Unter anderem bietet Mindjet MindManager Funktionen, um persönliche Gesamtansichten in einer »Dashboard Map« darzustellen. Dafür unterstützt Mindjet MindManager den Zugriff auf unterschiedliche SharePoint-Sites und SharePoint-Instanzen. Die so verlinkten SharePoint-Inhalte werden in einer Map integriert und bleiben dynamisch, d. h., Aufgabeninformationen auf einer SharePoint-Site können zentral in eine Dashboard-Map beispielsweise für ein Projektteam zusammengeführt werden.

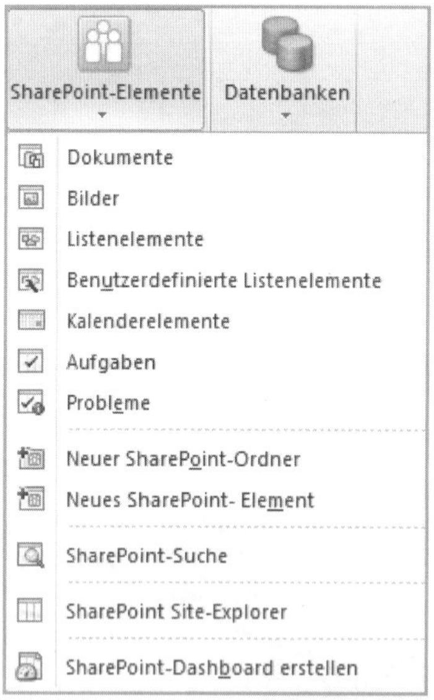

Bild 6.39
Integrierte Funktionen für die Zusammenarbeit mit Microsoft SharePoint

Mindmaps bereitstellen

Falls Mindmaps nicht nur für das Sammeln und Verwalten von Informationen eingesetzt werden, sondern ihre Inhalte auch in die Dokumentation einfließen sollen, ist es entscheidend, in welcher Form Mindmaps bereitgestellt werden können.

Mindjet MindManager unterstützt den Export von Maps (oder in einigen Fällen auch ausgewählter Zweige) in verschiedene Formate. Dazu zählen Grafikformate, Microsoft-Office-Dokumente, PDF-Dateien und HTML-Dateien. Weiter lassen sich mit der Funktion *Pack & Go* die Maps und die dazugehörigen Dokumente zu einem .zip-Archiv schnüren oder als *Mindjet Viewer* exportieren, so dass sich die Map auch ohne Mindjet als PDF-Datei oder als HTML-Datei im Browser öffnen lässt.

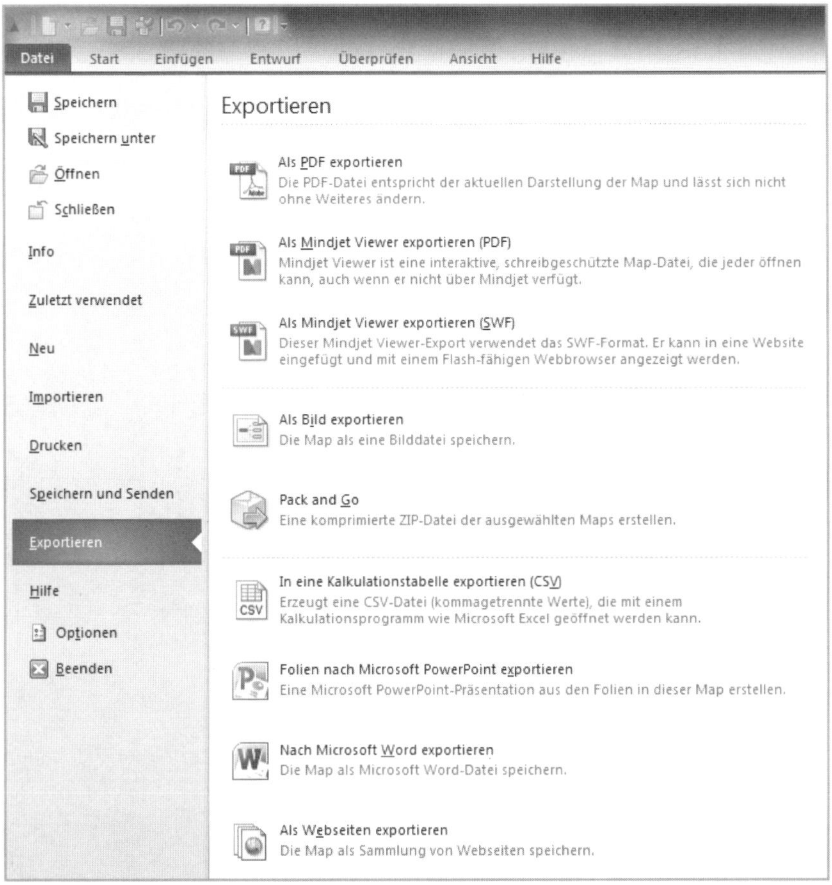

Bild 6.40 Verfügbare Exportmöglichkeiten in Mindjet MindManager

Hervorzuheben sind die Möglichkeiten beim Erstellen von Webseiten aus einer Map. Mindjet MindManager bietet eine Vielzahl von Möglichkeiten für den Webexport: von der einfachen und schnellen Verwendung vorformatierter Vorlagen bis hin zur kompletten Steuerung durch den Benutzer. Damit können die Informationen in einer Mindmap auch beispielsweise im Intranet bereitgestellt werden. Mindjet MindManager verfügt über eine Reihe vordefinierter Webvorlagen, die für neue Webseiten unverändert übernommen oder auch angepasst werden können.

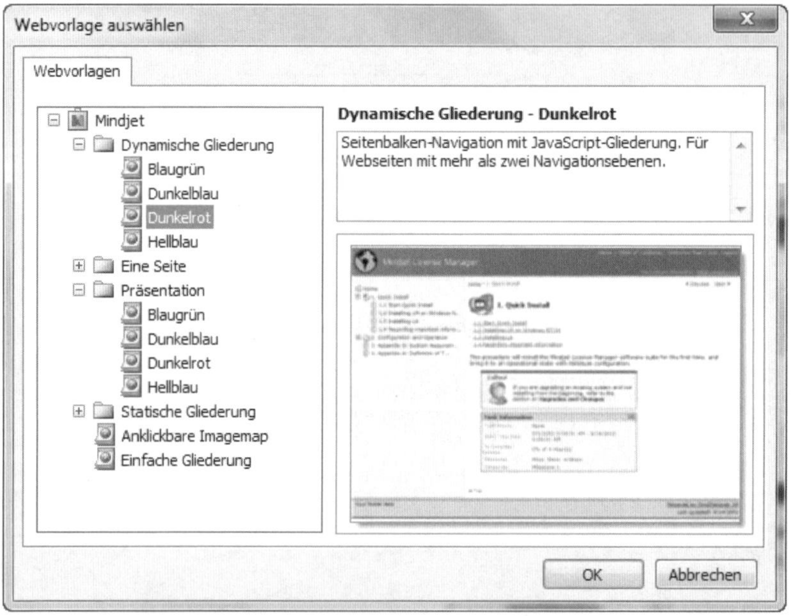

Bild 6.41 Mindmaps als Webseiten bereitstellen

6.4.3.2 Snagit

Die folgenden Ausführungen zu Snagit (TechSmith Corporation) stehen in allen Versionen ab der Versionsnummer 11 zur Verfügung.

Gerade bei der Erstellung IT-relevanter Dokumente ist es häufig sinnvoll bzw. erforderlich, Screenshots einzubinden. So kann beispielsweise die Darstellung einer Dialogbox vielfach eine mehrzeilige Beschreibung ersetzen.

Nun ist es zwar seit der ersten Windows-Version möglich, mit der Druck-Taste eine Bildschirmabbildung in die Zwischenablage zu kopieren, doch reicht diese Lösung für die Erstellung professioneller Bilder nicht aus. Recht ordentliche Ergebnisse lassen sich hingegen mit dem zum Lieferumfang von Windows 7 gehörenden *Snipping Tool* erzielen. Dieses ermöglicht es, sowohl Fenster als auch rechteckige Bereiche und Freihandbereiche auszuschneiden. Wer jedoch häufig dokumentieren muss, stößt auch mit diesem Tool schnell an Grenzen. So ist mit Snipping beispielsweise die Erfassung geöffneter Menüs oder scrollender Inhalte nicht möglich.

Kaum Wünsche lässt hingegen das Screencapture-Tool Snagit offen. Snagit besteht aus zwei Komponenten: dem eigentlichen Erfassungstool *Snagit* und dem *Snagit Editor*. Das Zusammenspiel beider Programme ermöglicht es u.a., Captures in kontinuierlicher Folge zu erstellen und sie zu einem späteren Zeitpunkt zu speichern, zu bearbeiten und weiterzugeben. Bild 6.42 zeigt die Benutzeroberfläche von Snagit. Hier ist die Erfassung der folgenden Komponenten möglich:

- gesamter Bildschirm,
- Fenster,

- Bereiche,
- Objekte,
- Menüs,
- Websites,
- scrollende Bildbereiche,
- scrollende Textbereiche.

Für eine optimierte Erfassung können außerdem Capture-Einstellungen festgelegt und als Profile abgespeichert werden.

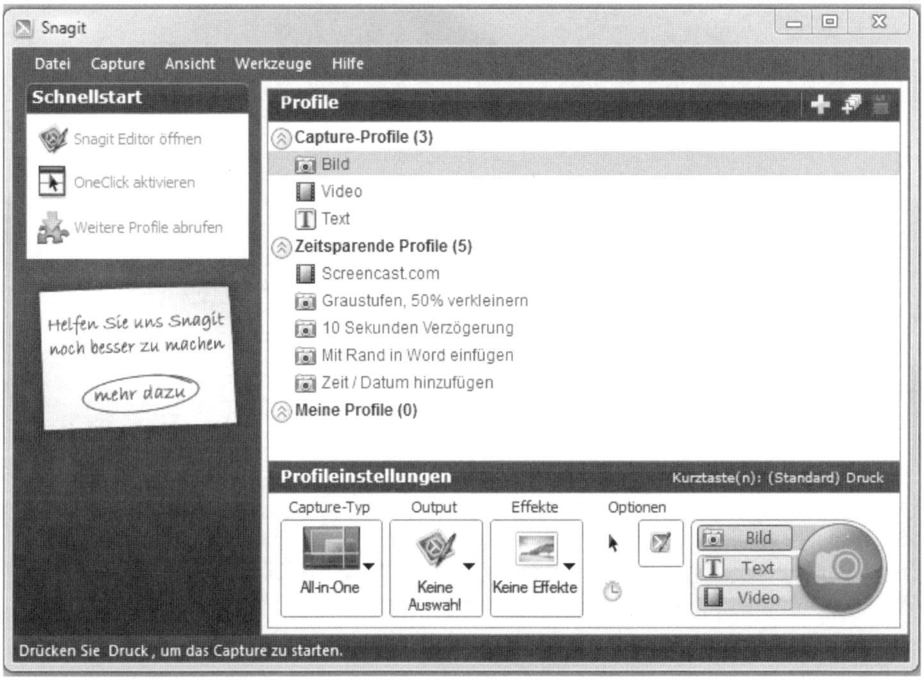

Bild 6.42 Snagit bietet diverse Optionen für die Erfassung von Screenshots.

Neu aufgenommene Captures können direkt an den Snagit-Editor übergeben werden. Hier können die erfassten Captures bearbeitet, verwaltet und weitergegeben werden. Die Bearbeitungsoptionen umfassen Effekte wie Kippen, Spiegeln, Scheren, Drehen, Ausschneiden und Einfügen. Zudem können Objekte und Text hinzugefügt und diverse Effekte auf das Bild angewendet werden. Auch Farbkorrekturen sind möglich. Alternativ können erfasste Bilder aber auch direkt an andere (und auch mehrere) Ziele gesendet werden. Hierzu zählen u.a. Drucker, Zwischenablage, E-Mail, FTP und Office-Anwendungen.

Für die Einbindung von Screenshots in IT-Dokumente besonders hilfreich ist die Funktion zur Erfassung freigestellter geöffneter Menüs. Bild 6.43 zeigt dafür ein Beispiel, dargestellt in der Benutzeroberfläche des Snagit-Editors. Zusätzlich wurden im Beispiel einige Bereiche des Menüs unscharf gekennzeichnet. Diese Funktion ist nützlich, um sensible Informationen, wie beispielsweise IP-Adressen, in erfassten Abbildungen unkenntlich zu machen.

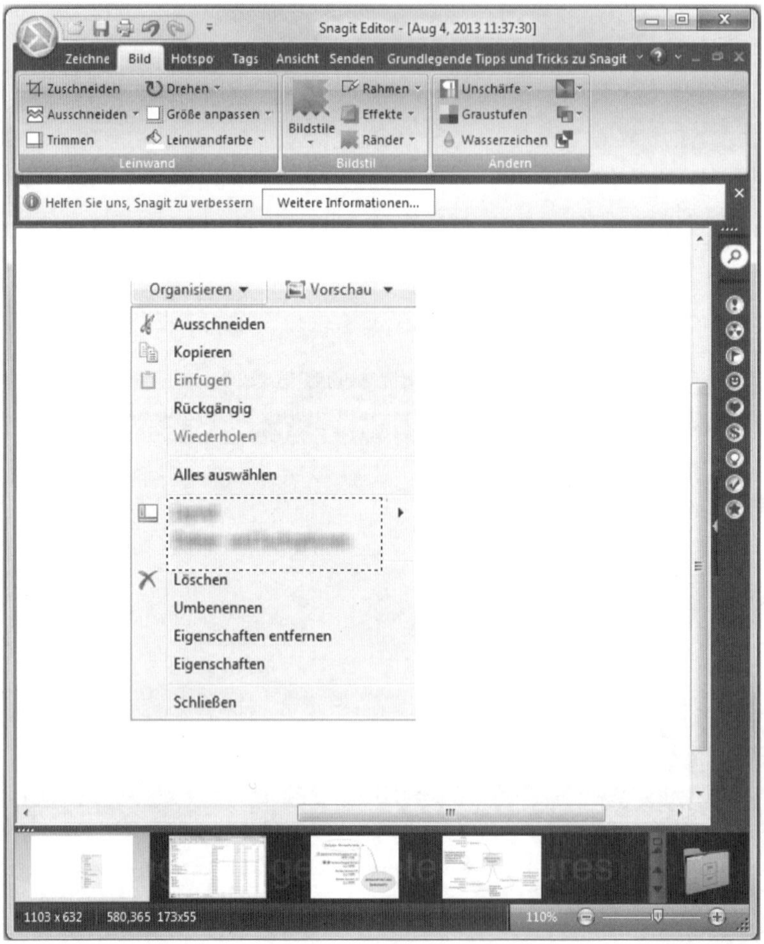

Bild 6.43 Vor dem Speichern können die erfassten Bilder im Snagit-Editor bearbeitet werden.

Abschließend sei noch auf die Bibliotheksfunktion von Snagit hingewiesen. Captures werden bei der Aufnahme automatisch in der Ablage gespeichert. Eine manuelle Speicherung ist nicht erforderlich. Damit können auch ältere erfasste Bilder angezeigt und ausgewählt werden, beispielsweise um sie in andere Formate zu konvertieren, zu drucken oder per E-Mail zu senden.

6.4.3.3 Adobe Acrobat

Die folgenden Ausführungen zu Adobe Acrobat XI Pro (Adobe Systems Incorporated) gelten für alle Versionen ab der Versionsnummer 11.

Mehrfach wurde in den verschiedenen Kapiteln auf die Notwendigkeit hingewiesen, freigegebene bzw. endgültige Dokumente in einem nicht veränderbaren Format wie beispielsweise PDF zu speichern.

Lange Zeit war die Erstellung von Dokumenten im PDF-Format nur mit kostenpflichtigen professionellen Werkzeugen möglich. Mittlerweile stehen hierfür nicht nur eine Reihe Shareware- und Freeware-Tools zur Verfügung. Auch die in Windows bzw. den Office-Anwendungen integrierten Funktionen zum Erstellen von PDF-Dateien sind deutlich verbessert geworden. Wenig beachtet wird dabei jedoch, dass es hinsichtlich der Funktionalitäten der erzeugten PFD-Dateien beträchtliche Unterschiede gibt. Wer aber im professionellen Bereich PDF-Dokumente erstellen muss, sollte durchaus etwas genauer hinsehen. So bieten beispielsweise viele Shareware-Tools keine Möglichkeit, die im Word-Dokument integrierten Hyperlinks in das PDF-Dokument zu übernehmen.

Wichtige Grundfunktionen

Eine nicht gerade preiswerte, aber für den professionellen Einsatz lohnende Lösung stellt die Firma Adobe Systems mit *Adobe Acrobat* bereit. Unter Adobe Acrobat wird eine Gruppe von Programmen zum Lesen, Erstellen, Bearbeiten, Verwalten, Kommentieren und Verteilen von PDF-Dateien zusammengefasst.

In Hinblick auf die Erstellung und Pflege von Dokumenten im Rahmen der IT-Dokumentation sind die folgenden Funktionen von Adobe Acrobat Standard besonders hilfreich:

- Konvertierung von Microsoft-Office-Dokumenten in Adobe-PDF-Dokumente unter Beibehaltung von Struktur und Integrität der Originale. Dabei ist es auch möglich, Einzelblätter aus den Quelldateien in die PDF-Datei zu übernehmen.
- Konvertierung von PDF-Dokumenten in Excel und Word unter Beibehaltung von Layout, Schriften, Formatierung und Tabellen.
- Zusammenführung von Inhalten aus verschiedenen Dokumenten, Tabellenblättern, Präsentationen, E-Mails und Webseiten in einer PDF-Datei. Zusätzlich können Dateien im nativen Format an die zusammengestellte PDF-Datei angehängt werden.
- Funktionen zur Bearbeitung von Text. Bestehender Text kann ergänzt und ersetzt werden, sofern die verwendeten Schriften auf dem System verfügbar sind. Außerdem können neue Textblöcke eingefügt werden.
- Kommentierungswerkzeuge wie Notizen, Hervorhebungen und Stempel ermöglichen ein Review von Dateien im PDF-Format. Die Anmerkungen lassen sich nach Verfasser, Datum und Seite sortieren. Existieren mehrere kommentierte Versionen, können diese abschließend in ein einziges Adobe-PDF-Dokument zusammengeführt werden.
- Durch Vergabe von Nutzungsrechten kann festgelegt werden, wer ein Dokument drucken, kopieren oder bearbeiten darf. Kennwörter verhindern den Zugriff durch nicht autorisierte Anwender.
- Konvertierung von Webseiten in Adobe-PDF-Dateien. Dabei können Multimedia- und interaktive Elemente mit übernommen werden.
- PDF-Dokumente können signiert werden, um deren Inhalt zu bestätigen oder um sie zu genehmigen. Je nach Verwendungszweck können unterschiedliche Signaturtypen verwendet werden.

Alle Funktionen können angepasst werden, so dass eine unternehmensspezifische Nutzung möglich ist.

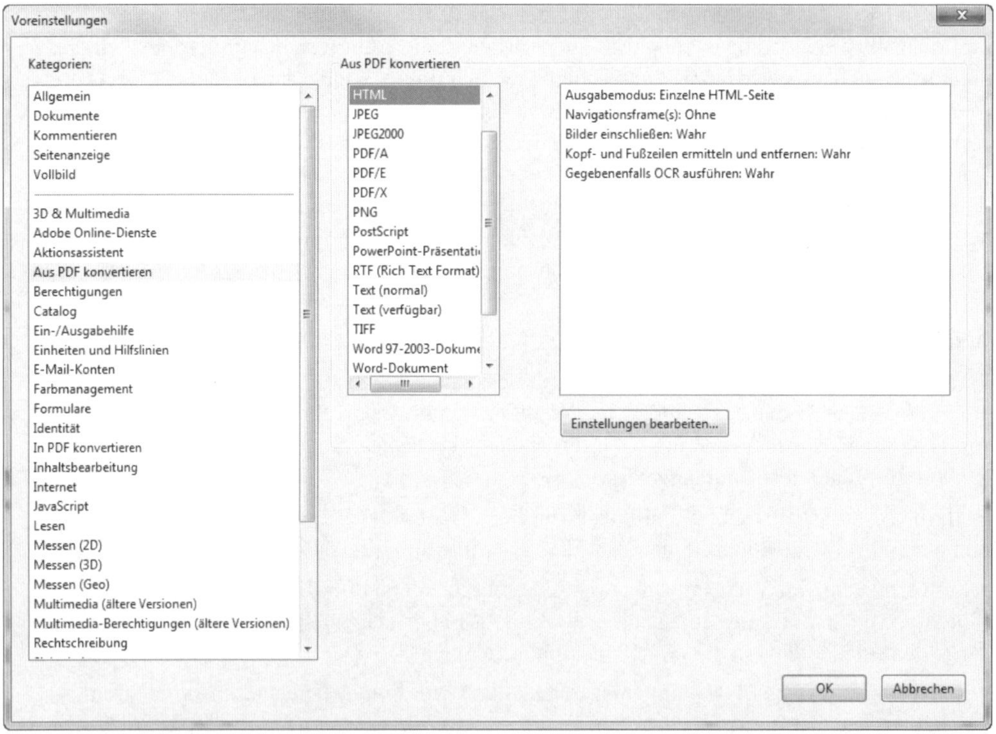

Bild 6.44 Zahlreiche Einstellungsoptionen ermöglichen eine anforderungsgerechte Nutzung.

Ausgehend von dem in Bild 6.4 dargestellten Lebenszyklus eines Dokuments kommt Adobe Acrobat vorrangig nach dessen Fertigstellung in der Phase der Bereitstellung zum Einsatz. Einige der genannten Funktionen sind aber auch für die Planung und Vorbereitung sowie für die Informationssammlung hilfreich. Hierzu zählt vor allem die Möglichkeit, Webseiten in PDF-Dokumente zu konvertieren. Aber auch die Funktion zur Zusammenführung verschiedener PDF-Dateien bringt erfahrungsgemäß großen Nutzen. Im Zusammenspiel mit der Kommentarfunktion von Adobe Acrobat ergeben sich hieraus zahlreiche Möglichkeiten.

Beispielsweise ist es möglich, relevante Inhalte von verschiedenen Webseiten in einem PDF-Dokument zusammenzufassen und wichtige Stellen zu kommentieren. Die Konvertierung ist dank der im Browser integrierten zusätzlichen Schaltfläche einfach durchzuführen.

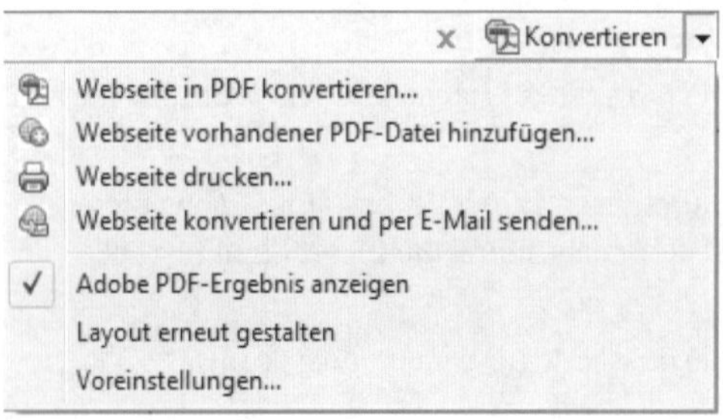

Bild 6.45
Ein Add-in für den Internet Explorer ermöglicht eine einfache Konvertierung von Webseiten.

Bild 6.46 zeigt ein Beispiel für eine in das PDF-Format konvertierte Website und deren Bearbeitungsmöglichkeiten im Adobe-Acrobat-Fenster.

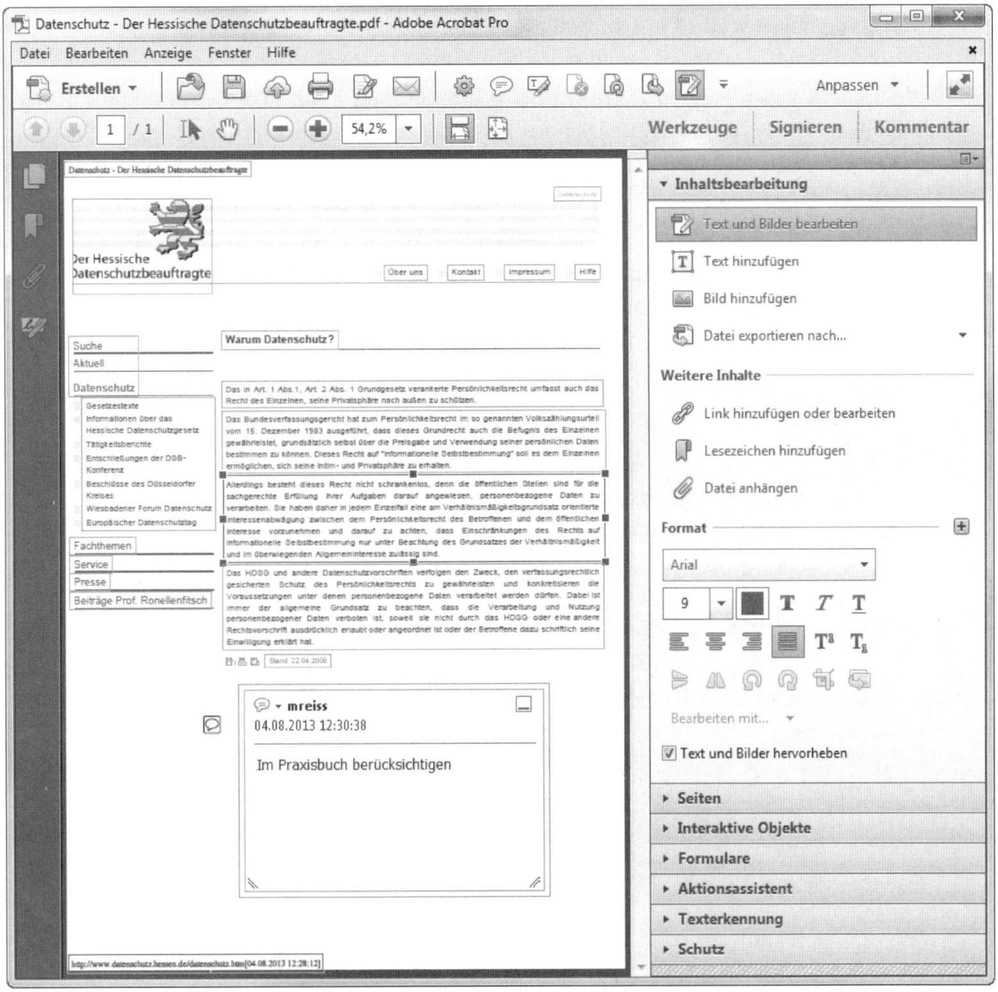

Bild 6.46 Beispiel einer in PDF konvertierten Website im Adobe-Acrobat-Fenster

Barrierefreie PDF-Dokumente

Das deutsche Gesetz zur Gleichstellung behinderter Menschen besagt in § 4:

> »*Barrierefrei sind bauliche und sonstige Anlagen, Verkehrsmittel, technische Gebrauchsgegenstände, Systeme der Informationsverarbeitung, akustische und visuelle Informationsquellen und Kommunikationseinrichtungen sowie andere gestaltete Lebensbereiche, wenn sie für behinderte Menschen in der allgemein üblichen Weise, ohne besondere Erschwernis und grundsätzlich ohne fremde Hilfe zugänglich und nutzbar sind.*« (BGG, 2002)

In den letzten Jahren wurde zunehmend darauf geachtet, dass Webseiten barrierefrei gestaltet sind. PDF-Dokumenten, die mittlerweile zu einem festen Bestandteil von Websites geworden sind, wird allerdings noch immer wenig Aufmerksamkeit geschenkt. Beispielsweise werden häufig eingescannte Dokumente ohne anschließende OCR-Erkennung verwendet, bei denen der Text als Bild in der PDF-Datei gespeichert wird. Diese sind aber grundsätzlich von Screenreadern nicht lesbar, weil die einzelnen Seiten als Bilder, quasi »abfotografiert«, im PDF-Dokument abgelegt werden.

Und auch bei der Erstellung eines Dokuments in Word kann man bei Beachtung einiger Regeln viel dazu beitragen, um bei der Konvertierung möglichst auf Anhieb barrierefreie PDF-Dokumente zu erhalten.

- Verwenden Sie Formatvorlagen für Überschriften, Fließtext und Aufzählungszeichen.
- Benutzen Sie Tabs und keine Leerzeichen, um Einzüge zu machen. (Leerzeichen werden vom Screenreader sehr unschön als Leerzeichen, Leerzeichen, Leerzeichen bzw. space, space, space … vorgelesen.)
- Legen Sie die Sprache des Dokuments fest (Deutsch, Englisch, …).
- Hinterlegen Sie für jede Grafik/jedes Bild einen Alternativtext (maximal 255 Zeichen sind erlaubt).
- Wählen Sie Farben mit hohem Kontrastverhältnis (Text schwarz, Hintergrund weiß).
- Vermeiden Sie es, wichtige Informationen in Kopf- und Fußzeilen zu platzieren, da sie nicht in allen Fällen automatisch in die PDF-Struktur übernommen werden.
- Vermeiden Sie Tabellen, Mehrspaltigkeit und Formulare.

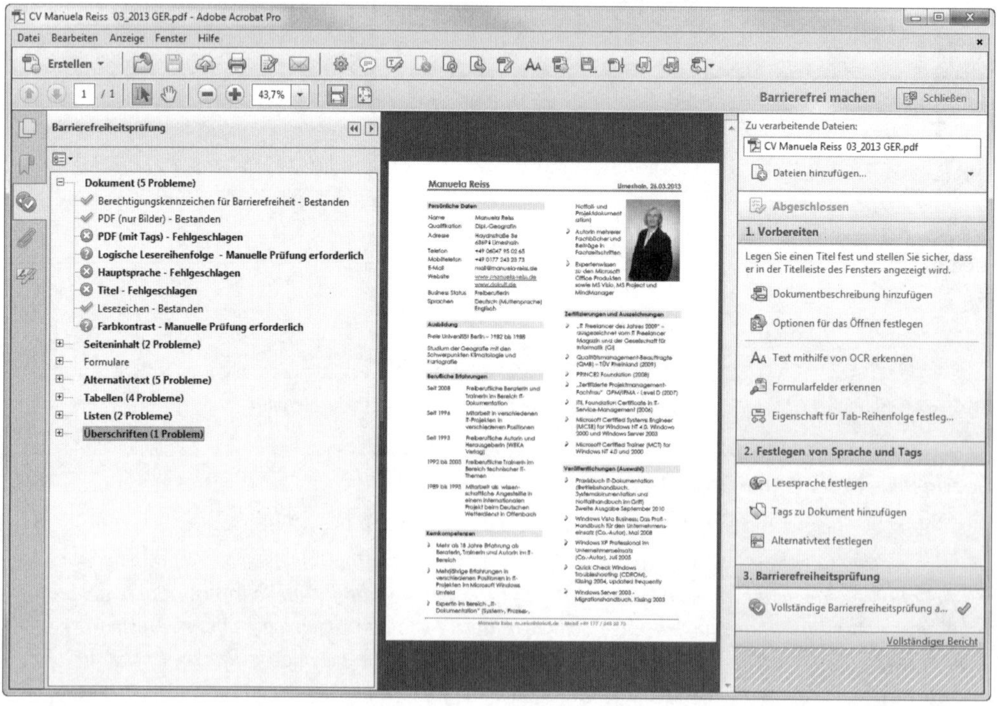

Bild 6.47 Die Erstellung barrierefreier Dokumente wird durch eine Reihe von Werkzeugen unterstützt.

Diese Liste entspricht den Empfehlungen der Humboldt-Universität zu Berlin: http://www.cms.hu-berlin.de/portale/entwickler/barrierefreiheit/PDF/.

In der aktuellen Version bietet Acrobat Pro eine Reihe von Werkzeugen, die dabei unterstützen, ein Dokument barrierefrei zu machen. Hierzu gehört auch eine Barrierefreiheitsprüfung. Das in Bild 6.47 gezeigte Dokument liefert beispielsweise eine ganze Reihe an Fehlermeldungen.

6.4.4 Checkliste für die Qualitätssicherung

In den vorstehenden Kapiteln wurde immer wieder auf die Notwendigkeit von Review- und Freigabeverfahren hingewiesen. Eine typische Arbeitsanleitung bzw. Arbeitsanweisung für diese Verfahren ist eine Checkliste zur Prüfung der Einhaltung definierter Vorgaben.

Diese sollte eine Prüfung der sachlichen und fachlichen Richtigkeit von Dokumenten ermöglichen. Hierzu zählen u. a. die folgenden Punkte.

- Übereinstimmung mit den Compliance-Anforderungen,
- technische Angemessenheit und Durchführbarkeit,
- Übereinstimmung mit den Anforderungen des Auftraggebers bzw. der Nutzer des Dokuments,
- Schnittstellen zwischen dem zu prüfenden Dokument und bereits bestehenden Dokumenten.

Die folgende Tabelle enthält eine Checkliste, die bei der Qualitätssicherung eines Dokuments herangezogen werden kann. Durch die Unterschrift des Qualitätssicherers dient die Checkliste gleichzeitig als Nachweisdokument im Freigabeverfahren.

Hinweise zu den aufgeführten formalen Anforderungen finden Sie in *Abschnitt 6.2.1.2*. Und Informationen zum Review- und Freigabeprozess von Dokumenten enthält *Abschnitt 6.3.1*.

Tabelle 6.2 Checkliste für das Dokumentenreview

Checkliste zur Qualitätssicherung eines Dokuments		
Dokumenttitel		Dokumentennummer
Name des Qualitätssicherers	Unterschrift	Organisationseinheit/Telefon
Formalinhaltliche Anforderungen		
Sind die folgenden Dokumentkennzeichnungen vorhanden und korrekt? *Dokumentenklasse* *Dokumententyp* *Dokumententitel* *Dokumentennummer* *Verantwortlicher Autor* *Dateiname*		

Tabelle 6.2 Checkliste für das Dokumentenreview *(Fortsetzung)*

Checkliste zur Qualitätssicherung eines Dokuments	
Erstellung begonnen am *Letzte Bearbeitung* *Vertraulichkeitsstufe* *Versionsnummer* *Bearbeitungsstatus*	
Sind alle Seiten eindeutig als dem Dokument zugehörig zu identifizieren?	
Sind die mitgeltenden und ergänzenden Dokumente aufgelistet?	
Ist ein korrektes Inhaltsverzeichnis vorhanden?	
Gibt es eine Änderungshistorie?	
Existiert ein Glossar bzw. Abkürzungsverzeichnis? *Ja* *Nicht erforderlich*	
Existiert ein Management Summary? *Ja* *Nicht erforderlich*	
Gibt es ein Indexverzeichnis (gegebenenfalls mit formal-inhaltlicher Prüfung)? *Ja* *Nicht erforderlich*	
Wurde die richtige Dokumentvorlage verwendet?	
Entspricht das Layout den Dokumentationsstandards?	
Sind Bilder und grafische Darstellungen *eine sinnvolle Ergänzung des Textes?* *entsprechend den Standards erstellt?* *verständlich bzgl. der verwendeten Symbole und nicht überladen?*	
Ist das Dokument vollständig, d. h., fehlen keine Textstellen, Seiten, Abbildungen?	
Wurden die Begriffe eindeutig definiert und durchgängig verwendet?	
Sind alle nicht allgemein bekannten Begriffe und Abkürzungen im Dokument oder im Glossar definiert?	
Ist das Dokument verständlich gegliedert und übersichtlich aufgebaut?	
Sofern Objektverknüpfungen verwendet wurden, besteht auf diese Zugriff?	

Checkliste zur Qualitätssicherung eines Dokuments	
Inhaltliche Anforderungen	
Stimmt der Inhalt mit den Anforderungen des Auftraggebers überein?	
Ist die textliche Darstellung der Zielgruppe entsprechend angemessen?	
Sind die Inhalte des Dokuments nachvollziehbar?	
Ist der Inhalt widerspruchsfrei?	
Wurden Schnittstellen zwischen dem Dokument und bereits bestehenden Dokumenten berücksichtigt?	
Ist das Dokument inhaltlich vollständig?	
Ja	
Ja, aber Ergänzungen erforderlich (siehe Erläuterungen im Dokument)	
Sind die Inhalte sachlich richtig?	
Ja	
Ja, aber Anpassungen erforderlich (siehe Erläuterungen im Dokument)	

6.5 Zusammenfassung

Ein integriertes Dokumentationsmanagement ist ein wichtiger Erfolgsfaktor für einen effektiven IT-Betrieb. Die Praxis sieht leider häufig anders aus. Anforderungen an die Dokumentation werden in der Regel in Bezug auf deren Inhalte formuliert. Der Dokumentenverwaltung wird aber trotz der von den Standards geforderten Dokumentenlenkung kaum Aufmerksamkeit gewidmet. Dies führt dann nicht selten dazu, dass beispielsweise kurz vor dem Audit mit viel Mühe die »richtigen« Versionen der Dokumente zusammengesucht und häufig auch noch angepasst bzw. vereinheitlicht werden müssen. Und danach verschwinden diese Dokumente dann bis zur Rezertifizierung in den »Weiten der Fileserver«.

Ohne übergeordnete Vorgaben und eine zentrale Steuerung der Dokumentationsaufgaben wird sich an dieser Situation auch nichts ändern. Nicht umsonst definiert das Kapitel 7.5 der aktuellen ISO-Normen umfassende Anforderungen an das Management der Dokumentation. Für den Aufbau und die Pflege einer nachhaltigen Dokumentation sind daher eine integrierte Betrachtung der verschiedenen Bereiche und ein Dokumentationsmanagement mit Vorgaben und eingeführten Dokumentationsprozessen entscheidend.

Mit der Einführung von Standards allein ist es aber nicht getan. Jeder kennt die Situation: Man erhält ein Dokument und stellt beim Lesen fest, dass man die Inhalte nur mit Mühe versteht. Es gibt keinen roten Faden, man weiß eigentlich gar nicht, an wen sich das Dokument richtet, Grafiken, die zum Verständnis beitragen könnten, fehlen und eine Einordnung in einen Gesamtkontext ist ebenfalls nicht möglich. Gerade im IT-Umfeld ist bei Erstellern von Dokumenten die Auffassung verbreitet: »Der Inhalt zählt und wie der Leser damit zurechtkommt, ist seine Sache.« Dokumentation ist jedoch kein Selbstzweck. Ihren Sinn können Dokumente nur erfüllen, wenn sie von der Zielgruppe auch verstanden und genutzt werden können. Dabei ist es unter Beachtung einiger wichtiger Punkte durchaus auch für weniger Geübte möglich, leserfreundliche und anforderungsgerechte Dokumente zu erstellen. Das zeigt dieses Kapitel und es liefert unter anderem konkrete Hilfen insbesondere für die Arbeit mit Microsoft Word.

7 Eine Toolbox für die IT-Dokumentation

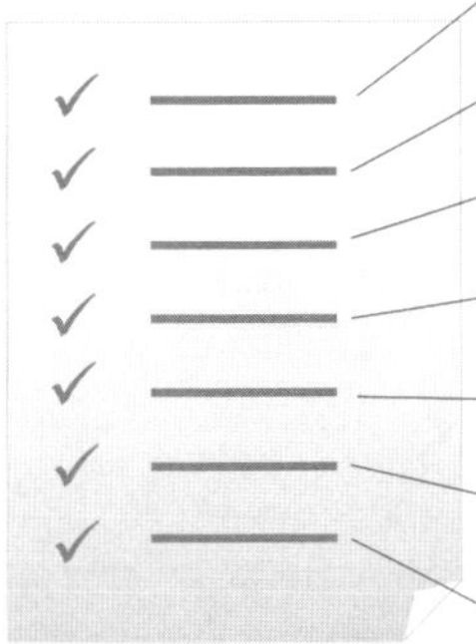

Warum muss dokumentiert werden?

Welche Dokumentationsfelder gibt es?

Was gehört zur Dokumentation für den operativen Betrieb?

Was sind notwendige Dokumente der Notfalldokumentation?

Worauf ist bei der IT-Projektdokumentation zu achten?

Wie können Dokumentationsanforderungen in der Praxis umgesetzt werden?

Mit welchen Tools kann dokumentiert werden?

In den vorstehenden Kapiteln wurde an einigen Stellen darauf hingewiesen, dass die beschriebenen Dokumentationsaufgaben ohne den Einsatz von entsprechenden Tools nicht angemessen erfüllt werden können. Je umfangreicher die Anzahl an Dokumenten und je größer die Komplexität der Abhängigkeiten ist, desto stärker ist das Erfordernis nach einer zentralen IT-gestützten Datenhaltung und Tool-Unterstützung bei der Dokumentation. So ist es in komplexen Systemumgebungen kaum möglich bzw. sinnvoll, Excel-Listen mit den eingesetzten Systemen manuell zu pflegen. Aber auch für andere Aufgaben wie beispielsweise für die Dokumentation der Prozesse, der Erstellung der Sicherheits- und Datenschutzdokumentation oder der Pflege der für Audits und Prüfungen benötigten Referenzdokumente werden Anwendungen benötigt oder sind zumindest sinnvoll.

In diesem Kapitel werden die verschiedenen Einsatzbereiche und exemplarisch einige Anwendungen vorgestellt. Das Ziel ist allerdings nicht, das »beste« Tool für die IT-Dokumentation bzw. den jeweiligen Einsatzzweck zu präsentieren. Vielmehr sollen die Beispiele zeigen, wie Anwendungen bei der Bewältigung der verschiedenen Dokumentationsaufgaben unterstützen können und Anregung für die zwingend notwendige Evaluierung bieten.

In diesem Kapitel finden Sie die folgenden Themenschwerpunkte:

- Die Suche nach der »Eierlegenden Wollmichsau«
- Tools für verschiedene Aufgabenbereiche

7.1 Die Suche nach der »Eierlegenden Wollmichsau«

Eine häufige Frage lautet: Welches Tool können wir für die IT-Dokumentation einsetzen? Diese Frage suggeriert, dass mit einer einzigen Anwendung alle Bereiche der IT-Dokumentation gleichermaßen bedient werden können. Dieses eine Tool aber gibt es nicht. Vielmehr muss vor der Auswahl einer Anwendung zur Unterstützung der Dokumentation zunächst die wichtigste Frage beantwortet werden: Welches Ziel verfolgen wir mit dem Einsatz einer Softwarelösung?

Denn auf diese Frage kann es viele Antworten geben:

- Wir wollen unsere Systeme dokumentieren und dafür die Systeme möglichst automatisch erfassen.
- Wir wollen unsere Prozesse erfassen und dokumentieren.
- Wir wollen eine CMDB einrichten.
- Wir wollen eine Notfalldokumentation erstellen.
- Wir benötigen eine Lösung zur Unterstützung unserer IT-Serviceprozesse
- Wir wollen unsere Dokumente effizienter verwalten und im Team bearbeiten.
- Wir benötigen eine ISO-27001-konforme Dokumentation.
- ...

Allein diese wenigen Fragen machen deutlich, dass es unmöglich ist, dass ein einziges Tool alle Aufgabenbereiche gleichermaßen gut unterstützen kann. Es ist daher zunächst einmal erforderlich, den Einsatzbereich zu identifizieren. Hierbei will dieses Kapitel Sie unterstützen. Ausgehend von den in den vorhergehenden Kapiteln ausführlich vorgestellten Dokumentationsbereichen werden die folgenden Einsatzbereiche erläutert und Beispiele vorgestellt:

- Tools für die Systemdokumentation,
- Tools für die Prozessdokumentation,
- Tools für das IT-Servicemanagement und CMDB-Tools,
- Tools für das Informationssicherheitsmanagement (ISMS-Lösungen),
- Tools für die Notfalldokumentation,
- Tools für die Governance Risk Compliance (GRC)-Dokumentation,
- Dokumentenmanagementsysteme.

Vorhandene Anwendungen einbeziehen

Bei der Auswahl einer neuen zusätzlichen IT-Lösung muss zwingend immer die bestehende Anwendungslandschaft betrachtet werden. Eine wichtige Rolle spielen dabei die Möglichkeiten einer Anwendung zur Anpassung an die eigene Methodik und Vorgehensweise, schließlich soll sich das Tool an die Vorgehensweise des Unternehmens anpassen und nicht umgekehrt (was jedoch nicht immer durchsetzbar ist).

Um zu verhindern, dass Insellösungen oder Redundanzen entstehen, sollten sich alle eingesetzten Tools im Idealfall ergänzen und miteinander agieren. So kann zum Beispiel eine Scan-Software zur automatisierten Erfassung der Systemdaten eingesetzt werden, die dann wiederum in die Datenbank einer CMDB-Lösung und/oder einer GRC-Anwendung einfließen. In jedem Fall sollte vermieden werden, dass Daten redundant in mehreren Systemen gepflegt werden müssen.

Viele Unternehmen setzen Lösungen für das *Netzwerkmanagementanwendungen* und/oder *Netzwerkmonitoringanwendungen* ein. Während Netzwerkmanagement die Bereiche Fehlermanagement, Konfigurationsmanagement, Abrechnungsmanagement, Leistungsmanagement und Sicherheitsmanagement einschließt, beschreibt Netzwerkmonitoring die Überwachung und regelmäßige Kontrolle von Netzwerken, deren Hardware (z. B. Server, Router, Switches) und Diensten (z. B. Webserver, DNS-Dienste, E-Mail-Dienste). IP-Netze werden häufig mittels Simple Network Management Protocol (SNMP) und/oder Windows Management Instrumentation (WMI) verwaltet und überwacht.

Die Softwarelösungen der großen Netzwerkmanagementspezialisten wie Computer Associates, Hewlett-Packard und IBM, aber auch einige OpenSource-Lösungen bieten neben der Verwaltung und Überwachung auch Funktionen für die Softwareverteilung und CMDB-Unterstützung. Hat eine IT-Organisation bereits ein solches Tool im Einsatz, stellt sich die Frage nach einer Inventarisierungslösung in der Regel nicht mehr.

Doch nicht jede Organisation kann und will sich den Einsatz einer der »großen« Netzwerkmanagementlösungen leisten. Außerdem liegt der Fokus dieser Anwendungen nun einmal nicht im Bereich Dokumentation, so dass die Ableitung der aus Compliance-Anforderungen resultierenden Dokumente meist mit einigen Mühen verbunden ist.

Bei der Auswahl der hier vorgestellten Programme standen daher die Dokumentationsfunktionen im Vordergrund. Die Vorstellung der Anwendungen beschränkt sich dabei auf einen Überblick der aus Sicht der vorgestellten IT-Dokumentation relevanten Funktionen und stellt keine Anleitung für den Betrieb der Anwendungen dar. Hierfür sei auf die Dokumente der Hersteller verwiesen.

7.2 Tools für die Systemdokumentation

Systeme bilden die Basis für die Bereitstellung von IT-Dienstleistungen, unabhängig davon, auf welcher Reifegradstufe sich eine IT-Organisation befindet. Die Einrichtung und Pflege einer Systemdokumentation als Bestandteil der IT-Betriebsdokumentation sind daher zwingend erforderlich. Wie in den ausführlichen Erläuterungen der Systemdokumentation in *Abschnitt 3.2* vorgestellt, schließt diese die folgenden Systemgruppen ein:

- **Hardwaresysteme:** Mainframe-Systeme, Clientrechner und Server, Speichersysteme, Drucker und Videokonferenzsysteme gehören u. a. in diese Kategorie.
- **Systemsoftware:** Hierzu zählen u. a. Betriebssysteme und IT-interne Anwendungen. Letztere umfassen u. a. alle Anwendungen und Dienste zur Steuerung und Verwaltung des IT-Betriebs, wie beispielsweise Active Directory, aber auch Backup-Anwendungen oder Virtualisierungslösungen.

- **Netzwerkkomponenten:** Hierbei handelt es sich um Systeme, die der Vernetzung und der Kommunikation der Einzelkomponenten untereinander dienen. Dies beinhaltet sowohl Switches, Router und Gateways als auch beispielsweise Verteilerschränke und Patch-Felder.
- **Infrastruktur:** Hierzu zählen Gebäude, Serverräume, Klimaanlagen usw. Diese Komponenten werden heute unter dem Begriff Facility zusammengefasst. Dem Facility-Management werden üblicherweise technische Anlagen und Einrichtungen, Geräte, Gebäude, aber auch Arbeitsmittel und Energie zugeordnet.

7.2.1 Hinweise für die Evaluierung

Die Komplexität heutiger Systemumgebungen macht eine Verwaltung all dieser Komponenten ohne die Unterstützung entsprechender Tools auch bei kleinen Unternehmen nahezu unmöglich. Hierbei haben Tools zwei Funktionen: Sie können die SNMP-, Netbios- oder WMI-Daten automatisiert erfassen und auswerten und/oder sie bieten eine datenbankgestützte Verwaltung und Bereitstellung der Daten und ermöglichen unterschiedliche Sichten auf die Informationen. Automatisiert erfasst werden können jedoch nur aktive Komponenten, passive Komponenten wie Kabel oder Patchpanel bleiben außen vor. Eine Dokumentation aller Netzwerkschichten erfordert also zwingend immer auch manuellen Pflegeaufwand.

Der Markt bietet eine ganze Reihe verschiedener Lösungen an. Es würde aber den Rahmen dieses Buchs sprengen, einen bewertenden Vergleich verschiedener Lösungen anzubieten, zumal ein solcher Vergleich wohl nur für kurze Zeit einen Anspruch auf Aktualität hätte. Außerdem, und dieser Punkt ist noch wichtiger, haben alle Softwarelösungen unterschiedliche Ausrichtungen und unterstützen die Dokumentation unterschiedlicher Komponenten. Bei der Auswahl einer Software sind die individuellen Anforderungen Ihres Unternehmens entscheidend. Und möglicherweise ist auch der parallele Einsatz mehrerer Tools erforderlich.

Auch die im Folgenden vorgestellten Tools decken unterschiedliche Bereiche der IT-Dokumentation ab und sollen dafür jeweils exemplarisch einen Eindruck vermitteln: Während *Docusnap* von der Firma Itelio GmbH die automatisierte Inventarisierung von Systemen im Windows-, Linux- und Macintosh-Umfeld adressiert, unterstützt *SM-Docu* der SHD System-Haus-Dresden GmbH die Dokumentation aktiver und passiver Netzwerkkomponenten und das Tool *FaciPlan* von der Firma FaciWare GmbH ist eine Software für die Dokumentation von Facility-Komponenten.

7.2.2 Docusnap

Die folgenden Ausführungen zu Docusnap (Itelio GmbH) beziehen sich auf die Version 6.3 (Stand September 2015).

Docusnap ist eine Software für die automatisierte Inventarisierung von Hardware und Software. Neben der Inventarisierung der Netzwerkdienste wie DNS, DHCP, DFS und die Active

Directory Services ADS können mittels SNMP weitere Netzwerkgeräte wie Switche, Router, Firewalls oder Drucker inventarisiert werden. Die Inventarisierung von Visualisierungen auf Basis Microsoft Hyper-V, VMware ESX oder vSphere und Citrix XenCenter ist ebenso möglich. Daneben können die Client-/Serverbetriebssysteme Windows-, Linux- und MAC OS x sowie die Applikationsserver Microsoft-Exchange Server und SharePoint und Symantec Backup Exec Installationen sowie Veeam Backup dokumentiert werden.

Neben der reinen Datenerfassung bietet Docusnap zusätzliche Dokumentationsfunktionen und unterstützt einen strukturierten und automatisierten Dokumentationsprozess. Im Gegensatz zu den meisten Netzwerkmanagement- und Inventarisierungstools, die meist nur die Erstellung programminterner Berichte ermöglichen, unterstützt Docusnap die Ausgabe der Informationen in Berichten, Übersichtsplänen und Datenblättern. Zusätzlich können alle Ergebnisse als vollständig verlinkte HTML-Dokumentation bereitgestellt und damit in die eigene IT-Dokumentation eingebunden werden.

Wichtig ist hierbei, dass Docusnap agentenfrei arbeitet. Das heißt, es muss keinerlei Software auf den auszulesenden Systemen installiert werden und diese müssen sich nicht am Docusnap-Rechner anmelden. Auch erfolgen durch Docusnap, mit Ausnahme der Eintragungen in die Inventarisierungsdatenbank, ausschließlich lesende und keine schreibende Zugriffe auf die gescannten Systeme. Für die Verwaltung der Datenbank wird ein SQL-Server benötigt. Docusnap liefert eine Microsoft SQL 2014 Express LocalDB-Datenbank mit aus.

Aufgrund einer Preisstaffelung und des damit relativ niedrigen Einstiegspreises ist Docusnap auch für den Einsatz in kleineren Netzwerkumgebungen interessant. Außerdem bietet Itelio eine kostenfreie Version ohne zeitliche Limitierung für kleine Netzwerke mit eingeschränktem Funktionsumfang an. Mit der *Docusnap Free Edition* lassen sich bis zu 25 Systeme inventarisieren und dokumentieren. Neben der Erfassung der Windows-, Linux- und Mac-Betriebssysteme erlaubt die Free Edition die Inventarisierung mittels SNMP, von IP-Systemen oder des Active Directory. Die Erstellung von IT-Konzepten aus Vorlagen und die Generierung von Standardberichten stellen weitere Funktionen der Free Edition dar.

Inventarisierung und Dokumentation

Die Datensammlung kann von jeder Workstation im Netzwerk aus durchgeführt werden. Wird zusätzlich *Docusnap-Server* eingesetzt, kann dies auch zeitgesteuert erfolgen, ohne dass ein manueller Eingriff seitens des Anwenders notwendig ist. Nach der Installation von Docusnap, dem Einspielen der Lizenzdatei und der Anlage eines neuen Firmenobjekts kann die erste Datenerfassung erfolgen. Die Ergebnisse der System- und Netzwerkerfassung zeigt Docusnap im eigenen Daten-Explorer an. Hier können die Informationen zu den untersuchten Systemen in diversen standardmäßig erzeugten und anpassbaren Berichten ausgewertet werden. Außerdem bietet Docusnap mit der Schnittstelle DocusnapConnect die Möglichkeit, Daten für andere Systeme zur Verfügung zu stellen und den Export von Daten in SQL-Datenbanken, XML-Dateien oder CSV-Dateien zeitgesteuert auszuführen.

Die Stärke von Docusnap aus Sicht des Buchs liegt aber in den vielfältigen Dokumentationsfunktionen. Direkt im Anschluss an die Inventarisierung oder auch zu jedem späteren Zeitpunkt kann eine vollständige Dokumentation (in Deutsch oder Englisch) erzeugt werden. Für jedes gescannte System erstellt Docusnap ein Dokument mit allen relevanten Systeminformationen. Zusätzlich können eine Reihe von Plänen, u. a. Netzwerk- und Routingpläne sowie Übersichten über Computer, Software, Betriebssystem, Hardwarekomponenten, Benutzer und Gruppen, generiert werden. Sofern das entsprechende Modul erworben wurde, werden DHCP-, DNS-, Exchange-Server- und SQL-Server-Pläne bereitgestellt. Für die Generierung der Dokumente werden keine externen Programme benötigt. Für die Anzeige der Dokumente können Programme verwendet werden, welche folgende Dateiformate unterstützen: .docx, .xlsx, .html, .pdf, .odt, .vdx.

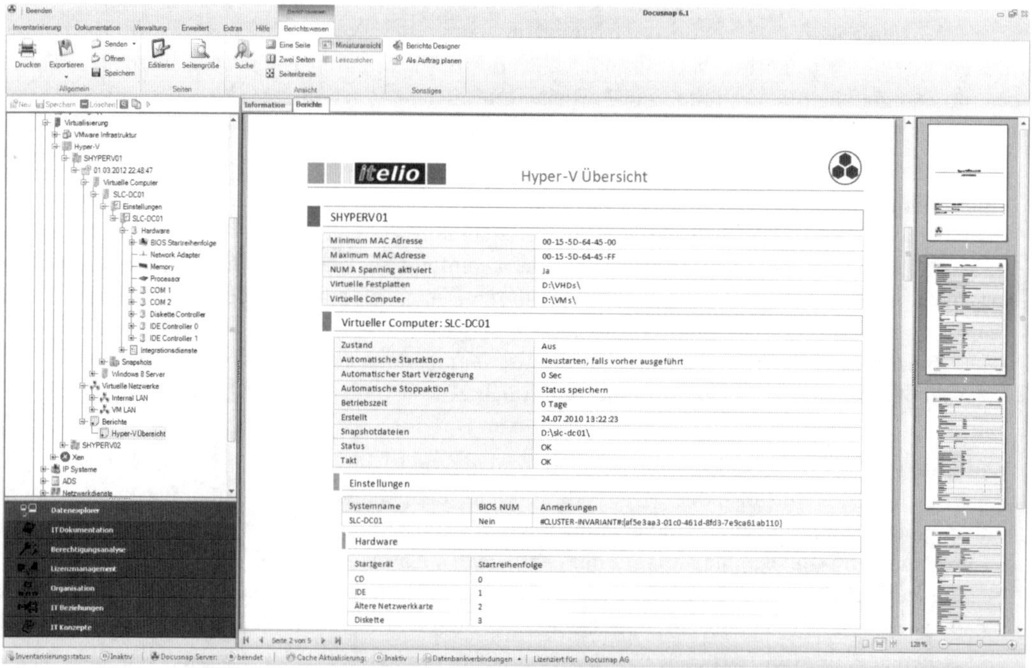

Bild 7.1 Ausschnitt aus einem Datenblatt

Beispieldokumentation

Hervorzuheben ist die Möglichkeit, die komplette Dokumentation als verlinkte HTML-Dokumentation bereitzustellen. Damit ist es beispielsweise möglich, Mitarbeitern Zugriff auf die Systemdokumentation zu geben, ohne dass diese Docusnap installiert sein muss. Auf der Website unter http://www.docusnap.com/media/docu/de/index.htm finden Sie eine Beispieldokumentation.

Wie mehrmals im Buch ausgeführt, genügt es aber nicht, einmalig den Zustand eines Systems zu erfassen. Vielmehr muss nicht nur die Dokumentation laufend gepflegt und aktualisiert werden, sondern es ist darüber hinaus erforderlich, den jeweils aktuellen Zustand mit einem älteren Zustand abgleichen zu können, was bei manueller Pflege einen hohen Aufwand bedeutet. Docusnap bietet mit der *Snapshotverwaltung* hierbei Unterstützung, da jeder Scan für jedes System unter dem entsprechenden Datum und der Uhrzeit gespeichert wird. Standardmäßig archiviert Docusnap die letzten fünf Scan-Ergebnisse; außerdem können einzelne Scans von der Löschung ausgenommen werden.

Für jedes System werden zusätzlich Informationen benötigt, die nicht automatisiert erfasst bzw. dokumentiert werden können. Hierzu zählt beispielsweise die Erfassung von Störungen (zum Beispiel Hardwareprobleme). Derartige Informationen erleichtern eine spätere Nachvollziehbarkeit und bieten Hinweise im Hinblick auf mögliche, zukünftige Störungen und Probleme mit dem System. Auch Informationen zum Herstellersupport und Wartungsverträge müssen sich zuordnen lassen.

Diese Anforderungen unterstützt Docusnap in der aktuellen Version mit entsprechenden Funktionen. Es können Kommentare, Finanzverwaltungsdaten, Verträge und Erinnerungen mit dem System verknüpft sowie Dateianhänge angefügt werden, so dass eine vollständige Systemdokumentation in Docusnap möglich ist. Dies ist vor allem wichtig für Unternehmen, deren Dokumentation sich gemäß dem in *Kapitel 3* dargestellten Reifegradmodell Stufe 1 oder 2 zuordnen lässt. Darüber hinaus bietet die Passwortverwaltung die Möglichkeit, für alle Systeme Passwörter (verschlüsselt) zu hinterlegen. Die Kommentare wiederum können (frei definierbaren) Klassen zugeordnet und mithilfe benutzerdefinierter Reports dokumentiert werden. Alternativ können die Systemakten als normale Office-Dokumente erstellt werden, die wiederum Verlinkungen auf die automatisiert erstellten Datenblätter enthalten. Im Einzelfall muss das gewünschte Ausgabeformat unter Berücksichtigung der verfügbaren Ausgabeschnittstellen (HTML-Dokumentation, SharePoint Server usw.) gewählt werden.

Rechteanalyse und Lizenzverwaltung

Aus Compliance-Sicht sind die beiden Module *Rechteanalyse* und *Lizenzverwaltung* interessant. Das optionale Modul *Rechteanalyse* liest die Berechtigungen von Windows-Rechnern auf Basis von NTFS- und Freigabeberechtigungen. Die Berechtigungsanalyse ist für alle Windows-Systeme bzw. Systeme möglich, die das SMB- oder CIFS-Protokoll (z. B. Samba, Netapp Filer) unterstützen. Zusätzlich zur Berechtigungsanalyse von Verzeichnissen und Freigaben sowie Microsoft SharePoint können auch die Berechtigungen für Exchange-Postfächer, Postfachordner und öffentliche Ordner inventarisiert und analysiert werden. Mithilfe grafischer Übersichten und diverser Filtermöglichkeiten kann Docusnap einen Überblick über die Berechtigungssituation liefern.

Die Lizenzverwaltung liefert nach einer entsprechenden Erfassung der erforderlichen Daten zu den im Unternehmen eingesetzten Anwendungen u. a. Übersichten über Unter- und Überlizenzierungen oder ablaufende Gültigkeiten. Außerdem können Soll-Ist-Abgleiche der installierten Software erstellt und dokumentiert werden. Damit kann Docusnap auch die Prozesse zur Softwareverwaltung bzw. zur Softwareverteilung unterstützen.

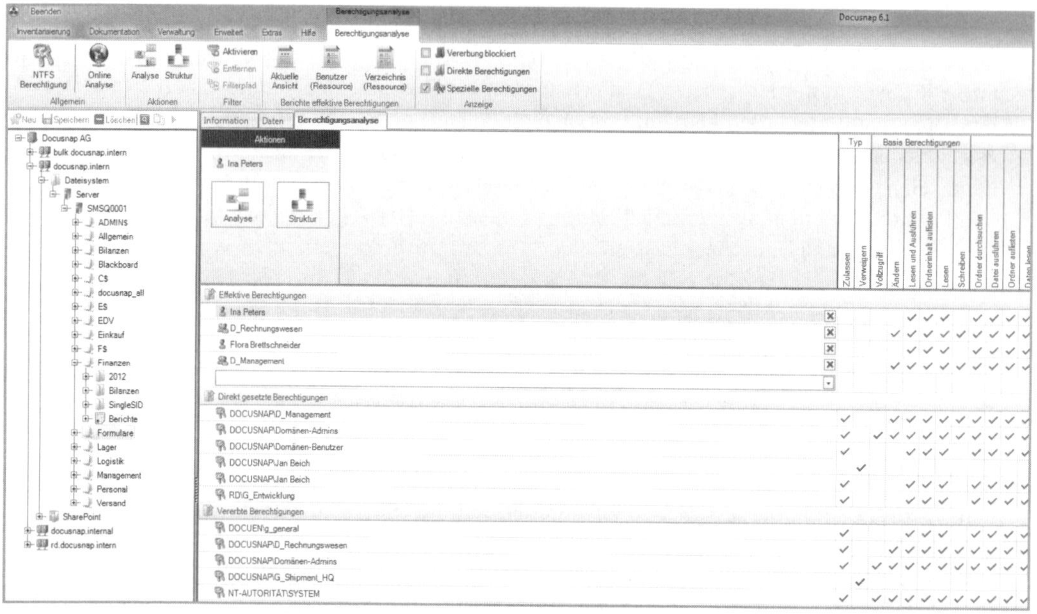

Bild 7.2 Die ermittelten Rechte können in verschiedenen Berichten dargestellt und gedruckt werden.

IT-Beziehungen

Die Notwendigkeit zum Einsatz von Datenbanken zur Verwaltung der IT-Systemdokumentation nimmt mit steigendem Reifegrad zu. IT-Organisationen, die service- und prozessorientiert aufgestellt sind, werden zumindest Teile der Systemdokumentation sinnvollerweise in einer CMDB verwalten. Die wichtigste Aufgabe einer solchen CMDB ist die Verknüpfung der Systeme mit den Prozessen und den Services.

Zwar bietet Docusnap nicht die Möglichkeiten komplexer CMDB-Tools, doch abhängig von den Anforderungen kann die Funktion *IT-Beziehungen*, mit der sich Beziehungen zwischen einzelnen Komponenten darstellen lassen, ausreichende Möglichkeiten bieten. IT-Beziehungen können einerseits auf einer organisatorischen Ebene und andererseits auf einer eher technischen IT-Ebene gestaltet werden. Auf der organisatorischen Ebene kann dargestellt werden, welche Server, Arbeitsstationen etc. miteinander in Beziehung stehen. Dadurch kann z. B. festgestellt werden, welche Systeme vom Ausfall einer Komponente betroffen wären oder wie ein Service einzelner Komponenten durchgeführt werden sollte. Werden die IT-Beziehungen auf der IT-Ebene genutzt, kann festgelegt werden, um welche Art von Verbindung es sich handelt und welches Protokoll bei dieser Verbindung verwendet wird.

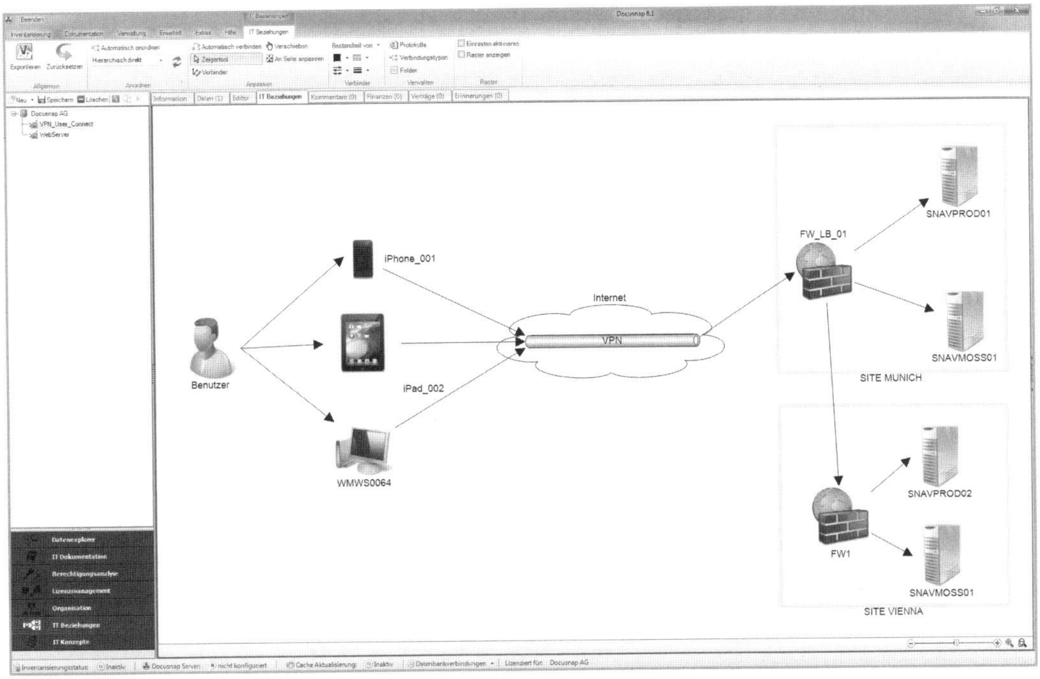

Bild 7.3 Darstellung von IT-Beziehungen

IT-Konzepte

Es gibt kein Tool, das die gesamte Systemdokumentation automatisiert erstellen kann. Beispielsweise müssen eine Reihe weiterer Anwendungen dokumentiert und weitgehend manuell beschrieben werden. Typische Vertreter sind das Backup-Konzept und das Archivierungskonzept. Und auch die Beschreibung der administrativen Tätigkeiten – sofern diese Bestandteil der Systemakte sind – erfordert eine manuelle Dokumentation.

Das Modul *IT-Konzepte* in Docusnap bietet die Möglichkeit, derartige Konzepte unter Verwendung aller erfassten Daten, Dokumentationen und IT-Beziehungen zu erstellen. Hierbei besteht die Möglichkeit, Variablen wie den Namen einer Arbeitsstation oder das letzte Inventarisierungsdatum in Fließtextbereiche einzufügen. Diese werden zusammen mit den inventarisierten Daten aktualisiert, so dass das Konzept zu jeder Zeit auf dem neuesten Stand ist. Nach Fertigstellung des Konzepts kann das Dokument in verschiedene Formate (.docx, .doc, .pdf, .html und .rtf) exportiert werden.

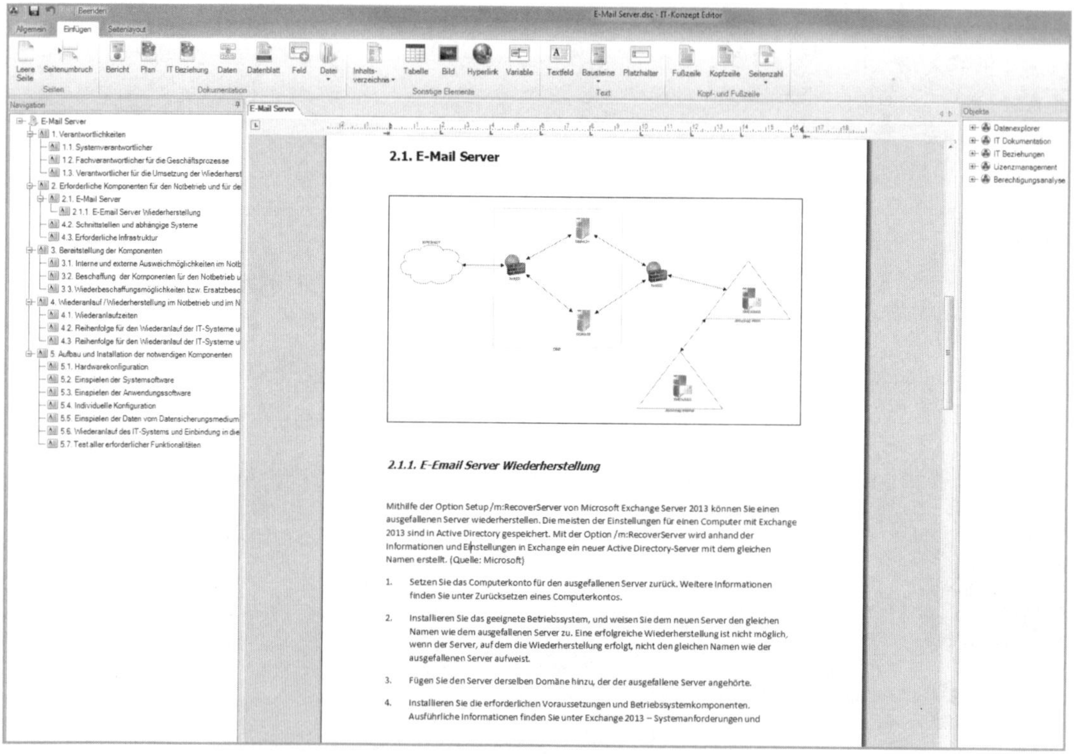

Bild 7.4 IT-Konzepte können in einem eigenen Editor erstellt werden.

7.2.3 FaciPlan

Die folgenden Ausführungen zu FaciPlan (FaciWare GmbH) beziehen sich auf die Version 2013 (Stand September 2015).

In *Abschnitt 3.2.1.4* wurde ausgeführt, dass es im Bereich des Gebäudemanagements eine Reihe von Komponenten gibt, deren Dokumentation für den IT-Betrieb wichtig ist. Hierzu zählen zum Beispiel Klimaanlagen, Löschsysteme oder Serverräume. Für die Dokumentation der Facility-Komponenten ist in der Regel nicht die IT-Organisation verantwortlich, sondern das Gebäudemanagement (bzw. das Facility-Management). In jedem Fall aber gibt es Schnittstellen zur IT-Dokumentation.

Die Verwaltung der Facility-Komponenten im Rahmen des Facility- oder Gebäudemanagements ist – zumindest in größeren Unternehmen – ohne Softwareunterstützung kaum zu bewältigen. Anwendungen, die dies unterstützen, werden der Gruppe *Computer Aided Facility Management (CAFM)* zugerechnet. Hierbei handelt es in der Regel um Datenbankanwendungen, die eine Facility-Inventarisierung unterstützen. Zu den wichtigsten Funktionen gehören das Speichern, Aufbereiten und Bereitstellen der Informationen zum Beispiel für das Umzugsmanagement.

Die vorgestellte Software *FaciPlan* ist eine auf Visio basierende CAFM-Lösung und ermöglicht eine datenbankunterstützte Verwaltung und Dokumentation von Gebäuden und Infrastrukturanlagen. Es beinhaltet Module für Flächenmanagement, Belegungs- und Umzugsplanung, Inventarverwaltung, Wartungsmanagement, Informationstechnologiemanagement, Sicherheit, Schlüsselverwaltung, Mietvertrags-, Reinigungs- sowie Produktionsanlagenmanagement.

FaciPlan setzt auf Microsoft Visio 2010/2013 auf und erweitert die Grafikfähigkeiten von Visio um Funktionen zur Darstellung von Facility-Komponenten. Damit ist FaciPlan in erster Linie ein Werkzeug zur Visualisierung, das Flächen- und Sachdaten miteinander verknüpft. Bild 7.5 zeigt die Arbeitsoberfläche von FaciPlan, also die Visio-Oberfläche mit den Erweiterungen von FaciPlan, zu denen eine Reihe zusätzlicher Shapes, Symbolleisten und entsprechend konfigurierte Vorlagen zählen.

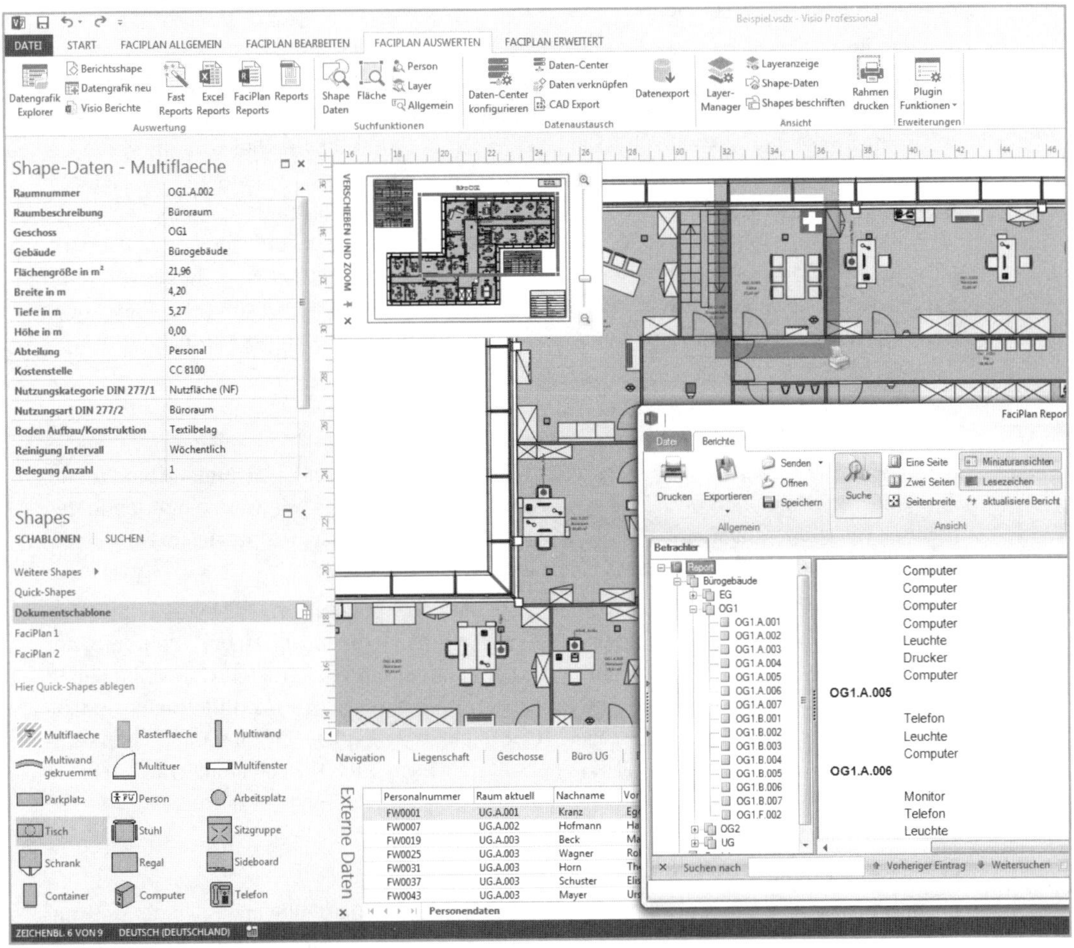

Bild 7.5 FaciPlan bindet sich als Add-on in Visio ein (Quelle: http://www.faciware.com/de/info/screenshots/)

Schnittstelle zu Docusnap

Interessante Möglichkeiten ergeben sich daraus, dass FaciWare eine Schnittstelle zur Inventarisierungssoftware Docusnap bietet. Damit ist es möglich, die in Docusnap automatisiert erfassten Systeme (Rechner, Drucker, Netzwerkgeräte usw.) an FaciPlan zu übergeben, dort mit zusätzlichen Informationen zu verknüpfen und diese wiederum in Form von Gebäude- und Raumplänen zu visualisieren. Hierzu können in Docusnap Gebäude, Etagen und Räume angelegt und die inventarisierten Geräte den angelegten Räumen zugeordnet werden.

7.2.4 SM-Docu

Die folgenden Ausführungen zu SM-Docu (SHD System-Haus-Dresden GmbH) beziehen sich auf die Version 6.2 (Stand September 2015).

Wie am Beispiel der anderen Anwendungen gezeigt wurde, lassen sich aktive Geräte wie Switches, Storage-Systeme, Server und auch Anwendungen mit Inventarisierungstools automatisiert erfassen und auswerten. Für eine umfassende Dokumentation über alle Netzwerkschichten – also auch die physische Schicht, d. h. OSI Layer 1 – sind zwei Informationsarten jedoch zwingend per Hand zu pflegen: die Position der Geräte in einem Datenschrank und die Portzuordnung der einzelnen Patches. In der täglichen Praxis spielen aber gerade diese Daten eine wichtige Rolle. Die logische Verknüpfung der Portinformationen der Switche mit den Verkabelungsdaten ist die Grundlage für die Ableitung einer Reihe von Informationen, wie beispielsweise welches Gerät in welchem Raum an welcher Datendose angeschlossen ist, oder die Verfügbarkeit freier Datendosen und Switchports sowie überflüssiger Patche.

Die datenbankbasierte Anwendung SM-Docu unterstützt zum einen die manuelle Dokumentation der physikalischen Netzwerkschicht durch grafische Oberflächen für die manuelle Datenerfassung. Dies umfasst Standorte, Räume, Schränke, Patche und Verbindungen. Zum anderen ermöglicht es SM-Docu, die physische Schicht des Netzwerks, mit den in den höheren Netzwerkschichten zwei und drei (MAC- und IP-Adresse, Hostname etc.) vorhandenen Daten zu den aktiven Geräten zu verbinden.

Hierbei ist die manuelle Dokumentation aller aktiven Endgeräte zwar ebenfalls möglich, aber nicht sinnvoll. Das Konzept von SM-Docu beruht vielmehr auf einer Verbindung der manuell erfassten Daten mit importierten Informationen. Die Schnittstelle zwischen den in den aktiven Geräten vorhandenen Informationen zu den physischen Verbindungen sind die Portadressen der Switch- oder Router-Ports. Die entsprechenden Informationen liefert z. B. in homogenen Cisco-Netzwerken Cisco Works. Außerdem hat SM-Docu eine Schnittstelle zu Macmon, einem Tool der Firma Mikadosoft.

Erfassung der manuell zu pflegenden Daten

In der grafischen Oberfläche von SM-Docu müssen in einem ersten Schritt die Stammdaten, d. h. das eigentliche Inventar an Geräten und Patch-Feldern sowie die dazugehörigen Informationen zu Standort, Haus, Etage, Raum und Schrank eingegeben werden. Unter der Voraussetzung, dass eine Hardwareinventur erfolgt ist, die neben den Daten zu den Geräten auch die Angabe zu den Datendosen, an denen diese angeschlossen sind, enthält, ist auch ein Datenimport als Ersterfassung möglich.

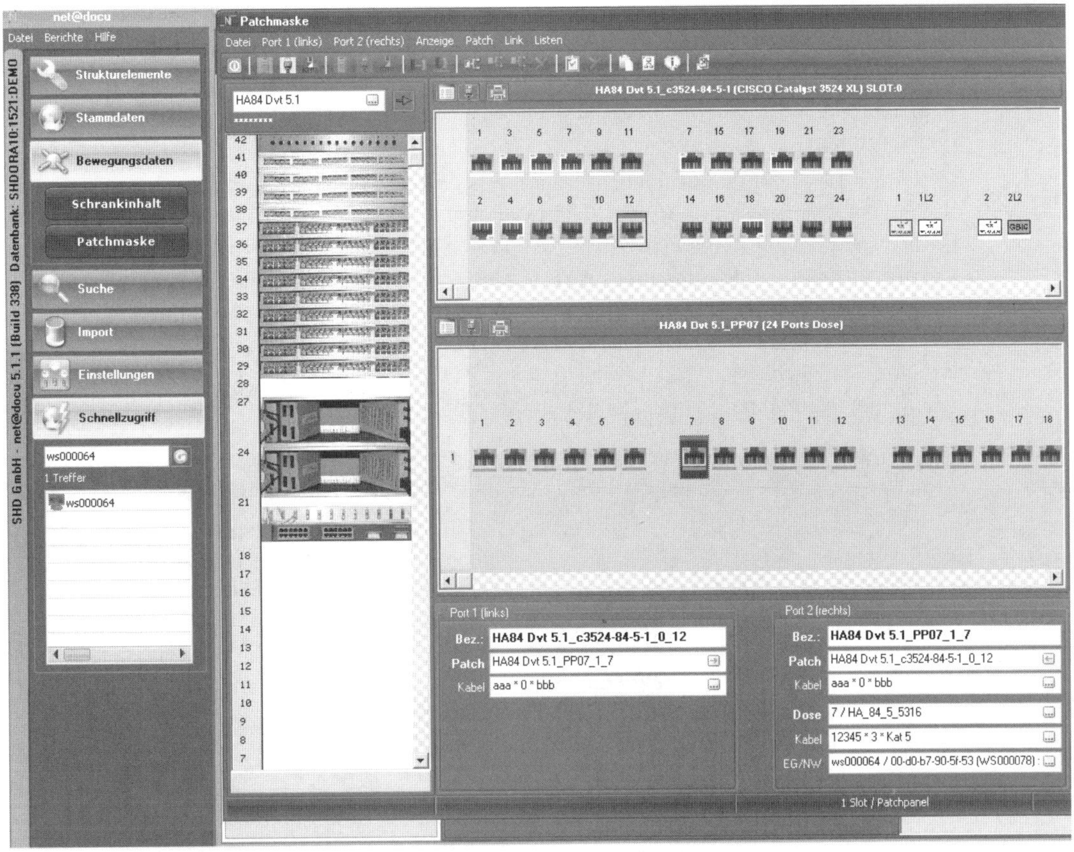

Bild 7.6 Die Benutzeroberfläche von SM-Docu (Quelle: http://www.it-dokumentation.de/sm-docu-basisversion/patch.html)

Im Bereich *Bewegungsdaten* kann dann der Einbau eines Geräts in einen Datenschrank oder die Verbindung zweier Ports im Datenschrank (Menü PATCH) per Mausklick erfolgen. Die Porthistorie dokumentiert den Bearbeiter und das Datum der Datenpflege (siehe Bild 7.6). Zusätzlich stehen hier eine Tabellendarstellung der Portbeschaltung, eine Trace-Liste zur automatischen Ermittlung von Schaltwegen und die Anzeige der Switchport-Informationen zur Verfügung. Der Aufbau eines Datenschranks wird im Menü SCHRANKINHALT gestaltet. Hier kann der Bearbeiter aus einem Container für Geräte und Patch-Felder per Drag & Drop ein Gerät an seiner Position im Schrank ablegen und bei Einsatz des Moduls *Dokumentenverwaltung* per Drag & Drop beliebige Dokumente in einer wahlfreien Dateistruktur einzelnen Geräten zuordnen.

Zur Nutzung der erfassten Daten können beliebig anpassbare Reports erstellt werden. So können zum Beispiel nicht belegte Ports mit Hilfe von Differenzlisten ermittelt werden. Alle Auswertungen können mit dem Modul *Web-Schnittstelle* auch in der Web-Darstellung genutzt werden. Insbesondere die Integration mit anderen Datenbereichen, z. B. des Systemmonitorings, wird vorzugsweise in diesem Bereich erfolgen. Außerdem können die Daten über eine API an die aus dem gleichen Hause stammende CMDB-Lösung (oder einer anderen CMDB) zur Verfügung gestellt werden.

Zu Nachweiszwecken können außerdem eine Reihe von Dokumenten (Einbauauftrag, Quittung der Ausführung sowie Ausdruck des Schranklayouts) erzeugt werden. Mit dem Modul *DXF-Dateien* ist es zusätzlich möglich, vorhandene Grundrisszeichnungen im CAD/DXF-Format in SM-DOCU einzubinden. Damit lassen sich beispielsweise Geräte einer Raumnummer zuordnen.

Erweiterte Dokumentationsmöglichkeiten bietet das Modul *LinkAnalyzer*, das die automatische Visualisierung von Netzwerkstrukturen und damit eine grafische Sicht auf die strukturiert vorliegenden Daten ermöglicht. Die Java-basierte Komponente analysiert die in der SM-Docu-Datenbank dokumentierten Verbindungen und ermöglicht die Ausgabe verschiedener grafischer Topologiedarstellungen (zum Beispiel die Darstellung der Standorte, Häuser, Räume und Schränke mit all ihren Verbindungen). Interessant sind hierbei die Verknüpfungsmöglichkeiten der Layer-1-Daten mit Layer 2 bzw. Layer 3 und die daraus resultierenden automatisierten Dokumentationsmöglichkeiten.

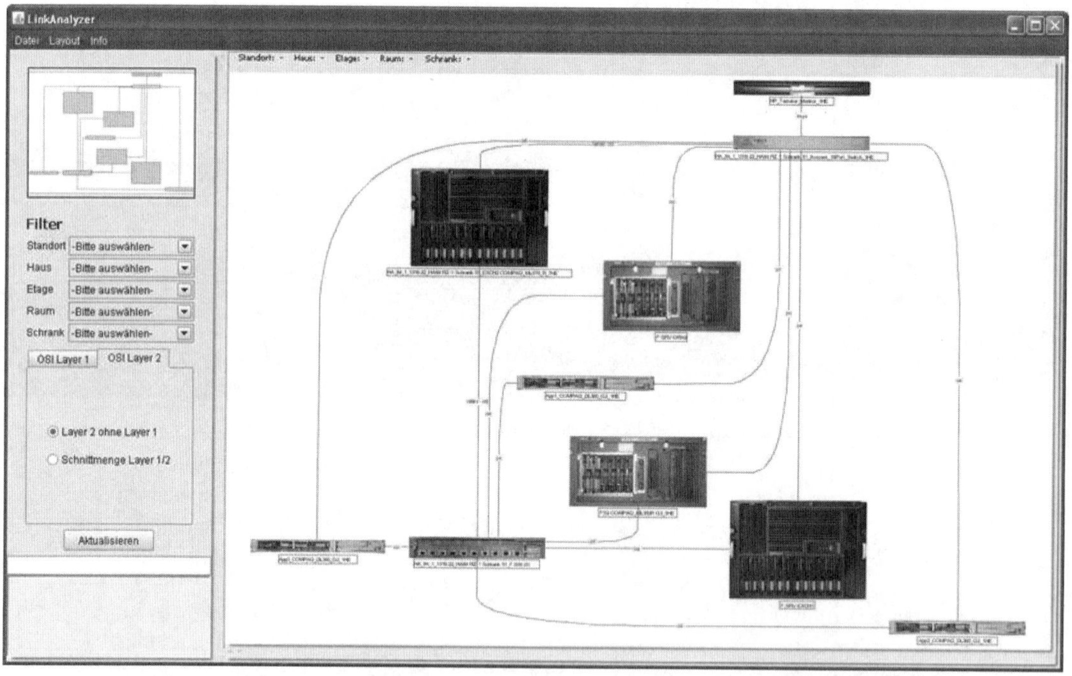

Bild 7.7 Mit dem Link-Analyzer erstellter Topologieplan (Quelle: http://www.it-dokumentation.de/produkt/sm-docu-module/linkanalyzer.html)

7.3 Tools für die Prozessdokumentation

Einer der wichtigsten Schritte bei der Umsetzung der Prozessorientierung ist die Ermittlung und Visualisierung der Prozesse. Denn nur dokumentierte Prozesse sind für die Mitarbeiter transparent und können Audits und Optimierungsprozessen unterzogen werden. Benötigt wird für jeden Prozess eine Prozessbeschreibung, die auf Basis einer Modellierungsmethode alle für einen Prozess relevanten Informationen enthält. Zwar ist es auch möglich, alle Informationen rein textlich zu erfassen, zu einer allgemeinen Veranschaulichung der Abläufe sind solche Dokumente aber natürlich nicht geeignet. Vielmehr ist es sinnvoll, die Prozessabläufe toolgestützt grafisch zu visualisieren.

7.3.1 Hinweise für die Evaluierung

Die Dokumentation von Prozessen ohne speziell ausgelegte Programme zur Prozessvisualisierung ist kaum durchführbar. Diese wiederum lassen sich in zwei Gruppen unterteilen:

- *Grafikorientierte Tools:* Das bekannteste und am häufigsten eingesetzte grafikorientierte Werkzeug für die Prozessvisualisierung ist Microsoft Visio. Ein derartiges Programm stellt das Zeichnen von Diagrammen in den Mittelpunkt. Zur Erstellung von Prozessdiagrammen bieten sie in der Regel Vorlagen und stellen verschiedene Symbole zur Modellierung bereit. Alle gezeichneten Symbole werden ausschließlich als Grafikelement behandelt, nicht als Objekt. Daher können keine speziell auf das Prozessmanagement ausgelegten Funktionen bereitgestellt werden. Damit verbunden ist zwangsläufig, dass es keine Unterstützung oder Vorgaben hinsichtlich der Notation gibt.
- *Objektorientierte Tools:* Programme dieser Gruppe sind speziell auf die Modellierung von Prozessen ausgerichtet. Sie unterstützen die Modellierung, so dass diese zwingend einer definierten Notation folgt. Dadurch ist sichergestellt, dass alle Prozesse einheitlich beschrieben sind. Die Prozesse werden objektorientiert und nicht als Grafik gespeichert, was beispielsweise durchgängige Änderungen und das Erfassen der Abläufe in der dahinterliegenden Datenbank ermöglicht. Auch kann damit ein Prozess von verschiedenen Anwendern mit unterschiedlichen Rollen bearbeitet werden. Zu den bekanntesten Vertretern dieser Gruppe zählt das ARIS-Toolset.

Viele Organisationen, die mit der Modellierung ihrer Prozesse beginnen, setzen zunächst Microsoft Visio ein. Da Visio sowohl für die EPK-Notation als auch für die Darstellung von Flussdiagrammen eine Reihe von Vorlagen mit den erforderlichen Symbolen bereitstellt, ist dies problemlos möglich. Doch mit der steigenden Anzahl an Prozessen werden auch die Nachteile der »Visio-Methode« deutlich:

- Die Durchsetzung von Standards (Darstellungssystematik, Namenskonventionen) für die Prozessdiagramme ist kaum möglich, sobald Prozesse von mehreren Mitarbeitern modelliert werden. Dies gilt insbesondere für die Darstellung von Flussdiagrammen.
- Nachträgliche Änderungen an den Prozessdiagrammen erfordern einen hohen manuellen Aufwand.

- Eine verteilte Modellierung durch unterschiedliche Rolleninhaber ist kaum darstellbar. Wenn diese stattfindet, werden häufig nur Unterprozesse modelliert und dokumentiert, da kein übergeordnetes Modell existiert, das das Abbilden der gesamten Prozesskette sicherstellt.
- Die Veröffentlichung der Prozesse und deren Aktualisierung werden nicht unterstützt, so dass viele Prozessdokumentationen zu »Schrankware« werden.
- Es fehlen Schnittstellen zu Programmen wie SAP und Biztalk, Simulationsmöglichkeiten und Möglichkeiten, um die Prozesse auszuwerten.

Die genannten Probleme sind typisch für grafikorientierte Werkzeuge. Aufgrund der benannten Einschränkungen dieser Tools stellt sich daher die Frage nach den Alternativen. Es gibt eine ganze Reihe von speziellen Programmen, die als Vertreter der zweiten Gruppe die Erfassung, Dokumentation und die Optimierung von Prozessen unterstützen. Allerdings sind diese Anwendungen häufig sehr komplex und vom Anwender nur nach einer intensiven Einarbeitung nutzbar. Außerdem sind diese Tools nicht ohne Anpassungen einsetzbar; der Konfigurationsaufwand ist vielfach hoch.

Bei der Wahl der »richtigen« Prozessdokumentationslösung besteht die Schwierigkeit deshalb darin, zwischen Programmen wie Visio und komplexen Modellierungswerkzeugen wie dem ARIS Toolset das für das eigene Unternehmen passende Programm zu finden. Hierbei ist es wichtig, zunächst die eigenen Anforderungen zu definieren, um aus den diversen Werkzeugen zur ausschließlichen Modellierung von Prozessen und einer Reihe von Tools mit zusätzlichen Simulation- und Workflow-Funktionen das geeignete zu finden.

Das im Folgenden vorgestellte Tool ViFlow von der Firma Vicon GmbH wurde aus Sicht der IT-Dokumentation ausgewählt und hat in diesem Bereich in den vergangenen Jahren einen hohen Verbreitungsgrad erreicht. Die Vorstellung dient dazu, beispielhaft die Möglichkeiten einer Anwendung für die Prozessmodellierung aufzuzeigen.

7.3.2 ViFlow

Die folgenden Ausführungen zu ViFlow (Vicon GmbH) beziehen sich auf die Version 5 (Stand September 2015).

Bei ViFlow handelt es sich um ein grafikorientiertes Prozessmodellierungstool der Firma Vicon, das auf Visio aufsetzt und dessen Eigenschaften mit den Vorteilen einer Datenbank verbindet. Das bedeutet, dass alle Prozessobjekte zwar grafisch erstellt werden können, für diese aber zusätzlich in einer Eigenschaften-Dialogbox relevante Informationen zu erfassen sind. Diese Daten werden zusammen mit der Grafik in der integrierten XML-Datenbank gespeichert. Dies bietet den Vorteil, dass einmal erfasste Informationen zu einem Prozess auch für andere Prozesse zur Verfügung stehen und Änderungen in einem Prozess durchgängig allen verbundenen Bereichen und Prozessen bekannt werden.

Da die Software auf Microsoft Visio basiert, ist es im Prinzip genauso zu verwenden. Die Anwender finden sich in einer vertrauten Umgebung wieder, die sie mit wenig Schulungsaufwand nutzen können. Und ViFlow-Dokumente sind Visio-Dokumente. Sie können deshalb genauso einfach per Mail verschickt, versioniert und abgelegt werden. Dank der Objektorientierung bietet es aber zusätzliche Funktionen, die die Erstellung von Prozessen deutlich vereinfachen, eine Standardisierung im Unternehmen ermöglichen und verschiedene Dokumentationsmöglichkeiten unterstützen. So wird beispielsweise die Konsistenz der Prozessmodelle bereits während ihrer Erstellung sichergestellt und bei der Detaillierung von Arbeitsabläufen werden die erforderlichen internen Ein- und Ausgänge automatisch erstellt und verlinkt. Da außerdem alle Objekte miteinander verknüpft sind, sind diverse Auswertungen und Simulationen über alle Prozessebenen hinweg möglich.

Beim ersten Start von ViFlow muss eine neue Datenbank angelegt werden. Seit der Version 4 enthält ViFlow eine Reihe von Datenbankvorlagen, die beim Erstellen einer neuen Datenbank ausgewählt werden können. Wird eine solche Vorlage verwendet, enthält die neue Datenbank bereits inhaltsbezogene vordefinierte Objekte (Bereiche, Prozesse und Daten).

Bild 7.8
ViFlow enthält Datenbankvorlagen, die eine anforderungsgerechte Prozessdokumentation unterstützen.

Die Prozessmodellierung in ViFlow erfolgt häufig mit der Swimlane-Methode bzw. -Darstellung. Hierbei unterscheidet ViFlow drei Einzelsichten:

- Aktivitätensicht/Prozesshierarchie zur Darstellung der Tätigkeiten aus ablauforientierter Sicht,
- Informationssicht zur Darstellung der für den Prozess erforderlichen Daten und Dokumente,
- Organisationssicht zur Darstellung der am Prozess beteiligten Bereiche, Rollen und Ressourcen.

Bei der Modellierung können wie bei Visio die Prozesssymbole aus der ViFlow-Schablone auf das Zeichenblatt bezogen werden. In dem sich öffnenden Fenster für die Dateneingabe sind anschließend die Objekteigenschaften einzutragen. Alle in der Datenbank vorhandenen Prozesse, Daten und Bereiche werden in einer hierarchisch gegliederten Struktur im linken Teil des ViFlow-Fensters dargestellt. Für den in der Übersicht markierten Prozess wird im rechten Teil des Fensters die Prozessgrafik angezeigt. Bereits bestehende Prozesse, Daten und Bereiche können per Drag&Drop aus der Baumstruktur auf das Zeichenblatt gezogen werden. Um die gespeicherten Informationen zu einem Objekt abzurufen, genügt ein Doppelklick auf das gewünschte Objekt.

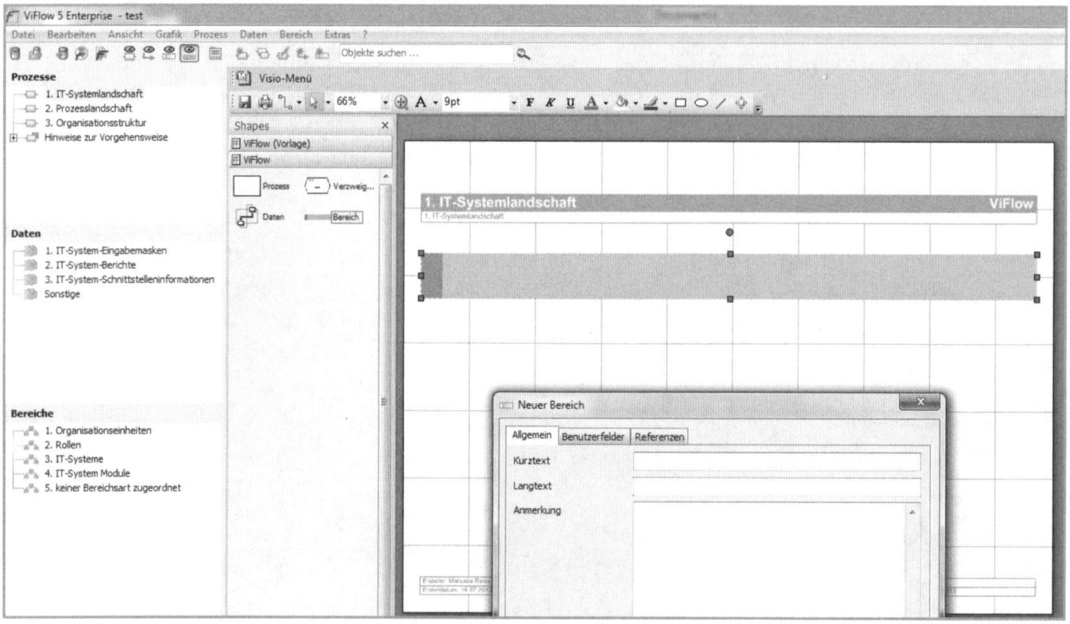

Bild 7.9 Erstellung eines neuen Bereichs in der Modellierungsansicht von ViFlow

Hilfreich ist bei der Modellierung, dass für Prozesse, Bereiche und Daten eine individuell anpassbare Klassifizierung möglich ist. Prozessmodellarten beispielsweise ermöglichen eine Einteilung der Prozesse in verschiedene Prozesstypen, wie *Führungsprozess* oder *Kernprozess*. Beteiligungsarten erlauben eine Differenzierung, ob zum Beispiel ein Mitarbeiter an einem Prozess mitwirkt oder prozessverantwortlich ist. Und Datenarten können beispielsweise verwendet werden, um Daten verschiedenen Dokumentarten (Arbeitsanweisungen, Berichte) zuzuweisen. Datenübertragungsarten wiederum beschreiben das Medium des Informationsflusses, z.B. mündlich oder per E-Mail, und Vernichtungsarten beschreiben bei Dokumenten, nach welchem Zeitraum alte Dokumente vernichtet werden können.

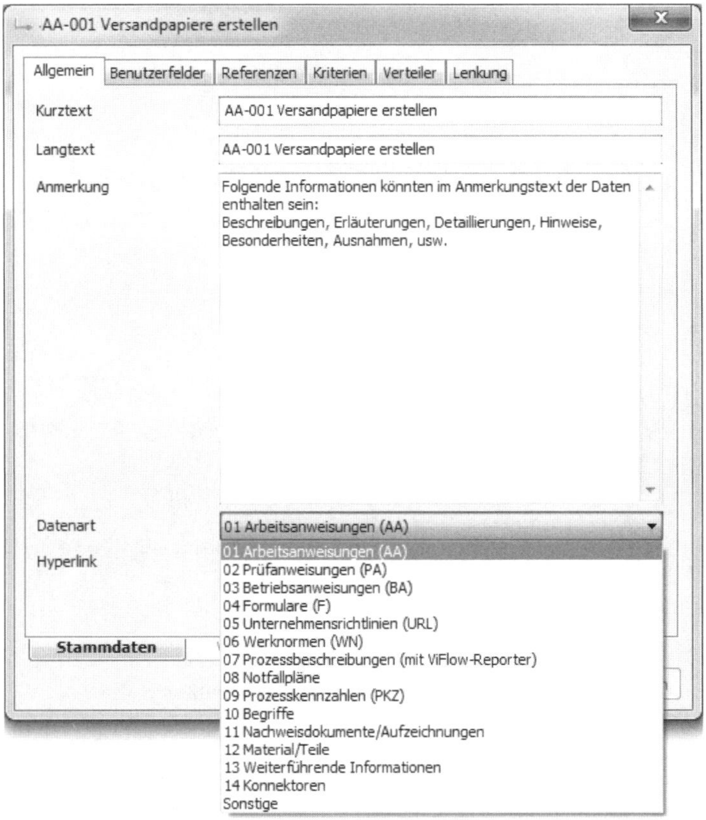

Bild 7.10 Daten können verschiedenen Dokumentenklassen zugeordnet werden.

Einbindung der Prozesssteckbriefe

Wie in *Abschnitt 3.8.8* beschrieben, sollte für jeden Prozess ein Prozesssteckbrief erstellt werden. Der Prozesssteckbrief liefert einen schnellen Überblick über alle wichtigen Prozessmerkmale. Prozesssteckbriefe werden in der Regel als Textdokumente erstellt. ViFlow bietet mit dem »Turtle Chart« (auch als Schildkrötengrafik oder Igelgrafik bezeichnet) eine Möglichkeit zur visuellen Darstellung von Prozesssteckbriefen.

Wie in Bild 7.12 dargestellt, stellen Kopf und Schwanz den Input sowie den Output des Prozesses dar. Die vier Beine bilden die Einflussfaktoren des Prozesses ab. Bei Verwendung des Turtle Chart wird nicht nur eine Grafik gezeichnet, sondern ein interaktives Informationssystem erzeugt, mit dem die Darstellung der Wechselwirkungen von Prozessen abgebildet werden kann. Damit eignen sich ViFlow Turtle Charts sehr gut als Einstiegsseite in den darunterliegenden modellierten Prozess, aber auch als Entscheidungsgrundlage für das Management.

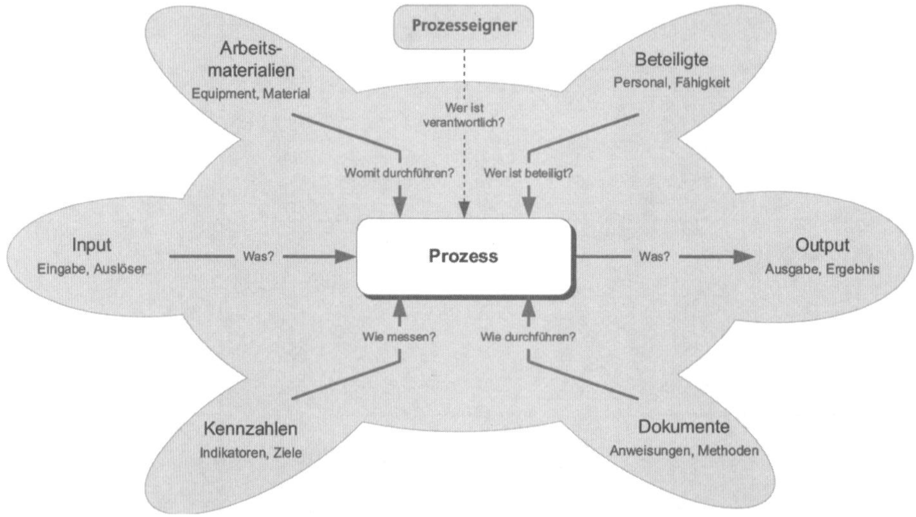

Bild 7.11 Turtle-Chart-Beispiel (Quelle: http://www.vicon.biz/tl_files/downloads/IB_viflow_turtle_chart.pdf)

Pflege der Prozesslandkarte

Wie in *Abschnitt 3.8.10* dargestellt, ist es sinnvoll, in einer Prozesslandkarte alle wesentlichen Geschäftsprozesse mit ihren logischen Zusammenhängen darzustellen. In ViFlow ist es möglich, die Prozesslandkarte bzw. das Prozessmodell vollständig abzubilden. Hierbei können die Kernprozesse als Prozesse der obersten Ebene modelliert und mit den Prozessen der darunterliegenden Detaillierungsebenen verlinkt werden. Bild 7.12 zeigt beispielhaft eine solche Prozesslandkarte.

Alle in ViFlow gespeicherten Prozesse einschließlich der damit verbundenen Informationen können u.a. als HTML-Dokument ausgegeben und beispielsweise im Internet Explorer betrachtet werden. Die einzelnen Prozesse sind untereinander verknüpft, so dass eine einfache Navigation möglich ist.

Zusätzlich bietet Vicon mit dem Modul WebModel Viewer einen für die Betrachtung von ViFlow-Prozessmodellen optimierten Browser an. Dieser unterstützt ausschließlich die ViFlow-Prozesse und bietet hierfür spezielle Funktionen, wie Such- und Filterfunktionen, optimierte Navigationsmöglichkeiten und die Möglichkeit, eine barrierefreie Version darzustellen. Das barrierefreie WebModel stellt die grafischen Informationen in einer textlichen Form dar, so dass diese z.B. von sogenannten »Screenreader-Programmen« vorgelesen werden können. WebModel Viewer ist unabhängig vom Internet Explorer einsetzbar.

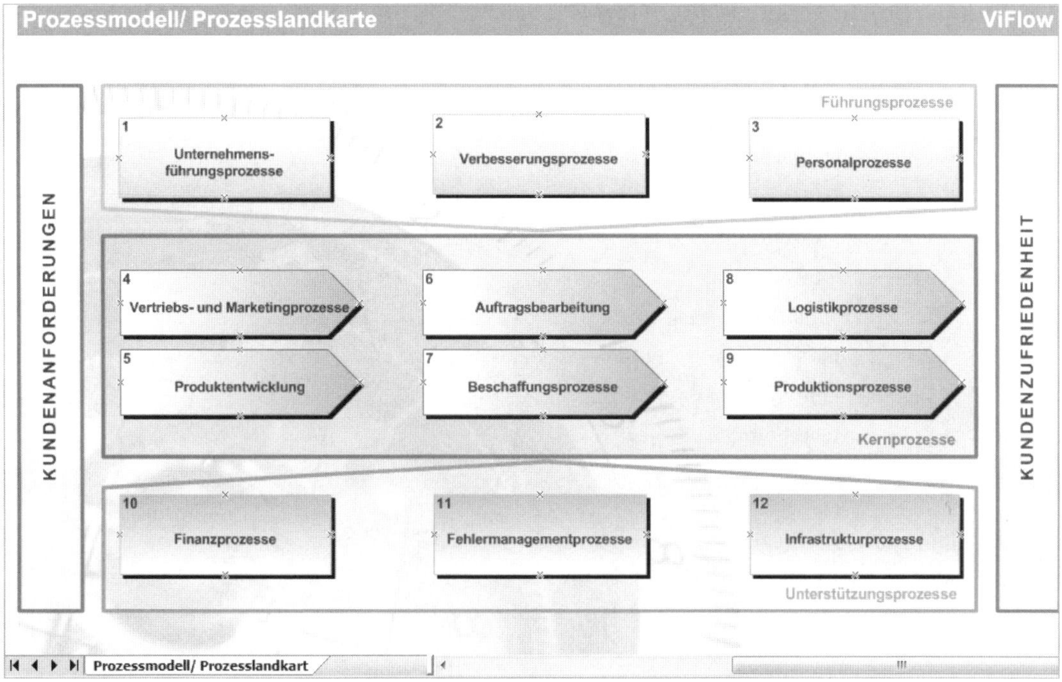

Bild 7.12 Erstellung einer Prozesslandkarte in ViFlow

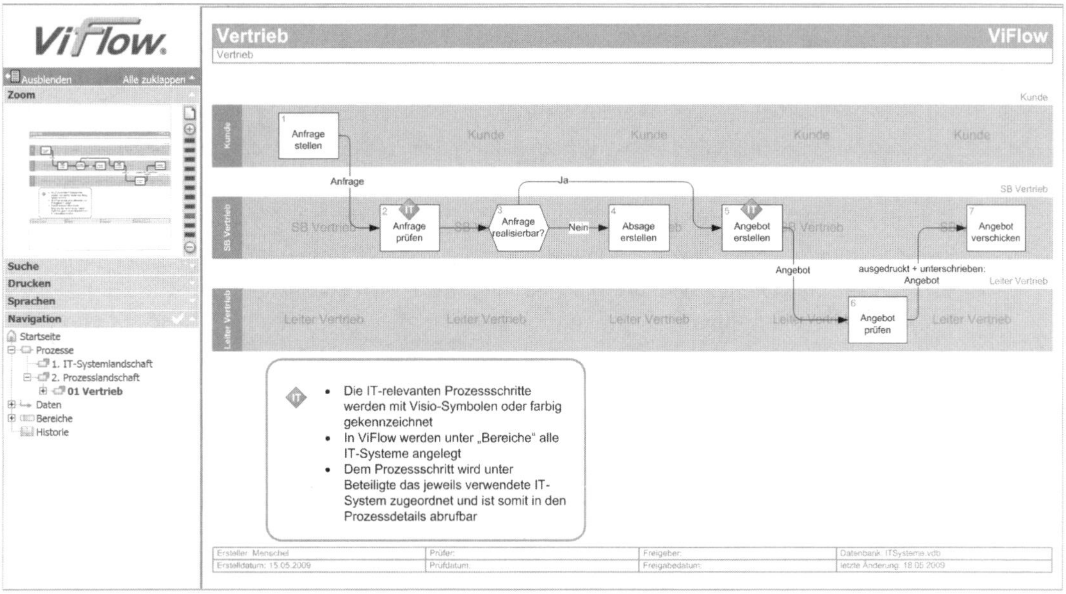

Bild 7.13 Browseransicht eines veröffentlichten ViFlow-Prozesses (Quelle: http://www.vicon.biz/tl_files/webmodels/ITSysteme/html/p8.htm)

Die Dokumentation mit ViFlow-Reporter

ViFlow-Reporter ist das Zusatzmodul für die Erstellung schriftlicher Dokumentationen und für die Analyse der in ViFlow erfassten Daten und Prozessinformationen. Das Zusatzmodul bietet u. a. die folgenden Berichts- und Analysemöglichkeiten:

- unternehmensweites Prozessmodell,
- verschiedene Prozessbeschreibungen,
- Prozesskennzahlen,
- Verbesserungspotenziale,
- Liste aller Maßnahmen zur Prozessverbesserung,
- Liste gelenkter Nachweis- und Vorgabedokumente,
- Datenliste und Datenverwendung,
- Stellenbeschreibungen.

7.4 Tools für das IT-Servicemanagement und CMDB-Tools

IT-Servicemanagement ohne die Unterstützung entsprechender Tools ist nur schwer darstellbar. Zwar werden Prozesse nicht allein mit einer Tool-Implementierung eingeführt oder verbessert, sie können aber nur dann effektiv funktionieren, wenn die notwendigen Aktivitäten optimal durch Tools unterstützt werden. So ist der Betrieb eines Service Desk ohne ein Ticketsystem wohl nur in Ausnahmefällen möglich. Es gilt also auch die passenden Tools für die Erbringung von IT-Services auszuwählen. Klassische Tools für das ITSM sind u. a.:

- Ticket-Systeme für das Incident-, Change- und/oder Problemmanagement,
- CMDB (Configuration Management Database)-Tools zur Speicherung von Konfigurationsdaten.

Mit der Implementierung ITIL®-konformer Prozesse entsteht zusätzlich häufig der Bedarf nach einem Management-Werkzeug zur Abbildung des ITIL®-Modells und zur Steuerung der Prozessstrukturen in der IT-Organisation.

7.4.1 Hinweise für die Evaluierung

Wie bei jeder Auswahl einer Softwarelösung sind die individuellen Anforderungen entscheidend. Einerseits spielt die Unternehmensgröße eine wesentliche Rolle, andererseits sind der Reifegrad und die Komplexität der ITIL®-Prozesse zu berücksichtigen. Wichtig ist daher zunächst einmal zu analysieren, welche Bereiche die Anwendung abdecken muss. Möglich sind u. a.:

- Funktionen für das Servicemanagement
  - Erstellung von Risikoanalysen und Notfallplänen,

  - Servicekatalogverwaltung (Erstellung eines Servicekatalogs durch Modellierung der IT-Services und der den Services zugrunde liegenden Komponenten),
  - Strukturierung der IT-Services und Generierung von web-basierten Servicekatalogen,
  - Definition von ITIL®-konformen Serviceprozessen und Abbildung von IT-Prozessen,
  - Serviceüberwachung und Reporting,
  - Machbarkeitsanalysen zum Abgleich zwischen Leistungsumfang der IT-Services und konkreten Kundenanforderungen,
  - Verwaltung und automatische Generierung von Verträgen (Service Level Agreements),
  - Zuordnung von Verantwortlichen zu IT-Services und Servicekomponenten,
  - Unterstützung des kontinuierlichen Verbesserungsprozesses (Verwalten von Kontrollen, Maßnahmen und Ergebnissen),
  - Management-Reporting,
  - Funktionen zur quantitativen Bewertung von IT-Services bzw. der gesamten IT-Architektur,
  - Bewertung der IT-Servicemanagement-Prozesse hinsichtlich Prozess- und Personalkosten,
  - Erstellung von Risikoanalysen und Notfallplänen.
- Funktionen für die Serviceerbringung
  - Configuration-Management,
  - Service Desk sowie Incident und Problemmanagement (einschließlich Dokumentation von Eskalationsmechanismen und Festlegung von Verantwortlichkeiten),
  - prozessbasierte Verfahrensanweisungen für Workarounds und Fehlerbehebung,
  - Change- und Release-Planung und Überwachung,
  - Inventar- und Asset-Management,
  - Überwachung der Infrastruktur,
  - Planung von Verfügbarkeiten und Kapazitäten,
  - Reporting-Funktionen,
  - Workflow-Funktionen,
  - Dashboard-Funktionen.

Am Markt gibt es eine Reihe von Produkten zur Unterstützung von IT-Servicemanagement und IT-Architekturmanagement. Allerdings adressieren viele der Lösungen eher große Unternehmen, da die betreffenden Tools besonders auf hohe Anwenderzahl und große Datenmengen ausgelegt und in der Lage sind, sehr komplexe Prozessstrukturen abzubilden. Hier müssen bei der Evaluierung neben der Wirtschaftlichkeit vor allem auch der Implementierungs- und Betriebsaufwand berücksichtigt werden. Allerdings gibt es durchaus Tools, die sowohl Organisationen in mittelständischen als auch Organisationen in großen Unternehmen unterstützen können und geeignet sind, mit den Anforderungen von Anwendern und Organisation zu wachsen.

Die Vorstellung einer komplexen Anwendung zur Unterstützung des Servicemanagements würde den Rahmen des Buchs sprengen. Aufgrund der Bedeutung für die IT-Dokumentation ist stattdessen an dieser Stelle noch ein Blick auf die Evaluierung einer CMDB-Lösung sinnvoll.

CMDB-Tools

ITIL® fordert ein zentrales Repository in Form einer Datenbank, in der alle IT-Komponenten und deren Zusammenhänge beziehungsweise Abhängigkeiten beschrieben sind, so dass sich daraus diejenigen Daten extrahieren lassen, die man zum Beispiel für die Erbringung eines Service oder für eine Serviceoptimierung benötigt. Um IT-Services über deren gesamten Lebenszyklus zu unterstützen, reichen technische Daten allein nicht aus. Neben den technischen Daten für z.B. einen Server einschließlich Software und Netzanbindung werden auch Angaben zum Standort, zu den Benutzern und den Vertragsdaten wie Lizenzen, Garantien, Service-Level-Agreements oder Wartungsabkommen benötigt.

Entscheidend ist, dass in einer CMDB die verschiedenen Konfigurationsdaten in Beziehung zueinander gesetzt werden. So werden auf der obersten Betrachtungsebene die Geschäftsprozesse angeordnet und diesen werden dann die sie jeweils unterstützenden Anwendungen zugeordnet und den Anwendungen wiederum die IT-Systeme, auf denen die Anwendungen betrieben werden. Auf diese Weise entstehen Strukturen, die es beispielsweise ermöglichen, Risiken von IT-Systemen zu Anwendungen und von Anwendungen bis »ganz nach oben« zu den Geschäftsprozessen zu aggregieren und so den Geschäftsprozessverantwortlichen und dem Management das Gesamtrisiko zu verdeutlichen. In umgekehrter Richtung könnten zum Beispiel die Ergebnisse aus der Schutzbedarfsfeststellung für den Geschäftsprozess automatisch nach »unten« auf die Anwendungen und IT-Systeme vererbt und so in die Risikoberechnung mit einbezogen werden.

Damit kann eine CMDB zielgruppengenau verschiedene Sichten auf die Informationen liefern, beispielsweise alle Daten, die der Service-Desk-Mitarbeiter bei der Erfassung und Lösung einer Störungsanfrage benötigt, oder alle Wartungsverträge für ausgewählte Server. Doch CMDB ist nicht gleich CMDB. Schließlich liefert ITIL® keine konkreten Aussagen darüber, wie eine CMDB aufgebaut, gepflegt und verwaltet wird. Der Aufbau und die Funktion einer CMDB sind also zwangsläufig individuell zu definieren. Hinsichtlich der Architektur der CMDB können zwei grundsätzliche Ansätze unterschieden werden: verteilte oder zentrale Datenhaltung.

- Bei einer CMDB mit verteilter Datenhaltung werden die Daten nicht in einer zentralen Datenbank gepflegt. Stattdessen werden hier die Daten zusammengeführt, die in anderen Datenbanken gepflegt werden. Die CMDB-Engine führt dazu aufgrund von definierten Merkmalen ein Mapping über die verschiedenen Datenquellen durch und erstellt Verknüpfungen. Der Fokus liegt hierbei auf einer möglichst schnellen und flexiblen Integration der Quellen. Allerdings ist bei dieser Lösung ein geregeltes Change-Management nur schwer durchsetzbar.
- Der zentralisierte CMDB-Ansatz umfasst die Datenhaltung der automatisiert einlesbaren Daten im jeweiligen Quellsystem sowie in mehreren Schichten einer CMDB. Hierzu werden die Daten im Quellsystem erzeugt, in die CMDB eingelesen, mit dem zentralen Datenbestand abgeglichen und im Rahmen von Pflegeprozessen standardisiert. CMDB-Tools mit weitergehenden Funktionen ermöglichen es zudem, alle Daten regelgestützt zu untersuchen sowie fehlerhafte Datenbestände zu erkennen und zu korrigieren.

Zusätzliche Informationen

Weitere Informationen zu Nutzen und Einsatzzweck einer CMDB finden Sie u. a. in *Abschnitt 3.6.1*.

Ziel bei der Einrichtung einer CMDB sollte ein hoher Automatisierungsgrad sein. Denn aktuelle Daten sind wichtig, damit zu jeder Zeit ein genauer Überblick über die IT-Infrastruktur und die Prozesse im Unternehmen gewährleistet ist. Die der IT innewohnende Dynamik mit kurzen Innovationszyklen bedingt aber schnelle Änderungszyklen, so dass eine manuelle Pflege sehr schwierig ist. Discovery-Funktionen zum automatischen Auffinden und Speichern von IT-Komponenten sind daher wichtig, wenn die CMDB sinnvoll zu nutzen sein soll. Hierbei sollte die CMDB-Engine in der Lage sein, Informationen, die aus den verschiedenen Quellen in die CMDB einfließen, automatisch miteinander zu verknüpfen. Trotzdem wird man nicht darum herumkommen, Zusatzangaben etwa aus dem nichttechnischen Bereich manuell zu vervollständigen.

Die großen Systemmanagementspezialisten wie Computer Associates, Hewlett-Packard und IBM haben alle eine CMDB im Portfolio, doch haben diese Lösungen auch ihren Preis. Insbesondere kleinere Unternehmen werden hier auf andere Lösungen zurückgreifen müssen. Exemplarisch wird im folgenden Abschnitt das OpenSource-CMDB-Tool i-doit vorgestellt.

7.4.2 i-doit

Die folgenden Ausführungen zu i-doit (Synetics GmbH) beziehen sich auf das Release 1.6 (Stand September 2015).

i-doit wird von der Firma Synetics entwickelt und sowohl in einer kostenlosen Variante als auch als kostenpflichtige Pro-Version vertrieben. Die kostenpflichtige Version unterscheidet sich von der OpenSource-Version durch zusätzliche Funktionen sowie Gewährleistung und Support. Es ist eine webbasierte OpenSource-Software (GNU AGPLv3) zum Aufbau und zur Pflege einer CMDB mit den folgenden Schwerpunkten:

- zentrale Speicherung und Pflege aller erforderlichen Systeminformationen an einer Stelle,
- Dokumentation von Services, die als logische Gruppierung von Objekten untereinander in Beziehung gesetzt (modelliert) werden können,
- Konsolidierung von IT-Servicemanagement-Daten durch Schnittstellen zu anderen ITSM-Anwendungen,
- automatisches Discovery aller aktiven Netzkomponenten,
- Funktionen zur Unterstützung des Sicherheitsmanagements u. a. durch Importmöglichkeiten der BSI-Grundschutzkataloge.

Inventarisierung und Dokumentation

Zu den wichtigsten Komponenten gehören natürlich die Erfassung und die technische Dokumentation aller eingesetzten IT-Komponenten. Möglich ist die Verwaltung der folgenden Objekttypen bzw. Umgebungen:

- Standardkomponenten wie Server, Clients, Switches, Router, Cluster-, Middleware- und Datenbanksysteme,
- Abbildung von Datennetzen inklusive aller Verbindungen,
- Abbildung virtueller Umgebungen,
- Software- und Lizenzdokumentation,
- Dokumentation der Stromversorgung,
- SAN-Dokumentation inklusive aller Verbindungen,
- Standorte, Räume und Racks, Klimaanlagen, USV etc.

Als Objekte werden in i-doit jegliche Arten von Einträgen bezeichnet, die die Kernelemente der CMDB bilden, d.h., Objekte sind Configuration Items. Ein Objekt ist jede einzelne dokumentierte logische oder physikalische Einheit in i-doit, z.B. ein Server, ein Gebäude, eine Software oder ein Kabel. Alle typischen Elemente einer Infrastruktur wie etwa Gebäude, Raum, Schrank, Server, Arbeitsplatz, Client, Telefonanlage, USV u.a. sind in der Standardkonfiguration bereits vorbereitet. Zusätzlich können eigene Kategorien definiert werden. Diese können in der aktuellen Version auch auf den Übersichtsseiten, in der Suche, und vor allem auch in den frei konfigurierbaren Listen genutzt werden.

Traditionell erfolgte die Datenerfassung in i-doit entweder manuell oder über Schnittstellen. Seit 2013 stellt Synetics mit dem Modul JEDI (JDISC Essential Discovery for i-doit) eine agentenfreie Lösung zur automatisierten Erfassung und Pflege von aktiven Netzkomponenten in i-doit zur Verfügung. Der Discovery-Prozess ermittelt neben klassischen Komponenten auch erweiterte Informationen in komplexen Infrastrukturen und ist so in der Lage, z.B. Verbindungsdaten von Switches, SAN-Konfigurationen, Cluster oder virtualisierte Umgebungen zu erkennen und auszuwerten und diese Daten unter Berücksichtigung aller damit einhergehenden Beziehungen in i-doit einzulesen.

Das Logbuch in i-doit protokolliert alle Änderungen, die an einem Objekt vorgenommen wurden. Verbunden mit einer (optionalen) Kommentierungsfunktion können diese Logbucheinträge zudem mit weiteren Informationen versehen werden, um z.B. den Grund einer Änderung festzuhalten. Darüber hinaus dient das Logbuch für verschiedene Erweiterungen als Archiv, um darin den Status oder Ereignisse aus dem Echtbetrieb abzulegen.

Über Zuweisungen von Objekten zu anderen Objekten entstehen innerhalb von i-doit Beziehungen zwischen diesen. Als Beziehung wird dabei jede Verbindung zwischen zwei Objekten betrachtet. Hierzu zählen beispielsweise die Dokumentation einer Netzwerkverbindung, eine Standortzuordnung oder eine Kontaktzuweisung. i-doit kennt aktuell über 30 verschiedene Beziehungsarten zwischen Objekten. Welche Software ist wo installiert, welche Stromanschlüsse werden genutzt oder welche Verträge sind einem Objekt zugeordnet? Diese sind entweder implizit dokumentiert, indem sie aus Eigenschaften wie Clustermitgliedschaften, Standortzuweisungen oder Kontaktzuweisungen hervorgehen, oder sie werden manuell erstellt, um eine explizite Abhängigkeit zwischen Objekten herzustellen. Die Beziehungen in i-doit haben Richtungen, welche anzeigen, welches Objekt von welchem Objekt abhängig ist bzw. wessen Funktionsfähigkeit gefährdet ist, wenn ein anderes Objekt ausfällt.

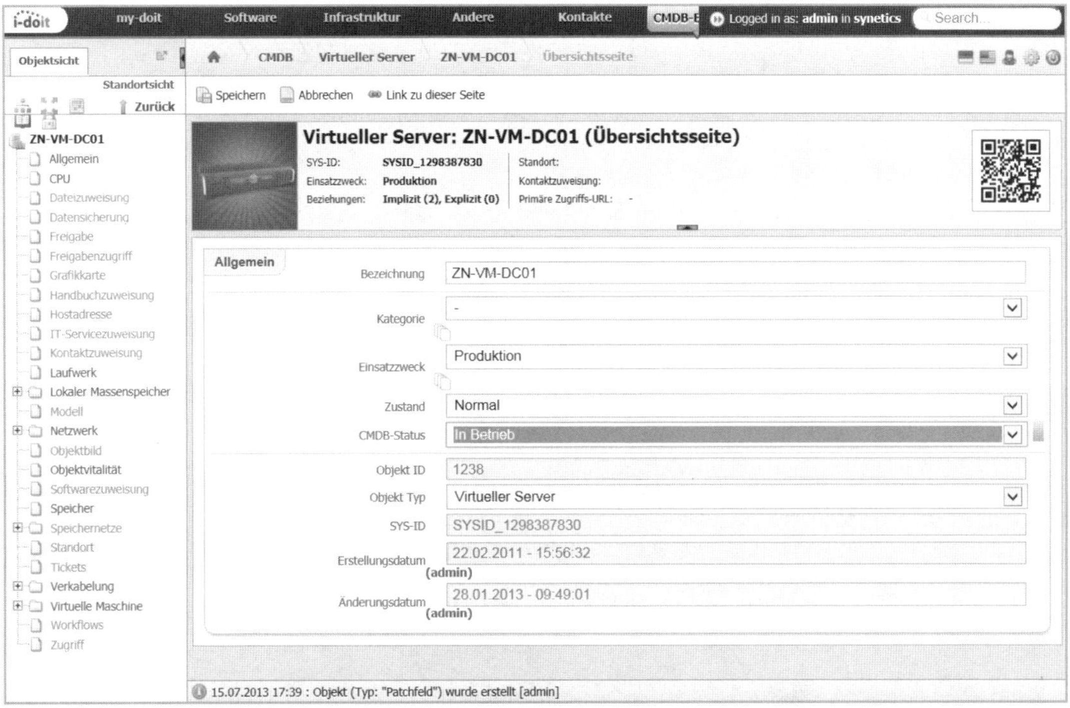

Bild 7.14 Bearbeitung eines Objekts in i-doit (Quelle: http://www.i-doit.com/ressourcen/online-demo/)

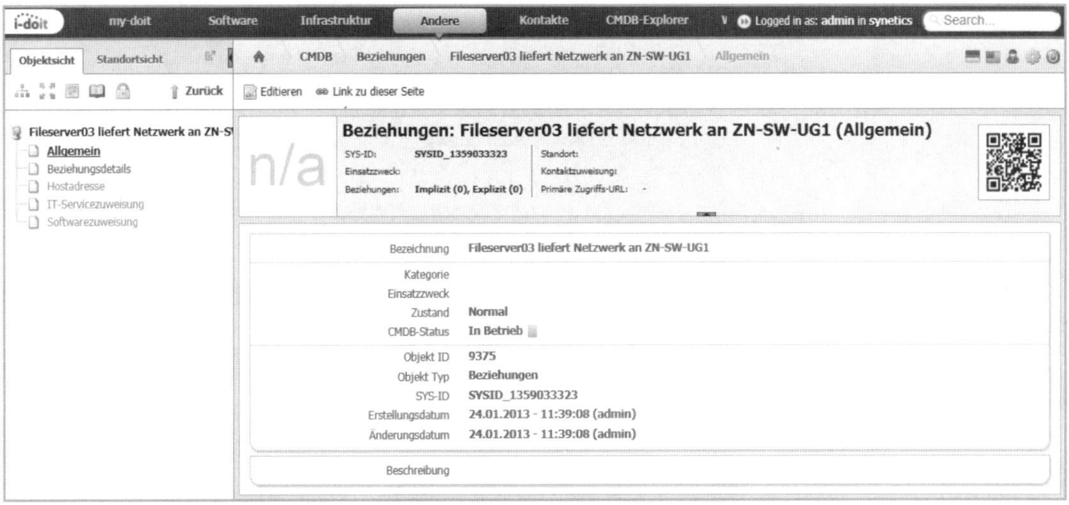

Bild 7.15 Eigenschaften einer Beziehung (Quelle: http://www.i-doit.com/ressourcen/online-demo/)

Auf Basis dieses Prinzips unterstützt i-doit auch die Dokumentation von IT-Services, die als logische Gruppierung von Objekten untereinander in Beziehung gesetzt (modelliert) werden können. Das wiederum liefert die Grundlage für Serviceprozesse wie das Change- oder Problemmanagement und hilft bei der Kontrolle und Verwaltung von SLAs. Außerdem können die Geschäftsprozesse erfasst, modelliert und in Beziehung zu den bestehenden Objekten gebracht werden.

Aufbauend auf dem Beziehungsmodell gibt es mit dem CMDB-Explorer eine Komponente, mit der die Beziehungsbäume grafisch aufbereitet und angezeigt werden. Der Explorer bietet Bearbeitungs- und Steuerungsfunktionen, um innerhalb der Bäume zu navigieren oder Aktionen auszuführen. Neben der Servicesicht, die eine Auffächerung vom abstrakten Geschäftsfall bis hin zu hierfür notwendigen Stromversorgungen alles einschließt, können so z. B. auch virtuelle Umgebungen oder Cluster-Systeme mit all ihren Beziehungen und Abhängigkeiten dargestellt werden.

Neben der Dokumentation von Services und Infrastrukturen unterstützt i-doit die Erfassung und Zuordnung von Vertrags- und Betriebsdaten zu den dokumentierten Objekten. Erfasst werden können beispielsweise Wartungsverträge mit Kontaktdaten, Ablaufdatum und Benachrichtigungsfunktion, die Notfallplanung für Komponenten und Systeme, digitale Handbücher, Konfigurationsdaten oder SLA-Richtlinien. Die Dateien unterliegen einer Versionsverwaltung, so dass hier Änderungen und Anpassungen nachvollziehbar bleiben.

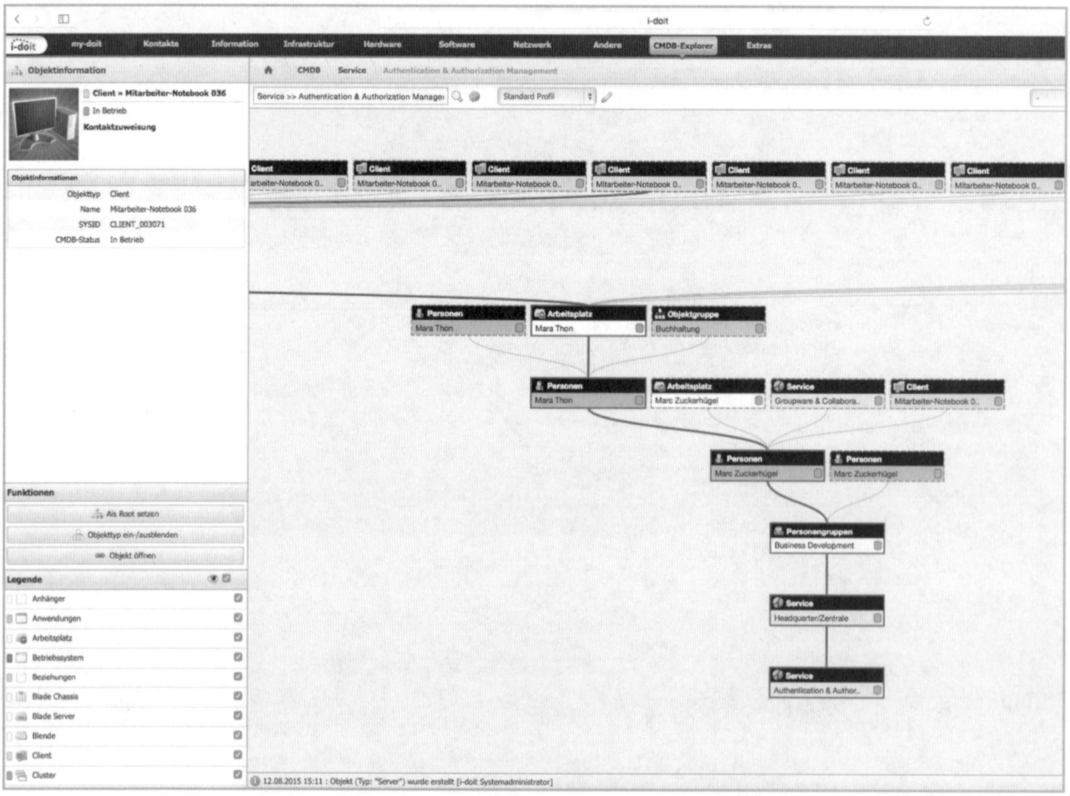

Bild 7.16 Darstellung der Beziehungen für einen Service im CMDB-Explorer (Quelle: http://www.i-doit.com/ressourcen/online-demo/)

IT-Grundschutzdokumentation

Eine interessante Ergänzung bietet i-doit mit dem seit Mai 2013 verfügbaren Modul VIVA. Dahinter verbirgt sich die vollständige Neuentwicklung der bereits seit 2011 bestehenden, rudimentären Grundschutzunterstützung nach BSI. Das Modul importiert die IT-Grundschutzkataloge des BSI in i-doit und nutzt für eine Zuordnung der Gefährdungen und Maßnahmen die bereits in der CMDB/Dokumentation modellierten Objekte und Beziehungen. Mit entsprechenden Views und Reports können diese Daten ausgewertet und analysiert werden. Außerdem können die für eine Zertifizierung nach IT-Grundschutz und/oder ISO27001 erforderlichen Referenzdokumente in i-doit generiert werden.

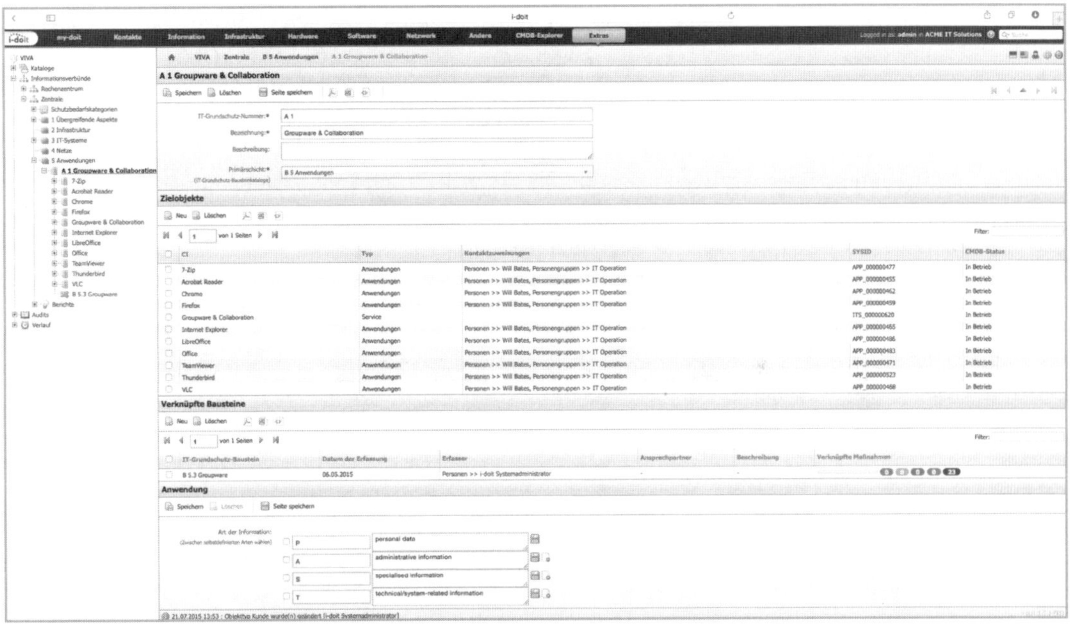

Bild 7.17 i-doit unterstützt die Integration der IT-Grundschutzkataloge (Quelle: http://www.i-doit.com/ressourcen/online-demo/)

Dokumentenmodul

Ab der i-doit-Version 1.4 kann zusätzlich das Dokumente-Modul installiert werden. Hiermit können in einem Editor Texte bzw. Textbausteine mit i-doit Reports, einzelnen Attributen oder Objektlisten angereichert werden. Die einzelnen Textbausteine können in verschiedene Handbücher kopiert oder vererbt und damit mehrfach verwendet werden, was redundante Erfassungen vermeidet. Auf der Basis von Dokumentvorlagen können dann die mit den Texten verknüpften Objekte zu fertigen Handbüchern kombiniert und in i-doit abgelegt werden. So können zum Beispiel die Vorlage für Serverhandbücher mit allen Serverobjekten ausgewählt und daraus alle Handbücher für alle Server erzeugt werden. Eine Vorlage für ein Notfallhandbuch ist bereits standardmäßig implementiert.

Die fertigen Dokumente sind im HTML- oder PDF-Format verfügbar. Sie werden jeweils mit Datumsstempel der Generierung in der CMDB abgelegt. Abgerufen werden können die Dokumente über das Handbuch-Modul, sie werden aber auch den Objekten zugeordnet in einer Kategorie verknüpft. Berichts- und Exportfunktionen

Aus Sicht der im Buch betrachteten IT-Dokumentation sind zum einen die integrierten Berichtsfunktionen und zum anderen die Schnittstellen interessant. Die Reporting-Funktionen reichen von vorgefertigten Abfragen aus einem Online-Repository bis hin zu einem Abfrageeditor, über den auch komplexere Abfragen gegen den i-doit-Datenbestand durchgeführt und abgespeichert werden können. Daneben gibt es noch einen SQL-Editor, mit dem Abfragen manuell geschrieben oder z. B. mit dem Abfrageeditor erstellte Queries verfeinert werden können. Zur Weiterverarbeitung können die Ergebnisse in diversen Formaten bereitgestellt werden.

Eine CMDB ist kein abgeschlossenes System, sondern dient dem Austausch mit anderen Systemen. CMDB lebt von der Interaktion mit anderen Systemen, um Daten zu erheben, auszutauschen oder anderen Systemen zur Verfügung zu stellen. Hierfür besitzt i-doit neben einer allgemeinen API Schnittstellen u. a. zur OpenSource-Software Nagios, zu Open Computer and Software Inventory Next Generation (kurz OCS Inventory NG), zu LOGINventory und zu Request Tracker und OTRS Help Desk. Zu den beiden letztgenannten besteht eine zweiseitige Schnittstelle, d. h., bei der Erstellung eines neuen Tickets können die in der CMDB hinterlegten CIs referenziert werden. Innerhalb von i-doit können für jede CI sowohl die bisher referenzierten Tickets angezeigt werden als auch neue Tickets mit direktem Bezug zur aktuell angezeigten CI erstellt werden.

7.5 Tools für das Informationssicherheitsmanagement

Eine Zertifizierung nach BSI-Grundschutz oder ISO 27001 stellt für jedes Unternehmen eine Herausforderung dar und macht viel Arbeit. Ohne Einsatz einer Softwarelösung ist diese kaum zu meistern.

7.5.1 Hinweise für die Evaluierung

Unabhängig davon, welches Testat angestrebt wird, ist die wichtigste Anforderung der Auditoren die Dokumentation: In ihr muss festgehalten sein, welche Systeme mit welchen Gefährdungen und Risiken eingesetzt werden, welche Sicherheitsprozesse definiert sind, wie sie aufgesetzt sind und welche Sicherheitsrichtlinien existieren.

Eine Frage, die es daher grundsätzlich zu klären gilt, ist die, ob eine spezielle Lösung erforderlich ist oder ob die ISMS-Dokumentation in einem anderen Tool, das möglicherweise bereits eingesetzt wird, mit erstellt werden kann. So können beispielsweise alle in diesem Kapitel vorgestellten Softwarelösungen in der einen oder anderen Weise das Informationssicherheitsmanagement unterstützen. In den verschiedenen Phasen des ISM-Prozesses kann auch der Einsatz unterschiedlicher Lösungen sinnvoll sein.

Möchte man ein spezielles ISMS-Tool einsetzen, findet man am Markt eine Reihe von Softwarelösungen zur Unterstützung von Informationssicherheitsmanagement und Risikomanagement. Diese Tools fokussieren häufig den Aufbau eines ISO-27001-konformen ISMS sowie dessen Zertifizierung. Um die Evaluierung zu erleichtern, hat der TÜViT ein standardisiertes Prüfverfahren für ISMS-Tools entwickelt, das der Erlangung des Zertifikats *Trusted Product ISO 27001 Tool* dient. Bislang jedoch haben kaum Hersteller ihre Software zertifizieren lassen, so dass dies keine Hilfe bei der Auswahl darstellt. Allerdings können die von TÜViT benannten Anforderungen durchaus auch bei der eigenen Evaluierung hilfreich sein.

Einige ISMS-Tools unterstützen auch die Umsetzung der BSI-Standards und den Grundschutzprozess. Diese bieten nicht nur Funktionen zur Bewertung von Sicherheitsrisiken für alle Systeme und zur Ableitung von Maßnahmen, sondern helfen auch bei der Erstellung der erforderlichen Dokumente. Einige Werkzeuge integrieren auch umfangreiche Reportfunktionen.

Auf der Suche nach einem ITSM-Tool kann ein Blick auf die Website des BSI sinnvoll sein: https://www.bsi.bund.de/DE/Themen/ITGrundschutz/ITGrundschutzKataloge/Hilfsmittel/GrundschutznaheTools/grundschutznahetools_node.html. Hier nennt das BSI eine Reihe von Tools mit sehr unterschiedlicher Ausprägung. Die im Folgenden vorgestellten beiden Tools verinice und das GSTOOL zeigen exemplarisch Funktionen derartiger Anwendungen. Dabei nimmt das GSTOOL insofern eine Sonderrolle ein, als es vom BSI selbst bereitgestellt wird und zumindest bei Behörden zum Teil verbindlich einzusetzen ist.

IT-Grundschutzkataloge können kostenfrei heruntergeladen werden

Die Grundschutzkataloge sind eine Lose-Blatt-Sammlung, die regelmäßig aktualisiert wird. Zusätzlich können Sie die Kataloge als HTML- und PDF-Dateien kostenfrei herunterladen. Der Kern der Kataloge sind Bausteine, die sehr unterschiedliche Bereiche beschreiben, in denen Sicherheit eine Rolle spielt. Ihr Umfang reicht von nichttechnischen Fragestellungen wie der Personalpolitik eines Unternehmens in Hinsicht auf sicherheitskritische Bereiche bis hin zu konkreten Systemen, wie Terminalserver oder TK-Anlagen. Der Katalog der zwölften Ergänzungslieferung von 2011 enthält über 80 Bausteine. Ein zweiter Katalog listet die Gefährdungsarten auf.

Ein Beispiel aus dem Bereich »Technisches Versagen« ist der Verlust gespeicherter Daten und im Bereich »Vorsätzliche Handlungen« finden Sie Gefährdungen, wie das Abhören von Leitungen und die Manipulation an Leitungen. Ein dritter Katalog enthält Maßnahmen, die den genannten Gefährdungen entgegenwirken. Einige sind eher allgemeiner Natur, andere gehen auf konkrete Details ein.
Die Maßnahme M 3.5 fordert zum Beispiel, Schulungen zu IT-Sicherheitsmaßnahmen durchzuführen, die Maßnahme M 5.21 befasst sich dagegen detailliert mit dem sicheren Einsatz von telnet, ftp, tftp und rexec.

7.5.2 GSTOOL

Mit dem GSTOOL stellte das Bundesamt für Sicherheit in der Informationstechnik (BSI) zwischen 1998 und 2014 eine regelmäßig aktualisierte Software bereit, die Behörden und Unternehmen bei der Erstellung, Verwaltung und Fortschreibung von Sicherheitskonzepten entsprechend dem IT-Grundschutz unterstützte.

Ende 2014 wurde die Weiterentwicklung des GBSTOOL und der Vertrieb auch aus Gründen mangelnder Wirtschaftlichkeit eingestellt. Mit Einstellung des GSTOOL-Vertriebs werden Bestellungen von Neukunden nicht mehr angenommen.

Das GSTOOL in seiner aktuellen Version 4.8 wird von zahlreichen Nutzern in der Bundesverwaltung und anderen Behörden eingesetzt, da unmittelbare Bundes-, Landes- und Kommunalverwaltungen das GSTOOL kostenfrei erhalten haben. Die Version 4.8 kann bis auf Weiteres auch weiterhin eingesetzt werden, um Sicherheitskonzepte entsprechend des IT-Grundschutzes zu erstellen. Der Support für das GSTOOL wird bis Ende 2016 aufrechterhalten.

Zusätzliche Informationen zum GSTOOL stellt das BSI unter dem folgenden Link zur Verfügung: https://www.bsi.bund.de/DE/Themen/ITGrundschutz/GSTOOL/AktuelleInformationen/aktuell.html

7.5.3 verinice

Die folgenden Ausführungen zu verinice (Sernet GmbH) beziehen sich auf die Version 1.11 (Stand September 2015).

verinice ist ein Java-basiertes ISMS-Tool für das Management von Informationssicherheit und kann als OpenSource-Software unter der Lizenz GPLv3 kostenfrei als Einzelplatzversion von der folgenden Seite heruntergeladen werden: http://www.verinice.org/. Es unterstützt die Betriebssysteme Windows, Linux und Mac OS und hat die Grundschutzkataloge des BSI lizenziert. Zusätzlich gibt es eine kostenpflichtige mehrbenutzerfähige Serverversion mit erweitertem Funktionsumfang.

verinice unterstützt beim Aufbau und beim Betrieb ISMS. Hierfür bietet es u. a. die folgenden Leistungsmerkmale:

- Unterstützung bei der Implementierung von BSI-IT-Grundschutz und bei der Umsetzung der Anforderungen aus den Standards ISO 27001, ISO 27002, ISO 27005 und dem Standard IDW PS 330. Prinzipiell lassen sich auch andere Standards umsetzen. Diese können in Form eines Anforderungskatalogs importiert werden, wenn dieser im CSV-Format vorliegt.
- Durchführung einer Risikoanalyse auf Basis der Gefährdungskataloge des BSI-Grundschutzes oder eigener Risikokataloge. verinice.PRO enthält zusätzlich einen Katalog mit generischen Risikoszenarien.
- Ab Version 1.11 kann verinice außerdem die sogenannten »Ergänzenden Sicherheitsanalysen« und Risikoanalysen nach BSI 100-3 aus dem GSTOOL übernehmen. Maßnahmen und Gefährdungen werden übertragen, Zwischenschritte werden im verinice-Wizard für Risikoanalysen nach BSI 100-3 dargestellt. Dadurch kann jeder einzelne Schritt der

importierten Risikoanalyse später nachvollzogen und auch jederzeit erneut bearbeitet werden: von der Gefährdungsübersicht über die Gefährdungsbewertung bis hin zur Risikobehandlung.

- Unterstützung von Self Assessment auf Basis von integrierten Fragenkatalogen
- Information Security Assessment des VDA – der Verband der Automobilindustrie hat einen eigenen Anforderungskatalog basierend auf den Vorgaben der ISO 27001/27002 herausgebracht. Dieser wird mit verinice ausgeliefert und kann in einer eigenen Perspektive bearbeitet werden.
- Unterstützung bei Zertifizierungsaudits durch spezielle Eingabemasken und angepasste Reports insbesondere zur Verifikation des Basis-Sicherheitschecks

Zusätzlich verfügt verinice über eine Importfunktion, mit der Daten aus dem GSTOOL des BSI übernommen werden können. Für den Import ist die Verwendung des vom BSI bereitgestellten zusätzlichen XML-Export-Tools nicht erforderlich: Mit dem kostenfreien verinice können alle Daten direkt aus der GSTOOL-Datenbank ausgelesen werden.

Insbesondere die PRO-Version bietet noch einige weitere Funktionen. Hierzu zählt beispielsweise ein Workflow-gestütztes Vulnerability-Tracking zur Nachverfolgung von Schwachstellen sowie den separat erhältlichen Risikokatalog. Letzterer liefert einen umfangreichen Katalog von generischen, aber dennoch detaillierten Bedrohungen, Schwachstellen und Risikoszenarien und beschleunigt so die Risikoanalyse nach ISO 27005. Weiterhin enthalten ist eine Liste von Beispiel-Assets und Prozessen, die als Grundlage für die eigene Risikobetrachtung dienen können.

Nach dem ersten Start fordert verinice zur Auswahl der Startperspektive auf:

- **ISM-Perspektive:** Die ISM-Perspektive ist für die Umsetzung der ISO-Standards 2700x ausgelegt. Insbesondere die Durchführung einer Risikoanalyse nach ISO 27005 und die Ausgabe des Risk Assessment als Report lassen sich hier durchführen. Als generische Perspektive kann sie aber auch zum allgemeinen Risikomanagement oder zur Umsetzung organisationsinterner Vorgaben verwendet werden.
- **IT-Grundschutzperspektive:** Die Perspektive BSI-Grundschutz unterstützt bei der Erstellung und Aufrechterhaltung eines ISMS gemäß der IT-Grundschutzvorgehensweise und den BSI-Standards 100-1, 100-2, 100-3 und 100-4.
- **Audit-Perspektive:** Die Audit-Perspektive ist eine weitere Perspektive, die für die Durchführung von möglichen Audits herangezogen werden kann. Diese Perspektive ist untergliedert in ein Organisations-View, Audit-View, Asset-View und Control-View und ist auf die Durchführung von Audits ausgelegt.

IT-Grundschutzperspektive

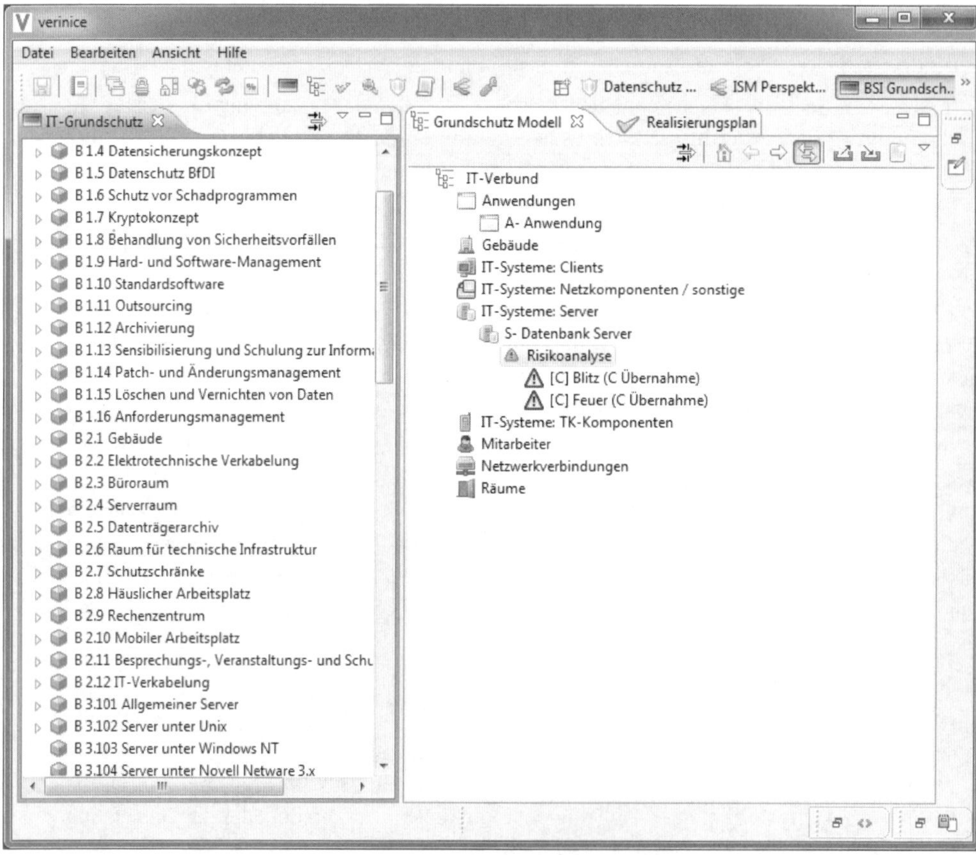

Bild 7.18 verinice-Benutzeroberfläche in der BSI-Grundschutzansicht

Die Grundschutzkataloge des BSI sind lizenziert, müssen beim ersten Start jedoch noch geladen werden. Hierfür können sie kostenlos als freie Inhalte von der BSI-Website heruntergeladen werden. Alternativ kann verinice aber auch direkt auf die öffentlich zugänglichen Webseiten des BSI zugreifen und sich von dort alle Daten holen. Die eingebauten XML-Parser laden die Bausteine und Module dann in die integrierte Datenbank. Das BSI hat für jeden Baustein bereits eine Reihe von Bedrohungen und Maßnahmen definiert. verinice zeigt diese Abhängigkeiten in einer Baumdarstellung.

Innerhalb des IT-Verbunds lässt sich für die Zielobjekte der Schutzbedarf festlegen und dokumentieren. In der entsprechenden Dialogbox kann der notwendige Schutzbedarf *Normal*, *Hoch* oder *Sehr hoch* für die drei Grundwerte *Vertraulichkeit*, *Verfügbarkeit* und *Integrität* festgelegt werden.

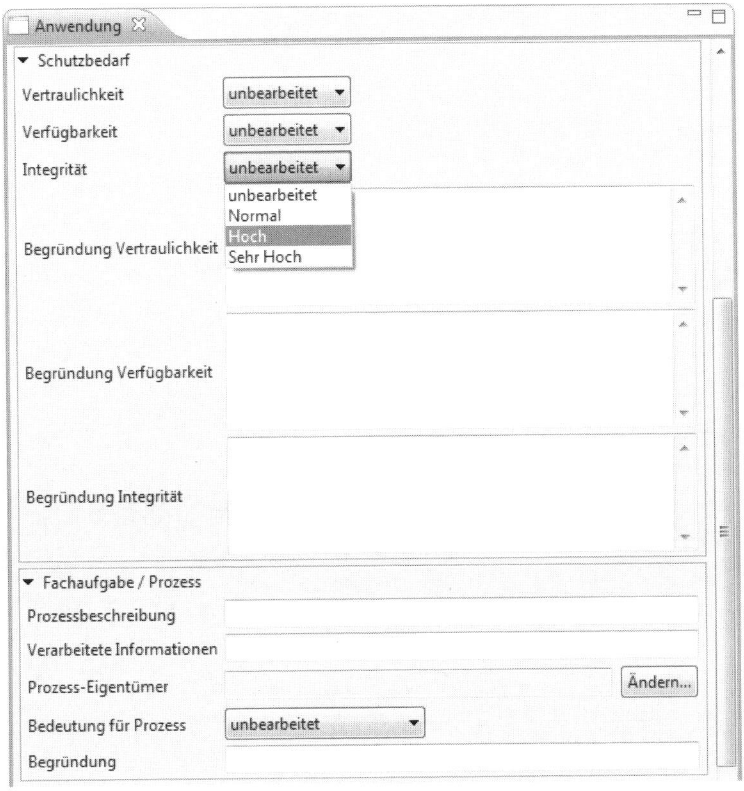

Bild 7.19 Für jedes Objekt kann der Schutzbedarf festgelegt werden.

In verinice ist es möglich, für alle Objekte assistentenunterstützt zusätzlich eine Risikoanalyse durchzuführen. Hierzu werden in einer Gefährdungsübersicht über alle Gefährdungen aus den Grundschutzkatalogen aufgelistet. Zusätzlich können eigene Gefährdungen hinzugefügt werden. Alle Objekte, die eine Risikoanalyse erfahren haben, sind mit dem Symbol gekennzeichnet (siehe Bild 7.20).

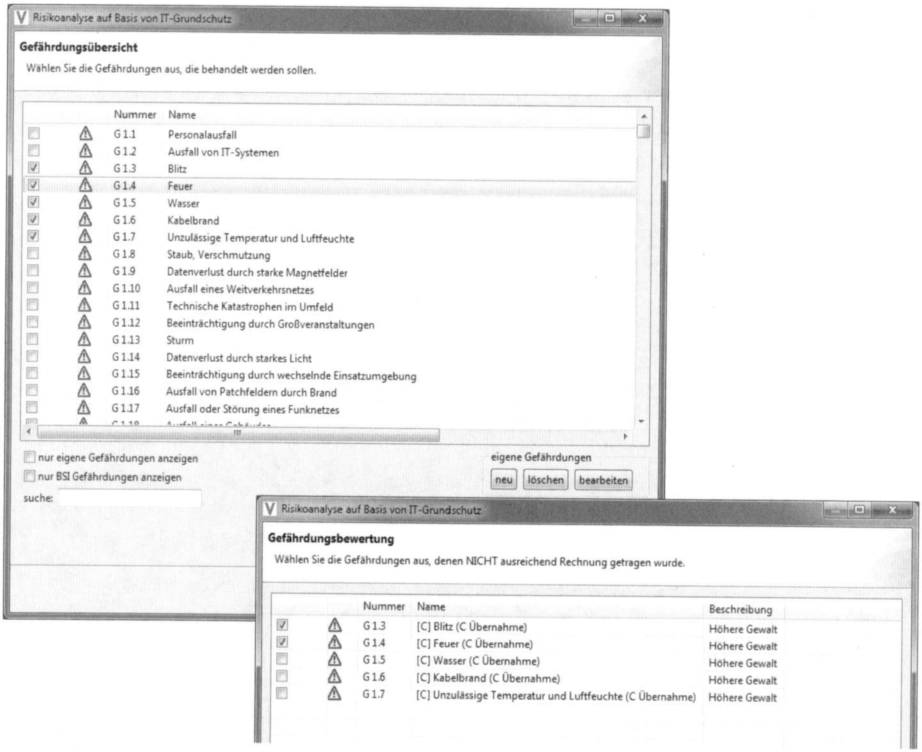

Bild 7.20 Risikoanalyse auf Basis von IT-Grundschutz in verinice

Grundlage aller weiteren Arbeiten ist eine Erfassung aller Anwendungen und Systeme. Das Grundschutzmodell verwendet dafür den Begriff IT-Verbund. Die Erfassung kann entweder manuell erfolgen oder auf Basis der Scan-Ergebnisse der Software Greenbone (von Greenbone Networks GmbH). Der *Greenbone Security Manager (GSM)* ist eine Produktlinie zweckorientierter Appliances für Schwachstellen-Scanning und -Management. Eine Kopplung der Produkte ist ab der verinice-Version 1.6 möglich.

Dokumentenerstellung

Aus Sicht der IT-Dokumentation sind natürlich die Möglichkeiten für die Erstellung der sicherheitsrelevanten Dokumente wichtig. Im Rahmen von Reporting-Funktionen ermöglicht verinice das Erstellen von Berichten für Prüfer, Geschäftsleitung und Prozessverantwortliche. Alle Berichte lassen sich in einer Vielzahl von Formaten (PDF, HTML, DOC, XLS, ODT, ODS) ausgeben und veröffentlichen oder weiterbearbeiten. In der PRO-Version können die Reportvorlagen auch angepasst oder zusätzlich eigene Vorlagen erstellt werden.

Außerdem können die für die Zertifizierung nach ISO 27001 auf Basis von IT-Grundschutz erforderlichen Referenzdokumente (siehe hierzu *Abschnitt 1.6.2*) in verinice erstellt werden.

Pflege eines datenschutzrechtlichen Verfahrensverzeichnisses

Zur Einhaltung eines gesetzeskonformen Datenschutzmanagements sind unter anderem die Pflege und Veröffentlichung eines sogenannten »Verfahrensverzeichnisses« für alle Unternehmen vorgeschrieben. Das Verfahrensverzeichnis muss alle automatisierten Verfahren einer Organisation auflisten, mit denen im Rahmen eines automatisierten Verfahrens ermittelte personenbezogene Daten gespeichert werden. Dem betrieblichen Datenschutzbeauftragten kommt gemäß § 4 g 2 S. 2 die Aufgabe zu, die ihm im Unternehmen gelieferten Informationen jedermann in geeigneter Weise verfügbar zu machen. Das Verfahrensverzeichnis wird beim betrieblichen Datenschutzbeauftragten geführt. Dieser muss das Verfahrensverzeichnis aber nicht selbst erstellen. Vielmehr werden ihm die datenschutzrelevanten Verfahren von den Fachabteilungen benannt und beschrieben.

Innerhalb der Grundschutzperspektive verbirgt sich mit der Option »Datenschutz-Perspektive« eine nützliche Funktion zur Erstellung und Pflege eines Verfahrensverzeichnisses. Diese spezielle Sicht greift auf die als Anwendungen angelegten Objekte zurück und bietet die Möglichkeit, zu jeder Anwendung (in der Perspektive als Verfahren dargestellt) die nötigen Angaben zur Verarbeitung personenbezogener Daten zu hinterlegen.

7.6 Tools für die Notfalldokumentation

In Kapitel 4 wurden ausführlich die Unterschiede zwischen *Business Continuity Management (BCM)* und *IT-Service Continuity Management (IT SCM)* erforderliche Unterscheidung dargestellt. Demnach adressiert das *BCM* (wie der Name bereits aussagt) die Businessprozesse, d. h. die unternehmensweiten Kernprozesse. Hierbei stehen die Analyse und das Management der Risiken im Vordergrund, damit das Unternehmen jederzeit die erforderliche Mindestproduktionskapazität bzw. die Mindestservices gewährleisten kann. Vorrangige Aufgabe von *IT SCM* ist hingegen die Unterstützung des übergeordneten Business Continuity Managements, indem sichergestellt wird, dass jederzeit das definierte Mindestmaß an IT-Services zur Verfügung steht. IT SCM muss demnach integraler Bestandteil eines übergeordneten Business Continuity Management sein und vom Umfang aus den geschäftlichen Zielvorgaben abgeleitet werden. Hierbei übernimmt das BCM die Gesamtverantwortung für den Notfallmanagementprozess und die Planung für die Wiederherstellung aller Services.

Dementsprechend müssen auch die Einrichtung und der Betrieb einer Anwendung für das Notfallmanagement in der Verantwortung des unternehmensweiten Notfallmanagements liegen. Die Einführung einer Software zur Unterstützung der Aufgaben von IT SCM ist zwar möglich, muss dann aber mit den für das BCM Verantwortlichen abgestimmt sein.

Im Folgenden wird deshalb im Überblick vorgestellt, welche Kriterien bei der Auswahl einer Softwarelösung für das BCM wichtig sind, bevor im anschließenden Abschnitt exemplarisch mit INDART Professional eine Software für das Notfallmanagement vorgestellt wird.

7.6.1 Hinweise für die Evaluierung

Steht in einem Unternehmen die Auswahl eines Tools zur Unterstützung des Notfallmanagements an, muss im ersten Schritt die Frage nach dem Einsatzzweck beantwortet werden. Im Vordergrund sollte die Frage stehen, welche Bereiche das Tool unterstützen soll. Ist lediglich eine Unterstützung bei der Erstellung der Dokumente für die Notfallbewältigung erforderlich oder soll das Tool alle unternehmensweiten Notfallmanagementprozesse unterstützen?

Tools, die ein komplettes Business-Continuity-Management-Framework zur Verfügung stellen, haben nämlich ihren Preis, der in der Regel im fünfstelligen Bereich oder darüber liegt. Preiswerte Tools für ein paar Hundert Euro bieten hingegen nur selten Funktionen, die über eine Systeminventarisierung plus Dokumentation hinausgehen.

Marktübersicht Notfalltools

Die Ausführungen der folgenden Abschnitte behandeln einige wesentliche Punkte, die bei der Auswahl einer BCM-Softwarelösung zu beachten sind. Darüber hinaus finden Sie unter dem Link http://www.bcm-news.de/bcm-tools/ eine Website, die in einer Marktübersicht eine Auswahl der aktuell verfügbaren Notfall- und BCM-Tools vorstellt. ■

Viele Unternehmen verbinden mit der Einführung eines Tools für das Notfallmanagement den Wunsch, alle Aufgaben, wie die Systeminventarisierung, die Abbildung der Notfallprozesse und die Bereitstellung des Notfallhandbuchs sowie die Dokumentation der Notfallvorsorgemaßnahmen, in einem Tool zusammenzuführen. Allerdings besteht nur selten die Möglichkeit, »auf der grünen Wiese« zu starten. In der Regel sind bereits einzelne Tools im Einsatz, die es einzubinden gilt. Wer bereits eine Inventarisierungssoftware und/oder eine CMDB im Einsatz hat, wird diese nicht einfach ablösen können. Daher bieten viele Tools die Möglichkeit, auf Daten zu Hardware und Software sowie Personenstammdaten aus vorhandenen Datenbanken automatisiert zuzugreifen. Diese Funktion ist wichtig, um doppelte Datenhaltung zu vermeiden.

Weiterhin muss zwingend analysiert werden, welche Aufgaben unterstützt werden sollen. Ist lediglich eine Unterstützung bei der Erstellung und Verwaltung von Notfallszenarien und Wiederanlaufplänen gewünscht? Soll die Lösung die Implementierung von Notfalltests und Notfallübungen unterstützen? Ist eine Unterstützung bei der Erstellung von Risiko- und Business-Impact-Analysen erforderlich? Soll das Tool die Notfallbewältigung und die Arbeit des Krisenstabs im Notfall unterstützen? Ist eine Zertifizierung geplant, für die das Tool eine anforderungsgerechte Dokumentation liefern soll?

Allein die kleine Auflistung der Fragen zeigt die Vielschichtigkeit der Einsatzmöglichkeiten. Die nachstehende Liste zeigt einige Kriterien, die bei der Evaluierung eines Notfallmanagementtools herangezogen werden können. Welche davon wichtig sind, muss unternehmensspezifisch entschieden werden.

- Zugriffsmöglichkeiten auf externe Daten,
- Unterstützung beim Aufbau der Notfallorganisationsstruktur auf der Basis vorhandener Unternehmensdaten,

- automatische Benachrichtigung aller Beteiligten per E-Mail und SMS einschließlich der Alarmierung des Krisenstabs,
- Multiuser- und Mandantenfähigkeit,
- Ausgabe des Notfallhandbuchs als Textdokument entweder online, auf Papier oder im HTML-Format,
- Online-Unterstützung bei der Durchführung von Notfallübungen,
- Dokumentation von Notfallmanagementprozessen,
- Unterstützung bei der Erstellung und Verwaltung von Geschäftsfortführungsplänen und Wiederanlaufplänen,
- Online-Begleitung bei der Durchführung von Notfallplänen einschließlich automatischer Erstellung von Ablaufprotokollen,
- Unterstützung des Redaktionsprozesses für Notfalldokumente (Versionierung, Benachrichtigung bei Änderungen usw.),
- Möglichkeit der automatisierten Speicherung des Systems und der Daten auf mobilen Datenträgern,
- Unterstützung von Risiko- und Business-Impact-Analysen,
- Dokumentenmanagementsystem-Funktionen,
- funktionsübergreifende Komponenten für das SLA- und Lizenzmanagement,
- Bereitstellung einer integrierten CMDB,
- Unterstützung bei Zertifizierungen beispielsweise nach 22301, 27001 oder IT-Grundschutz.

Hinweis

Die vorstehende Liste wurde zusammengestellt aus dem Funktionsangebot diverser Notfallmanagementtools. Sie erhebt keinen Anspruch auf Vollständigkeit und soll lediglich Ideen für die Evaluierung liefern.

7.6.2 INDART Professional

Die folgenden Ausführungen zu INDART Professional (Comtechnet GmbH) beziehen sich auf das Release 3.1.6 (Stand September 2015).

Die Firma Comtechnet stellt mit INDART Professional sowie ergänzenden Produkten eine Software für eine prozessgestützte (IT-)Notfallplanung bereit. Im Fokus steht ein strukturierter Aufnahmeprozess in zehn Schritten:

1. Erfassung der Kernprozesse mit Einstufung der Kritikalitätsdaten und der IT-Services und Abbildung der Ausfallszenarien
2. Erfassung der Schadensdefinitionen mit monetärer Bewertung und Betrachtung der Folgeschäden

3. Eingabe der rechtlichen Auflagen
4. Erfassung des Personals mit allen relevanten Daten (Kontaktdaten, Qualifikationen)
5. Zuordnung des Personals zur Notfallorganisation
6. Aufnahme der wichtigsten Dokumente und Bilder
7. Aufnahme der notwendigen IT-Infrastruktur für die Notfallplanung
8. Zuteilung der Infrastruktur zu den Kernprozessen

Zusätzlich werden in zwei weiteren Schritten die Aufgaben der eigentlichen Notfallbewältigung abgebildet. Dies beinhaltet vor allem die Erstellung und Bereitstellung der Notfallpläne.

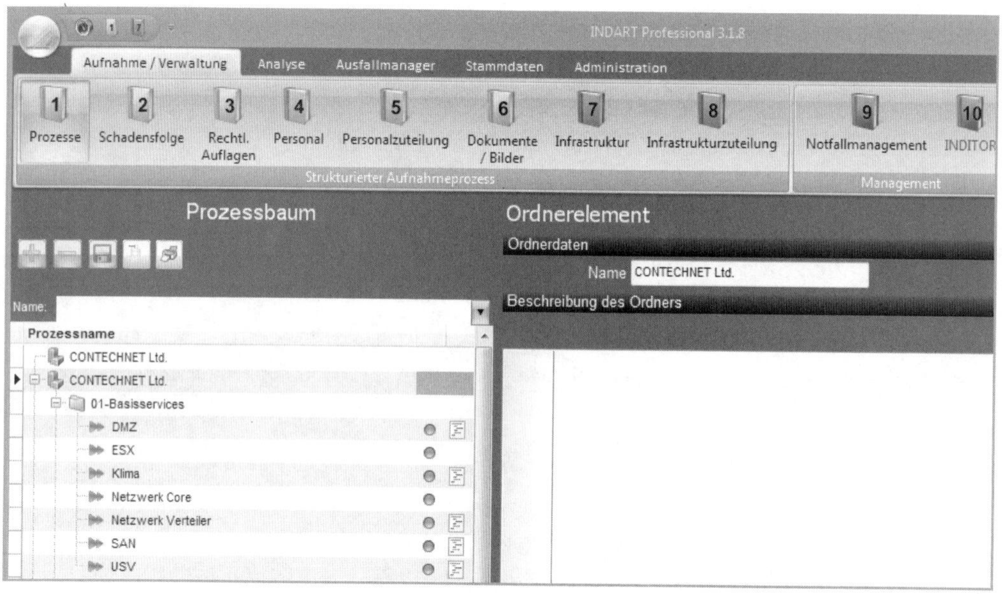

Bild 7.21 INDART Professional unterstützt eine strukturierte (IT-)Notfallplanung.

Der Prozess startet richtigerweise mit der Identifizierung und Erfassung der kritischen Geschäftsprozesse des Unternehmens. INDART berücksichtigt also die IT-übergreifenden Aufgaben im Rahmen der unternehmensweiten Notfallplanung, fokussiert dabei aber die IT-Organisation bzw. IT-relevante Ausfallszenarien, wie beispielsweise den Ausfall des Rechenzentrums oder den Ausfall von wichtigen IT-Services (File-Service, E-Mail-Service, Telefonie).

Dokumentenverwaltung

INDART Professional speichert alle Inhalte in einer SQL-Datenbank. Bei der Notfallplanung ist jedoch unbedingt zu berücksichtigen, dass das Notfallhandbuch in jedem denkbaren Ausfallszenario verfügbar sein muss, also auch bei einem Ausfall aller Systeme. So weist das BSI auf diesen Umstand hin und empfiehlt, die erstellte Dokumentation auf verschiedenen Wegen in einfachen und verbreiteten Formaten (in Papierform, als PDF-Datei) verfügbar zu halten. Dementsprechend sieht INDART Professional die Ausgabe an einen Drucker bzw. als PDF-Datei vor. Zur Auswahl stehen sowohl die komplette Ausgabe mit allen Prozessen und gespeicherten Inhalten für Revisionszwecke als auch die Ausgabe in Auszügen als Checkliste für die Mitarbeiter, damit diese bei der Wiederherstellung einen strukturierten Leitfaden vorliegen haben.

Da INDART Professional aber auch die Überwachung des Ablaufs von Ausfallszenarien unterstützt, ist es empfehlenswert, wenn bei einem Notfall die Software selbst zur Verfügung steht. Eine laut Hersteller verbreitete und empfehlenswerte Vorgehensweise ist es daher, INDART Professional inklusive Datenbank auf einer virtuellen Maschine zu installieren und dort auch alle referenzierten Dokumente abzulegen. So kann ein VM-Snapshot bei einem tatsächlichen Notfall auch auf einem Notebook genutzt werden.

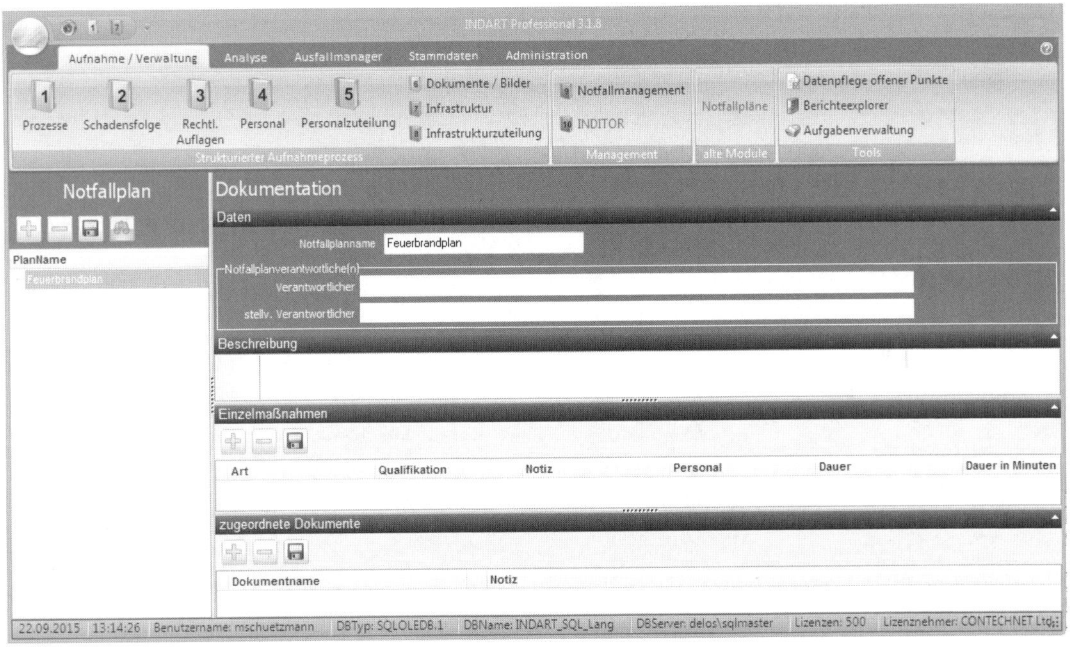

Bild 7.22 Erstellung von Notfallplänen und Verwaltung von Dokumenten

Da bei einem Notfall mehr Dokumente benötigt werden, als nur der Notfallplan an sich, verfügt INDART Professional über eine umfassende Dokumentenverwaltung samt Bilder und Grafiken. Hier können nach Bedarf gegliedert z. B. relevante Verträge und allgemeine sowie technische Dokumente hinterlegt werden. Indem die Dokumente bei der Aufnahme in ein Verzeichnis kopiert werden, das in den Systemeinstellungen definiert wird, ist sichergestellt, dass sich alles an einem Ort befindet. Zusätzlich wird ein Hash-Wert auf die Originaldokumente gelegt, um Versionsänderungen festzustellen. Zudem können Dokumente bei Aktualisierungen gezielt ausgetauscht werden, was in einer Historie gespeichert wird. Da es bei Verträgen durchaus sein kann, dass entsprechende Laufzeiten, Kosten und Servicelevel zu berücksichtigen sind, lässt sich dies in INDART Professional hinterlegen.

Inventarisierung mit INSCAN

Ein elementarer Schritt bei der Einrichtung von INDART Professional ist die Aufnahme aller notfallrelevanten Infrastrukturelemente. Hier verlangt INDART Professional die Anlage aller relevanten Systeme wie Server, Switch, Firewall, PC, SAN, Bandsicherung, Klimaanlage und USV mit einer Vielzahl an Attributen.

Neben der Prozessdefinition verursacht dieser Schritt bei der Einführung in der Regel den größten Aufwand. Zur Vereinfachung unterstützt INDART Professional die Übernahme von Daten aus verschiedenen Inventarisierungslösungen. Hierzu zählt auch die in *Abschnitt 7.2.2* vorgestellte Software DocuSnap. Zusätzlich steht mit INSCAN ein von Contechnet Ltd. entwickeltes Inventarisierungstool zur Verfügung. Es bietet eine direkte Exportschnittstelle zu INDART Professional, wobei alle notwendigen Filter so voreingestellt sind, dass die Übernahme aller notwendigen Komponenten gewährleistet ist.

Notfallpläne

Eine der Kernfunktionalitäten von INDART Professional ist die Unterstützung bei der Erstellung grafischer Notfallpläne sowie bei der Durchführung dokumentierter Übungen und der Simulation von Notfällen. Hervorzuheben ist der Punkt Übungen. Um in einer Notfallsituation handlungsfähig zu bleiben, muss jeder wissen, was zu tun ist. Das aber ist nur möglich, wenn die Inhalte der Notfallpläne regelmäßig getestet und trainiert werden. In den meisten Unternehmen werden zwar Notfallhandbücher bzw. Notfallpläne erstellt, aber entweder gar nicht oder nur einmal getestet bzw. geübt.

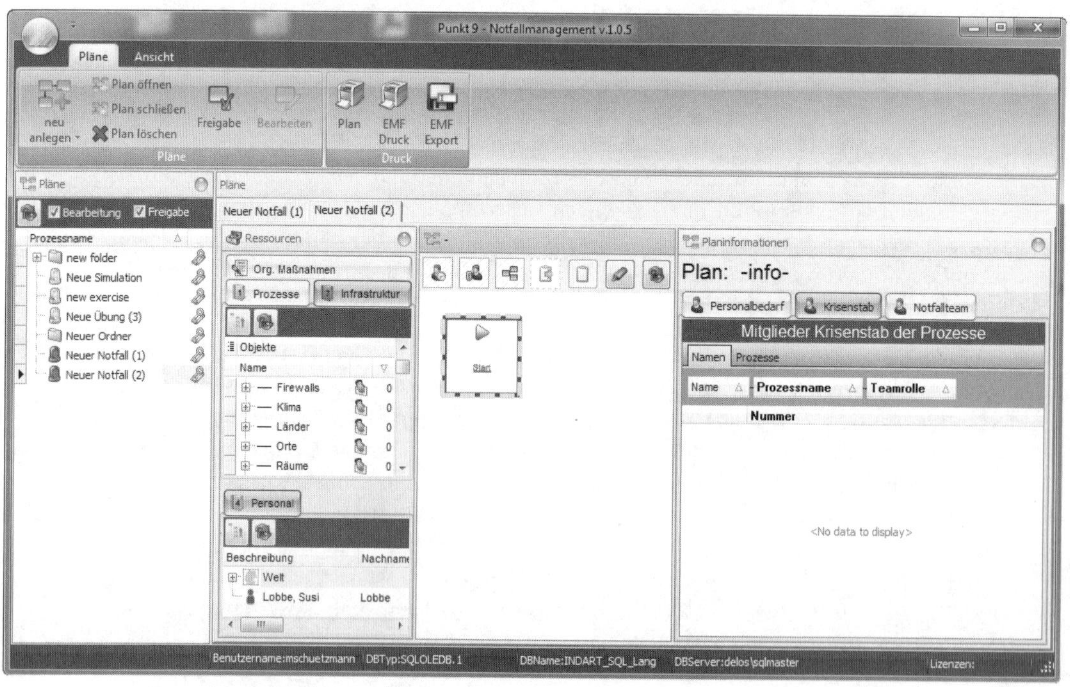

Bild 7.23 Abbildung von IT-Grundschutz in INDART Professional

IT-Grundschutz mit INDITOR

Eher als Ergänzung war in INDART Professional in früheren Versionen das BSI-Grundschutz-Handbuch hinterlegt, wobei neben der integrierten Offline-Version auch der Online-Zugriff auf die im Internet durch den Bundesamt für Sicherheit in der Informationstechnik (BSI) veröffentlichte Version möglich war. In der aktuellen Version ermöglicht das Grundschutz-Modul INDITOR aus dem Hause Contechnet Ltd. das Erstellen, Verwalten und Fortschreiben von Sicherheitskonzepten gemäß IT-Grundschutz. Damit bietet INDART Professional nun eine weitere Alternative zum nicht mehr weiterentwickelten GSTOOL des BSI. Der Einsatz setzt INDART Professional ab Version 3.1.5 voraus.

Branchenspezifische Leitfäden für die Notfallplanung zum Download

Unter http://www.contechnet.de/index.php/de/service/leitfaeden finden Sie Leitfäden zur Notfallplanung für ausgewählte Branchen zum kostenlosen Download:

- Leitfaden für IT-Leiterinnen und IT-Leiter in der Energiewirtschaft
- Leitfaden für IT-Leiterinnen und IT-Leiter in der Industrie
- Leitfaden für IT-Leiterinnen und IT-Leiter in Krankenhäusern
- Leitfaden für IT-Leiterinnen und IT-Leiter in öffentlichen Einrichtungen

7.7 Tools für die GRC-Dokumentation

Die Abkürzung GRC steht für *Governance, Risk & Compliance* und beschreibt die Einhaltung von geltenden nationalen und internationalen Gesetzen, Vorschriften, Normen und Standards (Compliance) durch verantwortungsvolle und zielgerichtete Führung und Überwachung (Corporate Governance). Ein wichtiger Faktor dabei ist das frühzeitige Auseinandersetzen mit Risiken und die Erarbeitung von Strategien zur Risikominimierung (Risk). GRC-Tools unterstützen bei der Einhaltung von Compliance-Vorgaben und bei der Dokumentation.

7.7.1 Hinweise für die Evaluierung

Die Anforderungen, die sich aus den in *Kapitel 1* beschriebenen Gesetzen und Standards wie GdPdU, Sarbanes-Oxley Act, HIPAA, Basel II und II und Euro-SOX ergeben, und die daraus resultierenden Datenaufbewahrungs- und Risikomanagementprozeduren haben in den letzten Jahren zu einer Zunahme an GRC-Lösungen am Markt geführt. Hersteller wie SAP, Oracle, IBM und CA bieten Unternehmen Frameworks, die sie bei der Überwachung und der Erzwingung von Richtlinien und Prozeduren unterstützen. Die Implementierung umfasst in der Regel komplexe Installationen, die unter anderem die Koordination der Daten zwischen mehreren Abteilungen (kaufmännische Abteilung, IT, Sicherheit, Compliance u. a.) unterstützen. Nach der Installation ermöglichen Tracking-Funktionen, Dashboards und Datenanalysetools die Überwachung und Einhaltung der Anforderungen und die Steuerung von Risiken. Die Zielgruppe derartiger Anwendungen sind u. a. Führungskräfte, die Risiken identifizieren und steuern müssen und Finanzmanager, die sich mit regulatorischen Anforderungen auseinandersetzen. An dieser Stelle bewegt man sich im Bereich des unternehmensweiten Managements, was auch für die Einführung derartiger Lösungen verantwortlich ist.

Auf der anderen Seite geraten IT-Organisationen zunehmend unter Druck, die aus Gesetzen und anderen Regulatorien ableitbaren Datenaufbewahrungs-, Sicherheits- und Risikomanagementprozeduren umsetzen und nachweisen zu müssen. IT-Governance, IT-Compliance und IT-Risikomanagement erhalten damit eine immer größere Bedeutung. IT-GRC-Werkzeuge sind meist speziell auf das Informationssicherheitsmanagement (ISM) und auf das IT-Risikomanagement ausgerichtet.

Die Hersteller von IT-GRC-Lösungen liefern meist fertige Maßnahmenkataloge mit, die sich beispielsweise an den Controls aus den ISO-Standards 27001 oder an den COBIT-Control-Objectives orientieren. Häufig ist es aber auch möglich, andere Kataloge zu integrieren, zum Beispiel die Maßnahmen der IT-Grundschutzkataloge oder unternehmensspezifische Maßnahmenkataloge. Nach Auswahl der zu betrachtenden Maßnahmen lässt sich der Umsetzungsgrad bei den meisten Produkten dann entweder in Interviewform über elektronische Fragenkataloge ermitteln oder durch Auswahl eines konkreten Umsetzungsgrads direkt angeben.

Andere IT-GRC-Lösungen unterstützen zusätzlich eine detaillierte Risikoanalyse in Anlehnung an den Standard ISO/IEC 27005, bei der zunächst Bedrohungen ermittelt und anschließend bewertet werden. Sind die Risiken bekannt, erfolgt im nächsten Schritt die Ermittlung des Umsetzungsgrads von Gegenmaßnahmen. Die Auswahl der zum Risiko »passenden« Maßnahmen kann dabei ebenfalls durch das Tool unterstützt werden, da in vielen Produkten die Bedrohungen des Bedrohungskatalogs mit den Maßnahmen des Maßnahmenkatalogs verknüpfbar sind. Die in *Abschnitt 7.1* beschriebenen Anwendungen GSTOOL und verinice können demnach auch den IT-GRC-Tools zugeordnet werden.

Wie bereits mehrfach betont, ist eine sorgfältige Produktauswahl erforderlich, denn die Anwendungen unterscheiden sich in ihrem Funktionsumfang teils erheblich. Ziel sollte es sein, so viele Compliance-Bereiche wie möglich in einheitlicher, durchgehender Form zu behandeln. Werden verschiedene Übersichten geführt und verschiedene Tools eingesetzt, erhöht dies den Verwaltungsaufwand immens. Oft werden die einzelnen Bereiche separat bearbeitet, ohne auf mögliche Doppelprüfungen und Überschneidungen zu achten. Dies erhöht den internen Compliance-Aufwand und bestärkt die Mitarbeiter in ihrer Abneigung gegen Prüfungen und Audits.

Und aus Sicht der IT-Dokumentation sind natürlich die integrierten Dokumentationsfunktionen entscheidend. Hier spielen Fragen nach mitgelieferten Templates, Dokumentenmanagementfunktionen und Möglichkeiten für eine revisionssichere Dokumentation eine Rolle. Ein Beispiel für eine Anwendung, die das Thema GRC-Dokumentation fokussiert, ist DocSetMinder, das im folgenden Abschnitt exemplarisch vorgestellt wird.

7.7.2 DocSetMinder

Die folgenden Ausführungen zu DocSetMinder (GRC Partner GmbH) beziehen sich auf die Version Stand September 2015.

DocSetMinder ist ein Microsoft-SQL-basierendes Tool zur Unterstützung bei der Erfüllung von Dokumentationspflichten in Unternehmen, Körperschaften und Behörden. Auf der Basis der erfassten Unternehmensbasisdaten und diverser Module ist es mit DocSetMinder möglich, eine an den Compliance-Anforderungen des Unternehmens ausgerichtete Dokumentation aufzubauen. Die Module bilden die Struktur der Dokumentation ab und spiegeln die Vorgaben von Gesetzen und internationaler Standards bzw. branchenspezifischer Anforderungen der Unternehmen wider. Sie bestehen aus Dokumentvorlagen, die auch modulübergreifend eingesetzt werden können. Die oberste Ebene kann einen oder mehrere Mandanten und Untermandanten abbilden. Die Dokumentation kann für mehrere rechtlich unabhängige Firmen getrennt oder gemeinsam realisiert werden.

In der aktuellen Version von DocSetMinder stehen die folgenden Module zur Verfügung:

- Module im Bereich Integriertes Managementsystem
  - Qualitätsmanagementsystem – ISO 9001:2008 und 9001:9015
  - Umweltmanagementsystem – ISO 14001:2008
  - Projektmanagement gemäß ISO 21500:2012
  - Energiemanagementsystem – ISO 50001:2011
  - Arbeits- und Gesundheitsschutz-Managementsystem – BS OHSAS 18001
  - Notfallmanagement – BSI-Standard 100-4, ISO 22301 und BCI GPG 2013
  - Informationssicherheits-Managementsysteme gemäß ISO 27001:2013
- Module im Bereich Gesetze und Regelungen
  - Internes Kontrollsystem (IKS)-Prüfung gemäß IDW PS 950 und ISAE 3402
  - Datenschutz
  - Risikomanagement gemäß ISO 31000 und IDW PS 340
  - Verfahrensdokumentation – GobD, GoBS, GDPdU
- Module im Bereich IT-Governance
  - IT-Dokumentation – IT-Verbund nach BSI/ISO 27001
  - IT-Notfallmanagement – BSI-Standard 100-4, ISO 22301 und BCI GPG 2013
  - IT-Grundschutz – BSI-Standard 100-2 und BSI-Standard 100-3
  - IT-Revision – IDW PS 330

Der modulare Aufbau von DocSetMinder ermöglicht es, die jeweilige Dokumentation im Kontext der Geschäftsprozesse zu dokumentieren. Dabei greifen alle Module auf die gleichen Daten zu, so dass eine konsistente Dokumentation für alle Anforderungsbereiche sichergestellt ist. Ändert sich also beispielsweise der Verantwortliche eines Prozesses, wird dieses allen damit verbundenen Dokumenten automatisch bekannt gemacht und die Änderung wurde zudem durch die mitgeführte Historie revisionssicher dokumentiert. Das Ziel ist es, jederzeit für unterschiedliche Audits und Anforderungen eine aktuelle und vollständige Dokumentation bereitstellen zu können.

Aufbau und Arbeitsweise von DocSetMinder

Die Hauptkomponente von DocSetMinder bildet das Basismodul *Unternehmensorganisation*. Das Modul »Unternehmensorganisation« stellt die notwendigen Strukturen und Vorlagen für die Dokumentation der Aufbau- und Ablauforganisation eines Unternehmens bzw. eines Konzerns zur Verfügung.

Im Bereich der Aufbauorganisation werden die organisatorische Struktur (Organisationseinheiten) und alle Verantwortlichkeiten des Unternehmens dokumentiert. Der Bereich der Ablauforganisation bildet das unternehmensweite Geschäftsprozessmanagement (BPM) ab und auch die Dokumentation der Geschäftsprozesse.

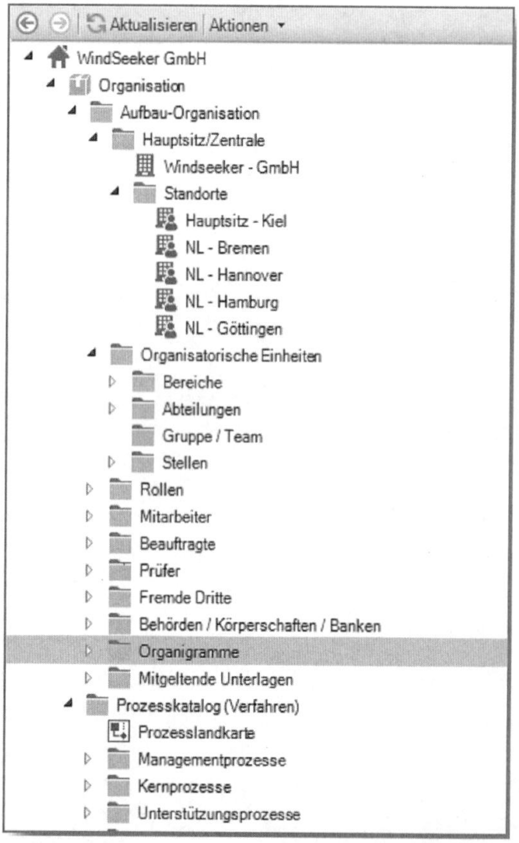

Bild 7.24
Abbildung der Aufbau- und der Ablauforganisation im Modul Unternehmensorganisation

Alle Module greifen auf die im Basismodul gepflegten Daten sowie auf die Komponenten und Inhalte der anderen Module zu. Diese einzelnen Elemente werden jeweils untereinander intern verlinkt. Dadurch wird die Vollständigkeit sichergestellt und der Zugriff auf die jeweils aktuelle Version gewährleistet. Das bezieht sich auch auf bereits vorhandene Dateien wie MS-Office-Dokumente, Handbücher, Zeichnungen, Formulare etc.

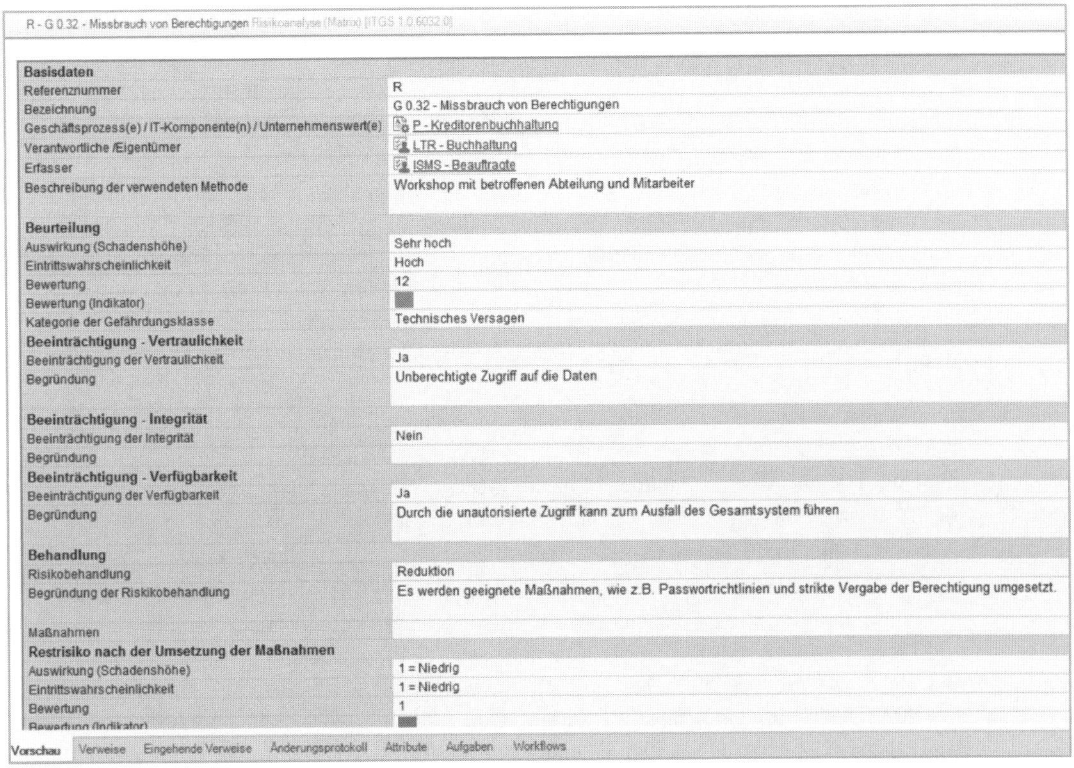

Bild 7.25 Dokumente werden in DocSetMinder als Tabellen verwaltet.

Über das DocSetMinder Application Programming Interface (API) besteht die Möglichkeit, Teile der Dokumentation automatisch generieren zu lassen. Dies ist insbesondere dann sinnvoll, wenn bestimmte Informationen ohnehin in anderen operativen Systemen vorliegen und dort gepflegt werden oder durch andere Systeme zusammengetragen werden. Bereits erfasste oder generierte Daten bzw. Dokumente können somit medienbruchfrei in die Dokumentation übernommen werden. Dies reduziert den Aufwand an manueller Dokumentationsarbeit erheblich. Grundsätzlich können Daten aus den meisten operativen Systemen übernommen werden:

- Datensätze aus relationalen Datenbanken, zum Beispiel Microsoft SQL Server, Oracle, MySQL,
- Datensätze aus strukturierten Dateien, zum Beispiel XML, CSV, Microsoft Access (MDB), Microsoft Excel (XLS), Textdateien (TXT),
- Inhalte aus HTML-Dateien,
- sonstige Daten aus Anwendungen über Component Object Model (COM).

Ebenso wie beim manuellen Schreiben und Editieren der Dokumentation stellt DocSetMinder auch bei diesem automatisierten Verfahren sicher, dass alle Änderungen versioniert werden und dass die Integrität der Verknüpfungen zwischen Dokumenten gewahrt bleibt.

Dokumentenmanagementfunktionen

Hinsichtlich der in der Datenbank hinterlegten Dokumente bietet DocSetMinder einige Funktionen, welche die Anforderungen an Revisionssicherheit, Integrität, Vollständigkeit und Historie sicherstellen. Hierzu zählen u.a. die Folgenden:

Sämtliche Dokumente und Daten werden im Hintergrund unter Berücksichtigung von Zugriffsrechten in einem zentralen DocSetMinder Repository (SQL-Datenbank) nachvollziehbar, unveränderbar und verfälschungssicher gespeichert. Die dort hinterlegten Daten können grundsätzlich nicht gelöscht, also physikalisch entfernt werden. Nicht mehr benötigte Dokumente werden als ungültig deklariert und dadurch automatisch in ein Systemverzeichnis zur Verwaltung ungültiger Dokumente verschoben. Solche ungültigen Dokumente sind für den Standardbenutzer nicht mehr sichtbar. Dieser Vorgang kann mit der entsprechenden Berechtigung rückgängig gemacht werden.

Bereits im Unternehmen existierende Dokumente können per Drag&Drop in das DocSetMinder Repository integriert werden. Die Eigenschaften der Revisionssicherheit und Versionierung werden dabei automatisch auf die integrierten Dokumente übertragen. Das gilt für alle Office-Dokumente, aber auch für andere Dokument- bzw. Dateitypen wie beispielsweise jpg, bmp, tif, ini, pdf etc.

Jede Änderung der in der DocSetMinder-Struktur gespeicherten Dokumente unterliegt einem automatischen Versionierungsvorgang, d.h., nach der Änderung eines Dokuments und erneutem Einchecken in die Struktur bekommt das Element eine neue Revisionsnummer. Dabei wird die Vorgängerversion nicht überschrieben, sie bleibt in der Datenbank gespeichert. Weiterhin kann ein bestimmter Stand der Dokumentation endgültig pro Geschäftsperiode abgeschlossen und als eigenständige Version der gesamten Dokumentation gespeichert bzw. ausgegeben werden. Durch die Periodenabgrenzung wird ein bestimmter Dokumentationsbereich »eingefroren« und kann nicht mehr bearbeitet werden. Während des Abschlusses wird eine exakte Kopie aller Dokumente der vergangenen Periode in die neue übertragen (kopiert). Durch diesen Versionsabschluss ist die Abgrenzung der für eine

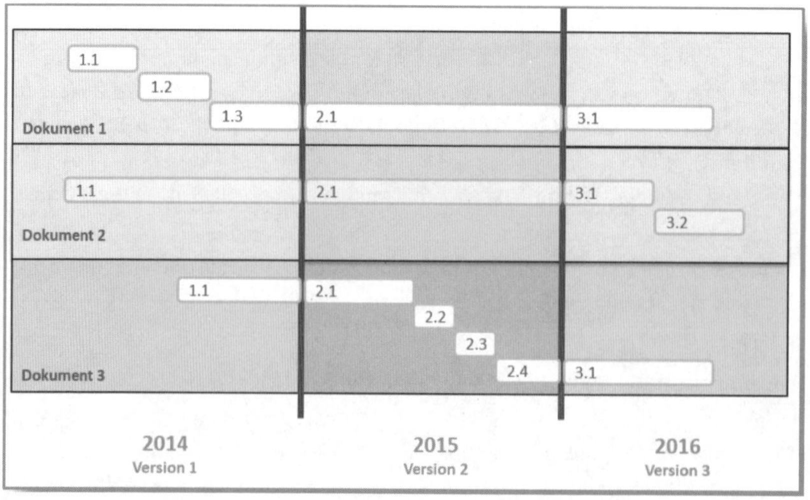

Bild 7.26 Zeitliche Abgrenzung der Dokumentation in fortlaufenden Versionen

Prüfung benötigten Dokumentation möglich. Bei einem Audit können damit dem Prüfer bzw. Auditor sowohl eine aktuelle wie auch eine Dokumentation für in der Vergangenheit liegende Geschäftsperioden ausgehändigt werden.

Bereitstellung der Dokumentation

Die Bereitstellung der Dokumentation kann auf verschiedene Weise geschehen: Zum einen bietet DocSetMinder die Darstellung aller Dokumente auf dynamischen Webseiten an. Mit Hilfe von Microsoft SQL Reporting Services kann die Dokumentation dynamisch ausgewertet und den Betrachtern als Webdienst im Intranet zur Verfügung gestellt werden. Die Speicherung eines HTML-Extrakts ist aber auch auf einem USB-Stick möglich, gedacht vor allem zur Lagerung außerhalb der IT-Infrastruktur. Ein Notfallhandbuch zum Beispiel ist dadurch jederzeit verfügbar, benötigt wird lediglich ein einfacher PC mit Internetbrowser.

Zum anderen kann die ausgewählte Dokumentation wahlweise auch nach Microsoft Word exportiert werden, wo mithilfe einer angepassten Dokumentenvorlage ein druckfähiges Dokument mit Inhaltsverzeichnis und aktiven Hyperlinks entsteht. Es ist außerdem möglich, alle Berichte in verschiedenen Formaten wie z. B. PDF oder Microsoft Office Excel zu exportieren. In der Druckauswahl können dazu gewünschte Dokumente in den Druckvorgang einbezogen bzw. ausgeschlossen werden. Ebenfalls lässt sich definieren, welche Versionen der Dokumentation aus der Vergangenheit gedruckt werden sollen. In den Druckoptionen können die Deckblätter und die Indizierung der Inhalte vorgegeben werden.

Druckprofile für regelmäßige Ausgaben

Eine getroffene Druckauswahl der Dokumente kann in den sogenannten Druckprofilen gespeichert werden. Ein wiederholtes Drucken von gleichen Inhalten kann somit einfach realisiert werden. Das Layout (HTML-Format) der gedruckten Dokumentation kann dem Unternehmensstandard angepasst werden. Die Schriftarten, Logos, Formatierungen etc. werden in einer CSS-Datei gemäß den Kundenanforderungen definiert.

Isolierter Einsatz für die IT-Dokumentation möglich

DocSetMinder unterstützt den Aufbau und die Pflege einer anforderungsgerechten Unternehmensdokumentation. Der Bereich IT-Governance ist ein Teilbereich davon.

Es ist jedoch auch möglich, die Anwendung auf den Einsatz in der IT-Organisation zu beschränken. In diesem Fall können die Aufbau- und die Ablauforganisation des IT-Bereichs auf der obersten Ebene abgebildet und die daran angehängte Dokumentation ausschließlich auf diesen Bereich beschränkt werden. ■

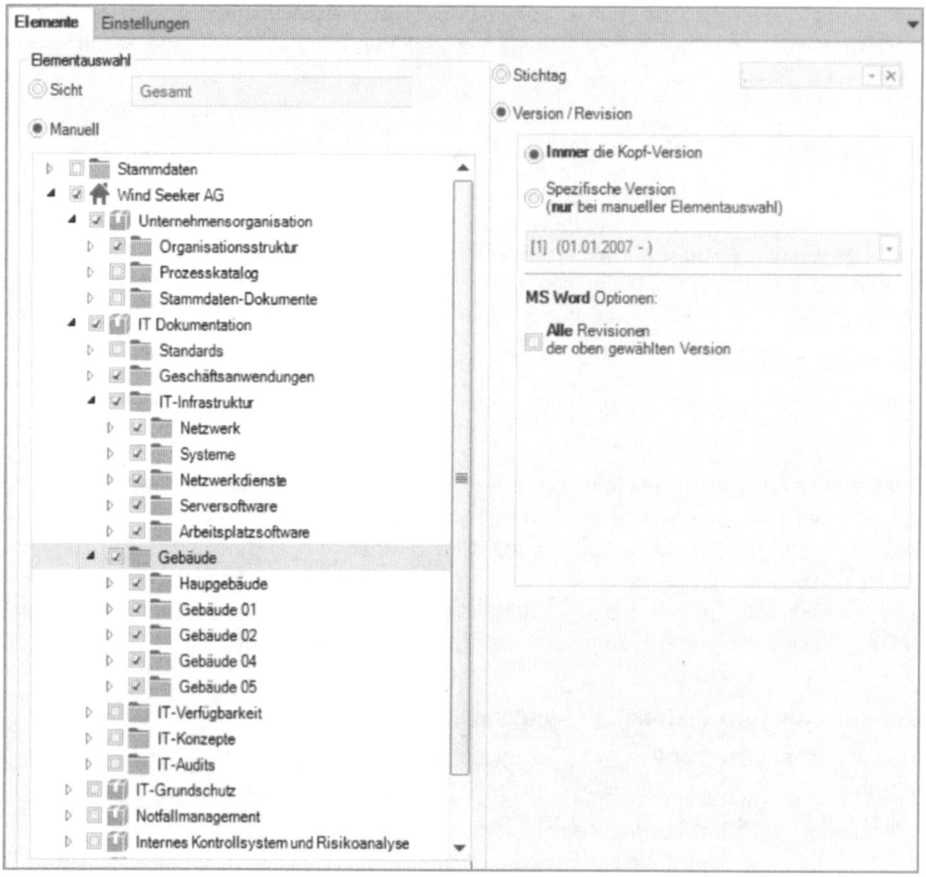

Bild 7.27 Profile ermöglichen eine regelmäßige Erstellung aktueller Dokumente.

7.8 Dokumentenmanagementsysteme

Dokumentenmanagement beschreibt die, meist datenbankgestützte, Verwaltung elektronischer Dokumente. Elektronische Dokumente sind entweder digital erzeugte bearbeitbare Dateien oder digitale Kopien eingescannter Papierdokumente.

Heute wird das Dokumentenmanagement häufig als eine Komponente des übergreifenden *Enterprise Content Management (ECM)* betrachtet. ECM ist ein modernes Kunstwort, das Produkte, Lösungen sowie eine ganze Branche beschreibt und Technologien zur Erfassung, Verwaltung, Speicherung, Bewahrung und Bereitstellung von Daten (Content) und Dokumenten zur Unterstützung von organisatorischen Prozessen im Unternehmen kombiniert.

7.8.1 Hinweise für die Evaluierung

Die Hauptaufgabe eines Dokumentenmanagementsystems (DMS) liegt darin, die definierten Dokumentationsprozesse über ein System abzubilden, zu steuern und zu überwachen. Das DMS organisiert dabei Entwurf und Erstellung, Weitergabe und Verteilung, Auffinden sowie die Ablage und Übergabe an ein Archiv oder Löschung der Dokumente. Dabei kann zwischen Dokumentenmanagementsystemen im engeren und im weiteren Sinne unterschieden werden.

Unter »klassischen« Dokumentenmanagementsystemen, d. h. Systemen im engeren Sinne, sind solche Lösungen zu verstehen, die die Erstellung, Nutzung und Änderung von Dokumenten unterstützen. Bei ihnen stehen folgende Funktionen im Vordergrund:

- strukturierte Speicherung von Dokumenten,
- Überwachung des Zugriffs auf Dokumente,
- indexgestützte Dokumentensuche,
- Ein- und Auschecken von Dokumenten,
- Versionsmanagement.

Demgegenüber unterstützen erweiterte Systeme den vollständigen Lebenszyklus von Dokumenten von ihrer Entstehung über Nutzung, Speicherung, Archivierung und Ausgabe bis zur Entsorgung. Erweiterte Systeme ergänzen die klassischen Dokumentenmanagementfunktionen mindestens um die beiden Komponenten Workflow und Archivierung. Dabei müssen nicht alle Komponenten zwangsläufig von einem Hersteller kommen.

Mit Hilfe der Workflow-Komponente werden die eigentlichen Prozesse und Arbeitsabläufe abgebildet. Beispielsweise können Review- und Freigabeprozesse mit Hilfe einer Workflow-Komponente gesteuert werden. Sind die Rollen, Ausführungsparameter und die Prozessteilnehmer definiert, kann die Workflow-Komponente den Transfer der Informationen zwischen den Prozessteilnehmern steuern, die Ausführung überwachen und warnen, wenn zum Beispiel Bearbeitungszeiten überschritten werden. Verbunden mit einem DMS ermöglicht das Workflow-Management die vollständige Bearbeitung eines Vorgangs in einem elektronischen Medium vom Anfang bis zum Ende, d. h. bis zur Aussonderung zur Archivierung. Die gesamte Vorgangsbearbeitung wird so elektronisch gesteuert. Technisch kann es sich bei der Workflow-Komponente um ein Workflow-Management-System oder ein Business Process Management System (BPM) handeln.

Unterschiedliche Einsatzzwecke beachten

Traditionell werden Dokumentenmanagementsysteme in Unternehmen zur Unterstützung der Geschäftsprozesse eingeführt, denn ein Großteil der Dokumente in Unternehmen hat kaufmännischen Charakter. Hierbei ist entscheidend, dass auch die elektronische Archivierung dem Umfeld Dokumentenmanagement zugerechnet wird. Denn ein häufiger Einsatzzweck ist die Archivierung von Handelsbriefen, steuerrelevanten Daten und anderen Vertrags- und Geschäftsinformationen zur Einhaltung gesetzlicher Aufbewahrungsfristen gemäß Abgabenordnung, GoBS und GdPdU. Dazu müssen diese vollständig, indexiert und unverändert in eine revisionssichere elektronische Archivierung überführt werden. Das Dokumentenmanagement von kaufmännischen Dokumenten wird dabei häufig mit ERP-

Systemen verbunden, da in diesen Kunden- und Transaktionsdaten zu den Dokumenten verwaltet werden. Zunehmend werden aber auch IT-Organisationen mit derartigen Anforderungen konfrontiert. Beispielsweise können auch E-Mails kaufmännische Dokumente darstellen und sind entsprechend zu verwalten und aufzubewahren.

In der Praxis nicht nur von IT-Organisationen haben sich in den letzten Jahren aber noch weitergehende Anforderungen an derartige Systeme entwickelt:

- Inhaltsverwaltung (Dokumente, Listen, Formulare, externe Daten usw.),
- Suchfunktionen (umfangreiche Suchfunktionen; auch in externen Daten),
- Portaldienste (Web-Content-Management, Webseitenerstellung, Abbildung Unternehmensportal usw.),
- Collaboration-Dienste (Aufgaben, Kalender, Workflow, Blog, Wiki, Office-Integration, Projektmanagement usw.),
- Business Intelligence (KPI, serverbasierte Excel-Kalkulationen, Dashboards, Berichte usw.).

Diese Liste entspricht weitgehend der Liste der Leistungsmerkmale des SharePoint Servers 2013, wie sie im Buch von Dirk Larisch (Larisch, 2013) zu finden ist. Nicht umsonst hat Microsoft SharePoint gerade im IT-Umfeld in den letzten Jahren zunehmend an Bedeutung gewonnen. Hier gibt es häufig Anforderungen, nach denen ein DMS vor allem die Verwaltung der aktuell benötigten Dokumente unterstützen bzw. eine Collaboration-Plattform bieten soll. In der Praxis wird die Anforderung der revisionssicheren Archivierung häufig sogar nachrangig behandelt.

Zusätzliche Informationen

In *Abschnitt 6.3.3* finden Sie zusätzliche Informationen zu Einsatz und Nutzen von Dokumentenmanagementsystemen.

7.8.2 Dokumentenverwaltung mit SharePoint

Die folgenden Ausführungen zu Microsoft SharePoint beziehen sich auf die aktuelle Version 2013. (Stand September 2015)

Microsoft SharePoint Server ist eine Portalsoftware zur Zusammenführung verschiedenster Anwendungen, Informationen und Datenquellen unter einer einheitlichen Weboberfläche. Von besonderer Bedeutung ist hierbei die nahtlose Integration der Microsoft-Office-Produkte.

SharePoint Foundation (ehemals WSS = Windows SharePoint Services) kennzeichnet die Basistechnologie von Microsoft für die Nutzung der SharePoint Services, die auch die Grundlage für SharePoint Server bildet. SharePoint Foundation kann auch getrennt und vor allem kostenlos bezogen werden, d. h., es fallen keine über die Server- und CAL-Lizenzen hinaus gehenden Lizenzkosten an. Mit ihren Funktionen zur Bereitstellung von Informationen und der Unterstützung der gemeinsamen Arbeit an Inhalten stellen sie eine durchaus brauchbare Lösung dar, um die Zusammenarbeit von Teams überschaubarer Größe zu optimieren. SharePoint Foundation eignet sich zur Koordination von Zeitplänen, Organisation von Dokumenten und Teilnahme an Diskussionen in Teamarbeitsbereichen, Blogs und Wikis. Für einen unternehmensweiten Einsatz, bei dem Informationen für sämtliche Benutzer bereitgestellt werden sollen, ist hingegen der kostenpflichtige Microsoft SharePoint Server erforderlich.

Welche Möglichkeiten bietet nun aber der Microsoft Office SharePoint Server in Bezug auf die Dokumentenverwaltung?

Generell stehen bei allen Dokumentenmanagementsystemen vier Funktionen im Vordergrund:

- gemeinsame Bearbeitung von Dokumenten,
- Versionsmanagement,
- Genehmigungsprozesse,
- Dokumentensuche.

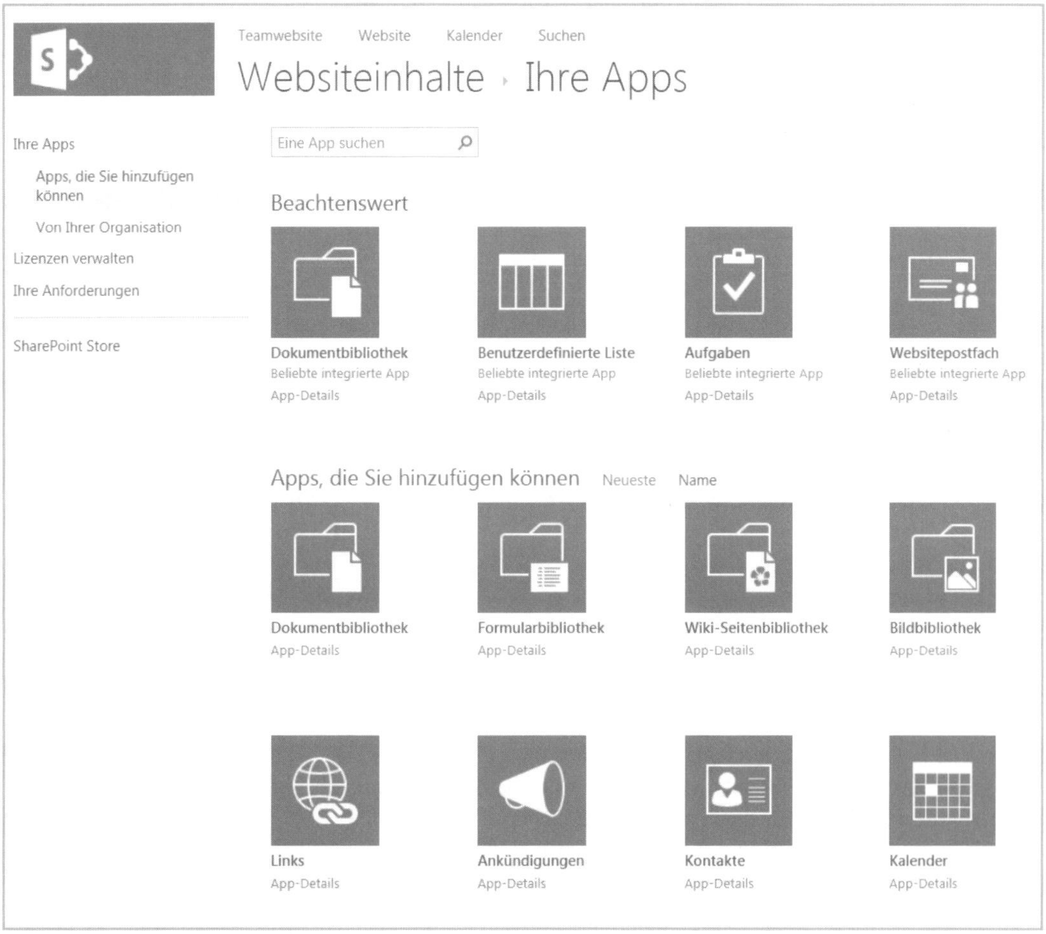

Bild 7.28 Auch in Microsoft SharePoint haben Apps Einzug gehalten.

Die Dokumentenmanagement-Optionen von SharePoint liefern für alle vier der genannten Anforderungen Standardfunktionen, die an die eigenen Verfahren angepasst werden können.

Die zentrale Komponente zur Verwaltung von Dokumenten sind die sogenannten »Bibliotheken«. Hierbei handelt es sich um eine spezielle Form von Listen, die als Sammelbecken für verschiedenste Dateien unterschiedlichen Typs dienen. So kann es sich dabei um Bilddateien, Textdateien oder auch Formulare oder Vorlagen handeln. Unter Microsoft SharePoint Server 2013 wird automatisch eine Dokumentbibliothek mit dem Namen »Dokumente« angelegt. Weitere Bibliotheken können als sogenannte »App« hinzugefügt werden.

Zu den am häufigsten verwendeten Bibliotheken gehören sicherlich die »Dokumentbibliotheken«. In ihnen können Dateien beliebiger Art abgelegt und verwaltet und in Ordnern strukturiert werden.

Zusammenarbeit an Dokumenten und gemeinsame Dokumenterstellung

Dokumente gemeinsam bearbeiten zu können, ist eine der Hauptforderungen an ein DMS. Vor allem in Kombination mit Office 2010 und 2013 bietet SharePoint zahlreiche Möglichkeiten, sei es für die gemeinsame Erstellung einer Kalkulationstabelle oder das gleichzeitig Review eines Word-Dokuments.

- **Bearbeitung ausgecheckter Dokumente:** Klassischerweise unterstützen DMS-Lösungen das Auschecken von Dokumenten, um die gleichzeitige Bearbeitung von Dateien durch mehrere Personen zu verhindern. Ein Benutzer, der ein Dokument ausgecheckt hat, ist exklusiv berechtigt, an dem Dokument zu arbeiten. Um anderen Benutzern die Änderungen verfügbar zu machen, muss er nach der Überarbeitung das Dokument wieder einchecken. Um Probleme zu verhindern, wenn ein Benutzer beispielsweise vor seinem Urlaub vergessen hat, ein Dokument wieder einzuchecken, können ausgecheckte Dokumente zentral verwaltet werden. Wieder eingecheckte Dateien werden automatisch mit einer fortlaufenden Versionsnummer versehen, falls die Versionsverwaltung für die Bibliothek aktiviert ist, was die Nachvollziehbarkeit vereinfacht und eine leichte Wiederherstellung älterer Versionen ermöglicht. Hierbei kann konfiguriert werden, wie SharePoint Versionen verwalten soll.
- **Gemeinsame Dokumentenbearbeitung:** Mit der gemeinsamen Dokumentenerstellung bietet SharePoint eine weitere Funktion, die es mehreren Personen erlaubt, gleichzeitig ein Dokument zu bearbeiten, ohne dabei Konflikte bei den Änderungen zu erzeugen. Diese Funktion ist jedoch nicht mit dem Aus- und Einchecken von Dokumenten in eine SharePoint-Bibliothek kompatibel. Wird eine Datei ausgecheckt, können andere Benutzer nicht gleichzeitig daran arbeiten. Dies aber ist gerade das Ziel. SharePoint erlaubt es, dass zwei oder mehr Benutzer ein Word-Dokument oder eine PowerPoint-Präsentation, die in einer SharePoint-Bibliothek gespeichert ist, gleichzeitig bearbeiten. So kann beispielsweise ein Autor in einer Präsentation an einer Folie arbeiten, während ein anderer Autor eine andere Folie bearbeitet. Jeder Autor kann dabei immer anhand von Symbolen, Statusleistenindikatoren und Navigationsbereichen des Dokuments oder der Präsentation sehen, an welchen Stellen andere Autoren Änderungen vornehmen. Diese Funktionalität ist standardmäßig eingerichtet und muss nicht konfiguriert werden.

Ob ein Auschecken eines Dokuments vor der Bearbeitung obligatorisch ist, kann in den Versionsverwaltungseinstellungen für jede Bibliothek gesondert festgelegt werden.

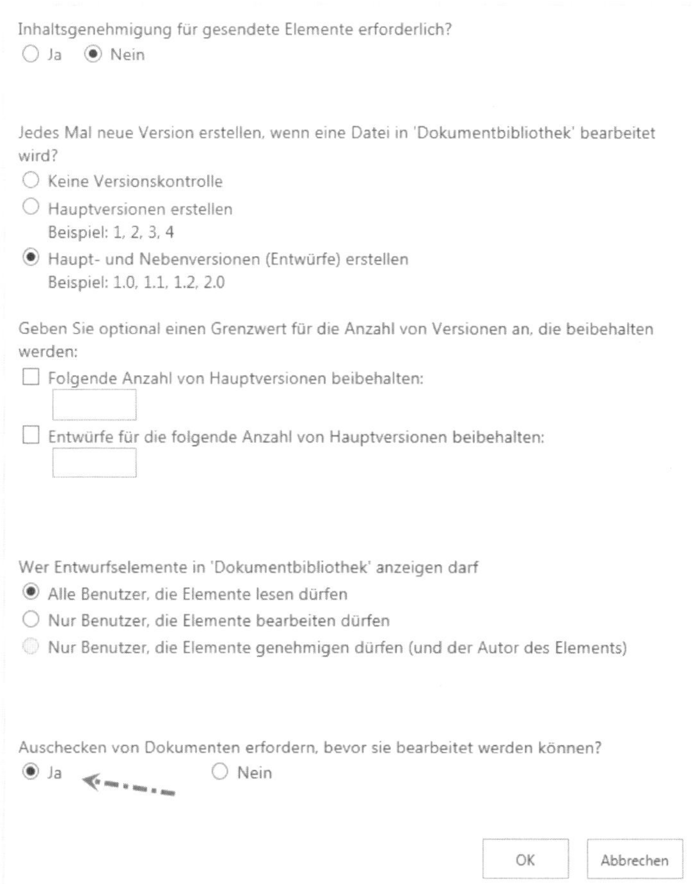

Bild 7.29 Standardmäßig ist das Auschecken eines Dokuments vor der Bearbeitung nicht erforderlich.

Versionsverwaltung

Mit der Versionierung von Dokumenten wird erreicht, dass durchgeführte Änderungen, je nach gewähltem Grad der Versionierung, jederzeit nachvollziehbar sind. Dabei werden die unterschiedlichen Versionsstände der einzelnen Dokumente einer Bibliothek gespeichert, so dass jederzeit ein älterer Stand wiederhergestellt werden kann.

Standardmäßig ist die Versionsverwaltung deaktiviert. Eine Aktivierung ist für jede Bibliothek gesondert im Bereich *Versionsverwaltung* (siehe Bild 7.29) möglich. Hierbei stehen die folgenden Optionen zur Auswahl:

- **Keine Versionskontrolle:** Diese Einstellung bewirkt, dass immer nur die zuletzt gespeicherte Version einer Datei oder eines Dokuments verfügbar ist.
- **Hauptversionen erstellen:** Für die einzelnen Dokumente der Bibliothek werden bei jeder Änderung neue Hauptversionen erstellt, die dann auch direkt veröffentlicht werden.

- **Haupt- und Nebenversionen (Entwürfe) erstellen:** Diese Option ermöglicht neben der Erstellung veröffentlichter Hauptversionen auch das Anlegen sogenannter Nebenversionen. Diese dienen einzig und allein dem Bearbeitungsmodus und werden standardmäßig nur dem Ersteller oder einer Person angezeigt, die das Dokument genehmigen darf.

Abhängig von der gewählten Konfiguration der Versionierung kann beim Einchecken zwischen Haupt- und Nebenversionen unterschieden werden. Hierbei können Kommentare hinzugefügt werden, um den Versionsverlauf zu erläutern.

Bild 7.30 Optionen beim Einchecken eines Dokuments

In der Versionshistorie können jederzeit die gespeicherten Versionen angezeigt und bei Bedarf gelöscht werden.

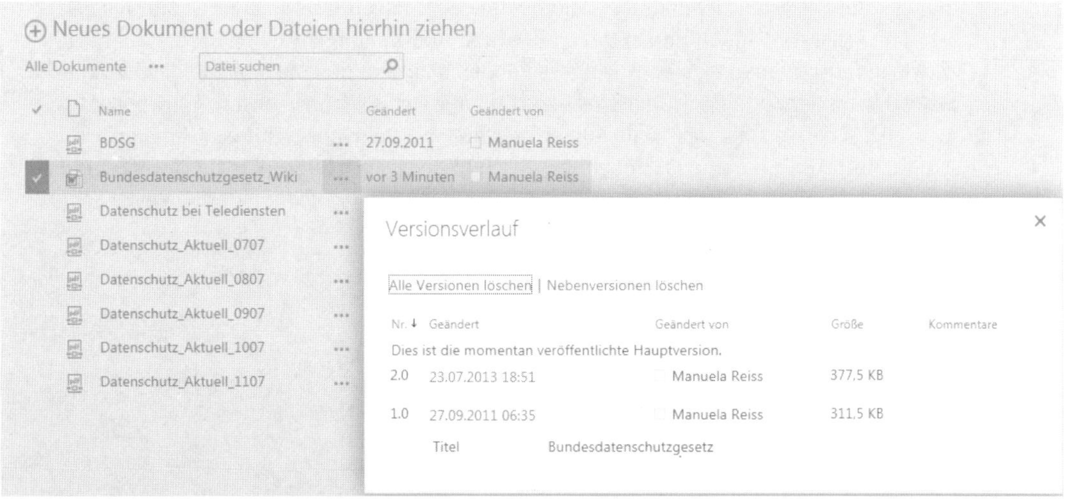

Bild 7.31 Vorhandene Versionen werden in der Versionshistorie angezeigt.

Abläufe mit Workflows automatisieren

Eine wichtige Funktion erfüllen Workflows. Ein Workflow ist hier als eine Abfolge fest definierter elektronischer Arbeitsabläufe definiert. Mit dem Einsatz von Workflows steht in einer SharePoint-Umgebung eine Möglichkeit zur Verfügung, bestimmte Arbeitsschritte automatisiert bzw. in elektronischer Form durchzuführen bzw. durchführen zu lassen. So kann man beispielsweise mit einem Workflow den Genehmigungs- oder Freigabeprozess für ein Dokument steuern.

Workflows werden auf Bibliotheksebene eingerichtet. Standardmäßig enthält SharePoint 2013 die folgenden Workflows:

- **Genehmigungsworkflow:** automatische Weiterleitung von Dokumenten oder Elementen, die genehmigt oder abgelehnt werden müssen,
- **Workflow zum Sammeln von Feedback:** automatische Weiterleitung von Dokumenten oder Elementen, für die Feedback erfasst werden soll,
- **Workflow für die Signaturerfassung:** automatische Weiterleitung von Dokumenten, Arbeitsmappen oder Formularen, die digital signiert werden sollen,
- **Workflow mit drei Status:** Verfolgen von Problemen, Projekten oder Aufgaben in drei Zuständen oder Phasen,
- **Workflow für die Veröffentlichungsgenehmigung:** automatische Weiterleitung von Dokumenten für Prüfung und Genehmigung.

Wenn der Autor eines Dokuments beispielsweise den Genehmigungsworkflow für ein Dokument startet, erstellt der Workflow Aufgaben zur Dokumentgenehmigung, weist diese den Workflow-Teilnehmern zu und sendet dann E-Mail-Benachrichtigungen an die Teilnehmer. Diese enthalten Anweisungen zur Aufgabe und eine Verknüpfung mit dem zu genehmigenden Dokument. Abhängig vom definierten Freigabeverfahren wird das Dokument in einem weiteren Schritt genehmigt und ist anschließend in der aktuellen Version für alle verfügbar. Bis zur Genehmigung bleibt das Dokument, abhängig von der Einstellung, beispielsweise nur für die Benutzer sichtbar, die Dokumente genehmigen dürfen. Dabei kann festgelegt werden, welche Personen im Freigabeprozess zu informieren sind. Der Besitzer des Workflows und die Teilnehmer des Workflows können während der Ausführung des Workflows jederzeit auf der Seite *Workflowstatus* überprüfen, welche Teilnehmer ihre Workflow-Aufgaben abgeschlossen haben. Wenn alle Workflow-Aufgaben abgeschlossen sind, wird der Workflow-Besitzer automatisch über den Abschluss benachrichtigt. Wichtig ist, dass hierbei in keinem Fall Dateien im Anhang verschickt werden, sondern lediglich Aufgabenbeschreibungen inklusive einem Link auf die entsprechende Dokumentenversion.

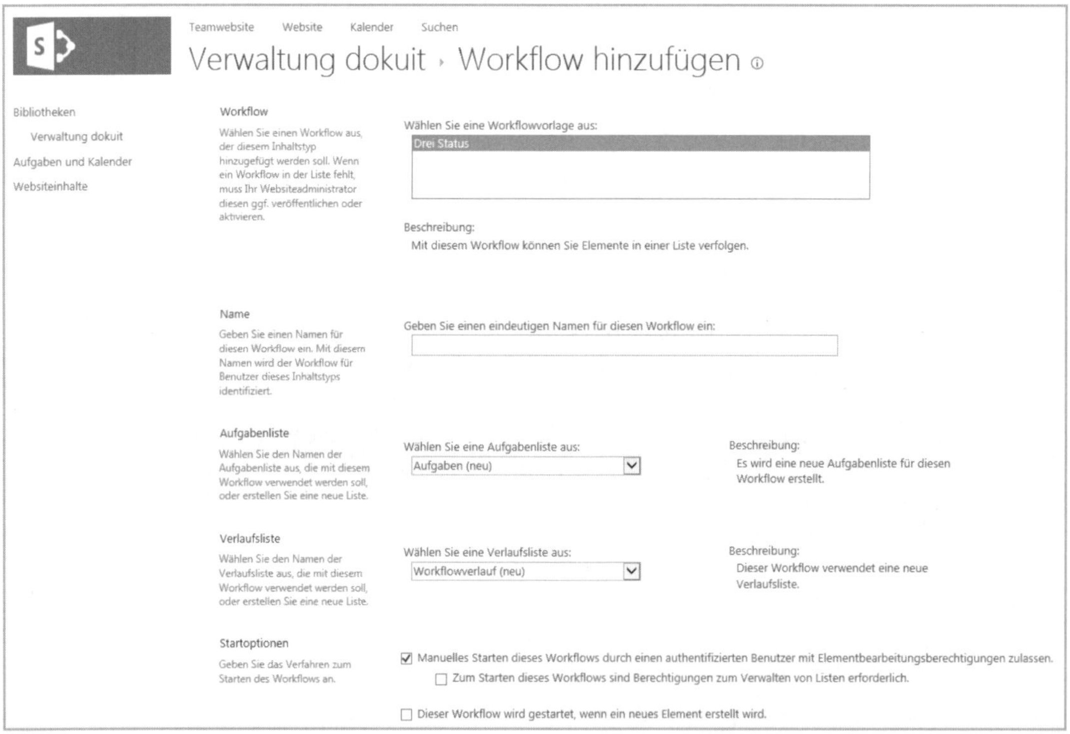

Bild 7.32 Vorhandene Versionen werden in der Versionshistorie angezeigt.

Wenn Sie einen integrierten Workflow flexibler gestalten möchten, können Sie ihn mit Tools wie SharePoint Designer 2013 weiter anpassen. Sie können auch völlig neue, eigene Workflows erstellen.

Gespeicherte Dokumente wiederfinden

In welchem Dokument habe ich nur die Funktion XYZ beschrieben? Diese Frage kennt jeder, der mit der Erstellung von Dokumenten zu tun hat. Im Firmenumfeld, wo Dateien (hoffentlich) nicht lokal, sondern in zentralen Dateiablagen, Postfächern, Datenbanken und öffentlichen Ordnern gespeichert werden, gestaltet sich die Beantwortung der Frage schon schwieriger.

Die Möglichkeit, Dokumente einfach und schnell wiederzufinden, gehört zu den wichtigsten Funktionen, die der Einsatz eines Dokumentenmanagementsystems bietet. Die in Share-Point Server 2013 integrierten Suchoptionen sind sehr vielfältig und umfangreich. Die Such-Engine entkoppelt die Inhalte von den Strukturen, in denen diese in SharePoint gespeichert sind, und stellt sie in einem zentralen Index bereit, katalogisiert und mit den beschreibenden Meta-Daten. Damit ermöglicht die in SharePoint integrierte Form der Suche den Aufbau einer unternehmensweiten »Suchzentrale«, die beispielsweise auch Datenbestände durchsucht, die nicht in SharePoint, sondern an anderer Stelle, beispielsweise im Netzwerk in der Dateifreigabe eines Servers, abgelegt sind.

Der Vorteil für die Anwender besteht darin, dass diese nichts tun müssen, um die Suchfunktionen nutzen zu können. Die Inhalte für die Suchergebnisse werden dynamisch generiert. Hierbei ermöglicht, neben den standardmäßig bekannten Crawl-Vorgängen VOLLSTÄNDIG und INKREMENTELL, die Option KONTINUIERLICH einen permanenten Crawl-Vorgang, um so die Suchergebnisse permanent aktuell zu halten. Eine derartige Echtzeitindizierung ermöglicht es, dass Dokumente oder Listen, die in SharePoint bearbeitet oder hochgeladen werden, unmittelbar anschließend im Suchindex verfügbar sind.

Die Suche innerhalb eines Index erfolgt grundsätzlich über alle Inhaltsquellen und mithilfe sämtlicher Crawl-Regeln, also innerhalb der gesamten Indexdatenbank. Tatsächlich angezeigt werden aber nur die Daten, auf die er im Rahmen der zugewiesenen Berechtigungen Zugriff hat. So wird sichergestellt, dass Unbefugte nicht auf Daten zugreifen können, zu denen sie in der SharePoint-Umgebung keine Berechtigung haben.

Die Ergebnisse der Suche werden dem Benutzer standardmäßig in einer Liste angezeigt, die er nach Autor, Ergebnistyp und Änderungsdatum sortieren bzw. filtern kann. Hilfreich bei der Auswahl ist die bei SharePoint 2013 neu hinzugekommene Vorschaufunktion.

Bild 7.33 Beispiel: Ergebnisanzeige einer Suche bei SharePoint 2013

8 Anhang

8.1 Abkürzungsverzeichnis

ALM	Application Lifecycle Management
APIPA	Automatic Private IP Addressing
AO	Abgabenordnung
AD	Active Directory
AktG	Aktiengesetz
AO	Abgabenordnung
ArbSchG	Arbeitsschutzgesetz
BaFin	Bundesanstalt für Finanzdienstleistungsaufsicht
BCM	Business Continuity Management
BCP	Business Continuity Plan
BDSG	Bundesdatenschutzgesetz
BfDI	Der Bundesbeauftragte für den Datenschutz und die Informationsfreiheit
BHB	Betriebshandbuch
BIA	Business-Impact-Analyse
BilMoG	Gesetz zur Modernisierung des Bilanzrechts (Bilanzrechtsmodernisierungsgesetz)
BITKOM	Bundesverband Informationswirtschaft, Telekommunikation und neue Medien e. V.
BPMN	Business Process Modeling Notation
BPMS	Business Process Management System
BSI	British Standards Institution
BSI	Bundesamt für Sicherheit in der Informationstechnik
BSIG	Gesetz über die Errichtung des Bundesamtes für Sicherheit in der Informationstechnik (BSI-Errichtungsgesetz)
CAB	Change Advisory Board
CAFM	Computer Aided Facility Management
CI	Configuration Item
CMDB	Configuration Management Data Base

CMMI	Capability Maturity Model Integration
CMS	Configuration Management System
COBIT	Control Objectives for Information and Related Technology
COSO	Committee of Sponsoring Organizations of the Treadway Commission
CR	Change Request
DHCP	Dynamic Host Configuration Protocol
DIIR	Deutsches Institut für Interne Revision e. V.
DIN	Deutsches Institut für Normung e. V.
DIKW	Data-Information-Knowledge-Wisdom
DLK	Dokumentationslandkarte
DLM	Document Lifecycle Management
DMS	Dokumentenmanagementsystem
DNS	Domain Name System
DSG	Bundesgesetz über den Schutz personenbezogener Daten (Österreich)
ECM	Enterprise Content Management
eEPK	Erweiterte ereignisgesteuerte Prozessketten
EN	Europäische Norm
EPK	Ereignisgesteuerte Prozessketten
ERP	Enterprise Resource Planning
FAIT	Fachausschuss Informationstechnologie des IDW
GDPdU	Grundsätze zum Datenzugriff und zur Prüfbarkeit digitaler Unterlagen (anwendbar für Veranlagungszeiträume VOR dem 31.12.2014)
GeBüV	Geschäftsbücherverordnung (Schweiz)
GefStoffV	Gefahrstoffverordnung
GmbHG	GmbH-Gesetz
GoB	Grundsätze ordnungsgemäßer Buchführung
GoBD	Grundsätze zur ordnungsmäßigen Führung und Aufbewahrung von Büchern, Aufzeichnungen und Unterlagen in elektronischer Form sowie zum Datenzugriff (Anwendbar für Veranlagungszeiträume NACH dem 31.12.2014)
GoBS	Grundsätze ordnungsgemäßer DV-gestützter Buchführungssysteme (Anwendbar für Veranlagungszeiträume VOR dem 31.12.2014)
GPM	Gesellschaft für Projektmanagement e. V.
GPO	Group Policy Object
GRC	Governance, Risk und Compliance
HGB	Handelsgesetzbuch
ICMP	International Control Message Protocol
IDW	Institut der Wirtschaftsprüfer in Deutschland e. V.
IEEE	Institute of Electrical and Electronics Engineers
IFAC	International Federation of Accountants
IIA	Institute of Internal Auditors

IKS	Internes Kontrollsystem
ISMS	Information Security Management System
ISA	International Standards on Auditing
ISAE	International Standard on Assurance Engagements
ISO	International Organization for Standardization
ITSG	IT-Sicherheitsgesetz
ITIL	Information Technology Infrastructure Library
ITSCM	IT Service Continuity Management
ITSM	IT Security Management
IuK	Informations- und Kommunikationstechnik
KonTraG	Gesetz zur Kontrolle und Transparenz im Unternehmensbereich
KSA	Kommunikationsstrukturanalyse
KVP	Kontinuierlicher Verbesserungsprozess
MaRisk	Mindestanforderungen an das Risikomanagement
MOF	Microsoft Operations Framework
MS	Microsoft
MSF	Microsoft Solutions Framework
NAS	Network Attached Storage
OGC	Office of Government Commerce
OLA	Operating Level Agreement
OR	Schweizerisches Obligationenrecht
OU	Organisational Unit (Organisationseinheit im Active Directory)
OWA	Outlook Web Access
PDA	Personal Digital Assistant
PDCA	Plan-Do-Check-Act (Deming-Kreis)
PKI	Public Key Infrastructure
PM	Project Management
PMI	Project Management Institute
PMBOK	Project Management Body of Knowledge
PRINCE2	PRrojects IN Controlled Environments
ProdSG	Produktsicherheitsgesetz
PS	Prüfungsstandard
QM	Qualitätsmanagement
RACI	Responsible, Accountable, Consulted und Informed
RASCI	Responsible, Accountable, Supportive, Consulted und Informed
RC	Release Candidate
RFC	Request For Change
SAN	Storage Area Network
SKMS	Service Knowledge Management System

SLA	Service Level Agreement
SNMP	Simple Network Management Protocol
SOPs	Standard Operating Procedures
SOX	Sarbanes-Oxley Act
TDG	Teledienstgesetz
TDDSG	Teledienstdatenschutzgesetz
tekom	Fachverband für Technische Kommunikation und Informationsentwicklung
TK	Telekommunikation
TMG	Telemediengesetz
TÜVIT	TÜV Informationstechnik GmbH
UGB	Unternehmensgesetzbuch (Österreich)
UML	Unified Modeling Language
UMRA	Umsetzungsrahmenwerk zum Notfallmanagement nach BSI-Standard 100-4
VBA	Visual BASIC for Applications
VDSG	Verordnung zum Bundesgesetz über den Datenschutz (Schweiz)
VOI	Verband Organisations- und Informationssysteme e. V.
VoIP	Voice over IP
VPN	Virtual Private Network
WAN	Wide Area Network
WfMC	Workflow Management Coalition
WORM	Write-Once, Read-Many
WSS	Windows SharePoint Services
XML	Extensible Markup Language
ZGB	Zivilgesetzbuch (Schweiz)

8.2 Glossar

Wie im Buch ausgeführt wurde, dient ein Glossar der Erläuterung der im betreffenden Dokument bzw. Buch verwendeten Fachbegriffe. Entsprechend liefert das nachstehende Glossar keine Auflistung und Erläuterung allgemeingültiger Begriffe, sondern beschreibt definitionswürdige Begriffe bzw. die Verwendung von Begriffen im Buch, die in der Praxis mehrdeutig verwendet werden.

itdoku-kompakt-Glossar

Die nachstehenden Begriffe dienen dem Verständnis der Beiträge im Buch und stellen eine Auswahl der wichtigsten Begriffe dar. Ein erweitertes Glossar finden Sie auf unserem Blog unter http://www.itdoku-kompakt.de. Ziel dieses Glossars ist es, einen Vorschlag zur Vereinheitlichung von Begriffsinhalten im IT-Dokumentationsumfeld zu machen und einen Wegweiser durch den Begriffsdschungel zur Verfügung zu stellen. Wir werden dieses Glossar regelmäßig erweitern und freuen uns dazu auf Vorschläge und Anregungen. ■

Allgemeine Begriffsdefinitionen finden Sie außerdem auf der Website des BSI (Glossar) sowie im ITIL®-Glossar, das u. a. auf der Website des itSMF (itSMF) auch in einer deutschen Übersetzung verfügbar ist. Darüber hinaus bietet auch der Duden für Informatik eine gute Quelle für die Definition allgemeingültiger Begriffe (Duden, 1993). Und für die Definition von Begriffen aus dem Projektumfeld sei an dieser Stelle nochmals auf den Teil *Begriffe* der Projektmanagementnorm 69901 (472, 2009) verwiesen.

Aktivität	Der Begriff wird im deutschen Sprachgebrauch unterschiedlich verwendet. In Prozessen bzw. in Verfahren bildet eine Aktivität die kleinste Ausführungseinheit und ist dadurch gekennzeichnet, dass die Verantwortung für diese nicht unterteilbar ist. Die Durchführung von Aktivitäten sollte durch Arbeitsanweisungen bzw. Arbeitsanleitungen unterstützt werden.
Änderungsanforderung	Eine Änderungsanforderung beschreibt einen standardisierten Antrag zur Durchführung einer Änderung im Rahmen des betrieblichen Änderungsmanagements bzw. im Rahmen von Projekten. Der Antrag muss alle Informationen enthalten, die zur Genehmigung der beantragten Änderung erforderlich sind.
Änderungsmanagement	Das Änderungsmanagement hat die Aufgabe, strategische, taktische und operative Änderungen ganzheitlich zu planen, zu autorisieren, zu koordinieren und eine unterbrechungsfreie Einführung in die Produktion sicherzustellen. Es steuert alle Veränderungen an vorhandenen IT-Komponenten, das Hinzufügen neuer Komponenten sowie deren Außerbetriebnahme. Ziel ist, dass Änderungen an Systemen oder Prozessen kontrolliert und dokumentiert erfolgen. Die DIN 69901-5 zählt zu den Aufgaben des Änderungsmanagements die »Erfassung, Bewertung, Entscheidung, Dokumentation und Steuerung der Umsetzung von Änderungen«. Abzugrenzen hiervon ist das Veränderungsmanagement.
Arbeitsanleitungen	Arbeitsanleitungen beschreiben detailliert die einzelnen Aktivitäten eines Prozesses bzw. eines Verfahrens. Hierbei kann es sich u. a. um textliche Beschreibungen, Checklisten, Mustervorlagen, Formulare und Fragenkataloge handeln. Sie sind an einen Prozess bzw. ein Verfahren gebunden, regeln tätigkeitsbezogene Abläufe und zielen auf eine einheitliche und standardisierte Erfüllung der Aufgaben. Im Gegensatz zu Arbeitsanweisungen sind Arbeitsanleitungen nicht verbindlich, sondern stellen unverbindliche Arbeitshilfen dar, die nicht zwingend einzuhalten sind. Siehe auch Arbeitsanweisungen.

Arbeitsanweisungen	Arbeitsanweisungen beschreiben detailliert die einzelnen Aktivitäten eines Prozesses bzw. eines Verfahrens. Hierbei kann es sich u. a. um textliche Beschreibungen, Checklisten, Mustervorlagen, Formulare und Fragenkataloge handeln. Sie sind an einen Prozess bzw. ein Verfahren gebunden, regeln tätigkeitsbezogene Abläufe und zielen auf eine einheitliche und standardisierte Erfüllung der Aufgaben. Im Gegensatz zu den Arbeitsanleitungen haben Arbeitsanweisungen verbindlichen Charakter. Sie sollten daher von einer autorisierten Stelle freigegeben werden. Der englische Begriff *Work Instructions* wird sehr häufig sowohl für Arbeitsanweisungen, als auch für Arbeitsanleitungen verwendet.
Aufzeichnungen	Aufzeichnungen stellen als Nachweisdokumente einen speziellen Dokumententyp dar. Sie entstehen im Rahmen der Serviceerbringung und beschreiben erreichte Ergebnisse. Sie dienen der Nachweispflicht für eine ordnungsgemäße Geschäftsführung und der Einhaltung von Anforderungen. Da Aufzeichnungen per Definition nach deren Erstellung nicht verändert werden, gibt es für diese keine Revisionsstände. Typischerweise zählen Systemprotokolle, Auswertungen (Reports, Analysen, Statistiken), Protokolle (Testprotokolle, Abnahmeprotokolle u.a.), ausgefüllte Formulare und Checklisten zu den Aufzeichnungen.
Berechtigungskonzept	Das Berechtigungskonzept beschreibt, welche Zugriffsregeln für einzelne Benutzer oder Benutzergruppen für IT-Systeme bzw. Daten gelten. Außerdem enthält es Regelungen, wie Benutzerrechte vergeben werden und wie die Einhaltung der Regelungen sichergestellt wird. Es beschreibt jedoch nicht die eigentlichen Berechtigungen.
Berechtigungsmatrix	Eine Berechtigungsmatrix ist eine tabellarische Zuordnung von Berechtigungen zu Benutzern bzw. Gruppen. Berechtigte können einzelne Benutzer (Einzelberechtigung) bzw. bestimmte Benutzergruppen sein (Gruppenberechtigung). Die Spalten entsprechen dabei meist dem Berechtigungsobjekt (Dateien, Programme, ...), die Zeilen den Benutzern bzw. Gruppen.
Betriebshandbuch	Betriebshandbücher beschreiben »Wer, Was, Wann, Wie, Wie oft« tun muss, um den operativen IT-Betrieb einschließlich der erforderlichen Kontroll- und Wartungsarbeiten sicherzustellen, d. h. die operativen Tätigkeiten. Ob Betriebshandbücher für einzelne Anwendungen oder alternativ für Aufgabenbereiche wie beispielsweise Netzwerkmanagement, Serverbetrieb, Datenbankverwaltung gesonderte Betriebshandbücher gepflegt werden, muss unternehmensspezifisch betrachtet werden.
Betriebsmatrix	Eine Betriebsmatrix ermöglicht die eindeutige Zuordnung von Personen und Rollen und hilft dabei, Doppelbesetzungen, unklare Zuständigkeiten und Überschneidungen zu verhindern. Dabei kann eine Person mehrere Rollen besetzen; es kann aber auch eine Rolle durch mehrere Personen besetzt werden.
Datensicherheit	In der betrieblichen Datenverarbeitung beschreibt Datensicherheit alle technischen und organisatorischen Maßnahmen zum Schutz von Daten vor Verfälschung (Integrität), Zerstörung (Verfügbarkeit) und unzulässiger Weitergabe (Vertraulichkeit).

Datenschutz	Datenschutz ist ein Sammelbegriff für die verschiedenen Rechtsnormen zum Schutz der Privatsphäre von Individuen vor unberechtigten Zugriffen. Ziel ist der Schutz des Einzelnen vor Beeinträchtigungen seines Rechts auf informationelle Selbstbestimmung, kraft dessen jeder Bürger grundsätzlich selbst über die Preisgabe und Verwendung seiner personenbezogenen Daten bestimmen darf. Datenschutz ist nicht zu verwechseln mit *Datensicherheit*.
Dokument	Ein Dokument ist eine Zusammenfassung von Informationen auf einem Trägermedium (Papier, sonstige Speicherung), das als Gesamtheit identifizierbar und zugänglich ist. Mit Ausnahme des speziellen Dokumententyps *Aufzeichnungen* sind Dokumente veränderbar und können in verschiedenen Revisionsständen existieren.
Dokumentation	Zusammenstellung und Nutzbarmachung von Dokumenten zu einem definierten Sachverhalt.
Dokumentations-management	Das Dokumentationsmanagement steuert und koordiniert alle Aufgaben in Bezug auf die Dokumentation. Es bildet damit die Summe aller Aktivitäten und Funktionen zur Erstellung und Verwaltung von Dokumenten, die gewährleisten, dass alle erforderlichen Informationen aktuell, vollständig und in ausreichender Qualität verfügbar sind. Das Dokumentationsmanagement ist vom Dokumentenmanagement zu unterscheiden.
Dokumentations-richtlinie	Die Dokumentationsrichtlinie dient der Sicherstellung der Qualität der Dokumentation. Hierzu macht sie Vorgaben für eine einheitliche und übergreifende Kennzeichnung und Strukturierung der Informationen und legt die Mindestanforderungen an Inhalt und Umfang der Dokumente fest. Ggf. ist eine Unterscheidung in eine *Dokumentationsrichtlinie* (eManagementebene) und *Dokumentationskonzept* (operative Ebene) sinnvoll.
Dokumentenklasse	Dokumentenklassen dienen der Unterscheidung von Dokumenten nach definierten Kriterien (Compliance-Anforderungen, organisatorisch u.a.). IT-Systembetrieb, Systementwicklung und IT-Management beispielsweise sind typische Dokumentenklassen aus organisatorischer Sicht. Dokumentenklassen können in Unterklassen unterteilt werden. Einer Dokumentenklasse können verschiedene Dokumententypen zugeordnet werden. So kann es beispielsweise in jeder Dokumentenklasse Dokumente vom Typ *Richtlinie* geben.
Dokumenten-management	Dokumentenmanagement beschreibt die meist datenbankgestützte Verwaltung von Dokumenten. Im Fokus stehen die operativen Aktivitäten im Rahmen des Dokumenten-Lifecycle. In Abgrenzung zum Dokumentationsmanagement werden hier übergeordnete Steuerungs- und Kontrollfunktionen durch das Management nicht betrachtet.
Dokumententyp	Ein Dokumententyp beschreibt eine Gruppe von Dokumenten mit gleichartigen Eigenschaften (Attribute). Die Zuordnung zu einem Dokumententyp definiert ein Dokument im Hinblick auf seinen Informationsinhalt, seine Anforderungen an die Dokumentenlenkung und die Darstellungsform. Die Einordnung kann generell oder sehr spezifisch erfolgen. Typische allgemeingültige Dokumententypen sind u. a. Richtliniendokumente, Prozessbeschreibungen, Installationshandbücher,

	Konzepte und Verträge. Die Klassifizierung kann bis zu einem konkreten Dokumententyp z. B. Anwendungsbetriebshandbücher, verfeinert werden und ist dann durch einen gleichen inhaltlichen Aufbau gekennzeichnet.
Dokumentierte Informationen	Der Begriff der dokumentierten Informationen wurde von der International Organization for Standardization (ISO) 2012 mit den ISO-IEC Directives Part 1 zur Entwicklung von ISO-Normen eingeführt. Er beschreibt aus Sicht der jeweiligen Managementnorm die vom Unternehmen einschließlich der eingesetzten Medien zu lenkenden und nachzuweisenden (aufrechtzuerhaltenden) Informationen.
Entscheidungsvorlage	Entscheidungsvorlagen stellen den Entscheidungsträgern alle notwendigen Informationen zur Entscheidungsfindung bereit. Hierzu muss eine Entscheidungsvorlage die Alternativen und entscheidungsrelevante Sachverhalte darstellen. Außerdem sollte sie eine Empfehlung hinsichtlich der zu treffenden Entscheidung beinhalten.
Geschäftsfortführungsplan	Der Hauptzweck der Geschäftsfortführungspläne besteht darin, dass wichtige Geschäftsprozesse selbst in kritischen Situationen und in Notfällen nicht oder nur temporär unterbrochen werden. Hierzu müssen die Geschäftsfortführungspläne für verschiedene Szenarien (alternative) Vorgehensweisen beschreiben, mit deren Hilfe die kritischen Geschäftsprozesse im Notbetrieb fortgesetzt werden können. Die Anforderungen an den Notbetrieb sind im *Rahmen der Business Impact Analyse (BIA)* zu ermitteln.
GRC-Management	GRC steht für Governance-, Risk- und Compliance-Management und beschreibt die drei wichtigsten Handlungsebenen eines Unternehmens. IT-GRC dient dazu die IT transparent und damit steuerbar zu machen, Risiken zu identifizieren und zu behandeln und sicherzustellen, dass die IT sich konform (compliant) zu externen Regelwerken, insbesondere Gesetzen verhält. Für diese Bereiche müssen Maßnahmen, Prozesse und Kontrollen implementiert und nachvollziehbar dokumentiert werden. Die GRC-Dokumentation umfasst die für die Umsetzung erforderlichen Dokumente.
IT-Betriebsdokumentation	Die IT-Betriebsdokumentation umfasst alle für die IT-Serviceerbringung erforderlichen Dokumente. Dies schließt die Dokumentation für den operativen IT-Systembetrieb, die IT-Prozessdokumentation sowie die Dokumentation für das IT-Servicemanagement ein.
IT-Compliance	Die Aufgabe von Compliance ist es, sicherzustellen, dass Gesetze und Richtlinien, aber auch freiwillige Kodizes eingehalten werden (Regelkonformität). Die Bereiche IT-Compliance und IT-Risikomanagement sind eng mit der IT-Governance verbunden (siehe GRC-Management). IT-Compliance-Management sorgt hierbei für die Einhaltung aller internen und externen Vorgaben im Kontext der IT.
IT-Dokumentation	Eine Dokumentation ist eine Zusammenstellung von Dokumenten zu einem definierten Sachverhalt in beliebiger Art und auf jeglichem Medium. Dies schließt auch die damit verbundenen Tätigkeiten ein. Dementsprechend umfasst die IT-Dokumentation alle Dokumente, die für den Sachverhalt »IT« erstellt werden, einschließlich der damit verbundenen Dokumentationsaufgaben. Wesentliche Bestandteile der

	IT-Dokumentation sind die IT-Betriebsdokumentation, die IT-Projektdokumentation und die IT-Notfalldokumentation.
IT-Konzept	Das IT-Konzept ist ein Instrument des IT-Managements. Das IT-Management ist zuständig für die Steuerung der IT. Das IT-Konzept dient als strategisches Dokument zur Umsetzung der IT-Governance-Richtlinie. Hierzu beschreibt es die Rahmenbedingungen für das IT-Management und zeigt den Umfang und die Richtung zukünftigen Handelns sowie Methoden zum Erreichen der in der Governance-Richtlinie definierten Ziele auf. Dabei beinhaltet ein solches Dokument nur grundsätzliche Regelungen, ohne konkrete Handlungsanweisungen.
IT-Service	In Anlehnung an die Definition des IT Service Management Forum (itSMF) ist ein IT-Service ein Mittel zur Generierung von Nutzen für den Kunden, das vereinbarte Ergebnisse liefert. Ein IT-Service wird von einem IT-Dienstleister (engl. IT-Service Provider) für einen oder mehrere Kunden bereitgestellt und basiert auf dem Einsatz von Informationstechnologie und besteht aus einer Kombination von Funktionen, Prozessen und Technologien.
IT-Service Continuity Management	Vorrangige Aufgabe des IT-SCM ist die Unterstützung des übergeordneten Business Continuity Management (BCM), indem sichergestellt wird, dass jederzeit das definierte Mindestmaß an IT-Services zur Verfügung steht. Zudem gilt es Maßnahmen zu planen, so dass die IT-Services zur Unterstützung der Geschäftsprozesse nach einer Katastrophe in der vorgegebenen Zeit wiederhergestellt werden können.
IT-Servicekatalog	Der IT-Servicekatalog stellt das Leistungsverzeichnis der IT-Organisation dar und ist das zentrale Instrument im IT-Service-Management. Es handelt sich hierbei um ein strukturiertes Verzeichnis sämtlicher Services und Leistungskomponenten (externe Sicht). Die interne Sicht umfasst die Dokumentation zur Ablaufsteuerung der IT-Services.
IT-Service-management	IT-Servicemanagement (ITSM) bezeichnet die Gesamtheit von Maßnahmen und Methoden zur Entwicklung, Bereitstellung und Erbringung von IT-Services. Die IT-Servicemanagement-Dokumentation umfasst die für die Umsetzung von IT-Servicemanagement erforderlichen Dokumente.
IT-Sicherheits-handbuch	Das im österreichischen Sprachgebrauch zu findende IT-Sicherheitshandbuch entspricht inhaltlich weitgehend dem Sicherheitskonzept. Es beinhaltet in Teil 1 konkrete Anleitungen zur Etablierung eines umfassenden und kontinuierlichen IT-Sicherheitsprozesses und beschreibt in Teil 2 grundsätzliche Maßnahmen auf organisatorischer, personeller, infrastruktureller und technischer Ebene.
IT-Sicherheits-konzept	Das IT-Sicherheitskonzept beschreibt detaillierte Sicherheitsmaßnahmen und Handlungsanweisungen zum Umgang mit IT-Sicherheit.
IT-Systembetrieb	Der IT-Systembetrieb umfasst den Betrieb der zentralen IT-Komponenten. Dazugehören u.a. der Betrieb der Serversysteme, die Datensicherung, das Datenbank- und Netzwerkmanagement sowie die Betreuung der verschiedenen Applikationen. Im Gegensatz zum IT-Systembetrieb ist das IT-Servicemanagement primär anwenderorientiert organisiert.

IT-Systembetriebs-dokumentation	Die Dokumentation umfasst alle für den operativen Systembetrieb erforderlichen Dokumente. Es handelt sich hierbei um eine modular aufgebaute Dokumentation, die u. a. alle Dokumente zu dessen Durchführung sowie zu Wartung und Fehlerbehebung umfasst. Neben den aufgabenorientierten *Betriebshandbüchern* ist hier auch die Dokumentation der Systeme (*Systemakten*) einzuordnen, die neben der Dokumentation der eingesetzten Hardware- und Softwaresysteme sowie der IT-Infrastruktur auch eine Dokumentation der Durchführung des IT-Betriebs inkl. Wartung und Fehlerbehebung umfasst.
Konzept	Gemäß Duden ist ein Konzept ein erster Entwurf bzw. die erste Fassung einer Rede oder eines Schriftstücks. Wikipedia erweitert diese Definition um die Begriffe Plan und Programm für ein Vorhaben. Konzepte haben also grundsätzlich planerischen und strategischen Charakter. Im Rahmen der IT-Dokumentation ist ein Konzept zum einen definiert als ein Dokument, das auf der Grundlage der Ausgangssituation und einer Anforderungsanalyse eine technisch zu realisierende Lösung für eine definierte Aufgabe liefert und planerischen Charakter hat. Zum anderen handelt es sich um Dokumente, die technische und/oder organisatorische Maßnahmen beschreiben und vielfach der Umsetzung einer Richtlinie dienen, etwa zum Thema IT-Sicherheit (hier beschreibt das Sicherheitskonzept konkrete Maßnahmen zur Umsetzung der Sicherheitsrichtlinie). Konzepte grenzen sich damit von Richtlinien ab, die allgemeine Anforderungen aus Sicht des Managements für Aufgaben, Abläufe und technische Sachverhalte formulieren.
Mitgeltende Dokumente	Bei den mitgeltenden Dokumenten handelt es sich um Dokumente, die Aussagen/Regelungen enthalten, die für das betrachtete Dokument Gültigkeit besitzen, aber im Dokument nicht näher ausgeführt werden. Typischerweise sind Rahmendokumente wie beispielsweise Leitlinien oder Richtlinien mitgeltende Dokumente.
Notfall-dokumentation	Das unternehmensweite Notfallmanagement beinhaltet alle Aufgaben der Notfallvorsorge und der Notfallbewältigung und das IT-Notfallmanagement ist ein Teil davon. Die IT-Notfalldokumentation muss daher Teil einer übergeordneten Notfalldokumentation sein. Als solche muss sie vor allem sicherstellen, dass die kritischen IT-Services auch in Notfällen im definierten Umfang verfügbar sind.
Notfallmanagement-leitlinie	Aufgrund der Bedeutung und der weitreichenden Konsequenzen der zu treffenden Entscheidungen muss der Notfallmanagementprozess von der obersten Leitungsebene initiiert, gesteuert und kontrolliert werden. Die Notfallmanagementleitlinie dokumentiert die Verpflichtung der Leitungsebene zur aktiven Unterstützung des Notfallmanagements. Sie definiert den Geltungsbereich und den Stellenwert des Notfallmanagements sowie grundsätzliche Regelungen zur Notfallorganisation.
Notfallhandbuch	Das Notfallhandbuch umfasst die Gesamtheit aller für die Notfallbewältigung erforderlichen Informationen mit Beschreibungen aller erforderlichen Maßnahmen und liegt in der Verantwortung des unter-

	nehmensweiten Notfallmanagements. Es wird durch Geschäftsfortführungspläne, Wiederanlaufpläne und Wiederherstellungspläne ergänzt. Inwieweit die Erstellung und Pflege eines gesonderten IT-Notfallhandbuchs sinnvoll ist, muss unternehmensspezifisch betrachtet werden. Ziel ist, dass der IT-Betrieb nach Notfällen aufrechterhalten werden kann bzw. die Services zur Unterstützung der Geschäftsprozesse in der definierten Zeit wiederhergestellt werden können.
Notfallplan	Abhängig von der Struktur der Notfalldokumentation kann es sinnvoll sein, alle Notfalldokumente für ein Schadensereignis zu einem Notfallplan zusammenzufassen. Dies schließt neben dem Geschäftsfortführungsplan und dem Wiederherstellungsplan auch beispielsweise die ereignisspezifischen Alarmierungspläne ein. Insofern handelt es sich bei einem Notfallplan nicht um ein eigenständiges Dokument, sondern um die Zusammenführung von Inhalten aus den genannten Dokumenten.
Notfallvorsorgekonzept	Das Notfallvorsorgekonzept ist das zentrale Dokument für die Notfallvorsorge und beschreibt die Strategien und Vorgaben für alle Aktivitäten der Notfallvorsorge. Alle Maßnahmen und Tätigkeiten, die hingegen zur eigentlichen Bewältigung eines Notfalls beitragen, sind im Notfallhandbuch zu beschreiben.
Projektdokumentation	Bei einem IT-Projekt handelt es sich gemäß DIN 69901 um ein zielgerichtetes, zeitlich, personell und sachlich abgegrenztes IT-Vorhaben. Das Projekt hat die Erweiterung bzw. eine Änderung von Systemen oder Verfahren des IT-Betriebs zur Aufgabe. Die IT-Projektdokumentation beinhaltet alle Dokumente, die im Rahmen von IT-Projekten erstellt werden.
Projektakte	Die Projektakte bezeichnet die Zusammenstellung aller auf ein Projekt bezogenen Dokumente bzw. alle im Rahmen eines Projekts erstellten Dokumente. Hierbei kann es sich sowohl um Dokumente des Projektmanagements als auch um Projektergebnisdokumente handeln.
Projektergebnisdokumente	Projektergebnisdokumente sind alle Dokumente, die im Rahmen eines Projekts während der verschiedenen Projektphasen erstellt werden und die nicht den Projektmanagementdokumenten zuzuordnen sind. Konzepte zur Umsetzung einer technischen Lösung sind typische Ergebnisse in IT-Projekten, ebenso die an den Betrieb zu übergebende Betriebsdokumentation.
Prozess	Gemäß ISO 9000:2005 ist ein Prozess »ein Satz von in Wechselbeziehung oder in Wechselwirkung stehenden Tätigkeiten, der Eingaben in Ergebnisse umwandelt«. Mit Blick auf die Dokumentation beschreibt ein Prozess eine Kette aufeinander aufbauender definierter und dokumentierter Aktivitäten mit einem definierten Anfang, einem beschriebenen Ablauf und einem definierten Ende. Die einzelnen Aktivitäten sind dabei voneinander abhängig. Im Gegensatz zu den operativen Tätigkeiten beschreiben Prozesse die operative Ebene nicht detailliert. Im Fokus stehen vielmehr betriebswirtschaftliche Faktoren wie Kosten und Erlöse. Kennzahlen sind daher eine wichtige Prozesseigenschaft. Die Dokumentation von Prozessen erfolgt in Form von Prozessbeschreibungen.

Prozess-beschreibung	Eine Prozessbeschreibung definiert die Dokumentation eines einzelnen Prozesses und enthält detaillierte Regelungen für diesen Prozess. Sie stellt den Prozessablauf (meist grafisch in Form von Ablaufbeschreibungen) strukturiert dar und beschreibt die Aktivitäten, die zur Umwandlung einer Eingabe in ein Ergebnis notwendig sind. Die Prozessbeschreibung kann in einem einzigen Dokument zusammengefasst sein, aber auch aus mehreren Einzeldokumenten bestehen. Ergänzt werden Prozessbeschreibungen durch Arbeitsanleitungen und Arbeitsanweisungen.
Prozessergebnis-dokumente	Alle Dokumente, die während der Prozessausführung erstellt werden. Output-Dokumente einer Aktivität können während der Prozessausführung ein Input-Dokument für eine weitere Aktivität sein.
Prozesslandkarte	In einer Prozesslandkarte werden (in der Regel auf Unternehmensebene) alle wesentlichen Prozesse und deren logischer Zusammenhang sowie das Zusammenwirken der einzelnen Teilprozesse dargestellt.
Prozessorientierung	Bei einer prozessorientierten Vorgehensweise werden Aufgaben nicht mehr allein innerhalb einer Organisationseinheit verantwortet. Sie werden stattdessen organisationsübergreifend anhand von in Prozessen beschriebenen Tätigkeiten bearbeitet und über Rollendefinitionen den Ressourcen aus den Organisationsbereichen zugeordnet.
Prozesssteckbrief	Der Prozesssteckbrief enthält alle wichtigen Daten und Rahmenbedingungen eines Prozesses und liefert (meist in tabellarischer Form) einen schnellen Überblick über alle wichtigen Prozessmerkmale.
Rahmendokumente	Rahmendokumente für die IT sind Dokumente mit allgemeinen Vorgaben und Normierungen für den IT-Bereich. Hierbei kann es sich um allgemeingültige unternehmensweite Vorgaben (Richtlinien, Leitlinien, Normen u. a.) handeln, sie können aber auch in der Verantwortung der IT-Organisation liegen. Sie haben Gültigkeit für alle Bereiche der IT bzw. der IT-Dokumentation und stellen somit eine Klammer für diese dar.
Review	Ein Review beschreibt die Begutachtung eines Dokuments, das der Beurteilung und Qualitätssicherung dient.
Richtlinien	Der Begriff Richtlinie wird sowohl im technischen als auch im rechtlichen Umfeld verwendet. In einer Richtlinie werden allgemeine Anforderungen aus Sicht des Managements für Aufgaben, Abläufe und technische Sachverhalte formuliert. Die Umsetzung erfolgt in Konzepten oder Verfahrensanweisungen. Richtlinien haben häufig einen verbindlichen Charakter. Ob und für wen eine Richtlinie verbindlich ist, ist abhängig von der Befugnis und Anerkennung des Herausgebers der Richtlinie sowie von der Art und dem Umfang der für die jeweilige Zielgruppe geltenden Verbindlichkeit und kann nur im Einzelfall beurteilt werden.
Risikohandbuch	Das unternehmensweite Risikohandbuch bildet die Grundlage eines unternehmensweiten Risikomanagements. Es stellt organisatorische Maßnahmen und Regelungen dar, die zur Risikoerkennung, -quantifizierung, -kommunikation, -steuerung und -kontrolle zu beachten sind. Die IT-Service-gefährdenden Risiken können in einem gesonderten IT-Risikohandbuch im Rahmen der IT-Dokumentation dokumentiert werden.

Sicherheitsleitlinie	Die Sicherheitsleitlinie schreibt die zentralen Grundsätze zum Umgang mit Informationssicherheit im Unternehmen fest. Sie definiert die Sicherheitsziele und die Grundsätze für den Umgang mit Informationen sowie die Verantwortungsbereiche für die Informationssicherheit.
System	Gemäß Duden ist ein System eine Zusammenfassung mehrerer Komponenten zu einer als Ganzes aufzufassenden Einheit. Die Komponenten können von gleicher Art (homogene Systeme, z. B. Programme) oder sehr unterschiedlich sein (z. B. die Zusammenfassung von Hardware- und Software zu einem System). Ein System löst oder bearbeitet in der Regel ein definiertes Bündel von Aufgaben. Aus Sicht der IT-Dokumentation ist also ein Clientrechner- bzw. ein Server ebenso als System zu betrachten und zu dokumentieren wie die Virtualisierungsumgebung, Active Directory oder die Storage-Umgebung.
Systemakte	Systemakten sind Teil der IT-Betriebsdokumentation und beschreiben (häufig automatisiert) die Komponenten eines Systems sowie deren Konfiguration und damit das »WAS«. Hierzu zählen neben Systemspezifikationen auch Informationen zu Garantieleistungen, Wartungsverträge, Lizenzen und Ähnliches. Dies erfordert einen modularen Aufbau, was durch den Begriff Systemakte verdeutlicht wird. Wie, wann und was mit dem System zu tun ist, wird hingegen sinnvollerweise in Betriebshandbüchern dokumentiert.
System-dokumentation	Die Systemdokumentation ist Teil der IT-Systembetriebsdokumentation und besteht u. a. aus den einzelnen Systemakten der eingesetzten Hardware- und Softwaresysteme sowie der Netzwerk- und Infrastrukturkomponenten und stellt hierfür einen Sammelbegriff dar. Sie sollte soweit wie möglich automatisiert (mit Hilfe von Inventarisierungstools) erfolgen.
Technische Dokumentation	Die Technische Dokumentation beschreibt die Zusammenfassung der Dokumentation zu einem Produkt und umfasst verschiedene Dokumente mit produktbezogenen Daten und Informationen, die für verschiedene Zwecke verwendet und gespeichert werden.
Testdokumentation	Tests sind ein unverzichtbares Element der Qualitätssicherung nicht nur in einem Projekt. Die Testdokumentation beinhaltet alle Dokumente und Aufzeichnungen, die im Rahmen der Qualitätssicherung bzw. zur Abnahme der entwickelten IT-Lösung benötigt bzw. erstellt werden.
Veränderungs-management	In der Betriebswirtschaftslehre beschreibt das Veränderungsmanagement eine eigenständige Disziplin zur Umsetzung weitreichender (geplanter) Veränderungen in Organisationen. Es grenzt sich vom Änderungsmanagement ab, das das Vorgehen bei konkreten Änderungen beschreibt. Zu beachten ist, dass der englische Begriff Change-Management sehr häufig für beides verwendet wird, was zu Missverständnissen führen kann.
Verfahren	Ein Verfahren ist ein zusammenhängend ablaufender Teil eines Prozesses, bei dem die operative Sicht im Vordergrund steht. Verfahren stellen operative Detailansichten eines Prozesses dar. Sie können, müssen jedoch nicht IT-unterstützt durchgeführt werden.

	Zusätzlich wird der Begriff im datenschutzrechtlichen Zusammenhang verwendet und bezeichnet hier Vorgänge, in denen personenbezogene Daten verarbeitet oder genutzt werden. Ein Beispiel für ein Verfahren ist die automatisierte Zeiterfassung.
Verfahrensbeschreibung	Verfahrensbeschreibungen definieren, wie ein Prozess operativ auszuführen ist. Im Gegensatz dazu stellen *Prozessbeschreibungen* den Prozessablauf strukturiert dar und beschreiben die Aktivitäten, die zur Umwandlung einer Eingabe in ein Ergebnis notwendig sind.
Verfahrensdokumentation	Die Verfahrensdokumentation nach GoBD (Grundsätze zur ordnungsmäßigen Führung und Aufbewahrung von Büchern, Aufzeichnungen und Unterlagen in elektronischer Form sowie zum Datenzugriff) dient zum Nachweis, dass die Anforderungen des Handelsgesetzbuchs (HGB), der Abgabenordnung für die Aufbewahrung von Daten und Belegen erfüllt sind. Auch für bestimmte Branchen gibt es, unabhängig von den HGB-Anforderungen, Vorgaben zur Erstellung von Verfahrensdokumentationen, so zum Beispiel für die Pharmaindustrie. Zusätzlich wird der Begriff im datenschutz-rechtlichen Zusammenhang verwendet.
Verfahrensverzeichnis (datenschutzrechtlich)	Das Bundesdatenschutzgesetz (BDSG) definiert verbindlich für alle Unternehmen, die der gesetzlichen Meldepflicht unterliegen, klare Anforderungen an die Dokumentation bezüglich der Einhaltung des Datenschutzes und der Datensicherheit eines Verfahrens, in dem personenbezogene Daten verarbeitet oder genutzt werden. Datenschutzrechtliche Verfahren werden im unternehmensweiten Verfahrensverzeichnis verwaltet. Das Verfahrensverzeichnis muss alle Verfahren einer Organisation dokumentieren, mit denen im Rahmen eines automatisierten Verfahrens ermittelte personenbezogene Daten gespeichert werden.
Virtuelle Akten	Bei einer virtuellen Akte handelt es sich um eine zusammenhängende Sicht auf die zusammengehörigen Informationen, die aus den verschiedenen Quellen zusammengeführt werden. Nutzer eines DMS können sich in einer virtuellen Akte genau das zusammenstellen, was sie in der Dokumentenansicht sehen möchten. Die Inhalte einer Sicht werden dynamisch zur Laufzeit als Sicht erzeugt.
Wiederanlaufplan	Wiederanlaufpläne ergänzen die Geschäftsfortführungspläne. Im Gegensatz zu den Geschäftsfortführungsplänen, die die Prozessebene abbilden, beschreiben Wiederanlaufpläne auf operativer Ebene für einzelne Ressourcen, was in welcher Reihenfolge zu tun ist, um nach dem Ausfall einer Ressource die Wiederaufnahme und Fortführung der Betriebsfunktion in einem Notbetrieb zu ermöglichen.
Wiederherstellungsplan	Wiederherstellungspläne beschreiben die Wiederherstellung ausgefallener Systeme. Ziel ist es, einen vergleichbaren Zustand wie vor Eintreten eines Schadensereignisses zu erreichen.

Literaturverzeichnis

Die nachstehend genannte Literatur verweist zum einen auf die im Buch verwendeten Quellen und bietet zum anderen zusätzliche Informationen zu den vorgestellten Themen.

Gesetze und Verordnungen

Sofern nicht explizit anders ausgewiesen handelt es sich im Folgenden um deutsche Gesetze und Verordnungen.

AktG (2015-07): Aktiengesetz.

AktG (2015-08): Aktiengesetz Österreich.

AO (2015-07): Abgabenordnung.

BDSG (2015-02): Bundesdatenschutzgesetz.

BGG (2012-07): Behindertengleichstellungsgesetz. Gesetz zur Gleichstellung behinderter Menschen.

BilMoG (2009-05): Gesetz zur Modernisierung des Bilanzrechts (Bilanzrechtsmodernisierungsgesetz).

BSIG (2015-07): BSI-Gesetz – Gesetz über das Bundesamt für Sicherheit in der Informationstechnik.

DSG (2013-05): Bundeskanzleramt Österreich. Normenliste des Verwaltungsgerichtshofes. Bundesgesetz über den Schutz personenbezogener Daten (Datenschutzgesetz 2000).

EnWG (2015-07): Energiewirtschaftsgesetz. Gesetz über die Elektrizitäts- und Gasversorgung.

EFD (2010-01): Das Eidgenössische Finanzdepartement. Verordnung über elektronische Daten und Informationen.

GeBüV (2013-01): Der Schweizerische Bundesrat. Verordnung über die Führung und Aufbewahrung der Geschäftsbücher (Geschäftsbücherverordnung).

GDPdU (2001-07): Grundsätze zum Datenzugriff und zur Prüfbarkeit digitaler Unterlagen.

GmbHG (2007-07): Gesetz betreffend die Gesellschaften mit beschränkter Haftung.

GoBD (2014-11): Grundsätze zur ordnungsmäßigen Führung und Aufbewahrung von Büchern, Aufzeichnungen und Unterlagen in elektronischer Form sowie zum Datenzugriff.

GoBS (1995-11): Grundsätze ordnungsmäßiger DV-gestützter Buchführungssysteme.

HGB (2015-07): Handelsgesetzbuch.

IT-Sicherheitsgesetz (2015-07): Gesetz zur Erhöhung der Sicherheit informationstechnischer Systeme.

IT-Sicherheitskatalog (2015-08): IT-Sicherheitskatalog gemäß § 11 Absatz 1a EnWG.

KonTraG (1998-05): Gesetz zur Kontrolle und Transparenz im Unternehmensbereich.

KWG (2015-06): Gesetz über das Kreditwesen.

MaRisk (2012-12): Mindestanforderungen an das Risikomanagement, Bundesanstalt für Finanzdienstleistungsaufsicht (BaFin).

MWSTV (2015-01): Mehrwertsteuerverordnung, Der Schweizerische Bundesrat.

OR (2015-07): Obligationenrecht (Schweiz) - Bundesgesetz betreffend die Ergänzung des Schweizerischen Zivilgesetzbuches (Fünfter Teil).

SOX (2002-07): Sarbanes-Oxley Act, Senate and House of Representatives of the United States of America.

StGB (2015-06): Strafgesetzbuch.

TMG (2015-07): Telemediengesetz.

UGB (2015-06): Bundesgesetz über besondere zivilrechtliche Vorschriften für Unternehmen – Unternehmensgesetzbuch Österreich.

VDSG (2010-12): Verordnung zum Bundesgesetz über den Datenschutz, Der Schweizerische Bundesrat.

VDSZ (2010-04): Verordnung über die Datenschutzzertifizierungen, Der Schweizerische Bundesrat.

VeDI (2010-01): Verordnung über elektronische Daten und Informationen, Das Eidgenössische Finanzdepartement.

Normen und Standards

ISO-Normen werden vereinfachend unter der Abkürzung ISO gelistet, auch wenn es sich beispielsweise um eine EN ISO- oder eine DIN EN ISO-Norm handelt.

BSI (2011): Hinweise zur Bereitstellung der Referenzdokumente im Rahmen der Zertifizierung nach ISO 27001 auf der Basis von IT-Grundschutz, Bundesamt für Sicherheit in der Informationstechnik (BSI).

BSI Standard 100-1 (2008): Managementsysteme für Informationssicherheit (ISMS).

BSI Standard 100-2 (2008): IT-Grundschutz-Vorgehensweise.

BSI Standard 100-3 (2008): Risikoanalyse auf der Basis von IT-Grundschutz.

BSI Standard 100-4 (2008): Notfallmanagement.

BSI UMRA (2013): Umsetzungsrahmenwerk zum Notfallmanagement nach BSI-Standard 100-4. [Online] https://www.bsi.bund.de/DE/Themen/ITGrundschutz/ITGrundschutzStandards/Umsetzungsrahmenwerk/umra.html.html.

BSI IT-Grundschutz-Glossar: [Online] https://www.bsi.bund.de/DE/Themen/ITGrundschutz/ITGrundschutzKataloge/Inhalt/Glossar/glossar_node.html.

DIIR Revisionsstandard Nr. 1: Zusammenarbeit von Interner Revision und Abschlussprüfer, Deutsches Institut für Interne Revision e.V. (DIIR).

DIIR Revisionsstandard Nr. 2 (2014): Prüfung des Risikomanagementsystems durch die Interne Revision, DIIR.

DIIR Revisionsstandard Nr. 3 (2002): Qualitätsmanagement in der Internen Revision, DIIR.

DIIR Revisionsstandard Nr. 4 (2013): Prüfung von Projekten, DIIR.

DIIR Revisionsstandard Nr. 5 (2012): Prüfung des Anti-Fraud-Management-Systems, DIIR.

DIN 69901 (2009): DIN-Taschenbuch 472. Projektmanagement – Netzplantechnik und Projektmanagementsysteme, Beuth Verlag GmbH, 1. Auflage.

IAASB: Handbook of International Quality Control, Auditing, Review, Other Assurance, and Related Services Pronouncements (2012), The International Auditing and Assurance Standards Board.

IDW PS 330 (2002-09): IDW Prüfungsstandard 330 – Abschlussprüfung bei Einsatz von Informationstechnologie, Institut der Wirtschaftsprüfer (IDW).

IDW PS 850 (2008-09): IDW Prüfungsstandard 850 – Projektbegleitende Prüfung bei Einsatz von Informationstechnologie.

IDW PS 880 (2010-03): IDW Prüfungsstandard 880 – Die Prüfung von Softwareprodukten.

IDW PS 951 (2013-10): IDW Prüfungsstandard 951 – Die Prüfung des internen Kontrollsystems bei Dienstleistungsunternehmen.

IDW RS FAIT 1 (2002-09): Grundsätze ordnungsmäßiger Buchführung bei Einsatz von Informationstechnologie, IDW.

IDW RS FAIT 2 (2003-09): Grundsätze ordnungsmäßiger Buchführung bei Einsatz von Electronic Commerce, IDW.

IDW RS FAIT 3 (2015-09): Grundsätze ordnungsmäßiger Buchführung beim Einsatz elektronischer Archivierungsverfahren, IDW.

IDW RS FAIT 4 (2008-12): Anforderungen an die Ordnungsmäßigkeit und Sicherheit IT-gestützter Konsolidierungsprozesse, IDW.

IDW RS FAIT 5 (Entwurf 2015-09): Grundsätze ordnungsmäßiger Buchführung bei Auslagerung von rechnungslegungsrelevanten Dienstleistungen einschließlich Cloud Computing, IDW.

IEEE Standard 829 (2008): IEEE Standard for Software and System Test Documentation, Institute of Electrical and Electronics Engineers (IEEE).

ISO 9001 (2008): Qualitätsmanagementsysteme, Grundlagen und Begriffe (D,E,F), International Organization for Standardization (ISO).

ISO 20000-1 (2011): Information technology – Service management – Part 1: Service management system requirements, ISO.

ISO 20000-2 (2012): Information technology – Service management – Part 2: Guidance on the application of service management systems, ISO.

ISO 20000-3 (2012): Information technology – Service management – Part 3: Guidance on scope definition and applicability of ISO/IEC 20000-1, ISO.

ISO 27000 (2012): Information technology – Security techniques – Information security management, ISO.

ISO 27001 (2013): Information technology – Security techniques – Information security management systems – Requirements, ISO.

ISO 27002 (2013): Information technology – security techniques – code of practice for information security management, ISO.

ISO 27003 (2010): Information technology – Security techniques – Information security management system – Implementation guidance (ISO/IEC JTC 1/SC 27), ISO.

ISO 27005 (2011): Information technology – Security techniques – Information security risk management, ISO.

ISO 27031 (2011): ISO/IEC. Information technology – Security techniques – Guidelines for information and communication technology readiness for business continuity, ISO.

ISO 22301 (2012): Societal security – business continuity management systems – Requirements, ISO.

ISO 22313 (2013): Societal security. Business continuity management systems – Guidance, ISO.

ISO - Directives (2014): ISO_IEC Directives Part 1 and Consolidated ISO Supplement (5th edition), ISO.

ITIL® (2007). ITIL Service Operation, Office of Government Commerce.

ITIL® (2011). ITIL Lifecycle Suite 2011: ITIL Service Strategy 2011 / ITIL Service Design 2011 / ITIL Service Transition 2011 / ITIL Service Operation 2011 / ITIL Continual Service Improvement 2011,. Cabinet Office UK.

IuK-Mindestanforderungen (2011): Mindestanforderungen der Rechnungshöfe des Bundes und der Länder zum Einsatz der Informations- und Kommunikationstechnik. Leitlinien und gemeinsame Maßstäbe für IuK-Prüfungen. [Online] https://www.bundesrechnungshof.de/de/veroeffentlichungen/broschueren/mindestanforderungen-der-rechnungshoefe-des-bundes-und-der-laender-zum-einsatz-der-informations-und-kommunikationstechnik/view.

KFS/PG 1 (2015): Durchführung von Abschlußprüfungen, Institut Österreichischer Wirtschaftsprüfer.

KFS/DV 1 (2011): Fachgutachten über Abschlussprüfung bei Einsatz von Informationstechnik, Institut Österreichischer Wirtschaftsprüfer.

Österreichisches Informationssicherheitshandbuch (2014-09): Bundeskanzleramt Österreich. [Online] https://www.sicherheitshandbuch.gv.at/.

■ Literatur

Andenmatten, Martin (2008): ISO 20000: Praxishandbuch für Servicemanagement und IT-Governance, Symposion Publishing GmbH.

Balzert, Helmut (2009): Lehrbuch der Softwaretechnik: Basiskonzepte und Requirements Engineering, Spektrum Akademischer Verlag GmbH, 3. Auflage.

Beims, Martin (2012): IT-Service Management mit ITIL®: ITIL® Edition 2011, ISO 20000:2011 und PRINCE2® in der Praxis, Hanser, 3., aktualisierte Auflage.

BFDI (2006): Der Bundesbeauftragte für den Datenschutz und die Informationssicherheit. Orientierungshilfe »Datenschutz bei Dokumentenmanagementsystemen«. Arbeitskreis eGovernment der Konferenz der Datenschutzbeauftragten des Bundes und der Länder; Stand: 17. März 2006. [Online] http://www.bfdi.bund.de/DE/Infothek/Orientierungshilfen/orientierungshilfen-node.html.

BITKOM: Verfahrensverzeichnis und Verarbeitungsübersicht nach BDSG – Ein Praxisleitfaden. [Online], Bundesverband Informationswirtschaft, Telekommunikation und neue Medien e.V. (Bitkom) https://www.gdd.de/eforen/essen/intern/news/leifaden-verfahrensverzeichnis-verarbeitungsubersicht-bitkom.

Bundesverwaltungsamt (2013): Konventionenhandbuch (Teil 1 und 2) für eine einheitliche Modellierung von IT-Prozessen und Diensten, Schriftenreihe des Kompetenzzentrums Prozessmanagement.

BIT (2010):Arbeitshilfe zur Geschäftsprozessmodellierung in der öffentlichen Verwaltung. Version 2.0, Februar 2010. [Online], Bundesstelle für Informationstechnik (BIT).

Duden (1993): Duden Informatik. A–Z. Fachlexikon für Studium, Ausbildung und Beruf, Bibliographisches Institut & F. A. Brockhaus AG.

Grünwied, Gertrud (2009): Softwaredokumentation gewinnt an Bedeutung. [Online] http://www.tekom.de/artikel/artikel_2835.html.

Grupp, Josef (2008): Handbuch Technische Dokumentation: Produktinformationen rechtskonform aufbereiten, wirtschaftlich erstellen, verständlich kommunizieren, Hanser.

Schelle, Heinz; Ottmann, Roland; Pfeiffer, Astrid (2008): ProjektManager, GPM Deutsche Gesellschaft für Projektmanagement e. V., 3. Auflage.

itSMF-Glossar [Online], IT Service Management Forum (itSMF) https://www.itsmf.de/.../20070831_ITIL_V3_Glossary_Germany.pdf.

Schmidt, Klaus; Brand, Dirk (2011): IT-Revision in der Praxis, Hanser.

Larisch, Dirk (2013): Microsoft SharePoint 2013: Über 300 Lösungen für Anwender & Administratoren, Hanser.

Paschke, Krzysztof M. (2013): (IT) Notfallmanagement im Unternehmen und in der Behörde. Planung, Umsetzung und Dokumentation. Praxisleitfaden für eine softwaregestützte Implementierung eines unternehmensweiten Notfallmanagementsystems mit DocSetMinder.

PMI (2013):A Guide to the Project Management Body of Knowledge (Pmbok Guide) – 5th Edition, Project Management Institute (PMI).

Rohloff, Michael (2011): Standards und Best Practices für das Application Management in HMD (HMD Praxis der Wirtschaftsinformatik) 278.

VOI (2009): Die zehn Merksätze zur revisionssicheren elektronischen Archivierung. [Online], Verband Organisations- und Informationssysteme (VOI) http://www.voi.de/index.php?option=com_content&view=article&id=479:voi-aktualisiert-merksaetze-zur-revisionssicheren-elektronischen-archivierung&catid=36:voi-presse&Itemid=58.

Wirtschaftslexikon, Gabler. IT-Management. [Online] http://wirtschaftslexikon.gabler.de/Definition/it-management.html.

Index

C

D

E

J

K

L

M

Q

R

S

T

U

V

W

Z

martin BEIMS
michael ZIEGENBEIN
aretaS
4. Auflage
IT-SERVICE
MANAGEMENT
IN DER PRAXIS
MIT ITIL®
DER EINSATZ VON ITIL® Edition 2011,
ISO/IEC 20000:2011, COBIT®5 und PRINCE2®
EXTRA: E-Book inside
HANSER